软件开发视频大讲堂

PHP 从入门到精通

（第 7 版）

明日科技　编著

清華大学出版社

北　京

内 容 简 介

《PHP 从入门到精通（第 7 版）》从初学者角度出发，通过通俗易懂的语言、丰富多彩的实例，详细介绍了使用 PHP 进行网络开发需要掌握的各种技术。全书分为 4 篇共 26 章：基础知识篇包括初识 PHP、PHP 环境搭建和开发工具、PHP 语言基础、流程控制语句、字符串操作、正则表达式、PHP 数组、PHP 与 Web 页面交互、PHP 与 JavaScript 交互以及日期和时间；核心技术篇包括 Cookie 与 Session、图形图像处理技术、文件系统、面向对象、PHP 加密技术、MySQL 数据库基础、phpMyAdmin 图形化管理工具、PHP 操作 MySQL 数据库、PDO 数据库抽象层以及 ThinkPHP 框架；高级应用篇包括 Smarty 模板技术、PHP 与 XML 技术、PHP 与 Ajax 技术以及 PHP 与 Swoole 技术；项目实战篇包括应用 Smarty 模板开发电子商务网站和应用 ThinkPHP 框架开发编程 e 学网。书中的所有知识点都结合具体实例进行介绍，涉及的程序代码均附以详细的注释，读者可以轻松领会 PHP 程序开发的精髓，快速提高开发技能。

另外，本书除了纸质内容，还配备了 PHP 在线开发资源库，主要内容如下：

☑ 同步教学微课：共 249 集，时长 23 小时
☑ 技术资源库：173 个技术要点
☑ 实例资源库：253 个应用实例
☑ 项目资源库：10 个实战项目
☑ 源码资源库：246 项源代码
☑ 视频资源库：257 集学习视频
☑ PPT 电子教案

本书既可作为 Web 开发入门者的自学用书，也可作为高等院校相关专业的教学参考书，还可供开发人员查阅和参考。

图书在版编目（CIP）数据

PHP 从入门到精通 / 明日科技编著. —7 版. —北京：清华大学出版社，2023.11
（软件开发视频大讲堂）
ISBN 978-7-302-64850-5

Ⅰ. ①P… Ⅱ. ①明… Ⅲ. ①PHP 语言—程序设计 Ⅳ. ①TP312.8

中国国家版本馆 CIP 数据核字（2023）第 215291 号

责任编辑：贾小红
封面设计：刘　超
版式设计：文森时代
责任校对：马军令
责任印制：曹婉颖

出版发行：清华大学出版社
网　　址：https://www.tup.com.cn，https://www.wqxuetang.com
地　　址：北京清华大学学研大厦 A 座　　邮　　编：100084
社 总 机：010-83470000　　邮　　购：010-62786544
投稿与读者服务：010-62776969，c-service@tup.tsinghua.edu.cn
质量反馈：010-62772015，zhiliang@tup.tsinghua.edu.cn
印 装 者：涿州汇美亿浓印刷有限公司
经　　销：全国新华书店
开　　本：203mm×260mm　　印　　张：30　　字　　数：813 千字
版　　次：2008 年 10 月第 1 版　　2023 年 12 月第 7 版　　印　　次：2023 年 12 月第 1 次印刷
定　　价：99.80 元

产品编号：101095-01

如何使用本书开发资源库

本书赠送价值 999 元的“PHP 在线开发资源库”一年的免费使用权限，结合图书和开发资源库，读者可快速提升编程水平和解决实际问题的能力。

1．VIP 会员注册

PHP 在线开发资源库

刮开并扫描图书封底的防盗码，先按提示绑定手机微信，然后扫描右侧二维码，打开明日科技账号注册页面，填写注册信息后将自动获取一年（自注册之日起）的“PHP 在线开发资源库”的 VIP 使用权限。

读者在注册、使用开发资源库时有任何问题，均可拨打明日科技官网页面上的客服电话进行咨询。

2．纸质书和开发资源库的配合学习流程

“PHP 在线开发资源库”提供的资源列表如图 1 所示。其中包括技术资源库（173 个技术要点）、实例资源库（253 个应用实例）、项目资源库（10 个实战项目）、源码资源库（246 项源代码）、视频资源库（257 集学习视频），共计五大类、939 项学习资源。学会、练熟、用好这些资源，读者可在短时间内快速提升自己的编程水平，从一名新手晋升为一名软件工程师。

图 1　“PHP 在线开发资源库”中提供的资源列表

《PHP 从入门到精通（第 7 版）》纸质书和“PHP 在线开发资源库”的配合学习流程如图 2 所示。

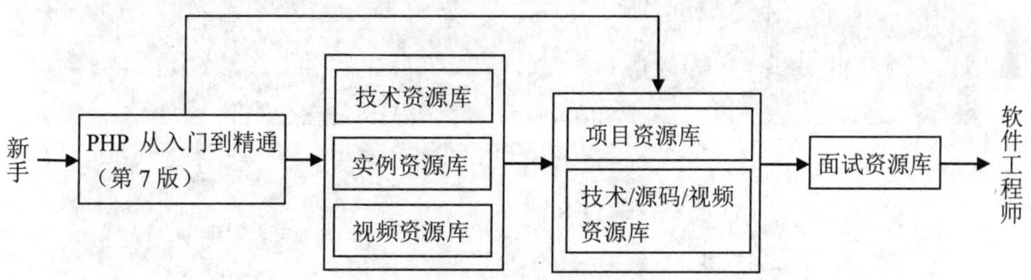

图 2　纸质书和开发资源库的配合学习流程

3．开发资源库的使用方法

开发过程中，需要查阅某个技术点时，可利用技术资源库锁定对应知识点，随时随地深入学习。技术资源库分类列表如图 3 所示。

在学习本书某一章节时，可利用实例资源库对应内容提供的大量热点实例和关键实例，巩固所学编程技能，提升编程兴趣和信心。实例资源库分类列表和实例讲解页面分别如图 4 和图 5 所示。

图3 技术资源库分类列表

图4 实例资源库分类列表

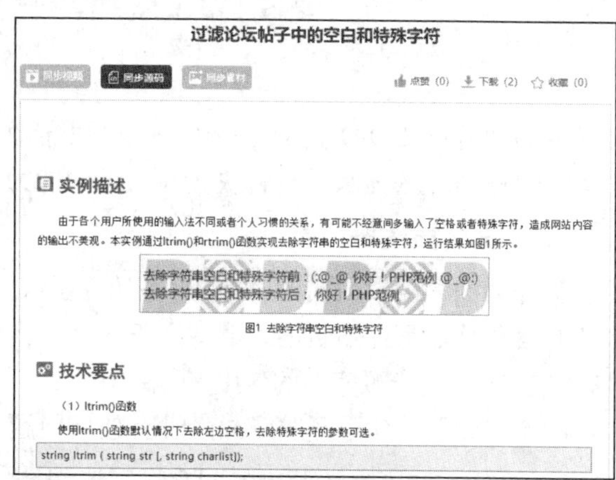

图5 实例讲解页面

学习完本书后，读者可通过项目资源库中的10个经典项目，全面提升个人的综合编程技能和解决实际开发问题的能力，为成为PHP软件开发工程师打下坚实的基础。项目资源库展示页面如图6所示。

图6 项目资源库展示页面

另外，利用页面上方的搜索栏，还可以对技术、实例、项目、源码、视频等资源进行快速查阅。

万事俱备后，读者该到软件开发的主战场上接受洗礼了。本书资源包提供了PHP各方向的面试真题，是求职面试的绝佳指南。读者可扫描图书封底的“文泉云盘”二维码获取。面试资源库的组成部分如图7所示。

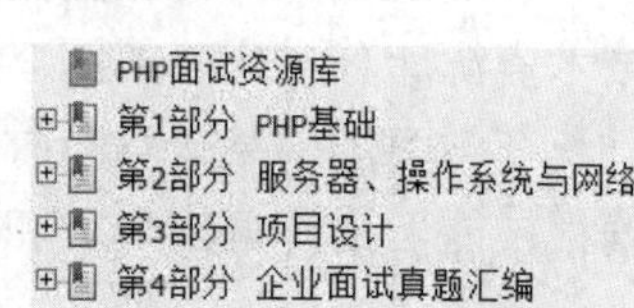

图7 面试资源库组成部分

前 言

Preface

丛书说明："软件开发视频大讲堂"丛书第1版于2008年8月出版，因其编写细腻、易学实用、配备海量学习资源和全程视频等，在软件开发类图书市场上产生了很大反响，绝大部分品种在全国软件开发零售图书排行榜中名列前茅，2009年多个品种被评为"全国优秀畅销书"。

"软件开发视频大讲堂"丛书第2版于2010年8月出版，第3版于2012年8月出版，第4版于2016年10月出版，第5版于2019年3月出版，第6版于2021年7月出版。十几年间反复锤炼，打造经典。丛书迄今累计重印680多次，销售400多万册，不仅深受广大程序员的喜爱，还被百余所高校选为计算机、软件等相关专业的教学参考用书。

"软件开发视频大讲堂"丛书第7版在继承前6版所有优点的基础上，进行了大幅度的修订。第一，根据当前的技术趋势与热点需求调整品种，增加了程序员岗位就业技能用书；第二，对图书内容进行了深度更新、优化，如优化了内容布置，弥补了讲解疏漏，将开发环境和工具更新为新版本，增加了对新技术点的剖析，将项目替换为更能体现当今IT开发现状的热门项目等，使其更与时俱进，更适合读者学习；第三，改进了教学微课视频，为读者提供更好的学习体验；第四，升级了开发资源库，提供了程序员"入门学习→技巧掌握→实例训练→项目开发→求职面试"等各阶段的海量学习资源；第五，为了方便教学，制作了全新的教学课件PPT。

PHP是全球最普及、应用最广泛的互联网开发语言之一。PHP语言具有简单、易学、源码开放、可操作多种主流与非主流的数据库、支持面向对象的编程、支持跨平台的操作以及完全免费等特点，深受广大程序员的认同和青睐。PHP目前拥有几百万用户，发展速度很快，是初学者进行Web开发的一大利器。

本书内容

本书提供了PHP从入门到编程高手所必需的各类知识，共分为4篇，具体内容如下。

第1篇：基础知识。本篇包括初识PHP、PHP环境搭建和开发工具、PHP语言基础、流程控制语句、字符串操作、正则表达式、PHP数组、PHP与Web页面交互、PHP与JavaScript交互、日期和时间等内容。学习完本篇，读者可以掌握PHP的语法基础，为进行PHP开发奠定扎实的根基。

第2篇：核心技术。本篇详解Cookie与Session、图形图像处理技术、文件系统、面向对象、PHP加密技术、MySQL数据库基础、phpMyAdmin图形化管理工具、PHP操作MySQL数据库、PDO数据库抽象层、ThinkPHP框架等PHP开发中的核心技术。学习完本篇，读者能够使用PHP开发常见的数据库应用程序和一些中小型的热点模块。

第3篇：高级应用。本篇讲解Smarty模板技术、PHP与XML技术、PHP与Ajax技术以及PHP与Swoole技术，这些技术是PHP开发中的高级应用技术。学习完本篇，读者可使用PHP开发一些实用的网络程序。

第 4 篇：项目实战。本篇综合应用前面学过的技术，开发两个实战项目。一个项目是使用 Smarty 模板技术、PDO 数据库抽象层、Ajax 技术实现一个功能完整的大型电子商务平台网站；另一个项目是使用 ThinkPHP 框架开发一个在线视频学习网站。项目开发全程运用软件工程的设计思想，可使读者真实感受 PHP 项目开发的实际过程。

本书的知识结构和学习方法如图 8 所示。

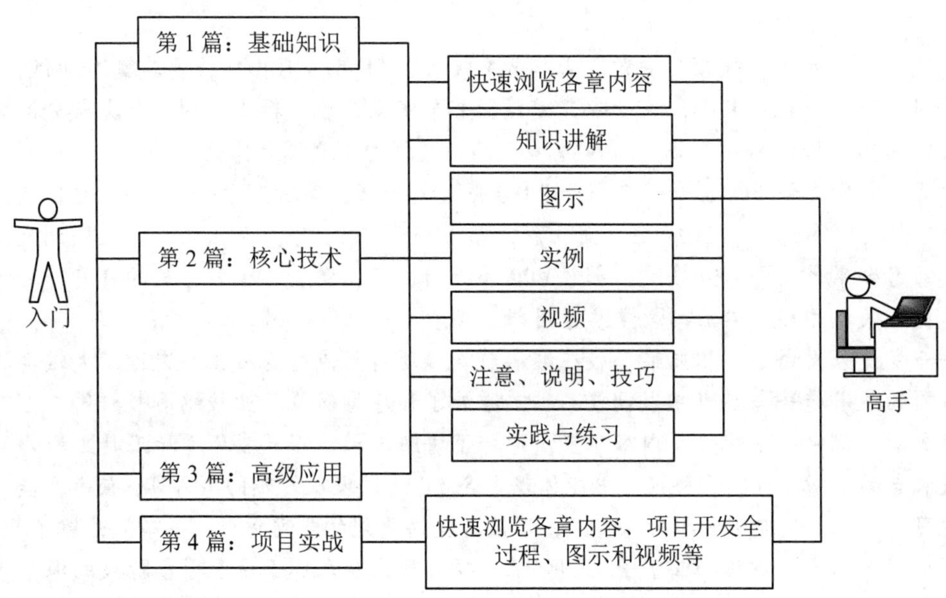

图 8　本书的知识结构和学习方法

本书特点

☑ **由浅入深，循序渐进。**本书以初、中级程序员为对象，先从 PHP 语言基础学起，再讲解 PHP 的核心技术，然后讲解 PHP 的高级应用，最后练习开发两个完整项目。讲解过程中步骤详尽，图示形象、逼真，使读者在阅读时一目了然，从而快速掌握书中内容。

☑ **微课视频，讲解详尽。**为便于读者直观感受程序开发的全过程，书中大部分章节配备了教学微视频（总时长 23 小时，共 249 集），使用手机扫描正文小节标题一侧的二维码，即可观看学习。初学者可快速入门，感受编程的快乐，获得成就感，从而进一步增强学习的信心。

☑ **基础示例+编程训练+实践练习+项目案例，实战为王。**通过例子学习是最好的学习方式，本书核心知识讲解通过“一个知识点、一个示例、一个结果、一段评析、一个综合应用”的模式，详尽透彻地讲述了实际开发中所需的各类知识。全书共计有 221 个应用实例，62 个综合练习，2 个项目案例，致力于为初学者打造“学习+训练”的强化实战学习环境。

☑ **精彩栏目，贴心提醒。**本书内容根据需要安排了“注意”“说明”“技巧”等小栏目，读者可以在学习过程中轻松地理解相关知识点及概念，更快地掌握 PHP 开发技术和应用技巧。

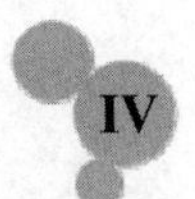

读者对象

- ☑ 初学编程的自学者
- ☑ 编程爱好者
- ☑ 大、中专院校的老师和学生
- ☑ 相关培训机构的老师和学员
- ☑ 做毕业设计的学生
- ☑ 初、中级程序开发人员
- ☑ 程序测试及维护人员
- ☑ 参加实习的“菜鸟”程序员

本书学习资源

本书提供了大量的辅助学习资源，读者需刮开图书封底的防盗码，扫描并绑定微信后，获取学习权限。

☑ 同步教学微课

学习书中知识时，扫描章节名称处的二维码，可在线观看教学视频。

☑ 在线开发资源库

本书配备了强大的 PHP 开发资源库，包括技术资源库、实例资源库、项目资源库、源码资源库、视频资源库。扫描右侧二维码，可登录明日科技网站，获取 PHP 开发资源库一年的免费使用权限。

PHP 开发资源库

☑ 学习答疑

关注清大文森学堂公众号，可获取本书的源代码、PPT 课件、视频等资源，加入本书的学习交流群，参加图书直播答疑。

读者扫描图书封底的“文泉云盘”二维码，或登录清华大学出版社网站（www.tup.com.cn），可在对应图书页面下查阅各类学习资源的获取方式。

清大文森学堂

致读者

本书由明日科技 Web 开发团队组织编写。明日科技是一家专业从事软件开发、教育培训以及软件开发教育资源整合的高科技公司，其编写的教材既注重选取软件开发中的必需、常用内容，又注重内容的易学、方便以及相关知识的拓展，深受读者喜爱。其编写的教材多次荣获“全行业优秀畅销品种”“中国大学出版社优秀畅销书”等奖项，多个品种长期位居同类图书销售排行榜的前列。

在编写本书的过程中，我们始终本着科学、严谨的态度，力求精益求精，但疏漏之处在所难免，敬请广大读者批评指正。

感谢您购买本书，希望本书能成为您编程路上的领航者。

“零门槛”编程，一切皆有可能。

祝读书快乐！

编　者

2023 年 11 月

目 录

Contents

第1篇 基础知识

第 2 篇　核 心 技 术

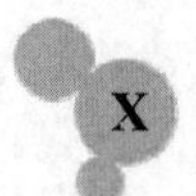

第 3 篇 高级应用

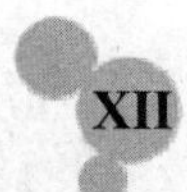

第 4 篇　项 目 实 战

第 1 篇

基础知识

本篇包括初识 PHP、PHP 环境搭建和开发工具、PHP 语言基础、流程控制语句、字符串操作、正则表达式、PHP 数组、PHP 与 Web 页面交互、PHP 与 JavaScript 交互、日期和时间等内容。学习完本篇，读者可以掌握 PHP 语法基础，为进行 PHP 开发奠定扎实的根基。

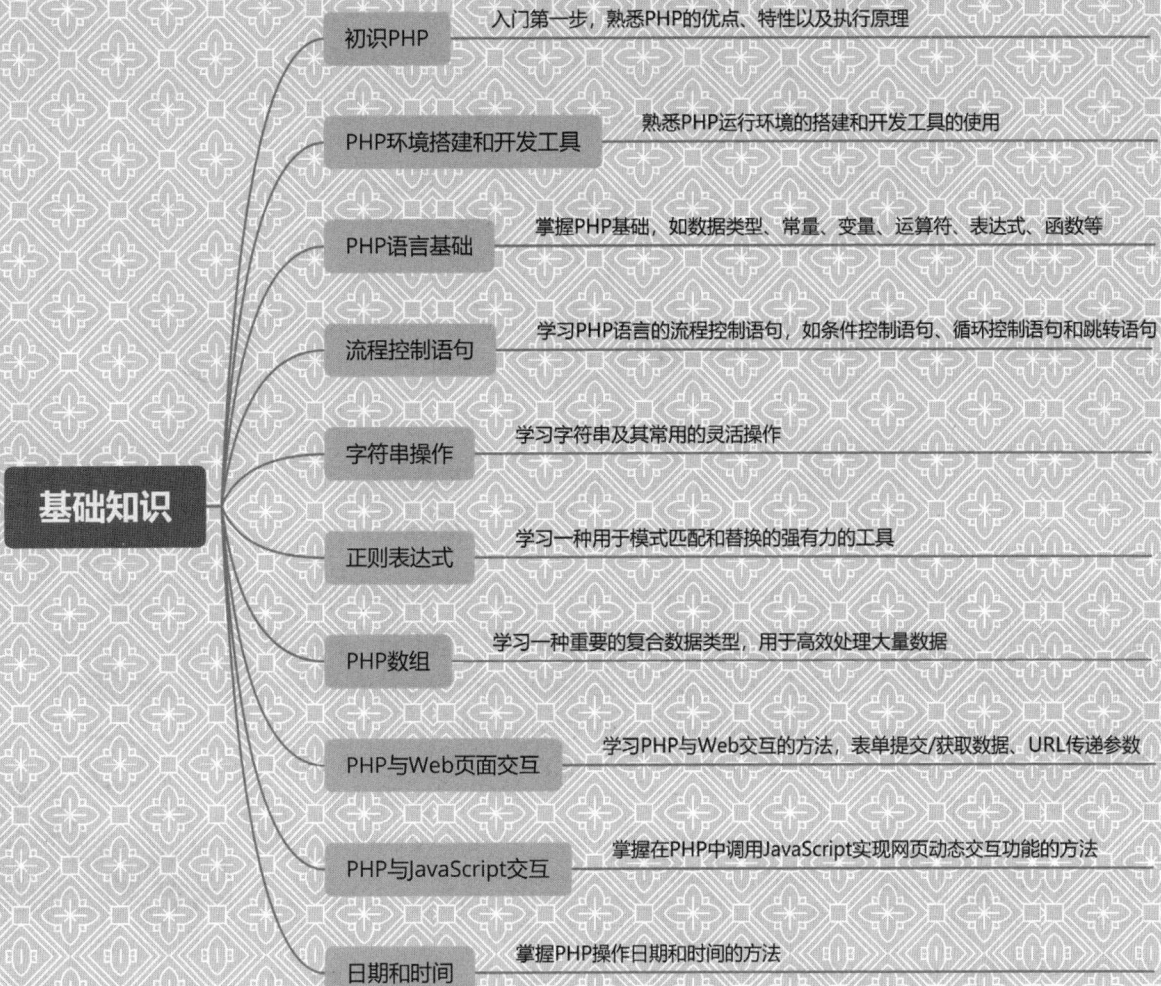

- 基础知识
  - 初识PHP：入门第一步，熟悉PHP的优点、特性以及执行原理
  - PHP环境搭建和开发工具：熟悉PHP运行环境的搭建和开发工具的使用
  - PHP语言基础：掌握PHP基础，如数据类型、常量、变量、运算符、表达式、函数等
  - 流程控制语句：学习PHP语言的流程控制语句，如条件控制语句、循环控制语句和跳转语句
  - 字符串操作：学习字符串及其常用的灵活操作
  - 正则表达式：学习一种用于模式匹配和替换的强有力的工具
  - PHP数组：学习一种重要的复合数据类型，用于高效处理大量数据
  - PHP与Web页面交互：学习PHP与Web交互的方法，表单提交/获取数据、URL传递参数
  - PHP与JavaScript交互：掌握在PHP中调用JavaScript实现网页动态交互功能的方法
  - 日期和时间：掌握PHP操作日期和时间的方法

第1章

初识 PHP

PHP 是一种服务器端 HTML 嵌入式脚本描述语言，其最重要的特征就是跨平台性和面向对象。本章将简单介绍 PHP 8 的新特性，以及 PHP 的应用领域、发展趋势、执行原理、学习资源、网站建设流程等内容，使读者对 PHP 语言有一个整体的了解。

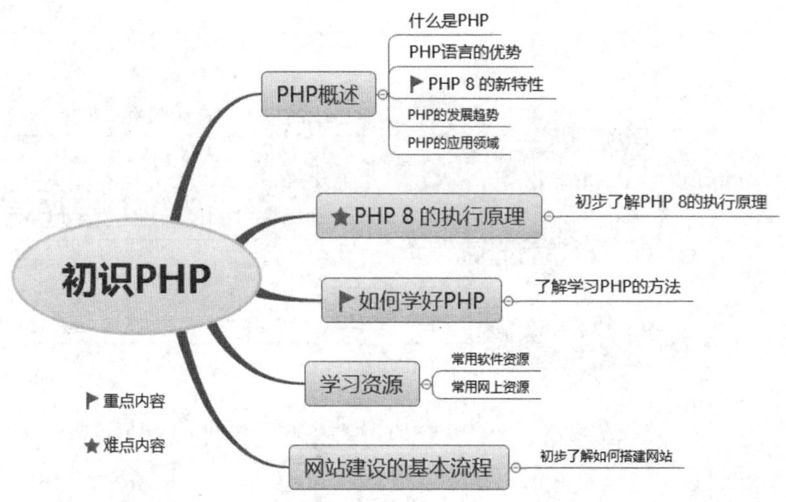

1.1　PHP 概述

PHP 起源于 1995 年，由 Rasmus Lerdorf（见图 1.1）开发。到现在 PHP 已经历了多年的洗礼，成为全球最受欢迎的脚本语言之一。由于 PHP 是一种面向对象的、跨平台的 Web 开发语言，因此无论从开发者角度考虑还是从经济角度考虑，都是非常实用的。PHP 语法结构简单，易于入门，很多功能只需一个函数即可实现，并且很多机构都相继推出了用于开发 PHP 的 IDE 工具、Zend 搜索引擎等新型技术。

图 1.1　Rasmus Lerdorf

1.1.1　什么是 PHP

PHP 最开始是 personal home page 的缩写，现已正式更名为 hypertext preprocessor（超文本预处理器），是一种服务器端、跨平台、HTML 嵌入式的脚本语言，其独特的语法混合了 C 语言、Java 语言和 Perl 语言的特点，是一种被广泛应用的开源式的多用途脚本语言，尤其适合 Web 开发。

PHP 是 B/S（browser/server 的简写，即浏览器/服务器）体系结构，属于三层结构。服务器启动后，用户可以不使用相应的客户端软件，只使用浏览器即可访问，既保持了图形化的用户界面，又大大减少了应用维护量。

1.1.2　PHP 语言的优势

PHP 起源于自由软件，即开放源代码软件。使用 PHP 进行 Web 应用程序的开发具有以下优势。

☑ 安全性高。PHP 具有公认的安全性能，其程序代码与 Apache 编译在一起的方式使得它具有灵活的安全设定。
☑ 跨平台特性。PHP 几乎支持所有的操作系统平台，如 Win32 或 UNIX、Linux、Macintosh、FreeBSD、OS2 等，并且支持 Apache、Nginx、IIS 等多种 Web 服务器。
☑ 支持广泛的数据库。可操纵多种主流与非主流的数据库，如 MySQL、Access、SQL Server、Oracle、DB2 等。其中，PHP 与 MySQL 是目前最佳的组合，该组合可以跨平台运行。
☑ 易学易用。PHP 嵌入在 HTML 语言中，以脚本语言为主，内置丰富的函数，语法简单，书写容易，方便学习掌握。
☑ 执行速度快。PHP 占用系统资源少，代码执行速度快。
☑ 开源、免费。在流行的企业应用 LAMP 平台中，Linux、Apache、MySQL、PHP 都是免费软件，这种开源、免费的框架结构可以为网站经营者节省很大一笔开支。
☑ 模板化。PHP 可实现程序逻辑与用户界面相分离。
☑ 支持面向对象和面向过程两种开发风格，并可向下兼容。
☑ 内嵌 Zend 加速引擎，速度快，性能稳定。

1.1.3　PHP 8 的新特性

PHP 8 版本新增加的特性如下。

☑ 命名参数。
☑ 联合类型。
☑ 注解优化。
☑ 即时编译。
☑ 构造器属性提升。
☑ Match 表达式优化。
☑ Nullsafe 运算符优化。
☑ 字符串与数字的比较逻辑。
☑ 内部函数类型错误的一致性。
☑ 新的类、接口、函数：

- Weak Map 类。
- Stringable 接口。
- fdiv()函数。
- get_debug_type()函数。
- get_resource_id()函数。
- token_get_all()函数。
- New DOM Traversal and Manipulation APIs 接口。
- str_contains()、str_starts_with()、str_ends_with()函数。

☑ 类型系统与错误处理的改进：

- Mixed 类型。
- 私有方法继承。
- Static 返回类型。
- 确保魔术方法签名正确。
- Abstract trait 方法的验证。
- 内部函数的类型 Email thread。
- 操作符@不再抑制 fatal 错误。
- 算术/位运算符更严格的类型检测。
- 不兼容的方法签名导致 fatal 错误。
- PHP 引擎 warning 警告的重新分类。
- 扩展 Curl、Gd、Sockets、OpenSSL、XMLWriter、XML，以 Opaque 对象替换 resource。

☑ 其他语法调整和改进：

- 变量语法的调整。
- 无变量捕获的 catch。
- 允许对象的::class。
- 现在 throw 是一个表达式。
- Namespace 名称作为单个 Token。
- 允许参数列表中的末尾逗号、闭包 use 列表中的末尾逗号。

1.1.4 PHP 的发展趋势

现在，越来越多的新公司或者新项目使用 PHP 进行开发，这使得 PHP 相关社区十分活跃，而这又反过来影响很多项目或公司的选择，形成了一个良性循环，因此 PHP 是国内大部分 Web 项目开发的首选。PHP 开发速度快，成本低，后期维护费用低，开源产品丰富，这些都是其他语言无法比拟的。而随着移动互联网技术的兴起，越来越多的 Web 应用也选择了 PHP 作为主流的技术解决方案。

全球排名前 10 的网站，其采用的前端开发语言统计如图 1.2 所示。其中，50%的网站是使用 PHP 语言开发的，包括排名第三的 Facebook，以及大家日常上网经常会用到的百度、雅虎等。由此可以看出，PHP 语言应用广泛，相信它将会朝着更加企业化的方向迈进，并且将更适合大型系统的开发。

全球排名前10网站前端开发语言统计

序号	网站	程序	OS	DB
1	谷歌	Python	集群（自主研发）	集群
2	Youtube	Python	集群	集群
3	Facebook	PHP	Linux+Apache	MySQL
4	推特	Ruby	未知	NoSQL
5	Instagram	Python	未知	未知
6	百度	PHP	Linux+Apache	集群
7	维基百科	PHP	Linux+Apache	MySQL
8	Yandex	PHP	集群	集群
9	Yahoo	PHP	FreeBSD+Apache	MySQL
10	Whatsapp	Erlang	FreeBSD	Sqlite

图 1.2　全球排名前 10 的网站采用的前端开发语言统计

1.1.5　PHP 的应用领域

在互联网高速发展的今天，PHP 的应用领域可谓非常广泛，具体如下。

☑　中小型网站的开发。

☑　大型网站的业务逻辑结果展示。

☑　Web 办公管理系统。

☑　硬件管控软件的 GUI。

☑　电子商务应用。

☑　Web 应用系统开发。

☑　多媒体系统开发。

☑　企业级应用开发。

☑　移动互联网开发。

PHP 正吸引着越来越多的 Web 开发人员。PHP 无处不在，它可应用于任何地方、任何领域，并且已拥有几百万个用户，其发展速度要快于在它之前的任何一种计算机语言。PHP 能够给企业和最终用户带来数不尽的好处。据统计，全世界有超过 2200 万个网站和 1.5 万家公司在使用 PHP 语言，包括百度、雅虎、Facebook、淘宝、腾讯、新浪、搜狐等著名网站，也包括汉莎航空电子订票系统、德意志银行的网上银行、华尔街在线的金融信息发布系统等，甚至部分军队系统也选择使用 PHP 语言。

1.2　PHP 8 的执行原理

首先我们来学习几个关键术语。

1．Token

Token 是 PHP 代码被切割成的有意义的标识。PHP 提供了 token_get_all()函数来获取 PHP 代码被切割后的 Token。二维数组的每个成员数组的第一个值为 Token 对应的枚举值，第二个值为 Token 对应的原始字符串内容，第三个值为代码对应的行号，可见 Token 就是一个个的“词块”。但是单独存在的词块不能表达完整的语义，还需要借助规则进行组织串联。语法分析器就是这个组织者，它会检查语法，匹配 Token，并对 Token 进行关联。

2．AST

抽象语法树（简称 AST）是 PHP 7 版本的新特性。在这之前的版本中，PHP 代码的执行过程中是没有生成 AST 这一步的。AST 的结点分为多种类型，对应着 PHP 语法。通常使用 PHP-Parser 工具查看 PHP 代码生成的 AST。注意，PHP-Parser 是《PHP 7 内核》作者之一 Nikic 编写的将 PHP 源码生成 AST 的工具，其源码参见 https://github.com/nikic/PHP-Parser。

3．opcodes

opcode 只是单条指令，opcodes 是 opcode 的集合形式，是 PHP 执行过程中的中间代码。opcode 生成之后，由虚拟机执行。PHP 工程优化措施中有一个比较常见的“开启 opcache”，指的就是这里的 opcodes 的缓存（opcodes cache）。通过省去从源码到 opcode 的阶段，引擎可以直接执行缓存的 opcode，以此提升性能。借助 vld 插件，可以直观地看到一段 PHP 代码生成的 opcode。opcode 是 PHP 7 定义的一组指令标识，指令对应着相应的 handler（处理函数）。当虚拟机调用 opcode 时，会找到 opcode 背后的处理函数，执行真正的处理程序。

了解以上几个术语知识后，我们来看 PHP 的执行原理。

在 PHP 5 中，从 PHP 脚本到 opcodes 的执行过程如下。

（1）词法分析。源代码首先进行词法分析，切割为多个字符串单元，得到 Token。

（2）语法分析。独立的 Token 无法表达完整语义，因此需经过语法分析，将 Token 转换为 opcodes。

在 PHP 7 和 PHP 8 中，执行原理如图 1.3 所示。

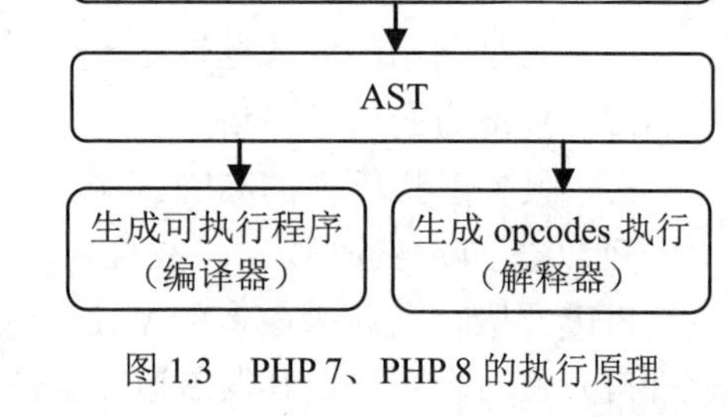

图 1.3　PHP 7、PHP 8 的执行原理

（1）词法分析。源代码首先进行词法分析，切割为多个字符串单元，得到 Token。

（2）语法分析。独立的 Token 无法表达完整语义，因此需经过语法分析，将 Token 转换为 AST。

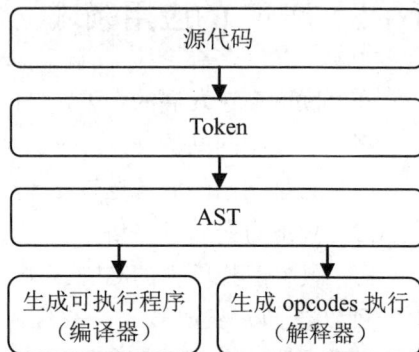

（3）编译。抽象语法树被转换为机器指令并执行。在 PHP 中，这些指令被称为 opcode，由 PHP 解释执行。

1.3　如何学好 PHP

怎样学好 PHP 语言，这是所有初学者共同面临的问题。其实，每种语言的学习方法都大同小异，需要注意以下几点。

☑ 学会配置 PHP 的开发环境，选择一款适合自己的开发工具。

☑ 扎实的编程基础对于一个程序员来说尤为重要，因此建议读者多阅读一些基础教材，了解基本的编程知识，掌握常用的函数。

☑ 了解设计模式。开发程序必须编写程序代码，这些代码必须具有高度的可读性，才能使编写的程序具有调试、维护和升级的价值。学习一些设计模式，能更好地把握项目的整体结构。

- ☑ 多实践，多思考，多请教。不要死记语法，在刚接触一门语言，特别是学习 PHP 语言时，要掌握好基本语法，反复实践。仅读懂书本中的内容和技术是不行的，必须动手编写程序代码，并运行程序、分析运行结构，要对学习内容有一个整体的认识和肯定。用自己的方式去思考问题，编写代码来提高编程思想。平时可以多借鉴网上一些好的功能模块，培养自己的编程思想。多向他人请教，学习他人的编程思想。多与他人沟通技术问题，提高自己的技术和见识。这样才可以快速地进入学习状态。
- ☑ 学技术最忌急躁，遇到技术问题，必须冷静对待，不要让自己的大脑思绪紊乱，保持清醒的头脑才能分析和解决各种问题。可以尝试听歌、散步、玩游戏等活动放松自己。遇到问题还要尝试自己解决，这样可以提高自己的程序调试能力，并对常见问题有一定的了解，明白出错的原因，进而举一反三，解决其他关联的错误问题。
- ☑ PHP 函数有几千种，需要下载 PHP 参考手册和 MySQL 手册，或者查看 PHP 函数类的相关书籍，以便解决程序中出现的问题。
- ☑ 现在很多 PHP 案例书籍都配有教学视频，可以看一些视频以领悟他人的编程思想。只有掌握了整体的开发思路，才能够系统地学习编程。
- ☑ 养成良好的编程习惯。
- ☑ 遇到问题不要放弃，要有坚持不懈、持之以恒的精神。

1.4　学习资源

下面为读者推荐一些学习 PHP 的相关资源。这些资源可以帮助读者找到精通 PHP 的捷径。

1.4.1　常用软件资源

1．PHP 开发工具

PHP 的开发工具有很多，常用的开发工具有 PhpStorm、SublimeText3、ZendStudio、VSCode、Notepad++和 EditPlus 等，这些开发工具各有优势。一个好的开发工具往往会帮助程序员达到事半功倍的效果，读者可根据自己的需求选择使用。

PHP 开发工具的下载网站有很多，例如，http://www.onlinedown.net/或 http://www.skycn.com/。

2．下载 PHP 用户手册

学习 PHP 语言时，配备一个 PHP 参考手册是很有必要的，就像在学习汉字时手中必须具备一本《新华字典》一样。PHP 参考手册对 PHP 中的函数进行了详细的讲解和说明，给出了一些简单的示例，同时还对 PHP 的安装与配置、语言参考、安全和特点等内容进行了介绍。

登录 http://www.php.net/docs.php，可发现各种语言、格式和版本的 PHP 参考手册，读者可以在线阅读，也可以下载。

PHP 参考手册不但对 PHP 中的函数进行了解释和说明，还提供了快速查找的方法，读者可以准确、方便地查找到指定的函数。笔者下载的 PHP 参考手册使用界面如图 1.4 所示。

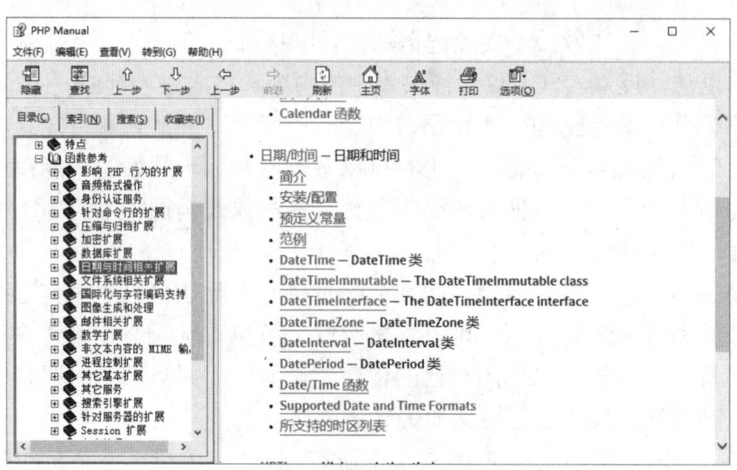

图 1.4　PHP 参考手册使用界面

1.4.2　常用网上资源

下面提供一些大型 PHP 技术论坛和社区的网址，这些论坛和社区不但可以提高你的技术水平，也是你漫长学习和工作生涯中的好帮手。

☑　PHP 官网：http://www.php.net。

☑　PHP 中国：http://www.phpchina.com。

1.5　网站建设的基本流程

建立一个网站需要特定的工作流程。本节将介绍网站建设的基本流程，使读者在明确开发流程的基础上，能够更顺利地进行网站开发工作。网站建设的基本流程如图 1.5 所示。

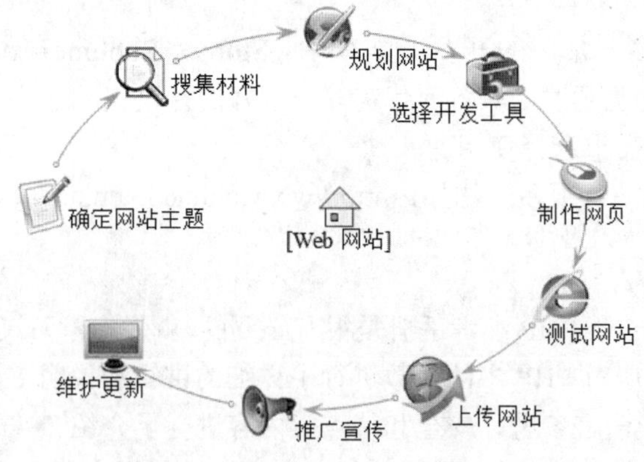

图 1.5　网站建设的基本流程

第 2 章

PHP 环境搭建和开发工具

本章主要介绍如何在 Windows 和 Linux 操作系统下搭建 PHP 环境（包括 Apache、PHP 和 MySQL 的安装与使用）。除此之外，还将介绍几种方便的组合包和当前比较流行的 PHP 开发工具。希望读者通过本章的学习，能对 PHP 有一个初步的了解，并能选择一种适合自己的开发工具。

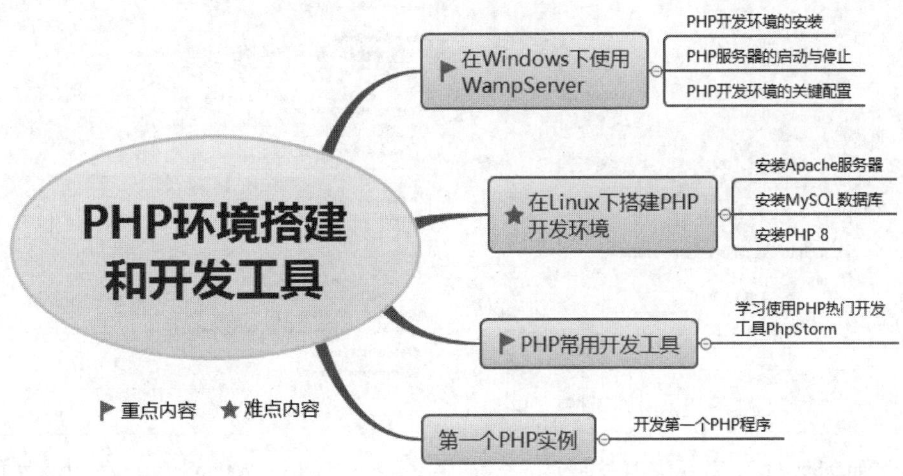

2.1 在 Windows 下使用 WampServer

对于初学者来说，Apache、PHP 以及 MySQL 的安装和配置较为复杂，这时可以选择 WAMP（Windows+Apache+MySQL+PHP）集成安装环境快速安装和配置 PHP 服务器。集成安装环境就是将 Apache、PHP 和 MySQL 等服务器软件整合在一起，免去了单独安装配置服务器带来的麻烦，实现 PHP 开发环境的快速搭建。

目前比较常用的集成安装环境是 WampServer、XAMPP 和 phpStudy，它们都集成了 Apache 服务器、PHP 预处理器以及 MySQL 服务器。本书以 WampServer 为例介绍 PHP 服务器的安装与配置。

2.1.1 PHP 开发环境的安装

1．安装前的准备工作

安装 WampServer 之前应从其官方网站下载安装程序，下载地址为 http://www.wampserver.com/

en/download.php。笔者下载的 WampServer 版本是 64 位的 WampServer 3.3.0。

说明

由于软件版本是实时更新的，所以读者下载的软件版本很可能高于笔者。但多数情况下它们的安装和使用方法是一致的。有时候为了兼容性和稳定性，也不一定非要使用最新版本。

2. WampServer 的安装

使用 WampServer 集成化安装包搭建 PHP 开发环境的具体操作步骤如下。

（1）双击 wampserver3.3.0_x64.exe，打开 WampServer 安装语言选择界面，如图 2.1 所示。

（2）保持默认，单击 OK 按钮，打开 WampServer 安装协议界面，如图 2.2 所示。

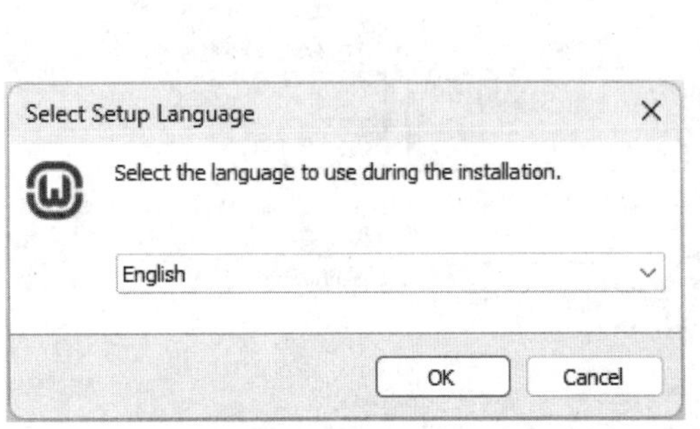

图 2.1　WampServer 安装语言选择界面

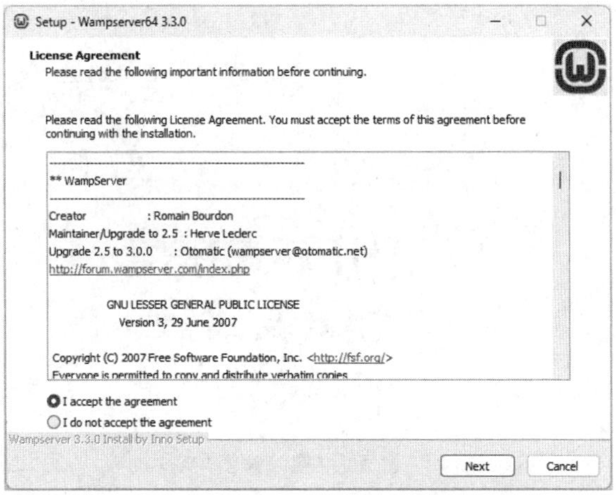

图 2.2　WampServer 安装协议界面

（3）选中 I accept the agreement 单选按钮，然后单击 Next 按钮，打开如图 2.3 所示的界面。

（4）单击 Next 按钮，打开如图 2.4 所示的界面，在此可以设置 WampServer 的安装路径，这里将安装路径设置为 E:\wamp。

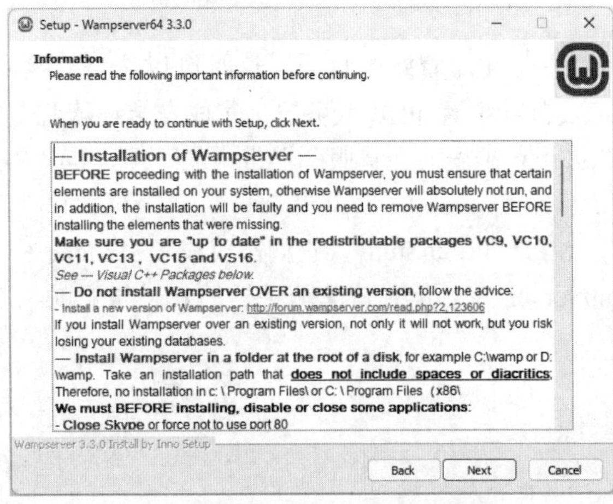

图 2.3　WampServer 安装信息界面

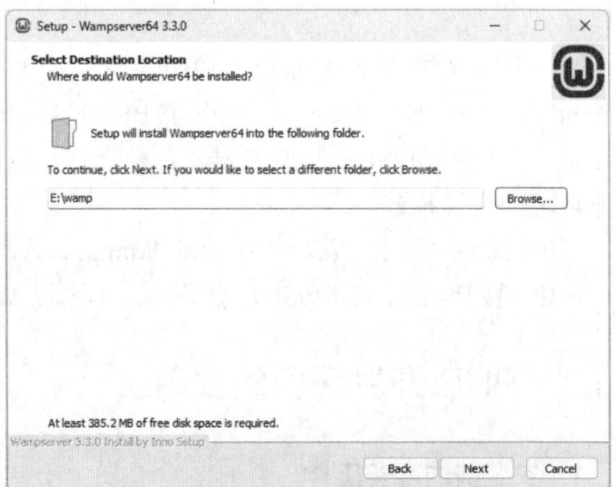

图 2.4　WampServer 安装路径选择

（5）单击 Next 按钮，出现选择组件界面，如图 2.5 所示。根据自己的开发需要，选择对应的组件，这里保持默认。

（6）单击 Next 按钮，出现选择启动菜单文件夹界面，如图 2.6 所示，保持默认即可。

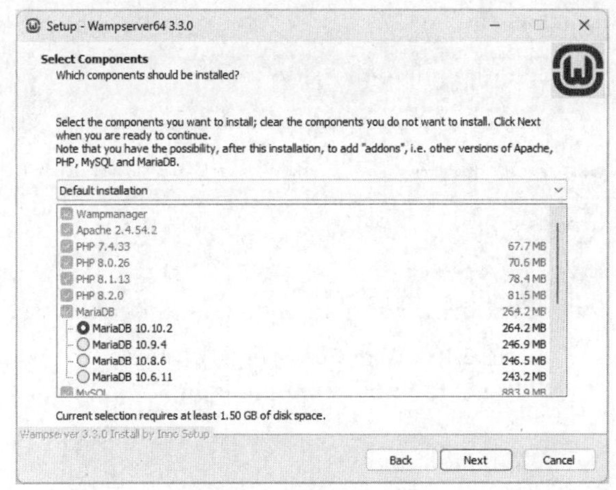

图 2.5　选择组件界面

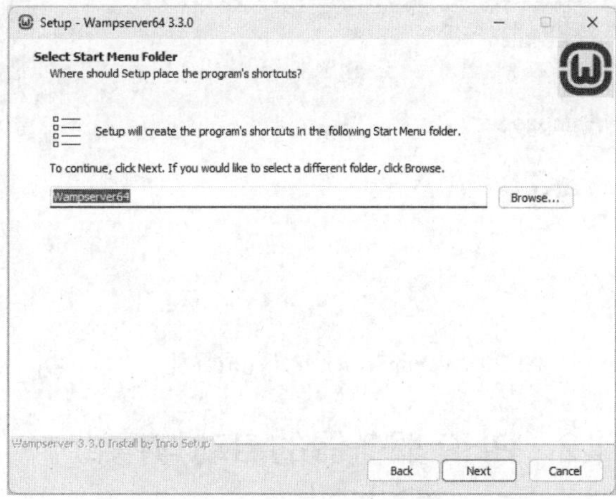

图 2.6　选择启动菜单文件夹

（7）单击 Next 按钮，出现准备安装界面，如图 2.7 所示。

（8）单击 Install 按钮，开始安装。安装过程中会出现选择默认浏览器和编辑器，根据实际需要选择即可，或者选择取消，以后再设置也可以。安装完成后，显示相关信息，如图 2.8 所示。

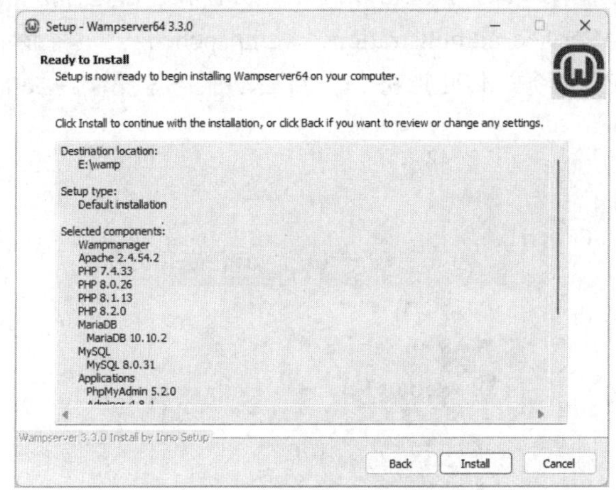

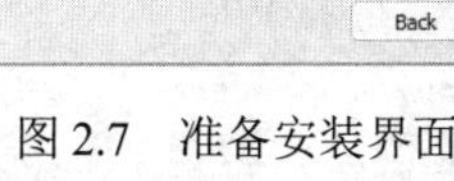

图 2.7　准备安装界面

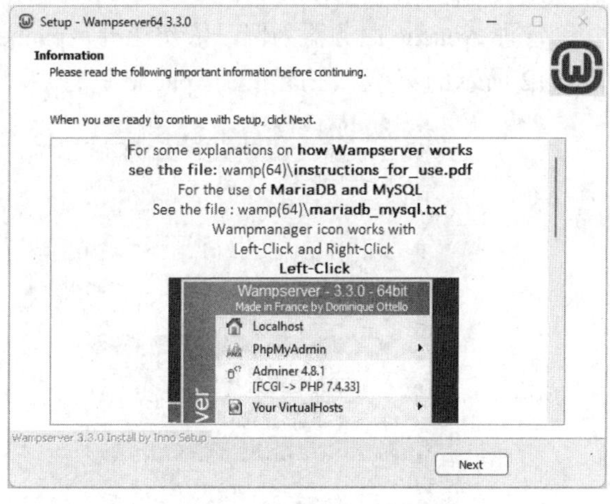

图 2.8　安装完成界面

（9）单击 Next 按钮，出现安装完成界面，如图 2.9 所示，单击 Finish 按钮，安装结束。

（10）双击桌面上 WampServer 启动图标，系统会自动启动 WampServer 所有服务，并且在任务栏的系统托盘中增加 WampServer 图标。

（11）打开浏览器，在地址栏中输入 http://localhost/或者 http://127.0.0.1/后按 Enter 键，如果运行结果出现如图 2.10 所示的界面，则说明 WampServer 启动成功。

图 2.9　WampServer 安装完成界面

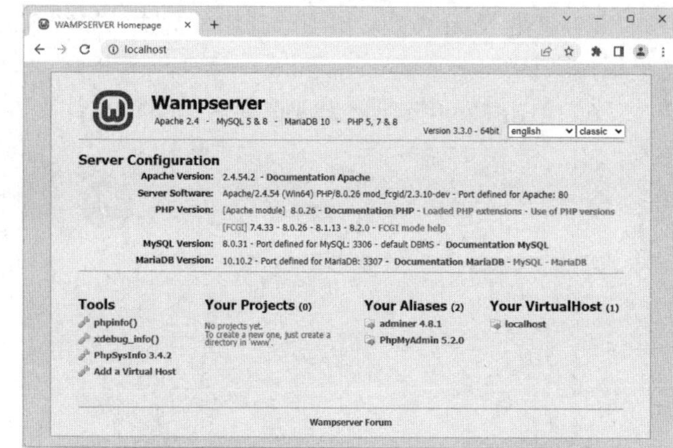

图 2.10　WampServer 启动成功界面

2.1.2　PHP 服务器的启动与停止

PHP 服务器主要包括 Apache 服务器和 MySQL 服务器，下面介绍启动与停止这两种服务器的方法。

1．手动启动和停止 PHP 服务器

单击任务栏系统托盘中的 WampServer 图标，弹出如图 2.11 所示的 WampServer 管理界面。此时可以单独对 Apache 和 MySQL 服务器进行启动、停止操作。此外，还可以同时对所有服务器进行操作。

以管理 Apache 服务器为例，依次选择 Apache →Service administration 'wampapche64'，将显示如图 2.12 所示的菜单，在此可对 Apache 进行启动/恢复服务、停止服务、重新启动服务等操作。

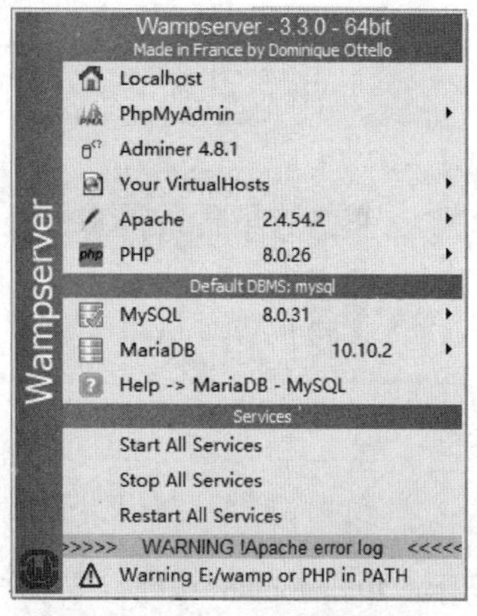

图 2.11　WampServer 管理界面

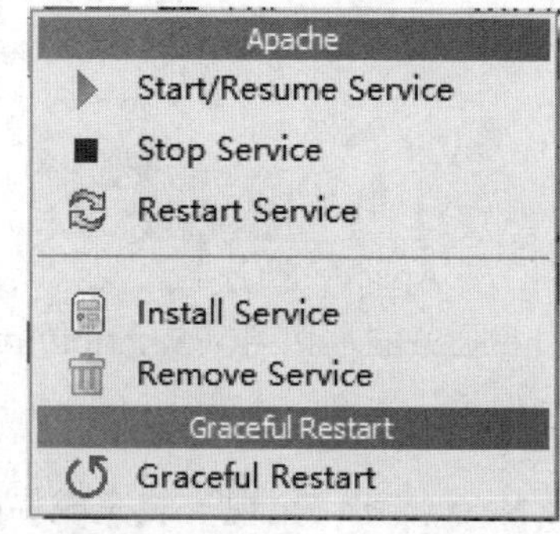

图 2.12　Apache 管理菜单

2．通过操作系统自动启动 PHP 服务器

（1）右击“开始”，选择“计算机管理”，打开“计算机管理”界面。

（2）展开“计算机管理”界面的“服务和应用程序”选项，选择该选项下的“服务”命令，查看

系统所有服务。

（3）找到 wampapache64 和 wampmysql64 服务，这两个服务分别表示 Apache 服务和 MySQL 服务。双击某种服务，先将“启动类型”设置为“自动”，然后单击“确定”按钮，即可设置该服务为自动启动，如图 2.13 所示。

图 2.13　设置 wampapache64 服务为自动启动

2.1.3　PHP 开发环境的关键配置

1. 修改 Apache 服务的端口号

WampServer 安装完成后，Apache 服务的端口号默认为 80。要修改 Apache 服务的端口号，可以通过以下步骤实现。

（1）单击 WampServer 图标，依次选择 Apache→http.conf，打开 httpd.conf 配置文件，查找关键字“Listen 0.0.0.0:80”。

（2）将 80 修改为其他端口号（如 8080），保存 httpd.conf 配置文件。

（3）重新启动 Apache 服务器，使新的配置生效。此后在访问 Apache 服务时，需要在浏览器地址栏中加上 Apache 服务的端口号（如 http://localhost:8080/）。

2. 设置网站起始页面

Apache 服务器允许用户自定义网站的起始页及优先级，方法如下。

打开 httpd.conf 配置文件，查找关键字 DirectoryIndex，在 DirectoryIndex 的后面就是网站的起始页及优先级，如图 2.14 所示。

由图 2.14 可见，在 WampServer 安装完成后，默认的网站起始页及优先级为 index.php、index.php3、index.html 和 index.htm。Apache 的默认显示页为 index.php，因此在浏览器的地址栏中输入 http://localhost/ 时，Apache 会首先查找访问服务器主目录下的 index.php 文件，如果该文件不存在，则依次查找访问

index.php3、index.html、index.htm 文件。

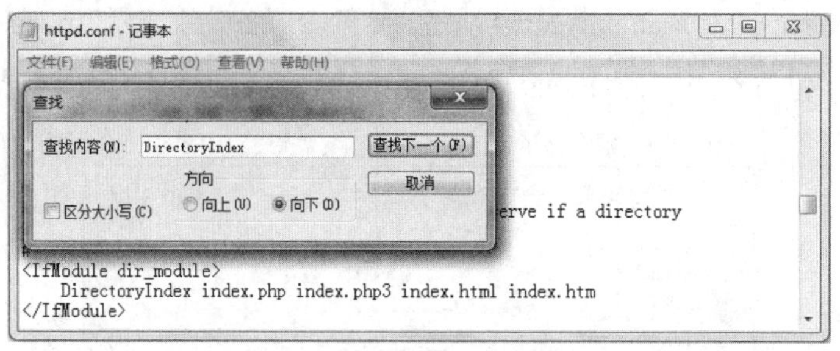

图 2.14　设置网站起始页

3. 设置 Apache 服务器主目录

WampServer 安装完成后，默认情况下浏览器访问的是 E:/wamp/www/目录下的文件，www 目录被称为 Apache 服务器的主目录。例如，在浏览器的地址栏中输入 http://localhost/php/test.php 时，访问的就是 www 目录下的 php 目录中的 test.php 文件。用户也可以自定义 Apache 服务器的主目录，方法如下。

（1）打开 httpd.conf 配置文件，查找关键字 DocumentRoot，如图 2.15 所示。

（2）修改 httpd.conf 配置文件。例如，设置目录 E:/wamp/www/php/为 Apache 服务器的主目录，如图 2.16 所示。

图 2.15　查找关键字 DocumentRoot

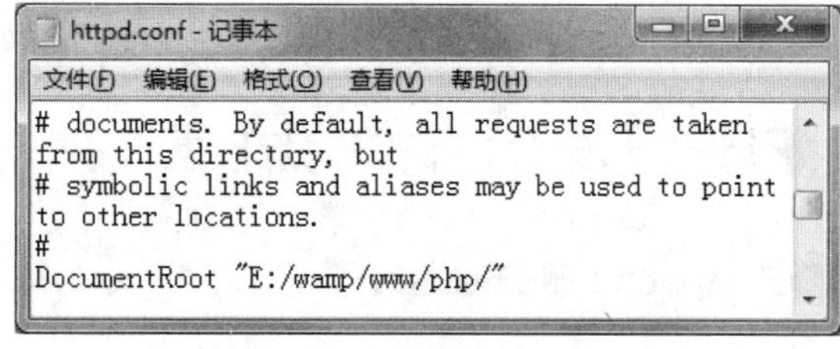

图 2.16　设置 Apache 服务器主目录

（3）重新启动 Apache 服务器，使新的配置生效。此时在浏览器的地址栏中输入 http://localhost/test.php，访问的就是 Apache 服务器主目录 E:/wamp/www/php/下的 test.php 文件。

4. PHP 的其他常用配置

php.ini 文件是 PHP 在启动时自动读取的配置文件，该文件所在目录是 E:\wamp\bin\php\php8.0.13。下面介绍 php.ini 文件中几个常用的配置。

☑ short_open_tag：当该值设置为 On 时，表示可以使用短标记“<?”和“?>”作为 PHP 的开始标记和结束标记。

☑ display_errors：当该值设置为 On 时，表示打开错误提示，在调试程序时经常使用。

5. 为 MySQL 服务器 root 账户设置密码

在 MySQL 数据库服务器中，用户名为 root 的账户具有管理数据库的最高权限。在安装 WampServer 之后，root 账户的密码默认为空，这样就会留下安全隐患。在 WampServer 中集成了 MySQL 数据库的管理工具 phpMyAdmin。phpMyAdmin 是众多 MySQL 图形化管理工具中应用最广泛的一种，是一款使

用 PHP 开发的 B/S 模式的 MySQL 客户端软件，该工具是基于 Web 跨平台的管理程序，支持简体中文。下面介绍如何应用 phpMyAdmin 来重新设置 root 账户的密码。

（1）单击任务栏系统托盘中的 WampServer 图标，选择 phpMyAdmin 命令，打开 phpMyAdmin 主界面。

（2）单击“账户”超链接，在“用户账户概况”界面中可以看到 root 账户，如图 2.17 所示。单击 root 账户一行中的“修改权限”超链接，会弹出新的编辑页面，找到“Change password”栏目，如图 2.18 所示。

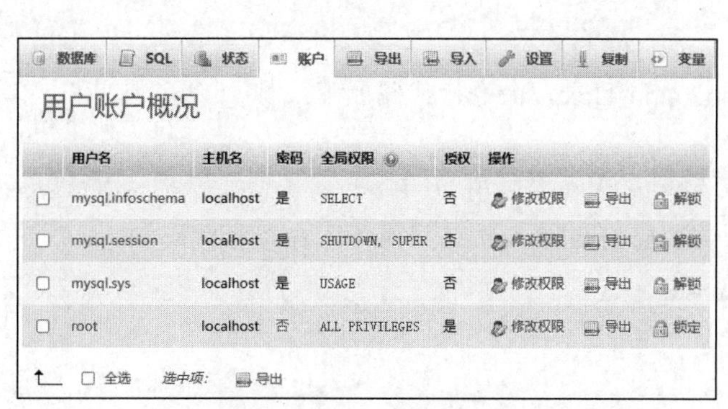

图 2.17　服务器用户一览表

图 2.18　修改 root 账户密码界面

（3）这里将 root 账户的密码设置为 111（本书中 root 账户的密码），输入新密码和确认密码之后，单击“执行”按钮，完成对用户密码的修改操作。此时返回主界面，将提示密码修改成功。

6. 设置 MySQL 数据库字符集

MySQL 数据库服务器支持很多字符集，默认使用的是 latin1 字符集。为防止出现中文乱码问题，需要将 latin1 字符集修改为 utf8 等中文字符集。将 MySQL 字符集设置为 utf8 的方法如下。

（1）单击任务栏系统托盘中的 WampServer 图标，选择 MySQL/my.ini 命令，打开 MySQL 配置文件 my.ini。

（2）在配置文件中的[mysql]选项组后添加参数设置“default-character-set = utf8”，在[mysqld]选项组后添加参数设置“character_set_server = utf8; collation-server=utf8_general_ci”。

（3）保存 my.ini 配置文件，重新启动 MySQL 服务器，此时默认字符集已被设置为 utf8 字符集。

2.2　在 Linux 下搭建 PHP 开发环境

在 Linux 操作系统下搭建 PHP 开发环境比在 Windows 操作系统下搭建要复杂得多，除 Apache、PHP 等软件外，还需要安装一些相关工具，并设置必要参数。如果要使用 PHP 扩展库，如 SOAP、MHASH 等，则还需要进行编译。总之，安装之前要准备的安装包有如下 4 种。

☑ httpd-2.4.54.tar.gz。

☑ php-8.0.24.tar.gz。

☑ mysql-5.0.51a-Linux-i686.tar.gz。

☑ libxml2-2.9.1.tar.gz。

2.2.1 安装 Apache 服务器

Apache 服务器需要在 Linux 终端下安装（Linux 下几乎所有软件都需要在终端下安装）。选择 Red Hat 9 的“主菜单”→“系统工具”→“终端”命令，打开 Linux 终端，参照以下步骤安装。

（1）进入 Apache 安装文件的目录，如/usr/local/work，命令行代码如下：

```
cd /usr/local/work/
```

（2）解压安装包。解压完成后，进入 httpd2.4.54 目录，命令行代码如下：

```
tar xfz httpd2.4.54.tar.gz
cd httd2.4.54
```

（3）建立 makefile，将 Apache 服务器安装到 usr/local/Apache2 目录下，命令行代码如下：

```
./configure --prefix=/usr/local/Apache2 --enable-module=so
```

（4）编译文件，命令行代码如下：

```
make
```

（5）开始安装，命令行代码如下：

```
make install
```

（6）安装完成后，将 Apache 服务器添加到系统启动项中，最后重启服务器。命令行代码如下：

```
/usr/local/Apache2/bin/apachectl start >> /etc/rc.d/rc.local
/usr/local/Apache2/bin/apachectl restart
```

（7）打开 Mozilla 浏览器，在地址栏中输入 http://localhost/，按 Enter 键，如果看到如图 2.19 所示的页面，说明 Apache 服务器安装成功。

图 2.19　Linux 下的 Apache 服务器安装

2.2.2 安装 MySQL 数据库

安装 MySQL 比安装 Apache 稍微复杂一些，因为需要创建 MySQL 账号，且新建账号需加入组群。

（1）创建 MySQL 账号，并加入组群。命令行代码如下：

```
groupadd mysql
useradd -g mysql mysql
```

（2）进入 MySQL 的安装目录，将其解压（如目录为/usr/local/mysql）。命令行代码如下：

```
cd /usr/local/mysql
tar xfz /usr/local/work/mysql-5.0.51a-Linux-i686.tar.gz
```

（3）考虑到 MySQL 数据库的升级需求，通常以链接的方式建立/usr/local/mysql 目录，命令行代码如下：

```
ln -s mysql-5.0.51a-Linux-i686.tar.gz mysql
```

（4）进入 mysql 目录，在/usr/local/mysql/data 中建立 mysql 数据库，命令行代码如下：

```
cd mysql
scripts/mysql_install_db -user=mysql
```

（5）修改文件权限，命令行代码如下：

```
chown -R root
chown -R mysql data
chgrp -R mysql
```

（6）至此，MySQL 安装成功。用户可以通过在终端中输入如下命令启动 MySQL 服务。

```
/usr/local/mysql/bin/mysqld_safe -user=mysql &
```

启动后输入如下命令，可进入 MySQL。

```
/user/local/mysql/bin/mysql -uroot
```

2.2.3　安装 PHP 8

安装 PHP 8 之前，首先需要查看 libxml 的版本号。如果 libxml 版本号小于 2.7.10，则需要先安装 libxml 高版本。安装 libxml 和 PHP 8 的步骤如下。

（1）将 libxml 和 PHP 8 复制到/usr/local/work 目录下，并进入该目录，命令行代码如下：

```
mv php-8.0.24.tar.gz libxml2-2.9.1.tar.gz /usr/local/work
cd /usr/local/work
```

（2）将 libxml2 和 PHP 分别解压，命令行代码如下：

```
tar -zxvf libxml2-2.9.1.tar.gz
tar -zxvf php-8.0.24.tar.gz
```

（3）进入 libxml2 目录，建立 makefile，将 libxml 安装到/usr/local/libxml2 目录下，命令行代码如下：

```
cd libxml2-2.9.1
./configure -prefix=/usr/local/libxml2
```

（4）编译文件，命令行代码如下：

```
makefile
```

（5）开始安装，命令行代码如下：

```
make install
```

（6）libxml2 安装完毕后，开始安装 PHP 8，进入 php-8.0.24 目录下，命令行代码如下：

```
cd ../php-8.0.24
```

（7）建立 makefile，命令行代码如下：

```
./configure --with-apxs2=/usr/local/Apache2/bin/apxs
--with-mysql=/usr/local/mysql
--with-libxml-dir=/usr/local/libxml2
```

（8）开始编译，命令行代码如下：

```
make
```

（9）开始安装，命令行代码如下：

```
make install
```

（10）复制 php.ini-development 或 php.ini-production 到/usr/local/lib 目录，并命名为 php.ini，命令行代码如下：

```
cp php.ini-development /usr/local/lib/php.ini
```

（11）更改 httpd.conf 文件相关设置，该文件位于/usr/local/Apache2/conf 中。首先，需要在该文件中找到如下指令行：

```
AddType application/x-gzip .gz .tgz
```

然后在该指令后加入如下指令：

```
AddType application/x-httpd-php .php
```

最后重新启动 Apache，并在 Apache 主目录下建立文件 phpinfo.php，代码如下：

```
<?php
	phpinfo();
?>
```

在 Mozilla 浏览器中输入 http://localhost/phpinfo.php，按 Enter 键，如果出现如图 2.20 所示的界面，则表示 PHP 已安装成功。

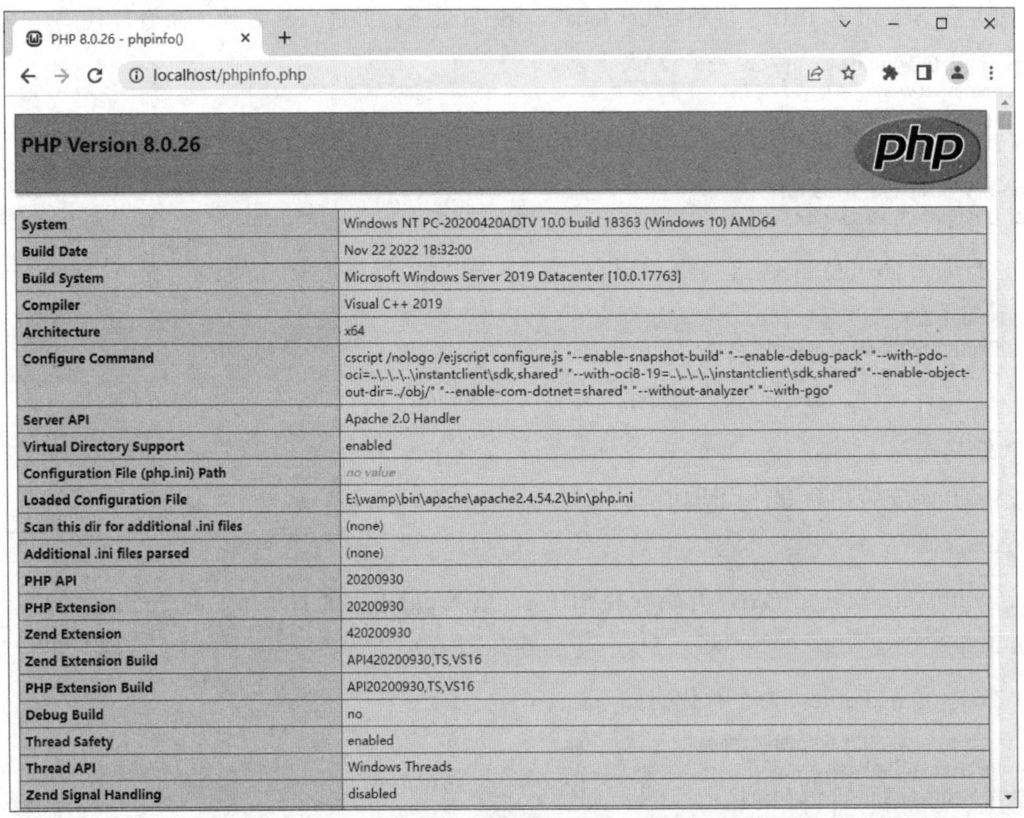

System	Windows NT PC-20200420ADTV 10.0 build 18363 (Windows 10) AMD64
Build Date	Nov 22 2022 18:32:00
Build System	Microsoft Windows Server 2019 Datacenter [10.0.17763]
Compiler	Visual C++ 2019
Architecture	x64
Configure Command	cscript /nologo /e:jscript configure.js "--enable-snapshot-build" "--enable-debug-pack" "--with-pdo-oci=..\..\..\..\instantclient\sdk,shared" "--with-oci8-19=..\..\..\..\instantclient\sdk,shared" "--enable-object-out-dir=../obj/" "--enable-com-dotnet=shared" "--without-analyzer" "--with-pgo"
Server API	Apache 2.0 Handler
Virtual Directory Support	enabled
Configuration File (php.ini) Path	no value
Loaded Configuration File	E:\wamp\bin\apache\apache2.4.54.2\bin\php.ini
Scan this dir for additional .ini files	(none)
Additional .ini files parsed	(none)
PHP API	20200930
PHP Extension	20200930
Zend Extension	420200930
Zend Extension Build	API420200930,TS,VS16
PHP Extension Build	API20200930,TS,VS16
Debug Build	no
Thread Safety	enabled
Thread API	Windows Threads
Zend Signal Handling	disabled

图 2.20　PHP 安装成功界面

2.3　PHP 常用开发工具

工欲善其事，必先利其器。随着 PHP 的发展，大量优秀的开发工具纷纷出现。找到一个适合自己的开发工具，不仅可以加快学习进度，还能在以后的开发过程中及时发现问题，少走弯路。

PhpStorm 是 JetBrains 公司开发的一款商业 PHP 集成开发工具，使用 PhpStorm 开发 PHP 程序有许多优点，它可以提高用户效率，提供智能代码补全、快速导航以及即时错误检查的功能。由于 PhpStorm 的版本不断更新，本书以目前最新版本 PhpStorm 2022.2.3（以下简称 PhpStorm）为例，介绍 PhpStorm 的下载和安装。

1．PhpStorm 的下载

（1）在浏览器中输入 http://www.jetbrains.com/phpstorm，按 Enter 键，进入 PhpStorm 的主页面，如图 2.21 所示。

图 2.21　PhpStorm 的主页面

（2）在 PhpStorm 主页面中，单击 Download 按钮，在打开的页面中找到 Other versions 超链接，如图 2.22 所示。

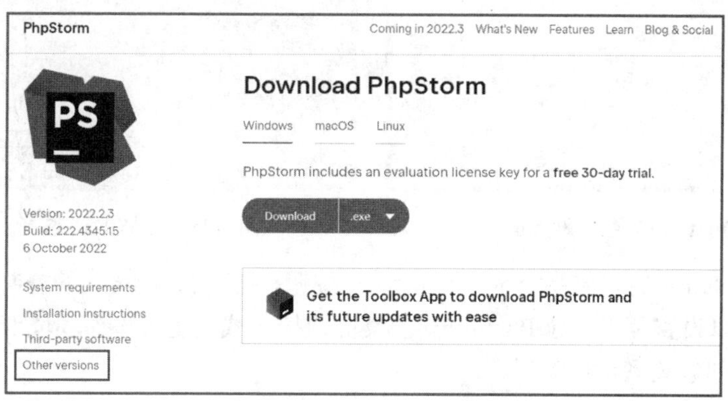

图 2.22　Other versions 超链接

（3）单击 Other versions 超链接，进入 PhpStorm 不同版本的下载页面，在页面中找到 PhpStorm 2022.2.3 的下载链接，如图 2.23 所示。

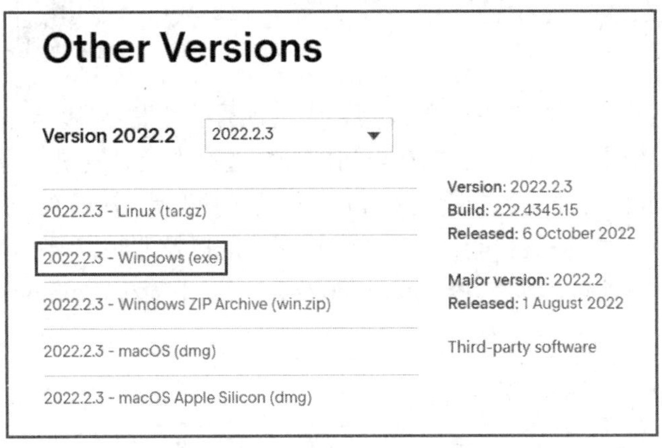

图 2.23　2022.2.3 - Windows (exe) 下载链接

（4）单击“2022.2.3 - Windows (exe)”超链接，开始下载 PhpStorm 的安装文件。

2. PhpStorm 的安装

（1）PhpStorm 下载完成后，双击 PhpStorm-2022.2.3.exe 安装文件，打开 PhpStorm 的安装欢迎界面，如图 2.24 所示。

（2）单击 Next 按钮，打开 PhpStorm 的选择安装路径界面，如图 2.25 所示。在该界面中可以设置 PhpStorm 的安装路径，这里将安装路径设置为“D:\PhpStorm 2022.2.3”。

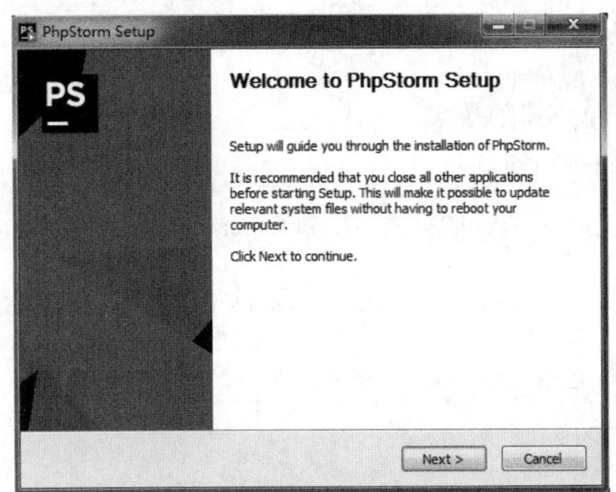
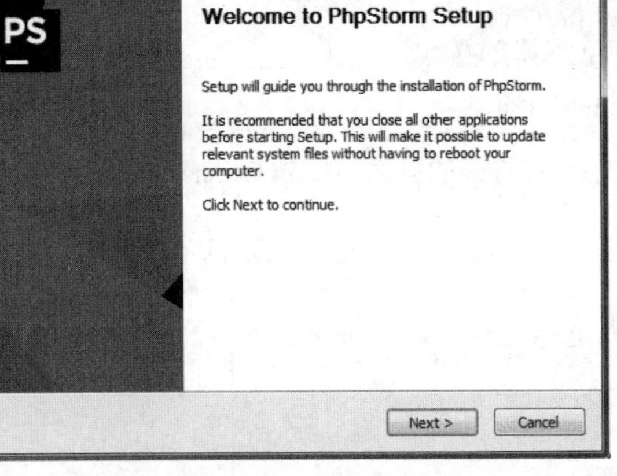

图 2.24　PhpStorm 安装欢迎界面

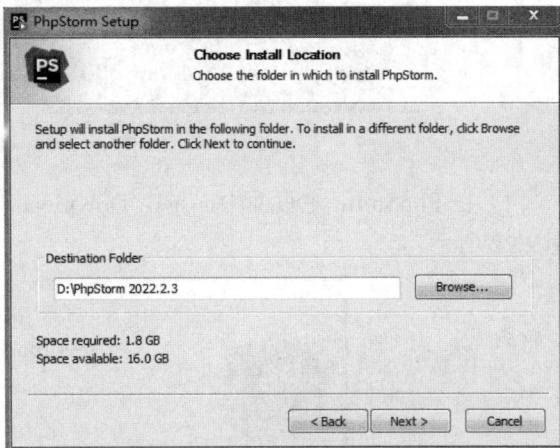

图 2.25　PhpStorm 选择安装路径界面

（3）设置好 PhpStorm 的安装路径后，单击 Next 按钮，打开 PhpStorm 的安装选项界面，如图 2.26 所示。在该界面中可以设置是否创建 PhpStorm 的桌面快捷方式、是否添加环境变量、是否以项目形式打开文件夹以及选择创建关联文件类型。

（4）设置完成后，单击 Next 按钮，打开 PhpStorm 的选择开始菜单文件夹界面，如图 2.27 所示。

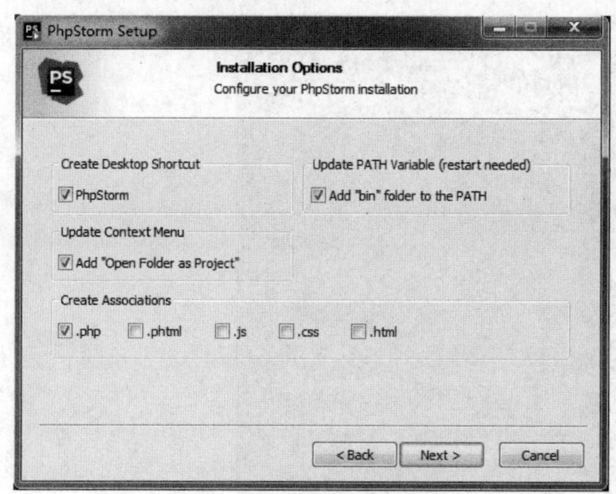

图 2.26　PhpStorm 安装选项界面

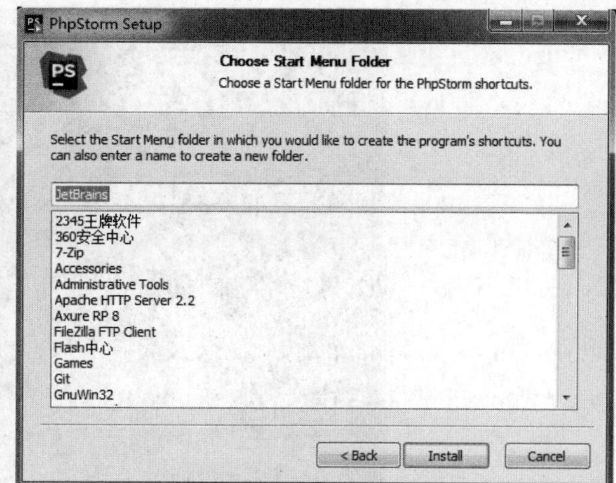

图 2.27　PhpStorm 的选择开始菜单文件夹界面

（5）单击 Install 按钮开始安装 PhpStorm。安装结束后会打开如图 2.28 所示的安装完成重启界面，根据需要选择重启方式即可，这里先选择 Reboot now（立即重启），然后单击 Finish 按钮。

（6）首次运行 PhpStorm 时，会弹出如图 2.29 所示的对话框，提示用户是否需要导入 PhpStorm 配置，根据需要选择即可，这里选择默认不导入配置。

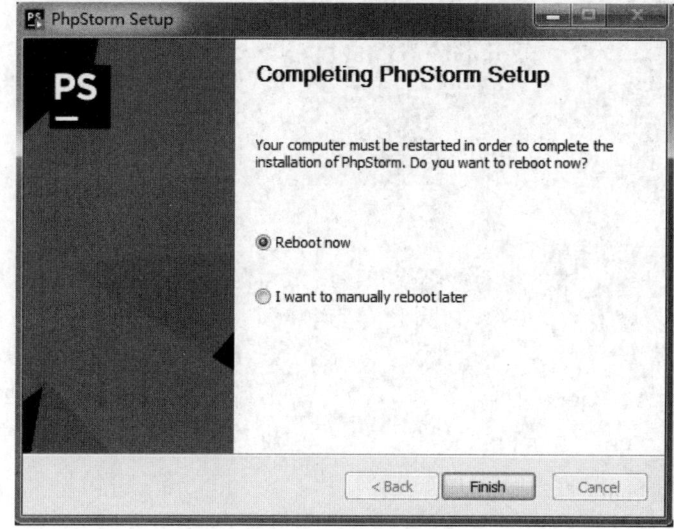

图 2.28　PhpStorm 完成安装界面

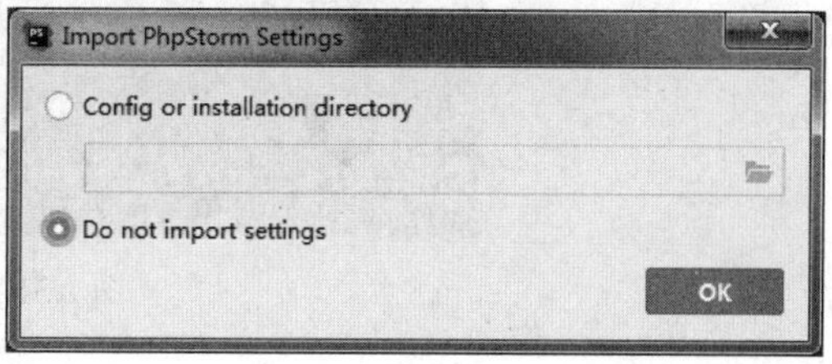

图 2.29　是否导入 PhpStorm 配置

（7）单击 OK 按钮，打开 PhpStorm 的激活界面，如图 2.30 所示。

（8）输入激活码后，单击 Activate 按钮，出现如图 2.31 所示界面，表示 PhpStorm 激活成功。最后单击 Continue 按钮，此时 PhpStorm 就可以正常使用了。

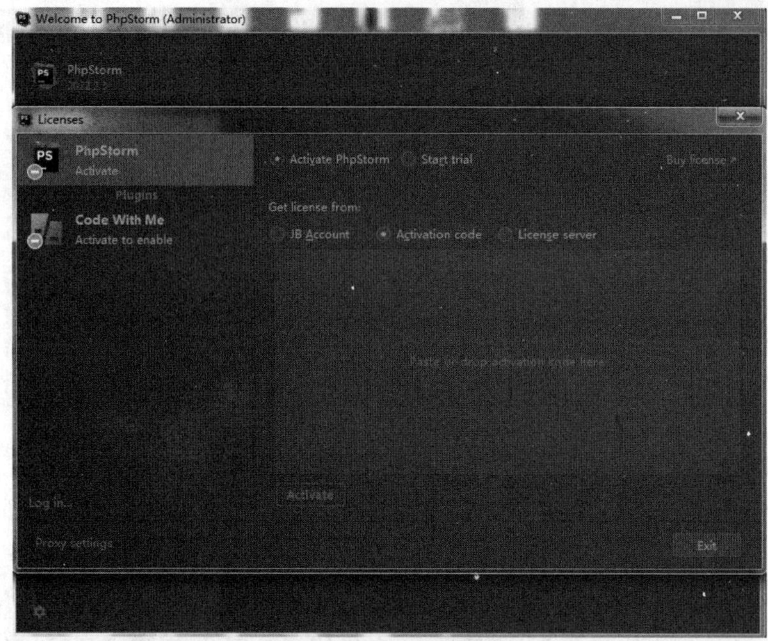

图 2.30　PhpStorm 激活界面

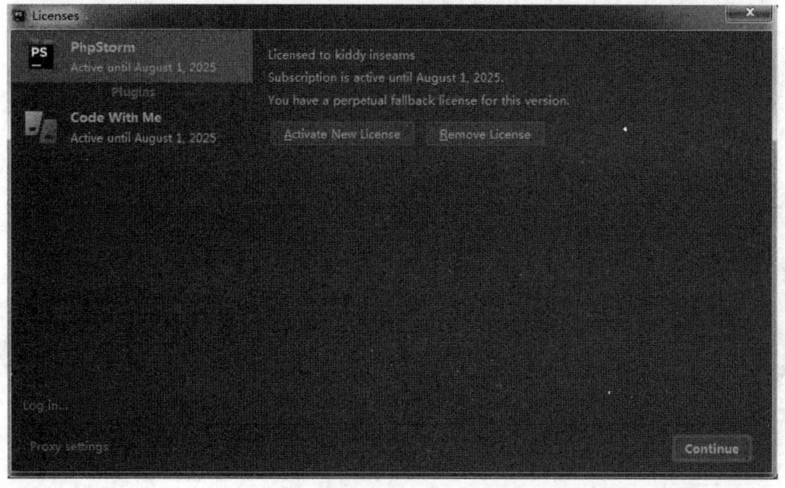

图 2.31　PhpStorm 激活成功界面

2.4　第一个 PHP 实例

下面以 PhpStorm 为开发工具编写第一个 PHP 实例，目的是熟悉 PHP 的语法书写规则和 PhpStorm 工具的基本使用。

【例 2.1】 本例的功能很简单，输出一段欢迎信息。（**实例位置：资源包\TM\sl\2\1**）

（1）启动 PhpStorm，在欢迎界面中单击 New Project 按钮，进入 New Project 对话框，如图 2.32 所示。在该对话框中选择项目存储路径，将项目文件夹放在“E:\wamp\www”目录下，单击 Create 按钮。

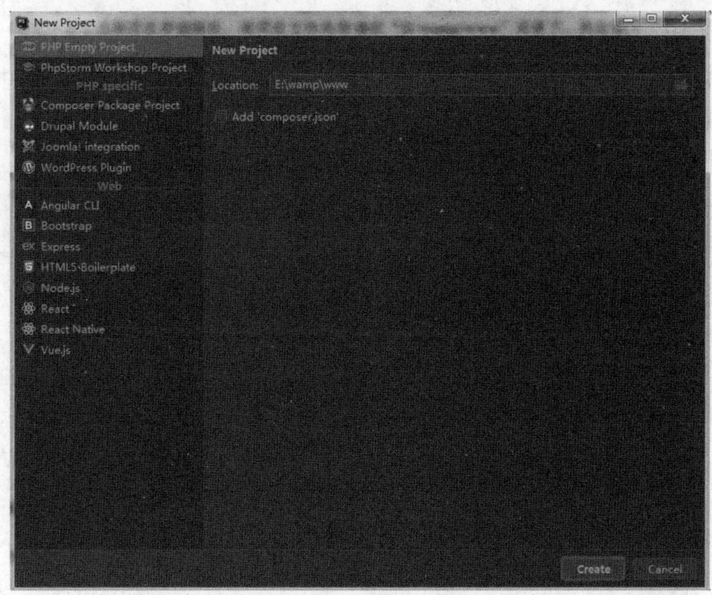

图 2.32　New Project 对话框

（2）在打开的界面中选中左侧的“WWW E:\wamp\www”一项右击，依次选择 New→File，如图 2.33 所示。在弹出的对话框中输入文档名字，然后按 Enter 键，此处命名为 index.php，如图 2.34 所示。

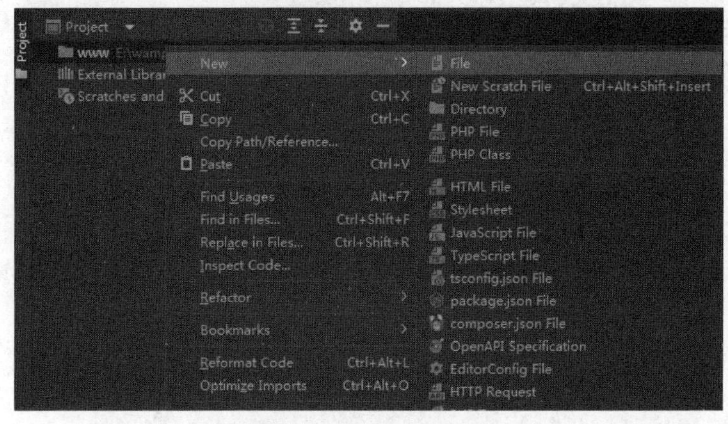

图 2.33　PhpStorm 新建文档

图 2.34　新建文档命名

（3）编写 PHP 代码。在 index.php 文件中编写如下 PHP 代码段：

```
<?php
    echo "欢迎进入 PHP 的世界！！";
?>
```

☑　“<?php”和“?>”是 PHP 的标记对，其中的所有代码都被当作 PHP 代码来处理。除了这种表示方法，PHP 还可以使用 ASP 风格的“<%...%>”和简短风格的“<?…?>”等来标记，在第 3 章中我们将会详细介绍。

☑　echo 语句是 PHP 中的输出语句，可将紧跟关键字 echo 后的字符串或者变量值显示在页面中。

☑　每行代码都以“;”结尾。

输入代码的页面如图 2.35 所示。

（4）查看 index.php 页面的执行结果。打开浏览器，在地址栏中输入 http://localhost/index.php，按 Enter 键，页面效果如图 2.36 所示。

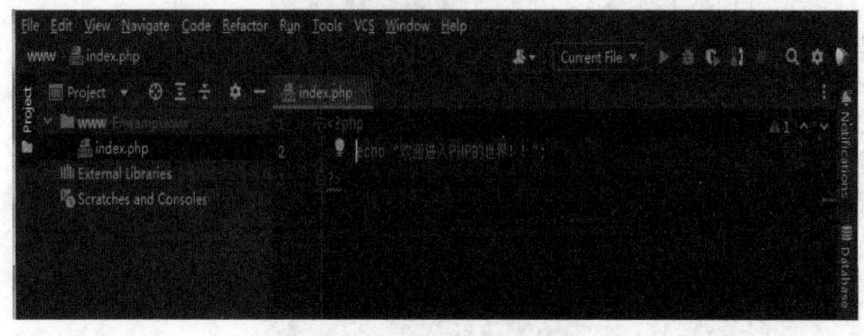

图 2.35　编写 PHP 程序代码

图 2.36　PHP 页面运行效果

2.5　实践与练习

（答案位置：资源包\TM\sl\2\实践与练习\）

综合练习 1：使用 echo 语句输出字符串

尝试开发一个页面，使用 echo 语句输出字符串“恭喜您走上 PHP 的编程之路！”。

综合练习 2：使用 echo 语句输出一个表格

尝试开发一个页面，使用 echo 语句输出一个 4 行 3 列的表格。

第 3 章

PHP 语言基础

PHP 的特点是易学、易用，但这并不代表随随便便就可以掌握 PHP。随着知识的深入，PHP 会越来越难学，基础的重要性也就愈加明显。掌握扎实的基础知识是学会一门语言的核心，希望初学者能静下心来，牢牢掌握本章的知识，这样对以后的学习能起到事半功倍的效果。

本章主要介绍 PHP 语言的基础知识，包括数据类型、常量、变量、运算符、表达式和函数，并详细介绍了各种数据类型之间的转换，系统预定义的常量、变量，运算符的优先级，最后介绍 PHP 编码规范。

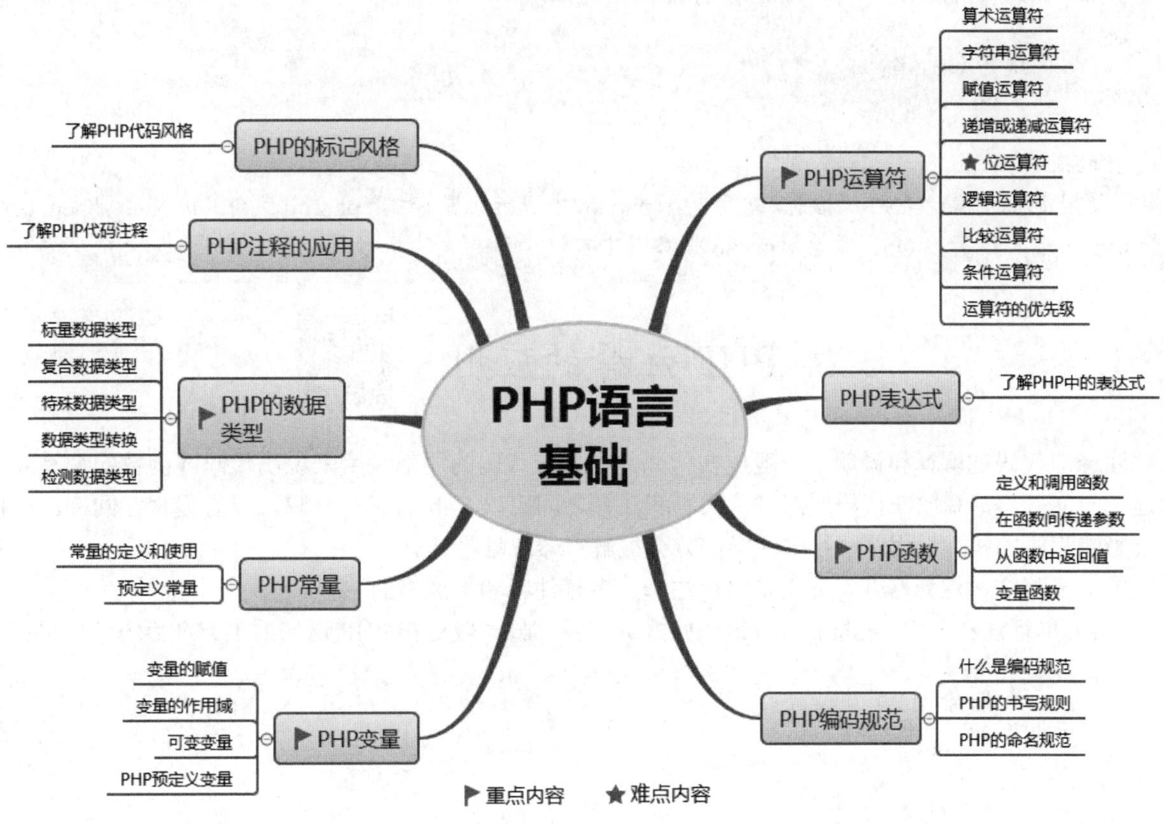

3.1 PHP 的标记风格

和其他 Web 语言一样，PHP 也是使用各种标记对将 PHP 代码包含起来，以和 HTML 代码做区分。

PHP 支持 4 种标记风格，分别是 XML 风格、脚本风格、简短风格和 ASP 风格。

（1）XML 风格是本书所用的标记风格，也是推荐广大开发者使用的标记风格（原因参见 3.9 节 PHP 编码规范），服务器不能禁用。该风格使用“<?php … ?>”进行标记，在 XML、XHTML 中都可以使用。例如：

```
<?php
    echo "这是 XML 风格的标记";
?>
```

（2）脚本风格使用“<script language="php">…</script>”进行标记。例如：

```
<script language="php">
    echo '这是脚本风格的标记';
</script>
```

（3）简短风格使用“<?…?>”进行标记。例如：

```
<? echo '这是简短风格的标记'; ?>
```

（4）ASP 风格使用“<%…%>”进行标记。例如：

```
<%
    echo '这是 ASP 风格的标记';
%>
```

说明

使用简短风格和 ASP 风格前，需要先在 php.ini 中进行配置。打开 php.ini 文件，将 short_open_tag 和 asp_tags 都设置为 On，重启 Apache 服务器即可。

3.2 PHP 注释的应用

注释即代码的解释和说明，一般放在代码的上方或代码的尾部，用来说明代码或函数的编写人、用途、时间等。注释放在代码尾部时，代码和注释之间应以 Tab 键进行分隔，以方便程序阅读。注释不会影响程序的执行，程序执行时注释部分会被解释器忽略不计。

PHP 支持 3 种注释格式，分别是单行注释、多行注释和 # 风格的注释。

（1）单行注释（//）来源于 C++语法格式，注释部分一般写在 PHP 语句的上方或后方。例如：

```
<?php
    //这是写在 PHP 语句上方的单行注释
    echo '使用 C++风格的注释';
?>
<?php
    echo '使用 C++风格的注释';                    //这是写在 PHP 语句后面的单行注释
?>
```

（2）多行注释（/*…*/）来源于 C 语言语法格式，分为块注释和文档注释。多行注释不允许进行嵌套操作。其中，块注释示例如下：

```
<?php
    /*
```

```
    $a = 1;
    $b = 2;
    echo ($a + $b);
    */
    echo 'PHP 的多行注释';
?>
```

文档注释示例如下：

```
<?php
    /*说明：项目工具类
    *作者：小辛
    *E-mail:mingrisoft@mingrisoft.com
    */
    class Util
    {
    /**
    *方法说明：给字符串加前缀
    *参数：String $str
    *返回值：String
    */
        function addPrefix($str)
        {
            $str.= 'mingri';
            return $str;
        }
    }
?>
```

（3）#风格的注释。示例代码如下：

```
<?php
    echo '这是#风格的注释';                                    #这是#风格的单行注释
?>
```

注意

单行注释中不要出现“?>”，否则解释器会认为 PHP 脚本到此已结束。例如：

```
<?php
  echo '这样会出错的！！！！！'                    //不会看到?>会看到
?>
```

上述代码的输出结果为：这样会出错的！！！！！会看到 ?>

3.3　PHP 的数据类型

PHP 支持 8 种数据类型，包括 4 种标量数据类型，即 boolean（布尔型）、string（字符串型）、integer（整型）和 float/double（浮点型）；2 种复合数据类型，即 array（数组）和 object（对象）；2 种特殊数据类型，即 resource（资源）和 null（空值）。

说明

PHP 中变量的类型通常不是由程序员设定的，确切地说，是 PHP 根据该变量使用的上下文在运行时决定的。

3.3.1 标量数据类型

标量数据类型是数据结构中最基本的单元，只能存储一个数据。PHP 中标量数据类型包括 4 种，如表 3.1 所示。

表 3.1 标量数据类型

类　型	说　明
boolean（布尔型）	最简单的类型，只有两个值：true（真）和 false（假）
string（字符串型）	字符串就是连续的字符序列，可以是计算机所能表示的一切字符的集合
integer（整型）	整型数据类型用于存储整数
float（浮点型）	浮点数据类型用于存储小数

1. 布尔型（boolean）

布尔型变量通常保存一个 true 值或一个 false 值，其中 true 和 false 是 PHP 的内部关键字。布尔型变量通常应用在条件判断语句或循环控制语句的表达式中。

【例 3.1】 在 if 条件语句中判断变量$boo 中的值是否为 true，如果为 true，则输出“变量$boo 为真!”，否则输出“变量$boo 为假!!”。（**实例位置：资源包\TM\sl\3\1**）

```
<?php
    $boo = true;                        //声明一个 boolean 类型变量，赋初值为 true
    if ($boo == true)                   //判断变量$boo 是否为真
        echo '变量$boo 为真!';          //如果为真，则输出“变量$boo 为真!”
    else
        echo '变量$boo 为假!!';         //如果为假，则输出“变量$boo 为假!!”
?>
```

结果为：

```
变量$boo 为真!
```

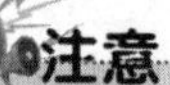
注意

在 PHP 中，不是只有 false 值才为假，一些特殊情况下，boolean 值也被认为是 false，这些特殊情况有 0、0.0、"0"、空白字符串（""）、只声明没有赋值的数组等。

说明

“$”是变量标识符，所有变量都以“$”开头，无论是声明变量还是调用变量，都应使用“$”标识。

2. 字符串型（string）

字符串是连续的字符序列，由数字、字母和符号组成。字符串中的每个字符只占用一个字节。在 PHP 中，有 3 种定义字符串的方式，分别是单引号（'）、双引号（"）和定界符（<<<）。

单引号和双引号是经常使用的定义方式，定义格式如下：

```
<?php
    $a = '字符串';
?>
```

或

```
<?php
    $a = "字符串";
?>
```

两者的不同之处在于，双引号中所包含的变量会自动被替换成实际数值，而单引号中包含的变量则按普通字符输出。

【例 3.2】应用单引号和双引号输出同一个变量。（**实例位置：资源包\TM\sl\3\2**）

```
<?php
    $i = '只会看到一遍';                    //声明一个字符串变量
    echo "$i";                              //用双引号输出
    echo "<p>";                             //输出段落标记
    echo '$i';                              //用单引号输出
?>
```

单引号和双引号的输出结果完全不同，双引号输出的是变量的值，而单引号输出的是字符串“$i”。运行结果如图 3.1 所示。

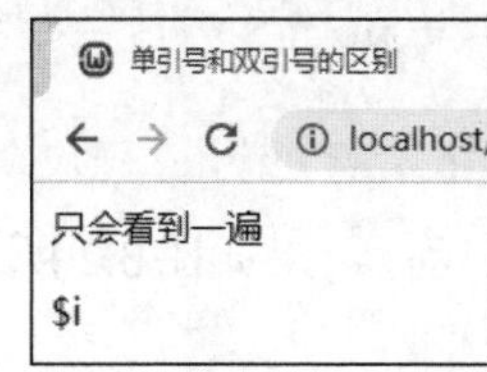

图 3.1　单引号和双引号的区别

两者之间另一个不同点是对转义字符的使用。使用单引号时，要想输出单引号，只要对单引号（'）进行转义即可，但使用双引号（"）时，还要注意“"”“$”等字符的使用。这些特殊字符都要通过转义字符“\”来显示。常用的转义字符如表 3.2 所示。

表 3.2　常用的转义字符

转 义 字 符	输　　出
\n	换行（LF 或 ASCII 字符 0x0A（10））
\r	回车（CR 或 ASCII 字符 0x0D（13））
\t	水平制表符（HT 或 ASCII 字符 0x09（9））
\\	反斜杠
\$	美元符号
\'	单引号
\"	双引号
\[0-7]{1,3}	此正则表达式序列匹配一个用八进制符号表示的字符，如\467
\x[0-9A-Fa-f]{1,2}	此正则表达式序列匹配一个用十六进制符号表示的字符，如\x9f

\n 和\r 在 Windows 系统中没有什么区别，都可以当作回车符。但在 Linux 系统中则是两种效果，\n 表示换到下一行，但不会回到行首；\r 表示光标回到行首，但仍然在本行。如果读者使用 Linux 操作系统，可以尝试一下。

注意

如果对非转义字符使用了“\”，那么在输出时，“\”也会跟着一起被输出。

说明

定义简单字符串时使用单引号更加合适，使用双引号 PHP 将花费一些时间来处理字符串的转义和变量的解析。因此，如果没有特别的要求，定义字符串时应尽量使用单引号。

定界符（<<<）是从 PHP 4 开始支持的。使用时，在定界符后接一个标识符，然后是字符串，最后以同样的标识符结束字符串。定界符的格式如下：

```
$string = <<< str
要输出的字符串
str
```

其中，str 为指定的标识符。

【例 3.3】使用定界符输出变量的值。（**实例位置：资源包\TM\sl\3\3**）

```
<?php
    $i = '显示该行内容';                                              //声明变量$i
    echo <<< std
    这和双引号没有什么区别，\$i 同样可以被输出出来。<p>
    \$i 的内容为：$i
    std;
?>
```

运行结果如图 3.2 所示。可以看到，它和双引号的作用相同，包含的变量也被替换成实际数值。

图 3.2　使用定界符定义字符串

注意

结束标识符可以使用空格或制表符（tab）缩进。如果结束标识符的缩进超过字符串的任何一行的缩进就会发生错误，而且在对结束标识符和字符串进行缩进时，制表符和空格不能混合使用。

3．整型（integer）

整型数据类型只能包含整数。整型数据的有效范围是-2147483648～+2147483647。整型数可以用十进制、八进制和十六进制来表示。如果用八进制，则数字前面必须加 0；如果用十六进制，则需要加 0x。

注意

在 PHP 7 之前的版本中，如果八进制中出现了非法数字（8 和 9），则后面的数字会被忽略。在 PHP 7 之后的版本中会编译报错。

【例 3.4】输出八进制、十进制和十六进制整数。（**实例位置：资源包\TM\sl\3\4**）

```
<?php
$str1 = 1234567;                        //声明一个十进制的整数
$str2 = 0x1234567;                      //声明一个十六进制的整数
```

```
$str3 = 01234567;                                    //声明一个八进制的整数
echo '数字 1234567 不同进制的输出结果：<p>';
echo '十进制的结果是：'.$str1.'<br>';                //输出十进制整数
echo '十六进制的结果是：'.$str2.'<br>';              //输出十六进制整数
echo '八进制的结果是：'.$str3;                       //输出八进制整数
?>
```

运行结果如图 3.3 所示。

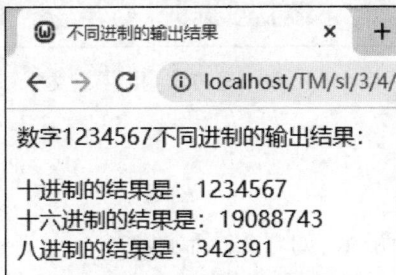

图 3.3　不同进制的输出结果

注意

如果给定的数值超出了 integer 型所能表示的最大范围，将会被当作 float 型处理，这种情况称为整数溢出。同样，如果表达式的最后运算结果超出了 integer 型的范围，也会返回 float 型。

4．浮点型（float）

浮点数据类型可以用来存储小数，它提供的精度比整数大得多，在 64 位的操作系统中，有效的范围是 1.7E−308～1.7E+308。在 PHP 4 之前，浮点型的标识为 double，也叫作双精度浮点数，float 和 double 在 PHP 中没有什么区别。

浮点型数据默认有两种书写格式：一种是标准格式，如 3.1415、−35.8 等；还有一种是科学记数法格式（即指数格式），如 3.58E1、849.72E−3 等。

【例 3.5】输出圆周率的近似值。采用 3 种不同的书写方法（圆周率函数、传统书写格式和科学记数法）表示，最后显示在页面上的效果都一样。（**实例位置：资源包\TM\sl\3\5**）

```
<?php
    echo '圆周率的 3 种书写方法：<p>';
    echo '第一种：pi() = '. pi() .'<p>';                                    //调用 pi()函数输出圆周率
    echo '第二种：3.14159265359 = '. 3.14159265359 .'<p>';                  //传统书写格式的浮点数
    echo '第三种：314159265359E-11 = '. 314159265359E-11 .'<p>';            //科学记数法格式的浮点数
?>
```

运行结果如图 3.4 所示。

注意

浮点型的数值只是一个近似值，所以要尽量避免在浮点型数值之间比较大小，因为最后的结果往往是不准确的。

图 3.4　3 种书写方法输出浮点类型

3.3.2　复合数据类型

复合数据类型包括数组和对象两种，如表 3.3 所示。

表 3.3　复合数据类型

类　　型	说　　明
array（数组）	一组数据类型相同的变量的集合
object（对象）	对象是类的实例，使用 new 命令来创建

1. 数组（array）

数组是一组数据的集合，它把一系列同类型数据组织起来，形成一个可操作的整体。数组中可以包括很多数据，如标量数据、数组、对象、资源以及 PHP 中支持的其他语法结构等。

数组中的每个数据都被称为一个元素，元素包括索引（键名）和值两个部分。元素的索引可以由数字或字符串组成，元素的值可以是多种数据类型。定义数组的语法格式有如下 3 种：

```
$array = array('value1', 'value2'...)
$array[key] = 'value'
$array = array(key1 => value1, key2 => value2...)
```

其中，key 是数组元素的下标，value 是数组下标所对应的元素。以下几种都是正确的声明数组格式：

```
$arr1 = array('This', 'is', 'an', 'example');
$arr2 = array(0 => 'php', 1 => 'is', 'the' => 'the', 'str' => 'best ');
$arr3[0] = 'tmpname';
```

声明数组后，数组中的元素个数还可以自由更改。只要给数组赋值，数组就会自动增加长度。在第 7 章中会详细介绍数组的相关知识。

2. 对象（object）

世间万物皆为对象，对象包含方法和属性。在 PHP 中，用户可以自由使用面向过程和面向对象这两种开发方法。第 14 章中我们将详细介绍面向对象的相关知识。

3.3.3　特殊数据类型

特殊数据类型包括资源（resource）和空值（null）两种，如表 3.4 所示。

表 3.4　特殊数据类型

类　　型	说　　明
资源（resource）	资源是一种特殊变量，又叫作句柄，保存了到外部资源的一个引用。资源是通过专门的函数来建立和使用的
空值（null）	特殊的值，表示变量没有值，唯一的值就是 null

1．资源（resource）

关于资源的类型，可以参考 PHP 手册后面的附录，里面有详细的介绍和说明。使用资源时，系统会自动启用垃圾回收机制，释放不再使用的资源，避免内存消耗殆尽。因此，资源很少需要手工释放。

2．空值（null）

空值，顾名思义，就是没有为该变量设置任何值。另外，空值（null）不区分大小写，null 和 NULL 效果是一样的。被赋予空值的情况有 3 种：未被赋任何值、被赋值为 null、被 unset()函数处理过。

【例 3.6】被赋值为 null 的几种情况。**（实例位置：资源包\TM\sl\3\6）**

字符串 string1 被赋值为 null。string2 未被声明和赋值，所以也输出 null。string3 虽然被赋了初值，但被 unset()函数处理后，也变为 null 型。unset()函数的作用是从内存中删除变量。

```
<?php
    echo "变量(\$string1)直接赋值为 null：";
    $string1 = null;                                    //变量$string1 被赋空值
    $string3 = "str";                                   //变量$string3 被赋值 str
    if (!isset($string1))                               //判断$string1 是否为空值
        echo "string1 = null";
    echo "<p>变量(\$string2)未被赋值：";
    if (!isset($string2))                               //判断$string2 是否为空值
        echo "string2 = null";
    echo "<p>被 unset()函数处理过的变量(\$string3)：";
    unset($string3);                                    //释放$string3
    if (!isset($string3))                               //判断$string3 是否为空值
        echo "string3 = null";
?>
```

运行结果如图 3.5 所示。

说明

isset()函数用于判断变量是否为 null，该函数返回一个 boolean 型，如果变量为 null，则返回 true，否则返回 false。unset()函数用来销毁指定的变量。

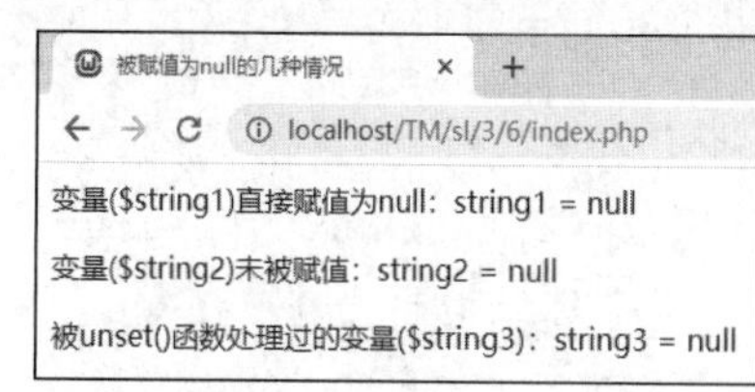

图 3.5　被赋值为 null 的几种情况

注意

从 PHP 4 开始，unset()函数就不再有返回值，所以不要试图获取或输出 unset()。

3.3.4　数据类型转换

虽然 PHP 是弱类型语言，但有时仍然需要用到数据类型转换。PHP 中的数据类型转换和 C 语言一样，非常简单，只需在变量前加上用括号括起来的类型名称即可。允许转换的类型如表 3.5 所示。

表 3.5　数据类型强制转换

转换操作符	转 换 类 型	示　　例
(boolean)	转换成布尔型	(boolean)$num、(boolean)$str
(string)	转换成字符串型	(string)$boo、(string)$flo
(integer)	转换成整型	(integer)$boo、(integer)$str
(float)	转换成浮点型	(float)$str、(float)$str
(array)	转换成数组	(array)$str
(object)	转换成对象	(object)$str

注意

在进行数据类型转换的过程中应该注意：转换成 boolean 型时，null、0 以及未赋值的变量和数组会被转换为 false，其他的转换为 true；转换成整型时，布尔型的 false 转换为 0，true 转换为 1，浮点型的小数部分被舍去，字符型如果以数字开头就截取到非数字位，否则输出 0。

类型转换还可以通过 settype()函数来完成，该函数可以将变量转换成指定的数据类型。函数格式如下：

```
bool settype(mixed var, string type)
```

其中，var 为指定的变量；type 为指定的类型，它有 7 个可选值，即 boolean、float、integer、array、null、object 和 string。如果转换成功，则返回 true，否则返回 false。

当字符串转换为整型或浮点型时，如果字符串是以数字开头的，就会先把数字部分转换为整型，再舍去后面的字符串；如果数字中含有小数点，则会取到小数点前一位。

【例 3.7】使用不同的方法对指定字符串进行类型转换。（**实例位置：资源包\TM\sl\3\7**）

```
<?php
    $num = '3.1415926r*r';                              //声明一个字符串变量
    echo '使用(integer)操作符转换变量$num 类型：';
    echo (integer)$num;                                 //使用 integer 转换类型
    echo '<p>';
    echo '输出变量$num 的值：'.$num;                    //输出原始变量$num
    echo '<p>';
    echo '使用 settype 函数转换变量$num 类型：';
    echo settype($num, 'integer');                      //使用 settype()函数转换类型
    echo '<p>';
    echo '输出变量$num 的值：'.$num;                    //输出原始变量$num
?>
```

运行结果如图 3.6 所示。

可以看到，使用 integer 操作符能直接输出转换后的变量类型，原变量不发生任何变化。使用 settype()函数返回的是 1，也就是 true，且原变量被改变了。在实际应用中，可根据情况自行选择转换方式。

图 3.6　类型转换

3.3.5　检测数据类型

PHP 内置了一系列检测数据类型的函数，可以对不同类型的数据进行检测，判断其是否属于某个类型，如果是则返回 true，否则返回 false。检测数据类型的函数如表 3.6 所示。

表 3.6　检测数据类型的函数

函　数	检 测 类 型	示　例
is_bool()	检查变量是否为布尔类型	is_bool(true)、is_bool(false)
is_string()	检查变量是否为字符串类型	is_string('string')、is_string(1234)
is_float/is_double()	检查变量是否为浮点类型	is_float(3.1415)、is_float('3.1415')
is_integer/is_int()	检查变量是否为整数	is_integer(34)、is_integer('34')
is_null()	检查变量是否为 null	is_null(null)
is_array()	检查变量是否为数组类型	is_array($arr)
is_object()	检查变量是否为对象类型	is_object($obj)
is_numeric()	检查变量是否为数字或数字组成的字符串	is_numeric('5')、is_numeric('bccd110')

由于检测数据类型的函数的功能和用法都是相同的，下面使用 is_numeric()函数来检测变量中的数据是否为数字，从而了解并掌握 is 系列函数的用法。

【例 3.8】检测变量是否为电话号码（即全由数字组成）。（**实例位置：资源包\TM\sl\3\8**）

```
<?php
	$boo = "043112345678";                                //声明一个由数字组成的字符串变量
	if (is_numeric($boo))                                 //判断该变量是否由数字组成
		echo "Yes,the \$boo is a phone number：$boo!";   //如果是，输出该变量
	else
		echo "Sorry,This is an error!";                  //否则，输出错误语句
?>
```

结果为：

```
Yes,the $boo is a phone number：043112345678!
```

3.4　PHP 常量

本节主要介绍 PHP 常量，包括常量的定义、使用以及预定义常量。

3.4.1　常量的定义和使用

常量就是值不可更改的量。常量值被定义后，在脚本的其他任何地方都不会再发生改变。一个常量由英文字母、下画线和数字组成，但数字不能作为首字母。

在 PHP8 中使用 define()函数来定义常量，语法格式如下：

```
define(string constant_name, mixed value)
```

该函数有 3 个参数，详细说明如表 3.7 所示。

表 3.7　define()函数的参数说明

参　数	说　明
constant_name	必选参数，指定常量的名称，即标识符
value	必选参数，指定常量的值

获取常量的值有两种方法：一种是使用常量名直接获取值；另一种是使用 constant()函数。

constant()函数和直接使用常量名输出的效果是一样的，优点是可以动态地输出不同的常量，在使用上要灵活很多。constant()函数的语法格式如下：

```
mixed constant(string const_name)
```

其中，const_name 为要获取常量的名称，也可为存储常量名的变量。如果获取成功，则返回常量的值；否则会提示错误信息，提示常量没有被定义。

要判断一个常量是否已经被定义，可以使用 defined()函数，该函数的语法格式如下：

```
bool defined(string constant_name);
```

其中，constant_name 为要获取常量的名称，成功则返回 true，否则返回 false。

【例 3.9】比较 define()、constant()和 defined()函数。使用 define()函数定义一个常量，使用 constant()函数动态获取常量的值，使用 defined()函数判断常量是否已被定义。（**实例位置：资源包\TM\sl\3\9**）

```
<?php
    define("MESSAGE", "我是一名 PHP 程序员");          //定义常量 MESSAGE
    echo MESSAGE."<br>";                               //输出常量 MESSAGE
    define("COUNT","我想要怒放的生命");                //定义常量 COUNT
    $name = "COUNT";                                   //将 COUNT 赋给变量$name
    echo constant($name)."<br>";                       //输出常量 COUNT
    echo (defined("MESSAGE"))."<br>";                  //如果常量被定义，则返回 true，使用 echo 输出显示 1
    echo Message;                                      //输出 Message，因为未定义，会输出错误提示信息
?>
```

运行结果如图 3.7 所示。

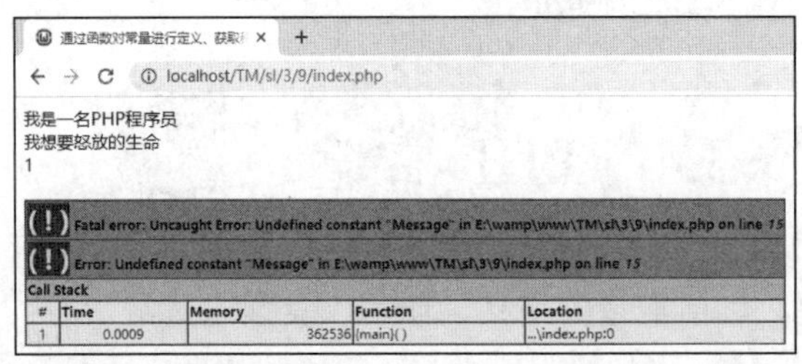

图 3.7　通过函数对常量进行定义、获取和判断

注意

在 PHP 8.0 以前，使用一个未定义的常量，可能会被解析为常量名称组成的字符串，并产生一个 E_NOTICE 级别的错误，在 PHP 8.0 之后，会产生 E_ERROR。

3.4.2　预定义常量

PHP 中可以使用预定义常量获取 PHP 中的信息。常用的预定义常量如表 3.8 所示。

表 3.8　PHP 的预定义常量

常　量　名	功　　能
__FILE__	默认常量，显示 PHP 程序的当前文件名
__LINE__	默认常量，显示 PHP 程序的当前行数
PHP_VERSION	内置常量，显示 PHP 程序的版本，如 php6.0.0-dev
PHP_OS	内置常量，显示 PHP 解析器的操作系统，如 Windows
TRUE	该常量是一个真值（true）
FALSE	该常量是一个假值（false）
NULL	该常量是一个空值（null）
E_ERROR	该常量指到最近的错误处
E_WARNING	该常量指到最近的警告处
E_PARSE	该常量指到解析语法有潜在问题处
E_NOTICE	该常量为发生异常处的提示，但不一定是错误处

说明

__FILE__和__LINE__中的“__”是两条下画线，而不是一条“_”。

以 E_开头的预定义常量用于 PHP 的错误调试，如需详细了解，请参考 error_ reporting() 函数。

预定义常量与用户自定义常量在使用上没有什么差别，下面来看一个例子。

【例 3.10】使用预定义常量输出 PHP 中的信息。（**实例位置：资源包\TM\sl\3\10**）

```
<?php
    echo "当前文件路径：".__FILE__;                       //输出__FILE__常量
    echo "<br>当前行数：".__LINE__;                       //输出__LINE__常量
    echo "<br>当前 PHP 版本信息：".PHP_VERSION;           //输出 PHP 版本信息
    echo "<br>当前操作系统: ".PHP_OS;                     //输出操作系统信息
?>
```

运行结果如图 3.8 所示。

说明

由于不同用户的操作系统和软件版本不同，执行本例所得的结果也可能不同。

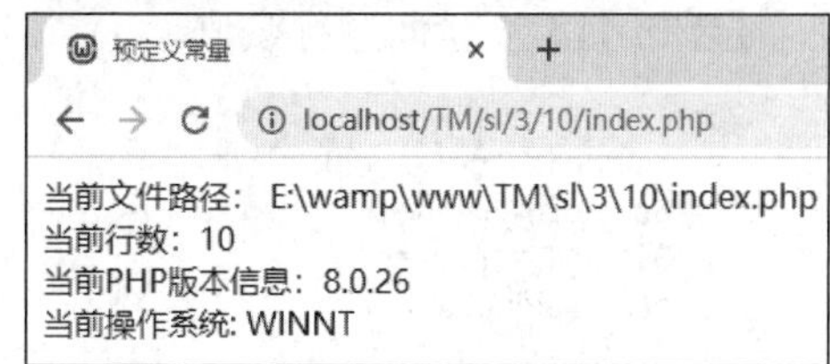

图 3.8　应用 PHP 预定义常量输出信息

3.5　PHP 变量

变量是指在程序执行过程中数值可以变化的量。变量通过一个名字（变量名）来标识。系统为程序中的每一个变量分配一个存储单元，变量名实质上就是计算机内存单元的命名。因此，借助变量名即可访问内存中的数据。

3.5.1　变量的赋值

和很多语言不同，在 PHP 中使用变量之前不需要声明变量（PHP 4 之前需要声明变量），直接为变量赋值即可。PHP 中的变量名称用“$”和标识符表示。标识符由字母、数字或下画线组成，并且不能以数字开头。另外，变量名是区分大小写的。

变量赋值是指给变量赋一个具体的数据值，字符串和数值类型的变量可以通过赋值运算符“=”来实现赋值，格式如下：

```
<?php
    $name = value;
?>
```

对变量赋值时，要遵循变量的命名规则。例如，下面的变量命名是合法的：

```
<?php
    $thisCup = "oink";
    $_Class = "roof ";
?>
```

下面的变量命名则是非法的：

```
<?php
    $11112_var = 11112;                    //变量名不能以数字开头
    $@spcn = "spcn";                       //变量名不能以其他字符开头
?>
```

除了可对变量直接赋值，还可以采用变量间赋值和引用赋值的方式定义一个变量。在变量间进行赋值时，赋值后的两个变量使用各自的内存，互不干扰。引用赋值要使用“&”符号，是指用不同的名字访问同一个变量内容，改变其中一个变量的值时，另一个变量的值也会跟着发生变化。

【例 3.11】变量间进行赋值。（**实例位置：资源包\TM\sl\3\11**）

```
<?php
    $string1 = "mingribook";               //声明变量$string1
    $string2 = $string1;                   //使用$string1 初始化$string2
    $string1 = "mrbccd";                   //改变变量$string1 的值
    echo $string2;                         //输出变量$string2 的值
?>
```

结果为：

```
mingribook
```

【例 3.12】变量$j 是变量$i 的引用，给变量$i 赋值后，$j 的值也会跟着发生变化。（**实例位置：资源包\TM\sl\3\12**）

```
<?php
    $i = "mingribook";                                //声明变量$i
    $j = & $i;                                        //使用引用赋值，这时$j 已经赋值为 mingribook
    $i = "mrbccd";                                    //重新给$i 赋值
    echo $j;                                          //输出变量$j
    echo "<br>";
    echo $i;                                          //输出变量$i
?>
```

结果为：

```
mrbccd
mrbccd
```

注意

变量赋值和变量引用的区别：变量赋值是将原变量内容复制下来，开辟一个新的内存空间来保存；而变量引用则是给变量的内容再起一个名字，有点类似于笔名。

3.5.2　变量的作用域

变量必须在有效范围内使用，如果超出有效范围，则变量也就失去其意义了。变量的作用域如表 3.9 所示。

表 3.9　变量的作用域

作　用　域	说　　明
局部变量	在函数内部定义的变量，其作用域是所在函数
全局变量	被定义在所有函数以外的变量，其作用域是整个 PHP 文件。注意，全局变量在用户自定义函数内部是不可用的，如果希望在用户自定义函数内部使用全局变量，需要使用 global 关键字进行声明
静态变量	在函数调用结束后仍保留变量值，当再次回到其作用域时，还可以继续使用原来的值。注意，一般变量在函数调用结束后，其存储的数据值将被清除，所占的内存空间被释放。使用静态变量时，需要使用关键字 static 进行声明

在函数内部定义的变量，其作用域为所在函数。如果在函数外赋值，则被认为是完全不同的另一个变量。在退出声明变量的函数时，该变量及相应的值会被清除。

【例 3.13】比较在函数内赋值的变量（局部变量）和在函数外赋值的变量（全局变量）。（**实例位置：资源包\TM\sl\3\13**）

```
<?php
    $example = "在……函数外";                          //声明全局变量
    function example() {
        $example = "……在函数内……";                    //声明局部变量
        echo "在函数内输出的内容是：$example.<br>";      //输出局部变量
    }
    example();                                        //调用函数，输出变量值
    echo "在函数外输出的内容是：$example.<br>";          //输出全局变量
?>
```

运行结果如图 3.9 所示。

静态变量在很多地方都能用到。例如，在博客中使用静态变量记录来访人数，在聊天室中使用静态变量记录用户的聊天内容等。

【例 3.14】使用静态变量和普通变量同时输出一个数据，查看两者的功能有什么不同。（**实例位置：资源包\TM\sl\3\14**）

```
<?php
    function zdy() {                                              //定义函数 zdy()
        static $message = 0;                                      //初始化静态变量
        $message += 1;                                            //静态变量加 1
        echo $message." ";   }                                    //输出静态变量
    function zdy1() {                                             //定义函数 zdy()
        $message = 0;                                             //声明函数内部变量（局部变量）
        $message += 1;                                            //局部变量加 1
    echo $message." ";   }                                        //输出局部变量
    for ($i = 0; $i < 10; $i++ )     zdy();                       //循环调用函数 zdy()，输出 1～10
    echo "<p>";
    for ($i = 0; $i < 10; $i++ )     zdy1();                      //循环调用函数 zdy1()，输出 10 个 1
    echo "<br>";
?>
```

运行结果如图 3.10 所示。

图 3.9　局部变量的使用

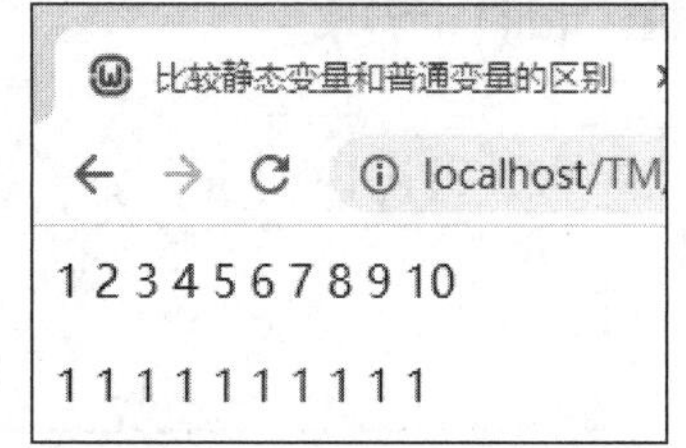

图 3.10　比较静态变量和普通变量的区别

自定义函数 zdy()输出的是 1～10 共 10 个数字，而 zdy1()函数输出的是 10 个 1。自定义函数 zdy()含有静态变量，而函数 zdy1()声明的是一个普通变量。初始化都为 0，再分别使用 for 循环调用两个函数，结果是静态变量的函数 zdy()在被调用后保留了$message 中的值，而静态变量的初始化只是在第一次遇到时被执行，以后就不再对其进行初始化操作了，将会略过第 3 行代码不执行；而普通变量的函数 zdy1()在被调用后，其变量$message 失去了原来的值，重新被初始化为 0。

全局变量虽然可以在 PHP 文件的任何地方访问，但是在用户自定义函数内部是不可用的。要想在用户自定义函数内部使用全局变量，要使用 global 关键字对其进行声明。

【例 3.15】在自定义函数中输出局部变量和全局变量的值。（**实例位置：资源包\TM\sl\3\15**）

```
<?php
    $hr = "黄蓉";                                                 //声明全局变量$hr
    function lxt() {
        $gj = "郭靖";                                             //声明局部变量$gj
        echo $gj."<br>";                                          //输出局部变量的值
        global $hr;                                               //利用关键字 global 在函数内部定义全局变量
        echo $hr."<br>";                                          //输出全局变量的值
    }
    lxt();
?>
```

结果为：

```
郭靖
黄蓉
```

3.5.3　可变变量

可变变量是一种独特的变量，它允许动态改变某个变量的名称。其工作原理是该变量的名称由另外一个变量的值来确定，实现过程就是在变量的前面再多加一个符号“$”。

【例 3.16】使用可变变量动态改变变量的名称。首先定义两个变量$a 和$b，并且输出变量$a 的值，然后使用可变变量来改变变量$a 的名称，最后输出改变名称后的变量值。（**实例位置：资源包\TM\sl\3\16**）

```
<?php
    $a = "b";                                    //声明变量$a
    $b = "我喜欢 PHP";                           //声明变量$b
    echo $a;                                     //输出变量$a
    echo "<br>";
    echo $$a;                                    //通过可变变量输出$b 的值
?>
```

结果为：

```
b
我喜欢 PHP
```

3.5.4　PHP 预定义变量

PHP 提供了很多非常实用的预定义变量，通过这些预定义变量可以获取用户会话、用户及本地操作系统的环境等信息。常用的预定义变量如表 3.10 所示。

表 3.10　常用的预定义变量

变量的名称	说　明
$_SERVER['SERVER_ADDR']	当前运行脚本所在的服务器 IP 地址
$_SERVER['SERVER_NAME']	当前运行脚本所在的服务器主机名称。如果该脚本运行在一个虚拟主机上，则该名称由虚拟主机所设置的值决定
$_SERVER['REQUEST_METHOD']	访问页面时的请求方法，包括 GET、HEAD、POST、PUT 等。如果请求的方式是 HEAD，PHP 脚本将在送出头信息后中止（这意味着在产生任何输出后，不再有输出缓冲）
$_SERVER['REMOTE_ADDR']	正在浏览当前页面的用户的 IP 地址
$_SERVER['REMOTE_HOST']	正在浏览当前页面的用户的主机名。反向域名解析基于该用户的 REMOTE_ADDR
$_SERVER['REMOTE_PORT']	用户连接到服务器时所使用的端口
$_SERVER['SCRIPT_FILENAME']	当前执行脚本的绝对路径名。注意：如果脚本在 CLI 中被执行，作为相对路径，如 file.php 或者.../file.php，$_SERVER['SCRIPT_FILENAME']将包含用户指定的相对路径

续表

变量的名称	说　明
$_SERVER['SERVER_PORT']	服务器所使用的端口，默认为 80。如果使用 SSL 安全连接，则这个值为用户设置的 HTTP 端口
$_SERVER['SERVER_SIGNATURE']	包含服务器版本和虚拟主机名的字符串
$_SERVER['DOCUMENT_ROOT']	当前运行脚本所在的文档根目录，在服务器配置文件中定义
$_COOKIE	通过 HTTPCookie 传递到脚本的信息。这些 cookie 多数是在执行 PHP 脚本时通过 setcookie()函数设置的
$_SESSION	包含与所有会话变量有关的信息，主要应用于会话控制和页面之间值的传递
$_POST	包含通过 POST 方法传递的参数的相关信息，主要用于获取通过 POST 方法提交的数据
$_GET	包含通过 GET 方法传递的参数的相关信息，主要用于获取通过 GET 方法提交的数据
$GLOBALS	由所有已定义全局变量组成的数组。变量名就是该数组的索引，它可以称得上是所有超级变量的超级集合

3.6　PHP 运算符

运算符是用来对变量、常量或数据进行计算的符号，它对一个值或一组值执行一个指定的操作。PHP 的运算符主要包括算术运算符、字符串运算符、赋值运算符、递增/递减运算符、位运算符、逻辑运算符、比较运算符和条件运算符，这里只介绍一些常用的运算符。

3.6.1　算术运算符

算术运算符是处理四则运算的符号，在数字处理中用得最多。常用的算术运算符如表 3.11 所示。

表 3.11　常用的算术运算符

名　称	操 作 符	示　例	名　称	操 作 符	示　例
加法运算	+	$a + $b	除法运算	/	$a / $b
减法运算	-	$a-$b	取余数运算	%	$a % $b
乘法运算	*	$a * $b			

说明

在算术运算符中使用%求余，如果被除数（$a）是负数，那么取得的结果也是一个负数。

【例 3.17】算术运算符应用。（**实例位置：资源包\TM\sl\3\17**）

```
<?php
	$a = -100;                          //声明变量$a
	$b = 50;                            //声明变量$b
	$c = 30;                            //声明变量$c
	echo "\$a = ".$a.",";               //输出变量$a
	echo "\$b = ".$b.",";               //输出变量$b
```

```
        echo "\$c = ".$c."<p>";                          //输出变量$c
        echo "\$a + \$b = ".($a + $b)."<br>";            //计算变量$a 加$b 的值
        echo "\$a - \$b = ".($a - $b)."<br>";            //计算变量$a 减$b 的值
        echo "\$a * \$b = ".($a * $b)."<br>";            //计算$a 乘$b 的值
        echo "\$a / \$b = ".($a / $b)."<br>";            //计算$a 除以$b 的值
        echo "\$a % \$c = ".($a % $c)."<br>";            //计算$a 除以$c 的余数
?>
```

运行结果如图 3.11 所示。

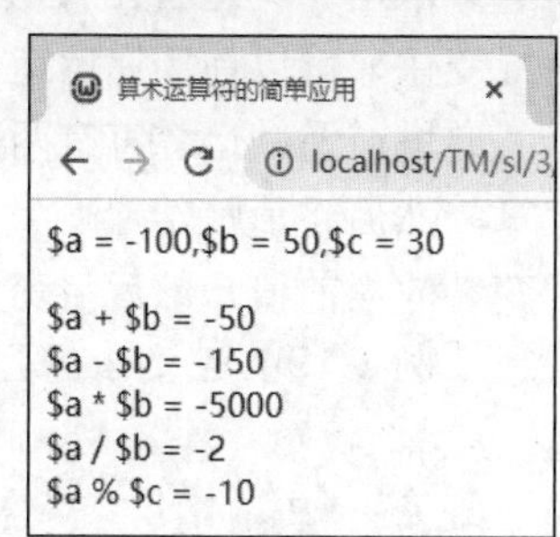

图 3.11　算术运算符的简单应用

3.6.2　字符串运算符

字符串运算符“.”可将两个字符串连接起来，结合成一个新的字符串。学习过 C 或 Java 语言的读者应注意，PHP 中“+”只能用作算术运算符，而不能用作字符串运算符。

【例 3.18】对比“.”和“+”运算符的区别。（**实例位置：资源包\TM\sl\3\18**）

```
<?php
        $n = "3.1415926";                     //声明一个字符串变量
        $m = 1;                               //声明一个整型变量
        $nm = $n.$m;                          //使用“.”运算符将两个变量连接起来
        echo $nm."<br>";
        $mn = $n + $m;                        //使用“+”运算符计算两个变量的和
        echo $mn."<br>";
?>
```

结果为：

```
3.14159261
4.1415926
```

使用“.”时，变量$m 和$n 两个字符串将组成一个新的字符串 3.14159261。使用“+”时，PHP 会认为这是一次加法运算。如果“+”的两边有数字组成的字符串类型，则会自动转换为整型，再进行运算。

3.6.3　赋值运算符

赋值运算符包括基本赋值运算符“=”和 6 个复合赋值运算符，如表 3.12 所示。

表 3.12　常用赋值运算符

操　作	符　号	示　例	展 开 形 式	意　义
赋值	=	$a = 3	$a = 3	将右边的值赋给左边
加	+=	$a += 2	$a = $a+2	将右边的值加到左边
减	-=	$a -= 3	$a = $a-3	将右边的值减去左边
乘	*=	$a *= 4	$a = $a * 4	将左边的值乘以右边
除	/=	$a /= 5	$a = $a / 5	将左边的值除以右边
连接字符	.=	$a .= 'b'	$a = $a.'b'	将右边的字符加到左边
取余数	%=	$a %= 5	$a = $a % 5	将左边的值对右边取余数

3.6.4　递增或递减运算符

算术运算符适合在有两个或者两个以上不同操作数的场合使用，当只有一个操作数时，要体现其增减变化，可以使用递增运算符“++”或者递减运算符“--”。

递增或递减运算符有两种使用方法：一种是将运算符放在变量前面，即先将变量做加 1 或减 1 的运算，然后将值赋给原变量，叫作前置递增或递减运算符；另一种是将运算符放在变量后面，即先返回变量的当前值，然后将变量的当前值做加 1 或减 1 的运算，叫作后置递增或递减运算符。

【例 3.19】定义两个变量，分别利用递增和递减运算符进行操作。（**实例位置：资源包\TM\sl\3\19**）

```
<?php
    $a = 6;
    $b = 9;
    echo "\$a = $a, \$b = $b<p>";
    echo "\$a++ = " . $a++ ."<br>";          //先返回$a 的当前值，然后$a 的当前值加 1
    echo "运算后\$a 的值: ".$a."<p>";
    echo "++\$b = " . ++$b ."<br>";          //$b 的当前值先加 1，然后返回新值
    echo "运算后\$b 的值: ".$b;
    echo "<hr><p>";
    echo "\$a-- = " . $a-- ."<br>";          //先返回$a 的当前值，然后$a 的当前值减 1
    echo "运算后\$a 的值: ".$a."<p>";
    echo "\$b = " . --$b ."<br>";            //$b 的当前值先减 1，然后返回新值
    echo "运算后\$b 的值: ".$b;
?>
```

运行结果如图 3.12 所示。

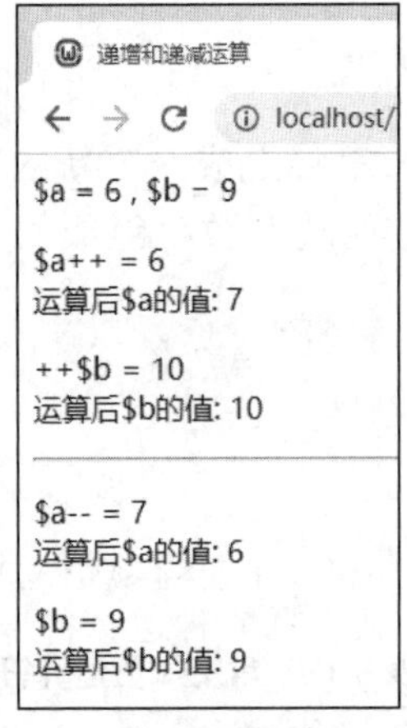

图 3.12　递增和递减运算符

3.6.5　位运算符

位运算符可将两个数的二进制位从低位到高位对齐后进行位与、位或、位异或运算，也可对一个数的二进制位执行向左或向右移位以及取反运算。PHP 中的位运算符如表 3.13 所示。

表 3.13　位运算符

符　号	作　用	示　例	符　号	作　用	示　例
&	按位与	$m & $n	~	按位取反	~$m
|	按位或	$m | $n	<<	向左移位	$m << $n
^	按位异或	$m ^ $n	>>	向右移位	$m >> $n

【例 3.20】使用位运算符对变量值进行位运算操作。（**实例位置：资源包\TM\sl\3\20**）

```
<?php
    $m = 8;
    $n = 12;
    $mn = $m & $n;                    //8 和 12 位与运算，结果为 8
    echo $mn ." ";
    $mn = $m | $n;                    //8 和 12 位或运算，结果为 12
    echo $mn ." ";
    $mn = $m ^ $n;                    //8 和 12 位异或运算，结果为 4
    echo $mn ." ";
    $mn = ~$m;                        //对 8 进行位取反运算，结果为-9
    echo $mn ." ";
?>
```

结果为：

```
8  12  4  -9
```

3.6.6　逻辑运算符

逻辑运算符用来组合逻辑运算的结果，是程序设计中非常重要的运算符。PHP 中的逻辑运算符如表 3.14 所示。

表 3.14　PHP 的逻辑运算符

运　算　符	示　例	结　果
&&或 and（逻辑与）	$m and $n	当$m 和$n 都为真时，结果为真，否则为假
||或 or（逻辑或）	$m || $n	只要$m 为真或者$n 为真，结果就为真
xor（逻辑异或）	$m xor $n	当$m 和$n 一真一假时，结果为真
!（逻辑非）	!$m	当$m 为假时，结果为真；当$m 为真时，结果为假

在逻辑运算符中，逻辑与和逻辑或一共包括 4 种运算符号（&&、and、||和 or），它们分属于不同的优先级，从高到低分别为&&、||、and 和 or。

【例 3.21】使用逻辑或运算符||和 or 进行相同的判断，比较输出的结果。（**实例位置：资源包\TM\sl\3\21**）

```
<?php
    $i = true;                    //声明一个布尔型变量$i，赋值为真
    $j = true;                    //声明一个布尔型变量$j，赋值为真
    $z = false;                   //声明一个布尔型变量$z，赋值为假
    if ($i or $j and $z)          //用 or、and 进行判断
        echo "true";              //如果 if 表达式为真，则输出 true
    else
```

```
            echo "false";                      //否则输出 false
        echo "<br>";
        if ($i || $j and $z)                   //用||、and 进行判断
            echo "true";                       //如果表达式为真，则输出 true
        else
            echo "false";                      //如果表达式为假，则输出 false
?>
```

因为同一逻辑结构的两个运算符||和 or 的优先级不同，输出的结果也不同。

结果为：

```
true
false
```

注意

两个 if 语句的判断表达式中，除了 or 和||不同，其他完全一样，但最后的结果正好相反。在实际应用中要多留心这样的细节。

3.6.7　比较运算符

比较运算符就是对变量或表达式的结果进行大小、真假等比较，如果比较结果为真，则返回 true；如果比较结果为假，则返回 false。PHP 中的比较运算符如表 3.15 所示。

表 3.15　比较运算符

运　算　符	说　　明	示　　例	运　算　符	说　　明	示　　例
<	小于	$m<$n	==	相等	$m==$n
>	大于	$m>$n	!=	不等	$m!=$n
<=	小于或等于	$m<=$n	===	恒等	$m=== $n
>=	大于或等于	$m>=$n	!==	非恒等	$m!==$n

其中，不太常见的是“===”和“!==”。“$a === $b”说明$a 和$b 不仅数值相等，两者的类型也一样。“!==”和“===”的意义相近，“$a !== $b”说明$a 和$b 或者数值不等，或者类型不同。

【例 3.22】使用比较运算符对变量值进行比较。变量$value="100"，类型为字符串型，将$value 与数字 100 进行比较。var_dump()函数是系统函数，作用是输出变量的相关信息。（**实例位置：资源包\TM\sl\3\22**）

```
<?php
    $value = "100";                                 //声明一个字符串变量$value
    echo "\$value = \"$value\"";
    echo "<p>\$value == 100: ";
    var_dump($value == 100);                        //结果为 boolean true
    echo "<p>\$value == true: ";
    var_dump($value == true);                       //结果为 boolean true
    echo "<p>\$value != null: ";
    var_dump($value != null);                       //结果为 boolean true
    echo "<p>\$value == false: ";
    var_dump($value == false);                      //结果为 boolean false
    echo "<p>\$value === 100: ";
    var_dump($value === 100);                       //结果为 boolean false
```

```
    echo "<p>\$value === true: ";
    var_dump($value === true);                    //结果为 boolean false
    echo "<p>(10/2.0 !== 5): ";
    var_dump(10/2.0 !== 5);                       //结果为 boolean true
?>
```

运行结果如图 3.13 所示。

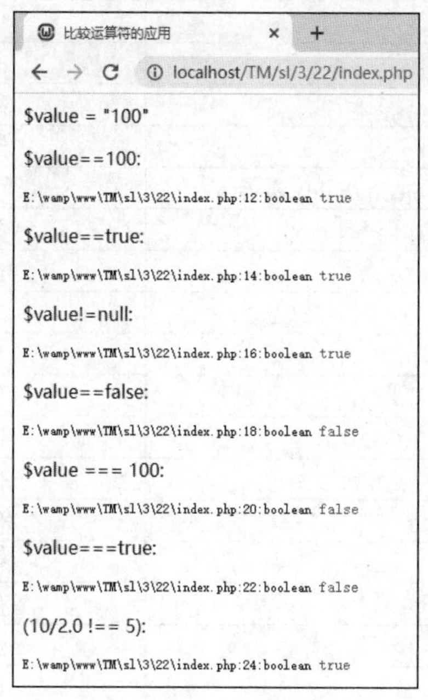

图 3.13　比较运算符的应用

3.6.8　条件运算符

条件运算符（? :）也称为三目运算符，用于根据一个表达式在另外两个表达式中选择一个，而不是用来在两个语句或者程序中选择。条件运算符最好放在括号里使用。

【例 3.23】应用条件运算符实现简单的判断功能。如果正确，则输出“条件运算”，否则输出“没有该值”。（**实例位置：资源包\TM\sl\3\23**）

```
<?php
    $value = 100;                                        //声明一个整型变量
    echo ($value==true) ? "条件运算" : "没有该值";        //对整型变量进行判断
?>
```

结果为：

```
条件运算
```

3.6.9　运算符的优先级

运算符的优先级是指在应用中哪一个运算符先计算，哪一个运算符后计算。在 PHP 中，优先级高

的运算先执行，优先级低的运算后执行，同一优先级的运算按照从左到右的顺序执行。也可以像四则运算那样使用小括号提升优先级，括号内的运算最先执行。表 3.16 从高到低列出了 PHP 中各运算符的优先级，同一行中的运算符具有相同的优先级，它们的结合方向决定了求值顺序。

表 3.16　运算符的优先级

运　算　符	描　　述
clone new	clone 和 new
[	array()
++，—	递增/递减运算符
~ - (int) (float) (string) (array) (object) (bool) @	类型
instanceof	类型
!	逻辑操作符
* / %	算术运算符
+ − .	算术运算符和字符串运算符
<< >>	位运算符
< <= > >= <>	比较运算符
== != === !==	比较运算符
&	位运算符和引用
^	位运算符
|	位运算符
&&	逻辑运算符
||	逻辑运算符
?:	条件运算符
= += -= *= /= .= %= &= |= ^= <<= >>=	赋值运算符
and	逻辑运算符
xor	逻辑运算符
or	逻辑运算符
,	逗号运算符

这么多的级别，一次性全都记住是不现实的，也没有必要。如果写的表达式很复杂，而且包含了较多的运算符，不妨多使用括号，以减少出现逻辑错误的可能。例如：

```
<?php
	$a and (($b != $c) or (5 * (50 – $d)))
?>
```

3.7　PHP 表达式

表达式是构成 PHP 程序语言的基本元素，最基本的表达式形式是常量和变量。如$m=20，即表示将值 20 赋给变量$m。

简单但精确定义一个表达式的方式就是“任何有值的东西”。例如：

```
<?php
```

```
    12;
    $a = "word";
?>
```

这是由两个表达式组成的脚本，即 12 和$a="word"。此外，还可以进行连续赋值，例如：

```
<?php
    $b = $a = 5;
?>
```

因为 PHP 赋值操作的顺序是由右到左的，所以变量$b 和$a 都被赋值为 5。

在 PHP 的代码中，使用分号“;”来区分表达式。可以这样理解，一个表达式再加上一个分号，就是一条 PHP 语句。

应用表达式能够做很多事情，如调用一个数组、创建一个类、给变量赋值等。表达式也可以包含在括号内。

注意

在编写程序时，注意表达式后面的分号“;”不要漏写。

3.8　PHP 函数

在 Web 开发过程中，经常要重复执行某种操作或处理，如数据查询、字符操作等。如果每个操作都要重新编写一次代码，不仅程序员会头痛不已，程序的运行效果也会大打折扣。使用 PHP 函数可让这些问题迎刃而解，下面就来介绍 PHP 函数的相关知识。

3.8.1　定义和调用函数

函数就是将一些重复使用的功能写在一个独立的代码块中，在需要时单独调用。创建函数的基本语法格式如下：

```
function fun_name($str1, $str2, …, $strn) {
    fun_body;
}
```

其中，function 为声明自定义函数时必须使用的关键字；fun_name 为自定义函数的名称；$str1, $str2, …, $strn 为函数的参数；fun_body 为自定义函数的主体，是功能实现部分。

当函数被定义好后，所要做的就是调用这个函数。调用函数的操作十分简单，只需要引用函数名并赋予正确的参数，即可完成函数的调用。

【例 3.24】定义函数 example()，计算传入的参数的平方。（**实例位置：资源包\TM\sl\3\24**）

```
<?php
    /*自定义求平方函数*/
    function example($num) {
        echo "$num * $num = ".$num * $num;                //输出计算后的结果
    }
    example(10);                                          //调用函数
?>
```

结果为：

```
10 * 10 = 100
```

3.8.2　在函数间传递参数

调用函数时，需要向函数传递参数，被传入的参数称为实参。而函数定义时的参数称为形参。参数传递的方式有值传递、引用传递和默认参数 3 种。

1．值传递方式

将实参的值复制到对应的形参中，在函数内部的操作针对形参进行，操作的结果不会影响实参，即函数返回后，实参的值不会改变。

【例 3.25】定义函数 example()，先将传入的参数值做一些运算后再输出。接着在函数外部定义变量$m，即要传入的参数。最后调用函数 example($m)，输出函数的返回值$m 和变量$m 的值。（**实例位置：资源包\TM\sl\3\25**）

```
<?php
	function example($m) {						//定义一个函数，传递参数$m 的值
		$m = $m * 5 + 10;
		echo "在函数内：\$m = ".$m;				//输出形参的值
	}
	$m = 1;
	example($m);								//传递值，将$m 的值传递给形参$m
	echo "<p>在函数外 \$m = $m <p>";			//实参的值没有发生变化，输出 m=1
?>
```

运行结果如图 3.14 所示。

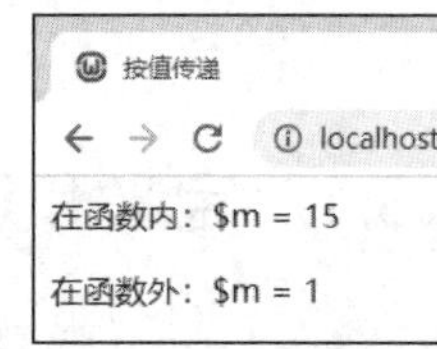

图 3.14　按值传递方式

2．引用传递方式

引用传递就是将实参的内存地址传递到形参中。这时，在函数内部的所有操作都会影响实参的值，返回后，实参的值会发生变化。引用传递方式就是传值时在值传递基础上加“&”符号即可。

【例 3.26】仍然是例 3.25 中的代码，不同的地方就是多一个“&”。（**实例位置：资源包\TM\sl\3\26**）

```
<?php
	function example(&$m) {						//定义一个函数，同时传递参数$m 的地址
		$m = $m * 5 + 10;
		echo "在函数内：\$m = ".$m;				//输出形参的值
	}
	$m = 1;
	example(&$m);								//传递值，将$m 的值传递给形参$m
	echo "<p>在函数外：\$m = $m <p>" ;			//实参的值发生变化，输出 m=15
?>
```

运行结果如图 3.15 所示。

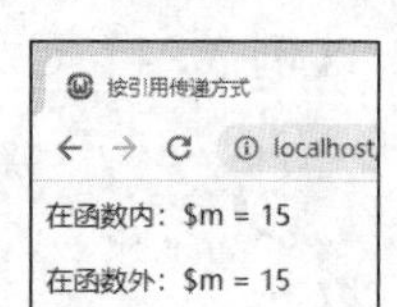

图 3.15　按引用传递方式

3．默认参数（可选参数）方式

还有一种默认参数的方式，即可选参数。可以指定某个参数为可选参数，将可选参数放在参数列表末尾，并且给它指定一个默认值。

【例 3.27】使用可选参数实现简单的价格计算功能。设置自定义函数 values()

的参数 $tax 为可选参数，其默认值为空。第一次调用该函数，并且给参数$tax 赋值 0.25，输出价格；第二次调用该函数，不给参数$tax 赋值，输出价格。（**实例位置：资源包\TM\sl\3\27**）

```
<?php
	function values($price, $tax=0) {				//定义一个函数，其中参数$tax 的初始值为 0
		$price = $price + ($price * $tax);			//声明一个变量$price，等于两个参数的运算结果
		echo "价格:$price<br>";					//输出价格
	}
	values(100, 0.25);						//为可选参数赋值 0.25
	values(100);							//没有给可选参数赋值
?>
```

结果为：

```
价格:125
价格:100
```

注意

当使用默认参数时，默认参数必须放在非默认参数的右侧，否则函数可能出错。

3.8.3　从函数中返回值

通常，函数将返回值传递给调用者的方式是使用关键字 return。return 将函数的值返回给函数的调用者，即将程序控制权返回调用者的作用域。如果在全局作用域内使用 return 关键字，那么将终止脚本的执行。

【例 3.28】使用 return 关键字返回一个操作数。定义函数 values()，作用是先输入物品的单价、重量，然后计算总金额，最后输出商品的价格。（**实例位置：资源包\TM\sl\3\28**）

```
<?php
	function values($price, $weight=0.45) {			//定义一个函数，函数中的$weight 参数有默认值
		$price = $price + ($price * $weight);		//计算物品金额
		return $price;						//返回金额
	}
	echo values(100);						//调用函数
?>
```

结果为：

```
145
```

return 语句只能返回一个参数，即只能返回一个值，不能一次返回多个值。如果要返回多个结果，就要在函数中定义一个数组，将返回值存储在数组中后再返回。

3.8.4　变量函数

PHP 支持变量函数。下面通过一个实例来介绍变量函数的具体应用。

【例 3.29】先定义 3 个函数，接着声明一个变量，通过变量访问不同的函数。（**实例位置：资源包\TM\sl\3\29**）

```
<?php
```

```
    function come() {                                //定义 come()函数
        echo "来了<p>";
    }
    function go($name = "jack") {                    //定义 go()函数
        echo $name."走了<p>";
    }
    function back($string)                           //定义 back()函数
    {
        echo "又回来了，$string<p>";
    }
    $func = "come";                                  //声明一个变量，将变量赋值为 come
    $func();                                         //使用变量函数来调用函数 come()
    $func = "go";                                    //重新给变量赋值
    $func("Tom");                                    //使用变量函数来调用函数 go()
    $func = "back";                                  //重新给变量赋值
    $func("Lily");                                   //使用变量函数来调用函数 back()
?>
```

运行结果如图 3.16 所示。可以看到，函数的调用是通过改变变量名来实现的，在变量名后加上一对小括号，PHP 将自动寻找与变量名相同的函数，并执行它。如果找不到对应的函数，系统将会报错。该特性可用于实现回调函数和函数表等。

图 3.16　变量函数

3.9　PHP 编码规范

很多初学者对编码规范不以为然，认为对程序开发没有什么帮助，甚至认为遵循规范会影响自己学习和开发的进度。这种想法是很危险的。

如今的 Web 开发几乎不再可能由一个人完成，尤其是一些大型的项目，要十几个人，甚至几十个人才能完成。在开发过程中，难免会有新的开发人员参与进来，那么这个新的开发人员在阅读前任留下的代码时，就会有问题了——这个变量起到什么作用？那个函数实现什么功能？TmpClass 类在哪里被使用到了？……诸如此类的问题会层出不穷。这时，编码规范的重要性就体现出来了。

3.9.1　什么是编码规范

以 PHP 开发为例，所谓编码规范，就是指融合开发人员长时间积累下来的经验，形成的一种良好、统一的编程风格。这种良好、统一的编程风格会在团队开发或二次开发时起到事半功倍的效果。编码规范是一种总结性的说明和介绍，并不是强制性的规则。从长远的项目发展以及团队效率来考虑，遵守编码规范是十分必要的。

遵守编码规范的好处如下。

☑　编码规范是对团队开发成员的基本要求。
☑　开发人员可以了解任何代码，厘清程序的状况。
☑　提高程序的可读性，有利于相关设计人员交流，提高软件质量。
☑　防止刚接触 PHP 的人出于节省时间的需要，自创一套风格并养成终生的习惯。
☑　有助于程序的维护，降低软件成本。
☑　有利于团队管理，实现团队后备资源的可重用。

3.9.2　PHP 的书写规则

1．缩进

使用制表符（Tab 键）对不同层级的代码进行缩进，缩进单位为 4 个空格左右。如果开发工具有多种，则需要在开发工具中统一进行设置。

2．大括号{ }

建议将一对大括号整体放到关键字的下方，保持同列。一般推荐使用此种方式。例如：

```
if ($expr)
{
    …
}
```

也可以首括号与关键词同行，尾括号与关键字同列。例如：

```
if ($expr) {
    …
}
```

3．关键字、小括号、函数、运算符

（1）小括号和关键字（如 if、for 等）间，使用空格进行分隔。例如：

```
if ($expr) {                        //if 和“(”之间有一个空格
    …
}
```

（2）函数后的小括号要和函数名紧密相连，这样可以有效区分 PHP 关键字和函数。例如：

```
round($num)                         //round 和“(”之间没有空格
```

（3）运算符与两边的变量或表达式间要有一个空格（字符连接运算符“.”除外）。例如：

```
while ($boo == true) {              //$boo 和“==”，true 和“==”之间都有一个空格
    …
}
```

（4）当代码段较长时，应在关键位置加入空行，以免阅读疲劳。注意，两个代码块间只使用一个空行，禁止使用多行。

（5）尽量不要在 return 返回语句中使用小括号。例如：

```
return 1;                           //除非是必要，否则不需要使用小括号
```

3.9.3 PHP 的命名规范

首先，类名、函数名、变量名等都必须见名知意，简单易懂，避免使用模棱两可的命名。除此之外，还有一些细致的要求，下面我们一起来学习。

（1）类命名的要求和规范如下。

☑ 使用大写字母作为词的分隔，其他字母均使用小写。

☑ 名字的首字母使用大写。

☑ 不要使用下画线（_）。

例如，Name、SuperMan、BigClassObject 等都是合理的类命名。

（2）类属性命名的要求和规范如下。

☑ 属性命名应该以字符 m 为前缀。

☑ 前缀 m 后采用与类命名一致的规则。

☑ m 总是在名字的开头起修饰作用，就像以 r 开头表示引用一样。

例如，mValue、mLongString 等都是合适的类属性命名。

（3）方法命名的要求和规范如下。

方法用于执行一个动作，达到某个目的，因此方法名应清晰说明方法是干什么用的。一般名称的前缀和后缀都有一定的规律，如 Is（判断）、Get（得到）、Set（设置）等。

方法的命名规范和类命名是一致的。例如：

```
class StartStudy {                              //设置类
      $mLessonOne = "";                         //设置类属性
      $mLessonTwo = "";                         //设置类属性
      function GetLessonOne() {                 //定义方法，得到属性 mLessonOne 的值
            …
      }
}
```

（4）方法中参数命名的要求和规范如下。

☑ 第一个字符使用小写字母。

☑ 首字符后的所有字符参照类命名规则，首字符大写。例如：

```
class EchoAnyWord {
      function EchoWord($firstWord, $secondWord) {
            …
      }
}
```

（5）变量命名的要求和规范如下。

☑ 所有字母都使用小写。

☑ 使用“_”作为每个词的分界。

例如，$msg_error、$chk_pwd 等都是合适的变量命名。

（6）引用变量前要带前缀 r。例如：

```
class Example {
      $mExam = "";
```

```
    function SetExam(&$rExam) {
        …
    }
    function &rGetExam() {
        …
    }
}
```

（7）全局变量前应带前缀 g，如 global $gTest、global $g 等。

（8）常量/全局常量应该全部使用大写字母，单词之间用“_”来分隔。例如：

```
define('DEFAULT_NUM_AVG', 90);
define('DEFAULT_NUM_SUM', 500);
```

（9）静态变量前应带前缀 s，如：

```
static $sStatus = 1;
```

（10）函数命名时，所有单词都要使用小写字母，单词间使用“_”进行分隔。例如：

```
function this_good_idea() {
    …
}
```

注意，以上各种命名规则可以组合起来使用，例如：

```
class OtherExample {
    $msValue = "";                    //该参数既是类属性，又是静态变量
}
```

说明

这里介绍的只是一些简单的书写和命名规则，如果想了解更多的编码规范，可以参考 Zend_Framework 中文参考手册。

3.10　实践与练习

（答案位置：资源包\TM\sl\3\实践与练习\）

综合练习 1：判断输入的数据是否符合要求

动态网页的特点是能够人机交互，但有时需要限制用户的输入。使用 PHP 函数判断输入（这里先假定一个变量）数据是否符合下列要求：输入必须为全数字，输入数字的长度不允许超过 25，并且输入不允许为空。注：获取字符串长度函数为 strlen(string)。

综合练习 2：获取计算机信息

获取当前访问者的计算机信息，如 IP、端口号等。

综合练习 3：使用多种输出语句输出数据

PHP 的输出语句有 echo、print、printf、print_r。尝试使用这 4 种语句输出数据，看它们之间有什么不同。

第 4 章

流程控制语句

流程控制语句是任何程序开发都必不可少的，也是变化最丰富的技术。无论是入门的数学公式，还是高级的复杂算法，都是通过看似简单的控制语句来实现的。

PHP 的流程控制语句分为两类：条件控制语句和循环控制语句。合理使用这些控制结构可以使程序流程更清晰，可读性更强，从而提高工作效率。

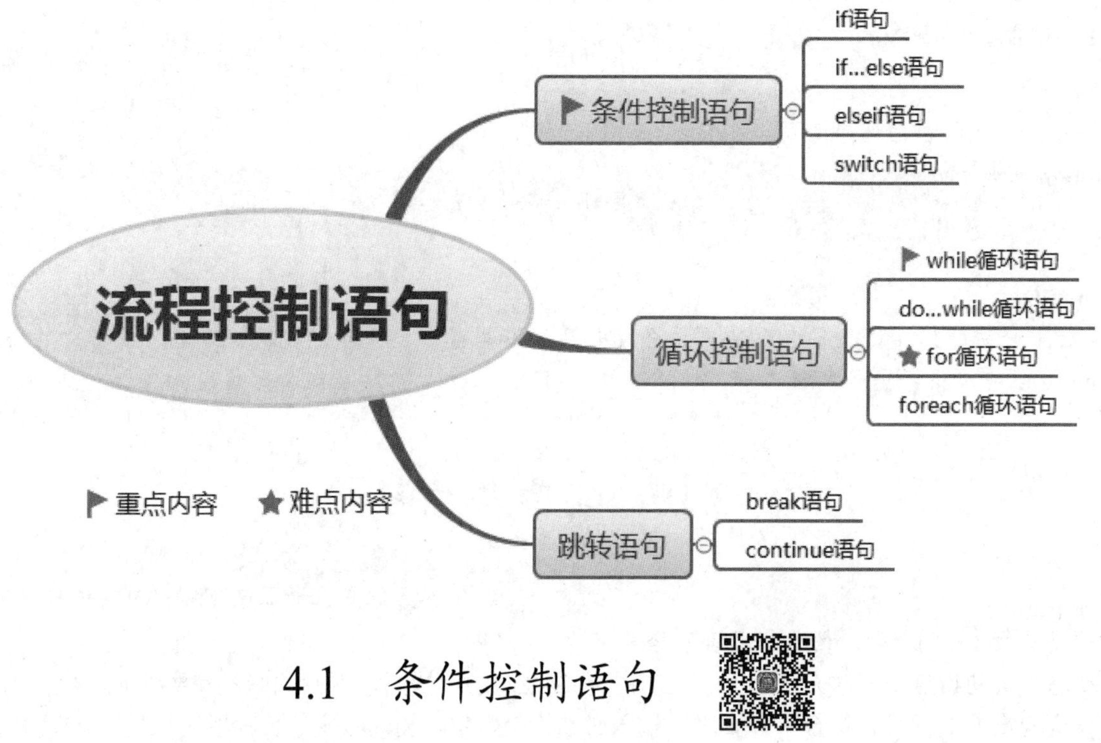

4.1 条件控制语句

条件控制语句主要包括 if 语句、if…else 语句、elseif 语句和 switch 语句 4 种，下面分别进行介绍。

4.1.1 if 语句

if 语句用于条件分支判断，根据条件是否成立，执行或者不执行某代码段。语法格式如下：

```
if (表达式)
    语句;
```

如果表达式的值为真，就执行下面的语句；否则就不执行该语句。如果需要执行的语句不止一条，可以使用“{}”将这些语句括起来，“{}”中的多条语句称为语句块，其语法格式如下：

```
if (表达式) {
	语句 1;
	语句 2;
	…
}
```

if 语句的流程控制图如图 4.1 所示。

【例 4.1】使用 rand()函数生成一个随机数$num，使用 if 语句判断该数是否为偶数，如果是，则输出结果。（**实例位置：资源包\TM\sl\4\1**）

```
<?php
	$num = rand(1,31);                        //使用 rand()函数生成一个随机数
	if ($num % 2 == 0) {                      //判断变量$num 是否为偶数
		echo "\$num = $num";              //如果为偶数，则输出表达式和说明文字
		echo "<br>$num 是偶数。";
	}
?>
```

上述代码中，rand()函数用于返回一个 1～31 范围的随机整数。本例的运行结果如图 4.2 所示。

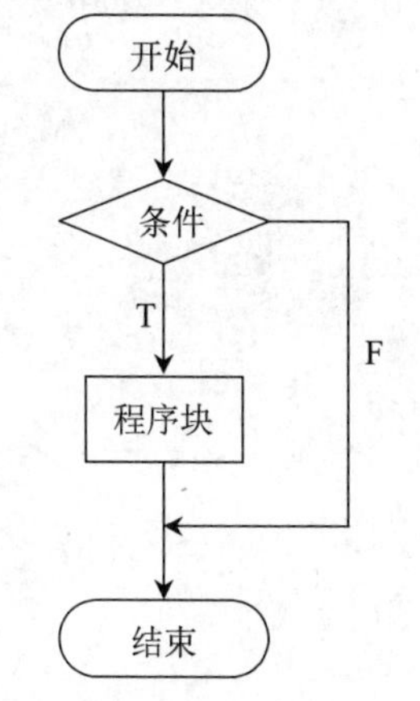

图 4.1　if 语句的流程控制图

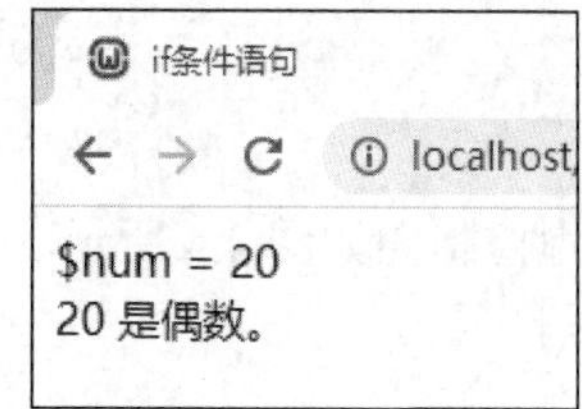

图 4.2　if 语句的执行结果

4.1.2　if…else 语句

实际开发中，需要判断的总是满足某个条件时执行一条语句，不满足该条件时执行其他语句，这时可以使用 if…else 语句。其语法格式如下：

```
if (表达式) {
	语句 1;
} else {
	语句 2;
}
```

if…else 语句的含义：如果表达式的值为真，则执行语句 1；否则表达式的值为假，执行语句 2。其流程控制图如图 4.3 所示。

【例 4.2】在例 4.1 的基础上，先使用 rand()函数生成一个随机数$num，然后使用 if…else 语句判断这个随机数是偶数还是奇数，最后根据不同的结果显示不同的字符串。（**实例位置：资源包\TM\sl\4\2**）

```
<?php
	$num = rand(1, 31);                          //使用 rand()函数生成一个随机数
	if ($num % 2 == 0) {                         //判断变量$num 是否为偶数
		echo "变量$num 是偶数。";                  //如果为偶数
	} else {
		echo "变量$num 为奇数。";                  //如果为奇数
	}
?>
```

结果为：

```
变量 17 为奇数。
```

4.1.3　elseif 语句

有时会出现多个条件分支的判断，这时需要使用 elseif 语句（也可写作 else if 语句）。例如，一个班的考试成绩，如果是 90 分以上，则为“优秀”；如果是 60～90 分，则为“良好”；如果低于 60 分，则为“不及格”。elseif 语句的语法格式如下：

```
if (表达式 1) {
	语句 1;
} else if (表达式 2) {
	语句 2;
}…
else {
	语句 n;
}
```

elseif 语句的流程控制图如图 4.4 所示。

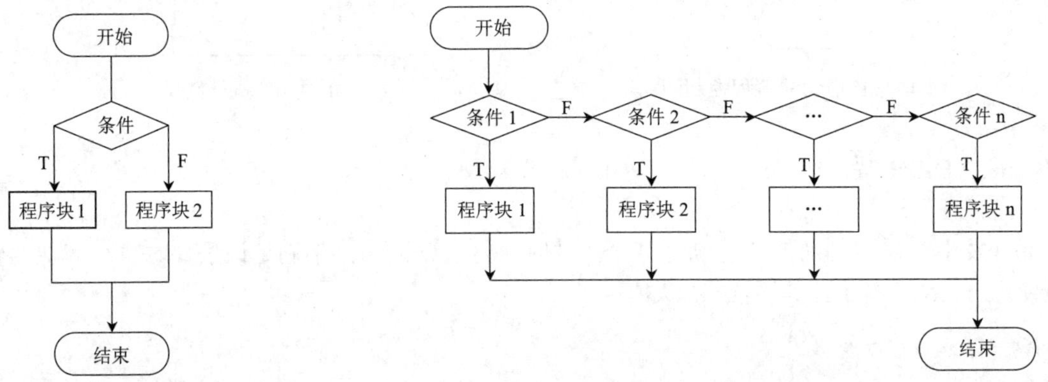

图 4.3　if…else 语句的流程控制图　　　图 4.4　elseif 语句的流程控制图

【例 4.3】通过 elseif 语句判断当天处于当月的上旬、中旬还是下旬。（**实例位置：资源包\TM\sl\4\3**）

```
<?php
	$month = date("n");                          //设置月份变量$month
	$today = date("j");                          //设置日期变量$today
```

```
        if ($today >= 1 and $today <= 10) {                          //判断日期变量是否是 1～10
            echo "今天是".$month."月".$today."日，是本月上旬";          //如果是，说明是上旬
        } elseif ($today > 10 and $today <= 20) {                    //否则判断日期变量是否是 11～20
            echo "今天是".$month."月".$today."日，是本月中旬";          //如果是，说明是中旬
        } else {                                                     //如果上面两个判断都不符合要求，则输出默认值
            echo "今天是".$month."月".$today."日，是本月下旬";          //说明是本月的下旬
        }
?>
```

结果为：

```
今天是 6 月 10 日，是本月上旬
```

注意

if 语句和 elseif 语句的执行条件是表达式的值为真，else 语句的执行条件是表达式的值为假。注意，表达式的值不等于变量的值。例如，下述代码的执行结果为 true。

```
<?php
  $boo = false;
  if ($boo == false)                                  //如果$boo == false，即表达式为真（成立）
          echo "true";
  else
          echo "false";
?>
```

4.1.4　switch 语句

虽然 elseif 语句可以进行多重选择，但使用时十分烦琐。为了避免 if 语句过于冗长，提高程序的可读性，也可以使用 switch 分支控制语句。switch 语句的语法格式如下：

```
switch (变量或表达式) {
      case 常量表达式 1:
            语句 1;
            break;
      case 常量表达式 2:
      …
      case 常量表达式 n:
            语句 n;
            break;
      default:
            语句 n+1;
}
```

switch 语句根据变量或表达式的值，依次与 case 中常量表达式的值相比较，如果不相等，则继续查找下一个 case；如果相等，就执行对应的语句，直到 switch 语句结束或遇到 break。一般来说，switch 语句最终都有一个默认值 default，如果在前面的 case 中没有找到相符的条件，则输出默认语句，和 else 语句类似。

switch 语句的流程控制图如图 4.5 所示。

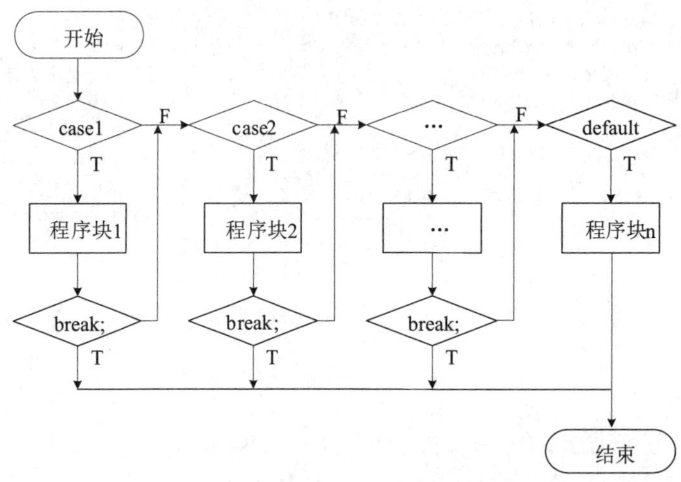

图 4.5　switch 语句的流程控制图

【例 4.4】应用 switch 语句设计网站布局。将网站头、尾文件设置为固定不变的板块，导航条也作为固定板块，在主显示区中应用 switch 语句根据超链接中传递的值不同，显示不同的内容。（**实例位置：资源包\TM\sl\4\4**）

```
<?php
    switch (isset($_GET['lmbs'])?$_GET['lmbs']:"") {                    //获取超链接传递的变量
        case "最新商品":                                                //判断，如果变量的值等于"最新商品"
            include "new.php";                                          //则执行该语句
            break;                                                      //否则跳出循环
        case "热门商品":
            include "jollification.php";
            break;
        case "推荐商品":
            include "commend.php";
            break;
        case "我的购物车":
            include "shopping_cart.php";
            break;
        default:                                                        //判断，当该值等于空时执行下面的语句
            include "new.php";
            break;
        }
?>
<map name="Map" id="Map">
    <area shape="rect" coords="9,92,65,113" href="#" />
    <area shape="rect" coords="78,89,131,115" href="index.php?lmbs=<?php echo urlencode("最新商品");?>" />
    <area shape="rect" coords="145,92,201,114" href="index.php?lmbs=<?php echo urlencode("推荐商品");?>" />
    <area shape="rect" coords="212,91,268,114" href="index.php?lmbs=<?php echo urlencode("热门商品");?>" />
    <area shape="rect" coords="540,93,603,113" href="index.php?lmbs=<?php echo urlencode("我的购物车");?>" />
</map>
```

运行结果如图 4.6 所示。

说明

由于篇幅限制，该实例只给出了关键代码，实例的完整代码请参考本书附带资源包。

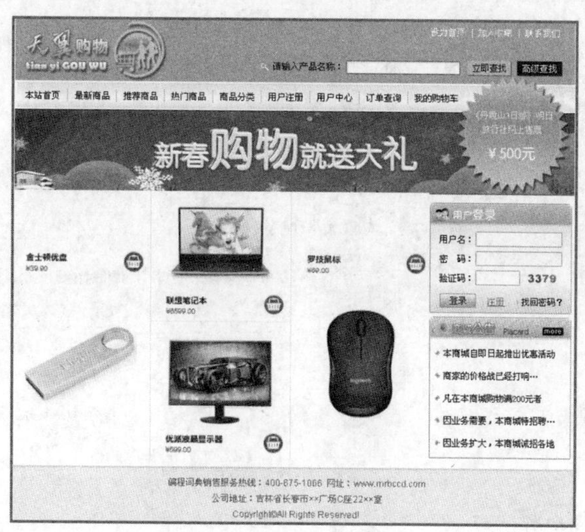

图 4.6　switch 多重判断语句

注意

在执行 switch 语句时，即使遇到符合要求的 case 语句段，也会继续往下执行，直到语句结束。为了避免这种浪费时间和资源的行为，一定要在每个 case 语句段后加上 break 语句。这里 break 语句的意思是跳出当前循环，在 4.3.1 节中将详细介绍 break 语句。

4.2　循环控制语句

有时需要重复执行某段代码或函数，一次次编写代码并进行判断将会非常烦琐。此时，需要用到循环语句。例如，计算“1×2×3×4×…×100”时，需要连续相乘 100 次，一次次计算无疑是非常烦琐的，但使用循环控制语句就能快速完成计算。

循环控制语句共包括 4 类，分别是 while 语句、do…while 语句、for 语句和 foreach 语句。

4.2.1　while 循环语句

while 语句是 PHP 中最简单的循环语句，语法格式如下：

```
while (表达式) {
    语句;
}
```

当表达式的值为真时，执行循环体内的语句，执行结束后返回表达式，继续进行判断。直到表达式的值为假时，跳出循环。while 语句的流程控制图如图 4.7 所示。

【例 4.5】输出 10 以内（包括 10）的偶数。依次判断数字 1～10 是否为偶数，如果是，则输出；如果不是，则继续下一次循环。（**实例位置：资源包\TM\sl\4\5**）

```
<?php
    $num = 1;                               //声明整型变量$num
    $str = "10 以内的偶数为：";              //声明字符变量$str
    while ($num <= 10) {                    //判断变量$num 是否小于或等于 10
        if ($num % 2 == 0) {                //如果小于 10，则判断$num 是否为偶数
            $str .= $num." ";               //如果当前变量为偶数，则添加到字符变量$str 的后面
        }
        $num++;                             //变量$num 加 1
    }
    echo $str;                              //循环结束后，输出字符串$str
?>
```

结果为：

```
10 以内的偶数为：2 4 6 8 10
```

4.2.2　do…while 循环语句

如果待循环的代码段至少需要执行一次，可采用 do…while 循环语句。

while 循环和 do…while 循环的功能基本一致，但 do…while 循环要比 while 语句多循环一次。当 while 表达式的值为假时，while 循环直接跳出当前循环；而 do…while 语句则是先执行一遍程序块，然后对表达式进行判断，因此至少会执行一次。

do…while 语句的流程控制图如图 4.8 所示。

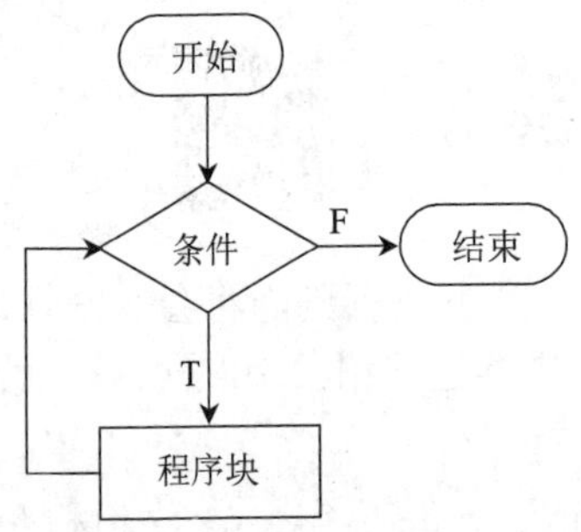

图 4.7　while 语句的流程控制图

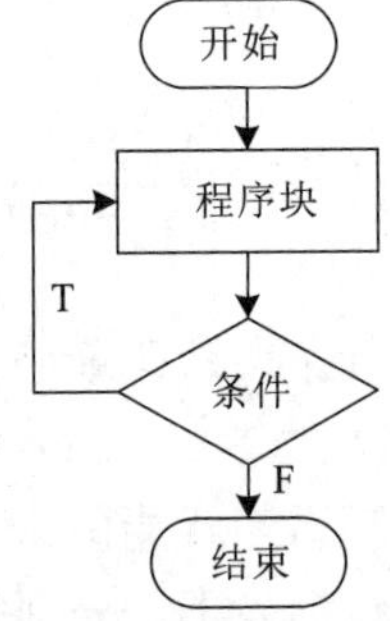

图 4.8　do…while 语句的流程控制图

【例 4.6】对比 while 循环和 do…while 循环。（**实例位置：资源包\TM\sl\4\6**）

```
<?php
    $num = 1;                               //声明一个整型变量$num
    while ($num != 1) {                     //使用 while 循环输出
        echo "while 循环";                   //这句话不会输出
    }
    do {                                    //使用 do…while 循环输出
        echo "do…while 循环";                //这句话会输出
    } while ($num != 1);
?>
```

结果为：

```
do…while 循环
```

4.2.3　for 循环语句

for 循环是 PHP 中最复杂的循环结构，其语法格式如下：

```
for (初始化表达式; 条件表达式; 迭代表达式) {
    语句;
}
```

其中，初始化表达式在第一次循环时无条件取一次值；条件表达式在每次循环开始前求值，如果值为真，则执行循环体里面的语句，否则跳出循环，继续往下执行；迭代表达式在每次循环后被执行。for 循环语句的流程控制图如图 4.9 所示。

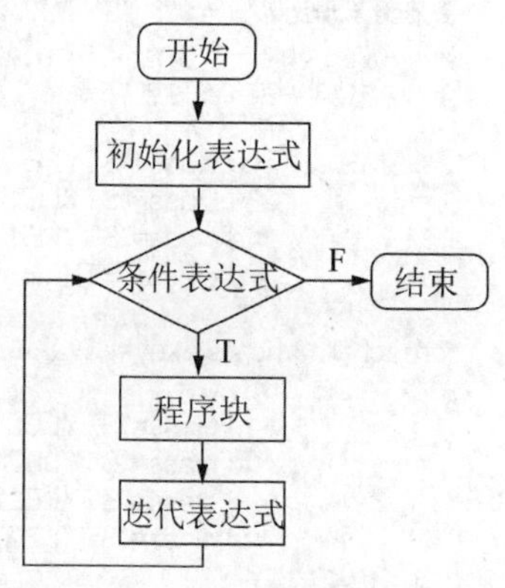

图 4.9　for 语句的流程控制图

【例 4.7】通过 for 循环计算 10 的阶乘。（**实例位置：资源包\TM\sl\4\7**）

```
<?php
    $sum = 1;                              //声明整型变量$sum
    for ($i = 1; $i <= 10; $i++) {
        $sum *= $i;                        //当$i 小于或等于 10 时，计算阶乘
    }
    echo "10! = ".$sum;
?>
```

结果为：

```
10! = 3628800
```

注意

在 for 语句中循环变量无论是递增还是递减，前提都是必须保证循环能够结束，无期限的循环（死循环）将导致程序崩溃。

4.2.4　foreach 循环语句

foreach 循环语句的语法格式如下：

```
foreach ($array as $value)
    语句;
```

或

```
foreach ($array as $key => $value)
    语句;
```

foreach 语句将遍历数组$array，每次循环时，将当前数组中的值赋给$value（或$key 和$value），同时数组指针向后移动，直到遍历结束。当使用 foreach 语句时，数组指针将自动被重置，所以不需要手动设置指针位置。

【例 4.8】应用 foreach 语句输出数组中存储的商品信息。（**实例位置：资源包\TM\sl\4\8**）

```
<?php
$name = array("1"=>"智能机器人","2"=>"数码相机","3"=>"智能 5G 手机","4"=>"瑞士手表");
```

```
$price = array("1"=>"14998 元","2"=>"2588 元","3"=>"2666 元","4"=>"66698 元");
$counts = array("1"=>1,"2"=>1,"3"=>2,"4"=>1);
echo '<table class="lt">
            <tr>
                <td class="STYLE1">商品名称</td>
                <td class="STYLE1">单价</td>
                <td class="STYLE1">数量</td>
                <td class="STYLE1">金额</td>
 </tr>';
foreach($name as $key=>$value){            //以$name 数组做循环，输出键和值
      echo '<tr>
                <td class="STYLE2">'.$value.'</td>
                <td class="STYLE2">'.$price[$key].'</td>
                <td class="STYLE2">'.$counts[$key].'</td>
                <td class="STYLE2">'.$counts[$key]*intval($price[$key]).'元</td>
</tr>';
}
echo '</table>';
?>
```

运行结果如图 4.10 所示。

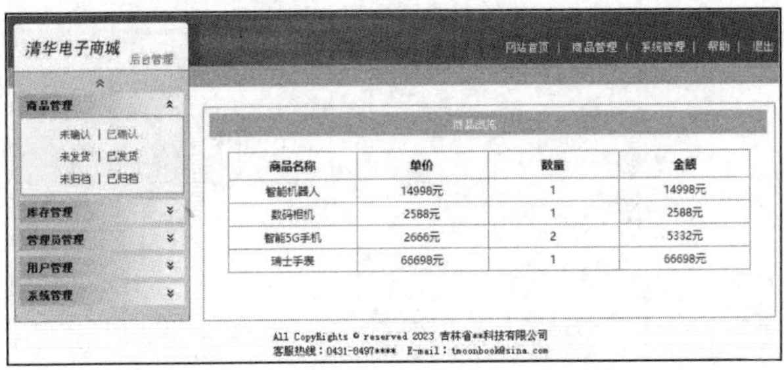

图 4.10　使用 foreach 语句输出数组

说明

由于篇幅限制，该实例只给出了关键代码，实例的完整代码请参考本书附带资源包。

注意

foreach 语句用于其他数据类型或者未初始化的变量时会产生错误。为了避免这个问题，最好使用 is_array()函数先来判断变量是否为数组类型。如果是，再进行其他操作。

4.3　跳 转 语 句

实际开发中，可以使用 break 语句和 continue 语句提前结束循环。

4.3.1　break 语句

break 关键字可以终止当前的循环或流程控制，包括 while、do…while、for、foreach 和 switch 在内

的所有控制语句。下面来看一个实例。

【例 4.9】 while 循环中，当表达式的值为 true 时，即为一个无限循环。在 while 程序块中声明一个随机数变量$tmp，当生成的随机数等于 10 时，使用 break 语句跳出循环。（**实例位置：资源包\TM\sl\4\9**）

```
<?php
    //使用 while 循环
    while (true) {
        //声明一个随机数变量$tmp
        $tmp = rand(1, 20);
        //输出随机数
        echo $tmp." ";
        //判断随机数是否等于 10
        if ($tmp == 10) {
            echo "<p>变量等于 10，终止循环";
            //如果等于 10，使用 break 语句跳出循环
            break;
        }
    }
?>
```

运行结果如图 4.11 所示。

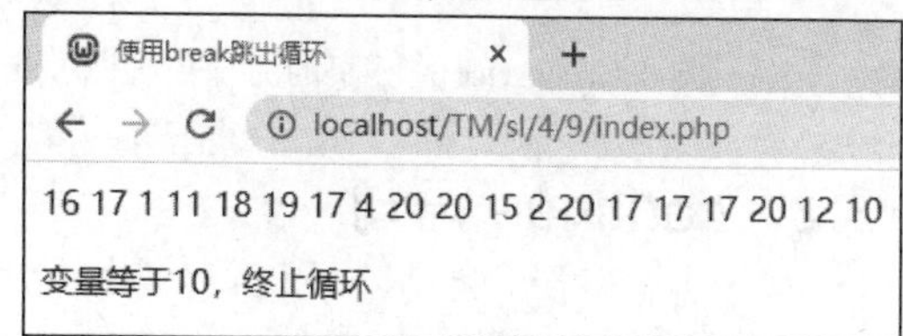

图 4.11　使用 break 语句跳出循环

break 语句不仅可以跳出当前的循环，还可以指定跳出几层循环。语法格式如下：

```
break $num;
```

其中，$num 用于指定要跳出几层循环。break 关键字的流程控制图如图 4.12 所示。

【例 4.10】 有 3 层循环，最外层的 while 循环和中间层的 for 循环是无限循环，最里面并列两个 for 循环：程序首先执行第一个 for 循环，当变量$i 等于 7 时，跳出当前循环（第一层循环），继续执行第二个 for 循环，当变量$j 等于 15 时，直接跳出最外层循环。（**实例位置：资源包\TM\sl\4\10**）

```
<?php
    while (true) {                                      // 第三层循环
        for (;;) {                                      // 第二层循环
            for ($i=0;$i<=10;$i++) {                    // 第一层循环
                echo $i." ";
                if ($i == 7) {
                    echo "<p>变量\$i 等于 7，跳出第一层循环。<p>";
                    break 1;
                }
            }
            for ($j = 0; $j < 20; $j++) {               // 第一层循环
                echo $j." ";
                if ($j == 15) {
                    echo "<p>变量\$j 等于 15，跳出最外层循环。";
                    break 3;
                }
            }
        }
        echo "这句话不会被执行。";
    }
?>
```

运行结果如图 4.13 所示。

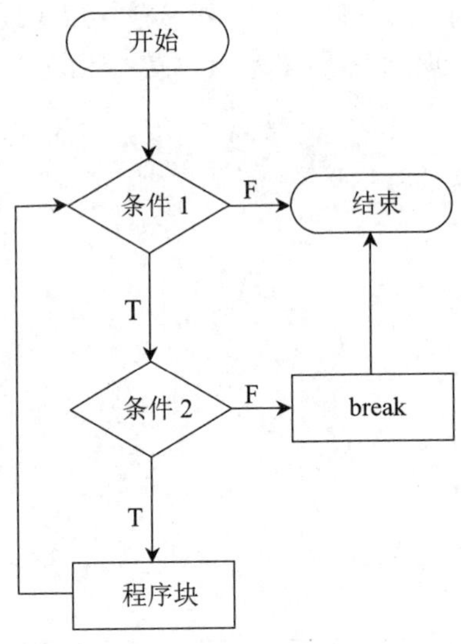

图 4.12　break 关键字的流程控制图

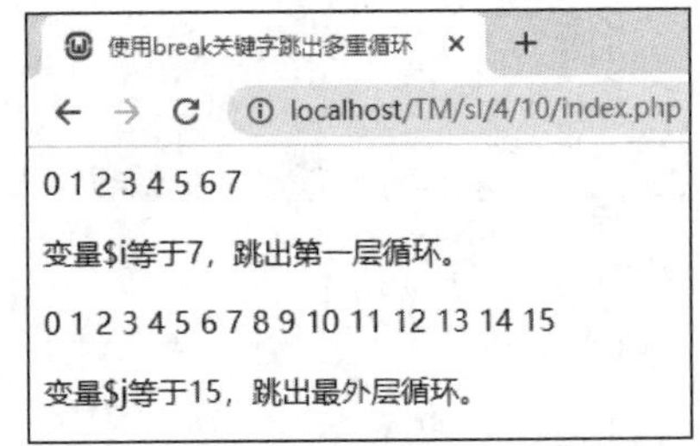

图 4.13　使用 break 关键字跳出多层循环

4.3.2　continue 语句

continue 关键字的作用没有 break 强大，它只能终止本次循环，进入下一次循环，也可以指定跳出几重循环。continue 关键字的流程控制图如图 4.14 所示。

【例 4.11】使用 for 循环输出 A～J 的数组变量。如果变量的数组下标为偶数，只输出一个空行；如果是奇数，则继续输出。在最内层循环中，判断当前数组下标是否等于$i，如果不相等，则输出数组变量，否则跳到最外层循环。（**实例位置：资源包\TM\sl\4\11**）

```
<?php
    $arr = array("A", "B", "C", "D", "E", "F", "G", "H", "I", "J");          //声明一个数组变量$arr
    for ($i = 0; $i < 10; $i++) {                                            //使用 for 循环
        echo "<br>";
        if ($i % 2 == 0) {                                                   //如果$i 的值为偶数，则跳出本次循环
            continue;
        }
        for (;;) {                                                           //无限循环
            for ($j = 0; $j < count($arr); $j++) {                           //再次使用 for 循环输出数组变量
                if ($j == $i) {                                              //如果当前输出的数组下标等于$i
                    continue 3;                                              //跳出最外层循环
                } else {
                    echo "\$arr[".$j."]=".$arr[$j]." ";                      //输出表达式
                }
            }
        }
        echo "这句话永远不会输出";
    }
?>
```

运行结果如图 4.15 所示。

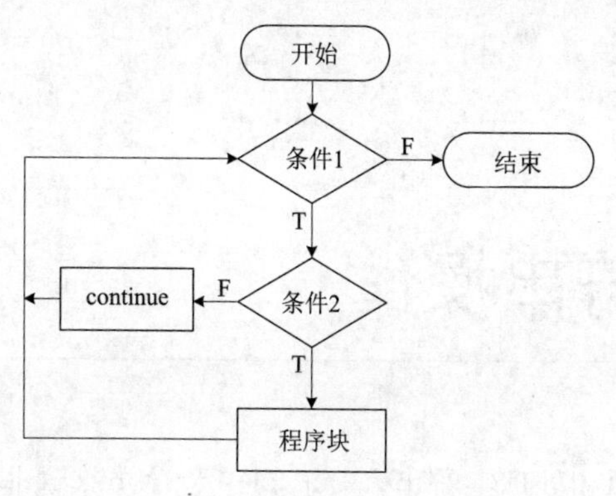

图 4.14　continue 关键字的流程控制图

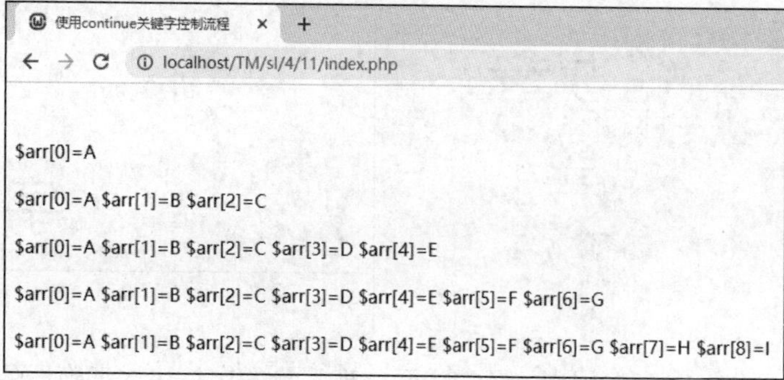

图 4.15　使用 continue 关键字控制流程

4.4　实践与练习

（答案位置：资源包\TM\sl\4\实践与练习\）

综合练习 1：输出二维数组

使用循环语句输出任意一个二维数组。

综合练习 2：输出杨辉三角

使用循环语句输出杨辉三角。

综合练习 3：获取 URL 地址中的参数

使用 while 循环和预定义变量，获取多个参数。参数的个数未定，如 http://localhost/1.php?name=tm&password=111&date=20080424&id=1…。

第 5 章

字符串操作

在 Web 编程中，经常需要处理大量的字符串。正确地使用和处理字符串，对于 PHP 程序员来说非常重要。本章从最简单的字符串定义讲起，到高层字符串处理技巧，希望广大读者能够通过本章的学习，了解和掌握 PHP 字符串操作，达到举一反三的目的，为了解和学习其他字符串处理技术奠定良好的基础。

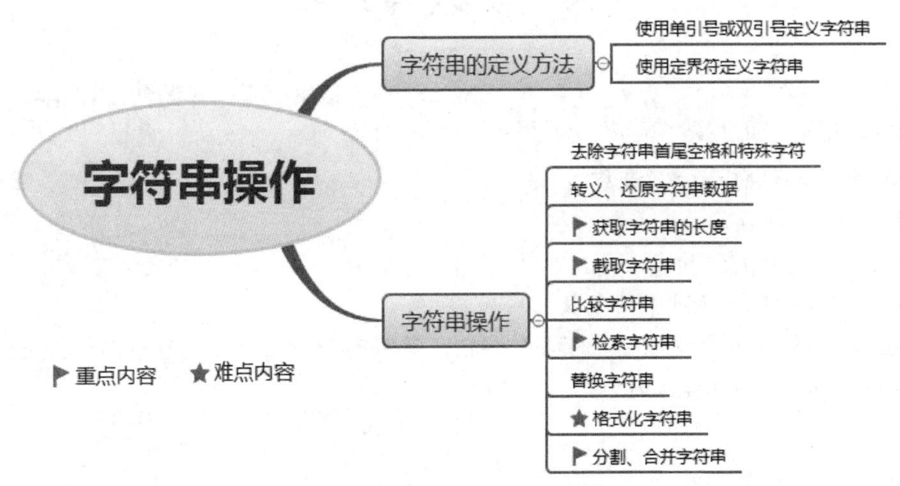

5.1 字符串的定义方法

字符串最简单的定义方法是使用单引号（''）或双引号（""），另外还可以使用定界符指定字符串。

5.1.1 使用单引号或双引号定义字符串

字符串通常以串整体作为操作对象，一般用双引号或单引号进行标识。

单引号和双引号在使用上有一定区别。首先来看普通字符串的定义，代码如下：

```
<?php
	$str1 = "I Like PHP";				//使用双引号定义一个字符串
	$str2 = 'I Like PHP';				//使用单引号定义一个字符串
	echo $str1;					//输出双引号中的字符串
	echo $str2;					//输出单引号中的字符串
?>
```

结果为：

```
I Like PHP
I Like PHP
```

可以看出，普通字符串的定义，使用单引号和双引号的效果完全一样，看不出区别。但在定义变量时，两者将有不同。例如：

```
<?php
    $test = "PHP";
    $str1 = "I Like $test";
    $str2 = 'I Like $test';
    echo $str1;                          //输出双引号中的字符串
    echo $str2;                          //输出单引号中的字符串
?>
```

结果为：

```
I Like PHP
I Like $test
```

为什么不同了呢？这是因为双引号中的内容是经过 PHP 语法分析器解析的，任何变量在双引号中都会被转换为它的值进行输出显示；而单引号的内容是“所见即所得”的，无论有无变量，都被当作普通字符串原样输出。

说明

单引号字符串和双引号字符串在 PHP 中的处理是不同的。双引号字符串中的内容可以被解释和替换，而单引号字符串中的内容将被作为普通字符串进行处理。

5.1.2　使用定界符定义字符串

定界符（<<<）用于定义格式化的文本。格式化是指文本中的格式将被保留，因此文本中不需要使用转义字符。使用时先在定界符后接一个标识符，然后格式化文本（即字符串），最后使用同样的标识符结束字符串。格式如下：

```
<<<str
    格式化文本
str
```

其中，符号“<<<”是关键字，必须存在；str 为用户自定义的标识符，用于定义文本的起始标识符和结束标识符，前后的标识符名称必须完全相同。结束标识符必须从行的第一列开始，也必须遵循 PHP 中有关标签的命名规则（只能包含字母、数字、下画线，且必须以下画线或非数字字符开始）。

例如，应用定界符输出变量中的值，可以看到它和双引号没什么区别，包含的变量也被替换成实际数值，代码如下：

```
<?php
    $str = "明日科技程序开发资源库";
    echo <<<strmark
    <font color="#FF0099" > $str 上线了，详情请关注程序开发资源库网：zyk.mingrisoft.com </font>
    strmark;
?>
```

结果为：

```
明日科技程序开发资源库上线了，详情请关注程序开发资源库网：zyk.mingrisoft.com
```

注意

在定界符内不允许添加注释，否则程序将运行出错。结束标识符所在的行不能包含任何其他字符，而且不能被缩进，在标识符前后不能有任何空白字符或制表符。如果破坏了这条规则，则程序不会将其视为结束标识符，PHP 将继续寻找下去。如果找不到合适的结束标识符，将会在脚本最后一行提示语法错误。

说明

定界符中的字符串支持单引号、双引号，无须转义，并支持字符变量替换。

5.2 字符串操作

字符串的操作在 PHP 编程中占有重要的地位，几乎所有 PHP 脚本的输入与输出都会用到字符串。尤其是在 PHP 项目开发过程中，为了实现某项功能，经常需要对某些字符串进行特殊处理，如获取字符串的长度、截取字符串、替换字符串等。在本节中将对 PHP 常用的字符串操作技术进行详细的讲解，并通过具体的实例让读者加深对字符串函数的理解。

5.2.1 去除字符串首尾空格和特殊字符

用户在输入数据时，有时会输入一些无用的空格。但有些情况下，字符串中不允许出现空格和特殊字符，此时就需要将它们去除。PHP 中的 trim()函数用于去除字符串左右两边的空格和特殊字符，ltrim()函数用于去除字符串左边的空格和特殊字符，rtrim()函数用于去除字符串右边的空格和特殊字符。

1. trim()函数

trim()函数用于去除字符串首尾处的空白字符或特殊字符。语法格式如下：

```
string trim(string str [,string charlist]);
```

其中，str 是要操作的字符串对象；charlist 为可选参数，一般要列出所有希望过滤的字符，也可以使用“..”列出一个字符范围。如果不设置该参数，则所有的可选字符都将被删除。如果不指定 charlist 参数，则 trim()函数将去除表 5.1 中的字符。

表 5.1　不指定 charlist 参数时 trim()函数去除的字符

参 数 值	说　明	参 数 值	说　明
\0	null，空值	\x0B	垂直制表符
\t	tab，制表符	\r	回车符
\n	换行符	" "	空格

注意

除了以上默认的过滤字符列表，也可以在 charlist 参数中提供要过滤的特殊字符。

【例 5.1】使用 trim()函数去除字符串左右两边的空格及特殊字符“\r\r(: :)”。（**实例位置：资源包\TM\sl\5\1**）

```
<?php
    $str="\r\r(:@_@ 创图书编撰伟业 展软件开发雄风 @_@:) ";
    echo trim($str);                                  //去除字符串左右两边的空格
    echo "<br>";                                      //执行换行
    echo trim($str, "\r\r(: :)");                     //去除字符串左右两边的特殊字符“\r\r(: :)”
?>
```

结果为：

```
(:@_@ 创图书编撰伟业 展软件开发雄风 @_@:)
@_@ 创图书编撰伟业 展软件开发雄风 @_@
```

2．ltrim()函数

ltrim()函数用于去除字符串左边的空格或特殊字符。语法格式如下：

```
string ltrim(string str [,string charlist]);
```

【例 5.2】使用 ltrim()函数去除字符串左边的空格及特殊字符“(:@_@”。（**实例位置：资源包\TM\sl\5\2**）

```
<?php
    $str="  (:@_@  创图书编撰伟业  @_@:)   ";
    echo ltrim($str);                                 //去除字符串左边的空格
    echo "<br>";                                      //执行换行
    echo ltrim($str, " (:@_@ ");                      //去除字符串左边的特殊字符“(: @_@”
?>
```

结果为：

```
(:@_@ 创图书编撰伟业 @_@:)
创图书编撰伟业 @_@:)
```

3．rtrim()函数

rtrim()函数用于去除字符串右边的空格或特殊字符。语法格式如下：

```
string rtrim(string str [,string charlist]);
```

【例 5.3】使用 rtrim()函数去除字符串右边的空格及特殊字符“@_@:)”。（**实例位置：资源包\TM\sl\5\3**）

```
<?php
    $str="  (:@_@  展软件开发雄风  @_@:)   ";
    echo rtrim($str);                                 //去除字符串右边的空格
    echo "<br>";                                      //执行换行
    echo rtrim($str, " @_@:)");                       //去除字符串右边的特殊字符“@_@:)”
?>
```

结果为：

```
(:@_@展软件开发雄风 @_@:)
(:@_@展软件开发雄风
```

5.2.2 转义、还原字符串数据

字符串转义、还原的方法有两种：一种是手动转义、还原字符串数据；另一种是自动转义、还原字符串数据。下面分别对这两种方法进行详细讲解。

1. 手动转义、还原字符串数据

字符串可以用单引号（'）、双引号（"）、定界符（<<<）3 种方法定义，而指定一个简单字符串的最简单的方法是用单引号括起来。当使用字符串时，很可能在该字符串中存在着几种与 PHP 脚本混淆的字符，因此必须要做转义语句。这就要在它的前面使用转义符号“\”。

“\”是一个转义符，紧跟在“\”后面的第一个字符将变得没有意义或有特殊意义。如“'”是用来定义字符串的，但写为“\'”时就失去了定义字符串的意义，变为普通的单引号。读者可以通过“echo '\'';”输出一个单引号，同时转义字符“\”不会显示。

技巧

如果要在字符串中表示单引号，则需要用反斜线（\）进行转义。例如，要表示字符串“I'm”，则需要写成“I\'m”。

【例 5.4】使用转义字符“\”对字符串进行转义。（**实例位置：资源包\TM\sl\5\4**）

```
<?php
    echo 'select * from tb_book where bookname = \'PHP 从入门到精通\' ';
?>
```

结果为：

```
select * from tb_book where bookname = 'PHP 从入门到精通'
```

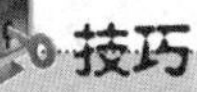

技巧

对于简单的字符串，建议采用手动方法进行字符串转义。对于数据量较大的字符串，建议采用自动转义函数实现字符串的转义。

2. 自动转义、还原字符串数据

自动转义、还原字符串数据可以应用 PHP 提供的 addslashes()和 stripslashes()函数来实现。

1）addslashes()函数

用反斜线引用字符串。语法格式如下：

```
string addslashes(string str)
```

其中，str 为要转义的字符串。返回值是转义后的字符。返回字符串中，为了数据库查询语句等需

要在某些字符前加上了反斜线。这些字符是单引号（'）、双引号（"）、反斜线（\）与 NULL（NULL 字符）。

2）stripslashes()函数

反引用一个引用字符串。语法格式如下：

```
string stripslashes(string str);
```

其中，str 为输入字符串。返回值是一个去除转义反斜线后的字符串。例如，“\'”被转换为“'”，双反斜线“\\”被转换为单反斜线“\”。

【例 5.5】先使用 addslashes()函数对字符串进行自动转义，然后使用 stripslashes()函数进行还原。（**实例位置：资源包\TM\sl\5\5**）

```
<?php
    $str = "select * from tb_book where bookname = 'PHP 从入门到精通'";
    echo $str."<br>";                                    //输出字符串
    $a = addslashes($str);                               //对字符串中的特殊字符进行转义
    echo $a."<br>";                                      //输出转义后的字符
    $b = stripslashes($a);                               //对转义后的字符进行还原
    echo $b."<br>";                                      //将字符原义输出
?>
```

运行结果如图 5.1 所示。

技巧

所有数据在插入数据库之前，有必要应用 addslashes()函数进行字符串转义，以免特殊字符未经转义在插入数据库时出现错误。另外，对于使用 addslashes()函数实现的自动转义字符串可以使用 stripslashes()函数进行还原，但数据在插入数据库之前必须再次进行转义。

图 5.1　对字符串进行转义和还原

以上两个函数实现了对指定字符串进行自动转义和还原。除了上面介绍的方法，还可以对要转义、还原的字符串进行一定范围的限制，通过使用 addcslashes()和 stripcslashes()函数可实现对指定范围内的字符串进行自动转义、还原。下面分别对这两个函数进行详细介绍。

3）addcslashes()函数

实现转义字符串中的字符，即在指定字符 charlist 前加反斜线。语法格式如下：

```
string addcslashes(string str, string charlist)
```

其中，str 为将要被操作的字符串；charlist 指定在字符串中的哪些字符前加上反斜线，如果参数 charlist 中包含\n、\r 等字符，将以 C 语言风格转换，而其他非字母数字且 ASCII 码低于 32 以及高于 126 的字符均转换成八进制表示。

注意

在定义参数 charlist 的范围时，需要明确在开始和结束的范围内的字符。

4）stripcslashes()函数

将应用 addcslashes()函数转义的字符串 str 还原。语法格式如下：

```
string stripcslashes(string str)
```

【例 5.6】使用 addcslashes()函数对字符串“程序开发资源库”进行转义，使用 stripcslashes()函数对转义的字符串进行还原。（**实例位置：资源包\TM\sl\5\6**）

```
<?php
	$a = "程序开发资源库";                              //对指定范围内的字符进行转义
	echo $a;                                         //输出指定的字符串
	echo "<br>";                                     //执行换行
	$b = addcslashes($a, "程序开发资源库");              //转义指定的字符串
	echo $b;                                         //输出转义后的字符串
	echo "<br>";                                     //执行换行
	$c = stripcslashes($b);                          //对转义的字符串进行还原
	echo $c;                                         //输出还原后的转义字符串
?>
```

结果为：

```
程序开发资源库
\347\250\213\345\272\217\345\274\200\345\217\221\350\265\204\346\272\220\345\272\223
程序开发资源库
```

技巧

在缓存文件中，一般对缓存数据的值采用 addcslashes()函数进行指定范围的转义。

5.2.3 获取字符串的长度

strlen()函数用于获取指定字符串 str 的长度。语法格式如下：

```
int strlen(string str)
```

【例 5.7】使用 strlen()函数来获取指定字符串的长度。（**实例位置：资源包\TM\sl\5\7**）

```
<?php
	echo strlen("程序开发资源库:zyk.mingrisoft.com");          //输出指定字符串的长度
?>
```

结果为：

```
40
```

strlen()函数在获取字符串长度的同时，也可以用来检测字符串的长度。

说明

汉字占两个字符，数字、英文、小数点、下画线和空格占一个字符。

【例 5.8】使用 strlen()函数对用户提交的密码长度进行检测，如果其长度小于 6，则弹出提示信息。（**实例位置：资源包\TM\sl\5\8**）

（1）新建 index.php 页面，添加一个表单，将表单的 action 属性设置为 index_ok.php。

（2）应用 HTML 标记设计页面，添加一个“用户名”文本框，命名为 user；添加一个“密码”文本框，命名为 pwd；添加一个图像域，指定源文件位置为 images/btn_dl.jpg。

（3）新建一个 PHP 动态页，保存为 index_ok.php，其代码如下：

```
<?php
    if (strlen($_POST['pwd'])<6) {                          //检测用户密码的长度是否小于 6
        echo "<script>alert('用户密码的长度不得少于 6 位，请重新输入！'); history.back();</script>";
    }
    else {
        echo "用户信息输入合法！";                         //用户密码超过 6 位，则弹出该提示信息
    }
?>
```

在上面的代码中，通过 POST 方法（关于 POST 方法将在后面的章节中详细讲解）接收用户输入的用户密码字符串的值。通过 strlen()函数来获取用户密码的长度，并使用 if 条件语句对用户密码长度进行判断，如果用户输入的密码没有达到这个长度，就会弹出提示信息。

（4）在浏览器中输入用户名和密码，如果密码的长度小于 6，单击“登录”按钮后的运行结果如图 5.2 所示。

localhost 显示
用户密码的长度不得少于6位，请重新输入！
确定

图 5.2　使用 strlen()函数检测字符串的长度

5.2.4　截取字符串

在 PHP 中，substr()函数用于从指定字符串中截取一定长度的字符。语法格式如下：

```
string substr(string str, int start [, int length])
```

其中，str 为原始字符串；start 表示开始截取字符的位置，如果为负数，表示从字符串的末尾开始截取；length 为可选参数，表示要截取的字符数量，如果为负数，表示倒数截取 length 个字符。

注意

substr()函数中的参数 start 的指定位置是从 0 开始计算的，即字符串中的第一个字符表示为 0。

【例 5.9】 使用 substr()函数截取字符串中指定长度的字符。（**实例位置：资源包\TM\sl\5\9**）

```
<?php
    echo substr("She is a well-read girl", 0);          //从第 1 个字符开始截取
    echo "<br>";                                        //执行换行
    echo substr("She is a well-read girl", 4, 14);      //从第 5 个字符开始，连续截取 14 个字符
    echo "<br>";                                        //执行换行
    echo substr("She is a well-read girl", -4, 4);      //从倒数第 4 个字符开始，连续截取 4 个字符
    echo "<br>";                                        //执行换行
    echo substr("She is a well-read girl", 0, -4);      //从第 1 个字符开始，截取到倒数第 4 个字符
?>
```

结果为：

```
She is a well-read girl
is a well-read
girl
She is a well-read
```

开发 Web 程序时，为了保持整体页面的合理布局，经常要对一些超长文本进行部分显示，下面介绍其实现方法。

【例 5.10】使用 substr()函数截取超长文本的部分字符串，剩余部分用“……”代替。（**实例位置：资源包\TM\sl\5\10**）

```
<?php
    $text = "祝全国程序开发人员在编程之路上一帆风顺二龙腾飞三阳开泰四季平安五福临门六六大顺七星高照八方来财九九同心十全十美百事可乐千事顺心万事吉祥 PHP 编程一级棒";
    if (strlen($text)>30) {                          //如果文本的字符串长度大于 30
        echo substr($text, 0, 30)."……";              //输出文本的前 30 个字节，然后输出省略号
    }
    else {                                           //如果文本的字符串长度小于 30
        echo $text;                                  //直接输出文本
    }
?>
```

结果为：

```
祝全国程序开发人员在编程之路上……
```

技巧

通过 substr()函数还可以获取某个固定格式字符串中的一部分。

5.2.5 比较字符串

在 PHP 中，对字符串进行比较的方法主要有 3 种：按字节进行字符串比较、按自然排序法进行字符串比较，以及从字符串的指定位置开始比较。

1. 按字节进行字符串比较

按字节进行字符串比较的方法有两种，分别是 strcmp()和 strcasecmp()函数。它们的实现方法基本相同，区别是 strcmp()函数在比较时区分字母大小写，strcasecmp()函数不区分字母大小写。

下面以 strcmp()为例进行介绍，其语法格式如下：

```
int strcmp(string str1, string str2)
```

其中，str1 和 str2 为要比较的两个字符串。如果 str1 和 str2 相等，则返回 0；如果 str1 大于 str2，则返回值大于 0；如果 str1 小于 str2，则返回值小于 0。

【例 5.11】使用 strcmp()和 strcasecmp()函数分别对两个字符串按字节进行比较。（**实例位置：资源包\TM\sl\5\11**）

```
<?php
    $str1 = "明日程序开发资源库!";                   //定义字符串常量
    $str2 = "明日程序开发资源库!";                   //定义字符串常量
    $str3 = "mrsoft";                               //定义字符串常量
    $str4 = "MRSOFT";                               //定义字符串常量
    echo strcmp($str1, $str2);                      //这两个字符串相等
    echo strcmp($str3, $str4);                      //注意该函数区分字母大小写
    echo strcasecmp($str3, $str4);                  //该函数不区分字母大小写
?>
```

结果为：

```
010
```

技巧

PHP 中经常需要对字符串进行比较。例如，使用 strcmp()函数比较用户登录输入的用户名和密码是否正确。如果验证用户名和密码时不使用此函数，那么输入的用户名和密码将不区分大小写。使用 strcmp()函数可保证用户名和密码必须大小写匹配才可以登录，从而提高网站的安全性。

2．按自然排序法进行字符串比较

按自然排序法进行字符串比较的方法也有两种，分别是 strnatcmp()函数和 strnatcasecmp()函数。同样，两者的实现方法基本相同，但 strnatcmp()函数在比较时区分字母大小写，strnatcasecmp()函数不区分字母大小写。下面以 strnatcmp()函数为例进行介绍。

strnatcmp()函数将字符串中的字符按照从左到右的顺序进行比较。如果是数字与数字比较，则按照自然排序法，其他情况则根据字符的 ASCII 码值进行比较。其语法格式如下：

```
int strnatcmp(string str1, string str2)
```

如果字符串 str1 和 str2 相等，则返回 0；如果 str1 大于 str2，则返回值大于 0；如果 str1 小于 str2，则返回值小于 0。

注意

自然排序法中，2 比 10 小。但在计算机序列中 10 比 2 小，因为 10 的第一个数字是 1，小于 2。

【例 5.12】使用 strnatcmp()函数按自然排序法进行字符串比较。（**实例位置：资源包\TM\sl\5\12**）

```
<?php
    $str1 = "str2.jpg";                          //定义字符串常量
    $str2 = "str10.jpg";                         //定义字符串常量
    $str3 = "mrsoft1";                           //定义字符串常量
    $str4 = "MRSOFT2";                           //定义字符串常量
    echo strcmp($str1, $str2);                   //按字节进行比较，返回 1
    echo " ";
    echo strcmp($str3, $str4);                   //按字节进行比较，返回 1
    echo " ";
    echo strnatcmp($str1, $str2);                //按自然排序法进行比较，返回-1
    echo " ";
    echo strnatcmp($str3, $str4);                //按自然排序法进行比较，返回 1
?>
```

结果为：

```
1 1 -1 1
```

3．从字符串的指定位置开始比较

strncmp()函数用来比较字符串中的前 n 个字符，区分字母大小写。其语法格式如下：

```
int strncmp(string str1, string str2, int len)
```

其中，参数 len 用于指定两个字符串中参与比较的字符的数量。如果字符串 str1 和 str2 相等，则返回 0；如果 str1 大于 str2，则返回值大于 0；如果 str1 小于 str2，则返回值小于 0。

【例 5.13】使用 strncmp()函数比较两个字符串的前两个字符是否相等。（**实例位置：资源包\TM\sl\5\13**）

```
<?php
    $str1 = "I like PHP !";                              //定义字符串常量
    $str2 = "i am fine !";                               //定义字符串常量
    echo strncmp($str1, $str2, 2);                       //比较前两个字符
?>
```

结果为：

```
-1
```

从上面的代码中可以看出，由于变量$str2 中的字符串的首字母为小写，与变量$str1 中的字符串不匹配，因此比较后的字符串返回值为-1。

5.2.6 检索字符串

PHP 中提供了很多用于字符串查找的函数，可以对字符串进行各种查找，下面介绍其中常用的两个。

1. 使用 strstr()函数查找指定字符串

strstr()函数用于检索指定字符串（即待查关键字）在原始字符串中第一次出现的位置，并返回从该位置到字符串结尾的所有字符。strstr()函数区分字母大小写。其语法格式如下：

```
string strstr(string haystack, string needle)
```

其中，haystack 表示待搜索、查找的原始字符串；needle 表示要查找的关键字，如果是数字，则搜索与其 ASCII 值相匹配的字符。

如果原始字符串中存在与待查关键字相匹配的字符，则返回自匹配点开始的剩余字符串；如果没有找到相匹配的字符，则返回 false。

说明

英语中有句谚语：Find a needle in haystack（大海捞针）。在搜索查找类算法中，haystack 通常用于表示源数据，needle 则用于表示搜索目标。

【例 5.14】使用 strstr()函数获取上传图片的后缀，以限制上传图片的格式。（**实例位置：资源包\TM\ sl\5\14**）

```
<form method="post" action="index.php" enctype="multipart/form-data">
    <input type="hidden" name="action" value="upload" />
    <input type="file" name="u_file"/>
    <input type="submit" value="上传" />
</form>
<?php
    if (isset($_POST['action']) && $_POST['action'] == "upload") {        //判断提交按钮是否为空
```

```
            $file_path = "./uploads\\";                              //定义图片在服务器中的存储位置
            $picture_name = $_FILES['u_file']['name'];               //获取上传图片的名称
            $picture_name = strstr($picture_name, ".");              //通过 strstr()函数截取上传图片的后缀
            if ($picture_name!= ".jpg") {                            //根据后缀判断上传图片的格式是否符合要求
                echo "<script>alert('上传图片格式不正确，请重新上传！'); window.location.href='index.php';</script>";
            } else if ($_FILES['u_file']['tmp_name']) {
                //执行图片上传
                move_uploaded_file($_FILES['u_file']['tmp_name'], $file_path.$_FILES['u_file']['name']);
                echo "图片上传成功！";
            }
            else
                echo "上传图片失败！";
        }
?>
```

运行结果如图 5.3 所示。

图 5.3　strstr()函数检索上传图片的后缀

注意

strrchr()函数正好相反，用于检索指定字符串在原始字符串中最后一次出现的位置，并返回从该位置到字符串结尾的所有字符。

2. 使用 substr_count()函数检索指定字符串出现的次数

substr_count()函数用于检索指定字符串（即待查关键字）在原始字符串中出现的次数。其语法格式如下：

```
int substr_count(string haystack, string needle)
```

其中，haystack 表示待查找、搜索的原始字符串；needle 表示要查找的关键字。

【例 5.15】使用 substr_count()函数获取指定字符串出现的次数。（**实例位置：资源包\TM\sl\5\15**）

```
<?php
    $str = "明日程序开发资源库";                     //定义字符串常量
    echo substr_count($str, "资源库");               //输出查询的字符串
?>
```

结果为：

```
1
```

注意

统计特定关键字出现的次数，一般常用于搜索引擎中。通过统计，用户可快速掌握关键字在文章或页面中出现的频率。

5.2.7　替换字符串

对原始字符串中的指定字符进行替换，需要用到 str_ireplace()函数和 substr_replace()函数。

1. str_ireplace()函数

str_ireplace()函数用于替换原始字符串中的指定字符，不区分字母大小写。其语法格式如下：

```
mixed str_ireplace(mixed search, mixed replace, mixed str [, int &count])
```

先在原始字符串 str 中查找某个字符串 search，然后用新字符串 replace 来替换它。各参数的含义如下。

☑ str：待搜索、查找的原始字符串或数组。

☑ search：待查找且将被替换的指定字符串。

☑ replace：用于替换的新字符串。

☑ count：可选参数，表示执行字符串替换操作的次数。

【例 5.16】将文本中的指定字符串“某某”替换为“**”，并且输出替换后的结果。（**实例位置：资源包\TM\sl\5\16**）

```
<?php
    $str2 = "某某";                                                         //定义字符串常量
    $str1 = "**";
    $str = "    某某公司是一家以计算机软件技术为核心的高科技企业，多年来始终致力于行业管理软件开发、数字化出版物制作、计算机网络系统综合应用以及行业电子商务网站开发等领域，涉及生产、管理、控制、仓储、物流、营销、服务等行业";
    echo str_ireplace($str2, $str1, $str);                                  //输出替换后的字符串
?>
```

结果为：

```
**公司是一家以计算机软件技术为核心的高科技企业，多年来始终致力于行业管理软件开发、数字化出版物制作、计算机网络系统综合应用以及行业电子商务网站开发等领域，涉及生产、管理、控制、仓储、物流、营销、服务等行业
```

注意

str_ireplace()函数在执行替换时不区分字母大小写，如果要区分字母大小写，可使用 str_replace()函数。

字符串替换常用在对搜索结果的关键字处理中，如将搜索到的关键字颜色替换为红色，以使搜索结果更便于查看等。

查询关键字描红是指将查询关键字以特殊的颜色、字号或字体进行标识，以便于浏览者快速检索所需内容。查询关键字描红适用于模糊查询。下面通过具体的实例介绍如何实现查询关键字描红功能。

【例 5.17】使用 str_ireplace()函数替换查询关键字，当显示所查询的相关信息时，将输出的关键字字体的颜色替换为红色。（**实例位置：资源包\TM\sl\5\17**）

```
<?php
    $content = "白领女子公寓，温馨街南行 200 米，交通便利，亲情化专人管理，您的理想选择！";
    $str = "女子公寓";                                                      //定义待查询的字符串常量
    echo str_ireplace($str, "<span style='color: #FF0000;'>".$str."</span>", $content);  //替换字符串为红色字体
?>
```

运行结果如图 5.4 所示。

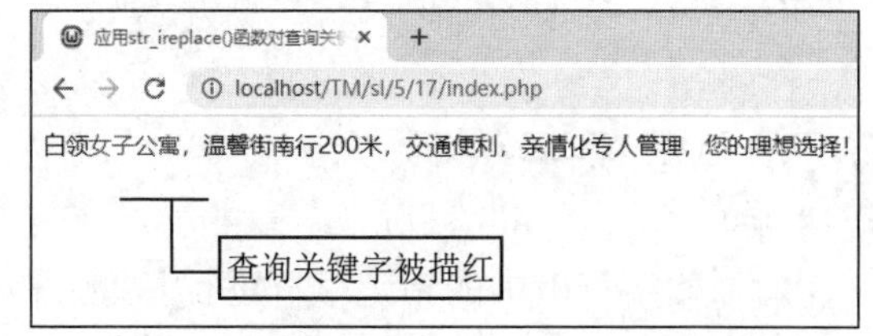

图 5.4　应用 str_ireplace()函数对查询关键字描红

查询关键字描红功能在搜索引擎中应用广泛，希望读者通过本例的学习，能够举一反三，从而开发出更加灵活、便捷的程序。

2. substr_replace()函数

substr_replace()函数用于对原始字符串中的部分内容进行替换。其语法格式如下：

```
mixed substr_replace(mixed str, mixed replace, mixed start, [mixed length])
```

☑ str：待搜索、查找的原始字符串或数组。

☑ replace：用于替换的新字符串。

☑ start：替换字符串开始的位置。正数表示从原始字符串的第 start 位置开始替换；负数表示从原始字符串的倒数第 start 位置开始替换；0 表示从原始字符串中的第一个字符开始替换。

☑ length：可选参数，表示要替换的字符串长度，默认值是整个字符串。正数表示被替换的字符串的长度；负数表示待替换的字符串结尾处距离原始字符串末端的字符个数；0 表示将 replace 插入原始字符串的 start 位置处（插入而非替换）。

注意

如果参数 start 设置为负数，而参数 length 数值小于或等于 start，那么 length 的值自动为 0。

【例 5.18】使用 substr_replace()函数将字符串“双倍”替换为“百倍”。（**实例位置：资源包\TM\sl\5\18**）

```
<?php
    $str = "用今日的辛勤工作，换明日的双倍回报！";                //定义字符串常量
    $replace = "百倍";                                        //定义要替换的字符串
    echo substr_replace($str, $replace, 26, 4);               //替换字符串
?>
```

结果为：

```
用今日的辛勤工作，换明日的百倍回报！
```

5.2.8　格式化字符串

在 PHP 中，字符串和数字都可以被格式化，其中数字的格式化最为常用。本节将重点讲解数字格式化函数 number_format()。其语法格式如下：

```
string number_format(float number[, int decimals [, string dec_point[, string thousands_ sep]]])
```

其中，number 为要格式化的数字，decimals 为要保留的小数位数，dec_ point 为表示小数点的字符，thousands_sep 为表示千位分隔符的字符。

number_format()函数可以有 1 个、2 个或 4 个参数，但不能有 3 个参数。如果只有 1 个参数 number，number 的小数部分会被去掉，千位分隔符为英文逗号“,”；如果有 2 个参数，number 将保留小数点后的位数到设定的值，千位分隔符为英文逗号“,”；如果有 4 个参数，number 将保留 decimals 个长度的小数部分，小数点替换为 dec_ point，千位分隔符替换为 thousands_sep。

【例 5.19】使用 number_format()函数对指定的数字字符串进行格式化处理。（**实例位置：资源包\TM\sl\5\19**）

```
<?php
    $number = 1868.96;                                        //定义数字字符串常量
    echo number_format($number);                              //输出格式化后的数字字符串
    echo "<br>";                                              //执行换行
    echo number_format($number, 2);                           //输出格式化后的数字字符串
    echo "<br>";                                              //执行换行
```

```
        $number2 = 11886655.760055;                               //定义数字字符串常量
        echo number_format($number2, 2, '.', '.');                //输出格式化后的数字字符串
?>
```

结果为：

```
1,869
1,868.96
11.886.655.76
```

5.2.9 分割、合并字符串

1．分割字符串

字符串的分割是通过 explode()函数实现的。explode()函数按照指定的规则对一个字符串进行分割，返回值为一个数组。其语法格式如下：

```
array explode(string delimiter, string str[, int limit])
```

其中，delimiter 为边界分隔字符；str 为将被分割的原始字符串；limit 为可选参数，表示返回数组中最多包含 limit 个元素（最后一个元素将包含 str 的剩余部分），limit 为负数表示返回除最后的-limit 个元素外的所有元素，limit 为 0 则会当作 1。

【例 5.20】使用 explode()函数实现字符串分割。（**实例位置：资源包\TM\sl\5\20**）

```
<?php
    $str = "PHP 程序开发资源库@Python 程序开发资源库@Java 程序开发资源库@C 语言程序开发资源库";
    $str_arr = explode("@", $str);                               //应用标识“@”分割字符串
    print_r($str_arr);                                            //输出字符串分割后的结果
?>
```

从上面的代码中可以看出，在分割字符$str 时，以“@”作为分割的标识符进行拆分，分割成 4 个数组元素，最后使用 print_r()函数输出数组中的元素。

运行结果如图 5.5 所示。

**注意**

数组第一个元素的索引为 0，关于数组的相关知识将在第 7 章中详细讲解。

输出数组元素除了可使用 print_r()函数，还可以使用 echo 语句进行输出。两者的区别：print_r()函数输出的是一个数组列，而使用 echo 语句输出的是数组中的元素。将“print_r($str_arr);”使用如下代码替换即可输出数组中的元素。

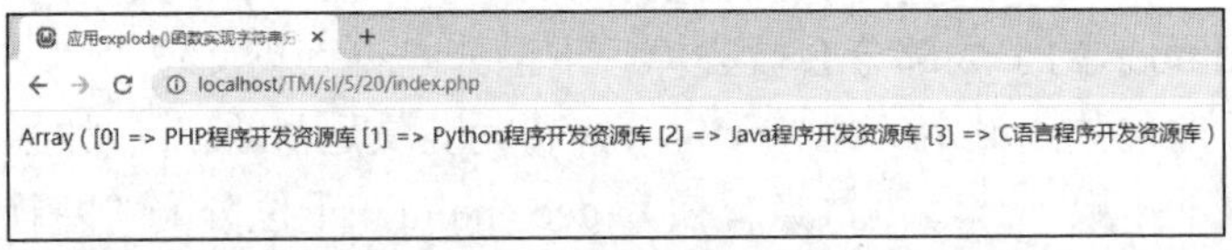

Array ([0] => PHP程序开发资源库 [1] => Python程序开发资源库 [2] => Java程序开发资源库 [3] => C语言程序开发资源库)

图 5.5　使用 explode()函数实现字符串分割

```
echo $str_arr[0];                                                 //输出数组中的第 1 个元素
echo $str_arr[1];                                                 //输出数组中的第 2 个元素
echo $str_arr[2];                                                 //输出数组中的第 3 个元素
echo $str_arr[3];                                                 //输出数组中的第 4 个元素
```

结果为：

```
PHP 程序开发资源库 Python 程序开发资源库 Java 程序开发资源库 C 语言程序开发资源库
```

说明

以上两种输出分割字符串的方法，在运行结果的表现形式上会稍有不同。

2. 合并字符串

implode()函数可以将数组的内容组合成一个新字符串。其语法格式如下：

```
string implode(string glue, array pieces)
```

其中，glue 用于指定分隔符；pieces 是数组类型，用于指定要被合并的数组。

【例 5.21】 应用 implode()函数将数组内容以“@”为分隔符，连接组合成一个新字符串。（**实例位置：资源包\TM\sl\5\21**）

```
<?php
    $str = "PHP 程序开发资源库@Python 程序开发资源库@Java 程序开发资源库@C 语言程序开发资源库";
    $str_arr = explode("@", $str);                                          //应用标识“@”分割字符串
    $array = implode("@", $str_arr);                                        //将数组合成新字符串
    echo $array;                                                            //输出字符串
?>
```

结果为：

```
PHP 程序开发资源库@Python 程序开发资源库@Java 程序开发资源库@C 语言程序开发资源库
```

说明

implode()和 explode()是两个功能相反的函数，一个用于合并字符串，一个用于分割字符串。

5.3　实践与练习

（**答案位置：资源包\TM\sl\5\实践与练习**）

综合练习 1：去除字符串首尾空格和特殊字符

尝试开发一个页面，去除字符串“&&　明日程序开发资源库　&&”首尾空格和特殊字符“&&”。

综合练习 2：验证身份证号长度

尝试开发一个页面，验证用户输入的身份证号长度是否正确。

综合练习 3：查询关键字的加粗描红

尝试开发一个页面，对检索到的用户查询关键字进行加粗描红。

综合练习 4：分割并输出省会名称

尝试开发一个页面，使用 explode()函数对全国各省会名称以逗号进行分割。

第 6 章

正则表达式

正则表达式是一种用于模式匹配和替换的强有力的工具，它由一系列普通字符和特殊字符组成，能明确描述文本字符的文字匹配模式。几乎所有的编程语言和文本编辑工具都支持正则表达式，但关于正则表达式的书籍、资料少之又少。本章就带领大家一起来学习什么是正则表达式。

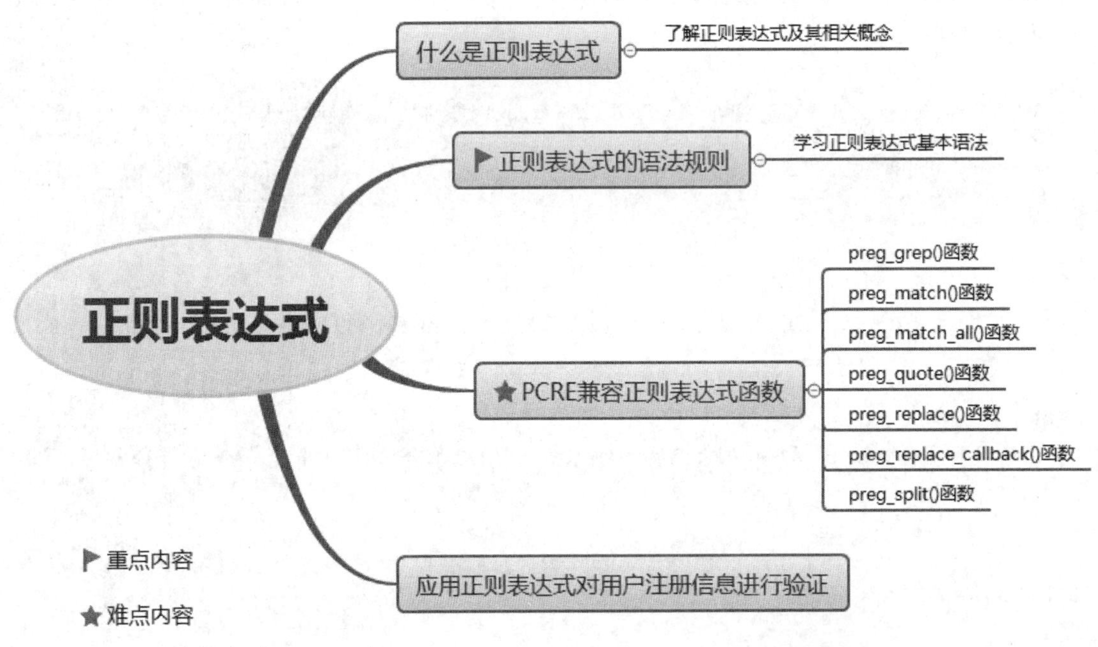

6.1 什么是正则表达式

正则表达式是一种描述字符串结构的语法规则，是一个特定的格式化模式，可以匹配、替换、截取匹配的字符串。

学习正则表达式之前，先来了解几个易混淆的术语，这对于正则表达式的学习将有很大帮助。

☑ grep：最初是 ED 编辑器中的一条命令，用来显示文件中的特定内容，后来成为一个独立的工具。

☑ egrep：grep 虽然不断地更新升级，但仍然无法跟上技术的脚步。为此，贝尔实验室推出了 egrep，意为“扩展的 grep”，大大增强了正则表达式的能力。

- ☑ POSIX（Portable Operating System Interface of Unix）：可移植操作系统接口。在 grep 发展的同时，另有一些开发人员也按照自己的喜好开发出了具有独特风格的版本。但问题也随之而来，有的程序支持某个元字符，而有的程序则不支持，因此就有了 POSIX。POSIX 是一系列标准，确保了操作系统之间的可移植性。但 POSIX 和 SQL 一样，没有成为最终的标准，而只能作为一个参考。
- ☑ Perl（Practical Extraction and Reporting Language）：实际抽取与汇报语言。1987 年，Larry Wall 发布了 Perl。最终，Perl 成为 POSIX 之后的另一个标准。
- ☑ PCRE：Perl 的成功，让其他开发人员在某种程度上要兼容 Perl，包括 C/C++、Java、Python 等都有自己的正则表达式。1997 年，Philip Hazel 开发了 PCRE 库，这是兼容 Perl 正则表达式的一套正则引擎，其他开发人员可将 PCRE 整合到自己的语言中，为用户提供丰富的正则功能。许多编程语言都使用 PCRE，PHP 正是其中之一。

6.2　正则表达式的语法规则

一个完整的正则表达式由两部分构成，即元字符和文本字符。元字符就是具有特殊含义的字符，如前面提到的“*”和“?”。文本字符就是普通的文本，如字母和数字等。PCRE 风格的正则表达式一般放置在定界符“/”中间，如“/ \w+([-+.']\w+)*@\w+([-.]\w+)*\.\w+([-.]\w+)*/”和“/^http:\/\/(www\.)?.+.?$/”。为了便于读者理解，除个别实例外，本节中的表达式不再给出定界符“/”。

1．行定位符“^”和“$”

行定位符用来描述字符串的边界，“^”表示行的开始，“$”表示行的结尾。例如，正则表达式“^tm”表示要在行头匹配字符串 tm，此时 tm equal Tomorrow Moon 满足匹配，Tomorrow Moon equal tm 不满足匹配。如果正则表达式为“tm$”，则后者满足匹配，前者不满足匹配。如果要匹配的字符串可以出现在任意部分，可以直接写成 tm，这样两个字符串就都可以匹配了。

2．单词分界符“\b”和“\B”

正则表达式 tm 可以匹配字符串中任何位置出现的 tm，那么类似 html、utmost 中的 tm 也会被查找出来。现在的要求是匹配单词 tm，而不是单词的一部分。此时可使用单词分界符“\b”表示要查找的字符串为一个完整的单词。例如，将正则表达式写为“\btm\b”。

大写“\B”的含义和小写“\b”相反，表示匹配的字符串不能是一个完整单词，而必须是其他单词或字符串的一部分。例如，将正则表达式写为“\Btm\B”。

3．字符类“[ ]”

正则表达式是区分字母大小写的，如果要忽略大小写，可使用中括号表达式“[ ]”。只要匹配的字符出现在中括号内，即可表示匹配成功。但要注意，一个中括号只能匹配一个字符。例如，要匹配的字符串 tm 不区分字母大小写，那么该表达式应该写为 [Tt][Mm]，这样即可匹配 tm 的所有写法。

POSIX 和 PCRE 都给出了一些预定义字符类，但表示方法略有不同。POSIX 风格的预定义字符类如表 6.1 所示。

表 6.1　POSIX 预定义字符类

预定义字符类	说　明
[:digit:]	十进制数字集合，等同于[0-9]
[[:alnum:]]	字母和数字的集合，等同于[a-zA-Z0-9]
[[:alpha:]]	字母集合，等同于[a-zA-Z]
[[:blank:]]	空格和制表符
[[:xdigit:]]	十六进制数字
[[:punct:]]	特殊字符集合，包括键盘上的所有特殊字符，如“!”“@”“#”“$”“?”等
[[:print:]]	所有的可打印字符（包括空白字符）
[[:space:]]	空白字符（空格、换行符、换页符、回车符、水平制表符）
[[:graph:]]	所有的可打印字符（不包括空白字符）
[[:upper:]]	所有大写字母，等同于[A-Z]
[[:lower:]]	所有小写字母，等同于[a-z]
[[:cntrl:]]	控制字符

PCRE 的预定义字符类使用反斜线来表示，具体内容参见本节后面反斜线部分的知识讲解。

4．选择字符“|”

还有一种方法可以实现上面的匹配模式，就是使用选择字符“|”，其含义可以理解为“或”。例如，要匹配的字符串 tm 不区分字母大小写，也可以写成(T|t)(M|m)。该表达式的意思：以字母 T 或 t 开头，后接字母 M 或 m。

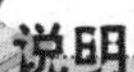

说明

使用“[]”和使用“|”的区别在于，“[]”只能匹配单个字符，而“|”可以匹配任意长度的字符串。如果不怕麻烦，上例还可以写为“TM|tm|Tm|tM”。

5．连字符“-”

变量的命名规则要求只能以字母和下画线开头。但这样一来，要使用正则表达式来匹配变量名的第一个字母，就得写为 [a,b,c,d…A,B,C,D…]，非常麻烦。正则表达式中的连字符“-”可以表示字符的范围，因此上述表述可简化为 [a-zA-Z]。

6．排除字符“[^]”

上面的示例都用于匹配符合命名规则的变量，现在反过来，匹配不符合命名规则的变量，该怎么表述呢？可以使用正则表达式中的排除字符“[^]”。

字符“^”表示行的开始，外面加一个中括号，即表示排除的意思。例如，[^a-zA-Z]匹配的就是不以字母和下画线开头的变量名。

7．限定符“? * + {n,m}”

经常使用 Google 的用户会发现，在搜索结果页下方，Google 中间字母 o 的个数会随着搜索页的改变而改变。要匹配该字符串，正则表达式该如何表述呢？

对于这类重复出现的字母或字符串，可以使用限定符来实现匹配。限定符主要有 6 种，如表 6.2 所示。

表 6.2　限定符

限 定 符	说　　明	示　　例
?	匹配前面的字符零次或一次	colou?r，该表达式可以匹配 colour 和 color
+	匹配前面的字符一次或多次	go+gle，该表达式可以匹配的范围从 gogle 到 goo…gle
*	匹配前面的字符零次或多次	go*gle，该表达式可以匹配的范围从 ggle 到 goo…gle
{n}	匹配前面的字符 n 次	go{2}gle，该表达式只匹配 google
{n,}	匹配前面的字符最少 n 次	go{2,}gle，该表达式可以匹配的范围从 google 到 goo…gle
{n,m}	匹配前面的字符最少 n 次，最多 m 次	employe{0,2}，该表达式可以匹配 employ、employe 和 employee

表 6.2 中实际已经对字符串进行了匹配，只是还不完善。通过观察发现，当 Google 搜索结果只有一页时，不显示 Google 标志；只有页码大于等于 2 时，才显示 Google。说明字母 o 最少为两个，最多为 20 个，那么正则表达式应为 go{2,20}gle。

8．点号字符“.”

例如，要求写出 5～10 个以 s 开头、t 结尾的单词。该怎么实现呢？如果不使用正则表达式，解题难度将会很大。

在正则表达式中，可以通过点号字符“.”来实现这样的匹配。点号字符“.”可以匹配除换行符外的任意一个字符。例如，匹配以 s 开头、t 结尾、中间包含一个字母的单词，对应的正则表达式为^s.t$，可匹配的单词包括 sat、set、sit 等。再如，一个单词，其第一个字母为 r，第 3 个字母为 s，最后一个字母为 t，则对应的正则表达式为^r.s.*t$。

9．转义字符“\”

正则表达式中的转义字符（\）和 PHP 中大同小异，都是将特殊字符（如“.”“?”“\”等）变为普通的字符。举一个 IP 地址的实例，用正则表达式匹配如 127.0.0.1 这种格式的 IP 地址。如果直接使用点号字符，格式为：

```
[0-9]{1,3}(.[0-9]{1,3}){3}
```

这显然是不对的，因为“.”可以匹配任意一个字符。这时，不仅是 127.0.0.1 这样的 IP，连 127101011 这样的字符串也会被匹配出来。所以除“.”外，还需要使用转义字符（\）。修改上面的正则表达式为：

```
[0-9]{1,3}(\.[0-9]{1,3}){3}
```

10．反斜线“\”

除了可以做转义字符，反斜线还有其他一些功能。例如，将一些不可打印的字符显示出来（见表 6.3）、指定预定义字符集（见表 6.4）、定义断言（见表 6.5）等。

表 6.3　反斜线显示的不可打印字符

字　　符	说　　明
\a	警报，即 ASCII 中的<BEL>字符（0x07）
\b	退格，即 ASCII 中的<BS>字符（0x08）。注意，在 PHP 中只有在中括号（[ ]）里使用才表示退格

续表

字　　符	说　　明
\e	Escape，即 ASCII 中的<ESC>字符（0x1B）
\f	换页符，即 ASCII 中的<FF>字符（0x0C）
\n	换行符，即 ASCII 中的<LF>字符（0x0A）
\r	回车符，即 ASCII 中的<CR>字符（0x0D）
\t	水平制表符，即 ASCII 中的<HT>字符（0x09）
\xhh	十六进制代码
\ddd	八进制代码
\cx	即 control-x 的缩写，匹配由 x 指明的控制字符，其中 x 是任意字符

表 6.4　反斜线指定的预定义字符集

预定义字符集	说　　明
\d	任意一个十进制数字，相当于[0-9]
\D	任意一个非十进制数字
\s	任意一个空白字符（空格、换行符、换页符、回车符、水平制表符），相当于[\f\n\r\t]
\S	任意一个非空白字符
\w	任意一个单词字符，相当于[a-zA-Z0-9_]
\W	任意一个非单词字符

表 6.5　反斜线定义断言的限定符

限　定　符	说　　明
\b	单词分界符，用来匹配字符串中的某些位置，“\b”是以统一的分界符来匹配
\B	非单词分界符序列
\A	总是能够匹配待搜索文本的起始位置
\Z	表示在未指定任何模式下匹配的字符，通常是字符串的末尾位置，或者是在字符串末尾的换行符之前的位置
\z	只匹配字符串的末尾，而不考虑任何换行符
\G	当前匹配的起始位置

11．括号字符“( )”

小括号的第一个作用就是改变限定符的作用范围，如“|”“*”“^”等。例如，正则表达式(six|four)th 的含义是匹配单词 sixth 或 fourth，如果不使用小括号，那么就变成了匹配单词 six 和 fourth 了。

小括号的第二个作用是分组，也就是子表达式。例如，正则表达式(\.[0-9]{1,3}){3}就是对分组(\.[0-9]{1,3})进行重复操作。

12．反向引用

反向引用就是依靠子表达式的“记忆”功能来匹配连续出现的字串或字母。例如，要匹配连续两个 it，需要将单词 it 作为分组，并在后面加上“\1”，正则表达式为(it)\1。这就是反向引用最简单的格式。

如果要匹配的字符串不固定，那么就将括号内的字符串写成一个正则表达式。如果使用了多个分组，那么可以用“\1”“\2”来表示每个分组（顺序是从左到右）。例如，([a-z])([A-Z])\1\2。

除了可以使用数字来表示分组，还可以自己来指定分组名称。语法格式如下：

```
(?P<subname>…)
```

如果想要反向引用该分组，使用如下语法：

```
(?P=subname)
```

下面来重写表达式([a-z])([A-Z])\1\2。为这两个分组分别命名，并反向引用它们。正则表达式如下：

```
(?P<fir>[a-z])(?P<sec>[A-Z])(?P=fir)(?P=sec)
```

13．模式修饰符

模式修饰符的作用是设定模式，也就是规定正则表达式应该如何解释和应用。不同的语言有着不同的模式设置，PHP 中的主要模式修饰符如表 6.6 所示。

表 6.6　模式修饰符

修　饰　符	表达式写法	说　　明
i	(?i)…(?-i)、(?i:…)	忽略大小写模式
m	(?m)…(?-m)、(?m:…)	多文本模式，即当字符串内部有多个换行符时，会影响“^”和“$”的匹配
s	(?s)…(?-s)、(?s:…)	单文本模式，在此模式下元字符点号（.）可以匹配换行符。其他模式则不能匹配换行符
x	(?x)…(?-x)、(?x:…)	忽略空白字符

模式修饰符既可以写在正则表达式外，也可以写在正则表达式内。如忽略大小写模式，可以写为“/tm/i”“(?i)tm(?-i)”“(?i:tm)”3 种格式。

6.3　PCRE 兼容正则表达式函数

PHP 提供了两套支持正则表达式的函数库，但由于 PCRE 函数库在执行效率上要略优于 POSIX 函数库，所以这里只讲解 PCRE 函数库中的函数。

实现 PCRE 风格的正则表达式的函数有 7 个，下面就来了解一下它们。

1．preg_grep()函数

函数语法：

```
array preg_grep(string pattern, array input)
```

函数功能：使用数组 input 中的元素一一匹配表达式 pattern，返回由所有相匹配元素组成的数组。

【例 6.1】在数组$arr 中匹配具有正确格式的电话号码，并保存到另一个数组中。（**实例位置：资源包\TM\sl\6\1**）

```
<?php
    $preg = '/\d{3,4}-?\d{7,8}/';                                          //国内电话号码格式表达式
    $arr = array('043212345678', '0431-7654321', '12345678');              //包含元素的数组
```

```
    $preg_arr = preg_grep($preg, $arr);                    //使用 preg_grep()查找匹配元素
    print_r($preg_arr);                                    //查看新数组结构
?>
```

运行结果如图 6.1 所示。

2. preg_match()和 preg_match_all()函数

函数语法：

```
int preg_match/preg_match_all(string pattern, string subject [, array matches])
```

函数功能：在字符串 subject 中匹配表达式 pattern。函数返回匹配的次数。如果有数组 matches，则每次匹配的结果都将被存储到数组 matches 中。

preg_match()函数的返回值是 0 或 1，因为该函数在匹配成功后就停止继续查找了，而 preg_match_all()函数则会一直匹配到最后才会停止。参数 matches 对于 preg_match_all()函数是必须有的，而对前者则可以省略。

【例 6.2】使用 preg_match()和 preg_match_all()函数来匹配字符串$str，并返回各自的匹配次数。（**实例位置：资源包\TM\sl\6\2**）

```
<?php
    $str = 'This is an example!';
    $preg = '/\b\w{2}\b/';
    $num1 = preg_match($preg, $str, $str1);
    echo $num1.'<br>';
    print_r($str1);
    $num2 = preg_match_all($preg, $str, $str2);
    echo '<p>'.$num2.'<br>';
    print_r($str2);
?>
```

运行结果如图 6.2 所示。

图 6.1　使用 preg_grep()函数

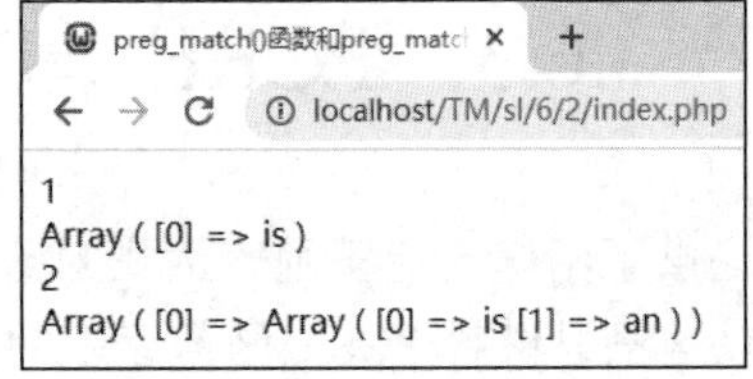

图 6.2　使用 preg_match()和 preg_match_all()函数

3. preg_quote()函数

函数语法：

```
string preg_quote(string str [, string delimiter])
```

函数功能：将字符串 str 中的所有特殊字符进行自动转义。如果有参数 delimiter，则该参数所包含的字符串也将被转义。函数返回转义后的字串。

【例 6.3】输出常用的特殊字符，并且将字母 b 也当作特殊字符输出。（**实例位置：资源包\TM\sl\6\3**）

```
<?php
    $str = '!、$、^、*、+、.、[、]、\\、/、b、<、>';
```

```
    $str2 = 'b';
    $match_one = preg_quote($str, $str2);
    echo $match_one;
?>
```

结果为：

```
\!、\$、\^、\*、\+、\.、\[、\]、\\、/、\b、\<、\>
```

注意

这里的“特殊字符”是指在正则表达式中具有一定意义的元字符，其他如“@”“#”等则不会被当作特殊字符处理。

4．preg_replace()函数

函数语法：

```
mixed preg_replace(mixed pattern, mixed replacement, mixed subject [, int limit])
```

函数功能：在字符串 subject 中匹配表达式 pattern，并将匹配项替换成字符串 replacement。如果有参数 limit，则替换 limit 次。

说明

如果参数中调用的是数组，有可能在调用过程中并不是按照数组的 key 值进行替换的，所以在调用之前需要使用 ksort()函数对数组重新排列。

【例 6.4】实现 UBB 代码转换功能，将输入的“[b]…[/b]”“[i]…[/i]”等类似格式转换为 HTML 能识别的标签。（**实例位置：资源包\TM\sl\6\4**）

```
<?php
    $string = '[b]粗体字[/b]';
    $b_rst = preg_replace('/\[b\](.*)\[\/b\]/i', '<b>$1</b>', $string);
    echo $b_rst;
?>
```

结果为：

```
粗体字
```

说明

UBB 代码是 HTML 的一个变种。UBB 与 HTML 一样，都是用来标记文本的，并赋予文本一定的样式动作。对于 UBB 和 HTML 之间的转换，仅仅需要对应 UBB 的语法标签，利用正则表达式匹配即可完成。

说明

preg_replace()函数中的字符串“$1”是在正则表达式外调用分组，按照$1、$2 排列，依次表示从左到右的分组顺序，也就是括号顺序。$0 表示的是整个正则表达式的匹配值。

5．preg_replace_callback()函数

函数语法：

```
mixed preg_replace_callback(mixed pattern, callback callback, mixed subject [, int limit])
```

函数功能：与 preg_replace()函数功能相同，都用于查找和替换字符串。不同的是，preg_replace_callback()函数使用一个回调函数 callback 来代替 replacement 参数。

注意

在 preg_replace_callback()函数的回调函数中，字符串使用“""”，这样可以保证字符串中的特殊符号不被转义。

【例 6.5】使用回调函数实现 UBB 代码转换功能。（**实例位置：资源包\TM\sl\6\5**）

```
<?php
    function c_back($str) {
        $str = "<font color = $str[1]>$str[2]</font>";
        return $str;
    }
    $string = '[color=blue]字体颜色[/color]';
    echo preg_replace_callback('/\[color = (.*)\](.*)\[\/color\]/U', "c_back", $string);
?>
```

结果为：

```
字体颜色
```

注意

例 6.5 的运行结果“字体颜色”为蓝色字体，书中看不出效果，请运行本书资源包附带的实例。

6．preg_split()函数

函数语法：

```
array preg_split(string pattern, string subject [, int limit])
```

函数功能：使用表达式 pattern 来分割字符串 subject。如果有参数 limit，那么数组最多有 limit 个元素。该函数与 ereg_split()函数的使用方法相同，这里不再举例。

6.4 应用正则表达式对用户注册信息进行验证

【例 6.6】通过正则表达式对用户输入的邮编、电话号码、邮箱地址和网址格式进行判断。应用正则表达式和 JavaScript（简称 JS）脚本，判断用户输入的信息格式是否正确。（**实例位置：资源包\TM\sl\6\6**）

（1）在 index.php 页面中通过 Script 脚本调用 JS 脚本文件 check.js，创建 form 表单，实现会员注册信息的提交，并应用 onSubmit 事件调用 chkreg()方法对表单元素中的数据进行验证，将数据提交到

index_ok.php 文件中。index.php 的关键代码如下：

```
<script src="js/check.js"></script>
<form name="reg_check" method="post" action="index_ok.php" onSubmit="return chkreg(reg_check,'all')">
<table width="550" height="270" border="0" align="center" cellpadding="0" cellspacing="0">
	<tr>
		<td height="30"><div align="right">邮政编码：</div></td>
		<td height="30" colspan="2" align="left"> 
			<input type="text" name="postalcode" size="20" onBlur="chkreg(reg_check, 2)">
			<div id="check_postalcode" style="color:#F1B000"></div>
		</td>
	</tr>
	<tr>
		<td height="30"><div align="right">E-mail：</div></td>
		<td height="30" colspan="2" align="left"> 
		<input type="text" name="email" size="20" onBlur="chkreg(reg_check, 4)">
			<font color="#999999">请务必正确填写您的邮箱</font>
			<div id="check_email" style="color:#F1B000"></div>
		</td>
	</tr>
	<tr>
		<td height="30" align="right">固定电话：</td>
		<td height="30" colspan="2" align="left"> 
			<input type="text" name="gtel" size="20" onBlur="chkreg(reg_check, 6)">
			<font color="#999999"><div id="check_gtel" style="color:#F1B000"></div></font></td>
	</tr>
	<tr>
		<td height="30"><div align="right">移动电话：</div></td>
		<td height="30" colspan="2" align="left"> 
			<input type="text" name="mtel" size="20" onBlur="chkreg(reg_check, 5)">
			<div id="check_mtel" style="color:#F1B000"></div></td>
	</tr>
	<tr>
		<td width="100" height="30"><input type="image" src="images/bg_09.jpg"></td>
		<td width="340">
			<img src="images/bg_11.jpg" width="56" height="30" onClick="reg_check.reset()" style="cursor:hand"/>
		</td>
	</tr>
</table>
</form>
```

（2）在 check.js 脚本文件中创建自定义方法，应用正则表达式对会员注册的电话号码和邮箱进行验证。其关键代码如下：

```
function checkregtel(regtel) {
	var str = regtel;
	var Expression = /^13(\d{9})$|^18(\d{9})$|^15(\d{9})$/;                    //验证手机号码
	var objExp = new RegExp(Expression);
	if (objExp.test(str) == true) {
		return true;
	} else {
		return false;
	}
}
function checkregtels(regtels) {
	var str = regtels;
	var Expression = /^(\d{3}-)(\d{8})$|^(\d{4}-)(\d{7})$|^(\d{4}-)(\d{8})$/;      //验证座机号码
	var objExp = new RegExp(Expression);
	if (objExp.test(str) == true) {
```

```
            return true;
        } else {
            return false;
        }
}
function checkregemail(emails) {
        var str = emails;
        var Expression = /\w+([-+.']\w+)*@\w+([-.]\w+)*\.\w+([-.]\w+)*/;                    //验证邮箱地址
        var objExp = new RegExp(Expression);
        if (objExp.test(str) == true) {
            return true;
        } else {
            return false;
        }
}
```

（3）运行结果如图 6.3 所示。

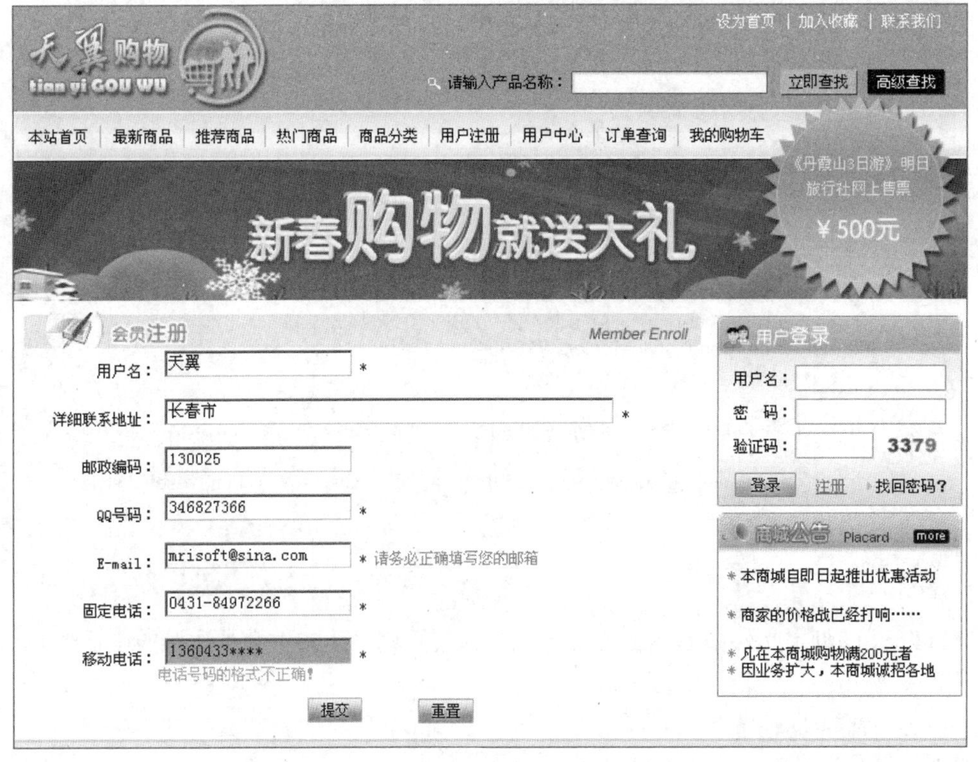

图 6.3　应用正则表达式对用户注册信息进行验证

在本例中，通过正则表达式对表单提交的数据进行验证。在 JavaScript 脚本中，应用 onBlur 事件调用对应的方法对表单提交的数据直接进行验证，并通过 div 标签返回结果。

说明

由于篇幅限制，该实例只给出了关键代码，实例的完整代码请参考本书附带资源包。

6.5　实践与练习

（答案位置：资源包\TM\sl\6\实践与练习\）

综合练习 1：实现 UBB 使用帮助

应用正则表达式实现 UBB 使用帮助。

综合练习 2：验证 Email 格式是否正确

使用正则表达式验证用户输入的 Email 格式是否正确。

综合练习 3：验证 HTML 标签格式是否正确

使用正则表达式验证用户输入的 HTML 标签格式是否正确。

第 7 章

PHP 数组

数组是对大量数据进行有效组织和管理的手段之一，通过数组的强大功能，可以对大量性质相同的数据进行存储、排序、插入及删除等操作，从而有效地提高程序开发效率及改善程序的编写方式。

PHP 作为市面上流行的 Web 开发语言之一，对数组的操作能力非常强大，它为程序开发人员提供了大量方便、易懂的数组操作函数，深受广大 Web 开发人员的青睐。

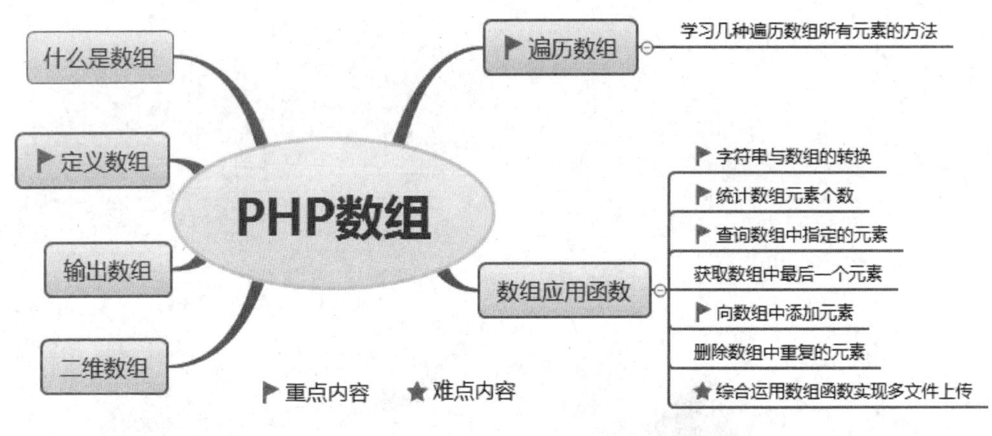

7.1　什么是数组

PHP 中的数组较为复杂，同时也比其他许多高级语言中的数组更为灵活。

数组（array）就是一组数据的集合，它把一系列数据有序组织起来，形成一个可操作的整体，其中每个变量都称为一个元素。数组元素间使用特殊的标识符来区分，这个标识符称为键，也称为下标。因此，数组中的每个实体都包含两项——键（key）和值（value），通过键值可获取相应的数组元素。总而言之，如果说变量是存储单个值的容器，那么数组就是存储多个值的容器，其结构如图 7.1 所示。

图 7.1　PHP 的数组结构

例如，一个足球队通常会有几十个人，认识他们时，我们首先会把他们看作某队的成员，然后利用他们的号码来区分每一名队员。这时，球队就是一个数组，而号码就是数组的下标，当指明是几号队员时就找到了这名队员。

PHP 支持两种数组：数字索引数组（indexed array）和关联数组（associative array）。

1．数字索引数组

数字索引数组的键是数字，默认从 0 开始，后续元素依次递增，表示各元素在数组中的位置。通常从第一个元素开始保存数据，当然也可以从指定的某个位置开始保存数据。如表 7.1 所示的数组就是一个数字索引数组。注意，由于键默认从 0 开始，所以键为 1 的元素实际上是数组的第 2 个元素。

表 7.1　数字索引数组键值

键	0	1	2	3	4
值	Low	Aimee Mann	Ani DiFranco	Spiritualized	Air

2．关联数组

只要键名中有一个不是数字，这个数组就称为关联数组。关联数组使用字符串索引（或键）来访问存储在数组中的值，如表 7.2 所示。关联索引数组对于数据库层交互非常有用。

表 7.2　关联数组键值

键	MD	PA	IL	MO	Missouri
值	Maryland	Pennsylvania	Illinois	IA	Iowa

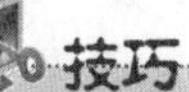

技巧

关联数组的键名可以是任何整数或字符串。如果键名是字符串，不要忘了给键名或索引加上一个定界修饰符（'或"）。为了避免不必要的麻烦，数字索引数组最好也加上定界符。

7.2　定 义 数 组

PHP 中定义数组的方式有两种：应用 array()函数定义数组和通过直接为数组元素赋值定义数组。

（1）应用 array()函数定义数组的语法格式如下：

```
array array([mixed, ...])
```

其中，mixed 的标准格式为 key => value，表示一对键值，多个 mixed 参数间用逗号分开，表示多个数组元素。键可以是字符串，也可以是数字，且键可以省略。如果定义数组时省略了键，则默认数组下标为整数，从 0 开始。如果定义了两个完全一样的键，则后一个会覆盖前一个。数组中，各数据元素的类型可以相同，也可以不同。

【例 7.1】通过 array()函数声明数组。（实例位置：资源包\TM\sl\7\1）

```
<?php
    $array = array("1" => "开", "2" => "发", "3" => "资", "4" => "源", "5" => "库");        //定义数组
    print_r($array);                                                                        //输出所创建的数组结构
    echo "<br>";
```

```
    echo $array[1];                                    //输出数组元素的值
    echo $array[2];                                    //输出数组元素的值
    echo $array[3];                                    //输出数组元素的值
    echo $array[4];                                    //输出数组元素的值
    echo $array[5];                                    //输出数组元素的值
?>
```

结果为：

```
Array([1] => 开 [2] => 发 [3] => 资 [4] => 源 [5] => 库)
开发资源库
```

也可以在 array()函数体中省略键值，只给出数组元素的值。例如：

```
<?php
    $array = array("python", "php", "java");           //定义数组
    print_r($array);                                   //输出所创建的数组结构
    echo $array[1];                                    //输出第二个数组元素的值
?>
```

结果为：

```
Array([0] => python [1] => php [2] => java)
php
```

注意

给变量赋予一个没有参数的 array()函数，可以创建一个空数组，后续可以使用中括号为其添加值。

（2）创建数组时如果不能确定数组的大小，或实际编写程序时数组的大小可能发生改变，采用直接赋值的方法创建数组比较好。

【例 7.2】通过直接为数组元素赋值的方式创建数组。（**实例位置：资源包\TM\sl\7\2**）

```
<?php
    $array[1] = "开";                                  //直接为数组元素赋值
    $array[2] = "发";
    $array[3] = "资";
    $array[4] = "源";
    $array[5] = "库";
    print_r($array);                                   //输出所创建的数组结构
?>
```

结果为：

```
Array([1] => 开 [2] => 发 [3] => 资 [4] => 源 [5] => 库)
```

【例 7.3】创建一个关联数组。（**实例位置：资源包\TM\sl\7\3**）

```
<?php
    $newarray = array("first" => 1, "second" => 2, "third" => 3);
    echo $newarray["second"];
    $newarray["third"] = 8;
    echo $newarray["third"];
?>
```

结果为：

```
28
```

7.3　输 出 数 组

在 PHP 中对数组元素进行输出，可以通过输出语句来实现，如 echo、print 语句等，但使用这种输出方式只能对数组中某一元素进行输出，而通过 print_r()函数可以将数组结构进行输出。其语法格式如下：

```
bool print_r(mixed expression)
```

如果该函数的参数 expression 为普通的整型、字符型或实型变量，则输出该变量本身。如果该参数为数组，则按一定键值和元素的顺序显示出该数组中的所有元素。

【例 7.4】应用 print_r()函数输出数组。（**实例位置：资源包\TM\sl\7\4**）

```
<?php
    $array = array(1 => "PHP", 2 => "从入门", 3 => "到精通");
    print_r($array);
?>
```

结果为：

```
Array([1] => PHP [2] => 从入门 [3] => 到精通)
```

7.4　二 维 数 组

如果数组的元素仍然是一个一维数组，则称这个数组是二维数组，本节通过一个实例来演示如何定义一个二维数组。

【例 7.5】定义一个二维数组。（**实例位置：资源包\TM\sl\7\5**）

```
<?php
    $str = array(
        "书籍" => array("文学", "历史", "地理"),
        "体育用品" => array("m" => "足球", "n" => "篮球"),
        "水果" => array("橙子", 8 => "葡萄", "苹果") );                //定义数组
    print_r($str) ;                                                   //输出所创建的数组结构
?>
```

结果为：

```
Array ( [书籍] => Array([0] => 文学 [1] => 历史 [2] => 地理) [体育用品] => Array([m] => 足球 [n] => 篮球) [水果] => Array([0]
=> 橙子 [8] => 葡萄 [9] => 苹果 ) )
```

按照同样的思路可以创建更高维数的数组，如三维数组。

7.5　遍 历 数 组

遍历数组中的所有元素是常用的一种操作，在遍历的过程中可以完成查询等功能。在生活中，如果想要去商场买一件衣服，就需要在商场中逛一遍，看是否有想要的衣服，逛商场的过程就相当于遍

历数组的操作。在 PHP 中遍历数组的方法有多种，下面介绍最常用的两种方法。

1. 使用 foreach 语句遍历数组

遍历数组元素最常用的方法是使用 foreach 循环语句。foreach 语句操作的并非数组本身，而是数组的一个备份。

【例 7.6】对于一个存有大量网址的数组变量$url，如果应用 echo 语句一个个地输出，将相当烦琐，而通过 foreach 结构遍历数组则可轻松获取数据信息。（**实例位置：资源包\TM\sl\7\6**）

```
<?php
    $url = array('明日学院网' => 'www.mingrisoft.com',
              '程序开发资源库网' => 'zyk.mingrisoft.com',
              '编程词典网' => 'www.mrbccd.com',);                //声明数组
    foreach ($url as $link) {                                     //遍历数组
        echo $link.'<br>';
    }
?>
```

结果为：

```
www.mingrisoft.com
zyk.mingrisoft.com
www.mrbccd.com
```

在上面的代码中，数组$url 的每个元素依次执行循环体（foreach 语句）一次，将当前元素的值赋值给变量$link，各元素按数组内部顺序进行处理。

2. 使用 list()函数遍历数组

list()函数用于把数组中的值赋给一些变量。与 array()函数类似，list()并不是真正的函数，而是一种语言结构。list()函数仅能用于数字索引数组，且索引下标须从 0 开始。其语法格式如下：

```
void list(mixed ...)
```

其中，mixed 为被赋值的变量名称。

例如，使用 list()函数将定义的数组元素赋值给几个变量，并输出数组元素，代码如下：

```
<?php
    $array = array("Tony","Kelly","Alice");                //定义数组
    list($a, $b, $c) = $array;                             //将数组元素赋给变量
    echo $a."、".$b."、".$c;                               //输出数组元素
?>
```

结果为：

```
Tony、Kelly、Alice
```

7.6　数组应用函数

7.6.1　字符串与数组的转换

字符串与数组间的转换在程序开发中经常会用到，主要使用 explode()和 implode()函数来实现，下

面分别进行详细讲解。

1．使用 explode()函数将字符串转换成数组

explode()函数可按指定的字符串或字符将原始字符串切开，返回一个由子串构成的数组。其语法格式如下：

```
array explode(string separator, string string, [int limit])
```

返回数组的每个元素都是原始字符串 string 的一个子串，它们以字符串 separator 为边界点，从原串中被一一切分出来。如果设置了 limit 参数，则返回的数组中最多包含 limit 个元素，最后一个元素将包含 string 的剩余部分；如果 separator 为空字符串（""），则 explode()函数将返回 false；如果 separator 所包含的值在 string 中找不到，那么 explode()函数将返回包含单个 string 元素的数组；如果参数 limit 是负数，则返回除最后 limit 个元素外的所有元素。

【例 7.7】使用 explode()函数将“时装、休闲、职业装”字符串按照“、”进行分割。（**实例位置：资源包\TM\sl\7\7**）

```
<?php
    $str = "时装、休闲、职业装";                       //定义一个字符串
    $strs = explode("、", $str);                      //应用 explode()函数将字符串转换成数组
    print_r($strs);                                   //输出数组元素
?>
```

结果为：

```
Array ( [0] => 时装 [1] => 休闲 [2] => 职业装 )
```

2．使用 implode()函数将数组转换成一个新字符串

implode()函数用于将数组的内容组合成一个字符串。其语法格式如下：

```
string implode(string glue, array pieces)
```

其中，glue 是字符串类型，表示要传入的分隔符；pieces 是数组类型，表示要合并元素的数组变量。

【例 7.8】使用 implode()函数将数组中的内容以空格作为分隔符进行连接，组合成一个新的字符串。（**实例位置：资源包\TM\sl\7\8**）

```
<?php
    $str = array("明日", "程序开发资源库", "网址", "zyk.mingrisoft.com", "服务电话", "0431-84972266");
    echo implode(" ", $str);                          //以空格为分隔符，将数组元素组合成一个新字符串
?>
```

结果为：

```
明日 程序开发资源库 网址 zyk.mingrisoft.com 服务电话 0431-84972266
```

7.6.2　统计数组元素个数

在 PHP 中，使用 count()函数可对数组中的元素个数进行统计。其语法格式如下：

```
int count(mixed array [, int mode])
```

其中，Array 为输入的数组；Mode 为可选参数，默认值为 0，如设置为 COUNT_RECURSIVE（或 1），可对数组元素个数进行递归计数，这在统计多维数组的元素数量时非常有用。

例如，使用 count()函数统计数组元素的个数，代码如下：

```
<?php
    $array = array("PHP 函数参考大全", "PHP 程序开发范例宝典",
                   "PHP 网络编程自学手册", "PHP 从入门到精通");
    echo count($array);                                            //统计数组元素个数，输出结果为 4
?>
```

【例 7.9】将图书数据存放在二维数组中，使用 count()函数递归统计图书数量并输出。（**实例位置：资源包\TM\sl\7\9**）

```
<?php
    $array = array("php" => array("PHP 函数参考大全", "PHP 程序开发范例宝典", "PHP 数据库系统开发完全手册"), "java" =>
array("Java 经验技巧宝典"));                                      //声明一个二维数组
    echo count($array, COUNT_RECURSIVE);                          //递归统计二维数组元素的个数
?>
```

结果为：

```
6
```

注意

在二维数组中，如果直接使用 count()函数，只能统计出一维数组的个数，这时需要使用递归方式来统计二维数组中所有元素的数量。

7.6.3 查询数组中指定的元素

array_search()函数用于在数组中搜索指定的值，找到后返回键名，否则返回 false。其语法格式如下：

```
mixed array_search(mixed needle, array haystack [, bool strict])
```

其中，needle 表示数组中待搜索的值；haystack 表示被搜索的数组；strict 为可选参数，如果值为 true，表示将在数组中检查给定值的类型。

【例 7.10】综合应用数组函数，更新数组中元素的值。（**实例位置：资源包\TM\sl\7\10**）

```
<?php
    $name = "智能机器人@数码相机@智能 5G 手机@瑞士手表";      //定义字符串
    $price = "14998@2588@2666@66698";
    $counts = "1@2@3@4";
    $arrayid = explode("@", $name);                              //将商品 ID 的字符串转换到数组中
    $arraynum = explode("@", $price);                            //将商品价格的字符串转换到数组中
    $arraycount = explode("@", $counts);                         //将商品数量的字符串转换到数组中
    if (isset($_POST['Submit']) && $_POST['Submit'] == true) {
        $id = $_POST['name'];                                    //获取要更改的元素名称
        $num = $_POST['counts'];                                 //获取更改的值
        $key = array_search($id, $arrayid);                      //在数组中搜索给定的值，如果成功则返回键名
        $arraycount[$key] = $num;                                //更改商品数量
        $counts = implode("@", $arraycount);                     //将更改后的商品数量添加到购物车中
    }
?>
<table class="lt">
```

```
    <tr>
        <td class="STYLE1">商品名称</td>
        <td class="STYLE1">单价</td>
        <td class="STYLE1">数量</td>
        <td class="STYLE1">金额</td>
    </tr>

<?php
    for ($i = 0; $i < count($arrayid); $i++) {                          //for 循环读取数组中的数据
        ?>
        <form name="form1_<?php echo $i;?>" method="post" action="index.php">
        <tr>
        <td class="STYLE2"><?php echo $arrayid[$i]; ?></td>
        <td class="STYLE2"><?php echo $arraynum[$i]; ?></td>
        <td class="STYLE2">
            <input name="counts" type="text" id="counts" value="<?php echo $arraycount[$i]; ?>" size="8">
            <input name="name" type="hidden" id="name" value="<?php echo $arrayid[$i]; ?>">
            <input type="submit" name="Submit" value="更改"></td>
        <td class="STYLE2"><?php echo $arraycount[$i]*$arraynum[$i]; ?></td>
        </tr>
        </form>
        <?php
        }
    ?>
</table>
```

在本例中，实现了对数组中存储的商品数量进行修改，其运行结果如图 7.2 所示。

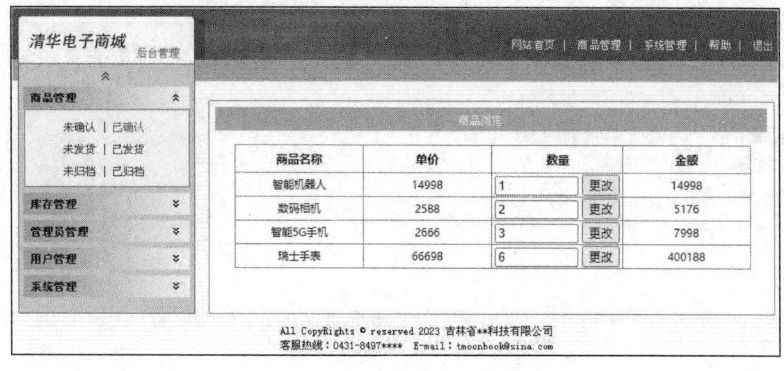

图 7.2　更新数组中元素的值

由于篇幅限制，该实例只给出了关键代码，实例的完整代码请参考本书附带资源包。

array_search()函数最常见的应用是购物车，用于对购物车中指定的商品数量进行修改和删除。

7.6.4　获取数组中最后一个元素

array_pop()函数用于获取并返回数组中最后一个元素，并将数组的长度减 1。如果数组为空（或者不是数组），将返回 null。其语法格式如下：

```
array_pop(array array)
```

【例 7.11】应用 array_pop()函数获取数组中的最后一个元素。（**实例位置：资源包\TM\sl\7\11**）

```
<?php
    $arr = array("ASP", "Java", "Java Web", "PHP", "VB");          //定义数组
    $array = array_pop($arr);                                       //获取数组中最后一个元素
    echo "被弹出的单元是：$array <br />";                            //输出最后一个元素值
    print_r($arr);                                                  //输出数组结构
?>
```

结果为：

```
被弹出的单元是：VB
Array([0] => ASP [1] => Java [2] => Java Web [3] => PHP)
```

7.6.5 向数组中添加元素

array_push()函数将数组当成一个栈，将传入的变量压入数组的末尾，数组的长度将增加入栈变量的数目，返回数组新的元素总数。其语法格式如下：

```
array_push(array array, mixed var [, mixed ...])
```

其中，array 为指定的数组，var 为压入数组中的值。

【例 7.12】应用 array_push()函数向数组中添加元素。（**实例位置：资源包\TM\sl\7\12**）

```
<?php
    $array_push = array("PHP 从入门到精通", "PHP 范例手册");                          //定义数组
    array_push($array_push, "PHP 开发典型模块大全", "PHP 网络编程自学手册");          //添加元素
    print_r($array_push);                                                             //输出数组结果
?>
```

结果为：

```
Array([0] => PHP 从入门到精通 [1] => PHP 范例手册 [2] => PHP 开发典型模块大全 [3] => PHP 网络编程自学手册)
```

7.6.6 删除数组中重复的元素

array_unique()函数用于将值作为字符串排序，对每个值只保留第一个键名，忽略所有后面的键名，即删除数组中重复的元素。其语法格式如下：

```
array array_unique(array array)
```

其中，array 为输入的数组。

【例 7.13】应用 array_unique()函数删除数组中重复的元素。（**实例位置：资源包\TM\sl\7\13**）

```
<?php
    $array_push = array("PHP 从入门到精通", "PHP 范例手册", "PHP 范例手册", "PHP 网络编程自学手册");    //定义数组
    array_push($array_push, "PHP 开发典型模块大全", "PHP 网络编程自学手册");                            //添加元素
    print_r($array_push);                                                                               //输出数组
    echo "<br>";
```

```
    $result=array_unique($array_push);                         //删除数组中重复的元素
    print_r($result);                                          //输出删除后的数组
?>
```

结果为：

```
Array([0] => PHP 从入门到精通 [1] => PHP 范例手册 [2] => PHP 范例手册 [3] => PHP 网络编程自学手册 [4] => PHP 开发典型模块大全 [5] => PHP 网络编程自学手册)
Array([0] => PHP 从入门到精通 [1] => PHP 范例手册 [3] => PHP 网络编程自学手册 [4] => PHP 开发典型模块大全)
```

7.6.7 综合运用数组函数实现多文件上传

【例 7.14】综合运用数组函数，将任意多个文件上传到服务器中。（**实例位置：资源包\TM\sl\7\14**）

文件上传使用的是 move_uploaded_file()函数，使用 array_push()函数向数组中添加元素，使用 array_unique()函数删除数组中的重复元素，使用 array_pop()函数获取数组中最后一个元素，并将数组长度减 1，使用 count()函数获取数组的元素个数。

（1）在 index.php 文件中创建表单，指定使用 post 方法提交数据，设置 enctype = "multipart/form-data" 属性，添加表单元素，完成文件的提交操作。

```
<form action="index_ok.php" method="post" enctype="multipart/form-data" name="form1">
    <tr>
        <td class="STYLE1">内容 1：</td>
        <td><input name="picture[]" type="file" id="picture[]" size="30"></td>
    </tr>
    …                                                          //省略了部分代码
    <tr>
        <td class="STYLE1">内容 5：</td>
        <td><input name="picture[]" type="file" id="picture[]" size="30"></td>
    </tr>
    <tr>
        <td><input type="image" name="imageField" src="images/02-03(3).jpg"></td>
    </tr>
</form>
```

（2）在 index_ok.php 文件中，通过$_FILES 预定义变量获取表单提交的数据，通过数组函数完成对上传文件元素的计算。

（3）使用 move_uploaded_file()函数将上传文件添加到服务器指定的文件夹下。

```
<?php
    if (!is_dir("./upfile")) {                                 //判断服务器中是否存在指定文件夹
        mkdir("./upfile");                                     //如果不存在，则创建文件夹
    }
    $array = array_unique($_FILES["picture"]["name"]);         //删除数组中重复的值
    foreach($array as $k=>$v){                                 //根据元素个数执行 foreach 循环
        $path = "upfile/".$v;                                  //定义上传文件存储位置
        if ($v) {                                              //判断上传文件是否为空
            if (move_uploaded_file($_FILES["picture"]["tmp_name"][$k],$path)){   //执行文件上传操作
                $result = true;
            } else {
                $result = false;
            }
        }
    }
    if ($result == true) {
```

```
            echo "文件上传成功，请稍等...";
            echo "<meta http-equiv = \"refresh\" content = \"3; url = index.php\">";
      } else {
            echo "文件上传失败，请稍等...";
            echo "<meta http-equiv = \"refresh\" content = \"3; url = index.php\">";
      }
?>
```

运行结果如图 7.3 所示。

图 7.3 应用数组函数上传多文件

说明

由于篇幅限制，该实例只给出了关键代码，实例的完整代码请参考本书附带资源包。

注意

通过 POST 方法实现多文件上传时，创建 form 表单必须指定 enctype = "multipart/form-data"属性。

7.7 实践与练习

（答案位置：资源包\TM\sl\7\实践与练习\）

综合练习 1：输出一维数组和二维数组

尝试定义一个一维数组和一个二维数组，并输出数组元素。

综合练习 2：添加多选题

尝试开发一个页面，使用 explode()函数以“*”为分隔符实现添加多选题功能。

综合练习 3：对数组进行升序排序

尝试开发一个页面，使用 sort()函数对指定的数组进行升序排序。

第 8 章

PHP 与 Web 页面交互

PHP 与 Web 页面交互是学习 PHP 语言编程的基础。在 PHP 中提供了两种与 Web 页面交互的方法，一种是通过 Web 表单提交数据，另一种是通过 URL 传递参数。本章将详细讲解 PHP 与 Web 页面交互的相关知识，为以后学习 PHP 语言编程做好铺垫。

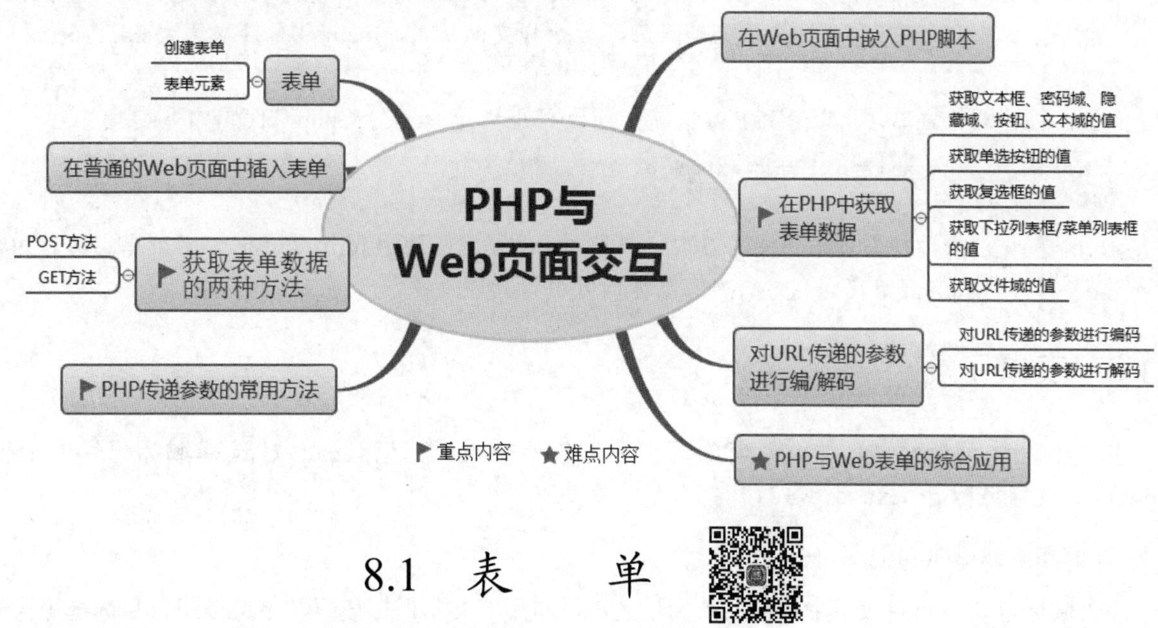

8.1 表 单

Web 表单（form）使得浏览者和网站间有一个互动的平台，浏览者可通过网页发送数据到服务器。例如，在提交注册信息时需要使用表单，用户填写完信息做提交（submit）操作，表单内容将从客户端的浏览器传送到服务器端，服务器上的 PHP 程序对其进行处理后，再将用户所需要的信息传递回客户端的浏览器上，从而获得用户信息，使 PHP 与 Web 表单实现交互。

8.1.1 创建表单

在<form>标记中插入相关的表单元素，即可创建一个表单。其语法格式如下：

```
<form name="form_name" method="method" action="url" enctype="value" target="target_win">
      …                                                                    //省略插入的表单元素
</form >
```

<form>标记的属性如表 8.1 所示。

表 8.1 <form>标记的属性

属　性	说　明
name	表单名称
method	表单的提交方式，一般为 GET 或者 POST 方法
action	指向处理该表单页面的 URL（相对位置或者绝对位置）
enctype	表单内容的编码方式
target	返回信息的显示方式，_blank 表示将返回信息显示在新窗口中；_parent 表示将返回信息显示在父级窗口中；_self 表示将返回信息显示在当前窗口中；_top 表示将返回信息显示在顶级窗口中

说明

GET 方法用于将表单内容附加在 URL 地址后发送；POST 方法用于将表单信息作为一个数据块发送到服务器的处理程序中，浏览器地址栏不显示提交的信息。method 属性默认为 GET 方法。

例如，创建一个表单，再以 POST 方法提交到数据处理页 check_ok.php，代码如下：

```
<form name="form1" method="post" action="check_ok.php">
</form>
```

<form>标记的属性是最基本的使用方法。需要注意的是，在使用 form 表单时，必须指定其行为属性 action，该属性指定表单在提交时将内容发往何处进行处理。

8.1.2 表单元素

表单由表单元素组成，常用的表单元素标记包括输入域标记<input>、选择域标记<select>和<option>、文字域标记<textarea>等。

1. 输入域标记<input>

输入域标记<input>是表单中最常用的标记之一，常用的文本框、按钮、单选按钮、复选框等构成了一个完整的表单。其语法格式如下：

```
<form>
    <input name="file_name" type="type_name">
</form>
```

其中，name 表示输入域的名称，type 表示输入域的类型。在<input type = "">标记中一共提供了 10 种类型的输入区域，用户可选择使用的类型由 type 属性决定。type 属性的取值及示例如表 8.2 所示。

表 8.2 type 属性的取值及示例

值	示　例	说　明	运 行 结 果
text	<input name="user" type="text" value="纯净水" size="12" maxlength="1000">	文本框，name 为文本框的名称，value 为文本框的默认值，size 为文本框的宽度（以字符为单位），maxlength 为文本框的最大输入字符数	添加一个文本框：纯净水

续表

值	示　例	说　明	运行结果
password	<input name="pwd" type="password"value= "666666" size="12" maxlength="20">	密码域，用户在该文本框中输入的字符将被替换显示为*，以起到保密作用	添加一个密码域： ••••••
file	<input name="file" type="file"enctype= "multipart/form-data" size="16" maxlength= "200">	文件域，文件上传时可用来打开一个模式窗口以选择文件，并将文件通过表单上传到服务器。须注意的是，上传文件时要指明表单的属性 enctype = "multipart/ form-data"才可以实现上传功能	添加一个文件域： 选择文件 未选择任何文件
image	<input name="imageField" type="image" src="images/banner.gif" width="24" height= "24" border="0">	图像域，表示可以用在提交按钮位置上的图片，这幅图片具有按钮的功能	添加一个图像域： OK
radio	<input name="sex" type="radio" value= "1" checked>男 <input name="sex" type="radio" value= "0">女	单选按钮，用于设置一组选项，用户只能选择一项。checked 属性用来设置被默认选中的选项	添加一组单选按钮（如您的性别为：） ◉男 ○女
checkbox	<input name="checkbox" type="checkbox" value="1" checked>封面 <input name="checkbox" type="checkbox" value="1" checked>正文内容 <input name="checkbox" type="checkbox" value="0">价 格	复选框，允许用户选择多个选项。checked 属性用来设置被默认选中的选项。例如，收集个人信息时，要求在个人爱好选项中进行多项选择等	添加一组复选框，（如影响您购买本书的因素：） ☑封面 ☑正文内容 ☐价格
submit	<input type = "submit"name = "Submit" value = "提交">	提交按钮，将表单的内容提交到服务器端	添加一个提交按钮： 提交
reset	<input type="reset" name="Submit" value= "重置">	重置按钮，清除与重置表单内容，用于清除表单中所有文本框的内容，并使选择菜单项恢复到初始值	添加一个重置按钮： 重置
button	<input type="button" name="Submit" value=" 按钮">	按钮，可以激发提交表单的动作。可以在用户需要修改表单时将表单恢复到初始的状态，还可以依照程序的需要发挥其他作用。普通按钮一般需要配合 JavaScript 脚本进行表单处理	添加一个普通按钮： 按钮
hidden	<input type="hidden" name="bookid">	隐藏域，用于在表单中以隐藏方式提交变量值。隐藏域在页面中对于用户是不可见的，添加隐藏域的目的在于通过隐藏的方式收集或者发送信息。浏览者单击“发送”按钮发送表单时，隐藏域的信息将被一起发送到 action 指定的处理页	添加一个隐藏域

2．选择域标记<select>和<option>

通过选择域标记<select>和<option>可以建立一个列表或菜单。使用菜单可以节省空间，正常状态下只能看到一个选项，单击右侧的下三角按钮后才能显示全部的选项。列表可以显示一定数量的选项，如果超出数量范围，会自动出现滚动条，浏览者可以通过拖动滚动条来查看各选项。

语法格式如下：

```
<select name="name" size="value" multiple>
    <option value="value" selected>选项 1</option>
    <option value="value">选项 2</option>
    <option value="value">选项 3</option>
    …
</select>
```

其中，name 表示选择域的名称；size 表示列表的行数；value 表示菜单选项值；multiple 表示以菜单方式显示数据，省略则以列表方式显示数据。

选择域标记<select>和<option>的显示方式及示例如表 8.3 所示。

表 8.3　选择域标记<select>和<option>的显示方式及示例

显示方式	示　例	说　明	运行结果
列表方式	<select name="spec" id="spec"> <option value="0" selected>网络编程</option> <option value="1">办公自动化</option> <option value="2">网页设计</option> <option value="3">网页美工</option> </select>	下拉列表框，通过选择域标记<select>和<option>建立一个列表，列表可以显示一定数量的选项，如果超出了这个数量，会自动出现滚动条，浏览者可以通过拖动滚动条来查看各选项。selected 属性用来设置该菜单时默认被选中	请选择所学专业： 网络编程 网络编程 办公自动化 网页设计 网页美工
菜单方式	<select name="spec" id="spec" multiple > <option value="0" selected>网络编程</option> <option value="1">办公自动化</option> <option value="2">网页设计</option> <option value="3">网页美工</option> </select>	multiple 属性用于设置下拉列表。<select>标记中，指定该选项用户可以使用 Shift 和 Ctrl 键进行多选	请选择所学专业： 网络编程 办公自动化 网页设计 网页美工

说明

表 8.3 给出了静态菜单项的添加方法，在开发 Web 程序时也可以通过循环语句动态添加菜单项。

3．文字域标记<textarea>

文字域标记<textarea>用来制作多行的文字域，可以在其中输入更多的文本。其语法格式如下：

```
<textarea name="name" rows=value cols=value value="value" warp="value">
    …                                                    //文本内容
</textarea>
```

其中，name 表示文字域的名称；rows 表示文字域的行数；cols 表示文字域的列数（这里的 rows

和 cols 以字符为单位）；value 表示文字域的默认值；warp 用于设定显示和送出时的换行方式。注意，设置 warp 时，值为 off 表示不自动换行；值为 hard 表示自动硬回车换行，换行标记一同被发送到服务器，输出时也会换行；值为 soft 表示自动软回车换行，换行标记不会被发送到服务器，输出时仍然为一列。

文字域标记<textarea>的取值及示例如表 8.4 所示。

表 8.4　文字域标记<textarea>的取值及示例

值	示　例	说　明	运行结果
textarea	<textarea name = "remark" cols = "20" rows = "4" id = "remark"> 请输入您的建议! </textarea>	文字域，也称多行文本框，用于多行文字的编辑。warp 属性默认为自动换行方式	请输入您的建议！ 请输入您的建议!

【例 8.1】比较 warp 属性设置时 hard 和 soft 换行标记的区别。（**实例位置：资源包\TM\sl\8\1**）

```
<form name="form1" method="post" action="index.php">
	<textarea name="a" cols="20" rows="3" wrap="soft">我使用的是软回车！我输出后不换行！</textarea>
	<textarea name="b" cols="20" rows="3" wrap="hard">我使用的是硬回车！我输出后自动换行！</textarea>
	<input type="submit" name="Submit" value="提交">
</form>
<?php
	if (isset($_POST['Submit']) && $_POST['Submit']!="") {
		echo nl2br($_POST['a'])."<br>";
		echo nl2br($_POST['b']);
	}
?>
```

HTML 标记在获取多行编辑框中的字符串时，并不会显示换行标记。在上面的代码中使用了 nl2br()函数将换行符“\n”替换成“
”换行标识，并应用 echo 语句进行输出。运行结果如图 8.1 所示。

注意

hard 和 soft 换行标记的使用效果在浏览器上是看不出来的，只有在提交表单后选择浏览器的“查看网页源代码”命令，才能看出执行换行标记后的效果，或者通过 nl2br()函数进行转换后查看。

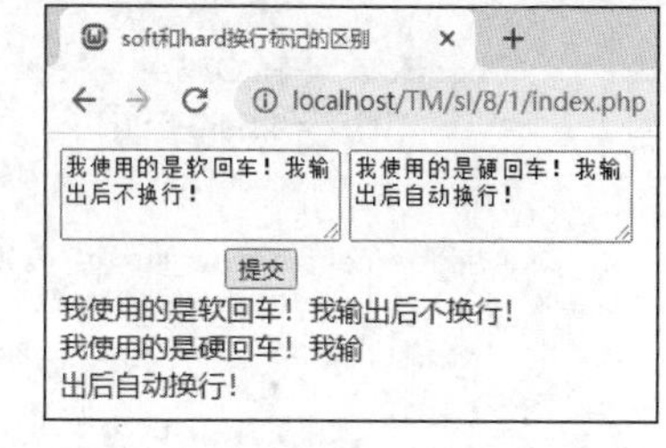

图 8.1　soft 和 hard 换行标记的区别

8.2　在普通的 Web 页面中插入表单

下面通过一个例子来学习如何在普通 Web 页面中插入表单。

【例 8.2】在普通的 Web 页面中插入表单并添加表单元素。（**实例位置：资源包\TM\sl\8\2**）

创建 index.html 文件，在文件的<body>…</body>标记中添加一个表单，在表单中添加表单元素，代码如下：

```
<form action="index.php" method="post" name="form1" enctype="multipart/form-data">
```

```
  <table width="405" border="1" cellpadding="1" cellspacing="1" bordercolor="#FFFFFF" bgcolor="#999999">
    <tr bgcolor="#FFCC33">
      <td width="103" height="25" align="right">姓名：</td>
      <td width="144" height="25"><input name="user" type="text" id="user" size="20" maxlength="100"></td>
    </tr>
    <tr bgcolor="#FFCC33">
      <td height="25" align="right">性别：</td>
      <td height="25" colspan="2" align="left"><input name="sex" type="radio" value="男" checked>男
        <input type="radio" name="sex" value="女">女</td>
    </tr>
    <tr bgcolor="#FFCC33">
      <td width="103" height="25" align="right">密码：</td>
      <td width="289" height="25" colspan="2" align="left">
        <input name="pwd" type="password" id="pwd" size ="20" maxlength="100"></td>
    </tr>
    <tr bgcolor="#FFCC33">
      <td height="25" align="right">学历：</td>
      <td height="25" colspan="2" align="left"><select name="select">
          <option value="专科">专科</option>
          <option value="本科" selected>本科</option>
        </select></td>
    </tr>
    <tr bgcolor="#FFCC33">
      <td height="25" align="right">爱好：</td>
      <td height="25" colspan="2" align="left">
        <input name="fond[]" type="checkbox" id="fond[]" value="电脑">电脑
        <input name="fond[]" type="checkbox" id="fond[]" value="音乐">音乐
        <input name="fond[]" type="checkbox" id="fond[]" value="旅游">旅游
        <input name="fond[]" type="checkbox" id="fond[]" value="其他">其他
      </td>
    </tr>
    <tr bgcolor="#FFCC33">
      <td height="25" align="right">个人写真：</td>
      <td height="25" colspan="2"><input name="photo" type="file" size="20" maxlength="1000" id="photo"> </td>
    </tr>
    <tr bgcolor="#FFCC33">
      <td height="25" align="right">个人简介：</td>
      <td height="25" colspan="2"><textarea name="intro" cols="28" rows="4" id="intro"></textarea></td>
    </tr>
    <tr align="center" bgcolor="#FFCC33">
      <td height="25" colspan="3"><input type="submit" name="submit" value="提交">
        <input type="reset" name="submit2" value="重置"></td>
    </tr>
  </table>
</form>
```

注意

该页面未使用 PHP 脚本，属于静态页面。将其保存为.html 格式，直接使用浏览器打开，查看运行结果。

该实例的运行结果如图 8.2 所示。

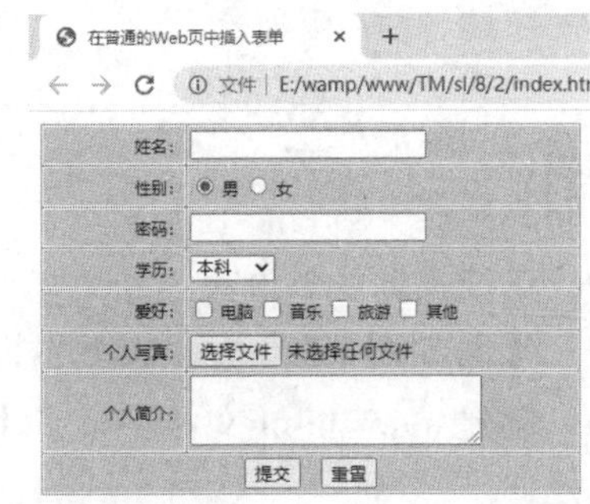

图 8.2　在普通的 Web 页中插入表单

8.3　获取表单数据的两种方法

获取表单元素提交的值是表单应用中最基本的操作，表单数据的传递方法有两种，即 POST 方法和 GET 方法。采用哪种方法是由 form 表单的 method 属性所指定的，下面讲解这两种方法在 Web 表单中的应用。

8.3.1　使用 POST 方法提交表单

应用 POST 方法时，只需将 form 表单中的属性 method 设置成 POST 即可。POST 方法不依赖于 URL，不会显示在地址栏中。POST 方法可以没有限制地传递数据到服务器，所有提交的信息在后台传输，用户在浏览器端是看不到这一过程的，安全性很高。所以 POST 方法比较适用于发送保密性（如信用卡号）或者容量较大的数据到服务器。

【例 8.3】使用 POST 方法发送文本框信息到服务器。（**实例位置：资源包\TM\sl\8\3**）

```
<form name="form1" method="post" action="index.php">
	<table width="320" border="0" cellpadding="0" cellspacing="0">
		<tr>
			<td height="30">  订单号：
				<input type="text" name="user" size="20" >
				<input type="submit" name="submit" value="提交">
			</td>
		</tr>
	</table>
</form>
```

在上面的代码中，form 表单的 method 属性指定了 POST 方法的传递方式，并通过 action 属性指定了数据处理页为 index.php，因此当单击“提交”按钮后，将提交文本框中的信息到服务器。运行结果如图 8.3 所示。

图 8.3　使用 POST 方法提交表单

8.3.2　使用 GET 方法提交表单

GET 方法是 form 表单中 method 属性的默认方法。使用 GET 方法提交的表单数据被附加到 URL 后，作为 URL 的一部分发送到服务器端。在程序的开发过程中，由于 GET 方法提交的数据是附加到 URL 上发送的，因此，在 URL 的地址栏中将会显示“URL+用户传递的参数”。

GET 方法的传参格式如下：

其中，url 为表单响应地址（如 127.0.0.1/index.php），name1 为表单元素的名称，value1 为表单元素的值。url 和表单元素之间用“?”隔开，而多个表单元素之间用“&”隔开，每个表单元素的格式都

是 name=value，固定不变。

注意

若要使用 GET 方法发送表单数据，URL 的长度应限制在 1MB 字符以内。如果发送的数据量太大，数据将被截断，从而导致意外或失败的处理结果。

【例 8.4】创建一个表单，应用 GET 方法提交用户名和密码，并显示在 URL 地址栏中。添加一个文本框，命名为 user；添加一个密码域，命名为 pwd；将表单的 method 属性设置为 GET 方法。（**实例位置：资源包\TM\sl\8\4**）

```
<form name="form1" method="get" action="index.php">
    <table width="500" border="0" cellpadding="0" cellspacing="0">
        <tr>
            <td width="500" height="30">   用户名：
                <input name="user" type="text" size="12"> 密码：
                <input name="pwd" type="password" id="pwd" size="12">
                <input type="submit" name="submit" value="提交">
            </td>
        </tr>
    </table>
</form>
```

运行本例，在文本框中输入用户名和密码，单击“提交”按钮，文本框内的信息就会显示在 URL 地址栏中，如图 8.4 所示。

图 8.4　使用 GET 方法提交表单

显而易见，这种方法会将参数暴露。如果用户传递的参数是非保密性的（如 id=8），那么采用 GET 方法传递数据是可行的；如果用户传递的参数是保密性的（如密码），这种方法就会不安全。解决该问题的方法是将表单 method 属性指定的 GET 方法改为 POST 方法。

8.4　PHP 传递参数的常用方法

PHP 传递参数常用的方法有 3 种：$_POST[ ]、$_GET[ ]和$_SESSION[ ]，分别用于获取表单、URL 与 Session 变量的值。

1. $_POST[ ]全局变量

使用 PHP 的$_POST[ ]预定义变量可以获取通过 POST 方法传过来的表单元素的值，语法格式如下：

```
$_POST[name]
```

例如，建立一个表单，设置 method 属性为 POST，添加一个文本框，命名为 user，获取该表单元素的代码如下：

```
<?php
    $user = $_POST["user"];                              //应用$_POST[ ]全局变量获取表单元素中文本框的值
?>
```

说明

在某些 PHP 版本中直接使用$user 即可调用表单元素的值，这和 php.ini 的配置有关系。在 php.ini 文件中检索 register_globals=ON/OFF 这行代码，如果为 ON，就可以直接使用$user 形式，反之则不可以。虽然直接应用表单名称十分方便，但也存在一定的安全隐患。笔者推荐使用 register_globals=OFF。

2．$_GET[ ]全局变量

PHP 使用$_GET[ ]预定义变量获取通过 GET 方法传过来的表单元素的值，语法格式如下：

```
$_GET[name]
```

这样就可以直接使用名字为 name 的表单元素的值了。

例如，建立一个表单，设置 method 属性为 GET，添加一个文本框，命名为 user，获取该表单元素的代码如下：

```
<?php
    $user = $_GET["user"];                              //应用$_GET[ ]全局变量获取表单元素中文本框的值
?>
```

注意

PHP 可以应用$_POST[ ]或$_GET[ ]全局变量来获取表单元素的值。值得注意的是，获取的表单元素名称区分字母大小写。如果读者在编写 Web 程序时疏忽了字母大小写，那么在程序运行时将获取不到表单元素的值或弹出错误提示信息。

3．$_SESSION[ ]变量

使用$_SESSION[ ]变量可以获取表单元素的值，语法格式如下：

```
$_SESSION[name]
```

例如，建立一个表单，添加一个文本框，命名为 user，获取该表单元素的代码如下：

```
$user = $_SESSION["user"]
```

使用$_SESSION[ ]传参的方法获取的变量值，保存之后任何页面都可以使用。但这种方法很耗费系统资源，建议读者慎重使用。关于$_SESSION[]变量的知识将在第 11 章中详细讲解。

8.5　在 Web 页面中嵌入 PHP 脚本

在 Web 页面中嵌入 PHP 脚本的方法有两种：一种是直接在 HTML 标记中添加 PHP 标记符<?php ?>，

写入 PHP 脚本；另一种是对表单元素的 value 属性进行赋值。

1．在 HTML 标记中添加 PHP 脚本

在 Web 编码过程中，可以随时添加 PHP 脚本标记<?php 和?>，两个标记之间的所有文本都会被解释成 PHP，而标记之外的任何文本都会被认为是普通的 HTML。

例如，在<body>标记中添加 PHP 标识符，使用 include 语句调用外部文件 top.php，代码如下：

```
<?php
    include("top.php");                                    //引用外部文件
?>
```

2．对表单元素的 value 属性进行赋值

在 Web 程序开发过程中，通常需要对表单元素的 value 属性进行赋值，以获取该表单元素的默认值。例如，为表单元素隐藏域赋值，只要将所赋的值添加到 value 属性后即可，代码如下：

```
<?php
    $hidden = "yg0025";                                    //为变量$hidden 赋值
?>
隐藏域的值:<input type = "hidden" name = "ID" value = "<?php echo $hidden;?>" >
```

从上面的代码中可以看出，首先为变量$hidden 赋予一个初始值，然后将变量$hidden 的值赋给隐藏域。在程序开发过程中，经常使用隐藏域存储一些无须显示的信息或需传送的参数。

8.6 在 PHP 中获取表单数据

获取表单元素提交的值是表单应用中最基本的操作方法。本节定义 POST 方法提交数据，对获取表单元素提交的值进行详细讲解。

8.6.1 获取文本框、密码域、隐藏域、按钮、文本域的值

获取表单数据，实际上就是获取不同的表单元素的数据。<form>标签中的 name 是所有表单元素都具备的属性，即为这个表单元素的名称，在使用时需要使用 name 属性来获取相应的 value 属性值。所以，添加的所有控件必须定义对应的 name 属性值，另外，控件在命名上要尽可能不重复，以免获取的数据出错。

在程序开发过程中，获取文本框、密码域、隐藏域、按钮以及文本域的值的方法是相同的，都是使用 name 属性来获取相应的 value 属性值。下面以获取文本框中的数据信息为例，讲解获取表单数据的方法。希望读者能够举一反三，自行完成其他控件值的获取。

【例 8.5】如果用户单击“登录”按钮，则获取用户名和密码。（**实例位置：资源包\TM\sl\8\5**）

（1）新建 index.php 页面，在页面中添加一个表单，在表单中添加一个文本框、一个密码框和一个“登录”按钮，代码如下：

```
<form name="form1" method="post" action="">
    用户名：<input type="text" name="user" size="20" >
    密  码：<input name="pwd" type="password" id="pwd" size="20">
```

```
    <input name="submit" type="submit" id="submit" value="登录" />
</form>
```

（2）在<form>表单元素外的任意位置添加 PHP 标记符，使用 if 条件语句判断用户是否提交了表单，如果条件成立，则使用 echo 语句输出使用$_POST[ ]方法获取的用户名和密码，代码如下：

```
<?php
    if (isset($_POST["submit"]) && $_POST["submit"] == "登录") {     //判断提交的按钮名称是否为“登录”
        //使用 echo 语句输出使用$_POST[ ]方法获取的用户名和密码
        echo "<br>您输入的用户名为：".$_POST['user']."  密码为：".$_POST['pwd'];
    }
?>
```

注意

在应用文本框传值时，一定要正确地书写文本框的名称，其中不应该有空格；在获取文本框提交的值时，书写的文本框名称一定要与提交文本框页面中设置的名称相同，否则将不能获取文本框的值。

（3）在表单中输入用户名和密码，单击“登录”按钮，运行结果如图 8.5 所示。

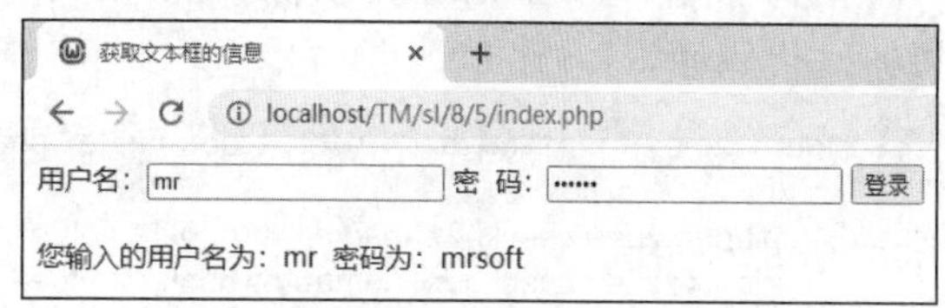

图 8.5 获取文本框、密码域的值

8.6.2 获取单选按钮的值

radio（单选按钮）一般是成组出现的，具有相同的 name 值和不同的 value 值。在一组单选按钮中，同一时间只能有一个选项被选中。

【例 8.6】 定义两个 name = "sex"的单选按钮，选中其中一个并单击“提交”按钮，将返回被选中的单选按钮的 value 值。（**实例位置：资源包\TM\sl\8\6**）

（1）新建 index.php 页面，在页面中添加一个表单，在表单中添加一组单选按钮和一个“提交”按钮，代码如下：

```
<form action="" method="post" name="form1">
    性别：
    <input name="sex" type="radio" value="男" checked>男
    <input name="sex" type="radio" value="女">女
    <input type="submit" name="Submit" value="提交">
</form>
```

说明

checked 属性是默认选中的意思。当表单页面被初始化时，有 checked 属性的表单元素为选中状态。

（2）先在<form>表单元素外的任意位置添加 PHP 标记符，然后应用$_POST[ ]全局变量获取单选按钮组的值，最后通过 echo 语句进行输出，代码如下：

```
<?php
    if (isset($_POST["sex"]) && $_POST["sex"] != "") {
        echo "您选择的性别为：".$_POST["sex"];
    }
?>
```

（3）运行程序，选择一个单选按钮，单击“提交”按钮，结果如图 8.6 所示。

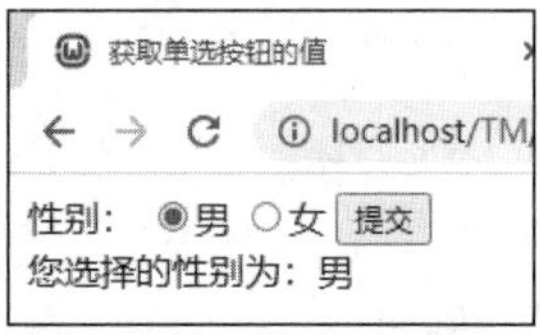

图 8.6　获取单选按钮的 value 值

8.6.3　获取复选框的值

复选框能够进行项目的多项选择。浏览者填写表单时，有时需要选择多个项目。例如，在线听歌时需要同时选取多首歌曲，这就会用到复选框。复选框一般都是多个同时存在的，为了便于传值，name 的名字可以是一个数组形式，语法格式如下：

```
<input type="checkbox" name="chkbox[]" value="chkbox1">
```

在返回页面可以使用 count()函数计算数组的大小，并结合 for 循环语句输出选择的复选框的值。

【例 8.7】提供一组复选框供用户选择，复选框的 name 属性值为 mrbook[ ]数组变量。当单击“提交”按钮后，在处理页面中显示用户所选信息。（**实例位置：资源包\TM\sl\8\7**）

（1）新建一个 index.php 页面，在页面中创建 form 表单，在表单中添加一组复选框和一个“提交”按钮，代码如下：

```
<form name="form1" method="post" action="index.php">
    您喜欢的图书类型:
    <input type="checkbox" name="mrbook[]" value="入门类">入门类
    <input type="checkbox" name="mrbook[]" value="案例类">案例类
    <input type="checkbox" name="mrbook[]" value="讲解类">讲解类
    <input type="checkbox" name="mrbook[]" value="实例类">实例类
    <input type="submit" name="submit" value="提交">
</form>
```

（2）先在<form>表单元素外的任意位置添加 PHP 标记符，然后使用$_POST[ ]全局变量获取复选框的值，最后通过 echo 语句进行输出，代码如下：

```
<?php
    if (isset($_POST['mrbook']) && $_POST['mrbook'] != null) {        //判断复选框，如果不为空，则执行下面操作
        echo "您选择的结果是：";                                        //输出字符串
        for ($i = 0; $i<count($_POST['mrbook']); $i++)                 //通过 for 循环语句输出选中复选框的值
            echo $_POST['mrbook'][$i]."   ";                  //循环输出用户选择的图书类别
    }
?>
```

（3）运行程序，对多个复选框进行选择，单击“提交”按钮，结果如图 8.7 所示。

图 8.7　获取复选框的值

8.6.4　获取下拉列表框/菜单列表框的值

列表框有下拉列表框和菜单列表框两种形式，它们的基本语法都一样。在进行网站程序设计时，下拉列表框和菜单列表框的应用非常广泛，可以通过它们实现对条件的选择。

1. 获取下拉列表框的值

获取下拉列表框的值的方法非常简单，与获取文本框的值类似。首先需要定义下拉列表框的 name

属性值，然后应用$_POST[ ]全局变量进行获取。

【例 8.8】在下拉列表框中选择用户指定的条件，单击“提交”按钮，输出用户选择的条件值。（**实例位置：资源包\TM\sl\8\8**）

（1）新建 index.php 页面，在页面中创建一个 form 表单，在表单中添加一个下拉列表框和一个“提交”按钮，代码如下：

```
<form name="form1" method="post" action="">
    意见主题：
    <select name="select" size="1">
        <option value="公司发展" selected>公司发展</option>
        <option value="管理制度">管理制度</option>
        <option value="后勤服务">后勤服务</option>
        <option value="员工薪资">员工薪资</option>
    </select>
    <input type="submit" name="submit" value="提交">
</form>
```

说明

在本例的代码中，在<select>标记中设置 size 属性值为 1，表示为下拉列表框；如果该值大于 1，则表示为列表框，以指定值的大小显示列表中的元素。如果列表中的元素大于 size 属性设置的值，则自动添加垂直滚动条。

（2）编写 PHP 语句，通过$_POST[ ]全局变量获取下拉列表框的值，使用 echo 语句进行输出，代码如下：

```
<?php
    if (isset($_POST['submit']) && $_POST['submit'] == "提交") {
        echo "您选择的意见主题为：".$_POST['select'];
    }
?>
```

（3）运行程序，在下拉列表框中选择一个选项，单击“提交”按钮，结果如图 8.8 所示。

2．获取菜单列表框的值

当<select>标记设置了 multiple 属性，则为菜单列表框，可以选择多个条件。由于菜单列表框一般都是多个值同时存在，为了便于传值，<select>标记的命名通常采用数组形式，语法格式如下：

```
<input type="checkbox" name="chkbox[]" multiple>
```

在返回页面可以使用 count()函数计算数组的大小，结合 for 循环语句输出选择的菜单项。

【例 8.9】设置一个菜单列表框，供用户选择喜欢的 PHP 类图书。单击“提交”按钮，可输出选择的 PHP 图书类型。（**实例位置：资源包\TM\sl\8\9**）

（1）新建 index.php 页面，在页面中创建一个 form 表单，在表单中添加一个菜单列表框，其 name 属性值设置为 select[ ]数组变量，再添加一个“提交”按钮，代码如下：

```
<form name="form1" method="post" action="index.php">
    请选择您喜欢的 PHP 类图书：<p>
    <select name="select[]" size="5" multiple>
        <option value="PHP 数据库系统开发完全手册">PHP 数据库系统开发完全手册</option>
        <option value="PHP 编程宝典">PHP 编程宝典</option>
```

```
            <option value="PHP 程序开发范例宝典">PHP 程序开发范例宝典</option>
            <option value="PHP 从入门到精通">PHP 从入门到精通</option>
            <option value="PHP 函数参考大全">PHP 函数参考大全</option>
        </select>
        <input type="submit" name="Submit" value="提交">
</form>
```

说明

本例在<select>标记中设置了 multiple 属性，因此 size 属性的值与<option>标记的总数是对应的。

（2）编写 PHP 语句，通过$_POST[ ]全局变量获取菜单列表框的值，使用 echo 语句进行输出，代码如下：

```
<?php
        if (isset($_POST['select']) && $_POST['select'] != "") {
                echo "<p>您的选择是：";
                for ($i = 0; $i < count($_POST['select']); $i++)
                        echo $_POST['select'][$i]."  ";                //循环输出多选菜单列表框的值
        }
?>
```

（3）运行程序，在菜单列表框中选择多个选项，单击“提交”按钮，结果如图 8.9 所示。

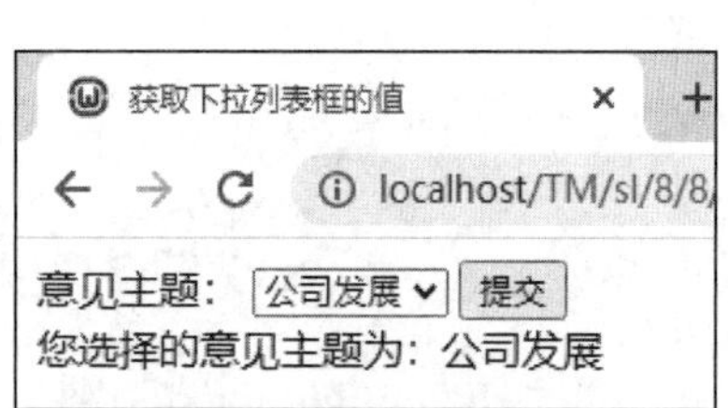

图 8.8　获取下拉列表框的值

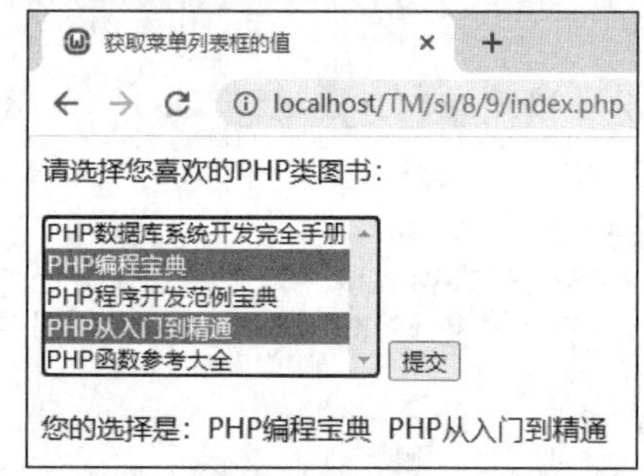

图 8.9　获取菜单列表框的值

技巧

读者可以按住 Shift 键或者 Ctrl 键并单击来选中多个菜单项。

8.6.5　获取文件域的值

文件域的作用是实现文件或图片的上传。文件域有一个特有的属性 accept，用于指定上传的文件类型，如果需要限制上传文件的类型，则可以通过设置该属性完成。

【例 8.10】选择上传的文件，单击“上传”按钮，在下方显示要上传文件的名称。（**实例位置：资源包\TM\sl\8\10**）

（1）新建 index.php 页面，在页面中创建一个 form 表单，在表单中添加一个文件域和一个“上传”按钮，代码如下：

```
<form name="form1" method="post" action="index.php">
```

```
    <input type="file" name="file" size="15" >
    <input type="submit" name="upload" value="上传" >
</form>
```

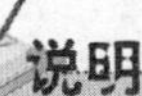
说明

本例实现的是获取上传文件的名称，并没有实现图片的上传，因此不需要设置<form>表单元素的 “enctype = "multipart/form-data"” 属性。

（2）编写 PHP 代码，通过$_POST[ ]全局变量获取上传文件的名称，并通过 echo 语句进行输出，代码如下：

```
<?php
    if (isset($_POST['file']) && $_POST['file'] != "") {
        echo $_POST['file'];                                        //输出要上传文件的名称
    }
?>
```

（3）运行程序，选择要上传的文件，单击“上传”按钮，结果如图 8.10 所示。

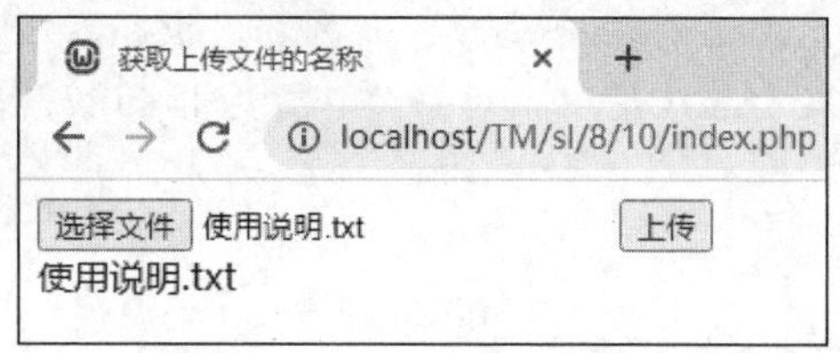

图 8.10　获取上传文件的名称

8.7　对 URL 传递的参数进行编/解码

8.7.1　对 URL 传递的参数进行编码

使用 URL 参数传递数据，就是在 URL 地址后面加上适当的参数。URL 实体对这些参数进行处理。使用方法如下：

```
http://url?name1=value1&name2=value2…
```

URL 传递的参数（也称为查询字符串）

显而易见，这种方法会将参数暴露，因此，本节针对该问题讲述一种 URL 编码方式，即对 URL 传递的参数进行编码。

URL 编码是一种浏览器用来打包表单输入数据的格式，是对用地址栏传递参数的一种编码规则。如在参数中带有空格，则传递参数时会发生错误，当用 URL 编码后，空格将被转换成“%20”，这样错误就不会发生了。对中文进行编码也是同样的情况，最主要的一点就是对传递的参数起到了隐藏的作用。

在 PHP 中对查询字符串进行 URL 编码，可以通过 urlencode()函数实现，其语法格式如下：

```
string urlencode(string str)
```

urlencode()函数用于对字符串 str 进行 URL 编码。

【例 8.11】应用 urlencode()函数对 URL 中的参数值“编程词典”进行编码，并输出编码后的 URL 字符串。（**实例位置：资源包\TM\sl\8\11**）

```
<?php
$url = urlencode("编程词典");
echo "index.php?id=$url";
?>
```

运行结果如图 8.11 所示。

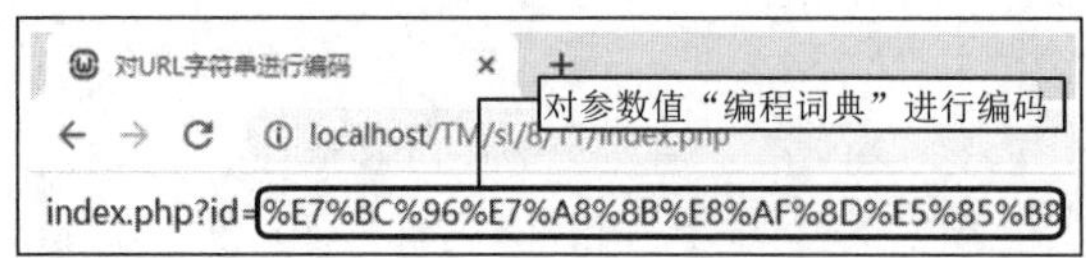

图 8.11　对 URL 中的参数值进行编码

说明

对于服务器而言，编码前后的字符串并没有什么区别，服务器能够自动识别。这里主要是为了讲解 URL 编码的使用方法。在实际应用中，对一些非保密性的参数不需要进行编码，读者可根据实际情况有选择地使用。

8.7.2　对 URL 传递的参数进行解码

对于 URL 传递的参数直接使用$_GET[ ]方法即可获取。而对于进行 URL 加密的查询字符串，则需要通过 urldecode()函数对获取后的字符串进行解码，其语法格式如下：

```
string urldecode(string str)
```

urldecode()函数可将 URL 编码后的 str 查询字符串进行解码。

【例 8.12】在例 8.11 中应用 urlencode()函数实现了对字符串“编码词典”进行编码，本例将应用 urldecode()函数对编码后的 URL 中的参数值进行解码，并输出解码后的 URL 字符串。（**实例位置：资源包\TM\sl\8\12**）

```
<?php
$url = urlencode("编程词典");
echo "index.php?id=".urldecode($url);
?>
```

运行结果如图 8.12 所示。

图 8.12　对 URL 中的参数值进行解码

8.8　PHP 与 Web 表单的综合应用

表单是实现动态网页的一种主要的外在形式，使用表单可以收集客户端提交的信息。表单是网站互动功能的重要组成部分。下面通过一个例子，综合应用前面范例中介绍的有关表单中的各组件。

【例 8.13】在例 8.2 的基础上，实现获取表单元素的值。通过 POST 方法将各个组件的值提交到本页，再通过$_POST 来获取提交的值。（**实例位置：资源包\TM\sl\8\13**）

（1）表单的设计步骤可参见例 8.2。

（2）对表单提交的数据进行处理，输出各组件提交的数据，代码如下：

```
<?php
    if (isset($_POST['submit']) && $_POST['submit'] != "") {                //如果提交了表单
        echo "您的个人简历内容如下：<br>";                                  //输出字符串
        echo "姓名：".$_POST['user'];                                       //输出用户名
        echo "性别：".$_POST['sex'];                                        //输出性别
        echo "密码：".$_POST['pwd'];                                        //输出密码
        echo "学历：".$_POST['select'];                                     //输出学历
        echo "爱好：";                                                      //输出字符串
        //获取“爱好”复选框的值
        for ($i=0; $i<count($_POST['fond']); $i++)
            echo $_POST['fond'][$i]."   ";
        //实现文件上传功能，将上传的文件存储在 upfiles 文件夹中
        $path = './upfiles/'. $_FILES['photo']['name'];                     //指定上传的路径及文件名
        move_uploaded_file($_FILES['photo']['tmp_name'],$path);             //上传文件
        echo "个人写真：".$path;                                            //输出个人写真的路径
        echo "个人简介：".$_POST['intro'];                                  //输出个人简介
    }
?>
```

说明

关于图片或文件上传的内容将在第 13 章中详细讲解。

（3）在本例的根目录下建立一个 upfiles 文件夹，用来存储上传的文件。

（4）运行程序，在表单中输入个人信息，单击“提交”按钮，结果如图 8.13 所示。

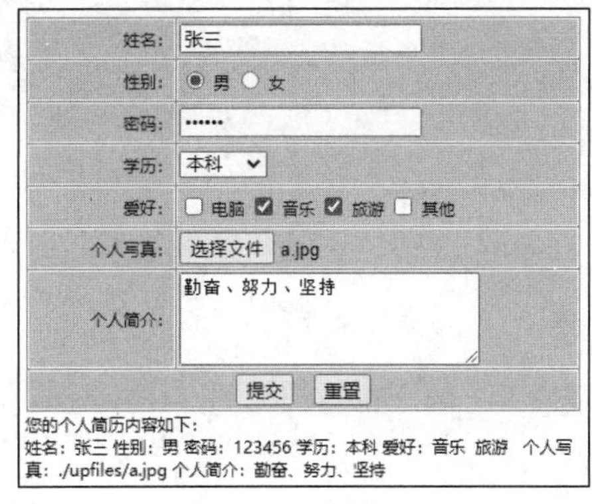

图 8.13　PHP 与 Web 表单的综合应用

8.9　实践与练习

（答案位置：资源包\TM\sl\8\实践与练习\）

综合练习 1：创建表单并添加表单元素

尝试创建一个表单，在表单中添加各种常用的元素，并为表单元素命名。

综合练习 2：获取搜索关键字

开发一个简单的搜索引擎页面，并获取输入的关键字。

综合练习 3：对字符串进行编码和解码

开发一个页面，先对用 GET 方法传递的参数进行编码，然后对编码的字符串进行解码并输出。

综合练习 4：输出用户注册信息

开发一个用户注册页面，并输出用户的注册信息。

第 9 章

PHP 与 JavaScript 交互

JavaScript 是一种可以嵌入 HTML 代码中由客户端浏览器运行的脚本语言。在网页中使用 JavaScript 代码，不仅可实现网页特效，还可响应用户请求，实现动态交互的功能。在 PHP 动态网页中灵活运用 JavaScript，可以实现更强大的功能。本章将介绍 JavaScript 脚本语言的基础知识，在熟悉和掌握了各个知识点后，相信读者能够举一反三，在 PHP 和 JavaScript 脚本语言的交互功能作用下开发出实用的 Web 程序。

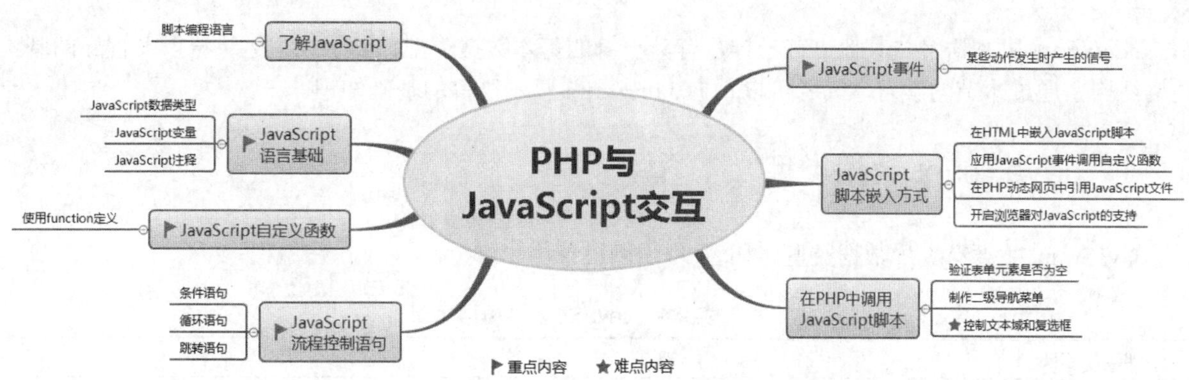

9.1　了解 JavaScript

JavaScript 是脚本编程语言，支持 Web 应用程序的客户端和服务器端构件的开发，在 Web 开发中有着非常广泛的应用。下面对 JavaScript 进行简单的介绍。

1．什么是 JavaScript

JavaScript 是由网景公司（Netscape）开发的，是一种基于对象和事件驱动并具有安全性能的解释型脚本语言。它可用于编写客户端的脚本程序，由 Web 浏览器解释执行；还可以用于编写在服务器端执行的脚本程序，在服务器端处理用户提交的信息并动态地向浏览器返回处理结果。

2．JavaScript 的功能

JavaScript 是一种比较流行的制作网页特效的脚本语言，由客户端浏览器解释执行，可以应用在 PHP 和 ASP.NET 网站中，Ajax 就是以 JavaScript 为基础的。熟练掌握并应用 JavaScript 对于网站开发人员非常重要。JavaScript 的功能主要体现在以下几个方面。

- ☑ 在网页中加入 JavaScript 脚本代码，使网页具有动态交互的功能，及时响应用户的操作，对提交的表单做即时检查，如验证表单元素是否为空，验证表单元素是否为数值型，检测表单元素是否输入错误等。
- ☑ 应用 JavaScript 脚本制作网页特效，如动态的菜单、浮动的广告等，为页面增添绚丽的动态效果，使网页内容更加丰富、活泼。
- ☑ 应用 JavaScript 脚本建立复杂的网页内容，如打开新窗口载入网页。
- ☑ 应用 JavaScript 脚本对用户的不同事件产生不同的响应。
- ☑ 应用 JavaScript 制作各种各样的图片、文字、鼠标、动画和页面效果。
- ☑ 应用 JavaScript 制作一些小游戏。

9.2 JavaScript 语言基础

JavaScript 脚本语言与其他语言一样，有其自身的基本数据类型、表达式、运算符以及程序的基本框架结构。通过本节的学习，读者可以掌握 JavaScript 脚本语言的基础知识。

9.2.1 JavaScript 数据类型

JavaScript 主要有 6 种数据类型，如表 9.1 所示。

表 9.1　JavaScript 数据类型

数 据 类 型	说　　明	示　　例
字符串型	使用单引号或双引号括起来的一个或多个字符	如"PHP""I like study PHP"等
数值型	包括整数或浮点数（包含小数点的数或科学记数法的数）	如-128、12.9、6.98e6 等
布尔型	布尔型常量只有两种状态，即 true 或 false	如 event.returnValue=false
对象型	用于指定 JavaScript 程序中用到的对象	如网页表单元素
Null 值	可以通过给一个变量赋 null 值来清除变量的内容	如 a=null
Undefined	表示该变量尚未被赋值	如 var a

9.2.2 JavaScript 变量

变量是指程序中一个已经命名的存储单元，它的主要作用是为数据操作提供存放信息的容器。在使用变量前，必须明确变量的命名规则、声明方法及作用域。

1. 变量的命名规则

JavaScript 变量的命名规则如下。

- ☑ 必须以字母或下画线开头，中间可以是数字、字母或下画线。
- ☑ 不能包含空格或加号、减号等符号。
- ☑ 严格区分大小写。例如，User 与 user 代表两个不同的变量。

☑　不能使用 JavaScript 中的关键字。JavaScript 中的关键字如表 9.2 所示。

表 9.2　JavaScript 中的关键字

abstract	continue	finally	instanceof	private	this
boolean	default	float	int	public	throw
break	do	for	interface	return	typeof
byte	double	function	long	short	true
case	else	goto	native	static	var
catch	extends	implements	new	super	void
char	false	import	null	switch	while
class	final	in	package	synchronized	with

说明

虽然 JavaScript 的变量可以任意命名，但为了在编程时使代码更加规范，最好使用便于记忆且有意义的变量名称，以增加程序的可读性。

2．变量的声明与赋值

在 JavaScript 中，使用变量前一般需要先声明变量，但有时变量可以不必先声明，在使用时根据变量的实际作用来确定其所属的数据类型即可。所有的 JavaScript 变量都由关键字 var 声明。其语法格式如下：

```
var variable;
```

在声明变量的同时也可以对变量进行赋值：

```
var variable = 11;
```

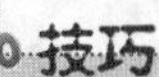

技巧

建议读者在使用变量前先对其进行声明，因为声明变量的最大好处就是能及时发现代码中的错误。JavaScript 是采用动态编译的，而动态编译的最大特点是不易发现代码中的错误，特别是变量命名方面的错误。

声明变量时所遵循的规则如下。

☑　可以使用关键字 var 同时声明多个变量，例如：

```
var i, j;
```

☑　可以在声明变量的同时对其赋值，即进行变量初始化。例如：

```
var i=1; j=100;
```

如果只是声明了变量，并未对其赋值，则其值默认为 undefined。如声明 3 个不同数据类型的变量，代码如下：

```
var i = 100;                            //定义变量 i 为数值型
var str = "有一条路，走过了总会想起";      //定义变量 str 为字符串型
var content = true;                     //定义变量 content 为布尔型
```

注意

（1）在 JavaScript 中，可以使用分号代表一个语句的结束。如果每个语句都在不同的行中，那么分号可以省略；如果多个语句在同一行中，那么分号就不能省略。建议读者不省略分号，以养成良好的编程习惯。

（2）在程序开发过程中，可以使用 var 语句多次声明同一个变量，如果重复声明的变量已经有一个初始值，那么再次声明变量就相当于对变量重新赋值。

9.2.3 JavaScript 注释

在 JavaScript 中，采用的注释方法有两种。

1．单行注释

单行注释使用“//”进行标识。“//”符号后面的文字都不被程序解释执行。例如：

```
//这里是单行程序代码的注释
```

2．多行注释

多行注释使用“/*…*/”进行标识。“/*…*/”符号中的文字不被程序解释执行。例如：

```
/*
这里是多行程序注释
*/
```

注意

多行注释“/*…*/”中可以嵌套单行注释“//”，但不能嵌套多行注释“/*…*/”。因为第一个“/*”会与其后面第一个“*/”相匹配，从而使后面的注释不起作用，甚至引起程序出错。

另外，JavaScript 还能识别 HTML 注释的开始部分“<!--”，JavaScript 会将其看作单行注释结束，如使用“//”一样。但 JavaScript 不能识别 HTML 注释的结尾部分“-->”。

这种现象存在的主要原因是在 JavaScript 中，如果第一行以“<!--”开始，最后一行以“-->”结束，那么其间的程序就包含在一个完整的 HTML 注释中，会被不支持 JavaScript 的浏览器忽略，不能被显示。如果第一行以“<!--”开始，最后一行以“//-->”结束，则 JavaScript 会将两行都忽略，而不会忽略这两行之间的部分。用这种方式可以针对那些无法理解 JavaScript 的浏览器而隐藏代码，而对那些可以理解 JavaScript 的浏览器则不必隐藏。

9.3 JavaScript 自定义函数

自定义函数就是由用户自己命名并编写的能实现特定功能的程序单元。用户使用的自定义函数必须事先声明，不能直接使用没有声明过的自定义函数。

JavaScript 用 function 来定义函数，语法格式如下：

```
function 函数名([参数]) {    ┐
      return var;            │ 函数体
}                            ┘
```

自定义函数的调用方法是：

```
函数名();
```

其中的括号一定不能省略。

【例 9.1】先自定义 calculate()函数，实现两个数的乘积，然后在函数体外调用 calculate()并传递两个参数，最后应用 document.write()对象输出结果。（**实例位置：资源包\TM\sl\9\1**）

```
<script type="text/javascript">
      function calculate(a,b) {                        //自定义一个 calculate()函数
            return a*b;                                //返回两个参数的乘积
      }
      document.write(calculate(15, 15));               //调用 calculate()函数并传递参数，输出结果
</script>
```

结果为：

```
225
```

注意

在同一个页面中不能定义名称相同的函数。另外，当用户自定义函数后，需要对该函数进行引用，否则自定义的函数将失去意义。

9.4　JavaScript 流程控制语句

流程控制语句就是对语句中不同条件的值进行判断，从而根据不同的条件执行不同的语句。在 JavaScript 中，流程控制语句可以分为条件语句、循环语句和跳转语句。

9.4.1　条件语句

条件语句主要包括两种：一种是 if 条件语句，另一种是 switch 多分支语句。

在 JavaScript 中，可以使用单一的 if 条件语句，也可以使用两个或者多重选择的 if 条件语句。

1．if 条件语句

if 语句是最基本、最常用的条件控制语句。通过判断条件表达式的值为 true 或者 false，确定是否执行某一条语句。其语法格式如下：

```
if (条件表达式) {
      语句块
}
```

在 if 语句中，只有当条件表达式的值为 true 时，才会执行语句块中的语句，否则将跳过语句块，执行其他程序语句。其中，大括号“{}”的作用是将多条语句组成一个语句块，作为一个整体进行处

理。如果语句块中只有一条语句，也可以省略大括号。一般情况下，建议不要省略大括号，养成使用大括号的习惯，以免出现程序错误。

例如，首先定义一个变量，并且设置变量的值为空，然后使用 if 语句判断变量的值，如果值等于空，则弹出提示信息“变量的内容为空！”，否则没有任何信息输出。代码如下：

```
var form = "";
if (form == "") {
        alert("变量的内容为空！");
}
```

结果为：

```
变量的内容为空!
```

下面通过具体的实例讲解在页面中嵌入 JavaScript 脚本代码，从而及时响应用户的操作。

【例 9.2】创建一个表单元素，添加一个下拉列表框，命名为 year，在<input>标记的属性中添加 onClick 事件，调用自定义函数 check()，在该函数中使用 if 条件语句判断指定的年份是否为闰年。（**实例位置：资源包\TM\sl\9\2**）

```
<form name="form1" method="post" action="">
      <span class="style2">检测闰年：</span>
      <select name="year">
      <?php for($i=2020;$i<=2030;$i++){ ?>
      <option value="<?php echo $i;?>"><?php echo $i;?>年</option>
      <?php } ?>
   </select>
   <input type="submit" name="Submit" value="检测" onclick="check();">
</form>
```

在<body>标记外，添加 JavaScript 脚本自定义的函数 check()，在 if 语句中通过给出的表达式判断变量 year 所代表的年份是否为闰年，即如果变量值能够被 4 整除且不能被 100 整除，或者能被 400 整除，则说明为闰年。代码如下：

```
<script type="text/javascript">
function check(){
var year=form1.year.value;
//如果变量 year 能够被 4 整除，同时不能被 100 整除，或者能被 400 整除，则执行下面的语句
    if((year%4)==0 && (year%100)!=0 || (year%400)==0){
        alert(year+"年是闰年！");          //如果 year 变量满足条件，则输出此年份为闰年
    }
}
</script>
```

运行程序，在下拉列表框中选择“2024 年”，单击“检测”按钮，结果如图 9.1 所示。

图 9.1　应用 if 条件语句判断指定的年份是否为闰年

if…else 语句也是 if 语句的标准形式，是双分支条件语句。其语法格式如下：

```
if (条件表达式){
      语句块 1;
}
else{
      语句块 2;
}
```

在 if…else 语句中，当条件表达式的值为 true 时，将执行语句块 1 中的语句；当条件表达式的值为 false 时，将执行语句块 2 中的语句。

在例 9.2 中，可以使用 if…else 语句对提交的年份进行判断，如果是闰年则弹出某年是闰年的提示；如果不是闰年，则弹出某年是平年的提示。更改后的代码如下：

```
<script type="text/javascript">
function check(){
var year=form1.year.value;
//如果变量 year 能够被 4 整除，同时不能被 100 整除，或者能被 400 整除，则执行下面的语句
    if((year%4)==0 && (year%100)!=0 || (year%400)==0){
        alert(year+"年是闰年！");              //如果 year 变量满足条件，则输出此年份为闰年
    }else{
         alert(year+"年是平年！");             //如果 year 变量不满足条件，则输出此年份为平年
    }
}
</script>
```

2．switch 分支语句

虽然使用 if 语句可以实现多分支的条件语句，但在选择分支比较多的情况下，使用 if 多分支条件语句就会降低程序的执行效率。JavaScript 中的 switch 语句可以针对给出的表达式或者变量的不同值来选择执行的语句块，从而提高程序运行速度。switch 语句的语法格式如下：

```
switch (表达式或变量) {
      case 常量表达式 1:
            语句块 1; break;
      case 常量表达式 2:
            语句块 2; break;
      …
      case 常量表达式 n:
            语句块 n; break;
      default:
            语句块 n+1; break;
}
```

在 switch 语句中，首先计算表达式或变量的值，然后将此值与常量表达式 1 进行比较，如果两个值相等，则执行语句块 1 中的语句，然后执行 break 语句并跳出 switch 语句；如果此值与常量表达式 1 不相等，则将此值与常量表达式 2 进行比较，如果相等，则执行语句块 2 中的语句，并执行 break 语句跳出 switch 语句；如果与常量表达式 2 不相等，则继续与后面的常量表达式进行比较。如果表达式或变量的值与所有 case 语句后的常量表达式都不相等，则执行 default 中的语句块 n+1。

【例 9.3】创建一个表单，添加一组单选按钮，命名为 book，在<input>标记中添加 onClick 事件，调用自定义函数 check()，并将单选按钮的值传到自定义函数中。（**实例位置：资源包\TM\sl\9\3**）

```
<form name="form1" method="post" action="">
      <span class="style2">您最喜爱的图书类别：</span>
```

```
        <input name="book" type="radio" value="生活类" onclick="check(this.value);">生活类
        <input name="book" type="radio" value="电脑类" onclick="check(this.value);">电脑类
        <input name="book" type="radio" value="科技类" onclick="check(this.value);">科技类
        <input name="book" type="radio" value="体育类" onclick="check(this.value);">体育类
</form>
```

在<body>标记外，添加 JavaScript 脚本自定义的函数 check()，应用 switch 语句判断变量的值与 case 标签的值是否匹配，如果对比的值匹配，则输出 case 标签后的内容，代码如下：

```
<script type="text/javascript">
        function check(books) {
                switch (books) {
                        case "生活类":
                                alert("您最喜爱的图书类别是：" + books); break;
                        case "电脑类":
                                alert("您最喜爱的图书类别是：" + books); break;
                        case "科技类":
                                alert("您最喜爱的图书类别是：" + books); break;
                        case "体育类":
                                alert("您最喜爱的图书类别是：" + books); break;
                }
        }
</script>
```

运行程序，当选中“电脑类”单选按钮时，即可弹出用户选择的结果，如图 9.2 所示。

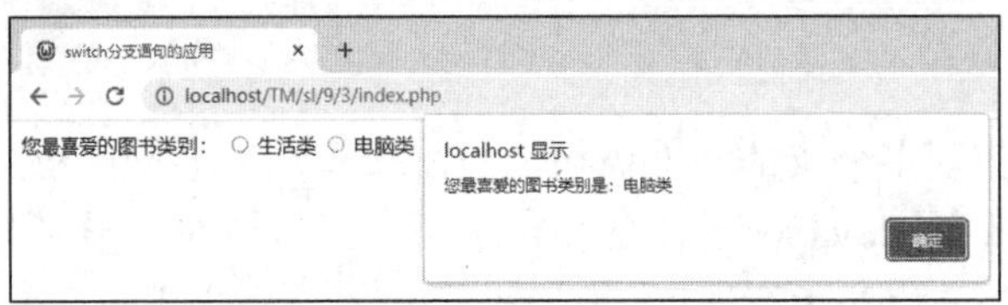

图 9.2　应用 switch 语句输出选择条件

9.4.2　循环语句

循环语句的主要功能是在满足条件的情况下反复地执行某一个操作。循环语句主要包括 while 循环语句和 for 循环语句。

1. while 循环语句

while 语句是基本的循环语句，也是条件判断语句。在 JavaScript 中，while 循环语句的应用比较广泛。语法格式如下：

```
while (条件表达式) {
        语句块
}
```

在 while 语句中，首先判断条件表达式的值，如果值为 true，则执行大括号内的语句块。执行完毕后再次判断条件表达式的值，如果值仍为 true，则重复执行大括号内的语句块。这样一直循环，直到条件表达式的值为 false 时结束，执行 while 语句后面的其他代码。

注意

在 while 语句的循环体中应包含改变条件表达式值的语句，否则条件表达式的值总为 true，会造成死循环。

【例 9.4】应用 while 循环语句输出变量 i 的值。（**实例位置：资源包\TM\sl\9\4**）

```
<script type="text/javascript">
	var i = 3;								//定义变量 i，并赋初始值
	while (i>0) {							//定义 while 语句中的逻辑表达式为 i>0
		document.write("-" + i);			//调用 document 对象的 write 方法输出变量 i 的值
		i--;								//执行 i--运算，变量 i 的值逐次减 1
	}
</script>
```

结果为：

```
-3-2-1
```

2．for 循环语句

for 语句是一种常用的循环控制语句。在 for 语句中，可以应用循环变量来明确循环的次数和具体的循环条件。for 语句通常使用一个变量作为计数器来执行循环的次数，这个变量就称为循环变量。

语法格式如下：

```
for (初始化循环变量; 循环条件; 确定循环变量的改变值) {
	语句块;
}
```

在 for 语句的小括号中包含 3 部分内容。

☑ 初始化循环变量：该表达式的作用是声明循环变量并进行初始化赋值。在 for 语句之前也可以对循环变量进行声明和赋值。

☑ 循环条件：该表达式是基于循环变量的一个条件表达式，如果条件表达式的返回值为 true，则执行循环体内的语句块。循环体内的语句执行完毕后将重新判断此表达式，直到条件表达式的返回值为 false 时，终止循环。

☑ 确定循环变量的改变值：该条件表达式用于操作循环变量的改变值。每次执行完循环体内的语句后，在判断循环条件之前，都将执行此表达式。

注意

for 语句可以使用 break 语句来终止执行。break 语句默认情况下将终止当前的循环语句。

【例 9.5】使用 for 循环语句输出变量 i 叠加相乘的表达式及结果。（**实例位置：资源包\TM\sl\9\5**）

```
<script type="text/javascript">
	for (i = 1; i <= 9; i++) {								//初始化变量 i，定义循环条件，变量 i 递增
		document.write(i + "*" + i + " = " + i * i + "   ");	//输出变量 i 叠加相乘的表达式及结果
	}
</script>
```

上面的代码中，在 for 语句中定义了变量 i 和变量 i 的初始值；定义循环条件为 i<=9，即在 i 小于

等于 9 的情况下执行循环体中的语句；定义变量 i 的值为每循环一次累加 1。在循环体中，通过调用 document 对象的 write 方法输出变量 i 叠加相乘的表达式与结果。

运行结果如图 9.3 所示。

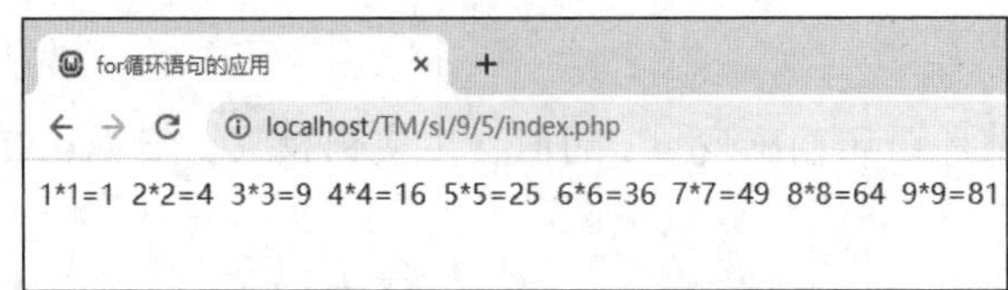

图 9.3　for 循环语句的应用

9.4.3　跳转语句

跳转语句可在循环控制语句循环体的指定位置或是满足一定条件的情况下直接退出循环。JavaScript 跳转语句分为 break 语句和 continue 语句。

1．break 语句

break 语句用来终止其后面的程序执行并跳出循环，或者结束 switch 语句。其语法格式如下：

```
break;
```

【例 9.6】在 for 循环语句中，当循环变量 i 大于 10 时，退出 for 循环。（**实例位置：资源包\TM\sl\9\6**）

```
<script type="text/javascript">
    for (i = 0; i < 20; i++ ) {                //for 语句，初始化循环变量，定义循环条件，每次循环后 i 的值加 1
        if (i > 10) {
            break;                             //如果 i>10，则跳出循环
        }
        document.write(i + "-");               //输出 i 的值
    }
</script>
```

在上面的代码中，当变量 i 的值大于 10 时调用 break 语句，这时程序将跳出 for 循环而不再执行下面的循环。如果未使用 break 语句，程序将执行 for 循环语句中的循环体，直到变量 i 的值不满足条件 i 小于 20。

注意

在嵌套循环语句中使用 break 语句时，只能跳出最近的一层循环，而不是跳出所有循环。

结果为：

```
0-1-2-3-4-5-6-7-8-9-10-
```

2．continue 语句

continue 语句与 break 语句的作用不同。continue 语句的作用是跳出本次循环并立即进入下一次循环，break 语句的作用是跳出循环后结束整个循环。其语法格式如下：

```
continue;
```

【例 9.7】输出指定范围内的偶数。（**实例位置：资源包\TM\sl\9\7**）

```
<script type="text/javascript">
	var str = "20 以内的偶数有：";				//定义变量 str
	var i = 1;							//定义变量 i
	while (i < 20) {						//应用 while 语句，定义循环条件为 i<20
		if (i % 2 != 0) {					//如果变量 i 不能被 2 整除，则执行下面的语句
			i++;					//退出本循环前，使变量 i 的值累加 1。默认该语句将导致死循环
			continue;				//调用 continue 语句
		}
		str = str + i + " ";				//拼接字符串 str，以获取变量 i 的值
		i++;						//使变量 i 的值累加 1
	}
	document.write(str);					//输出变量 str 的值
</script>
```

在上面的代码中，首先初始化变量 i，然后在 while 循环语句中先使用 if 语句判断变量 i 是否能被 2 整除，如果不能被 2 整除（说明此值为奇数），则使变量 i 的值累加 1，并调用 continue 语句跳出本次循环进入下一个循环；如果变量 i 能被 2 整除（说明此值为偶数），则获取变量 i 的值，并使变量 i 的值累加 1。当变量 i 的值不满足条件 i<20 时，结束 while 循环。

结果为：

```
20 以内的偶数有：2 4 6 8 10 12 14 16 18
```

9.5　JavaScript 事件

JavaScript 是基于对象的语言，最基本的特征就是采用事件驱动机制。事件是某些动作发生时产生的信号，这些事件随时都可能发生。引起事件发生的动作称为触发事件，例如，当鼠标指针经过某个按钮、用户单击了某个链接、用户选中了某个复选框、用户在文本框中输入某些信息等，都会触发相应的事件。

为了便于读者查找 JavaScript 中的常用事件，表 9.3 中给出了各事件的情况说明。

表 9.3　JavaScript 中的常用事件

状　态	事　件	说　明
鼠标键盘事件	onclick	鼠标单击时触发此事件
	ondblclick	鼠标双击时触发此事件
	onmousedown	按下鼠标时触发此事件
	onmouseup	鼠标按下后释放鼠标时触发此事件
	onmouseover	当鼠标移动到某对象范围的上方时触发此事件
	onmousemove	鼠标移动时触发此事件
	onmouseout	当鼠标离开某对象范围时触发此事件
	onkeypress	当键盘上某个按键先被按下再被释放时触发此事件
	onkeydown	当键盘上某个按键被按下时触发此事件
	onkeyup	当键盘上某个被按下的按键释放时触发此事件

续表

状　态	事　件	说　明
页面相关事件	onabort	图片下载被用户中断时触发此事件
	onload	页面加载完成时触发此事件
	onresize	当浏览器的窗口大小被改变时触发此事件
	onunload	当前页面将被改变时触发此事件
表单相关事件	onblur	当前元素失去焦点时触发此事件
	onchange	当前元素失去焦点并且元素的内容发生改变时触发此事件
	onfocus	当某个元素获得焦点时触发此事件
	onreset	当表单中 reset 的属性被激活时触发此事件
	onsubmit	一个表单被提交时触发此事件
滚动字幕事件	onbounce	当 Marquee 内的内容移动至 Marquee 显示范围之外时触发此事件
	onfinish	当 Marquee 元素完成需要显示的内容后触发此事件
	onstart	当 Marquee 元素开始显示内容时触发此事件

说明

在 PHP 中应用 JavaScript 事件调用自定义函数，在程序开发过程中非常常见。

9.6　JavaScript 脚本嵌入方式

9.6.1　在 HTML 中嵌入 JavaScript 脚本

JavaScript 作为一种脚本语言，可以使用<script>标记嵌入 HTML 文件中。其语法格式如下：

```
<script type="text/javascript">
    …
</script>
```

应用<script>标记是直接执行 JavaScript 脚本最常用的方法，大部分含有 JavaScript 的网页都采用这种方法，其中，通过 type 属性可以设置脚本的 MIME 类型。

【例 9.8】在 HTML 中嵌入 JavaScript 脚本，这里直接在<script>和</script>标记中间写入 JavaScript 代码，用于弹出一个提示对话框。（**实例位置：资源包\TM\sl\9\8**）

```
<!DOCTYPE html>
<html lang="en">
<head>
    <meta charset="UTF-8">
    <title>在 HTML 中嵌入 Javascript 脚本</title>
</head>
<body>
<script type="text/javascript">
    alert("我很想学习 PHP 编程，请问如何才能学好这门语言？");
</script>
</body>
</html>
```

在上面的代码中，在<script>与</script>标记之间调用 JavaScript 脚本语言 window 对象的 alert 方法，向客户端浏览器弹出一个提示对话框。这里需要注意的是，JavaScript 脚本通常写在<head>…</head>标记和<body>…</body>标记之间。写在<head>标记中间的一般是函数和事件处理函数；写在<body>标记中间的是网页内容或调用函数的程序块。

该实例的运行结果如图 9.4 所示。

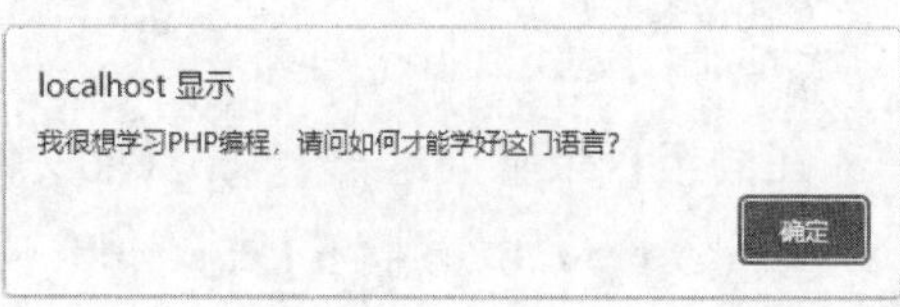

图 9.4　在 HTML 中嵌入 JavaScript 脚本

在 HTML 中通过“javascript:”可以调用 JavaScript 的方法。例如，在页面中插入一个按钮，在该按钮的 onClick 事件中应用“javascript:”调用 window 对象的 alert 方法，弹出一个警告提示框，代码如下：

```
<input type="submit" name="Submit" value="单击这里" onClick="javascript:alert('您单击了这个按钮！')">
```

9.6.2　应用 JavaScript 事件调用自定义函数

在 Web 程序开发过程中，经常需要在表单元素相应的事件下调用自定义函数。例如，首先在按钮的单击事件下调用自定义函数 check()来验证表单元素是否为空，代码如下：

```
<input type="submit" name="Submit" value="检测" onClick="check();">
```

然后在该表单的当前页中编写一个 check()自定义函数即可。

9.6.3　在 PHP 动态网页中引用 JavaScript 文件

在网页中，除了可在<script>与</script>标记之间编写 JavaScript 脚本代码，还可以通过<script>标记中的 src 属性指定外部的 JavaScript 文件（即 JS 文件，以.js 为扩展名）的路径，从而引用对应的 JS 文件。其语法格式如下：

```
<script src=url type="text/javascript"></script>
```

其中，url 是 JS 文件的路径，type 属性可以省略，因为<script>标记默认使用的就是 JavaScript 脚本语言。

JavaScript 脚本不仅可以与 HTML 结合使用，也可以与 PHP 动态网页结合使用，其引用的方法是相同的。使用外部 JS 文件的优点如下。

☑　使用 JS 文件可以将 JavaScript 脚本代码从网页中独立出来，便于代码的阅读。

☑　一个外部 JS 文件，可以同时被多个页面调用。当共用的 JavaScript 脚本代码需要修改时，只需要修改 JS 文件中的代码即可，便于代码的维护。

☑　通过<script>标记中的 src 属性不但可以调用同一个服务器上的 JS 文件，还可以通过指定路径来调用其他服务器上的 JS 文件。

【例 9.9】在网页中通过<script>标记的 src 属性引用外部 JS 文件，用于弹出一个提示对话框。（**实例位置：资源包\TM\sl\9\9**）

index.php 文件中的代码如下：

```
<!DOCTYPE HTML>
<html lang="en">
```

```
<head>
<title>在 PHP 动态网页中引用 JS 文件</title>
</head>
<script src="script.js" charset="utf-8"></script>
<body>
</body>
</html>
```

在同级目录下创建一个 script.js 文件，代码如下：

```
alert("恭喜您，成功调用了 script.js 外部文件!");
```

从上面的代码可以看出，在 index.php 文件中通过设定<script>标记中的 src 属性，引用了同级目录下的 script.js 文件。在 script.js 文件中调用 JavaScript 脚本语言 window 对象的 alert 方法，在客户端浏览器弹出一个提示对话框。

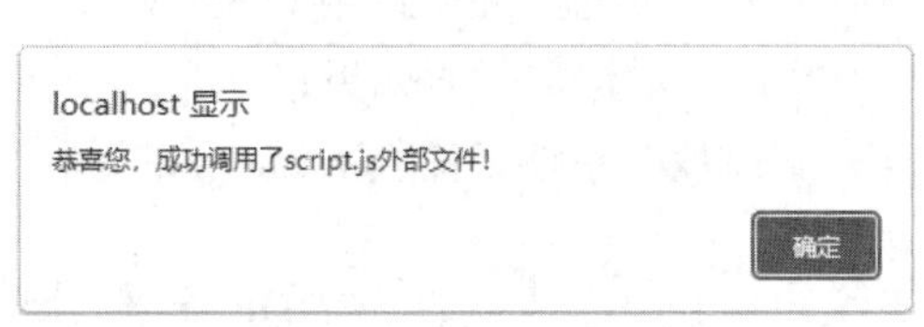

图 9.5　在 PHP 动态网页中引用 JS 文件

该实例的运行结果如图 9.5 所示。

在网页中引用 JS 文件需要注意如下事项。

☑ 在 JS 文件中，只能包含 JavaScript 脚本代码，不能包含<script>标记和 HTML 代码。读者可参考例 9.9 中 script.js 文件的代码。

☑ 在引用 JS 文件的<script>与</script>标记之间不应存在其他的 JavaScript 代码，即使存在，浏览器也会忽略此脚本代码，而只执行 JS 文件中的 JavaScript 脚本代码。

9.6.4　开启浏览器对 JavaScript 的支持

目前，所有主流浏览器都支持 JavaScript 脚本。在默认情况下，大多数浏览器都开启了对 JavaScript 的支持。下面介绍在 Google Chrome、Mozilla Firefox 和 Microsoft Edge 三种浏览器中开启支持 JavaScript 的方法。

1．开启 Google Chrome 浏览器对 JavaScript 的支持

开启 Google Chrome 浏览器对 JavaScript 的支持的具体操作步骤如下。

（1）打开 Google Chrome 浏览器，在地址栏中输入 chrome://settings，按 Enter 键，进入 Google Chrome 浏览器的设置页面，如图 9.6 所示。

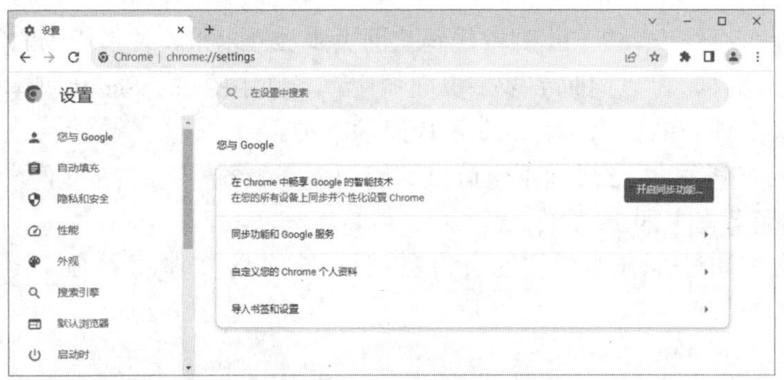

图 9.6　Google Chrome 浏览器的设置页面

（2）单击浏览器设置页面左侧的“隐私和安全”选项，在右侧找到“网站设置”选项，如图 9.7 所示。

图 9.7　浏览器设置中的“隐私和安全”界面

（3）单击“隐私和安全”界面中的“网站设置”选项进入网站设置界面，在界面中找到 JavaScript 选项，单击该选项，选中“网站可以使用 JavaScript”单选按钮，即可开启 Google Chrome 浏览器支持 JavaScript 脚本的功能，如图 9.8 所示。

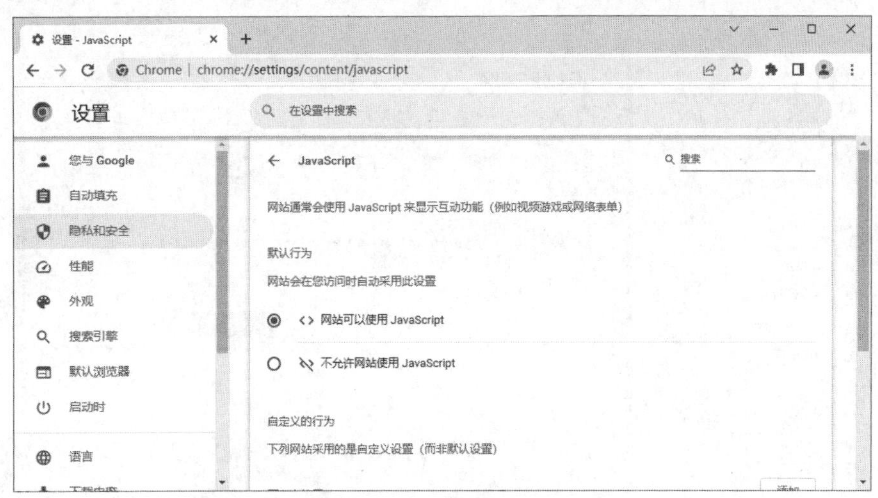

图 9.8　在 Google Chrome 浏览器中启用 JavaScript

2．开启 Mozilla Firefox 浏览器对 JavaScript 的支持

开启 Mozilla Firefox 浏览器对 JavaScript 的支持的具体操作步骤如下。

（1）打开 Mozilla Firefox 浏览器，在地址栏中输入 about:config，按 Enter 键，进入 Mozilla Firefox 浏览器的高级首选项页面，如图 9.9 所示。

（2）在页面的搜索框中输入 javascript.enabled，将该选项的值设置为 true，即可开启 Mozilla Firefox 浏览器支持 JavaScript 脚本的功能，如图 9.10 所示。

图 9.9 Mozilla Firefox 浏览器的高级首选项页面

图 9.10 在 Mozilla Firefox 浏览器中启用 JavaScript

3．开启 Microsoft Edge 浏览器对 JavaScript 的支持

开启 Microsoft Edge 浏览器对 JavaScript 的支持的具体操作步骤如下。

（1）打开 Microsoft Edge 浏览器，在地址栏中输入 edge://settings/profiles，按 Enter 键，进入 Microsoft Edge 浏览器的设置页面，如图 9.11 所示。

图 9.11 Microsoft Edge 浏览器的设置页面

（2）单击浏览器设置页面左侧的“Cookie 和网站权限”选项，在右侧找到 JavaScript 选项，如图 9.12 所示。

（3）单击“Cookie 和网站权限”界面中的 JavaScript 选项，将“允许”选项框设置为选中状态，即可开启 Microsoft Edge 浏览器支持 JavaScript 脚本的功能，如图 9.13 所示。

图 9.12　浏览器设置中的“Cookie 和网站权限”界面

图 9.13　在 Microsoft Edge 浏览器中启用 JavaScript

9.7　在 PHP 中调用 JavaScript 脚本

9.7.1　验证表单元素是否为空

在程序开发过程中，经常要应用 JavaScript 脚本来判断表单提交的数据是否为空，或者判断提交的数据是否符合标准等。

【例 9.10】通过 if 语句和 form 对象的相关属性，验证表单元素是否为空。（**实例位置：资源包\TM\sl\9\10**）

（1）设计表单页，添加一个表格并设置背景图片路径为 images/bg.jpg，添加一个“用户名”文本

框并命名为 user，添加一个密码域并命名为 pwd。代码如下：

```
<form name="myform" method="post" action="">
  <table width="532" height="183" align="center" cellpadding="0" cellspacing="0" bgcolor="#CCFF66"
  background= "images/bg.jpg">
    <tr><td height="71" colspan="2" align="center">  </td></tr>
    <tr>
        <td width="281" align="left">
            用户名：<input name="user" type="text" id="user" size="20"> <br><br>
            密  码：<input name="pwd" type="password" id="pwd" size="20">
        </td>
    </tr>
    <tr>
      <td height="43" align="center">
            <input type="submit" name="submit" onClick="return mycheck();" value="登录"> 
            <input type="reset" name="Submit2" value="重置">
        </td>
    </tr>
  </table>
</form>
```

（2）在上面的代码中，在“登录”按钮的表单元素中添加了一个 onClick 鼠标单击事件，调用自定义函数 mycheck()，代码如下：

```
<input type="submit" name="submit" onClick="return mycheck();" value="登录">
```

（3）在<form>表单元素外应用 function 定义一个函数 mycheck()，用来验证表单元素是否为空。在 mycheck()函数中，应用 if 条件语句判断表单提交的用户名和密码是否为空，如果为空，则弹出提示信息，自定义函数如下：

```
<script type="text/javascript">
    function mycheck() {                                                       //定义一个函数
        if (myform.user.value == "") {                                         //if 语句判断用户名是否为空
            alert("用户名不能为空！！"); myform.user.focus(); return false;      //返回表单元素位置
        }
        if (myform.pwd.value == "") {                                          //if 语句判断密码是否为空
            alert("用户密码不能为空！！"); myform.pwd.focus(); return false;     //返回表单元素位置
        }
    }
</script>
```

（4）运行程序，在“用户名”文本框为空的情况下直接单击“登录”按钮，结果如图 9.14 所示。

图 9.14　应用 JavaScript 脚本验证表单元素是否为空

说明

除了验证表单元素是否为空，还可以通过 JavaScript 脚本验证表单元素值的格式是否正确，如验证电话号码、邮箱地址的格式等，类似的实例可以参考 6.4 节的内容。

9.7.2　制作二级导航菜单

应用 JavaScript 脚本不仅可以验证表单元素，而且可以制作各式各样的网站导航菜单。下面以网站开发中最常用的二级导航菜单为例，讲解其实现方法。

【例 9.11】应用 JavaScript 的 switch 语句确定要显示的二级菜单内容。（**实例位置：资源包\TM\sl\9\11**）

（1）在网页的适当位置添加一级导航菜单，本例中由一系列空的超链接组成，这些空的超链接执行的操作是调用自定义的 JavaScript 函数 Lmenu()显示对应的二级菜单，在调用时需要传递一个标记，即主菜单项的参数，代码如下：

```
<table width="761" height="20" border="0" cellpadding="0" cellspacing="0">
    <tr>
            <td width="67" align="center"><a href="index.php">首 页</a></td>
            <td width="75" align="center"><a href="#" onMouseMove="Lmenu('新品')">新品上架</a></td>
            <td width="75" align="center"><a href="#" onMouseMove="Lmenu('购物')">购物车</a></td>
            <td width="74" align="center"><a href="#" onMouseMove="Lmenu('会员')">会员中心</a></td>
            <td width="61" align="center"><a href="index.php">在线帮助</a></td>
    </tr>
</table>
```

（2）在网页中要显示二级菜单的位置添加一个名为 submenu 的 div 层，代码如下：

```
<div id="submenu" class="word_yellow">  </div>
```

（3）编写自定义的 JavaScript 函数 Lmenu()，用于在鼠标移动到某个一级菜单时，根据传递的参数值在页面中指定的位置显示对应的二级菜单，并设置二级菜单的名称及链接文件，代码如下：

```
<script type="text/javascript">
        function Lmenu(value) {
                switch (value) {
                        case "新品":
                                submenu.innerHTML = "<a href = '#'>商品展示</a>|<a href = '#'>销售排行榜</a>|
                                                     <a href = '#'>商品查询</a>";
                                break;
                        case "购物":
                                submenu.innerHTML = "<a href = '#'>添加商品</a>|<a href = '#'>移出指定商品</a>|
                                                     <a href = '#'>清空购物车</a>|<a href = '#'>查询购物车</a>|
                                                     <a href = '#'>填写订单信息</a> ";
                                break;
                        case "会员":
                                submenu.innerHTML = "<a href = '#'>注册会员</a>|<a href = '#'>修改会员</a>|
                                                     <a href = '#'>账户查询</a>";
                                break;
                }
        }
</script>
```

在自定义函数 Lmenu()中，首先计算 switch 语句括号内表达式的值，当此表达式的值与某个 case 后面的常数表达式的值相等时，就执行此 case 后的语句，从而实现二级菜单。当执行某个 case 后的语句时，如果遇到 break 语句，则结束这条 switch 语句的执行，转去执行这条 switch 语句之后的语句。

注意

通常情况下，应该在 switch 语句的每个分支后面都加上 break，使 JavaScript 只执行匹配的分支。

（4）运行程序，当鼠标指针移动到一级菜单“购物车”超链接上时，将显示“添加商品”“移出指定商品”“清空购物车”“查询购物车”“填写订单信息”等购物车的二级子菜单，结果如图 9.15 所示。

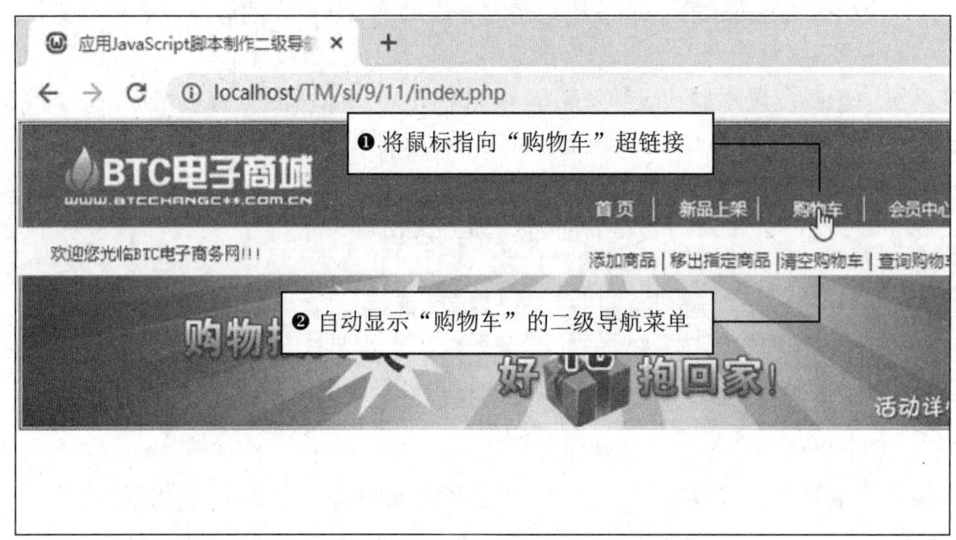

图 9.15　应用 JavaScript 脚本制作二级导航菜单

9.7.3　控制文本域和复选框

在动态网站的开发过程中，经常需要对文本域中的内容进行清空或者修改，选中多个复选框进行提交等操作。这里介绍一种通过 JavaScript 脚本控制文本域内容和复选框选中的方法。

【例 9.12】通过 JavaScript 脚本清空文本域中的值，并实现复选框的全选、反选和不选。（**实例位置：资源包\TM\sl\9\12**）

（1）创建一个 form 表单，添加文本域和多个复选框。在文本域后添加一个超链接，应用 onClick 事件调用 JavaScript 脚本中 document.getElementById 标记，为文本域赋值为空，清空文本域；添加图像域，通过 onClick 事件调用不同的方法，实现复选框的全选、反选和不选。

```
<form method="post" name="form1" id="form1" action="">
  <table width="547" border="1" cellpadding="1" cellspacing="1" bordercolor="#FFFFFF" bgcolor="#FBA720">
      <tr>
      <td height="35" colspan="5" bgcolor="#FFFFFF"><span class="STYLE1">订单管理</span></td>
      </tr>
      <tr>
      <td width="77" align="right" bgcolor="#FFFFFF">说明：</td>
```

```
            <td width="389"><textarea name="readme" cols="50" rows="10" id="readme"></textarea></td>
            <td width="63" height="33" bgcolor="#FFFFFF" class="STYLE2">
                <a href="#" onClick="javascript:document.getElementById('readme').value="; return false; ">
                    <img src="images/_14.jpg" width="60" height="25" border="0" />
                </a>
            </td>
        </tr>
        <tr>
            <td rowspan="6" align="right" bgcolor="#FFFFFF">操作：</td>
            <td height="30" colspan="2" align="left" bgcolor="#FFFFFF">
                <input name="PHP3" type="checkbox" id="PHP3" value="PHP" />C++编程词典全能版
            </td>
        </tr>
        <tr>
            <td colspan="5" align="center" bgcolor="#FFFFFF">
                <img src="images/_01.jpg" onclick="checkAll(form1,status)" width="60" height="25" />
                <img src="images/_08.jpg" onclick="switchAll(form1,status)" width="60" height="25" />
                <img src="images/_11.jpg" width="60" height="25" onclick="uncheckAll(form1,status)" />
            </td>
        </tr>
    </table>
</form>
```

（2）编写 JavaScript 脚本，定义 3 个函数 checkAll()、switchAll()和 uncheckAll()，用于实现复选框的全选、反选和不选。代码如下：

```
<script type="text/javascript">
function checkAll(form1, status) {                                  //复选框全选
    var elements = form1.getElementsByTagName('input');             //获取 input 标签
    for (var i = 0; i < elements.length; i++) {                     //根据标签的长度执行循环
        if (elements[i].type == 'checkbox') {                       //判断对象中元素的类型，如果类型为 checkbox
            if (elements[i].checked == false) {                     //判断当 checked 的值为 false 时
                elements[i].checked = true;                         //为 checked 赋值为 true
            }
        }
    }
}
function switchAll(form1,status) {                                  //复选框反选
    var elements = form1.getElementsByTagName('input');
    for (var i = 0; i < elements.length; i++) {
        if (elements[i].type == 'checkbox') {
            if (elements[i].checked == true) {
                elements[i].checked = false;
            } else if (elements[i].checked == false) {
                elements[i].checked = true;
            }
        }
    }
}
function uncheckAll(form1, status) {                                //复选框不选
    var elements = form1.getElementsByTagName('input');             //获取 input 标签
    for (var i = 0; i < elements.length; i++) {                     //根据标签的长度执行循环
        if (elements[i].type == 'checkbox') {                       //判断对象中元素的类型，如果类型为 checkbox
            if (elements[i].checked == true) {                      //判断当 checked 的值为 true 时
                elements[i].checked = false;                        //为 checked 赋值为 false
            }
        }
    }
}
</script>
```

运行结果如图 9.16 所示。

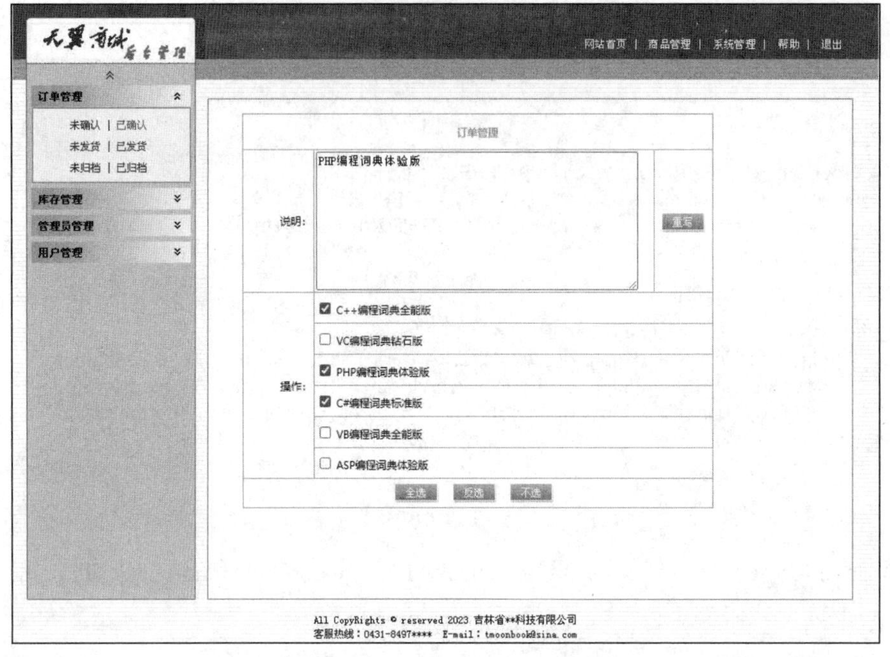

图 9.16　应用 JavaScript 脚本控制文本域和复选框

说明

由于篇幅限制，该实例只给出了关键代码，实例的完整代码请参考本书附带资源包。

9.8　实践与练习

（答案位置：资源包\TM\sl\9\实践与练习\）

综合练习 1：验证博客页面表单元素是否为空

创建一个 PHP 动态页面，添加以“博客”为主题的各表单元素，当用户单击“发表”按钮时，调用自定义函数 check()，验证各表单元素是否为空。

综合练习 2：动态显示当前时间

在 PHP 动态页中引用 JS 文件来动态显示系统的当前时间。

综合练习 3：限制输入用户名的字节个数

在用户注册表单中，应用 JavaScript 脚本控制输入的用户名不能超过 20 个字节。

第 10 章

日期和时间

在 Web 开发中，对日期和时间的使用与处理是必不可少的。例如，在电子商务网站上查看最新商品，在论坛中查看最新主题，定时删除 Session 等，这些操作都是和时间密不可分的。另外，世界上各个地区对时间的表示也不尽相同，如英语中的 Sunday、汉语中的星期日、韩语中的일요일等。上述关于时间和日期的操作都靠手动来处理是不现实的，在 PHP 中提供了本地化日期和时间的概念。

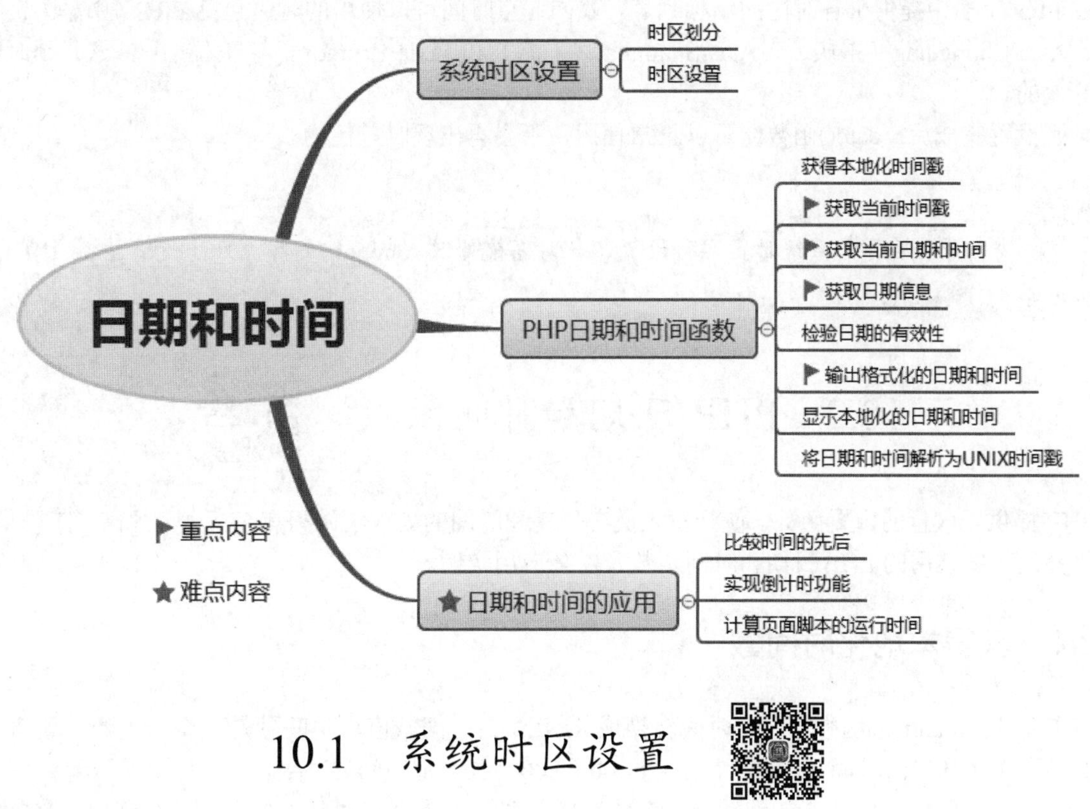

10.1 系统时区设置

10.1.1 时区划分

地球分为 24 个时区，每个时区都有自己的本地时间，不同时区的本地时间相差 1～23 个小时，例如，英国伦敦本地时间与北京本地时间相差 8 个小时。在国际无线电通信领域，使用一个统一的时间，称为通用协调时间（Universal Time Coordinated，UTC），UTC 与格林尼治标准时间（Greenwich Mean

Time，GMT）相同，都与英国伦敦的本地时间相同。

10.1.2 时区设置

PHP 语言中默认的时间是标准格林尼治时间（即采用的是零时区），所以要获取国内本地的当前时间（即北京时间）必须更改 PHP 语言中的时区设置。更改 PHP 语言中的时区设置有以下两种方法。

☑ 修改 php.ini 文件中的设置，找到[date]下的“;date.timezone =”选项，将其修改为“date.timezone = Asia/Hong_Kong”，然后重新启动 Apache 服务器。

☑ 在应用程序中，在使用时间日期函数之前添加如下函数：

```
date_default_timezone_set(timezone);
```

其中，timezone 为 PHP 可识别的时区名称。如果设置的时区名称 PHP 无法识别，则系统默认采用 UTC 时区。

在 PHP 手册中提供了各时区的名称列表，我国北京时间可以使用的时区包括 PRC（中华人民共和国）、Asia/Chongqing（重庆）、Asia/Shanghai（上海）和 Asia/Urumqi（乌鲁木齐），这几个时区名称是等效的。

时区设置完成后，date()函数便可以正常使用，不会再出现时差问题。

注意

程序被上传之后再对系统时区进行设置，此时不能修改 php.ini 文件，只能使用 date_default_timezone_set()函数。

10.2 PHP 日期和时间函数

PHP 提供了大量的内置函数，使开发人员在日期和时间的处理上游刃有余，大大提高了工作效率。本节将介绍一些常用的 PHP 日期和时间函数及实际应用实例。

10.2.1 获得本地化时间戳

PHP 应用 mktime()函数将一个时间转换成 UNIX 的时间戳值。时间戳是一个长整数，包含了从 UNIX 纪元（格林尼治时间 1970 年 1 月 1 日 00:00:00）到给定时间的秒数。

mktime()函数根据给出的参数，返回 UNIX 时间戳。其参数可以从右向左省略，任何省略的参数都会被设置成本地日期和时间的当前值。其语法格式如下：

```
int mktime(int hour, int minute, int second, int month, int day, int year, int [is_dst])
```

mktime()函数的参数说明如表 10.1 所示。

表 10.1　mktime()函数的参数说明

参　　数	说　　明
hour	小时数
minute	分钟数
second	秒数（一分钟之内）
month	月份数
day	天数
year	年份数，可以是两位或 4 位数字，0～69 对应于 2000～2069，70～100 对应于 1970～2000
is_dst	参数 is_dst 在夏令时，可以被设置为 1；如果不是夏令时，则设置为 0；如果不确定是否为夏令时，则设置为-1（默认值）

注意

有效的时间戳典型范围是格林尼治时间 1901 年 12 月 13 日 20:45:54～2038 年 1 月 19 日 03:14:07（此范围符合 32 位有符号整数的最小值和最大值）。在 Windows 系统中此范围限制为 1970 年 1 月 1 日～2038 年 1 月 19 日。

【例 10.1】使用 mktime()函数获取指定的时间。由于返回的是时间戳，还要通过 date()函数对其进行格式化才能够输出日期和时间。（**实例位置：资源包\TM\sl\10\1**）

```
<?php
    echo "指定时间的时间戳：".mktime(12,23,56,5,31,2023)."<p>";                  //输出指定时间的时间戳
    echo "指定日期为：".date("Y-m-d",mktime(12,23,56,5,31,2023))."<p>";          //使用 date()函数输出格式化后的日期
    echo "指定时间为：".date("H:i:s",mktime(12,23,56,5,31,2023));                //使用 date()函数输出格式化后的时间
?>
```

运行结果如图 10.1 所示。

使用mktime()函数获取指定日期
localhost/TM/sl/10/1
指定时间的时间戳：1685535836
指定日期为：2023-05-31
指定时间为：12:23:56

图 10.1　使用 mktime()函数获取指定的时间

10.2.2　获取当前时间戳

PHP 通过 time()函数获取当前的 UNIX 时间戳，返回值为从 UNIX 纪元（格林尼治时间 1970 年 1 月 1 日 00:00:00）到当前时间的秒数。其语法格式如下：

```
int time(void)
```

【例 10.2】使用 time()函数获取当前时间戳，并将时间戳格式化输出。（**实例位置：资源包\TM\sl\10\2**）

```
<?php
    $nextWeek = time() + (7 * 24 * 60 * 60);                 //7 天，24 时，60 分钟，60 秒
    echo 'Now：'. date('Y-m-d') ."<p>";                       //输出当前日期
    echo 'Next Week：'. date('Y-m-d', $nextWeek);             //输出变量 nextWeek 的日期
?>
```

运行结果如图 10.2 所示。

图 10.2　使用 time()函数获取当前时间戳

10.2.3　获取当前日期和时间

在 PHP 中，通过 date()函数可获取当前的日期和时间。其语法格式如下：

```
date(string format, int timestamp)
```

date()函数将返回参数 timestamp 按照指定格式产生的字符串。其中，参数 timestamp 是可选的，如果省略，则使用当前时间；format 参数用于指定输出日期时间的格式。

format 参数的格式化选项将在 10.2.6 节进行介绍。这里给出几个预定义常量，如表 10.2 所示，这几个常量提供了标准的日期表达方法，可用于日期格式函数。

表 10.2　关于时间、日期的预定义格式常量

格 式 常 量	说　　明	格 式 常 量	说　　明
DATE_ATOM	原子钟格式	DATE_RFC850	RFC850 格式
DATE_COOKIE	HTTP Cookie 格式	DATE_RSS	RSS 格式
DATE_ISO8601	ISO8601 格式	DATE_W3C	World Wide Web Consortium 格式
DATE_RFC822	RFC822 格式		

【例 10.3】比较不同预定义常量下的输出有什么区别。（**实例位置：资源包\TM\sl\10\3**）

```
<?php
    echo "DATE_ATOM = ".date(DATE_ATOM);                       //输出 ATOM 格式的日期
    echo "<p>DATE_COOKIE = ".date(DATE_COOKIE);                //输出 HTTP Cookie 格式的日期
    echo "<p>DATE_ISO8601 = ".date(DATE_ISO8601);              //输出 ISO8601 格式的日期
    echo "<p>DATE_RFC822 = ".date(DATE_RFC822);                //输出 RFC822 格式的日期
    echo "<p>DATE_RFC850 = ".date(DATE_RFC850);                //输出 RFC850 格式的日期
    echo "<p>DATE_RSS = ".date(DATE_RSS);                      //输出 RSS 格式的日期
    echo "<p>DATE_W3C = ".date(DATE_W3C);                      //输出 W3C 格式的日期
?>
```

运行结果如图 10.3 所示。

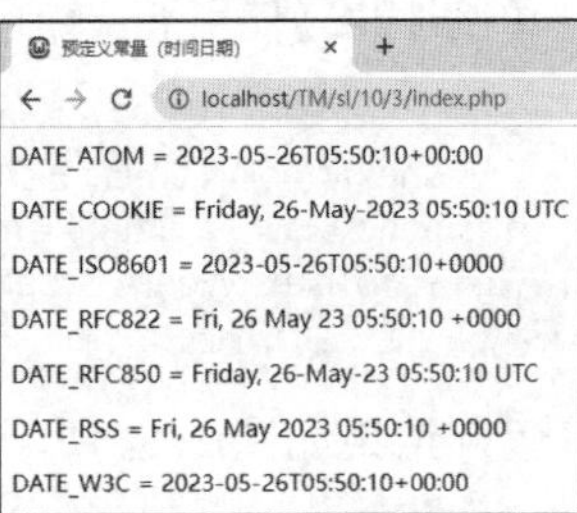

图 10.3　预定义常量

注意

也许有的读者得到的时间和系统时间并不相同，这是因为在 PHP 语言中默认设置的是标准格林尼治时间，而不是北京时间。如果出现了时间不符的情况，可参考 10.1 节进行系统时区设置。

10.2.4　获取日期信息

日期是数据处理中经常使用的信息之一。本节主要应用 getdate()函数获取日期指定部分的相关信息。其语法格式如下：

```
array getdate(int timestamp)
```

getdate()函数返回数组形式的日期和时间信息，如果没有时间戳，则以当前时间为准。该函数返回的关联数组元素的说明如表 10.3 所示。

表 10.3　getdate()函数返回的关联数组元素说明

元　素	说　明
seconds	秒，返回值为 0～59
minutes	分钟，返回值为 0～59
hours	小时，返回值为 0～23
mday	月份中第几天，返回值为 1～31
wday	星期中第几天，返回值为 0（表示星期日）～6（表示星期六）
mon	月份数字，返回值为 1～12
year	4 位数字表示的完整年份，返回的值如 2000、2008
yday	一年中第几天，返回值为 0～365
weekday	星期几的完整文本表示，返回值为 Sunday～Saturday
month	月份的完整文本表示，返回值为 January～December
0	返回从 UNIX 纪元开始的秒数

【例 10.4】使用 getdate()函数获取系统当前的日期信息，并输出该函数的返回值。（**实例位置：资源包\TM\sl\10\4**）

```
<?php
    $arr = getdate();                                                          //使用 getdate()函数将当前信息保存
    echo $arr['year']."-".$arr['mon']."-".$arr['mday']." ";                    //返回当前的日期信息
    echo $arr['hours'].":".$arr['minutes'].":".$arr['seconds']." ".$arr['weekday'];   //返回当前的时间信息
    echo "<p>";
    echo "Today is the $arr[yday]th of year";                                  //输出今天是一年中的第几天
?>
```

运行结果如图 10.4 所示。

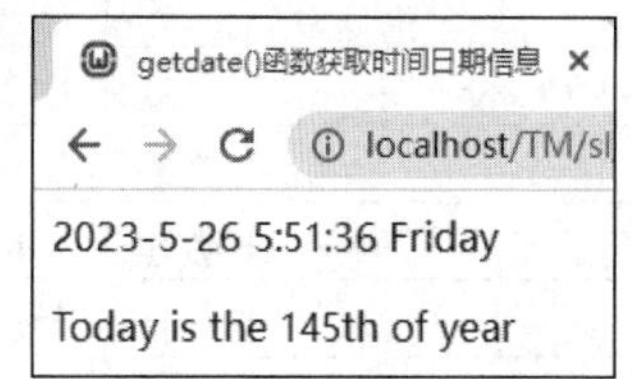

图 10.4　getdate()函数获取时间日期信息

10.2.5　检验日期的有效性

一年有 12 个月，一个月有 31 天或 30 天（平年 2 月有 28 天，闰年为 29 天），一星期有 7 天……这些常识人人皆知，但计算机不能自己分辨数据的对与错，该如何对日期有效性进行检查呢？PHP 中内置了日期检查函数 checkdate()，其语法格式如下：

```
bool checkdate(int month, int day, int year)
```

其中，month 的有效值为 1～12；day 的有效值为当月的最大天数，如 1 月为 31 天，2 月为 29 天（闰年）；year 的有效值为 1～32767。

【例 10.5】根据 checkdate()函数的返回值判断两个日期是否有效，一个为正确的日期，一个为错误的日期。（**实例位置：资源包\TM\sl\10\5**）

```
<?php
    $year = 2023;//年份，2023 年
    $month = 2;//月份，2 月
    $day1 = 28;//月份的天数
    $day2 = 29;//月份的天数
    echo $year."年".$month."月".$day1."日，";//输出第一个日期
    echo checkdate($month,$day1,$year) ? "该日期有效" : "该日期无效";//根据验证结果输出第一个日期是否有效
    echo "<br>";
    echo $year."年".$month."月".$day2."日，";//输出第二个日期
    echo checkdate($month,$day2,$year) ? "该日期有效" : "该日期无效";//根据验证结果输出第二个日期是否有效
?>
```

运行结果如图 10.5 所示。

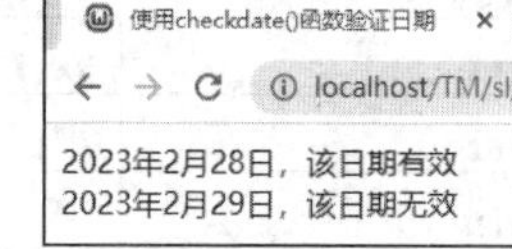

图 10.5　使用 checkdate()函数验证日期是否有效

10.2.6　输出格式化的日期和时间

格式化时间函数 date()的语法在 10.2.3 节中已经讲解过，这里重点讲解 date()函数的参数 format 的格式化选项，如表 10.4 所示。

表 10.4　参数 format 的格式化选项

参数选项	说　明
a	小写的上午和下午值，返回值为 am 或 pm
A	大写的上午和下午值，返回值为 AM 或 PM
B	Swatch Internet 标准时间，返回值为 000～999
d	月份中的第几天，有前导零的两位数字，返回值为 01～31
D	星期中的第几天，文本格式，3 个字母，返回值为 Mon～Sun
F	月份，完整的文本格式，返回值为 January～December
h	小时，12 小时格式，没有前导零，返回值为 1～12
H	小时，24 小时格式，没有前导零，返回值为 0～23
i	有前导零的分钟数，返回值为 00～59
I	判断是否为夏令时，如果是夏令时，返回值为 1，否则为 0
j	月份中的第几天，没有前导零，返回值为 1～31
l（L 的小写）	星期中的第几天，完整的文本格式，返回值为 Sunday～Saturday
L	判断是否为闰年，如果是闰年，返回值为 1，否则为 0
m	数字表示的月份，有前导零，返回值为 01～12
M	3 个字母缩写表示的月份，返回值为 Jan～Dec
n	数字表示的月份，没有前导零，返回值为 1～12
O	与格林尼治时间相差的小时数，如+0200
r	RFC 822 格式的日期，如 Thu，21 Dec 2000 16:01:07 +0200
S	秒数，有前导零，返回值为 00～59

续表

参 数 选 项	说　　明
S	每月天数后面的英文后缀，两个字符，如 st、nd、rd 或者 th。可以和 j 一起使用
t	指定月份所应有的天数，为 28～31
T	本机所在的时区
U	从 UNIX 纪元（January 1 1970 00:00:00 GMT）开始至今的秒数
w	星期中的第几天，数字表示，返回值为 0～6
W	ISO8601 格式年份中的第几周，每周从星期一开始
y	两位数字表示的年份，返回值如 88、08
Y	4 位数字表示的完整年份，返回值如 1988、2008
z	年份中的第几天，返回值为 0～366
Z	时差偏移量的秒数。UTC 西边的时区偏移量总是负的，UTC 东边的时区偏移量总是正的，返回值为-43200～43200

【例 10.6】 date()函数可以对 format 选项随意地组合。在本例中，既有单独输出一个参数的情况，也有输出多个参数的情况，最后通过转义字符以英文形式输出今天是当月的第几天。（**实例位置：资源包\TM\sl\10\6**）

```
<?php
    echo "输出单个参数生成的日期：".date("Y")."-".date("m")."-".date("d");    //输出单个参数
    echo "<p>";
    echo "输出组合参数生成的日期：".date("Y-m-d");                            //输出组合参数
    echo "<p>";
    echo "输出详细的日期及时间：".date("Y-m-d H:i:s");                        //输出详细的日期和时间参数
    echo "<p>";
    echo "输出详细的日期、时间、星期及所在时区：";
    echo date("l Y-m-d H:i:s T");                                             //除了时间，再输出星期及所在时区
    echo "<p>";
    echo "输出今天是当月的第几天：";
    echo date("\T\o\d\a\y \i\s \\t\h\\e jS \o\\f \m\o\\n\\t\h");              //输出转义字符
?>
```

运行结果如图 10.6 所示。

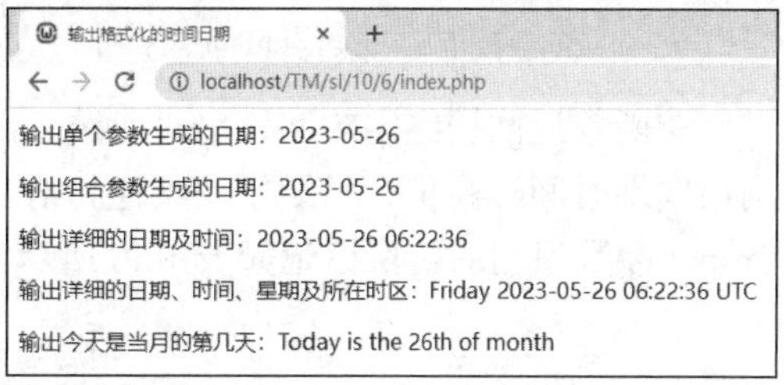

输出格式化的时间日期
localhost/TM/sl/10/6/index.php
输出单个参数生成的日期：2023-05-26
输出组合参数生成的日期：2023-05-26
输出详细的日期及时间：2023-05-26 06:22:36
输出详细的日期、时间、星期及所在时区：Friday 2023-05-26 06:22:36 UTC
输出今天是当月的第几天：Today is the 26th of month

图 10.6　输出格式化的日期和时间

10.2.7　显示本地化的日期和时间

不同的国家和地区，使用不同的时间、日期、货币的表示法和不同的字符集。如例 10.4 中的星期，在大多数西方国家都使用 Friday，但在以汉语为主的国家都使用星期五，虽然都是同一个含义，但表示的方式不尽相同，这时就需要设置区域信息。这里将使用 setlocale()和 strftime()函数来设置区域信息和格式化输出日期与时间。下面分别对这两个函数进行介绍。

1．setlocale()函数

setlocale()函数用于设置区域信息。其语法格式如下：

```
string setlocale(string category, string locale)
```

参数 category 表示要设置的功能类别，该参数的选项及其说明如表 10.5 所示。

表 10.5　category 参数选项及其说明

参　数	说　明	参　数	说　明
LC_ALL	包含了下面所有的设置	LC_MONETARY	货币格式
LC_COLLATE	排序顺序	LC_NUMERIC	数值格式
LC_CTYPE	字符串分类和转换，如转换大小写	LC_TIME	日期和时间格式

参数 locale 表示要设置的区域信息的值，它通常是由语言、地区和字符集组成的字符串。如果该参数为空，则使用系统环境变量的 locale 或 lang 的值，否则使用 locale 参数指定的区域信息。如 US 表示设置区域信息为英语（美国），CHS 表示简体中文。

例如，分别设置区域信息为英语（美国）和简体中文，字符集都设置为 UTF-8，代码如下：

```
<?php
echo setlocale(LC_ALL,"US.UTF-8");
echo "<br>";
echo setlocale(LC_ALL,"CHS.UTF-8");
?>
```

结果为：

```
English_United States.utf8
Chinese_China.utf8
```

说明

Windows 用户可以在互联网上搜索国家语言代码表。如果是 UNIX/Linux 系统，则可以使用命令 locale -a 来确定所支持的本地化环境。

2．strftime()函数

strftime()函数用于根据区域设置来格式化输出本地日期和时间。其语法格式如下：

```
string strftime(string format, int timestamp)
```

该函数返回用给定的字符串对参数 timestamp 进行格式化后输出的字符串。如果没有给出时间戳，则用本地时间。月份、星期以及其他和语言有关的字符串写法和 setlocale()函数设置的当前区域有关。format 参数识别的转换标记如表 10.6 所示。

表 10.6　format 参数识别的转换标记

参　数	说　明
%a	星期的简写
%A	星期的全称
%b	月份的简写
%B	月份的全称
%c	当前区域首选的日期时间表达
%C	世纪值（年份除以 100 后取整，范围为 00～99）
%d	月份中的第几天，十进制数字（范围为 01～31）

续表

参　数	说　明
%D	和%m/%d/%y 一样
%e	月份中的第几天，十进制数字，单独一个数字时前面加空格（范围为 1～31）
%g	和%G 一样，但没有世纪值
%G	4 位数的年份，符合 ISO 星期数。与%V 的格式和值一样，不同的是，如果 ISO 星期数属于前一年或者后一年，则使用那一年
%h	和%b 一样
%H	24 小时制的十进制小时数（范围为 00～23）
%I	12 小时制的十进制小时数（范围为 00～12）
%j	年份中的第几天，十进制数（范围为 001～366）
%m	十进制月份（范围为 01～12）
%M	十进制分钟数
%n	换行符
%p	根据给定的时间值为 am 或 pm，或者当前区域设置中的相应字符串
%r	用 a.m 和 p.m 符号的时间
%R	24 小时符号的时间
%S	十进制秒数
%t	制表符
%T	当前时间，和%H/%M/%S 一样
%u	星期几的十进制数字表示，范围为 1～7，1 表示星期一
%U	本年的第几周，从第一周的第一个星期天作为第一天开始
%V	本年第几周的 ISO8601:1988 格式，范围为 01～53，第一周是本年第一个至少还有 4 天的星期，星期一作为每周的第一天（用%G 或者%g 作为指定时间戳相应周数的年份组成）
%W	本年的第几周数，从第一周的第一个星期一作为第一天开始
%w	星期中的第几天，星期天为 0
%x	当前区域首选的时间表示法，不包括时间
%X	当前区域首选的时间表示法，不包括日期
%y	没有世纪数的十进制年份（范围为 00～99）
%Y	包括世纪数的十进制年份
%Z（或%z）	时区名或缩写
%%	文字上的%字符

说明

对于 strftime()函数，并非所有的转换标记都可以被 C 库文件支持，这种情况下 PHP 的 strftime()也不支持。此外，不是所有的平台都支持负的时间戳，因此日期的范围可能限定在不早于 UNIX 纪元。这意味着，%e、%T、%R 和%D（可能更多）以及早于 Jan 1, 1970 的时间在 Windows、Linux 以及其他几个操作系统中无效。对于 Windows 系统所支持的转换标记可在 MSDN 网站找到。

【例 10.7】使用 strftime()函数格式化输出中文形式的当前日期、星期和时间。（**实例位置：资源包\TM\sl\10\7**）

```
<?php
    setlocale(LC_ALL,"CHS.UTF-8");                        //设置简体中文形式
    echo "今天是：".strftime("%Y 年%b%d 日    %A");       //输出当前日期和星期
    echo "<br>现在是：".strftime("%H:%M:%S");             //输出当前时间
?>
```

运行结果如图 10.7 所示。

图 10.7　输出当前的日期、星期和时间

10.2.8　将日期和时间解析为 UNIX 时间戳

在 PHP 中，strtotime()函数可将任何英文文本的日期和时间解析为 UNIX 时间戳，其值相对于 now 参数给出的时间。如果没有提供此参数，则用系统当前时间。其语法格式如下：

```
int strtotime(string time [, int now])
```

该函数有两个参数。如果参数 time 的格式是绝对时间，则 now 参数不起作用；如果参数 time 的格式是相对时间，那么其对应的时间就由参数 now 来提供，如果没有提供参数 now，对应的时间就为当前时间。如果解析失败，则返回 false。在 PHP 5.1.0 之前，本函数在失败时返回-1。

【例 10.8】应用 strtotime()函数获取英文格式日期时间字符串的 UNIX 时间戳，并将部分时间输出。（**实例位置：资源包\TM\sl\10\8**）

```
<?php
    echo strtotime ("now"), "\n";                                              //当前时间的时间戳
    echo "输出时间：".date("Y-m-d H:i:s",strtotime ("now")),"<br>";            //输出当前时间
    echo strtotime ("21 May 2023"), "\n";                                          //输出指定日期的时间戳
    echo "输出时间：".date("Y-m-d H:i:s",strtotime ("21 May 2023")),"<br>";    //输出指定日期的时间
    echo strtotime ("+3 day"), "\n";
    echo "输出时间：".date("Y-m-d",strtotime ("+3 day")),"<br>";
    echo strtotime ("+1 week")."<br>";
    echo strtotime ("+1 week 2 days 3 hours 4 seconds")."<br>";
    echo strtotime ("next Thursday")."<br>";
    echo strtotime ("last Monday"), "\n";
?>
```

运行结果如图 10.8 所示。

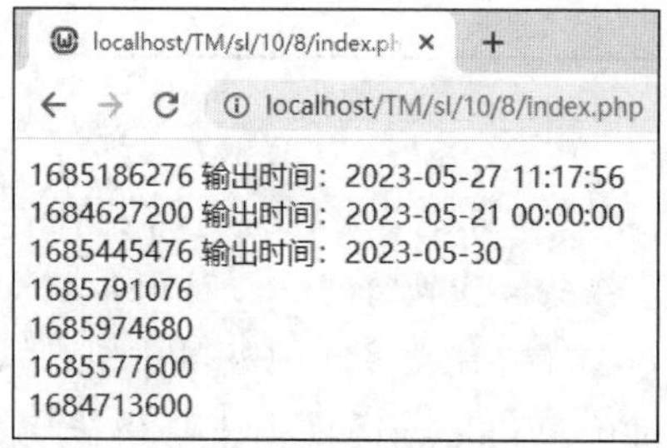

图 10.8　使用 strtotime()函数将日期和时间解析为 UNIX 时间戳

10.3　日期和时间的应用

10.3.1　比较时间的先后

在实际开发中，经常需要对两个时间的先后进行判断。PHP 中的时间是不可以直接进行比较的，所以需要先将时间解析为时间戳的格式，再进行比较。使用 strtotime()函数即可完成该操作。

【例 10.9】先声明两个时间变量，然后使用 strtotime()函数对两个变量进行解析，再求差，最后根据差值输出结果。（**实例位置：资源包\TM\sl\10\9**）

```
<?php
    $time1 = date("Y-m-d H:i:s");                          //获取当前时间
    $time2 = "2023-05-26 16:30:00";                        //给变量$time2 设置一个时间
    echo "变量\$time1 的时间为：".$time1."<br>";            //输出两个时间变量
    echo "变量\$time2 的时间为：".$time2."<p>";
    if (strtotime($time1) - strtotime($time2) < 0) {       //对两个时间进行运算
        echo "\$time1 早于\$time2";                         //如果 time1–time2<0，则说明 time1 时间在前
    } else {
        echo "\$time2 早于$time1";                          //否则，说明 time2 时间在前
    }
?>
```

运行结果如图 10.9 所示。

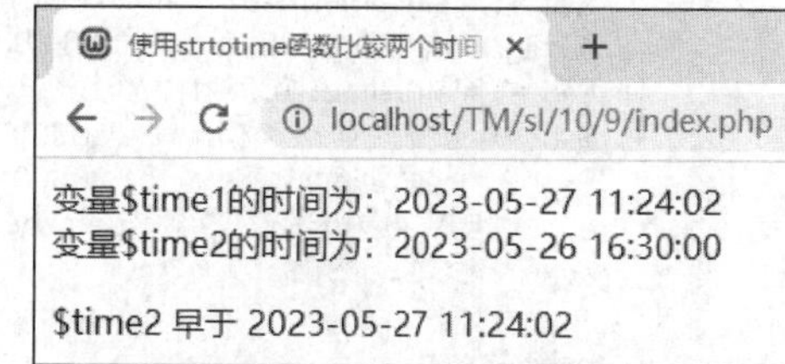

图 10.9　使用 strtotime()函数比较两个时间

10.3.2　实现倒计时功能

strtotime()函数不仅可用来比较两个日期的先后，还可以精确地计算出两个日期之间的差值。

【例 10.10】使用 strtotime()函数开发一个倒计时的小程序。（**实例位置：资源包\TM\sl\10\10**）

```
<?php
    $time1 = strtotime(date( "Y-m-d H:i:s"));               //当前的系统时间
    $time2 = strtotime("2026-10-1 00:00:00");               //2026 年 10 月 1 日
    $time3 = strtotime("2026-1-1");                         //2026 年元旦
    $sub1 = ceil(($time2 - $time1) / 3600);                 //(60 秒*60 分)秒/小时
    $sub2 = ceil(($time3 - $time1) / 86400);                //(60 秒*60 分*24 小时)秒/天
    echo "距离 2026 年十一还有<span style='color:red;'> $sub1 </span>小时！！！";
    echo "<p>";
    echo "距离 2026 年元旦还有<span style='color:red;'>$sub2 </span>天！！！";
?>
```

说明

ceil()函数的格式为 float ceil(float value)，该函数为取整函数，返回不小于参数 value 值的最小整数。如果有小数部分，则进一位。注意，该函数的返回类型为 float 型，而不是整型。

运行结果如图 10.10 所示。

图 10.10　计算两个时间的差值

10.3.3　计算页面脚本的运行时间

浏览网站时，经常会用到搜索引擎。细心的用户会发现，在搜索结果的最下方一般都有“搜索时间为 X 秒”的字样。这里使用到了 microtime() 函数，该函数返回当前 UNIX 时间戳和微秒数。返回格式为 msec sec 的字符串，其中 sec 是当前的 UNIX 时间戳，msec 为微秒数。其语法格式如下：

```
string microtime(void)
```

【例 10.11】计算例 10.10 的运行时间。（**实例位置：资源包\TM\sl\10\11**）

首先声明函数 run_time()，返回当前时间，精确到微秒。在 PHP 代码段运行之前先运行一次该函数，同时保存到变量$start_time 中，随后运行 PHP 代码段。当代码段运行完毕后再次调用 run_time() 函数，同时保存到变量$end_time 中，这两个变量的差值就是该 PHP 代码段运行的时间。

```
<?php
	/*声明 run_time 函数*/
	function run_time() {
		list($msec, $sec) = explode(" ", microtime());			//使用 explode()函数返回两个变量
		return((float)$msec + (float)$sec);				//返回两个变量的和
	}
	$start_time = run_time();						//第一次运行 run_time()函数
	/*运行 PHP 代码段*/
	$time1 = strtotime(date( "Y-m-d H:i:s"));				//当前的系统时间
	$time2 = strtotime("2026-10-1 00:00:00");				//2026 年 10 月 1 日
	$time3 = strtotime("2026-1-1");					//2026 年元旦
	$sub1 = ceil(($time2 - $time1) / 3600);				//(60 秒*60 分)秒/小时
	$sub2 = ceil(($time3 - $time1) / 86400);				//(60 秒*60 分*24 小时)秒/天
	echo "距离 2026 年十一还有<span style='color:red;'> $sub1 </span>小时！！！";
	echo "<p>";
	echo "距离 2026 年元旦还有<span style='color:red;'>$sub2 </span>天！！！";
	echo "<p>";
	$end_time = run_time();						//再次运行 run_time()函数
?>
该实例的运行时间为<span style='color:blue;'> <?php echo ($end_time - $start_time); ?> </span>秒
```

代码说明：

☑ explode()函数的格式为 array explode(string separator, string string)，其作用是将字符串（string）依照指定的字符串或字符（separator）切开。如果 separator 为空（""），则函数将返回 false；如果 separator 所包含的值在 string 中找不到，则函数将返回 string 单个元素的数组。

☑ list()函数的格式为 void list(mixed…)，其作用是将数组中的值赋给一些变量（mixed）。

图 10.11　计算页面的运行时间

运行结果如图 10.11 所示。

10.4　实践与练习

（答案位置：资源包\TM\sl\10\实践与练习\）

综合练习 1：获取指定一天的日期和时间

根据输入的年份、月份和日期获取这一天的日期和时间，格式为“英文月份-日期-年 时:分:秒”。

综合练习 2：计算两个时间的差

使用两种方法分别计算两个时间相差的小时数和天数。

第 2 篇 核心技术

本篇详解 Cookie 与 Session、图形图像处理技术、文件系统、面向对象、PHP 加密技术、MySQL 数据库基础、phpMyAdmin 图形化管理工具、PHP 操作 MySQL 数据库、PDO 数据库抽象层、ThinkPHP 框架等 PHP 开发中的核心技术。学习完本章，读者能够使用 PHP 开发出常见的数据库应用程序和一些中小型的热点模块。

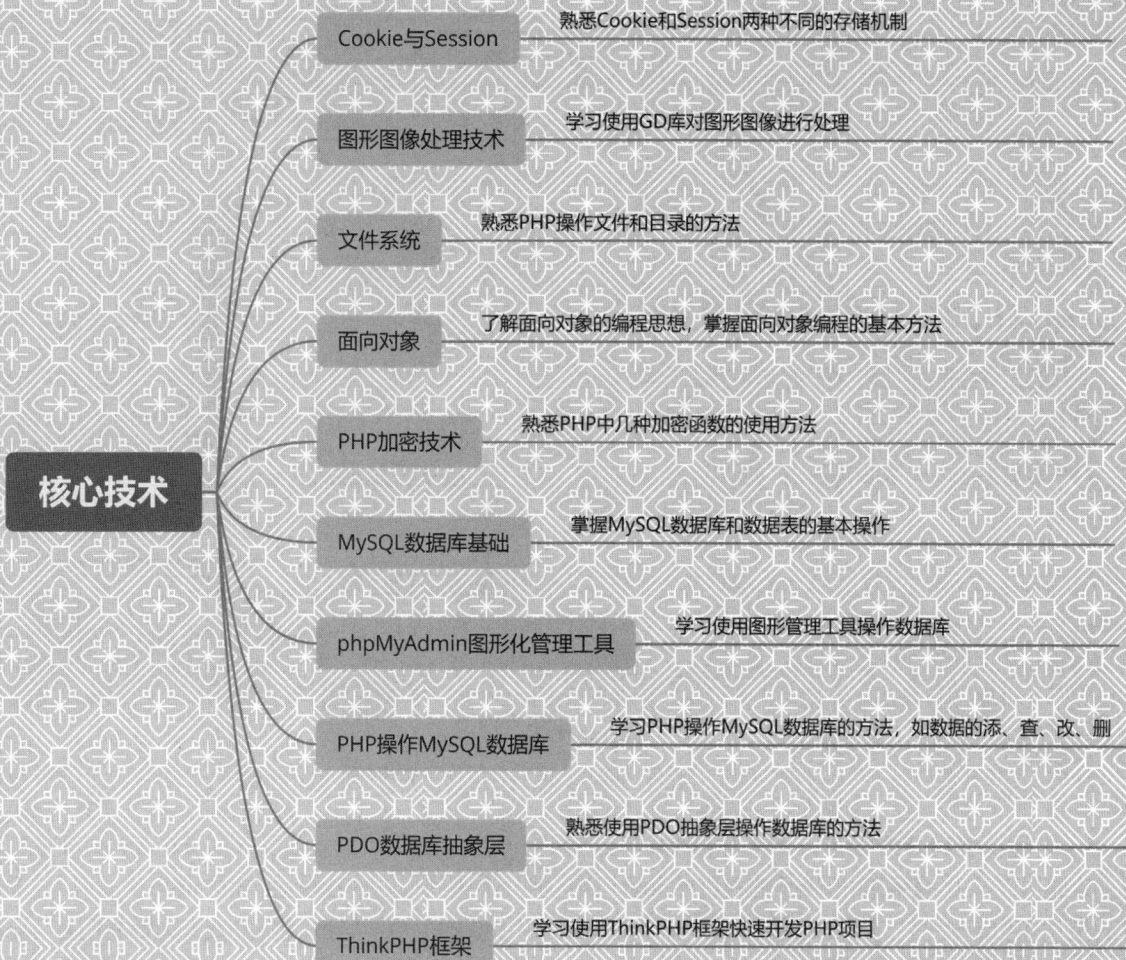

核心技术

- Cookie与Session：熟悉Cookie和Session两种不同的存储机制
- 图形图像处理技术：学习使用GD库对图形图像进行处理
- 文件系统：熟悉PHP操作文件和目录的方法
- 面向对象：了解面向对象的编程思想，掌握面向对象编程的基本方法
- PHP加密技术：熟悉PHP中几种加密函数的使用方法
- MySQL数据库基础：掌握MySQL数据库和数据表的基本操作
- phpMyAdmin图形化管理工具：学习使用图形管理工具操作数据库
- PHP操作MySQL数据库：学习PHP操作MySQL数据库的方法，如数据的添、查、改、删
- PDO数据库抽象层：熟悉使用PDO抽象层操作数据库的方法
- ThinkPHP框架：学习使用ThinkPHP框架快速开发PHP项目

第 11 章

Cookie 与 Session

Cookie 和 Session 是两种不同的存储机制，前者是从一个 Web 页到下一个页面的数据传递方法，存储在客户端；后者是让数据在页面中持续有效的方法，存储在服务器端。可以说，Cookie 和 Session 技术对于 Web 网站页面间信息传递的安全性起着关键的作用。

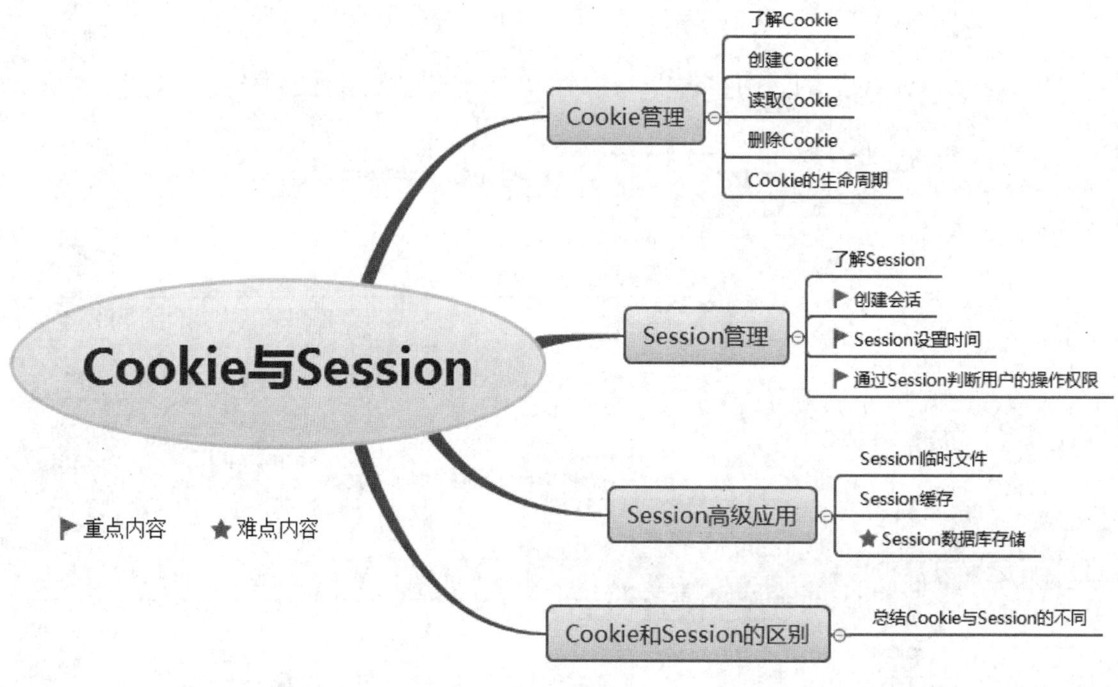

11.1 Cookie 管理

Cookie 是在 HTTP 协议下，服务器或脚本维护客户工作站上信息的一种方式。Cookie 的使用很普遍，许多提供个人化服务的网站都是利用 Cookie 来区别不同用户，并快捷提供相关信息的。例如，Web 接口的免费 E-mail 网站，就需要用到 Cookie。有效地使用 Cookie 可以轻松地完成很多复杂任务。下面对 Cookie 的相关知识进行详细介绍。

11.1.1 了解 Cookie

本节主要介绍 Cookie 是什么，以及 Cookie 能做什么，希望读者通过本节的学习对 Cookie 有一个明确的认识。

1．什么是 Cookie

Cookie 是一种在远程浏览器端存储数据并以此来跟踪和识别用户的机制。简单地说，Cookie 是 Web 服务器暂时存储在用户硬盘上的一段文本信息，可被 Web 浏览器读取。当用户再次访问 Web 网站时，网站通过读取 Cookies 文件记录这位访客的特定信息（如上次访问的位置、花费的时间、用户名和密码等）来迅速做出响应，如在页面中不需要输入用户的 ID 和密码，即可直接登录网站等。

在不同的浏览器中，Cookie 的存储位置也有所不同。例如，当使用 Google Chrome 浏览器访问 Web 网站时，Web 服务器会将生成的 Cookies 存储在“C:\Users\用户名\AppData\Local\Google\Chrome\User Data\Default\Network”路径下，如图 11.1 所示。

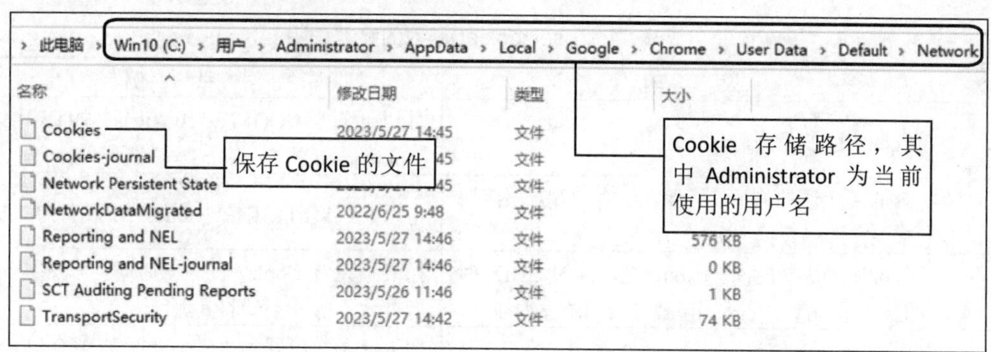

图 11.1 Google Chrome 浏览器存储 Cookie 的路径

说明

Google Chrome 浏览器不会将每一个 Cookie 存储在单独的文件中，而是将所有 Cookie 存储在一个文件中。该文件是一个 SQLite 数据库文件,可以直接使用 SQLite 数据库工具打开查看。

2．Cookie 的功能

Web 服务器可以通过 Cookies 包含信息的任意性来筛选并经常性地维护这些信息，以判断在 HTTP 传输中的状态。Cookie 常用于以下 3 个方面。

☑ 记录访客的某些信息。如可以利用 Cookie 记录用户访问网页的次数，或者记录访客曾经输入过的信息。另外，某些网站可以使用 Cookie 自动记录访客上次登录的用户名。

☑ 在页面间传递变量。浏览器并不会保存当前页面上的任何变量信息，当页面被关闭时，页面上的所有变量信息将随之消失。如果用户声明一个变量 id=8，要把这个变量传递到另一个页面，可以先把变量 id 以 Cookie 形式保存下来，然后在下一页通过读取该 Cookie 获取变量的值。

☑ 将所查看的 Internet 页存储在 Cookie 中，以提高后续浏览的速度。

注意

一般不使用 Cookie 保存数据集或其他大量数据，且并非所有的浏览器都支持 Cookie。另外，数据信息以明文文本的形式保存在客户端计算机中，因此最好不要保存敏感的、未经加密的数据，否则会影响网络的安全性。

11.1.2 创建 Cookie

在 PHP 中通过 setcookie()函数创建 Cookie。创建 Cookie 之前必须了解的知识：Cookie 是 HTTP 头标的组成部分，必须在页面其他内容之前发送，即它必须最先输出。因此，在 setcookie()函数前输出一个 HTML 标记或 echo 语句，甚至一个空行，都会导致程序出错。其语法格式如下：

```
bool setcookie(string name[, string value[, int expire[, string path[, string domain[, int secure]]]]])
```

setcookie()函数的参数说明如表 11.1 所示。

表 11.1　setcookie()函数的参数说明

参　　数	说　　明	举　　例
name	Cookie 的变量名	可以通过$_COOKIE["cookiename"]调用变量名为 cookiename 的 Cookie
value	Cookie 变量的值，该值保存在客户端，不能用来保存敏感数据	可以通过$_COOKIE["values"]获取名为 values 的值
expire	Cookie 的失效时间，expire 是标准的 UNIX 时间标记，可以用 time()函数获取，单位为秒	如果不设置 Cookie 的失效时间，那么 Cookie 将永远有效，除非手动将其删除
path	Cookie 在服务器端的有效路径	如果该参数设置为“/”，则它在整个 domain 内有效，如果设置为“/11”，则它在 domain 下的/11 目录及子目录内有效。默认是当前目录
domain	Cookie 有效的域名	如果要使 Cookie 在 mrbccd.com 域名下的所有子域都有效，应该设置为 mrbccd.com
secure	指明 Cookie 是否仅通过安全的 HTTPS，值为 0 或 1	如果值为 1，则 Cookie 只能在 HTTPS 连接上有效；如果值为默认值 0，则 Cookie 在 HTTP 和 HTTPS 连接上均有效

【例 11.1】使用 setcookie()函数创建 Cookie。（**实例位置：资源包\TM\sl\11\1**）

```
<?php
    setcookie("TMCookie", 'www.mrbccd.com');
    setcookie("TMCookie", 'www.mrbccd.com', time()+60);     //设置 Cookie 有效时间为 60 秒
    //设置有效时间为 1 小时，有效目录为 “/tm/” ，有效域名为 mrbccd.com 及其所有子域名
    setcookie("TMCookie", 'www.mrbccd.com', time()+3600, "/tm/", ".mrbccd.com", 1);
?>
```

运行本例，会自动生成一个 Cookie。Cookie 的有效期为 60 秒，在 Cookie 失效后，Cookie 会自动删除。

11.1.3　读取 Cookie

在 PHP 中可以直接通过超级全局数组$_COOKIE[]来读取浏览器端的 Cookie 值。

【例 11.2】使用$_COOKIE[]读取 Cookie 变量。（**实例位置：资源包\TM\sl\11\2**）

```
<?php
date_default_timezone_set("Asia/Shanghai");
    if(!isset($_COOKIE["visittime"])){                                    //如果 Cookie 不存在
        setcookie("visittime",date("Y-m-d H:i:s"));                       //设置一个 Cookie 变量
        echo "欢迎您第一次访问网站！<br>";                                //输出字符串
    }else{                                                                //如果 Cookie 存在
        setcookie("visittime",date("Y-m-d H:i:s"),time()+60);             //设置保存 Cookie 失效时间的变量
        echo "您上次访问网站的时间为：".$_COOKIE["visittime"];            //输出上次访问网站的时间
        echo "<br>";                                                      //换行
    }
    echo "您本次访问网站的时间为：".date("Y-m-d H:i:s");                 //输出当前的访问时间
?>
```

在上面的代码中，首先使用 isset()函数检测指定的 Cookie 是否存在，如果不存在，则使用 setcookie()函数创建一个 Cookie，并输出相应的字符串；如果 Cookie 存在，则使用 setcookie()函数设置该 Cookie 失效的时间，并输出用户上次访问网站的时间。最后在页面输出本次访问网站的当前时间。

首次运行本例，由于没有检测到 Cookie，运行结果如图 11.2 所示。如果用户在 Cookie 设置到期时间（本例为 60 秒）前刷新或再次访问该例，则运行结果如图 11.3 所示。

localhost/TM/sl/11/2/index.ph
localhost/TM/sl/11/2/index.php
欢迎您第一次访问网站！
您本次访问网站的时间为：2023-05-27 15:44:39

图 11.2　第一次访问网页的运行结果

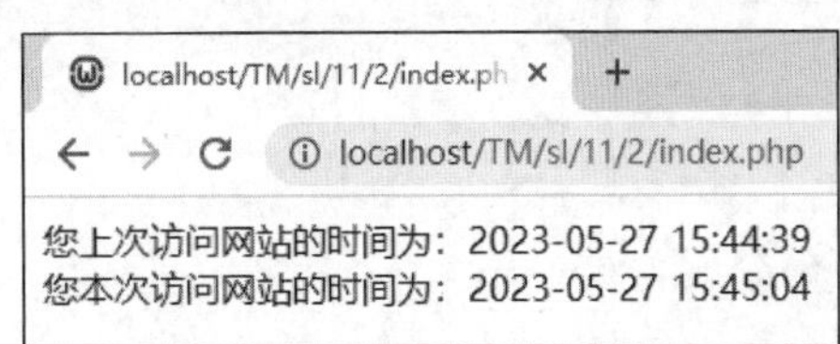
localhost/TM/sl/11/2/index.ph
localhost/TM/sl/11/2/index.php
您上次访问网站的时间为：2023-05-27 15:44:39
您本次访问网站的时间为：2023-05-27 15:45:04

图 11.3　刷新或再次访问本网页后的运行结果

注意

如果未设置 Cookie 的到期时间，则在关闭浏览器时自动删除 Cookie 数据。如果为 Cookie 设置了到期时间，浏览器将会记住 Cookie 数据，即使用户重启计算机，只要没到期，再访问网站时也会获得如图 11.3 所示的数据信息。

11.1.4　删除 Cookie

Cookie 被创建后，如果没有设置失效时间，则会在浏览器关闭时被自动删除。当然，也可以自行删除 Cookie，方法有两种：一是使用 setcookie()函数删除，二是在浏览器中手动删除 Cookie。

1. 使用 setcookie()函数删除 Cookie

删除 Cookie 和创建 Cookie 类似，也需要使用 setcookie()函数。删除 Cookie 时只需要将 setcookie()

函数中的第二个参数设置为空值，将第三个参数 Cookie 的过期时间设置为小于系统当前时间即可。

例如，将 Cookie 的过期时间设置为当前时间减 1 秒，代码如下：

```
setcookie("name", "", time()-1);
```

在上面的代码中，time()函数返回以秒表示的当前时间戳，将过期时间减 1 秒就会得到过去的时间，从而删除 Cookie。注意，把过期时间设置为 0，可以直接删除 Cookie。

2．在浏览器中手动删除 Cookie

在使用 Cookie 时，Cookie 会存储在浏览器中的指定位置。以 Google Chrome 浏览器为例，在浏览器中删除 Cookie 的具体操作步骤如下。

（1）启动 Google Chrome 浏览器，在地址栏中输入 chrome://settings，按 Enter 键，打开 Google Chrome 浏览器的设置页面，如图 11.4 所示。

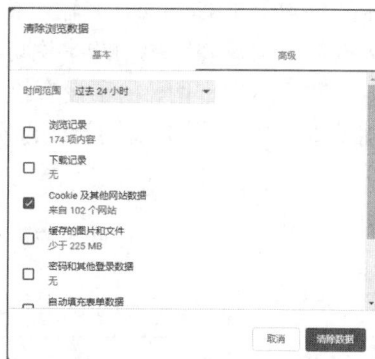

（2）单击浏览器设置页面左侧的“隐私和安全”选项，在右侧找到“清除浏览数据”选项，单击该选项，将弹出如图 11.5 所示的“清除浏览数据”对话框，选中“Cookie 及其他网站数据”复选框，单击“清除数据”按钮，即可成功删除全部 Cookie。

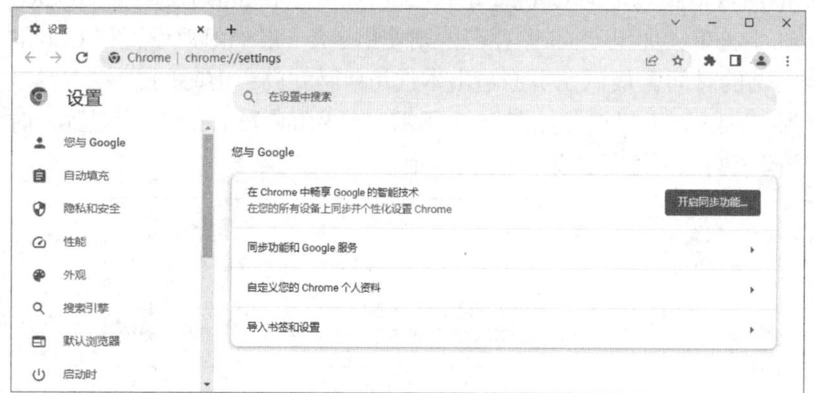

图 11.4　Google Chrome 浏览器的设置页面

图 11.5　“清除浏览数据”对话框

11.1.5　Cookie 的生命周期

如果 Cookie 未设定时间，就表示它的生命周期为浏览器会话期间，只要关闭浏览器，Cookie 就会自动消失。这种 Cookie 被称为会话 Cookie，一般不保存在硬盘上，而是保存在内存中。

如果设置了过期时间，那么浏览器会把 Cookie 保存到硬盘中，再次打开浏览器时依然有效，直到它的有效期超时。

11.2　Session 管理

对比 Cookie，Session 文件中保存的数据在 PHP 脚本中是以变量的形式创建的，创建的 Session 变量在生命周期（20 分钟）中可以被跨页的请求所引用。另外，Session 是存储在服务器端的会话，相对

安全，并且不像 Cookie 那样有存储长度的限制。

11.2.1　了解 Session

Session 译为“会话”，其本义是指有始有终的一系列动作/消息，如打电话时从拿起电话拨号到挂断电话这一系列过程可以称为一个 Session。

在计算机专业术语中，Session 是指一个终端用户与交互系统进行通信的时间间隔，通常指从注册进入系统到注销退出系统所经过的时间。因此，Session 实际上是一个特定的时间概念。

1．Session 工作原理

当启动一个 Session 会话时，会生成一个随机且唯一的 session_id，也就是 Session 的文件名，此时 session_id 存储在服务器的内存中，当关闭页面时，此 id 会自动注销，重新登录此页面，会再次生成一个随机且唯一的 id。

2．Session 的功能

Session 在 Web 技术中非常重要。由于网页是一种无状态的连接程序，因此无法得知用户的浏览状态。通过 Session 可记录用户的有关信息，以供用户再次以此身份对 Web 服务器提交要求时做确认。例如，在电子商务网站中，通过 Session 记录用户登录的信息，以及用户所购买的商品，如果没有 Session，用户每进入一个页面都需要登录一次用户名和密码。

另外，Session 会话适用于存储信息量比较少的情况。如果用户需要存储的信息量相对较少，并且存储内容不需要长期存储，那么使用 Session 把信息存储到服务器端比较合适。

11.2.2　创建会话

创建一个会话需要通过以下步骤：启动会话→注册会话→使用会话→删除会话。

1．启动会话

在 PHP 中有以下两种方法可以启动会话。

☑　通过 session_start()函数启动会话。其语法格式如下：

```
bool session_start(void);
```

说明

通常，session_start()函数在页面开始位置调用，会话变量被记录到数据$_SESSION。使用 session_start()函数之前浏览器不能有任何输出，否则会产生类似如图 11.6 所示的错误。

```
在session_start()函数前输出字符串，产生如下错误：
Warning: session_start() [function.session-start]: Cannot send sessior
cookie - headers already sent by (output started at F:\AppServ\www\TM\SL\11\4
\default.php:2) in F:\AppServ\www\TM\SL\11\4\default.php on line 3
```

图 11.6　在使用 session_start()函数前输出字符串产生的错误

☑ 通过 session_register()函数启动会话。session_register()函数用来为会话登录一个变量来隐含地启动会话，但要求设置 php.ini 文件的选项，先将 register_globals 指令设置为 on，然后重新启动 Apache 服务器。

注意

使用 session_register()函数时，不需要调用 session_start()函数，PHP 会在注册变量之后隐性地调用 session_start()函数。

2．注册会话

会话变量启动后，保存在数组$_SESSION 中。通过该数组创建一个会话变量很容易，只要直接给该数组添加一个元素即可。例如，启动会话，创建一个 Session 变量并赋予空值，代码如下：

```
<?php
	session_start();                                  //启动 Session
	$_SESSION["admin"] = null;                        //声明一个名为 admin 的变量，并赋空值
?>
```

3．使用会话

首先需要判断会话变量是否有一个会话 ID 存在，如果不存在，就创建一个，并且使其能够通过全局数组$_SESSION 进行访问。如果已经存在，则将已注册的会话变量载入以供用户使用。

例如，判断存储用户名的 Session 会话变量是否为空，如果不为空，则将该会话变量赋给$myvalue，代码如下：

```
<?php
	if (!empty($_SESSION['session_name']))            //判断用于存储用户名的 Session 会话变量是否为空
		$myvalue = $_SESSION['session_name'];     //将会话变量赋给一个变量$myvalue
?>
```

4．删除会话

删除会话的方法有 3 种，分别是删除单个会话、删除多个会话和结束当前会话。

☑ 删除单个会话。方法同数组操作一样，直接注销$_SESSION 数组的某个元素即可。例如，注销$_SESSION['user']变量，可以使用 unset()函数，代码如下：

```
unset($_SESSION['user']);
```

注意

使用 unset()函数时，要注意$_SESSION 数组中某元素不能省略，即不可以一次注销整个数组，这样会禁止整个会话的功能，如 unset($_SESSION) 函数会将全局变量$_SESSION 销毁，而且没有办法将其恢复，用户也不能再注册$_SESSION 变量。如果要删除多个或全部会话，可采用下面两种方法。

☑ 删除多个会话。如果想要一次注销所有会话变量，可以将一个空数组赋值给$_SESSION，代码如下：

```
$_SESSION = array();
```

☑ 结束当前会话。如果整个会话已结束，应先注销所有的会话变量，然后使用 session_destroy()函数结束当前的会话，并清空会话中的所有资源，彻底销毁 Session。代码如下：

```
session_destroy();
```

11.2.3 Session 设置时间

在大多数论坛中，都可在登录时对登录时间进行选择，如保存一个星期、保存一个月等。这时就可以通过 Cookie 设置登录的失效时间。

1．客户端没有禁止 Cookie

在客户端没有禁止 Cookie 的情况下可以使用以下两个函数设置 Session 的失效时间。

☑ 使用 session_set_cookie_params()函数设置 Session 的失效时间。此函数结合 Session 和 Cookie 设置失效时间，如要让 Session 在 1 分钟后失效，关键代码如下：

```
<?php
    $time = 1 * 60;                              //设置 Session 失效时间
    session_set_cookie_params($time);            //使用函数
    session_start();                             //初始化 Session
    $_SESSION[username] = 'mr';
?>
```

说明

（1）session_set_cookie_params()必须在 session_start()之前调用。

（2）不推荐使用 session_set_cookie_params()函数，此函数在一些浏览器上会出现问题。所以一般手动设置失效时间。

☑ 使用 setcookie()函数设置 Session 失效时间，如让 Session 在 1 分钟后失效，关键代码如下：

```
<?php
    session_start();
    $time = 1 * 60;                                              //给出 Session 失效时间
    setcookie(session_name(), session_id(), time()+$time, "/");  //使用 setcookie()手动设置 Session 失效时间
    $_SESSION['user'] = "mr";
?>
```

说明

session_name 是 Session 的名称，session_id 是判断客户端用户的标识，因为 session_id 是随机产生的唯一名称，所以 Session 是相对安全的。Session 失效时间和 Cookie 的失效时间一样，最后一个参数为可选参数，是放置 Cookie 的路径。

2．客户端禁止 Cookie

当客户端禁用 Cookie 时，Session 页面间传递会失效。可以将客户端禁止 Cookie 想象成一家大型连锁超市，如果在其中一家超市内办理了会员卡，但是超市之间并没有联网，那么会员卡就只能在办

理的那家超市使用。解决这个问题有以下 4 种方法。

☑ 在登录之前提醒用户打开 Cookie，这是很多论坛的做法。

☑ 设置 php.ini 文件中的 session.use_trans_sid = 1，或者编译时打开-enable-trans-sid 选项，让 PHP 自动跨页面传递 session_id。

☑ 通过 GET 方法，隐藏表单，传递 session_id。

☑ 使用文件或者数据库存储 session_id，在页面传递中手动调用。

第 1 种方法很好理解。第 2 种方法不做详细讲解，因为用户不能修改服务器中的 php.ini 文件。第 3 种方法可以不使用 Cookie 设置保存时间。第 4 种方法也是最为重要的一种，在企业级网站开发中，如果遇到 Session 文件使服务器速度变慢，就可以使用这种方法。

第 3 种方法使用 GET 方式传输，关键代码如下：

```
<form id="form1" name="form1" method="post" action="common.php?<?=session_name();?>= <?=session_id(); ?>">
```

接收页面头部详细代码如下：

```
<?php
    $sess_name = session_name();                    //取得 Session 名称
    $sess_id = $_GET[$sess_name];                   //取得 session_id GET 方式
    session_id($sess_id);                           //关键步骤
    session_start();
    $_SESSION['admin'] = 'mrsoft';
?>
```

运行结果如图 11.7 所示。

图 11.7 使用 GET 方式传递 session_id

说明

请求页面后会产生一个 session_id，如果此时禁止 Cookie，就无法传递 session_id，在请求下一个页面时将重新产生一个 session_id，造成 Session 在页面间传递失效。

11.2.4　通过 Session 判断用户的操作权限

大多数网站都需要对管理员和普通用户的操作权限进行区分。下面通过具体实例进行讲解。

【例 11.3】通过用户登录页面提交的用户名验证用户操作网站的权限。（**实例位置：资源包\TM\sl\11\3**）

（1）设计登录页面。添加一个表单 form1，应用 POST 方法进行传参，action 指向的数据处理页为 default.php，添加一个“用户名”文本框并命名为 user，添加一个“密码”文本框并命名为 pwd，关键代码如下：

```
<form name="form1" method="post" action="default.php">
  <table width="521" height="394" border="0" cellpadding="0" cellspacing="0">
    <tr>
     <td valign="top" background="images/login.jpg">
        <table width="521" border="0" cellspacing="0" cellpadding="0">
          <tr>
            <td height="24" align="right">用户名：</td>
            <td height="24" align="left"><input name="user" type="text" id="user" size="20"></td>
          </tr>
          <tr>
            <td height="24" align="right">密  码：</td>
            <td height="24" align="left"><input name="pwd" type="password" id="pwd" size="20"></td>
          </tr>
          <tr align="center">
            <td height="24" colspan="2">
               <input type="submit" name="Submit" value="提交" onClick="return check(form);">
               <input type="reset" name="Submit2" value="重填">
           </td>
          </tr>
          <tr>
            <td height="76" align="right">
               <span class="style1">超级用户：admin<br>密    码：123456  </span>
            </td>
            <td><span class="style1">普通用户：test<br>密    码：000000</span></td>
          </tr>
        </table>
     </td>
    </tr>
  </table>
</form>
```

（2）在“提交”按钮的单击事件下，调用自定义函数 check()来验证表单元素是否为空。代码如下：

```
<script type="text/javascript">
     function check(form) {
          if (form.user.value == "") {
               alert("请输入用户名"); form.user.focus(); return false;
          }
          if (form.pwd.value == "") {
               alert("请输入密码"); form.pwd.focus(); return false;
          }
          form.submit();
     }
</script>
```

（3）提交表单元素到数据处理页 default.php。首先使用 session_start()函数启动 Session，然后判断用户输入的用户名和密码是否正确，如果输入正确就通过 POST 方法接收表单元素的值，将获取的用户名和密码分别赋给 Session 变量，代码如下：

```
<?php
session_start();
  if(isset($_POST['user']) && isset($_POST['pwd'])){
    //判断输入的用户名和密码是否正确
    if($_POST['user'] == 'admin' && $_POST['pwd'] == '123456' || $_POST['user'] == 'test' && $_POST['pwd'] == '000000'){
        $_SESSION['user']=$_POST['user'];                    //使用 Session 存储用户名
        $_SESSION['pwd']=$_POST['pwd'];                      //使用 Session 存储密码
    }else{
        echo "<script>alert('您输入的用户名或密码不正确！');history.back();</script>";
        exit;
    }
  }
?>
```

（4）为防止其他用户非法登录本系统，使用 if 条件语句对 Session 变量值进行判断。代码如下：

```
<?php
    if ($_SESSION['user'] == "") {                    //如果用户名为空，则弹出提示，并跳转到登录页
        echo "<script>alert('请通过正确的途径登录本系统！'); history.back(); </script>";
    }
?>
```

（5）在数据处理页 default.php 的导航栏处添加如下代码：

```
<TABLE align="center" cellPadding=0 cellSpacing=0 >
    <TR align="center" valign="middle">
      <TD style="WIDTH: 140px; COLOR: red;">当前用户: 
      <!-- ----------------------------------------输出当前登录的用户级别---------------------------------------- -->
      <?php if($_SESSION['user']=="admin" && $_SESSION['pwd']=="123456") {echo "管理员";} else {echo "普通用户";}
?>  
      </TD>
      <TD width="70"><a href="default.php">博客首页</a></TD>
      <TD width="70">|  <a href="default.php">我的文章</a></TD>
      <TD width="70">|  <a href="default.php">我的相册</a></TD>
      <TD width="70">|  <a href="default.php">音乐在线</a></TD>
      <TD width="70">|  <a href="default.php">修改密码</a></TD>
      <?php
       if ($_SESSION['user'] == "admin" && $_SESSION['pwd'] == "123456") {          //如果当前用户是管理员
       ?>
       <!-- ------------------------------如果当前用户是管理员，则输出“用户管理”链接------------------------------ -->
      <TD width="70">| <a href="#">用户管理</a></TD>
      <?php
         }
       ?>
    </TR>
 </TABLE>
```

（6）创建当单击“注销用户”超链接时跳转的页面 safe.php，代码如下：

```
<?php
    session_start();                                 //初始化 Session
    unset($_SESSION['user']);                        //删除用户名会话变量
    unset($_SESSION['pwd']);                         //删除密码会话变量
    session_destroy();                               //删除当前所有的会话变量
    header("location:index.php");                    //跳转到博客用户登录页
?>
```

运行本例，在博客用户登录页面输入用户名和密码，以超级用户的身份登录网站，运行结果如图 11.8 所示。以普通用户身份登录网站，运行结果如图 11.9 所示。

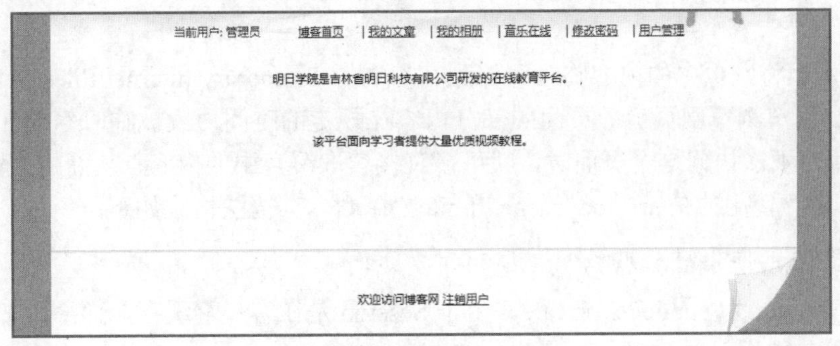

图 11.8　超级用户登录网站

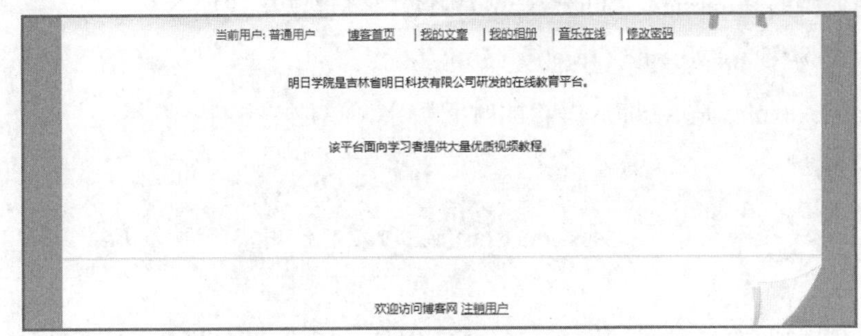

图 11.9　普通用户登录网站

11.3　Session 高级应用

11.3.1　Session 临时文件

在服务器中，如果将所有用户的 Session 都保存到临时目录中，会降低服务器的安全性和效率，打开服务器存储的站点将会非常慢。

【例 11.4】使用 PHP 函数 session_save_path()存储 Session 临时文件，可缓解因临时文件的存储导致服务器效率降低和站点打开缓慢的问题。（**实例位置：资源包\TM\sl\11\4**）

```
<?php
    $path = './tmp/';                                  //设置 Session 存储路径
    session_save_path($path);
    session_start();                                   //初始化 Session
    $_SESSION['username'] = true;
    echo "Session 文件名称为：sess_" , session_id();
?>
```

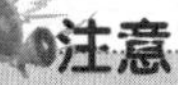

注意

session_save_path()函数应在 session_start()函数之前调用。

11.3.2 Session 缓存

Session 缓存用于将网页中的内容临时存储到客户端的 Temporary Internet Files 文件夹下，并且可以设置缓存的时间。用户浏览网页后，页面的部分内容在规定的时间内就被临时存储在客户端的临时文件夹中，这样在用户下次访问这个页面时，就可以直接读取缓存中的内容，从而提高网站的浏览效率。

实现 Session 缓存使用的是 session_cache_limiter()函数，其语法格式如下：

```
string session_cache_limiter([string cache_limiter])
```

其中，cache_limiter 为 public 或 private。由于 Session 是在客户端缓存，而不是在服务器端缓存，所以在服务器中没有显示。

设置缓存时间使用的是 session_cache_expire()函数，其语法格式如下：

```
int session_cache_expire([int new_cache_expire])
```

其中，new_cache_expire 是 Session 缓存的时间数字，单位是分钟。

注意

这两个 Session 缓存函数必须在 session_start()调用之前使用，否则会出错。

【例 11.5】了解 Session 缓存页面的过程。（**实例位置：资源包\TM\sl\11\5**）

```
<?php
    session_cache_limiter('private');
    $cache_limit = session_cache_limiter();                 //开启客户端缓存
    session_cache_expire(30);
    $cache_expire = session_cache_expire();                 //设置客户端缓存时间
    session_start();
?>
```

运行结果如图 11.10 所示。

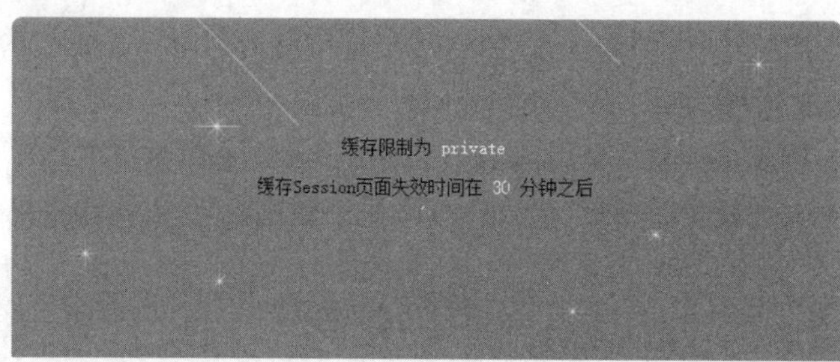

缓存限制为 private
缓存Session页面失效时间在 30 分钟之后

图 11.10　Session 客户端缓存

11.3.3 Session 数据库存储

虽然通过改变 Session 存储文件夹，可以避免 Session 将临时文件夹填满而造成站点瘫痪，但是可以计算一下，如果一个大型网站一天登录 1000 人，一个月将登录 30000 人，这时站点中将存在 30000

个 Session 文件，要在这 30000 个文件中查询一个 session_id，不是一件轻松的事情。这时就可以应用数据库存储这些 Session，即使用 PHP 中的 session_set_save_handler()函数进行操作。

语法格式如下：

```
bool session_set_save_handler(string open, string close, string read, string write, string destroy, string gc)
```

session_set_save_handler()函数的参数说明如表 11.2 所示。

表 11.2　session_set_save_handler()函数的参数说明

参　　数	说　　明
open(save_path, session_name)	找到 Session 存储地址，取出变量名称
close()	不需要参数，关闭数据库
read(key)	读取 Session 键值，key 对应 session_id
write(key, data)	其中 data 对应设置的 Session 变量
destroy(key)	注销 Session 对应 Session 键值
gc(expiry_time)	清除过期的 Session 记录

一般的函数参数都是变量，但是此函数中的参数为 6 个函数，而且在调用时只调用函数名称的字符串。下面将分别讲解这 6 个参数（函数），后续还要将它们封装进类中，等学习完面向对象编程后读者就会有一个非常清晰的印象。

☑　封装_session_open()函数，连接数据库。代码如下：

```
function _session_open($save_path, $session_name) {
    global $handle;
    $handle = mysql_connect('localhost', 'root','root') or die('数据库连接失败');    //连接 MySQL 数据库
    mysql_select_db('db_database11', $handle) or die('数据库中没有此库名');    //找到数据库
    return(true);
}
```

说明

这里并没有用到参数$save_path 和$session_name，但还是建议读者输入，因为一般使用时都是存在这两个变量的，应该养成一个好的习惯。

☑　封装_session_close()函数，关闭数据库连接。代码如下：

```
function _session_close() {
    global $handle;
    mysql_close($handle);
    return(true);
}
```

说明

在这个函数中不需要任何参数，所以不论是将 Session 存储到数据库中还是文件夹中，只需返回 true 即可。但如果使用的是 MySQL 数据库，最好是将数据库关闭，以保证以后不会出现问题。

☑　封装_session_read()函数，在函数中设定当前时间的 UNIX 时间戳，并根据$key 值查找 Session

名称及内容。代码如下：

```
function _session_read($key) {
    global $handle;                                              //全局变量$handle 连接数据库
    $time = time();                                              //设定当前时间
    $sql = "select session_data from tb_session where session_key = '$key' and session_time > $time";
    $result = mysql_query($sql,$handle);
    $row = mysql_fetch_array($result);
    if ($row) {
        return($row['session_data']);                            //返回 Session 名称及内容
    } else {
        return(false);
    }
}
```

说明

存储进数据库中的 session_expiry 是 UNIX 时间戳。

☑ 封装_session_write()函数，函数中设定 Session 失效时间。查找 Session 名称及内容，如果查询结果为空，则将页面中的 Session 根据 session_id、session_name、失效时间插入数据库；如果查询结果不为空，则根据$key 修改数据库中 Session 的存储信息，返回执行结果。代码如下：

```
function _session_write($key, $data) {
    global $handle;
    $time = 60*60;                                                       //设置失效时间
    $lapse_time = time() + $time;                                        //得到 UNIX 时间戳
    $handle = mysqli_connect('localhost', 'root', '111') or die('数据库连接失败');   //连接 MySQL 数据库
    mysqli_select_db($handle, 'db_database11') or die('数据库中没有此库名');        //找到数据库
    $sql = "select session_data from tb_session where session_key = '$key' and session_time > $lapse_time";
    $result = mysql_query($sql, $handle);
    if (mysql_num_rows($result) == 0) {                                  //没有结果
        $sql = "insert into tb_session values('$key', '$data',$lapse_time)";   //插入数据库 SQL 语句
        $result = mysql_query($sql, $handle);
    } else {
        $sql = "update tb_session set session_key = '$key', session_data = '$data',
                session_time = $lapse_ time where session_key = '$key'";    //修改数据库 SQL 语句
        $result = mysql_query($sql, $handle);
    }
    return($result);
}
```

☑ 封装_session_destroy()函数，根据$key 值将数据库中的 Session 删除。代码如下：

```
function _session_destroy($key){
    global $handle;
    $sql = "delete from tb_session where session_key = '$key'";          //删除数据库 SQL 语句
    $result = mysql_query($sql, $handle);
    return($result);
}
```

☑ 封装_session_gc()函数，根据给出的失效时间删除过期的 Session。代码如下：

```
function _session_gc() {
    global $handle;
    $lapse_time = time();                                          //将参数$lapse_time 赋值为当前时间戳
    $sql = "delete from tb_session where session_time < $lapse_time";   //删除数据库 SQL 语句
```

```
        $result = mysql_query($sql, $handle);
        return($result);
}
```

以上为 session_set_save_handler()函数的 6 个参数（函数）。

【例 11.6】通过函数 session_set_save_handler()实现 Session 存储数据库。（**实例位置：资源包\TM\sl\11\6**）

```
session_set_save_handler('_session_open', '_session_close', '_session_read', '_session_write',
                          '_session_destroy', '_session_gc');
session_start();
//下面为我们定义的 Session
$_SESSION['user'] = 'mr';
$_SESSION['pwd'] = 'mrsoft';
```

现在可以查看数据库表中 Session 的内容，如图 11.11 所示。

←T→				session_key	session_data	session_time
☐	编辑	复制	删除	lsb0t5j27c2b58ejk640pmfig0	user|s:2:"mr";pwd|s:6:"mrsoft";	1666584798

图 11.11　数据库存储 Session

11.4　Cookie 和 Session 的区别

Session 和 Cookie 最大的区别在于：Session 是将 Session 的信息保存在服务器上，并通过一个 Session ID 来传递客户端的信息，同时服务器接收 Session ID 后，根据这个 ID 来提供相关的 Session 信息资源；Cookie 是将所有的信息以文本文件的形式保存在客户端，并由浏览器进行管理和维护。

由于 Session 为服务器存储，所以远程用户无法修改 Session 文件的内容；而 Cookie 为客户端存储，所以 Session 要比 Cookie 安全得多。当然，使用 Session 还有很多优点，如控制容易、可以按照用户自定义存储等（存储于数据库）。

11.5　实践与练习

（**答案位置：资源包\TM\sl\11\实践与练习**）

综合练习 1：限制用户访问网站的时间

开发一个“试用版学习资源网”，当用户登录后，使用 Cookie 限制用户访问网站的时间，在页面停留 30 秒后，网站将提示“您在本网站停留的时间已经超过我们限制的时间，系统将在 5 秒后退出登录!!谢谢!请稍等……”。

综合练习 2：实现聊天室换肤功能

使用 Session 技术实现聊天室换肤功能，用户在下拉菜单中选择某个背景颜色，单击“提交”按钮后实现为聊天室页面换肤。

第 12 章

图形图像处理技术

由于有 GD 库的强大支持，PHP 的图像处理功能可以说是 PHP 的一个强项，便捷易用、功能强大。另外，PHP 图形化类库——JpGraph 也是一款非常好用和强大的图形处理工具，可以绘制各种统计图和曲线图，也可以自定义颜色和字体等元素。图像处理技术中的经典应用有绘制饼形图、柱形图和折线图，都是对数据进行图形化分析的最佳方法。本章将分别对 GD2 函数库及 JpGraph 类库进行详细讲解。

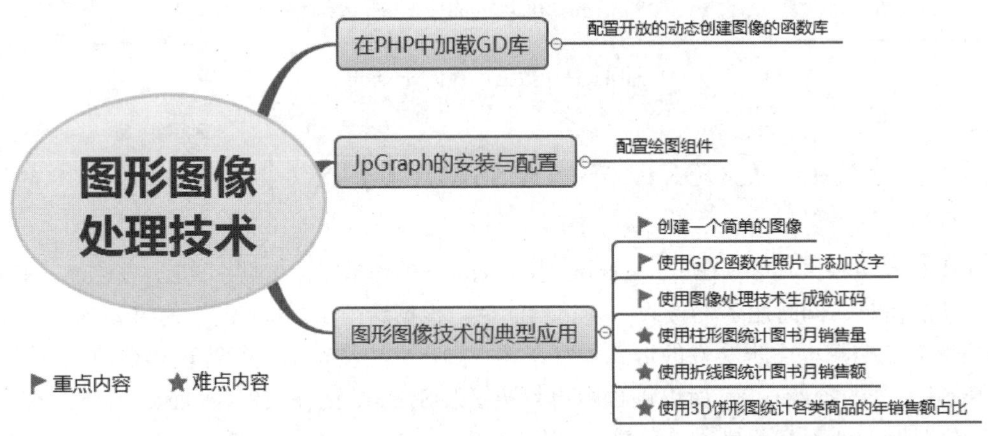

12.1　在 PHP 中加载 GD 库

GD 库（也可以称为 GD2 函数库）是一个开放的、动态创建图像的函数库。目前，GD 库支持 GIF、PNG、JPEG、WBMP 和 XBM 等多种图像格式。GD 库在 PHP 8 中是默认安装的，但要激活 GD 库，必须修改 php.ini 文件，先将“;extension=gd”选项前的分号“;”删除，如图 12.1 所示，然后保存修改后的文件，并重新启动 Apache 服务器。

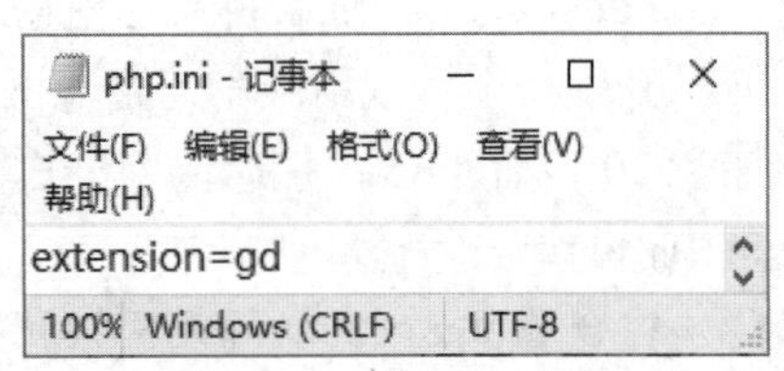

图 12.1　加载 GD2 函数库

成功加载 GD2 函数库后，可以通过 phpinfo()函数来获取 GD2 函数库的安装信息，验证 GD 库是否安装成功。在浏览器的地址栏中输入 127.0.0.1/?phpinfo=-1 并按 Enter 键，在打开的页面中检索到如图 12.2 所示的 GD 库的安装信息，即说明 GD 库安装成功。

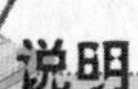说明

（1）如果使用集成化安装包来配置 PHP 的开发环境，就不必担心这个问题，因为在集成化安装包中，默认 GD2 函数库已经被加载。

（2）Linux 和 Windows 系统下都可以使用 GD 库，函数也是完全一致，但是图形的坐标会发生偏移。如果两个系统互相移植，则必须重新查看界面。

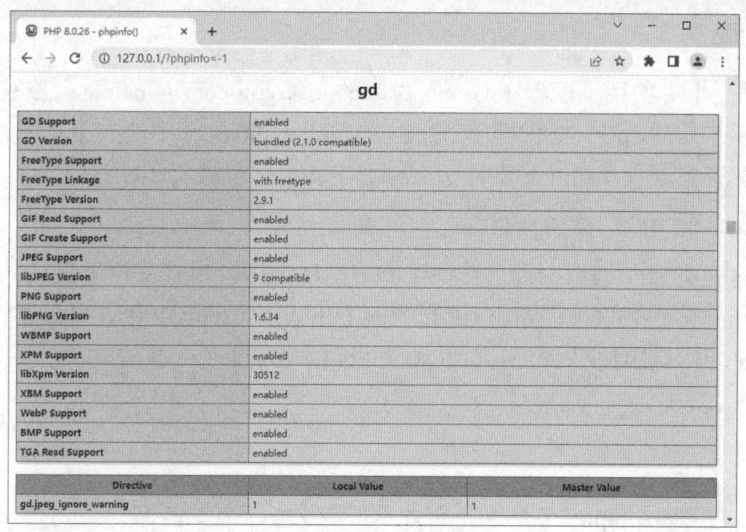

gd

GD Support	enabled
GD Version	bundled (2.1.0 compatible)
FreeType Support	enabled
FreeType Linkage	with freetype
FreeType Version	2.9.1
GIF Read Support	enabled
GIF Create Support	enabled
JPEG Support	enabled
libJPEG Version	9 compatible
PNG Support	enabled
libPNG Version	1.6.34
WBMP Support	enabled
XPM Support	enabled
libXpm Version	30512
XBM Support	enabled
WebP Support	enabled
BMP Support	enabled
TGA Read Support	enabled

Directive	Local Value	Master Value
gd.jpeg_ignore_warning	1	1

图 12.2　GD2 函数库的安装信息

12.2　JpGraph 的安装与配置

JpGraph 是一个强大的绘图组件，能根据用户的需要绘制出任意图形。只需要提供数据，就能自动调用绘图函数，把处理的数据输入即可自动绘制。JpGraph 可以创建各种统计图，包括折线图、柱形图和饼形图等。JpGraph 是一个完全使用 PHP 语言编写的类库，可以应用在任何 PHP 环境中。

1. JpGraph 的安装

JpGraph 可以从其官方网站 http://jpgraph.net/下载。文件下载后，安装步骤如下。

（1）将压缩包中的全部文件解压到一个文件夹中，如 E:\wamp\www\jpgraph。

（2）打开 PHP 的安装目录，编辑 php.ini 文件并修改其中的 include_path 参数，在其后增加前面的文件夹名，如“include_path = ".;E:\wamp\www\jpgraph"”。

（3）重新启动 Apache 服务器即可生效。

为了能正常使用 JpGraph，还需要修改 JpGraph 压缩包中的 src 文件夹下的 jpgraph_gb2312.php 文件，找到文件中的 gb2utf8()函数，将该函数的代码修改如下：

```
function gb2utf8($gb) {
    return $gb;
}
```

这样做的目的是当文件的编码格式是 UTF-8 时不需要进行格式转换。

注意

JpGraph 需要 GD 库的支持。如果用户希望 JpGraph 类库仅对当前站点有效，只需将 JpGraph 压缩包下 src 文件夹中的全部文件复制到网站所在目录的文件夹中，使用时调用 src 文件夹下的指定文件即可。这些内容在后面的典型实例中将具体讲解。

2．JpGraph 的配置

JpGraph 提供了一个专门用于配置 JpGraph 类库的文件 jpg-config.inc.php。在使用 JpGraph 前，可以通过修改文本文件来完成 JpGraph 的配置。jpg-config.inc.php 文件中的配置需修改以下两项。

☑ 支持中文配置。要使 JpGraph 支持中文标准字体，可修改 CHINESE_TTF_FONT 设置：

```
DEFINE('CHINESE_TTF_FONT', 'bkai00mp.ttf');
```

☑ 默认图片格式配置。根据当前 PHP 环境中支持的图片格式来设置默认的生成图片的格式。JpGraph 默认图片格式的配置可以通过修改 DEFAULT_GFORMAT 的设置来完成。默认值 auto 表示 JpGraph 将依次按照 PNG、GIF 和 JPEG 的顺序来检索系统支持的图片格式。

```
DEFINE("DEFAULT_GFORMAT", "auto");
```

注意

如果用户使用的是 JpGraph 2.3 版本，那么不需要重新进行配置。

12.3　图形图像技术的典型应用

网页中如果都是文字，看起来会非常枯燥。漂亮的图形图像能让整个网页看起来更富有吸引力，使许多文字难以表达的思想一目了然，并且可以清晰地表达出数据之间的关系。下面我们将对图形图像处理的相关技术进行讲解。

12.3.1　创建一个简单的图像

使用 GD2 函数库可以实现各种图形图像的处理。创建画布是使用 GD2 函数库来创建图像的第一步，无论创建什么样的图像，首先都需要创建一个画布，其他操作将在这个画布上完成。在 GD2 函数库中创建画布，可以通过 imagecreate()函数实现。

【例 12.1】使用 imagecreate()函数创建一个宽 200 像素、高 60 像素的画布，设置画布背景颜色 RGB 值，最后输出一个 GIF 格式的图像。（**实例位置：资源包\TM\sl\12\1**）

```
<?php
    $im = imagecreate(200, 60);                              //创建一个画布
    $white = imagecolorallocate($im, 60, 60, 60);            //设置画布的背景颜色
    imagegif($im);                                           //输出图像
?>
```

在上面的代码中，使用 imagecreate()函数创建了一个基于普通调色板的画布（通常支持 256 色），其中 200 和 60 分别为图像的宽度和高度，单位为像素（pixel）。运行结果如图 12.3 所示。

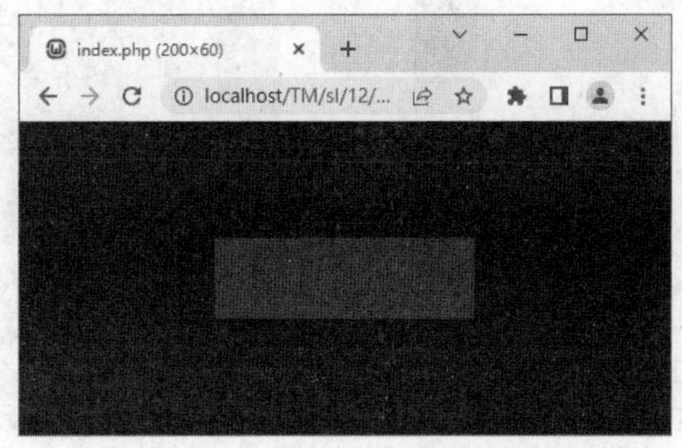

图 12.3　创建一个简单的图像

12.3.2　使用 GD2 函数在照片上添加文字

PHP 中的 GD 库支持中文，但必须要以 UTF-8 格式的参数来进行传递。如果使用 imageString()函数直接绘制中文字符串，就会显示乱码。这是因为 GD2 对中文只能接收 UTF-8 编码格式，并且默认使用英文字体，所以要输出中文字符串，必须对中文字符串进行转码，并设置中文字符使用的字体。否则，输出的只能是乱码。

【例 12.2】使用 imageTTFText()函数将文字“长白山天池”以 TTF（True Type Fonts）字体输出到图像中。（**实例位置：资源包\TM\sl\12\2**）

（1）通过 header()函数定义输出图像类型。

（2）通过 imagecreatefromjpeg()函数载入照片。

（3）通过 imagecolorallocate()函数设置输出字体的颜色。

（4）定义输出的中文字符串所使用的字条。

（5）通过 iconv()函数对输出的中文字符串的编码格式进行转换。

（6）通过 imageTTFText()函数向照片中添加文字。

（7）创建图像，并释放资源。

代码如下：

```
<?php
    header("content-type:image/jpeg");                                  //定义输出为图像类型
    $im = imagecreatefromjpeg("images/photo.jpg");                      //载入照片
    $textcolor = imagecolorallocate($im, 56, 73, 136);                  //设置字体颜色为蓝色，值为 RGB 颜色值
    $fnt = "c:/windows/fonts/simhei.ttf";                               //定义字体
    $motto = iconv("gb2312", "utf-8", "长白山天池");                    //定义输出字体串
    imageTTFText($im, 220, 0, 480, 340, $textcolor, $fnt, $motto);      //在图中创建 TTF 文字
    imagejpeg($im);                                                     //建立 JPEG 图形
    imagedestroy($im);                                                  //结束图形，释放内存空间
?>
```

上面的代码使用 imageTTFText()函数输出文字到照片中。其中，$im 表示照片，220 是字体大小，0 是文字的水平方向，480、340 是文字的坐标值，$textcolor 是文字的颜色，$fnt 是字体，$motto 是照片文字。为图像添加文字之前的效果如图 12.4 所示。运行实例，为图像添加文字之后的效果如图 12.5 所示。

图 12.4　照片原图

图 12.5　添加文字后的照片

技巧

应用该方法还可以制作电子相册。

12.3.3　使用图像处理技术生成验证码

验证码包括数字验证码、图形验证码和文字验证码等，下面来看一个例子。

【例 12.3】使用图像处理技术生成验证码。（**实例位置：资源包\TM\sl\12\3**）

（1）创建 checks.php 文件，使用 GD2 函数创建一个 4 位验证码，并且将生成的验证码保存在 Session 变量中。代码如下：

```
<?php
    session_start();                                        //初始化 Session 变量
    header("content-type:image/png");                       //设置创建图像的格式
    $image_width = 70;                                      //设置图像宽度
    $image_height = 18;                                     //设置图像高度
    $new_number = "";                                       //初始化变量
    for ($i = 0; $i < 4; $i++) {                            //循环输出一个 4 位的随机数
        $new_number.=dechex(rand(0, 15));
    }
    $_SESSION['check_checks'] = $new_number;                //将随机数验证码写入 Session 变量中
    $num_image = imagecreate($image_width, $image_height);  //创建一个画布
    imagecolorallocate($num_image, 255, 255, 255);          //设置画布的颜色
    for ($i = 0; $i < strlen($_SESSION['check_checks']); $i++) {  //循环读取 Session 变量中的验证码
        $font = mt_rand(3, 5);                              //设置随机的字体
        $x = mt_rand(1, 8) + $image_width*$i/4;             //设置随机字符所在位置的 X 轴坐标
        $y = mt_rand(1, $image_height/4);                   //设置随机字符所在位置的 Y 轴坐标
        //设置字符的颜色
        $color = imagecolorallocate($num_image, mt_rand(0,100), mt_rand(0, 150), mt_rand(0, 200));
        imagestring($num_image, $font, $x, $y, $_SESSION['check_checks'][$i], $color);    //水平输出字符
    }
    imagepng($num_image);                                   //生成 PNG 格式的图像
    imagedestroy($num_image);                               //释放图像资源
?>
```

在上面的代码中，对验证码进行输出时，每个字符的位置、颜色和字体都是通过随机数来获取的，

可以在浏览器中生成各式各样的验证码，以防止恶意用户对网站系统的攻击。

（2）创建一个用户登录表单，并调用 checks.php 文件，在表单页中输出图像的内容，提交表单信息，使用 if 条件语句判断输入的验证码是否正确。如果用户填写的验证码与随机产生的验证码相等，则提示“用户登录成功!”。代码如下：

```
<?php
    session_start();                                                        //初始化 Session
    if (isset($_POST["Submit"]) && $_POST["Submit"] != "") {
        $checks = $_POST["checks"];                                         //获取“验证码”文本框的值
        if ($checks == "") {                                                //如果验证码的值为空，则弹出提示信息
            echo "<script> alert('验证码不能为空'); window.location.href='index.php'; </script>";
        }
        //如果用户输入验证码的值与随机生成的验证码的值相等，则弹出登录成功提示
        if ($checks == $_SESSION['check_checks']) {
            echo "<script> alert('用户登录成功!'); window.location.href='index.php'; </script>";
        } else {                                                            //否则弹出验证码不正确的提示信息
            echo "<script> alert('您输入的验证码不正确!'); window.location.href = 'index.php'; </script>";
        }
    }
?>
```

（3）运行程序，在表单中输入用户名和密码，在“验证码”文本框中输入验证码信息，单击“登录”按钮，可以对验证码的值进行判断，运行结果如图 12.6 所示。

图 12.6　使用图像处理技术生成验证码

说明

由于篇幅限制，该实例只给出了关键代码，实例的完整代码请参考本书附带资源包。

12.3.4　使用柱形图统计图书月销售量

柱形图可以直观地显示数据信息，使数据对比和变化趋势一目了然，从而更加准确、直观地表达信息和观点，因此在 Web 网站中应用非常广泛。

【例 12.4】使用 JpGraph 类库创建柱形图，统计图书月销售情况。（**实例位置：资源包\TM\sl\12\4**）

（1）使用 include 语句引用 jpgraph.php 文件。

（2）采用柱形图进行统计分析，需要创建 BarPlot 对象，BarPlot 类在 jpgraph_bar.php 中定义，需要使用 include 语句调用该文件。

（3）定义一个包含 12 个元素的数组，分别表示 12 个月中的图书销量。

（4）创建 Graph 对象，生成一个 600 像素×300 像素大小的画布，设置统计图在画布中的位置以及画布的阴影、淡蓝色背景等。

（5）创建一个矩形对象 BarPlot，设置柱形图的颜色，在柱形图上方显示图书销售数据，并格式化数据为整型。

（6）将绘制的柱形图添加到画布中。

（7）添加标题名称和 X 轴坐标，并分别设置其字体。

（8）输出图像。

本例的完整代码如下：

```
<?php
    include ("src/jpgraph.php");
    include ("src/jpgraph_bar.php");
    $datay=array(360,380,503,589,805,988,929,788,699,866,787,905);
    $graph = new Graph(600,300,"auto");                          //创建画布
    $graph->graph_theme = null;                                  //设置主题为 null
    $graph->SetShadow();                                         //创建画布阴影
    $graph->SetMarginColor("lightblue");                         //设置画布的背景颜色为淡蓝色
    $graph->SetScale("textlin");                                 //设置刻度样式
    $graph->yaxis->scale->SetGrace(20);
    $graph->img->SetMargin(40,30,30,40);                         //设置显示区左、右、上、下距边线的距离，单位为像素
    $bplot = new BarPlot($datay);                                //创建一个矩形的对象
    $bplot->SetFillColor('orange');                              //设置柱形图的颜色
    $bplot->value->Show();                                       //设置显示数字
    $bplot->value->SetFormat('%d');                              //在柱形图中显示格式化的图书销量
    $graph->Add($bplot);                                         //将柱形图添加到图像中
    $graph->title->Set("《PHP 从入门到精通》2022 年销量统计");    //创建标题
    //设置 X 坐标轴文字
    $a=array("1 月","2 月","3 月","4 月","5 月","6 月","7 月","8 月","9 月","10 月","11 月","12 月");
    $graph->xaxis->SetTickLabels($a);                            //设置 X 轴
    $graph->title->SetFont(FF_SIMSUN);                           //设置标题字体
    $graph->xaxis->SetFont(FF_SIMSUN);                           //设置 X 坐标轴的字体
    $graph->Stroke();                                            //输出图像
?>
```

本例的运行结果如图 12.7 所示。

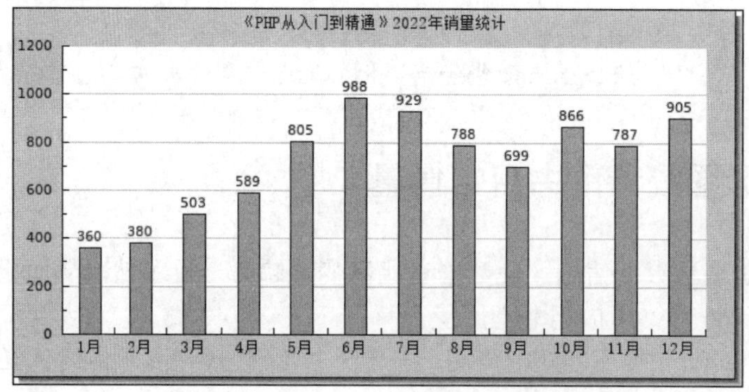

图 12.7　使用柱形图统计图书月销售量

12.3.5　使用折线图统计图书月销售额

如商品的价格走势、股票在某一时间段的涨跌等，都可以使用折线图来分析。

【例 12.5】使用 JpGraph 类库创建折线图，统计图书月销售额。（**实例位置：资源包\TM\sl\12\5**）

（1）使用 include 语句引用 jpgraph.php 文件。

（2）采用折线图进行统计分析，需要创建 LinePlot 对象，而 LinePlot 类在 jpgraph_line.php 中定义，需要应用 include 语句调用该文件。

（3）定义一个包含 12 个元素的数组，分别表示 12 个月中的图书月销售额。

（4）创建 Graph 对象，生成一个 600 像素×300 像素大小的画布，设置统计图在画布中的位置，以及画布的阴影、淡蓝色背景等。

（5）创建一个折线图对象 BarPlot，设置其颜色。

（6）将绘制的折线图添加到画布中。

（7）添加标题名称和 X 轴坐标，并分别设置其字体。

（8）输出图像。

本例的完整代码如下：

```
<?php
    include ("src/jpgraph.php");
    include ("src/jpgraph_line.php");                                   //引用折线图 LinePlot 类文件
    $datay = array(18000,19000,25150,29450,40250,49400,46450,39400,34950,43300,39350,45250);//填充的数据
    $graph = new Graph(600,300,"auto");                                 //创建画布
    $graph->graph_theme = null;                                         //设置主题为 null
    $graph->SetShadow();                                                //创建画布阴影
    $graph->SetMarginColor("lightblue");                                //设置画布的背景颜色为淡蓝色
    //设置统计图所在画布的位置，左边距 50、右边距 40、上边距 30、下边距 40，单位为像素
    $graph->img->SetMargin(50,40,30,40);
    $graph->img->SetAntiAliasing();                                     //设置折线的平滑状态
    $graph->SetScale("textlin");                                        //设置刻度样式
    $p1 = new LinePlot($datay);                                         //创建折线图对象
    $p1->mark->SetType(MARK_FILLEDCIRCLE);                              //设置数据坐标点为圆形标记
    $p1->mark->SetFillColor("red");                                     //设置填充的颜色
    $p1->mark->SetWidth(4);                                             //设置圆形标记的直径为 4 像素
    $p1->SetColor("blue");                                              //设置折线颜色为蓝色
    $p1->SetCenter();                                                   //在 X 轴的各坐标点中心绘制折线
    $graph->Add($p1);                                                   //在统计图上绘制折线
    $graph->title->Set('2022 年《PHP 从入门到精通》图书月销售额折线图');
    $graph->title->SetFont(FF_SIMSUN,FS_BOLD);                          //设置标题字体
    $graph->yaxis->title->SetFont(FF_SIMSUN,FS_BOLD);                   //设置 Y 轴标题的字体
    $graph->xaxis->SetPos("min");
    $graph->yaxis->HideZeroLabel();
    $graph->ygrid->SetFill(true,'#EFEFEF@0.5','#BBCCFF@0.5');
    $a=array("1 月","2 月","3 月","4 月","5 月","6 月","7 月","8 月","9 月","10 月","11 月","12 月");  //X 轴
    $graph->xaxis->SetTickLabels($a);                                   //设置 X 轴
    $graph->xaxis->SetFont(FF_SIMSUN);                                  //设置 X 坐标轴的字体
    $graph->yscale->SetGrace(20);
    $graph->Stroke();                                                   //输出图像
?>
```

本例的运行结果如图 12.8 所示。

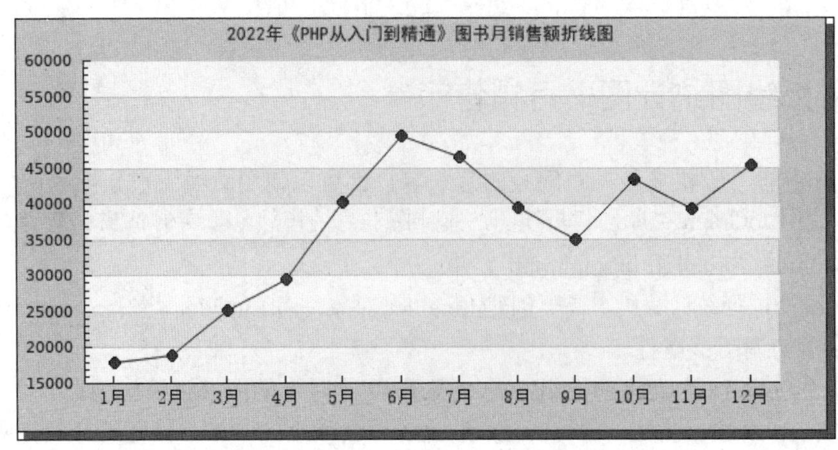

图 12.8　使用折线图统计图书月销售额

12.3.6　使用 3D 饼形图统计各类商品的年销售额占比

饼形图是一种非常实用的数据分析技术，可以清晰地表达出数据之间的关系。在调查某类商品的市场占有率时，最好的显示方式就是使用饼形图。

【例 12.6】绘制 3D 饼形图统计各类商品的年销售额占比。（**实例位置：资源包\TM\sl\12\6**）

（1）使用 include 语句引用 jpgraph.php 文件。

（2）绘制饼形图需要引用 jpgraph_pie.php 文件。

（3）绘制 3D 效果的饼形图需要创建 PiePlot3D 类对象，PiePlot3D 类在 jpgraph_pie3d.php 中定义，需要应用 inlcude 语句调用该文件。

（4）定义一个包含 6 个元素的数组，分别表示 6 种商品的年销售额。

（5）创建 PieGraph 对象，生成一个 540 像素×260 像素大小的画布，设置统计图在画布中的位置。

（6）设置标题的字体以及图例的字体。

（7）设置饼形图所在画布的位置和图例的位置。

（8）将绘制的 3D 饼形图添加到图像中。

（9）输出图像。

创建 3D 饼形图的程序完整代码如下：

```
<?php
	include_once ("src/jpgraph.php");
	include_once ("src/jpgraph_pie.php");
	include_once ("src/jpgraph_pie3d.php");                    //引用 3D 饼图 PiePlot3D 对象所在的类文件
	$data = array(266036,295621,335851,254256,254254,685425);  //定义数组
	$graph = new PieGraph(540,260,'auto');                     //创建画布
	$graph->graph_theme = null;                                //设置主题为 null
	$graph->title->Set('应用 3D 饼形图统计 2022 年商品的年销售额占比');
	$graph->title->SetFont(FF_SIMSUN,FS_BOLD);                 //设置标题字体
	$p1 = new PiePlot3D($data);                                //创建 3D 饼形图对象
	$arr = array("IT 数码","家电通信","家居日用","服装鞋帽","健康美容","食品烟酒");
	$p1->SetLegends($arr);
	$p1->SetCenter(0.4);                                       //设置饼形图所在画布中的位置
	$graph->legend->SetFont(FF_SIMSUN,FS_NORMAL);              //设置图例字体
```

```
    $graph->legend->SetLayout();
    $graph->legend->Pos(0.85, 0.68, 'center', 'bottom');           //图例文字框的位置
    $graph->Add($p1);                                               //将 3D 饼图形添加到图像中
    $graph->Stroke();                                               //输出图像到浏览器
?>
```

实例的运行结果如图 12.9 所示。

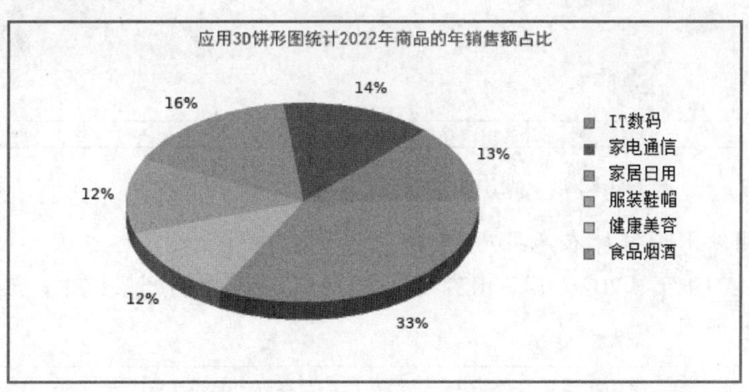

图 12.9　应用 3D 饼形图统计 2022 年各类商品的年销售额占比

12.4　实践与练习

（答案位置：资源包\TM\sl\12\实践与练习\）

综合练习 1：使用双柱形图统计商品月销量

使用双柱形图统计 2022 年智能电视、电冰箱的月销量，要求使用 JpGraph 类库实现，效果如图 12.10 所示。

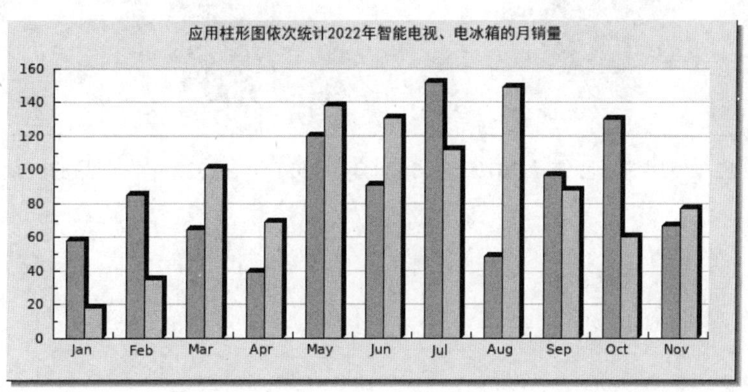

图 12.10　使用双柱形图统计 2022 年智能电视、电冰箱的月销量

综合练习 2：使用折线图统计轿车月销量

使用折线图统计 2022 年轿车的月销量，要求使用 JpGraph 类库实现，效果如图 12.11 所示。

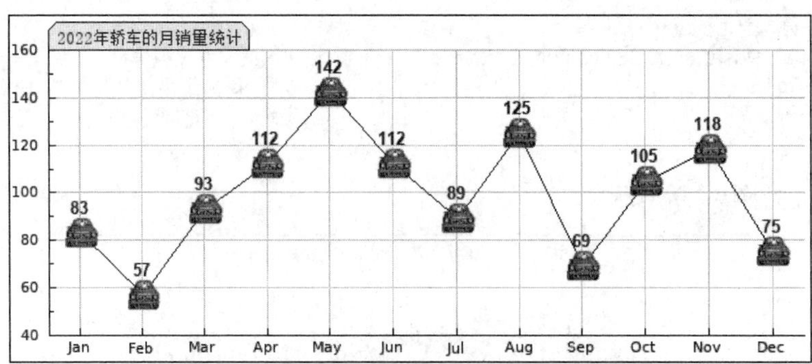

图 12.11　使用折线图统计 2022 年轿车的月销量

综合练习 3：使用饼形图统计农产品产量比率

使用饼形图统计 2019 年、2020 年、2021 年、2022 年农产品的产量比率，要求使用 JpGraph 类库实现，效果如图 12.12 所示。

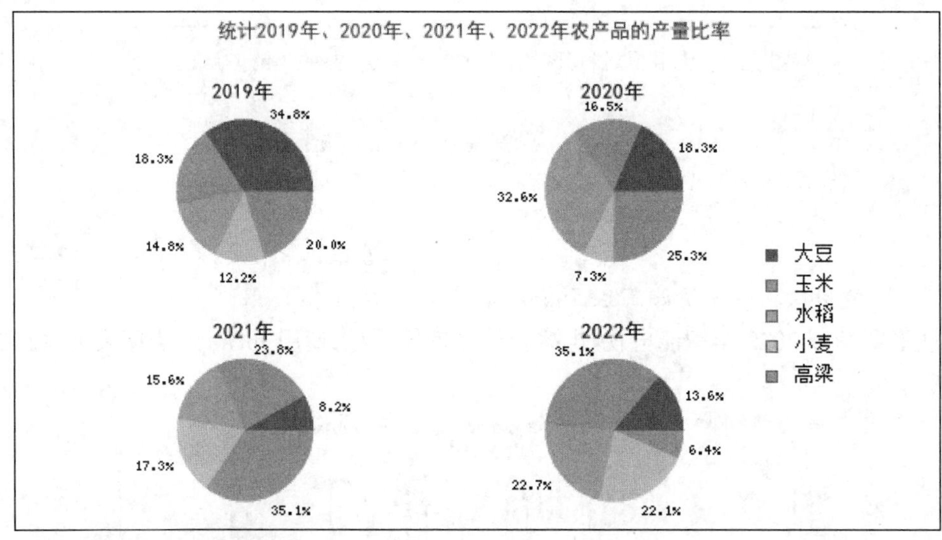

图 12.12　使用饼形图统计 2019 年、2020 年、2021 年、2022 年农产品的产量比率

第 13 章

文件系统

文件是用来存取数据的方式之一。相对数据库来说，文件在使用上更方便、直接。如果数据较少、较简单，使用文件无疑是最合适的方法。PHP 能非常好地支持文件上传功能，可以通过配置文件和函数来修改上传功能。

13.1 文件处理

文件处理包括读取文件、关闭文件、重写文件等，读者只要能掌握文件处理的关键步骤和常用函数，完全可以运用自如。例如，访问一个文件需要 3 步：打开文件、读写文件和关闭文件。其他操作要么是包含在读写文件中（如显示内容、写入内容等），要么与文件自身的属性有关系（如文件遍历、文件改名等）。

13.1.1 打开/关闭文件

打开和关闭文件使用 fopen()和 fclose()函数。打开文件应格外认真，因为一不小心就有可能将文件内容全部删掉。

1. 打开文件

对文件进行操作时首先要打开文件，这是进行数据存取的第一步。在 PHP 中使用 fopen()函数打开文件，其语法格式如下：

```
resource fopen(string filename, string mode [, bool use_include_path]);
```

其中，filename 是要打开的包含路径的文件名，可以是相对路径，也可以是绝对路径，如果没有任何前缀，则表示打开的是本地文件；mode 是打开文件的方式，模式字符串可以由 r（读）、w（写）、r+（读写）、a（追加）、t（文本模式）、b（二进制模式）和 x（谨慎写）等字符组成，具体可取的值如表 13.1 所示；use_include_path 是可选的，该参数在配置文件 php.ini 中指定一个路径，如 E:\wamp\www\ mess.php，如果希望服务器在这个路径下打开指定的文件，可以设置为 1 或 true。

表 13.1 fopen()中参数 mode 的取值列表

mode 取值	模 式 名 称	说　明
r	只读	打开只读文件，该文件必须存在
r+	读写	打开可读写的文件，该文件必须存在。在文件现有内容末尾之前写入，会覆盖原有的内容
w	只写	打开只写文件，若文件已存在，将文件内容清零；若文件不存在，则创建该文件
w+	读写	打开可读写的文件，若文件已存在，将文件内容清零；若文件不存在，则创建该文件
x	谨慎写	打开只写文件，若文件不存在，则创建该文件；若文件已存在，则函数返回 false 和一个警告
x+	谨慎读写	打开可读写的文件，若文件不存在，则创建该文件；若文件已存在，则函数返回 false 和一个警告
a	追加	以追加的方式打开只写文件。若文件不存在，则创建该文件；若文件已存在，写入的数据会被附加到文件尾，文件原先的内容会保留（原 EOF 符保留）
a+	追加	以追加的方式打开可读写的文件。若文件不存在，则创建该文件；若文件已存在，写入的数据会被附加到文件尾，文件原先的内容会保留（原 EOF 符不保留）
b	二进制	二进制模式，也是系统默认模式，表示打开的是二进制文件。常和其他模式字符联用。Windows 系统可区分二进制文件和文本文件，UNIX 系统不做区分。推荐使用该选项，以获得最大的可移植性
t	文本	文本模式，表示打开的是文本文件。常和其他模式字符联用，Windows 文件系统的一个选项

2. 关闭文件

文件操作结束后应该关闭它，否则可能引起错误。在 PHP 中使用 fclose()函数关闭文件，其语法格式如下：

```
bool fclose(resource handle);
```

该函数将参数 handle 指向的文件关闭，如果成功，则返回 true，否则返回 false。其中的文件指针必须是有效的，并且是通过 fopen()函数成功打开的文件。例如：

```
<?php
    $f_open = fopen("../file.txt.", "rb");            //打开文件
    …                                                  //对文件进行操作
    fclose($f_open)                                    //操作完成后关闭文件
?>
```

13.1.2 读写文件

相对于打开和关闭文件来说，读写文件更复杂一些。这里主要从读取数据和写入数据两方面讲解。

1．从文件中读取数据

从文件中读取数据，可以读取一个字符、一行字串或整个文件，还可以读取任意长度的字串。

1）读取文件函数 readfile()、file()和 file_get_contents()

readfile()函数用于读入一个文件并将其写入输出缓冲，如果出现错误则返回 false。其语法格式如下：

```
int readfile(string filename)
```

使用 readfile()函数不需要打开/关闭文件，不需要 echo/print 等输出语句，直接写出文件路径即可。

file()函数也可以读取整个文件的内容，它将文件内容按行存放到数组中，包括换行符在内，如果失败则返回 false。其语法格式如下：

```
array file(string filename)
```

file_get_contents()函数可将文件内容（filename）读入一个字符串。如果有 offset 和 maxlen 参数，则将自参数 offset 指定的位置开始读取长度为 maxlen 的内容。如果失败，则返回 false。其语法格式如下：

```
string file_get_contents(string filename[, int offset[, int maxlen]])
```

该函数适用于二进制对象，是将整个文件的内容读入一个字符串中的首选方式。

【例 13.1】使用 readfile()、file()和 file_get_contents()函数分别读取文件 tm.txt 的内容。（**实例位置：资源包\TM\sl\13\1**）

```
<table width="500" border="1" cellspacing="0" cellpadding="0">
  <tr>
      <td width="253" height="100" align="right" valign="middle" scope="col">使用 readfile()函数读取文件内容：
      </td>
      <td width="241" height="100" align="center" valign="middle" scope="col">
      <!--使用 readfile()函数读取 tm.txt 文件的内容-->
      <?php readfile('tm.txt'); ?>      </td>
      <!--  -----------------------------------------------------  -->
  </tr>
  <tr>
    <td height="100" align="right" valign="middle">使用 file()函数读取文件内容：</td>
    <td height="100" align="center" valign="middle">
      <!--使用 file()函数读取 tm.txt 文件的内容-->
      <?php
            $f_arr = file('tm.txt');
            foreach($f_arr as $cont) {
                  echo $cont."<br>";
            }
      ?></td>
      <!--  -----------------------------------------------  -->
  </tr>
  <tr>
      <td width="250" height="25" align="right" valign="middle" scope="col">使用 file_get_contents()函数读取文件内容：</td>
      <td height="25" align="center" valign="middle" scope="col">
      <!--使用 file_get_contents()函数读取 tm.txt 文件的内容-->
      <?php
            $f_chr = file_get_contents('tm.txt');
            echo $f_chr;
      ?></td>
      <!--  ------------------------------------------------------------  -->
  </tr>
</table>
```

运行结果如图 13.1 所示。

2）读取行数据函数 fgets()

fgets()函数用于一次读取一行数据。其语法格式如下：

```
string fgets(int handle [, int length])
```

其中，handle 是被打开的文件，length 是要读取的数据长度。函数能够从 handle 指定的文件中读取一行，并返回最大长度为 length-1 个字节的字符串。在遇到换行符、EOF 或者读取了 length-1 个字节后停止。如果忽略 length 参数，那么将读取数据到行结束。

【例 13.2】使用 fgets()读取 fun.php 文件。（**实例位置：资源包\TM\sl\13\2**）

```
<table border="1" cellspacing="0" cellpadding="0">
    <tr>
        <td align="right" valign="middle" scope="col">使用 fgets 函数：</td>
        <td align="center" valign="middle" scope="col">
        <!--使用 fgets 函数读取.php 文件-->
            <?php
                $fopen = fopen('fun.php', 'rb');
                while (!feof($fopen)) {                      //feof()函数测试指针是否到了文件结束的位置
                    echo fgets($fopen);                      //输出当前行
                }
                fclose($fopen);
            ?>
            <!--    ------------------------------------    -->
        </td>
    </tr>
</table>
```

运行结果如图 13.2 所示。

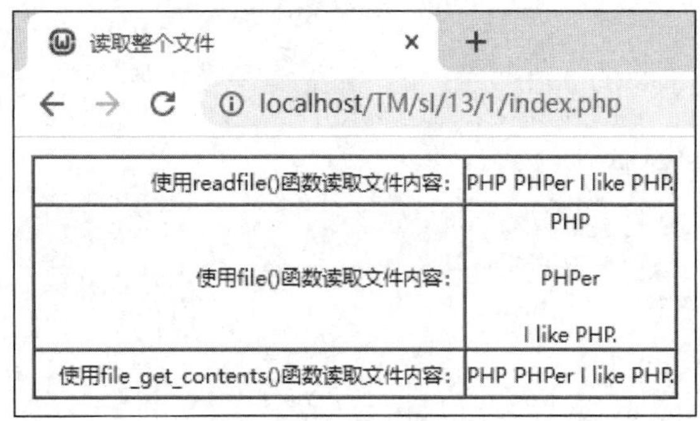

图 13.1　读取整个文件

图 13.2　按行读取整个文件

3）读取字符函数 fgetc()

在对某一个字符进行查找、替换时，需要有针对性地对某个字符进行读取，在 PHP 中可以使用 fgetc()函数实现此功能。其语法格式如下：

```
string fgetc(resource handle)
```

该函数返回一个字符，该字符从 handle 指向的文件中得到，遇到 EOF 则返回 false。

【例 13.3】使用 fgetc()函数逐个字符读取 03.txt 的内容并输出。（**实例位置：资源包\TM\sl\13\3**）

```
<pre>
    <?php
```

```
        $fopen = fopen('03.txt', 'rb');                    //创建文件资源
        while (false !== ($chr = fgetc($fopen))) {         //使用 fgetc()函数读取一个字符，判断是否为 false
            echo $chr;                                     //如果不是，则输出该字符
        }
        fclose($fopen);                                    //关闭文件资源
    ?>
</pre>
```

运行结果如图 13.3 所示。

4）读取任意长度字串函数 fread()

fread()可以从文件中读取指定长度的数据，其语法格式如下：

```
string fread(int handle, int length)
```

其中，handle 为指向的文件资源，length 是要读取的字节数。当函数读取 length 个字节或到达 EOF 时停止执行。

【例 13.4】使用 fread()函数读取文件 04.txt 的内容。（**实例位置：资源包\TM\sl\13\4**）

```
<?php
    $filename = "04.txt";                        //要读取的文件
    $fp = fopen($filename, "rb");                //打开文件
    echo fread($fp, 42);                         //使用 fread()函数读取文件内容的前 42 个字节
    echo "<p>";
    echo fread($fp, filesize($filename));        //输出其余的文件内容
?>
```

运行结果如图 13.4 所示。

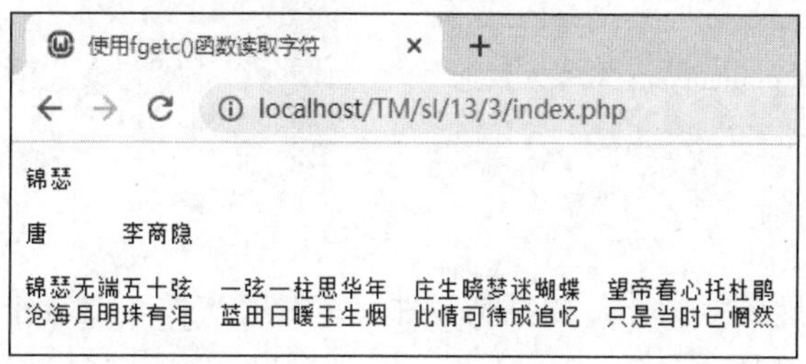

图 13.3　使用 fgetc()函数读取字符

图 13.4　使用 fread()函数读取文件

2．将数据写入文件

写入数据也是 PHP 中常见的文件操作，主要相关函数有两个：fwrite()和 file_put_contents()。

fwrite()函数也称为 fputs()函数，它们的用法相同。其语法格式如下：

```
int fwrite(resource handle, string string [, int length])
```

该函数把内容 string 写入文件指针 handle 处。如果指定了长度 length，则写入 length 个字节后停止。如果文件内容长度小于 length，则会输出全部文件内容。

file_put_contents()函数的功能类似于依次调用 fopen()、fwrite()和 fclose() 3 个函数。其语法格式如下：

```
int file_put_contents(string filename, string data [, int flags])
```

其中，filename 为写入数据的文件；data 为要写入的数据；flags 可以是 FILE_USE_INCLUDE_PATH、

FILE_APPEND 或 LOCK_EX，LOCK_EX 为独占锁定，在 13.3.3 节中会介绍。

下面我们通过实例比较 fwrite()函数和 file_put_contents()函数，体会 file_put_contents()函数的优越性。

【例 13.5】 首先使用 fwrite()函数向 05.txt 文件写入数据，再使用 file_put_contents()函数继续写入数据。（**实例位置：资源包\TM\sl\13\5**）

```
<?php
    $filepath = "05.txt";
    $str = "此情可待成追忆  只是当时已惘然<br>";
    echo "使用 fwrite()函数写入文件：";
    $fopen = fopen($filepath,'wb') or die('文件不存在');
    fwrite($fopen, $str);
    fclose($fopen);
    readfile($filepath);
    echo "<p>使用 file_put_contents()函数写入文件：";
    file_put_contents($filepath, $str);
    readfile($filepath);
?>
```

运行结果如图 13.5 所示。

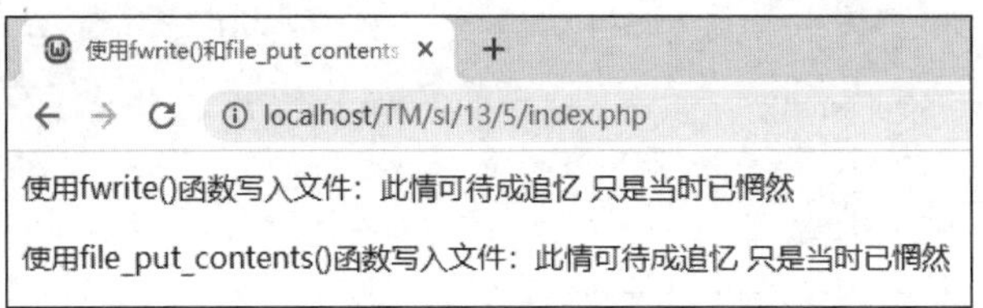

图 13.5　使用 fwrite()和 file_put_contents()函数写入数据

13.1.3　操作文件

除了可以对文件内容进行读写，还可以对文件本身进行操作，如复制文件、重命名文件、查看修改日期等。PHP 内置了大量的文件操作函数，如表 13.2 所示。

表 13.2　常用的文件操作函数

函 数 原 型	函 数 说 明	示　例
bool copy(string path1, string path2)	将文件从 path1 复制到 path2。成功返回 true，失败返回 false	copy('tm.txt', '../tm.txt')
bool rename(string filename1, string filename2)	把 filename1 重命名为 filename2	rename('1.txt', 'tm.txt')
bool unlink(string filename)	删除文件，成功返回 true，失败返回 false	unlink('./tm.txt')
int fileatime(string filename)	返回文件最后一次被访问的时间，时间以 UNIX 时间戳的方式返回	fileatime('1.txt')
int filemtime(string filename)	返回文件最后一次被修改的时间，时间以 UNIX 时间戳的方式返回	date('Y-m-d H:i:s', filemtime('1.txt'))
int filesize(string filename)	取得文件 filename 的大小（bytes）	filesize('1.txt')

续表

函数原型	函数说明	示　例

array pathinfo(string name [, int options])	返回一个数组，包含文件 name 的路径信息，包括 dirname、basename 和 extension。可以通过 option 设置要返回的信息，包括 PATHINFO_DIRNAME、PATHINFO_BASENAME 和 PATHINFO_EXTENSION，默认为返回全部	$arr = pathinfo('/tm/sl/12/5/1.txt');
		foreach($arr as $method => $value){
		echo $method.": ".$value."
		";
		}

string realpath(string filename)	返回文件 filename 的绝对路径，如 c:\tmp\…\1.txt	realpath('1.txt')

array stat(string filename)	返回一个数组，包括文件的相关信息，如上面提到的文件大小、最后修改时间等	$arr = stat('1.txt');
		foreach($arr as $method => $value){
		echo $method.": ".$value."
		";
		}

说明

在读写文件时，除 file()、readfile()等少数几个函数外，其他操作必须要先使用 fopen()函数打开文件，最后使用 fclose()函数关闭文件。文件的信息函数（如 filesize、filemtime 等）则都不需要打开文件，只要文件存在即可。

13.2　目录处理

目录是一种特殊的文件。要浏览目录下的文件，首先要打开目录，浏览完毕后，同样要关闭目录。目录处理包括打开目录、浏览目录和关闭目录。

13.2.1　打开/关闭目录

打开/关闭目录和打开/关闭文件类似，不同之处在于打开的文件如果不存在，则会自动创建一个新文件；打开的文件路径如果不正确，则一定会报错。

1．打开目录

PHP 使用 opendir()函数来打开目录，其语法格式如下：

```
resource opendir(string path)
```

opendir()函数的参数 path 是一个合法的目录路径，成功执行后返回目录的指针。如果 path 不是一个合法的目录，或者因为权限及文件系统错误不能打开目录，则返回 false，并产生一个 E_WARNING 级别的错误信息。可以在 opendir()前面加上“@”符号，抑制错误信息的输出。

2．关闭目录

PHP 使用 closedir()函数关闭目录，其语法格式如下：

```
void closedir(resource handle)
```

参数 handle 为使用 opendir()函数打开的一个目录指针。打开和关闭目录的流程代码如下：

```
<?php
	$path = "E:\\wamp\\www\\tm\\sl\\13" ;
	if (is_dir($path)) {							//检测是否为一个目录
		if ($dire = opendir($path))					//判断打开目录是否成功
			echo $dire;								//输出目录指针
	} else {
		echo '路径错误';
		exit();
	}
	…											//其他操作
	closedir($dire);								//关闭目录
?>
```

is_dir()函数用来判断当前路径是否为一个合法的目录。如果合法，则返回 true，否则返回 false。

13.2.2 浏览目录

在 PHP 中浏览目录文件使用的是 scandir()函数，其语法格式如下：

```
array scandir(string directory [, int sorting_order])
```

该函数返回一个数组，包含 directory 中的所有文件和目录。参数 sorting_order 用于指定排序顺序，默认按字母升序排序，如果添加了该参数，则变为降序排序。

【例 13.6】查看 E:\wamp\www\TM\sl\13 目录下的所有文件。（**实例位置：资源包\TM\sl\13\6**）

```
<?php
	$path = 'E:\wamp\www\TM\sl\13';					//要浏览的目录
	if (is_dir($path)) {							//判断文件名是否为目录
		$dir = scandir($path);						//使用 scandir()函数取得所有文件及目录
		foreach($dir as $value) {					//使用 foreach 循环
			echo $value."<br>";						//输出文件及目录名称
		}
	} else {
		echo "目录路径错误！";
	}
?>
```

运行结果如图 13.6 所示。

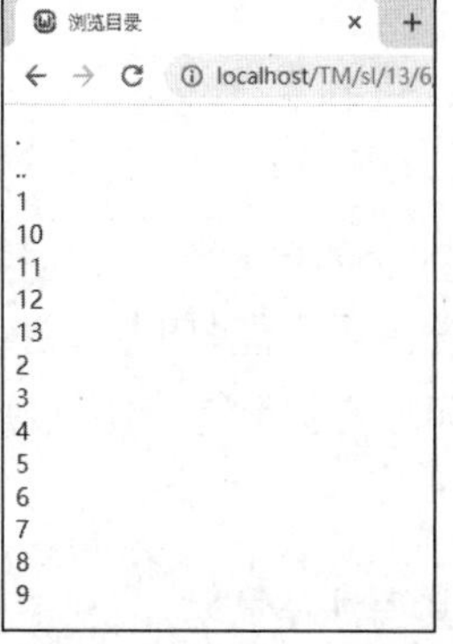

图 13.6　浏览目录

13.2.3 操作目录

目录是一种特殊的文件，因此，对文件的操作处理函数（如重命名）多数同样适用于目录。但还有一些特殊的函数是只针对目录的。表 13.3 列举了一些常用的目录操作函数。

表 13.3 常用的目录操作函数

函 数 原 型	函 数 说 明	示 例
bool mkdir(string pathname)	新建指定的目录	mkdir('temp')
bool rmdir(string dirname)	删除指定的目录，该目录必须是空的	rmdir('tmp')
string getcwd(void)	取得当前工作的目录	getcwd()
bool chdir(string directory)	改变当前目录为 directory	echo getcwd() . " "; chdir('../'); echo getcwd() . " ";
float disk_free_space(string directory)	返回目录中的可用空间（bytes）。被检查的文件必须通过服务器的文件系统访问	disk_free_space('E:\\wamp')
float disk_total_space(string directory)	返回目录的总空间大小（bytes）	disk_total_space('E:\\wamp')

string readdir(resource handle)	返回目录中下一个文件的文件名（使用此函数时，目录必须使用 opendir()函数打开）。使用该函数来浏览目录	while(false!==($path=readdir($handle))){
		echo $path;
		}

void rewinddir(resource handle)	重置由 opendir()创建的目录，即将目录指针倒回目录开始处	rewinddir($handle)

13.3 文件处理的高级应用

在 PHP 中，除了可以对文件进行基本的读写操作，还可以对文件指针进行查找、定位，对正在读取的文件进行锁定等操作，本节将进一步学习文件处理的高级技术。

13.3.1 远程文件的访问

PHP 支持 URL 格式的文件调用，只要在 php.ini 文件中配置即可。在 PHP 中找到 allow_url_ fopen 选项，将该选项设为 ON，重启服务器后即可使用 HTTP 或 FTP 的 URL 格式。如：

```
fopen('http://127.0.0.1/tm/sl/index.php', 'rb');
```

13.3.2 文件指针

PHP 可以通过文件指针的定位及查询来实现所需信息的快速查询。文件指针函数有 rewind()、

fseek()、feof()和 ftell()。

☑ rewind()函数：将文件 handle 的指针设为文件流的开头，语法格式如下：

```
bool rewind(resource handle)
```

注意

将文件以追加模式（a）打开时，写入文件的任何数据都会被附在后面，不管文件指针位于何处。

☑ fseek()函数：用于实现文件指针的定位，语法格式如下：

```
int fseek(resource handle, int offset [, int whence])
```

其中，handle 为要打开的文件；offset 为指针位置或相对 whence 的偏移量，可以是负值；whence 包括 3 个值，SEEK_SET 表示位置等于 offset 字节，SEEK_CUR 表示位置等于当前位置加上 offset 字节，SEEK_END 表示位置等于文件尾加上 offset 字节。如果忽略 whence，则默认为 SEEK_SET。

☑ feof()函数：用于判断文件指针是否在文件尾，语法格式如下：

```
bool feof(resource handle)
```

如果文件针到了文件结束的位置，就返回 true，否则返回 false。

☑ ftell()函数：用于返回当前指针的位置，语法格式如下：

```
int ftell(resource handle)
```

【例 13.7】使用 4 个指针函数输出文件 07.txt 中的内容。（**实例位置：资源包\TM\sl\13\7**）

```
<?php
    $filename = "07.txt";                                    //指定文件路径及文件名
    if (is_file($filename)) {                                //判断文件是否存在
        echo "文件总字节数：".filesize($filename)."<br>";     //输出总字节数
        $fopen = fopen($filename, 'rb');                     //打开文件
        echo "初始指针位置是：".ftell($fopen)."<br>";         //输出指针位置
        fseek($fopen, 27);                                   //移动指针
        echo "使用 fseek()函数后指针位置：".ftell($fopen)."<br>";  //输出移动后的指针位置
        echo "输出当前指针后面的内容：".fgets($fopen)."<br>";  //输出从当前指针到行尾的内容
        if (feof($fopen))                                    //判断指针是否指向文件末尾
            echo "当前指针指向文件末尾：".ftell($fopen)."<br>";  //如果指向文件尾，则输出指针位置
        rewind($fopen);                                      //使用 rewind()函数
        echo "使用 rewind()函数后指针的位置：".ftell($fopen)."<br>";  //查看使用 rewind()函数后指针的位置
        echo "输出前 31 个字节的内容：".fgets($fopen, 31);     //输出前 31 个字节的内容
        fclose($fopen);                                      //关闭文件
    } else {
        echo "文件不存在";
    }
?>
```

运行结果如图 13.7 所示。

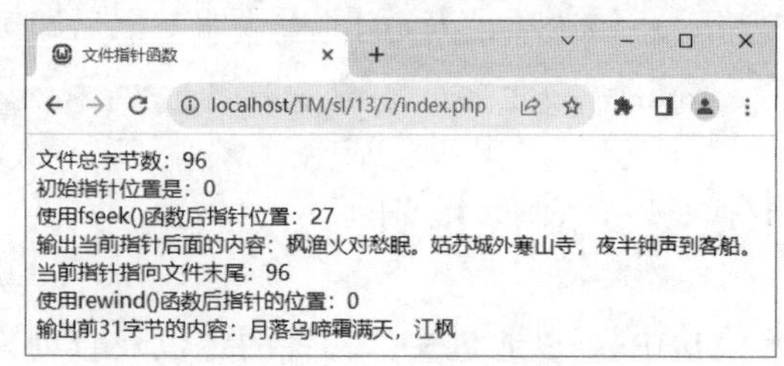

图 13.7　文件指针函数

13.3.3　锁定文件

向文本文件写入内容时，需要先锁定该文件，以防止其他用户同时修改文件内容。在 PHP 中锁定文件的函

数为 flock()，语法格式如下：

```
bool flock(int handle, int operation)
```

handle 为一个已经打开的文件指针，operation 的参数值如表 13.4 所示。

表 13.4 operation 的参数值

参 数 值	说 明	参 数 值	说 明
LOCK_SH	取得共享锁定（读取程序）	LOCK_UN	释放锁定
LOCK_EX	取得独占锁定（写入程序）	LOCK_NB	防止 flock()在锁定时堵塞

【例 13.8】使用 flock()函数先锁定文件并写入数据，然后解除锁定，最后关闭文件。（**实例位置：资源包\TM\sl\13\8**）

```
<?php
    $filename = '08.txt';                              //声明要打开的文件名称
    $fd = fopen($filename, 'w');                        //以 w 模式打开文件
    flock($fd, LOCK_EX);                               //锁定文件（独占共享）
    fwrite($fd, "hightman1");                          //向文件中写入数据
    flock($fd, LOCK_UN);                               //解除锁定
    fclose($fd);                                       //关闭文件指针
    readfile($filename);                               //输出文件内容
?>
```

向文件写入数据时，需要使用 w 或 w+模式打开文件，这时如果使用了 LOCK_EX，则同一时间访问此文件的其他用户无法得到文件的大小，也不能进行写操作。

13.4 文 件 上 传

文件上传可以通过 HTTP 协议来实现。要使用文件上传功能，首先要在 php.ini 配置文件中对上传做一些设置，然后了解预定义变量$_FILES，通过$_FILES 的值对上传文件做一些限制和判断，最后使用 move_uploaded_file()函数实现上传。

13.4.1 配置 php.ini 文件

要想顺利地实现文件上传功能，首先要在 php.ini 文件中开启文件上传功能，并对其中的一些参数做出合理的设置。找到 File Uploads 项，可以看到下面有 3 个属性值，表示含义如下。

☑ file_uploads：如果值是 on，说明服务器支持文件上传；如果为 off，则不支持。

☑ upload_tmp_dir：上传文件临时目录。在文件被成功上传之前，首先将文件存放到服务器端的临时目录中。如果要指定位置，可在这里设置，否则使用系统默认目录即可。

☑ upload_max_filesize：服务器允许上传的文件的最大值，以 MB 为单位。系统默认为 2MB，用户可以自行设置。

除了 File Uploads 项，还有几个属性也会影响上传文件的功能。

☑ max_execution_time：PHP 中一个指令所能执行的最长时间，单位是秒。

☑ memory_limit：PHP 中一个指令所分配的内存空间，单位是 MB。

说明

（1）如果使用集成化的安装包来配置 PHP 的开发环境，前述这些配置信息默认已经配置好了。

（2）如果要上传超大的文件，需要对 php.ini 文件进行修改。包括 upload_max_filesize 的最大值，max_execution_time 一个指令所能执行的最长时间和 memory_limit 一个指令所分配的内存空间。

13.4.2 预定义变量$_FILES

$_FILES 变量存储的是上传文件的相关信息，这些信息对于上传功能有很大的作用。该变量是一个二维数组，保存的信息如表 13.5 所示。

表 13.5 预定义变量$_FILES 元素

元 素 名	说 明
$_FILES[filename][name]	存储上传文件的文件名，如 exam.txt、myDream.jpg 等
$_FILES[filename][size]	存储文件大小。单位为字节
$_FILES[filename][tmp_name]	文件上传时，首先在临时目录中被保存成一个临时文件，该变量为临时文件名
$_FILES[filename][type]	上传文件的类型
$_FILES[filename][error]	存储上传文件的结果。如果返回 0，则说明文件上传成功

【例 13.9】创建一个上传文件域，通过$_FILES 变量输出上传文件的资料。（**实例位置：资源包\TM\sl\13\9**）

```
<table width="500" border="0" cellspacing="0" cellpadding="0">
<!--上传文件的 form 表单，必须有 enctype 属性-->
<form action="" method="post" enctype="multipart/form-data">
    <tr>
        <td width="150" height="30" align="right" valign="middle">请选择上传文件：</td>
        <!--上传文件域，type 类型为 file-->
        <td width="250"><input type="file" name="upfile"/></td>
        <!—“上传”按钮-->
        <td width="100"><input type="submit" name="submit" value="上传"/></td>
    </tr>
</form>
</table>
<?php
    <!--处理表单返回结果-->
    if (!empty($_FILES)) {                                          //判断变量$_FILES 是否为空
        foreach($_FILES['upfile'] as $name => $value)          //使用 foreach 循环输出上传文件信息的名称和值
            echo $name.' = '.$value.'<br>';
    }
?>
```

运行结果如图 13.8 所示。

图 13.8　$_FILES 预定义变量

13.4.3　文件上传函数

PHP 中使用 move_uploaded_file()函数上传文件。其语法格式如下：

```
bool move_uploaded_file(string filename, string destination)
```

move_uploaded_file()函数将上传文件存储到指定的位置。如果成功，则返回 true，否则返回 false。参数 filename 是上传文件的临时文件名，即$_FILES[tmp_name]；参数 destination 是上传后保存的新的路径和名称。

【例 13.10】创建一个上传表单，允许上传 1000KB 以下的文件。（**实例位置：资源包\TM\sl\13\10**）

```
<!--上传表单，有一个上传文件域-->
<form action="" method="post" enctype="multipart/form-data" name="form">
    <input name="up_file" type="file" />
    <input type="image" name="imageField" src="images/fg.bmp">
</form>
<!--  ---------------------------------------  -->
<?php
    /*判断是否有上传文件*/
    if (!empty($_FILES['up_file']['name'])) {
        $fileinfo = $_FILES['up_file'];                                          //将文件信息赋给变量$fileinfo
        if ($fileinfo['size'] < 1000000 && $fileinfo['size'] > 0) {              //判断文件大小
            move_uploaded_file($fileinfo['tmp_name'], $fileinfo['name']);        //上传文件
            echo '上传成功';
        } else {
            echo '文件太大或未知';
        }
    }
?>
```

运行结果如图 13.9 所示。

说明

由于篇幅限制，该实例只给出了关键代码，实例的完整代码请参考本书附带资源包。

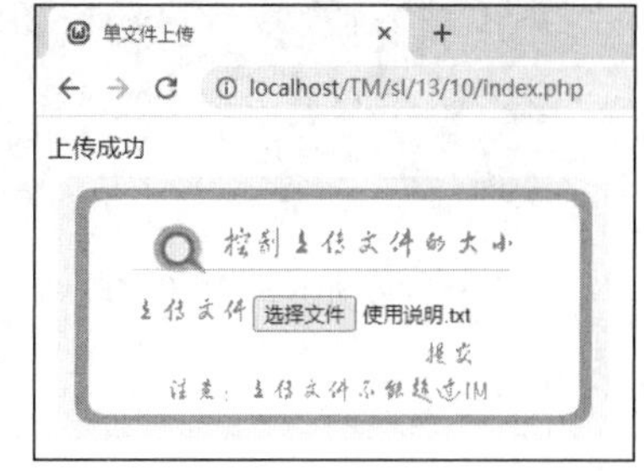

图 13.9　单文件上传

注意

如果使用 move_uploaded_file()函数上传文件，在创建 form 表单时，必须设置 form 表单的 enctype="multipart /form-data"属性。

13.4.4 多文件上传

PHP 支持同时上传多个文件，只需要在表单中对文件上传域使用数组命名即可。

【例 13.11】创建 4 个文件上传域，文件域的名字为 u_file[]，提交后上传的文件信息被保存到 $_FILES[u_file]中，生成多维数组。读取数组信息，并上传文件。（**实例位置：资源包\TM\sl\13\11**）

```
请选择要上传的文件
<!--上传文件表单-->
<form action="" method="post" enctype="multipart/form-data">
    <table id="up_table" border="1">
        <tr>
            <td>上传文件：</td>
            <td><input name="u_file[]" type="file"></td>
        </tr>
        <tr>
            <td>上传文件：</td>
            <td><input name="u_file[]" type="file"></td>
        </tr>
        <tr>
            <td>上传文件：</td>
            <td><input name="u_file[]" type="file"></td>
        </tr>
        <tr>
            <td>上传文件：</td>
            <td><input name="u_file[]" type="file"></td>
        </tr>
        <tr><td colspan="2"><input type="submit" value="上传" /></td></tr>
    </table>
</form>

<?php
    <!--判断变量$_FILES 是否为空-->
    if (!empty($_FILES[u_file][name])) {
        $file_name = $_FILES['u_file']['name'];                    //将上传文件名另存为数组
        $file_tmp_name = $_FILES['u_file']['tmp_name'];            //将上传的临时文件名存为数组
        for ($i = 0; $i < count($file_name); $i++) {               //循环上传文件
            if ($file_name[$i] != '') {                            //判断上传文件名是否为空
                move_uploaded_file($file_tmp_name[$i], $i.$file_name[$i]);
                echo '文件'.$file_name[$i].'上传成功。更名为'.$i.$file_name[$i].'<br>';
            }
        }
    }
?>
```

运行结果如图 13.10 所示。

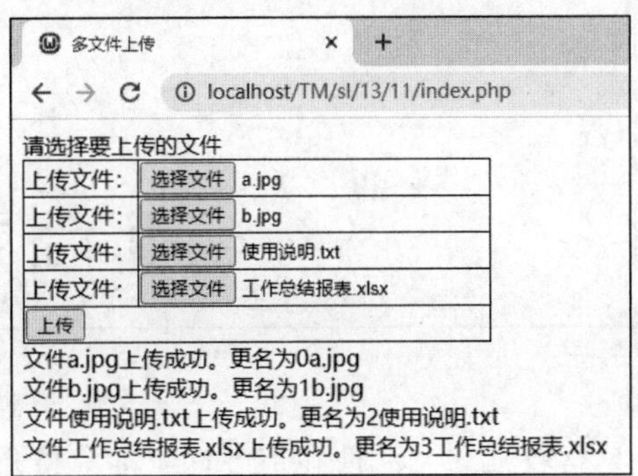

图 13.10　多文件上传

13.5　实践与练习

（答案位置：资源包\TM\sl\13\实践与练习\）

综合练习 1：统计页面访问量

将页面访问量保存在文本文件中，通过文本文件的读写操作统计页面的访问量。

综合练习 2：控制上传文件的大小

实现文件的上传操作，如果文件大小超过 10MB，则给出相应的提示信息。

第 14 章

面向对象

面向对象是一种编程思想，具有较强的灵活性和扩展性。本章将介绍面向对象的概念，如抽象类、接口、复制等。面向对象的编程能力是一个程序员发展的分水岭，要想在编程这条路上走得比别人远，就一定要掌握面向对象编程技术。要想真正明白面向对象编程思想，必须要多动手实践，多动脑思考，并注意平时积累。希望读者通过自己的努力，能有所突破。

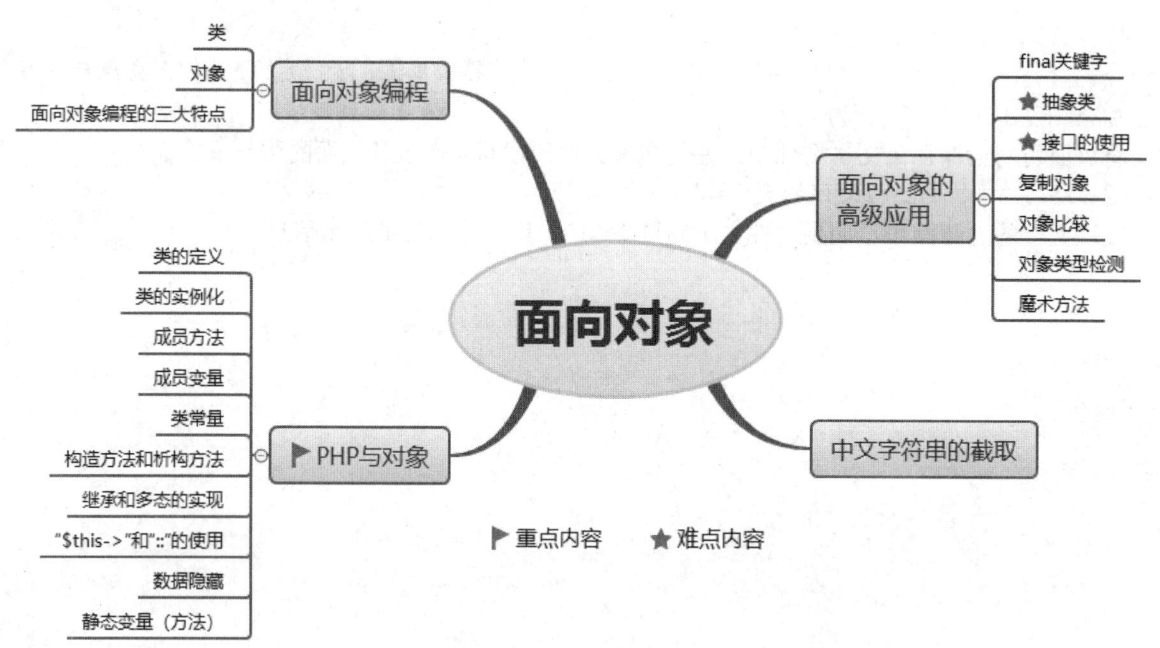

14.1　面向对象编程

面向对象编程是面向对象的一部分。面向对象包括 3 个部分：面向对象分析（object oriented analysis，OOA）、面向对象设计（object oriented design，OOD）和面向对象编程（object oriented programming，OOP）。面向对象编程的两个重点概念是类和对象。

14.1.1　类

世间万物都具有其自身的属性和方法，通过这些属性和方法可以将不同的物质区分开来。例如，人具有身高、体重和肤色等属性，还可以进行吃饭、学习、走路等活动，这些活动可以说是人具有的功能。可以把人看作程序中的一个类，那么人的身高可以看作类中的属性，走路可以看作类中的方法。也就是说，类是属性和方法的集合，是面向对象编程方式的核心和基础，通过类可以将零散的用于实现某项功能的代码进行有效管理。例如，创建一个运动类，包括 5 个属性：姓名、身高、体重、年龄和性别，定义 4 个方法：踢足球、打篮球、举重和跳高，如图 14.1 所示。

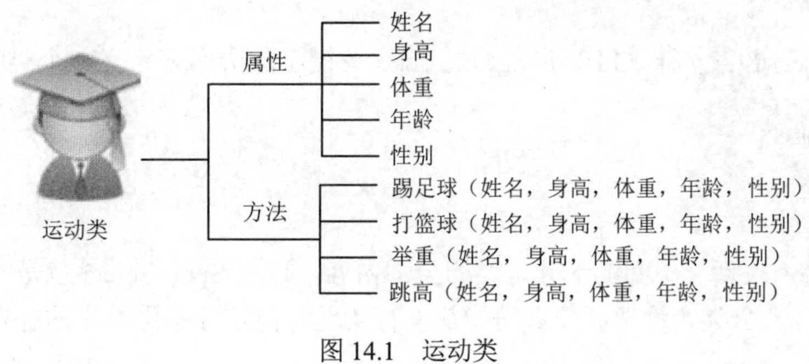

图 14.1　运动类

14.1.2　对象

类只是具备某项功能的抽象模型，实际应用中还需要对类进行实例化，这样就引入了对象的概念。对象是类进行实例化后的产物，是一个实体。仍然以人为例，“黄种人是人”这句话没有错误，但反过来说“人是黄种人”这句话一定是错误的。因为除了有黄种人，还有黑人、白人等。所以“黄种人”就是“人”这个类的一个实例对象。可以这样理解对象和类的关系：对象实际上就是“有血有肉的，能摸得到、看得到的”一个类。

这里实例化 14.1.1 节中创建的运动类，调用运动类中的打篮球方法，判断提交的实例对象是否符合打篮球的条件，如图 14.2 所示。

这里根据实例化对象，调用打篮球方法，并向其中传递参数（明日，185 厘米，80 千克，20 周岁，男），在打篮球方法中判断这个对象是否符合打篮球的条件。

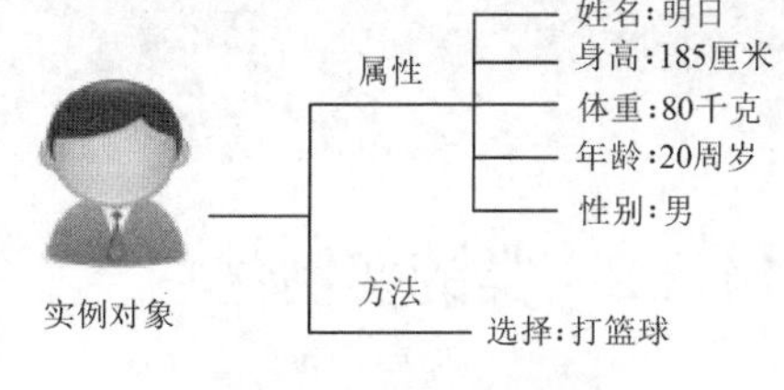

图 14.2　实例化对象

14.1.3　面向对象编程的三大特点

面向对象编程的三大特点就是封装、继承和多态。

☑　封装：即信息隐藏，就是将一个类的使用和实现分开，只保留有限的接口（方法）与外部联系。使用该类的开发人员只要知道这个类该如何使用即可，不用去关心这个类是如何实现的。这样做可以让开发人员把更多精力集中起来专注别的事情，同时有效避免程序之间的相互依赖。

☑ 继承：派生类（子类）自动继承一个或多个基类（父类）中的属性与方法，并可以重写或添加新的属性或方法。继承这个特性简化了对象和类的创建，增加了代码的可重用性。继承分为单继承和多继承，PHP 所支持的是单继承，也就是说，一个子类有且只有一个父类。

☑ 多态：同一个类的不同对象在使用同一个方法时，可以获得不同的结果，这种技术称为多态。多态增强了软件的灵活性和重用性。

14.2 PHP 与对象

14.2.1 类的定义

和很多面向对象的语言一样，PHP 也是通过 class 关键字加类名来定义一个类的，语法格式如下：

```
<?php
    class SportObject {                                          //定义运动类
        …
    }
?>
```

上述语法格式中，大括号中间的部分是类的全部内容，这里 SportObject 就是一个最简单的类。虽然 SportObject 类仅有一个类的骨架，什么功能都没有实现，但这并不影响它的存在。

注意

一个类，即一对大括号之间的全部内容都要在一段代码段中，“<?php … ?>”之间不能分割成多块。例如，下面的格式是不允许的。

```
<?php
    class SportObject {                                          //定义运动类
        …
?>
<?php
        …
}
?>
```

14.2.2 类的实例化

定义的类不能直接访问，要访问类中的属性或方法需要对类进行实例化。要创建一个类的实例，必须使用 new 关键字。对类进行实例化的语法如下：

```
对象名 = new 类名()
```

使用 new 关键字可以为同一个类创建多个对象，每个对象各自都是独立的。

14.2.3 成员方法

类中的函数和成员方法唯一的区别就是，函数实现的是某个独立的功能，而成员方法用于实现类

中的一个行为，是类的一部分。

下面创建在图 14.1 中编写的运动类，并添加成员方法。将类命名为 SportObject 类，并添加打篮球的成员方法 beatBasketball()，代码如下：

```
<?php
    class SportObject {
        function beatBasketball()($name, $height, $avoirdupois, $age, $sex){          //声明成员方法
            echo "姓名: ".$name;                                                        //方法实现的功能
            echo "身高: ".$height;                                                      //方法实现的功能
            echo "体重: ".$avoirdupois;                                                 //方法实现的功能
            echo "年龄: ".$age;                                                         //方法实现的功能
            echo "性别: ".$sex;                                                         //方法实现的功能
        }
    }
?>
```

该方法的作用是输出申请打篮球人的基本信息，包括姓名、身高、体重、年龄和性别。这些信息是通过方法的参数传进来的。

类的方法已经添加，接下来是使用方法。使用方法不像使用函数那么简单，首先要声明一个对象，然后使用如下格式来调用要使用的方法：

```
对象名 -> 成员方法
```

【例 14.1】以 SportObject 类为例，实例化一个对象并调用方法 beatBasketball。（**实例位置：资源包\TM\sl\14\1**）

```
<?php
    class SportObject {
        function beatBasketball($name, $height, $avoirdupois, $age,$sex) {    //声明成员方法
            if ($height>180 and $avoirdupois<=100) {
                return $name."，符合打篮球的要求!";                              //方法实现的功能
            } else {
                return $name."，不符合打篮球的要求!";                            //方法实现的功能
            }
        }
    }
    $sport=new SportObject();
    echo $sport->beatBasketball('小明', '185', '80', '20 周岁', '男');
?>
```

结果为：

```
小明，符合打篮球的要求!
```

说明

实例 14.1 创建了图 14.1 中的运动类，同时也完成了图 14.2 中对类的实例化操作，最终输出方法判断的结果。

14.2.4　成员变量

类中的变量也称为成员变量（也有称为属性或字段的）。成员变量用来保存信息数据，或与成员

方法进行交互来实现某项功能。定义成员变量的格式如下：

```
关键字 成员变量名
```

关键字可以使用 public、private、protected、static 和 final 中的任意一个。在 14.2.9 节之前，所有的实例都使用 public 来修饰。其他几个关键字将在 14.2.9 节、14.2.10 节和第 14.3.1 节中详细介绍。

访问成员变量的方法和访问成员方法是一样的，只要把成员方法换成成员变量即可，语法格式如下：

```
对象名 -> 成员变量
```

【例 14.2】 定义运动类 SportObject，首先声明 3 个成员变量$name、$height 和$avoirdupois。然后定义一个成员方法 bootFootBall，判断申请的运动员是否适合这个运动项目。最后，实例化类，通过实例化返回对象调用指定的方法，根据运动员填写的参数，判断申请的运动员是否符合要求。（**实例位置：资源包\TM\sl\14\2**）

```
<?php
    class SportObject {
        public $name;                                                   //定义成员变量
        public $height;                                                 //定义成员变量
        public $avoirdupois;                                            //定义成员变量
        public function bootFootBall($name, $height, $avoirdupois) {    //声明成员方法
            $this->name = $name;
            $this->height = $height;
            $this->avoirdupois = $avoirdupois;
            if ($this->height<185 and $this->avoirdupois<85) {
                return $this->name."，符合踢足球的要求!";                  //方法实现的功能
            } else {
                return $this->name."，不符合踢足球的要求!";                //方法实现的功能
            }
        }
    }
    $sport = new SportObject();                                         //实例化类，并传递参数
    echo $sport->bootFootBall('小明', '185', '80');                      //执行类中的方法
?>
```

结果为：

```
小明，不符合踢足球的要求!
```

（1）“$this->”的作用是调用本类中的成员变量或成员方法，这里只要知道含义即可，在 14.2.8 节中将介绍相关的知识。

（2）无论是使用“$this->”还是使用“对象名->”的格式，后面的变量中都是没有$符号的，如“$this-> beatBasketBall”“$sport-> beatBasketBall”。这是一个出错概率很高的错误，初学者一定要注意。

14.2.5 类常量

既然有变量，当然也会有常量。常量就是不会改变的量，是一个恒值。圆周率是众所周知的一个常量。定义常量使用关键字 const，如：

```
const PI = 3.14159;
```

【例 14.3】先声明一个常量，再声明一个变量，实例化对象后输出两个值。（**实例位置：资源包\TM\sl\14\3**）

```
<?php
    class SportObject {
        const BOOK_TYPE = '计算机图书';                          //声明常量 BOOK_TYPE
        public $object_name;                                     //声明变量，用来存放图书名称
        function setObjectName($name) {                          //声明方法 setObjectName
            $this -> object_name = $name;                        //设置成员变量值
        }
        function getObjectName() {                               //声明方法 getObjectName
            return $this -> object_name;
        }
    }
    $c_book = new SportObject();                                 //实例化对象
    $c_book -> setObjectName("PHP 从入门到精通");                //调用方法 setObjectName
    echo SportObject::BOOK_TYPE." -> ";                          //输出常量 BOOK_TYPE
    echo $c_book -> getObjectName();                             //调用方法 getObjectName
?>
```

结果为：

```
计算机图书 -> PHP 从入门到精通
```

可以发现，常量的输出和变量的输出是不一样的。常量不需要实例化对象，其输出格式为“类名::常量名”。

说明

类名和常量名之间的两个冒号“::”称为作用域操作符，使用这个操作符可以在不创建对象的情况下调用类中的常量、变量和方法。

14.2.6 构造方法和析构方法

1．构造方法

当类实例化一个对象时，通常需要初始化一些成员变量。如例 14.2 中的 SportObject 类，再添加一些成员变量，类的形式如下：

```
class SportObject {
    public $name;                                    //定义姓名成员变量
    public $height;                                  //定义身高成员变量
    public $avoirdupois;                             //定义体重成员变量
```

```
    public $age;                                                    //定义年龄成员变量
    public $sex;                                                    //定义性别成员变量
}
```

声明一个 SportObject 类的对象，并对这个类的一些成员变量赋初值，代码如下：

```
$sport = new SportObject();                                        //实例化类，并传递参数
$sport ->name = "明日 ";                                           //为成员变量赋值
$sport ->height = 185;                                             //为成员变量赋值
$sport ->avoirdupois = 80;                                         //为成员变量赋值
$sport ->age = 20;                                                 //为成员变量赋值
$sport ->sex = "男";                                               //为成员变量赋值
echo $sport->bootFootBall();                                       //执行方法
```

可以看到，如果赋初值比较多，写起来就比较麻烦。为此，PHP 引入了构造方法。构造方法是生成对象时自动执行的成员方法，其作用就是初始化对象。该方法可以没有参数，也可以有多个参数。构造方法的格式如下：

```
void __construct([mixed args [,…]])
```

注意

函数中的“__”是两条下画线“_”。

在上面的例子中，可以通过构造方法来初始化类中的成员变量，代码如下：

```
public function __construct($name, $height, $avoirdupois, $age, $sex){    //定义构造方法
    $this->name = $name;                                                //为成员变量赋值
    $this->height = $height;                                            //为成员变量赋值
    $this->avoirdupois = $avoirdupois;                                  //为成员变量赋值
    $this->age = $age;                                                  //为成员变量赋值
    $this->sex = $sex;                                                  //为成员变量赋值
}
```

【例 14.4】重写 SportObject 类和 bootFootBall 成员方法，查看重写后的对象在使用上有哪些不一样。（**实例位置：资源包\TM\sl\14\4**）

```
<?php
    class SportObject {
        public $name;                                                           //定义成员变量
        public $height;                                                         //定义成员变量
        public $avoirdupois;                                                    //定义成员变量
        public $age;                                                            //定义成员变量
        public $sex;                                                            //定义成员变量
        public function __construct($name, $height, $avoirdupois, $age, $sex){  //定义构造方法
            $this->name = $name;                                                //为成员变量赋值
            $this->height = $height;                                            //为成员变量赋值
            $this->avoirdupois = $avoirdupois;                                  //为成员变量赋值
            $this->age = $age;                                                  //为成员变量赋值
            $this->sex = $sex;                                                  //为成员变量赋值
        }
        public function bootFootBall() {                                        //声明成员方法
            if ($this->height<185 and $this->avoirdupois<85) {
                return $this->name."，符合踢足球的要求!";                        //方法实现的功能
            } else {
                return $this->name."，不符合踢足球的要求!";                      //方法实现的功能
            }
```

```
        }
    }
    $sport = new SportObject('小明', '185', '80', '20', '男');          //实例化类，并传递参数
    echo $sport->bootFootBall();                                        //执行类中的方法
?>
```

结果为：

```
小明，不符合踢足球的要求!
```

可以看到，重写后的类，在实例化对象时只需一条语句即可完成赋值。

说明

构造方法是初始化对象时使用的。如果类中没有构造方法，那么 PHP 会自动生成一个。自动生成的构造方法没有任何参数和操作。

2. 析构方法

析构方法和构造方法相反，析构方法在对象结束其生命周期时会自动调用，其作用是释放内存。析构方法的格式如下：

```
void __destruct(void)
```

【例 14.5】声明对象 SportObject，在对象中定义析构方法，观察析构方法的使用。（**实例位置：资源包\TM\sl\14\5**）

```
<?php
    class SportObject {
        public $name;                                                   //定义姓名成员变量
        public $height;                                                 //定义身高成员变量
        public $avoirdupois;                                            //定义体重成员变量
        public $age;                                                    //定义年龄成员变量
        public $sex;                                                    //定义性别成员变量
        public function __construct($name, $height, $avoirdupois, $age, $sex){ //定义构造方法
            $this->name = $name;                                        //为成员变量赋值
            $this->height = $height;                                    //为成员变量赋值
            $this->avoirdupois = $avoirdupois;                          //为成员变量赋值
            $this->age = $age;                                          //为成员变量赋值
            $this->sex = $sex;                                          //为成员变量赋值
        }
        public function bootFootBall() {                                //声明成员方法
            if ($this->height<185 and $this->avoirdupois<85) {
                return $this->name."，符合踢足球的要求!";                 //方法实现的功能
            } else {
                return $this->name."，不符合踢足球的要求!";               //方法实现的功能
            }
        }
        function __destruct() {                                         //定义析构方法
        echo "<p><b>对象被销毁，调用析构方法。</b></p>";
        }
    }
    $sport=new SportObject('明日', '185', '80', '20', '男');            //实例化类，并传递参数
?>
```

结果为：

```
对象被销毁，调用析构方法。
```

PHP 使用的是一种“垃圾回收”机制，自动清除不再使用的对象，释放内存。也就是说，即使不使用 unset()函数，析构方法也会自动被调用，这里只是为了明确析构方法在何时被调用。一般情况下是不需要手动创建析构方法的。

14.2.7 继承和多态的实现

继承和多态最根本的作用就是完成代码的重用。下面就来介绍 PHP 中的继承和多态。

1. 继承

子类继承父类的所有成员变量和方法，包括构造方法，而子类可以额外定义自己的成员变量和方法。当子类被创建时，PHP 会先在子类中查找构造方法。如果子类有自己的构造方法，PHP 会先调用子类中的构造方法。当子类中没有构造方法时，PHP 会调用父类中的构造方法，这就是继承。

例如，图 14.1 展示了一个运动类，在这个运动类中包含很多种方法，代表不同的体育项目，各种体育项目的方法中有公共的属性，如姓名、性别、年龄等。但还会有许多不同之处，例如，打篮球对身高的要求，举重对体重的要求等，如果都由一个 SportObject 类来生成各个对象，除了那些公共属性，其他属性和方法则需自己手动来写，这样工作效率得不到提高。这时可以使用面向对象中的继承功能来解决这个难题。

继承需要通过关键字 extends 来声明，继承的格式如下：

```
class subClass extends superClass {
    ...
}
```

subClass 为子类名称，superClass 为父类名称。

【例 14.6】用 SportObject 类生成一个子类 BeatBasketBall，通过实例化子类调用父类中的方法和自身的方法并输出结果。（**实例位置：资源包\TM\sl\14\6**）

```
<?php
    /*父类*/
    class SportObject {
        public $name;                                               //定义姓名成员变量
        public $age;                                                //定义年龄成员变量
        public $height;                                             //定义身高成员变量
        public $sex;                                                //定义性别成员变量
        public function __construct($name, $age, $height, $sex) {   //定义构造方法
            $this->name = $name;                                    //为成员变量赋值
            $this->age = $age;                                      //为成员变量赋值
            $this->height= $height;                                 //为成员变量赋值
            $this->sex = $sex;                                      //为成员变量赋值
```

```
        }
        public function showHeight(){                                   //定义方法
            return $this->name."的身高是".$this->height;
        }
    }
    /*子类 BeatBasketBall*/
    class BeatBasketBall extends SportObject {                          //定义子类，继承父类
        function showMe() {                                             //定义方法
            if ($this->height>185) {
                return $this->name."，符合打篮球的要求";                    //方法实现的功能
            } else {
                return $this->name."，不符合打篮球的要求";                  //方法实现的功能
            }
        }
    }
    $beatbasketball = new BeatBasketBall('小明','20','190cm','男');      //实例化子类
    echo $beatbasketball->showHeight()."<br>";                          //调用父类方法
    echo $beatbasketball->showMe();                                     //输出结果
?>
```

运行结果如图14.3所示。

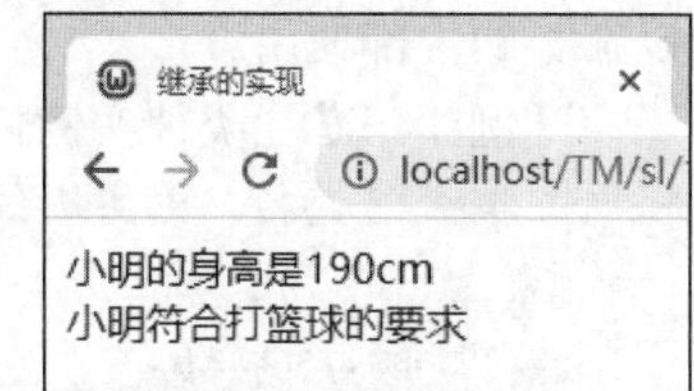

图14.3　继承的实现

2. 多态

仍然是之前的SportObject类，假设有一个成员方法，功能是让大家去游泳，这个时候有的人带游泳圈，有的人带浮板，还有的人什么也不带。虽是同一种方法，却产生了不同的形态，这就是多态。

多态按字面上理解就是“多种形状”。可以理解为多种表现形式，即“一个对外接口，多个内部实现方法”。在面向对象中，多态性是指同一个操作作用于不同的类的实例，将产生不同的执行结果。多态可以通过继承复用代码来实现，下面通过一个例子来说明多态的用法，代码如下：

```
<?php
    class SportObject{ //定义父类
        public function sport(){
            echo '不同运动项目有不同的要求！';
        }
    }
    class BeatBasketBall extends SportObject{ //BeatBasketBall 子类
        public function sport(){
            echo '篮球项目对身高有要求！';//方法实现的功能
        }
    }
    class WeightLifting extends SportObject{//WeightLifting 子类
        public function sport(){
            echo '举重项目对体重有要求！';//方法实现的功能
        }
    }
    function showSport($obj){
        $obj->sport();
    }
    showSport(new BeatBasketBall());
    showSport(new WeightLifting());
?>
```

上述代码中，定义了一个父类SportObject，在父类中定义了一个方法sport，而在子类中对该方法

进行了重写，在实例化后调用的是各自的 sport 方法，从而产生了不同的结果，这就是一种多态的应用。

14.2.8　“$this->”和“::”的使用

子类不仅可以调用自己的变量和方法，还可以调用父类中的变量和方法，其他不相关的类成员同样可以调用。

PHP 是通过伪变量“$this->”和作用域操作符“::”来实现这些调用功能的，这两个符号在前面的学习中都有过简单的介绍。本节将详细讲解两者的使用。

1. “$this->”

在 14.2.3 节“成员方法”中，对如何调用成员方法有了基本的了解，那就是用对象名加方法名，格式为“对象名->方法名”。但在定义类时（如 SportObject 类），根本无法得知对象的名称是什么。这时如果想调用类中的方法，就要用伪变量“$this->”。$this 的意思就是本身，所以“$this->”只可以在类的内部使用。

【例 14.7】当类被实例化后，$this 同时被实例化为本类的对象，这时对$this 使用 get_class()函数，将返回本类的类名。（**实例位置：资源包\TM\sl\14\7**）

```
<?php
	class example {                                                   //创建类 example
		function exam() {                                             //创建成员方法
			if (isset($this)) {                                       //判断变量$this 是否存在
				echo '$this 的值为：'.get_class($this);                //如果存在，输出$this 所属类的名字
			} else {
				echo '$this 未定义';
			}
		}
	}
	$class_name = new example();                                      //实例化对象$class_name
	$class_name->exam();                                              //调用方法 exam
?>
```

结果为：

```
$this 的值为：example
```

说明

get_class()函数返回对象所属类的名字，如果不是对象，则返回 false。

2. 操作符“::”

伪变量$this 只能在类的内部使用，但操作符“::”可以在没有声明任何实例的情况下访问类中的成员方法或成员变量。使用“::”操作符的通用格式如下：

```
关键字::变量名/常量名/方法名
```

这里的关键字分为以下 3 种情况。

☑　parent：可以调用父类中的成员变量、成员方法和常量。

☑ self：可以调用当前类中的静态成员和常量。

☑ 类名：可以调用本类中的变量、常量和方法。

【例 14.8】依次使用类名、parent 和 self 关键字来调用变量和方法，观察输出的结果。（**实例位置：资源包\TM\sl\14\8**）

```
<?php
	class Book {
		const NAME = 'computer';						//常量 NAME
		function __construct() {						//构造方法
			echo '本月图书类冠军为：'.Book::NAME.' ';			//输出默认值
		}
	}
	class l_book extends Book {						//Book 类的子类
		const NAME = 'foreign language';				//声明常量
		function __construct() {						//子类的构造方法
			parent::__construct();					//调用父类的构造方法
			echo '<br>本月图书类冠军为：'.self::NAME.' ';		//输出本类中的默认值
		}
	}
	$obj = new l_book();							//实例化对象
?>
```

结果为：

```
本月图书类冠军为：computer
本月图书类冠军为：foreign language
```

说明

关于静态变量（方法）的声明及使用可参考 14.2.10 节相关内容。

14.2.9 数据隐藏

细心的读者看到这里一定会有一个疑问，面向对象编程的特点之一是封装性，即数据隐藏，但在前面的学习中并没有突出这一点。对象中的所有变量和方法可以随意调用，甚至不用实例化也可以使用类中的方法、变量。这就是面向对象吗？

这当然不算是真正的面向对象。读者是否还记得在 14.2.4 节讲解成员变量时提到的 public、private、protected、static 和 final 等关键字？这就是用来限定类成员（包括变量和方法）的访问权限的。本节先来学习前 3 个。

说明

成员变量和成员方法在关键字的使用上都是一样的。这里只以成员变量为例说明几种关键字的不同用法。对于成员方法同样适用。

1．public（公共成员）

顾名思义，就是可以公开的、没有必要隐藏的数据信息。可以在程序的任何位置（类内、类外）被其他类和对象调用。子类可以继承和使用父类中所有的公共成员。

在本章的前半部分，所有的变量都被声明为 public，而所有的方法在默认状态下也是 public，所以对变量和方法的调用显得十分混乱。为了解决这个问题，就需要使用第二个关键字 private。

2．private（私有成员）

被 private 关键字修饰的变量和方法，只能在所属类的内部被调用和修改，不可以在类外被访问，在子类中也不可以。

【例 14.9】验证对私有变量$name 的访问。私有变量只能通过调用成员方法来实现，如果直接调用私有变量，将会发生错误。（**实例位置：资源包\TM\sl\14\9**）

```
<?php
    class Book {
        private $name = 'computer';                          //声明私有变量$name
        public function setName($name) {                     //设置私有变量方法
            $this -> name = $name;
        }
        public function getName() {                          //读取私有变量方法
            return $this -> name;
        }
    }
    class LBook extends Book {                               //Book 类的子类
    }
    $lbook = new LBook();                                    //实例化对象
    echo '正确操作私有变量的方法：';                          //正确操作私有变量
    $lbook -> setName("PHP 从入门到精通");
    echo $lbook -> getName();
    echo '<br>直接操作私有变量的结果：';                      //错误操作私有变量
    echo Book::$name;
?>
```

运行结果如图 14.4 所示。

说明

对于成员方法，如果没有标注关键字，则默认为 public。从本节开始，以后所有的方法及变量都会带上关键字，这是一种良好的书写习惯。

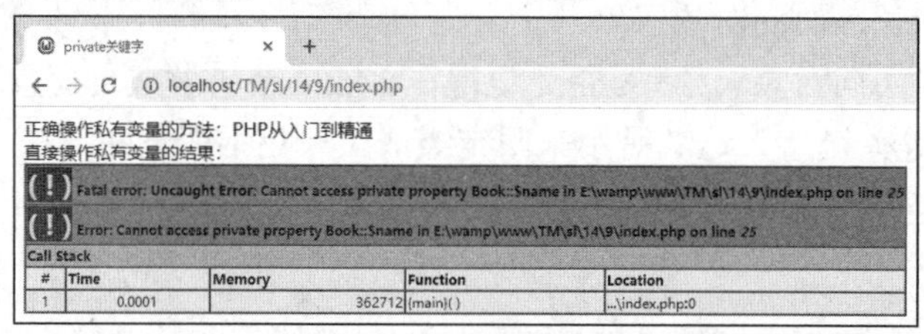

图 14.4　private 关键字

3．protected（保护成员）

private 关键字可以将数据完全隐藏起来，除了在本类，其他地方都不可以调用，子类也不可以。对于有些变量希望子类能够调用，但对另外的类来说，还要做到封装。这时，就可以使用 protected 关键字修饰类成员。被 protected 修饰的类成员，可以在本类和子类中被调用，其他地方不可以被调用。

【例 14.10】声明一个 protected 变量，使用子类中的方法调用一次，最后在类外直接调用一次，观察运行结果。（**实例位置：资源包\TM\sl\14\10**）

```
<?php
    class Book {
        protected $name = 'computer';                                    //声明 protected 变量$name
    }
    class LBook extends Book {                                           //Book 类的子类
        public function showMe() {
            echo '对于 protected 修饰的变量，在子类中是可以直接调用的。如：$name = '.$this -> name;
        }
    }
    $lbook = new LBook();                                                //实例化对象
    $lbook -> showMe();
    echo '<p>但在其他的地方是不可以调用的，否则：';                          //对保护成员进行操作
    $lbook -> name = 'history';
?>
```

运行结果如图 14.5 所示。

图 14.5　protected 关键字

说明

虽然 PHP 中没有对修饰变量的关键字做强制性的规定和要求，但从面向对象的特征和设计方面考虑，一般使用 private 或 protected 关键字来修饰变量，以防止变量在类外被直接修改和调用。

14.2.10　静态变量（方法）

不是所有的变量（方法）都要通过创建对象来调用。可以通过给变量（方法）加上 static 关键字来直接调用。调用静态成员的格式如下：

```
关键字::静态成员
```

其中，关键字可以是：

☑　self：在类内部调用静态成员时使用。

☑　静态成员所在的类名：在类外调用类内部的静态成员时使用。

注意

在静态方法中，只能调用静态变量，不能调用普通变量，而普通方法则可以调用静态变量。

使用静态成员，除了不需要实例化对象，还有一个优点：在对象被销毁后仍然保存被修改的静态数据，以便下次继续使用。这个理解起来比较抽象，下面结合实例进行说明。

【例 14.11】声明静态变量$num，声明一个方法，先在方法的内部调用静态变量，然后使变量加 1。依次实例化这个类的两个对象，并输出方法。可以发现两个对象方法返回的结果有了一些联系。直接使用类名输出静态变量，观察有什么效果。（**实例位置：资源包\TM\sl\14\11**）

```
<?php
	class Book {								//Book 类
		static $num = 1;						//声明一个静态变量$num，初值为 1
		public function showMe() {				//声明一个方法
			echo '您是第'.self::$num.'位访客';		//输出静态变量
			self::$num++;						//使静态变量加 1
		}
	}
	$book1 = new Book();						//实例化对象$book1
	$book1 -> showMe();							//调用对象$book1 的 showMe 方法
	echo "<br>";
	$book2 = new Book();						//实例化对象$book2
	$book2 -> showMe();							//调用对象$book2 的 showMe 方法
	echo "<br>";
	echo '您是第'.Book::$num.'位访客';			//直接使用类名调用静态变量
?>
```

运行结果如图 14.6 所示。如果将程序代码中的静态变量改为普通变量，如“private $num = 1;”，结果就不一样了。读者可以动手试一试。

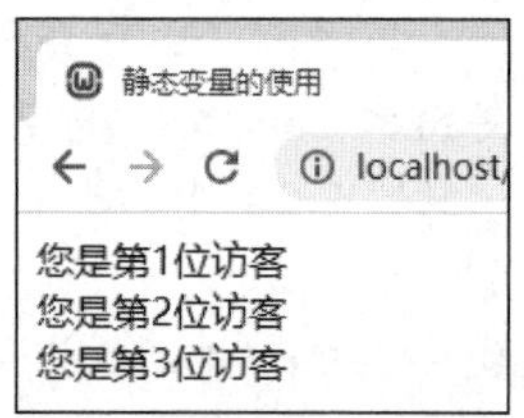

图 14.6　静态变量的使用

14.3　面向对象的高级应用

相信读者对 PHP 的面向对象开发已经有了一定了解，下面来学习一些面向对象的高级应用。

14.3.1　final 关键字

final 的中文含义是“最终的，最后的”，因此被 final 修饰过的类和方法就是最终的版本。如果有一个类的格式为：

```
final class class_name {
	…
}
```

则说明该类已是最终版本，不可以再被继承，也不能再有子类。

如果有一个方法的格式为：

```
final function method_name()
```

则说明该方法在子类中不可以进行重写，也不可以被覆盖。

【例 14.12】为 SportObject 类设置关键字 final，并生成一个子类 MyBook。可以看到程序报错，提示 MyBook 类无法继承使用 final 修饰的类。（**实例位置：资源包\TM\sl\14\12**）

```
<?php
	final class SportObject {						//定义 final 类 SportObject
		function __construct() {					//构造方法
			echo 'initialize object';
		}
	}
	class MyBook extends SportObject {				//创建 SportObject 类的子类 Mybook
		static function exam() {					//子类中的方法
			echo "You can't see me";
		}
	}
	MyBook :: exam();							//调用子类方法
?>
```

结果为：

```
Fatal error: Class MyBook may not inherit from final class(SportObject) in E:\wamp\www\TM \sl\14\12\index.php on line 18
```

14.3.2　抽象类

抽象类是一种不能被实例化的类，只能作为其他类的父类来使用。抽象类使用 abstract 关键字来声明，语法格式如下：

```
abstract class AbstractName {
	…
}
```

抽象类和普通类相似，包含成员变量、成员方法。两者的区别在于抽象类至少要包含一个抽象方法。抽象方法没有方法体，其功能的实现只能在子类中完成。抽象方法也是使用 abstract 关键字来修饰的，后面要有分号“;”，其语法格式如下：

```
abstract function abstractName();
```

抽象类和抽象方法主要应用于复杂的层次关系中，这种层次关系要求每一个子类都包含并重写某些特定的方法。举一个例子，中国的美食是多种多样的，有鲁菜、川菜、粤菜等。每种菜系使用的都是煎、炒、烹、炸等手法，只是在具体的烹饪步骤上各有各的不同。如果把中国美食当作一个大类 Cate，下面的各大菜系就是 Cate 的子类，而煎、炒、烹、炸则是每个类都有的方法。每个方法在子类中的实现都是不同的，在父类中无法规定。为了统一规范，不同子类的方法要有一个相同的方法名：decoct（煎）、stir_fry（炒）、cook（烹）、fry（炸）。

【例 14.13】实现一个商品抽象类 CommodityObject，该抽象类包含一个抽象方法 service。为抽象类生成两个子类 MyBook 和 MyComputer，分别在两个子类中实现抽象方法。实例化两个对象，调用实现后的抽象方法，输出结果。（**实例位置：资源包\TM\sl\14\13**）

```
<?php
    abstract class CommodityObject {                                    //定义抽象类
        abstract function service($getName, $price, $num);              //定义抽象方法
    }
    class MyBook extends CommodityObject {                              //定义子类，继承抽象类
        function service($getName, $price, $num) {                      //实现抽象方法
            echo '您购买的商品是'.$getName.'，该商品的价格是：'.$price.' 元。';
            echo '您购买的数量为：'.$num.' 本。';
            echo '如发现缺页或损坏，请在 3 日内更换。';
        }
    }
    class MyComputer extends CommodityObject {                          //定义子类继承父类
        function service($getName, $price, $num) {                      //实现抽象方法
            echo '您购买的商品是'.$getName.'，该商品的价格是：'.$price.' 元。';
            echo '您购买的数量为：'.$num.' 台。';
            echo '如发生非人为质量问题，请在 3 个月内更换。';
        }
    }
    $book = new MyBook();                                               //实例化子类
    $computer = new MyComputer();                                       //实例化子类
    $book -> service('《PHP 从入门到精通》', 85, 3);                     //调用方法
    echo '<p>';
    $computer -> service('XX 笔记本', 8500, 1);                          //调用方法
?>
```

运行结果如图 14.7 所示。

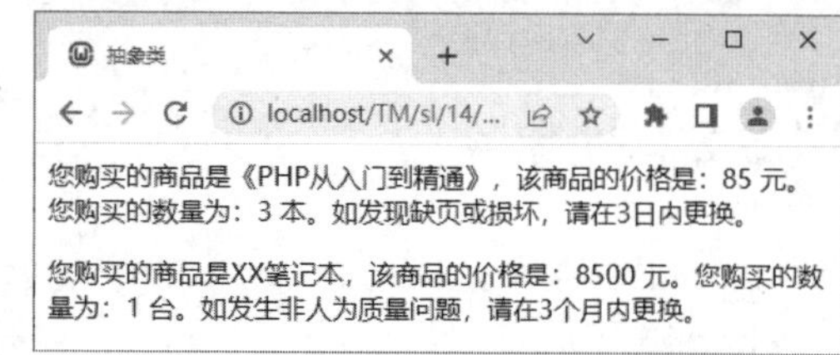

图 14.7　抽象类

14.3.3　接口的使用

继承特性简化了对象、类的创建，增加了代码的可重用性。但 PHP 只支持单继承，如果想实现多重继承，就要使用接口。PHP 可以实现多个接口。

接口通过 interface 关键字来声明，接口中只能包含未实现的方法和一些常量，其语法格式如下：

```
interface InterfaceName {
    function interfaceName1();
    function interfaceName2();
    …
}
```

注意

不要用 public 以外的关键字来修饰接口中的成员。对于方法，不写关键字也可以，这是由接口自身的属性决定的。

子类可通过 implements 关键字来实现接口，如果要实现多个接口，每个接口之间应使用逗号“,”连接。所有未实现的方法需要在子类中全部实现，否则 PHP 将出现错误。格式如下：

```
class SubClass implements InterfaceName1, InterfaceName2 {
    function interfaceName1() {
        …//功能实现
    }
    function interfaceName2() {
```

```
        ...//功能实现
    }
    ...
}
```

【例 14.14】先声明两个接口 MPopedom 和 MPurview，接着声明两个类 Member 和 Manager，Member 类继承 MPurview 接口，Manager 类继承 MPurview 和 MPopedom 接口。分别实现各自的成员方法后，实例化两个对象$member 和$manager，最后调用实现后的方法。（**实例位置：资源包\TM\sl\14\14**）

```
<?php
    /*声明接口 MPopedom*/
    interface MPopedom {
        function popedom();
    }
    /*声明接口 MPurview*/
    interface MPurview {
        function purview();
    }
    /*创建子类 Member，实现接口 MPurview*/
    class Member implements MPurview {
        function purview() {
            echo '会员拥有的权限。';
        }
    }
    /*创建子类 Manager，实现两个接口 MPurview 和 MPopedom*/
    class Manager implements MPurview, MPopedom {
        function purview() {
            echo '管理员拥有会员的全部权限。';
        }
        function popedom() {
            echo '管理员还有会员没有的权限。';
        }
    }
    $member = new Member();                          //类 Member 实例化
    $manager = new Manager();                        //类 Manager 实例化
    $member -> purview();                            //调用$member 对象的 purview 方法
    echo '<p>';
    $manager -> purview();                           //调用$manager 对象的 purview 方法
    $manager -> popedom();                           //调用$manager 对象的 popedom 方法
?>
```

运行结果如图 14.8 所示。可以发现，抽象类和接口实现的功能十分相似。抽象类的优点是可以在抽象类中实现公共的方法，而接口则可以实现多继承。至于何时使用抽象类和接口就要看具体实现了。

图 14.8　应用接口

14.3.4　复制对象

1．关键字 clone

在 PHP 中，对象模型是通过引用来调用对象的。下面结合实例说明。

【例 14.15】实例化 SportObject 类的对象$book1，将对象$book2 赋值为$book1。通过$book2 调用 setType 方法设置$object_type 的值为 computer，再通过$book1 调用 getType 方法输出$object_type 的值。

（实例位置：资源包\ TM\sl\14\15）

```
<?php
	class SportObject {									//声明类 SportObject
		private $object_type = 'book';					//声明私有变量$object_type，并赋初值为 book
		public function setType($type) {				//声明成员方法 setType，为变量$object_type 赋值
			$this -> object_type = $type;
		}
		public function getType() {						//声明成员方法 getType，返回变量$object_type 的值
			return $this -> object_type;
		}
	}
	$book1 = new SportObject();							//实例化对象$book1
	$book2 = $book1;									//为对象$book2 赋值
	$book2 -> setType('computer');						//设置对象$book2 中的变量值
	echo '对象$book1 中的变量值为：'.$book1 -> getType();	//输出对象$book1 中的变量值
?>
```

结果为：

```
对象$book1 中的变量值为：computer
```

由运行结果可以看出，因为$book2 只是$book1 的一个引用，所以使用$book2 调用成员方法会影响$book1。而有时需要建立一个对象的副本，在改变对象副本时不希望影响到原有对象。这时可以根据现有的对象复制一个完全一样的对象。

在 PHP 8 中如果需要复制一个对象，可以使用关键字 clone 来实现。复制对象的格式如下：

```
$object1 = new ClassName();
$object2 = clone $object1;
```

例如，将例 14.15 代码中的“$book2 = $book1”修改为“$book2 = clone $book1”，其他不变，运行结果为：

```
$object_type 的值为：book
```

从运行结果可以看出，原有对象和副本对象是互不干扰的。

2. __clone 方法

除了单纯复制对象，有时还需要复制的对象拥有自己的属性和行为。这时就可以使用__clone 方法来实现。__clone 方法的作用是在复制对象的过程中自动调用__clone 方法，使复制出来的对象保持自己的一些行为及属性。

【例 14.16】将例 14.15 的代码做一些修改。在 SportObject 类中创建__clone 方法，功能是将变量$object_type 的默认值从 book 修改为 computer。使用对象$book1 复制对象$book2，输出$book1 和$book2 中的$object_type 值，查看最终的结果。（**实例位置：资源包\TM\sl\14\16**）

```
<?php
	class SportObject {									//声明类 SportObject
		private $object_type = 'book';					//声明私有变量$object_type，并赋初值为 book
		public function setType($type) {				//声明成员方法 setType，为变量$object_type 赋值
			$this -> object_type = $type;
		}
		public function getType() {						//声明成员方法 getType，返回变量$object_type 的值
			return $this -> object_type;
		}
```

```
		public function __clone() {					//声明__clone 方法
			$this ->object_type = 'computer';			//将变量$object_type 的值修改为 computer
		}
	}
	$book1 = new SportObject();					//实例化对象$book1
	$book2 = clone $book1;						//复制对象
	echo '对象$book1 中的变量值为：'.$book1 -> getType();	//输出对象$book1 中的变量值
	echo '<br>';
	echo '对象$book2 中的变量值为：'.$book2 -> getType();	//输出对象$book2 中的变量值
?>
```

运行结果如图 14.9 所示。

不难看出，对象$book2 复制了对象$book1 的全部行为及属性，也拥有了属于自己的成员变量值。

图 14.9　__clone 方法

14.3.5　对象比较

通过复制对象，相信读者已经理解了表达式$Object2 = $Object1 和$Object2 = clone $Object1 的不同含义。但在实际开发中，还需判断两个对象之间的关系是复制还是引用，这时可以使用比较运算符“==”和“===”。“==”用于比较两个对象的内容，“===”用于比较对象的引用地址。

【例 14.17】先实例化对象$book，然后分别创建一个复制对象和引用对象，使用“==”和“===”分别将复制对象、引用对象和原对象进行比较，最后输出结果。（**实例位置：资源包\TM\sl\14\17**）

```
<?php
	/*SportObject 类*/
	class SportObject {
		private $name;
		function __construct($name) {
			$this -> name = $name;
		}
	}
	/************************/
	$book = new SportObject('book');				//实例化对象$book
	$cloneBook = clone $book;					//复制对象$cloneBook
	$referBook = $book;						//引用对象$referBook
	if ($cloneBook == $book) {					//使用“==”比较复制对象和原对象
		echo '两个对象的内容相等<br>';
	}
	if ($referBook === $book) {					//使用“===”比较引用对象和原对象
		echo '两个对象的引用地址相等<br>';
	}
?>
```

结果为：

```
两个对象的内容相等
两个对象的引用地址相等
```

14.3.6　对象类型检测

instanceof 操作符用于检测当前对象属于哪个类。一般格式如下：

```
ObjectName instanceof ClassName
```

【例 14.18】创建两个类，一个基类（SportObject），一个子类（MyBook）。实例化子类对象，判断对象是否属于该子类，再判断对象是否属于基类。（**实例位置：资源包\TM\sl\14\18**）

```
<?php
    class SportObject{ }                                  //创建基类 SportObject
    class MyBook extends SportObject {                    //创建子类 MyBook
        private $type;
    }
    $cBook = new MyBook();                                //实例化对象$cBook
    if ($cBook instanceof MyBook)                         //判断对象是否属于 MyBook 类
        echo '对象$cBook 属于 MyBook 类<br>';
    if ($cBook instanceof SportObject)                    //判断对象是否属于 SportObject 类
        echo '对象$Book 属于 SportObject 类<br>';
?>
```

结果为：

```
对象$cBook 属于 MyBook 类
对象$cBook 属于 SportObject 类
```

14.3.7 魔术方法

PHP 中有很多以双下画线开头的方法，如前面介绍过的__construct、__destruct 和__clone，这些方法被称为魔术方法。魔术方法均用 public 关键字修饰，本节将重点学习其他魔术方法。

注意

PHP 8 中保留了所有以“__”开头的方法，用户只能在 PHP 文档中使用已有的魔术方法，不能自行创建。

1. __set 和__get 方法

当程序试图为一个不可访问（使用 protected 或 private 修饰的变量）或不存在的成员变量赋值时，PHP 会自动调用__set 方法。__set 方法包含两个参数，分别表示变量名称和变量值，两个参数不可省略。__set 方法有两个作用，一是为不可访问的成员变量赋值，二是为不存在的成员变量赋一个初始值。

当程序调用一个不可访问（使用 protected 或 private 修饰的变量）或不存在的成员变量时，PHP 会自动调用__get 方法。__get 方法只有一个参数，表示要调用的变量名。如果调用了不可访问的成员变量，通过__get 方法可以读取该变量的值。如果调用了不存在的成员变量，通过__get 方法可以给出变量未定义的提示信息。

注意

如果希望 PHP 调用这些魔术方法，必须先在类中进行定义，否则 PHP 不会执行未定义的魔术方法。

【例 14.19】声明类 SportObject，先在类中创建一个私有变量$type 和两个魔术方法__set、__get，接着实例化对象$MyComputer，对已存在的私有变量进行赋值和调用，再对未声明的变量$name 进行调用，最终查看输出结果。（**实例位置：资源包\TM\sl\14\19**）

```
<?php
    class SportObject {                                          //声明类 SportObject
        private $type = '';                                      //私有变量$type
        public function __get($name) {                           //声明魔术方法__get
            if (isset($this ->$name)) {                          //判断变量是否被声明
                echo '变量'.$name.'的值为：'.$this -> $name.'<br>';
            } else {
                echo '变量'.$name.'未定义，';
                $this -> $name = 0;                              //如果未被声明，则对变量进行初始化
            }
        }
        public function __set($name, $value) {                   //声明魔术方法__set
            if (isset($this -> $name)) {                         //判断变量是否被声明
                $this -> $name = $value;
            } else {
                echo '变量'.$name.'被初始化为：'.$value.'<br>';     //输出提示信息
            }
        }
    }
    $MyComputer = new SportObject();                             //实例化对象$MyComputer
    $MyComputer -> type = 'DIY';                                 //给变量赋值
    $MyComputer -> type;                                         //调用变量$type
    $MyComputer -> name;                                         //调用变量$name
?>
```

运行实例，在实例化对象后为私有变量$type 赋值，PHP 会自动调用__set 方法为$type 赋值，在调用私有变量$type 时，PHP 会自动调用__get 方法输出$type 的值。最后调用变量$name，因为该变量未定义，所以会自动调用__get 方法，提示该变量未定义，并且为该变量赋一个初始值 0，此时会再次调用__set 方法，输出变量被初始化的提示信息，结果如图 14.10 所示。

图 14.10　__set 和__get 方法

2. __call 方法

当程序试图调用不存在或不可访问（使用 protected 或 private 修饰的方法）的成员方法时，PHP 会先调用__call 方法来存储方法名及其参数。__call 方法包含两个参数，即方法名和方法参数。其中，方法参数是以数组形式存在的。

【例 14.20】声明类 SportObject，类中包含两个方法 myDream 和__call。实例化对象$MyLife 并调用两个方法，一个是类中存在的 myDream 方法，一个是不存在的 mDream 方法。（**实例位置：资源包\TM\sl\14\20**）

```
<?php
    /*类 SportObject*/
    class SportObject {
        public function myDream() {                              //myDream 方法
            echo '调用的方法存在，直接执行此方法。<p>';
        }
        public function __call($method, $parameter) {           //__call 方法
            echo '如果方法不存在，则执行__call()方法。<br>';
            echo '方法名为：'.$method.'<br>';                    //输出第一个参数，即方法名
            echo '参数数组：';
            print_r($parameter);                                 //输出第二个参数，是一个参数数组
        }
    }
```

```
        $MyLife = new SportObject();                                    //实例化对象$MyLife
        $MyLife ->myDream();                                            //调用存在的方法 myDream
        $MyLife -> mDream('how', 'what', 'why');                        //调用不存在的方法 mDream
?>
```

运行结果如图 14.11 所示。

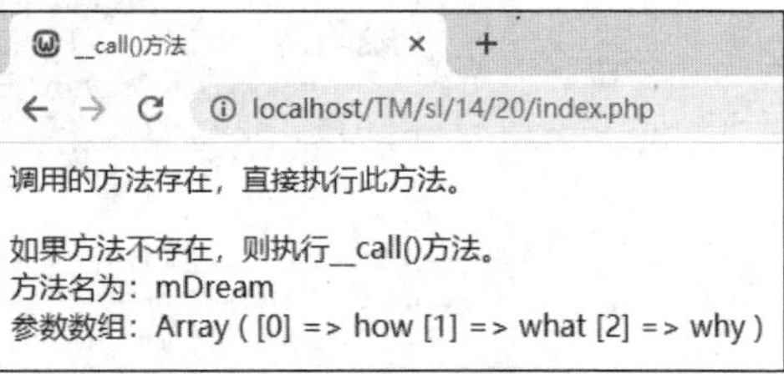

图 14.11 __call 方法

3. __sleep 和__wakeup 方法

使用 serialize()函数可以实现序列化对象，就是将对象中的变量全部保存下来，对象中的类则只保存类名。在使用 serialize()函数时，如果实例化的对象包含__sleep 方法，则会先执行__sleep 方法。该方法可以清除对象并返回一个该对象中所有变量的数组。使用__sleep 方法的目的是关闭对象可能具有的数据库连接等类似的善后工作。

unserialize()函数可以重新还原一个被 serialize()函数序列化的对象，__wakeup 方法则用于恢复在序列化中丢失的数据库连接及相关工作。

【例 14.21】声明 SportObject 类，类中有两个方法，即__sleep 和__wakeup。实例化对象$myBook，使用 serialize()函数将对象序列化为一个字符串$i，再使用 unserialize()函数将字符串$i 还原为一个新对象。（**实例位置：资源包\TM\sl\14\21**）

```
<?php
    /*创建类 SportObject*/
    class SportObject {
        private $type = 'DIY';                                  //声明私有变量$type，初值为 DIY
        public function getType() {                             //声明 getType 方法，用来调用私有变量$type
            return $this -> type;                               //返回变量值
        }
        public function __sleep() {                             //声明魔术方法__sleep
            echo '使用 serialize()函数将对象保存起来，可以存放到文本文件、数据库等地方<br>';
            return array('type');
        }
        public function __wakeup() {                            //声明魔术方法__wakeup
            echo '当需要该数据时，使用 unserialize()函数对已序列化的字符串进行操作，将其转换回对象<br>';
        }
    }
    $myBook = new SportObject();                                //实例化对象$myBook
    $i = serialize($myBook);                                    //序列化对象
    echo '序列化后的字符串：'.$i.'<br>';                          //输出字符串$i
    $reBook = unserialize($i);                                  //将字符串$i 重新转换为对象$reBook
    echo '还原后的成员变量：'.$reBook -> getType();               //调用新对象$reBook 的 getType 方法
?>
```

运行结果如图 14.12 所示。

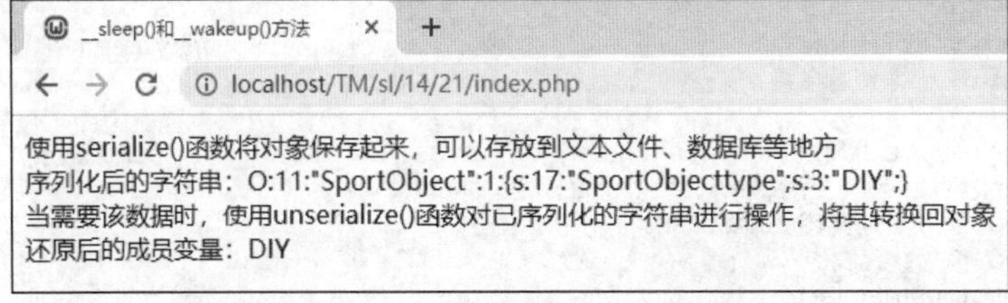

图 14.12 __sleep 和__wakeup 方法

4. __toString 方法

将一个对象当作一个字符串来使用时，会自动调用魔术方法__toString。在该方法中可以返回一个字符串，表示该对象转换为字符串之后的结果。

注意

如果没有定义__toString 方法，则对象无法当作字符串来使用。

【例 14.22】输出类 SportObject 的对象$myComputer，输出的内容为__toString 方法返回的内容。（**实例位置：资源包\TM\sl\14\22**）

```
<?php
    class SportObject {                                  //声明类 SportObject
        private $type = 'DIY';                           //声明私有变量$type
        public function __toString() {                   //声明__toString 方法
            return $this -> type;                        //方法返回私有变量$type 的值
        }
    }
    $myComputer = new SportObject();                     //实例化对象$myComputer
    echo '对象$myComputer 的值为：';
    echo $myComputer;                                    //输出对象$myComputer
?>
```

结果为：

```
对象$myComputer 的值为：DIY
```

注意

（1）如果没有__toString 方法，直接输出对象，将会发生致命错误（fatal error）。

（2）输出对象时应注意：输出语句后面直接跟要输出的对象，中间不添加多余的字符，否则__toString 方法不会被执行。如“echo '字串'.$myComputer”“echo ''.$myComputer”等都是错误的，一定要注意。

14.4　中文字符串的截取

为确保程序页面整洁美观，经常需要对输出的字符串进行截取。在截取英文字符串时，可以使用 substr()函数来完成。但是，当遇到中文字符串时，如果仍使用 substr()函数，就有可能出现乱码的情况。因为在 UTF-8 编码格式下，一个汉字是由 3 个字节组成的，所以当截取一定数量的字符时，就有可能将一个汉字拆分，从而导致输出一个不完整的汉字，也就是乱码。

为了避免截取中文字符串出现乱码的问题，可以在类中定义一个截取字符串的方法，在该方法中对要截取字符串的每个字符进行遍历，在遍历时使用 ord()函数返回字符的 ASCII 值，如果该值大于 0xa0，则说明该字符为汉字，这时就使用 substr()函数从当前位置截取 3 个字符，这样就能防止在截取中文字符串时出现乱码的情况。

【例 14.23】编写 MsubStr 类，定义 csubstr 方法，实现对中文字符串的截取，同时要避免在截取

中文字符串时出现乱码问题。（**实例位置：资源包\TM\sl\14\23**）

```
<?php
    class MsubStr{
        function csubstr($str, $len) {                          //$str 指的是字符串，$len 指的是截取的长度
            $tmpstr = "";                                       //初始化变量
            for($i = 0; $i < $len; $i ++) {                     //通过 for 循环语句，循环读取字符串
                if (ord ( substr ( $str, $i, 1 ) ) > 0xa0) {    //如果字符串中字符的 ASCII 值大于 0xa0，则为汉字
                    $tmpstr .= substr ( $str, $i, 3 );          //取出 3 位字符赋给变量$tmpstr
                    $i += 2;                                    //变量自加 2
                } else {                                        //如果不是汉字，则取出一位字符赋给变量$tmpstr
                    $tmpstr .= substr ( $str, $i, 1 );
                }
            }
            return $tmpstr;                                     //返回截取的字符串
        }
    }
    $mc=new MsubStr();                                          //类的实例化
?>
<table width="204" height="163" background="images/bg.JPG">
  <tr height="30">
    <td></td>
  </tr>
  <tr height="28">
    <td><?php
            $strs="关注明日科技，关注 PHP 从入门到精通新版图书";
            if(strlen($strs)>30){//判断字符串的长度
                echo $mc ->csubstr($strs, 30)."...";//应用类中的方法截取字符串
            }else{
                echo $strs;//输出字符串
            }
        ?>
    </td>
  </tr>
  <tr height="26">
    <td><?php
            $strs="大数据时代，掌握数据分析技能";
            if(strlen($strs)>30){//判断字符串的长度
                echo $mc ->csubstr($strs, 30)."...";//应用类中的方法截取字符串
            }else{
                echo $strs;//输出字符串
            }
        ?></td>
  </tr>
  <tr height="22">
    <td>
        <?php
            $strs="超级编程魔卡强势来袭，你还在等什么";
            if(strlen($strs)>30){//判断字符串的长度
                echo $mc ->csubstr($strs, 30)."...";//应用类中的方法截取字符串
            }else{
                echo $strs;//输出字符串
            }
        ?>
    </td>
  </tr>
  <tr height="35">
    <td><?php
            $strs="零基础系列图书，让零基础学习者从入门到高手";
```

```
                if(strlen($strs)>30){//判断字符串的长度
                    echo $mc ->csubstr($strs, 30)."...";//应用类中的方法截取字符串
                }else{
                    echo $strs;//输出字符串
                }
            ?>
        </td>
    </tr>
</table>
```

本例应用类中定义的方法对字符串进行了截取，运行结果如图 14.13 所示。

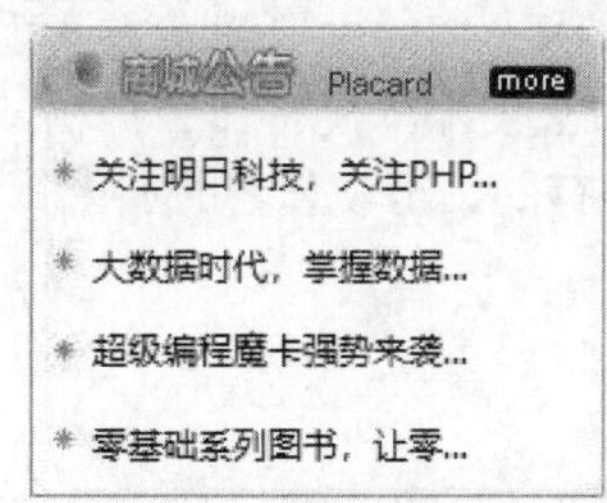

图 14.13　通过类方法截取字符串

14.5　实践与练习

（**答案位置：资源包\TM\sl\14\实践与练习**）

综合练习 1：编写实现编码自动转换的类

PHP 显示中文时，经常会出现乱码，编写一个编码转换类，实现编码的自动转换。

综合练习 2：通过类中的方法对输入的用户名做出响应

做 Web 开发时，需要对各种情况做出处理，并输出相应的信息。编写一个输出类，对输入的用户名做出响应，根据不同的情况，输出不同的处理结果。

第 15 章

PHP 加密技术

随着网络的普及，网上购物已经成为人们的主要消费方式之一，因此，对于个人账号、密码等敏感数据的保护也越来越重要。其实，加密技术本没有那么神秘，它就是一种相对比较复杂的算法。对于普通的开发者来说，可以使用一些已有的、比较著名的加密算法，如使用 MD5、SHA 等自行创建加密函数。

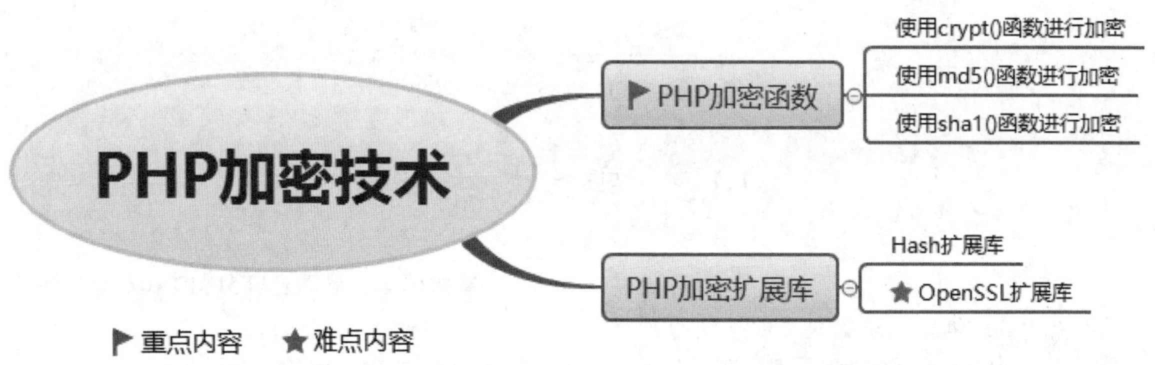

15.1 PHP 加密函数

数据加密的基本原理就是对原来为明文的文件或数据按某种算法进行处理，使其成为不可读的一段代码，通常称为“密文”，通过这样的途径来保护数据，防止数据泄露。

在 PHP 中能对数据进行加密的函数主要有 crypt()、md5()和 sha1()，还有加密扩展库 Mcrypt 和 Mash。这里主要介绍其中的 3 种：crypt()函数、md5()函数和 sha1()函数。

15.1.1 使用 crypt()函数进行加密

crypt()函数可以完成单向加密功能，语法格式如下：

```
string crypt(string str, string salt);
```

其中，str 是需要加密的字符串，salt 为加密时使用的干扰串。注意，在 PHP 8.0.0 之前，salt 参数是可选的。如果没有 salt，crypt() 会创建弱散列。crypt()函数支持的 4 种算法和 salt 参数的长度如表 15.1 所示。

表 15.1　crypt()函数支持的 4 种算法和 salt 参数的长度

算　法	salt 长度	算　法	salt 长度
CRYPT_STD_DES	2-character（默认）	CRYPT_MD5	12-character（以1开头）
CRYPT_EXT_DES	9-character	CRYPT_BLOWFISH	16-character（以2开头）

说明

默认情况下，PHP 使用一个或两个字符的 DES 干扰串，如果系统使用的是 MD5，则会使用 12 个字符。可以通过 CRYPT_SALT_LENGTH 变量查看当前使用的干扰串的长度。

【例 15.1】声明字符串变量$str，赋值为“This is an example!”，使用 crypt()函数进行加密并输出。（**实例位置：资源包\TM\sl\15\1**）

```
<?php
    $str = 'This is an example!';                              //声明字符串变量$str
    echo '加密前$str 的值为：'.$str;
    $crypttostr = crypt($str,'mrkj');                          //对变量$str 加密
    echo '<p>加密后$str 的值为：'.$crypttostr;                 //输出加密后的变量
?>
```

运行结果如图 15.1 所示。

【例 15.2】对输入的用户名进行检测，如果该用户名存在，则显示“该用户名已存在”，否则显示“该用户名可以使用”。（**实例位置：资源包\TM\sl\15\2**）

```
<?php
    /*连接数据库*/
    $conn = mysqli_connect("localhost", "root", "") or die("数据库连接错误".mysqli_connect_error());
    mysqli_select_db($conn, "db_database15") or die("数据库访问错误".mysqli_error($conn));
    mysqli_query($conn, "set names utf8");
?>
<form id="form1" name="form1" method="post" action="">
   <label for="username">用户名：</label>
   <input name="username" type="text" id="username" size="15" />
   <input type="submit" name="Submit" value="检查" id="Submit" />
</form>

<?php
    if (isset($_POST['username']) && trim($_POST['username']) != "") {      //使用 trim()函数去掉字符串两边的空格
        $usr = crypt(trim($_POST['username']), "tm");                      //对用户名进行加密
        $sql = "select * from tb_user where user = '".$usr."'";            //生成查询语句
        $rst = mysqli_query($conn, $sql);                                  //执行语句，返回结果集
        if (mysqli_num_rows($rst) > 0) {                                   //如果结果集大于 0
            echo "<span style='color:red;'>该用户名已存在</span>";         //说明用户名存在
        } else {                                                           //否则说明该用户名可用
            echo "<span style='color:green;'>该用户名可以使用</span>";
        }
    }
?>
```

运行结果如图 15.2 所示。

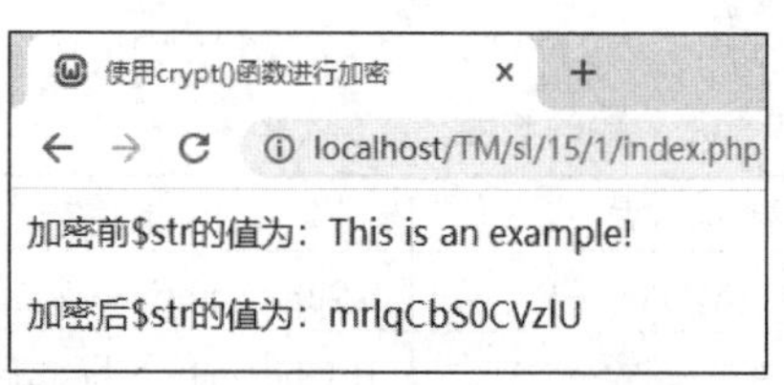

图 15.1　使用 crypt()函数进行数据加密

图 15.2　使用 crypt()函数进行数据验证

注意

实例代码中加粗显示的函数为数据库操作函数，如果读者对 PHP 连接 MySQL 数据库不了解，可以先参考第 16 章 MySQL 数据库基础的内容，然后回来学习本实例。

15.1.2　使用 md5()函数进行加密

md5()函数使用 MD5 算法。MD5 的全称是 message-digest algorithm 5（信息-摘要算法），它的作用是把不同长度的数据信息经过一系列的算法转换成一个 128 位的数值，即把一个任意长度的字节串变换成一个定长的大整数。注意，这里是“字节串”而不是“字符串”，因为这种变换只与字节的值有关，与字符集或编码方式无关。md5()函数的语法格式如下：

```
string md5(string str [, bool raw_output]);
```

其中，字符串 str 为要加密的明文，raw_output 如果设为 true，则函数返回一个二进制形式的密文，该参数默认为 false。

很多网站注册用户的密码都是先使用 MD5 加密，然后保存到数据库中的。用户登录时，程序把用户输入的密码计算成 MD5 值，然后和数据库中保存的 MD5 值进行比较。在这个过程中，程序自身不会“知道”用户的真实密码，从而保证注册用户的个人隐私，提高安全性。

【例 15.3】实现会员注册和登录功能，先将会员注册的密码通过 md5()函数进行加密，然后保存到数据库中。（**实例位置：资源包\TM\sl\15\3**）

（1）创建 conn.php 文件，完成与 db_database15 数据库的连接。其代码如下：

```
<?php
	$conn = mysqli_connect("localhost", "root", "111") or die("数据库连接失败".mysqli_connect_error());	//连接服务器
	mysqli_select_db($conn, "db_database15");	//连接数据库
	mysqli_query($conn, "set names utf8");	//设置编码格式
?>
```

（2）创建会员登录页面，即 register.php 文件。在该文件中，创建 form 表单，通过 register 方法对表单元素值进行验证；添加表单元素，完成会员名和密码的提交；将表单中的数据提交到 register_ok.php 文件中，通过面向对象的方法完成会员注册信息的提交操作。其登录页面如图 15.3 所示。

（3）创建 register_ok.php 文件，获取表单中提交的数据，通过 md5()函数对密码进行加密，使用面向对象的方法完成会员注册信息的提交。其代码如下：

```
<?php
	class chkinput {	//定义 chkinput 类
		var $name;	//定义成员变量
```

```
            var $pwd;                                                    //定义成员变量
            function chkinput($x, $y) {                                  //定义成员方法
                $this -> name = $x;                                      //为成员变量赋值
                $this -> pwd = $y;                                       //为成员变量赋值
            }
            function checkinput() {                                      //定义方法，完成用户注册
                include "conn/conn.php";                                 //通过 include 调用数据库连接文件
                $info = mysqli_query($conn, "insert into tb_user(user, password)value('" . $this->name . "','" . $this -> pwd .
"')" );
                if ($info == false) {                                    //根据添加操作的返回结果，给出提示信息
                    echo "<script>alert('会员注册失败！'); history.back(); </script>";
                    exit();
                } else {
                    //注册成功后，将用户名赋给 SESSION 变量
                    $_SESSION['admin_name'] = $this->name;
                    echo "<script>alert('恭喜您，注册成功！');
                        window.location.href= 'index.php'; </script>";
                }
            }
        }
        $obj = new chkinput(trim($_POST['name']), trim(md5($_POST['pwd'])));  //实例化类
        $obj->checkinput ();                                             //根据返回对象调用方法执行注册操作
?>
```

（4）创建 index.php 和 index_ok.php 文件，实现会员登录的功能，具体代码可参考资源包中的内容，这里不做讲解。

会员注册成功后，可以查看存储在数据库中的数据，通过 MD5 加密后的密码如图 15.4 所示。

图 15.3　会员登录页面

图 15.4　MD5 加密后的密码

15.1.3　使用 sha1()函数进行加密

和 MD5 类似的还有 SHA 算法。SHA 全称为 secure hash algorithm（安全哈希算法），PHP 提供的 sha1()函数使用的就是 SHA 算法，其语法格式如下：

```
string sha1(string str [, bool raw_output])
```

函数返回一个 40 位的十六进制数，如果参数 raw_output 为 true，则返回一个 20 位的二进制数。默认 raw_output 为 false。

注意

sha 后面的 1 是阿拉伯数字 1，不是字母 l（L），读者一定要注意。

【例 15.4】对字符串进行 MD5 和 SHA 加密运算。（**实例位置：资源包\TM\sl\15\4**）

```
<?php
    echo '<h3>md5()和 shal()函数的对比效果</h3>';
```

```
    echo '<p>使用 md5()函数加密字符串 “PHPER” ：';
    echo md5('PHPER');                                  //使用 md5()函数加密字符串
    echo '<br>使用 shal()函数加密字符串 “PHPER” ：';
    echo sha1('PHPER');                                 //使用 sha1()函数加密字符串
?>
```

MD5 加密运算和 SHA 加密运算字符串的对比效果如图 15.5 所示。

使用md5()和sha1()函数进行加密
localhost/TM/sl/15/4/index.php

md5()和shal()函数的对比效果

使用md5()函数加密字符串 “PHPER” ：d0ac6f0fd947a2a5fa1780b52ffba503
使用shal()函数加密字符串 “PHPER” ：2240a7dcc3a0d31f1ffdca9e218774d0b5322e49

图 15.5　使用 md5()和 sha1()函数的效果对比

15.2　PHP 加密扩展库

PHP 除了自带的几种加密函数，还有一些功能更全面的加密扩展库，比较常用的有 Hash 和 OpenSSL。其中，Hash 扩展库允许使用各种散列算法直接或增量处理任意长度的信息。OpenSSL 扩展库使用加密扩展包封装了多个用于加密和解密的函数，极大方便了对数据进行加密和解密的操作。

15.2.1　Hash 扩展库

从 PHP 5.1.2 开始，Hash 扩展为内置，不再需要外部库，并且默认是启用的。从 PHP 7.4.0 开始，Hash 扩展成为 PHP 的核心扩展，可以直接使用。下面介绍几个 Hash 扩展库中的常用函数。

（1）hash_algos()函数：用来获取已注册的 Hash 算法列表，语法格式如下：

```
array hash_algos()
```

该函数返回一个数值索引数组，包含了所支持的 Hash 算法名称。

【例 15.5】输出 PHP 支持的所有 Hash 算法名称。**（实例位置：资源包\TM\sl\15\5）**

```
<?php
    $num = count(hash_algos());
    echo "PHP 支持的 Hash 算法如下：<br>";
    for($i = 0; $i < $num; $i++){
        echo hash_algos()[$i];                  //输出 Hash 算法名称
        echo $i != $num - 1 ? '、' : '';
    }
?>
```

运行结果如图 15.6 所示。

（2）hash()函数：用来生成哈希值（消息摘要），语法格式如下：

```
string hash( string algo, string data, bool binary, array options = [] )
```

图 15.6　PHP 支持的所有 Hash 算法

参数说明如下：

☑ algo：必选参数，要使用的 Hash 算法。

☑ data：必选参数，要进行 Hash 运算的数据。

☑ binary：可选参数，设置为 true 时输出原始二进制数据，设置为 false 时输出小写 16 进制字符串，默认值为 false。

☑ options：可选参数，各种 Hash 算法的一系列选项数组。

【例 15.6】在 hash()函数中使用不同的 Hash 算法对相同的数据进行加密。（**实例位置：资源包\TM\sl\15\6**）

```
<?php
	$data = 'hello PHP';
	echo '要加密的字符串：'.$data.'<p>';
	echo 'md2：'.hash('md2', $data).'<br>';			//使用 md2 算法加密
	echo 'md5：'.hash('md5', $data).'<br>';			//使用 md5 算法加密
	echo 'sha256：'.hash('sha256', $data);			//使用 sha256 算法加密
?>
```

运行结果如图 15.7 所示。

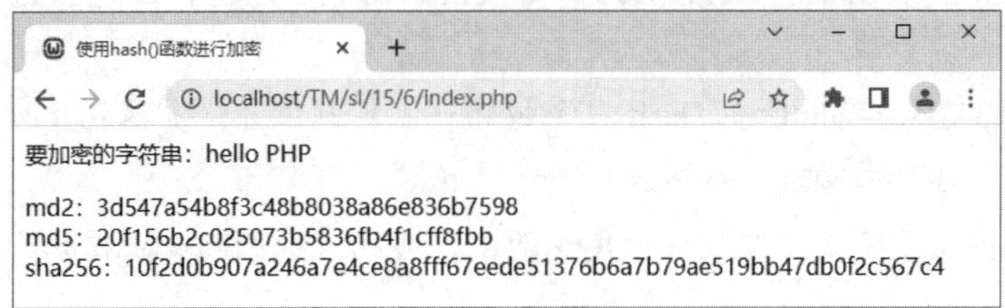

图 15.7　使用 hash()函数加密数据

Hash 扩展库中包含多个函数，对 Hash 加密技术感兴趣的读者可以参考 PHP 手册，其中有详细的介绍。

15.2.2　OpenSSL 扩展库

OpenSSL 扩展库用于实现对数据进行对称或非对称的加密或解密操作。在 WampServer 3.2 中已经

默认开启了 OpenSSL 扩展库。因为 OpenSSL 扩展库中的函数有很多，所以这里只介绍 OpenSSL 扩展库中对数据进行对称加密或解密的几个相关函数。

说明

对称加密就是使用同一个 key（密钥）对数据进行加密和解密的操作。对称加密常用的算法有 AES、DES、3DES、IDEA、RC2、RC5 等，比较常用的是 AES 和 DES。

（1）openssl_encrypt()函数：用来加密数据，语法格式如下：

```
string openssl_encrypt ( string data , string method , string password, int options, string iv )
```

参数说明如下：

☑ data：要加密的明文。

☑ method：加密算法，可以使用 openssl_get_cipher_methods()函数来获取。

☑ password：密钥。

☑ options：指定标记按位或值，它有两个可选常量，OPENSSL_RAW_DATA 和 OPENSSL_ZERO_PADDING。如果设置为 OPENSSL_RAW_DATA，加密后的数据将按照原样返回（二进制乱码内容），如果设置为 OPENSSL_ZERO_PADDING，加密后的数据将返回为 base64 之后的内容。

☑ iv：初始化向量。

（2）openssl_decrypt()函数：用来解密数据，语法格式如下：

```
string openssl_decrypt ( string data , string method , string password, int options, string iv )
```

该函数的参数和 openssl_encrypt()函数的参数基本一致，只是将明文数据换成了密文数据。

（3）openssl_get_cipher_methods()函数：用于获取可用的加密算法，语法格式如下：

```
array openssl_get_cipher_methods ( bool aliases )
```

该函数返回一个包含可用加密算法的数组。如果密码别名应该包含在返回的数组中，则将 aliases 参数设置为 true。

（4）openssl_cipher_iv_length()函数：用于获取密码初始化向量的长度，语法格式如下：

```
int|false openssl_cipher_iv_length (string cipher_algo )
```

参数 cipher_algo 用于指定加密算法。如果函数执行成功，则返回密码初始化向量的长度，否则返回 false。

（5）openssl_random_pseudo_bytes()函数：用于生成一个伪随机字节串，语法格式如下：

```
string openssl_random_pseudo_bytes ( int length, bool strong_result )
```

参数说明如下：

☑ length：生成字节串的长度。

☑ strong_result：在生成随机字节串的过程中是否使用强加密算法。

【例 15.7】实现对定义的数据进行加密和解密的操作。（实例位置：资源包\TM\sl\15\7）

```
<?php
    $data = 'hello PHP';
    $key = 'secret key';
    $algorithm = 'aes-256-cbc';
    $ivlen = openssl_cipher_iv_length($algorithm);
    $iv = openssl_random_pseudo_bytes($ivlen);
    $ciphertext = openssl_encrypt($data, $algorithm, $key, 0, $iv);//加密
    echo '加密后的密文：'.$ciphertext;
    $plaintext = openssl_decrypt($ciphertext, $algorithm, $key, 0, $iv);//解密
    echo '<br>解密后的明文：'.$plaintext;
?>
```

运行结果如图 15.8 所示。

图 15.8　对数据进行加密和解密

15.3　实践与练习

（答案位置：资源包\TM\sl\15\实践与练习\）

综合练习 1：验证用户登录

制作一个用户登录验证页面，分别使用 crypt()和 md5()函数对密码进行加密，验证用户登录所使用的用户名和密码是否正确。

综合练习 2：使用按位异或运算符加密和解密数据

使用按位异或运算符自定义一个加密和解密的函数，实现对数据进行加密和解密的操作。

第 16 章

MySQL 数据库基础

Web 开发只有与数据库相结合，才能充分发挥动态网页编程语言的魅力。PHP 支持多种数据库，其与 MySQL 的组合被称为黄金组合。

本章将带领读者学习 MySQL 数据库的相关知识，主要介绍 MySQL 数据库的基本操作，包括创建、选择、查看和删除数据库，创建、修改、重命名和删除数据表，以及添加、修改和删除记录，这些都是程序开发人员应熟练掌握的内容。另外，本章还介绍了启动、连接和断开 MySQL 服务器的方法。

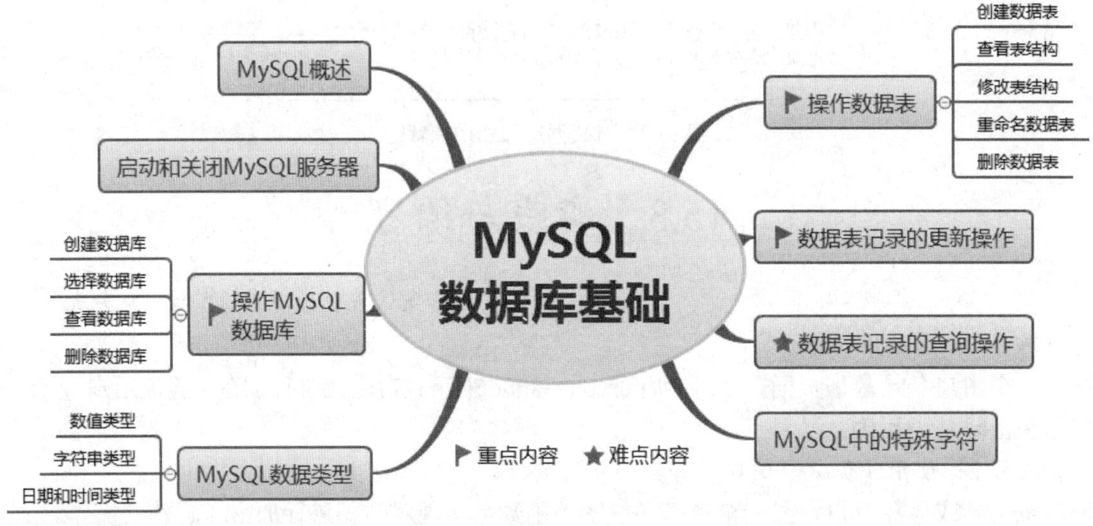

16.1 MySQL 概述

MySQL 是目前最为流行的开源数据库，是完全网络化的跨平台关系型数据库系统，它是由瑞典的 MySQL AB 公司开发的，由 MySQL 的初始开发人员 David Axmark 和 Michael Monty Widenius（见图 16.1）于 1995 年建立。它的象征符号是一只名为 Sakila 的海豚，代表着 MySQL 数据库和团队的速度、能力、精确和优秀。

图 16.1　Michael Monty Widenius

MySQL 数据库是目前运行速度最快的 SQL 语言数据库。除了具有许多其他数据库不具备的功能和选择，MySQL 数据库还是一款完全免费的产品，用户可以直接从网上下载使用，而不必支付任何费用。

下面我们来了解一下 MySQL 数据库的特点。

- ☑ 功能强大：MySQL 提供了多种数据库存储引擎，这些引擎各有所长，适用于不同的应用场合，用户可以选择最合适的引擎以得到最高性能，甚至可以处理每天访问量数亿的高强度 Web 搜索站点。MySQL 支持事务、视图、存储过程和触发器等。
- ☑ 支持跨平台：MySQL 支持 20 种以上的开发平台，包括 Linux、Windows、IBMAIX、AIX 和 FreeBSD 等。这使得在任何平台下编写的程序都可以进行移植，而不需要对程序做任何修改。
- ☑ 运行速度快：高速是 MySQL 的显著特性。在 MySQL 中使用了高效的 B 树磁盘表（MyISAM）和索引压缩；通过使用优化的单扫描多连接，能够极快地实现连接；SQL 函数使用高度优化的类库实现，运行速度极快。
- ☑ 安全性高：灵活、安全的权限和密码系统允许基于主机的验证。连接到服务器时，所有的密码传输均采用加密形式，从而保证了密码的安全。
- ☑ 成本低：MySQL 数据库是一款完全免费的产品，用户可以直接从网上下载。
- ☑ 支持各种开发语言：MySQL 为各种流行的程序设计语言提供支持，为它们提供了很多的 API 函数，包括 PHP、ASP.NET、Java、Eiffel、Python、Ruby、Tcl、C、C++和 Perl 等。
- ☑ 数据库存储容量大：MySQL 数据库的最大有效表尺寸通常是由操作系统对文件大小的限制决定的，而不是由 MySQL 内部限制决定的。InnoDB 存储引擎将 InnoDB 表保存在一个表空间内，该表空间可由多个文件创建，最大容量为 64TB，可以轻松处理拥有上千万条记录的大型数据库。
- ☑ 支持强大的内置函数：PHP 中提供了大量内置函数，几乎涵盖了 Web 应用开发中的所有功能。它内置了数据库连接、文件上传等功能，MySQL 支持大量的扩展库，如 MySQLi 等，为快速开发 Web 应用提供了方便。

16.2　启动和关闭 MySQL 服务器

启动和关闭 MySQL 服务器的操作非常简单，但通常情况下，不能暂停或关闭 MySQL 服务器，否则数据库将无法使用。

1. 启动 MySQL 服务器

只有启动了 MySQL 服务器，才可以操作 MySQL 数据库。启动 MySQL 服务器的方法已经在第 2 章中进行了详细的介绍，这里不再赘述。

2. 连接和断开 MySQL 服务器

1）连接 MySQL 服务器

MySQL 服务器启动后，需要连接服务器。MySQL 提供了 MySQL 控制台命令窗口，实现了与 MySQL 服务器之间的交互。单击任务栏系统托盘中的 WampServer 图标，选择 MySQL，单击 MySQL 控制台，打开 MySQL 命令窗口，如图 16.2 所示。

```
Enter password: _
```

图 16.2　MySQL 命令窗口

输入 MySQL 服务器 root 账户的密码，并且按 Enter 键（如果密码为空，则直接按 Enter 键即可）。如果密码输入正确，将出现如图 16.3 所示的提示界面，表明通过 MySQL 命令窗口成功连接了 MySQL 服务器。

```
Enter password: ***
Welcome to the MySQL monitor.  Commands end with ; or \g.
Your MySQL connection id is 15437
Server version: 5.6.17 MySQL Community Server (GPL)

Copyright (c) 2000, 2014, Oracle and/or its affiliates. All rights reserved.

Oracle is a registered trademark of Oracle Corporation and/or its
affiliates. Other names may be trademarks of their respective
owners.

Type 'help;' or '\h' for help. Type '\c' to clear the current input statement.

mysql> _
```

图 16.3　成功连接 MySQL 服务器

2）断开 MySQL 连接

在 MySQL 提示符下输入 exit 或者 quit，按 Enter 键，可断开 MySQL 连接。

16.3　操作 MySQL 数据库

针对 MySQL 数据库的操作，可以分为创建、选择、查看和删除 4 类。

16.3.1　创建数据库

在 MySQL 中，使用 create database 命令创建数据库。其语法格式如下：

```
create database 数据库名;
```

在创建数据库时，数据库的命名要遵循如下规则。

☑　不能与其他数据库重名。

☑　名称可以包括任意字母、阿拉伯数字，下画线（_）和“$”，可以使用上述任意字符开头，但不能是单独的数字，那样会造成它与数值相混淆。

☑　名称最长可为 64 个字符（包括表、列和索引的命名），别名最多可为 256 个字符。

☑　不能使用 MySQL 关键字作为数据库名、表名。

☑　默认情况下，Windows 下数据库名、表名的字母大小写是不敏感的，而在 Linux 下数据库名、表名的字母大小写是敏感的。为了便于数据库在平台间进行移植，建议读者采用小写字母来定义数据库名和表名。

下面通过 create database 命令创建一个名称为 db_user 的数据库。首先连接 MySQL 服务器，然后编写“create database db_user;”SQL 语句，数据库即可创建成功，运行结果如图 16.4 所示。

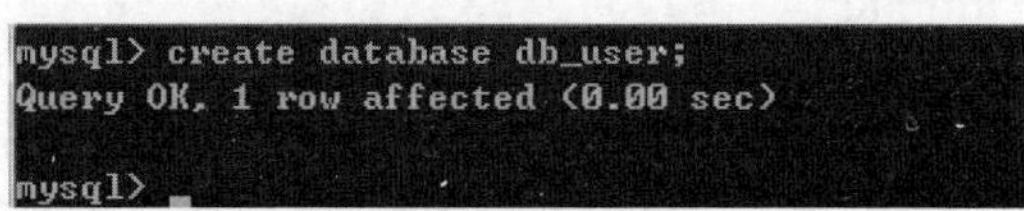

图 16.4　创建数据库

创建 db_user 数据库后，MySQL 管理系统会自动在“E:\wamp\bin\mysql\mysql8.0.31\data”目录下创建 db_user 数据库文件夹及相关文件，实现对该数据库的文件管理。

说明

E:\wamp\bin\mysql\mysql8.0.31\data 目录是 MySQL 配置文件 my.ini 中设置的数据库文件的存储目录。用户可以通过修改配置选项 datadir 的值来对数据库文件的存储目录进行重新设置。

16.3.2　选择数据库

use 命令用于选择一个数据库，使其成为当前默认数据库。其语法格式如下：

```
use 数据库名;
```

例如，选择名称为 db_user 的数据库，操作命令如图 16.5 所示。选择了 db_user 数据库之后，才可以操作该数据库中的对象。

16.3.3　查看数据库

数据库创建完成后，可以使用 show databases 命令查看 MySQL 数据库中所有已经存在的数据库。其语法格式如下：

```
show databases;
```

例如，使用“show databases;”命令显示本地所有存在的数据库，如图 16.6 所示。

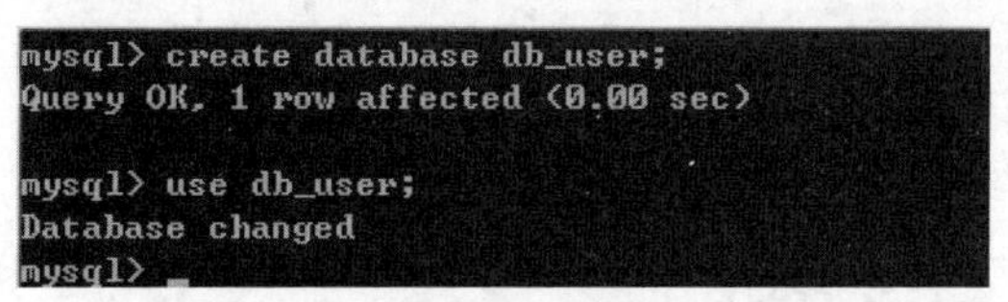

图 16.5　选择数据库

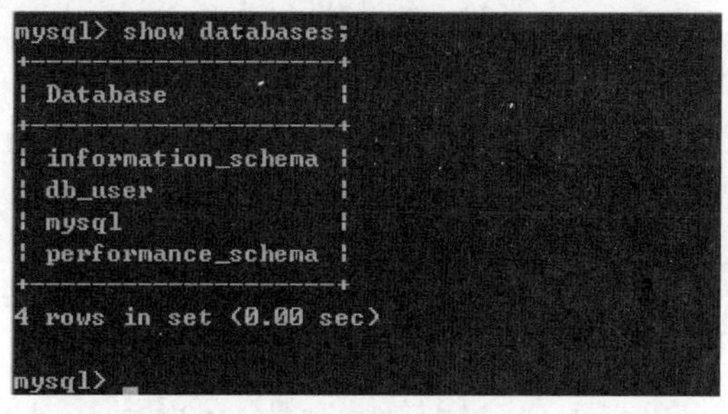

图 16.6　显示所有数据库

16.3.4　删除数据库

删除数据库使用的是 drop database 命令，语法格式如下：

```
drop database 数据库名;
```

例如，在 MySQL 命令窗口中使用“drop database db_user;”语句即可删除 db_user 数据库。删除数据库后，MySQL 管理系统会自动删除 E:\wamp\bin\mysql\mysql8.0.31\data 目录下的 db_user 目录及相关文件。

注意

对于删除数据库的操作，应该谨慎使用。一旦执行这项操作，数据库的所有结构和数据都会被删除，没有恢复的可能，除非数据库有备份。

16.4 MySQL 数据类型

在 MySQL 数据库中，每一条数据都有其数据类型。MySQL 支持的数据类型主要分成 3 类：数值类型、字符串（字符）类型、日期和时间类型。

16.4.1 数值类型

MySQL 支持所有的 ANSI/ISO SQL 92 数值类型，既包括准确数的数据类型（NUMERIC、DECIMAL、INTEGER 和 SMALLINT），还包括近似数的数据类型（FLOAT、REAL 和 DOUBLE PRECISION）。其中的关键字 INT 是 INTEGER 的简写，关键字 DEC 是 DECIMAL 的简写。

一般来说，数值类型可以分成整型和浮点型两类，详细内容如表 16.1 和表 16.2 所示。

表 16.1 整型数据类型

数 据 类 型	取 值 范 围	说 明	单 位
TINYINT	符号值：-128～127 无符号值：0～255	最小的整数	1 字节
BIT	无符号值：0～18446744073709551615	位值	1 比特
BOOL	无符号值：0，1	布尔类型	1 字节
SMALLINT	符号值：-32768～32767 无符号值：0～65535	小型整数	2 字节
MEDIUMINT	符号值：-8388608～8388607 无符号值：0～16777215	中型整数	3 字节
INT	符号值：-2147683648～2147683647 无符号值：0～4294967295	标准整数	4 字节
BIGINT	符号值：-9223372036854775808～9223372036854775807 无符号值：0～18446744073709551615	大整数	8 字节

表 16.2 浮点数据类型

数 据 类 型	取 值 范 围	说 明	单 位
FLOAT	+(-)3.402823466E+38	单精度浮点数	8 字节或 4 字节
DOUBLE	+(-)1.7976931348623157E+308 +(-)2.2250738585072014E-308	双精度浮点数	8 字节
DECIMAL	可变	一般整数	自定义长度

说明

在创建表时，使用哪种数字类型应遵循以下原则。

（1）选择最小的可用类型，如果值永远不超过 127，则使用 TINYINT 要比使用 INT 好。

（2）对于完全都是数字的，可以选择整数类型。

（3）浮点类型用于可能具有小数部分的数，如货物单价、网上购物交付金额等。

16.4.2　字符串类型

字符串类型可以分为 3 类：普通的文本字符串类型（CHAR 和 VARCHAR）、可变类型（TEXT 和 BLOB）和特殊类型（SET 和 ENUM）。它们之间有着一定的区别，取值的范围不同，应用的地方也不同。

（1）普通的文本字符串类型，即 CHAR 和 VARCHAR 类型。CHAR 列的长度在创建表时指定，取值范围为 1～255；VARCHAR 列的值是变长的字符串，取值和 CHAR 一样。普通的文本字符串类型如表 16.3 所示。

表 16.3　普通的文本字符串类型

类　　型	取值范围	说　　明
[national] CHAR(M) [binary|ASCII|unicode]	0～255 个字符	固定长度为 M 的字符串，其中 M 的取值范围为 0～255。national 关键字指定了应该使用的默认字符集，binary 关键字指定了数据是否区分大小写（默认是区分大小写的），ASCII 关键字指定了在该列中使用 Latin1 字符集，unicode 关键字指定了使用 UCS 字符集
CHAR	0～255 个字符	与 CHAR(M)类似
[national] VARCHAR(M) [binary]	0～255 个字符	长度可变，其他和 CHAR(M)类似

（2）可变类型，即 TEXT 和 BLOB 类型。它们的大小可以改变，TEXT 类型适合存储长文本，而 BLOB 类型适合存储二进制数据，支持任何数据，如文本、声音和图像等。TEXT 和 BLOB 类型如表 16.4 所示。

表 16.4　TEXT 和 BLOB 类型

类　　型	最大长度（字节数）	说　　明
TINYBLOB	2^8-1（255）	小 BLOB 字段
TINYTEXT	2^8-1（255）	小 TEXT 字段
BLOB	2^16-1（65535）	常规 BLOB 字段
TEXT	2^16-1（65535）	常规 TEXT 字段
MEDIUMBLOB	2^24-1（16777215）	中型 BLOB 字段
MEDIUMTEXT	2^24-1（16777215）	中型 TEXT 字段
LONGBLOB	2^32-1（4294967295）	长 BLOB 字段
LONGTEXT	2^32-1（4294967295）	长 TEXT 字段

（3）特殊类型，即 SET 和 ENUM 类型。SET 和 ENUM 类型的介绍如表 16.5 所示。

表 16.5　ENUM 和 SET 类型

类　　型	最 大 值	说　　明
ENUM("value1", "value2", …)	65535	该类型的列只可以容纳所列值之一或为 NULL
SET("value1", "value2", …)	64	该类型的列可以容纳一组值或为 NULL

说明

在创建表时，若使用字符串类型，应遵循以下原则。

（1）从速度方面考虑，要选择固定的列，可以使用 CHAR 类型。

（2）要节省空间，使用动态的列，可以使用 VARCHAR 类型。

（3）要将列中的内容限制在一种选择，可以使用 ENUM 类型。

（4）允许在一列中有多于一个的条目，可以使用 SET 类型。

（5）如果要搜索的内容不区分大小写，可以使用 TEXT 类型。

（6）如果要搜索的内容区分大小写，可以使用 BLOB 类型。

16.4.3　日期和时间类型

日期和时间类型包括 DATETIME、DATE、TIMESTAMP、TIME 和 YEAR。每种类型都有其取值的范围，如赋予它一个不合法的值，将会被 0 代替。日期和时间数据类型的取值范围和说明如表 16.6 所示。

表 16.6　日期和时间数据类型

类　　型	取 值 范 围	说　　明
DATE	1000-01-01　9999-12-31	日期，格式为 YYYY-MM-DD
TIME	-838:58:59　835:59:59	时间，格式为 HH:MM:SS
DATETIME	1000-01-01 00:00:00 9999-12-31 23:59:59	日期和时间，格式为 YYYY-MM-DD HH:MM:SS
TIMESTAMP	1970-01-01 00:00:00 2037 年的某个时间	时间标签，在处理报告时使用的显示格式取决于 M 的值
YEAR	1901～2155	年份可指定两位数字和四位数字的格式

在 MySQL 中，日期的顺序是按照标准的 ANSI SQL 格式进行输入的。

16.5　操作数据表

数据库创建完成后，即可在命令提示符下对数据库进行操作，如创建数据表、更改数据表结构以及删除数据表等。

16.5.1　创建数据表

在 MySQL 数据库中，可以使用 create table 命令创建数据表。其语法格式如下：

```
create[TEMPORARY] table [IF NOT EXISTS] 数据表名 [(create_definition, …)][table_options] [select_statement]
```

create table 语句的参数说明如表 16.7 所示。

表 16.7　create table 语句的参数说明

参　数	说　明
TEMPORARY	如果使用该关键字，表示创建一个临时表
IF NOT EXISTS	该关键字用于避免表存在时 MySQL 报告错误
create_definition	这是表的列属性部分。MySQL 要求在创建表时，表要至少包含一列
table_options	表的一些特性参数
select_statement	SELECT 语句描述部分，用它可以快速地创建表

下面介绍列属性 create_definition 的使用方法，每一列具体的定义格式如下：

```
col_name type [NOT NULL | NULL] [DEFAULT default_value] [AUTO_INCREMENT] [PRIMARY KEY] [reference_definition]
```

属性 create_definition 的参数说明如表 16.8 所示。

表 16.8　属性 create_definition 的参数说明

参　数	说　明
col_name	字段名
type	字段类型
NOT NULL | NULL	指出该列是否允许为空值，但是数据 0 和空格都不是空值，系统一般默认允许为空值，所以当不允许为空值时，必须使用 NOT NULL
DEFAULT default_value	表示默认值
AUTO_INCREMENT	表示是否为自动编号，每个表只能有一个 AUTO_INCREMENT 列，并且必须被索引
PRIMARY KEY	表示是否为主键。一个表只能有一个 PRIMARY KEY。如表中没有一个 PRIMARY KEY，而某些应用程序要求 PRIMARY KEY，MySQL 将返回第一个没有任何 NULL 列的 UNIQUE 键，作为 PRIMARY KEY
reference_definition	为字段添加注释

在实际应用中，使用 create table 命令创建数据表时，只需指定最基本的属性即可，语法格式如下：

```
create table table_name(列名 1 属性, 列名 2 属性, …);
```

例如，在命令提示符下使用 create table 命令在数据库 db_user 中创建一个名为 tb_user 的数据表，表中包括 id、user、pwd 和 createtime 等字段，实现过程如图 16.7 所示。

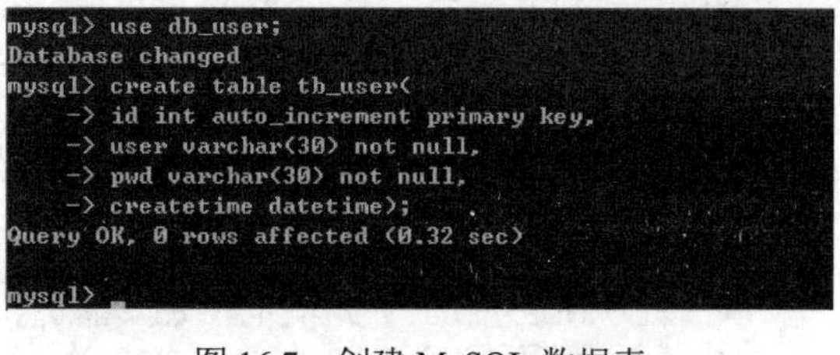

```
mysql> use db_user;
Database changed
mysql> create table tb_user(
    -> id int auto_increment primary key,
    -> user varchar(30) not null,
    -> pwd varchar(30) not null,
    -> createtime datetime);
Query OK, 0 rows affected (0.32 sec)

mysql>
```

图 16.7　创建 MySQL 数据表

16.5.2　查看表结构

成功创建数据表后，可以使用 show columns 命令或 describe 命令查看指定数据表的表结构。下面分别对这两个命令进行介绍。

1．show columns 命令

show columns 命令的语法格式有两种，分别如下：

```
show [full] columns from 数据表名 [from 数据库名];
show [full] columns FROM 数据库名.数据表名;
```

例如，使用 show columns 命令查看数据表 tb_user 的表结构，运行结果如图 16.8 所示。

2．describe 命令

describe 命令的语法格式如下：

```
describe 数据表名;
```

其中，describe 可以简写为 desc。在查看表结构时，也可以只列出某一列的信息，语法格式如下：

```
describe 数据表名 列名;
```

例如，使用 describe 命令的简写形式查看数据表 tb_user 的某一列信息，运行结果如图 16.9 所示。

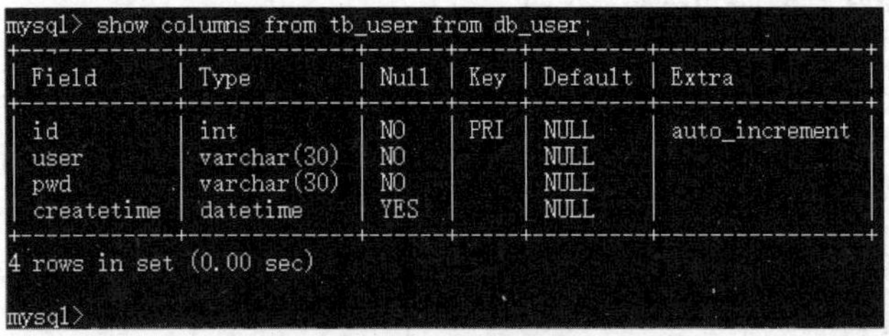

```
mysql> show columns from tb_user from db_user;
+------------+-------------+------+-----+---------+----------------+
| Field      | Type        | Null | Key | Default | Extra          |
+------------+-------------+------+-----+---------+----------------+
| id         | int         | NO   | PRI | NULL    | auto_increment |
| user       | varchar(30) | NO   |     | NULL    |                |
| pwd        | varchar(30) | NO   |     | NULL    |                |
| createtime | datetime    | YES  |     | NULL    |                |
+------------+-------------+------+-----+---------+----------------+
4 rows in set (0.00 sec)

mysql>
```

图 16.8　查看表结构

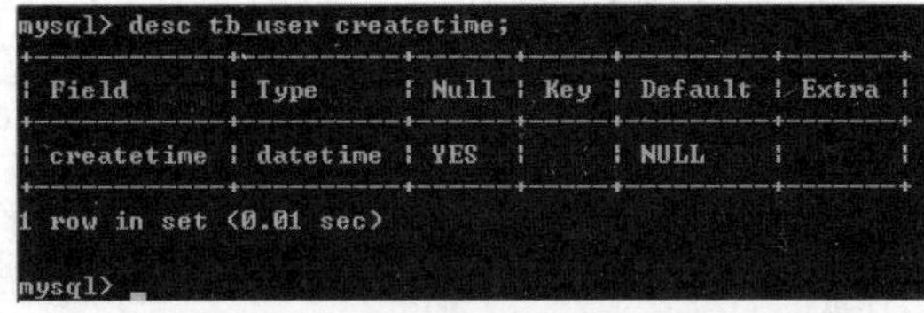

```
mysql> desc tb_user createtime;
+------------+----------+------+-----+---------+-------+
| Field      | Type     | Null | Key | Default | Extra |
+------------+----------+------+-----+---------+-------+
| createtime | datetime | YES  |     | NULL    |       |
+------------+----------+------+-----+---------+-------+
1 row in set (0.01 sec)

mysql>
```

图 16.9　查看表的某一列信息

16.5.3　修改表结构

修改表结构采用 alter table 命令。修改表结构指增加或者删除字段、修改字段名称或者字段类型、设置取消主键外键、设置取消索引以及修改表的注释等。语法格式如下：

```
alter [IGNORE] table 数据表名 alter_spec[, alter_spec]...
```

需要注意的是，当指定 IGNORE 时，如果出现重复关键的行，则只执行一行，其他重复的行被删除。其中，alter_spec 子句用于定义要修改的内容，语法格式如下：

```
alter_specification:
    ADD [COLUMN] create_definition [FIRST | AFTER column_name]        //添加新字段
  | ADD INDEX [index_name] (index_col_name, ...)                      //添加索引名称
  | ADD PRIMARY KEY(index_col_name, ...)                              //添加主键名称
  | ADD UNIQUE [index_name] (index_col_name, ...)                     //添加唯一索引
```

```
  | ALTER [COLUMN] col_name {SET DEFAULT literal | DROP DEFAULT}      //修改字段名称
  | CHANGE [COLUMN] old_col_name create_definition                   //修改字段类型
  | MODIFY [COLUMN] create_definition                                //修改子句定义字段
  | DROP [COLUMN] col_name                                           //删除字段名称
  | DROP PRIMARY KEY                                                 //删除主键名称
  | DROP INDEX index_name                                            //删除索引名称
  | RENAME [AS] new_tbl_name                                         //更改表名
  | table_options
```

alter table 语句允许指定多个动作，动作间使用逗号分隔，每个动作表示对表的一个修改。

例如，向 tb_user 表中添加一个新字段 address，类型为 varchar(60)，且不为空值（not null），将字段 user 的类型由 varchar(30)改为 varchar(50)，再用 desc 命令查看修改后的表结构，如图 16.10 所示。

```
mysql> alter table tb_user add address varchar(60) not null,modify user varchar(50);
Query OK, 0 rows affected (0.03 sec)
Records: 0  Duplicates: 0  Warnings: 0

mysql> desc tb_user;
+------------+-------------+------+-----+---------+----------------+
| Field      | Type        | Null | Key | Default | Extra          |
+------------+-------------+------+-----+---------+----------------+
| id         | int         | NO   | PRI | NULL    | auto_increment |
| user       | varchar(50) | YES  |     | NULL    |                |
| pwd        | varchar(30) | NO   |     | NULL    |                |
| createtime | datetime    | YES  |     | NULL    |                |
| address    | varchar(60) | NO   |     | NULL    |                |
+------------+-------------+------+-----+---------+----------------+
5 rows in set (0.00 sec)

mysql>
```

图 16.10　修改表结构

16.5.4　重命名数据表

重命名数据表采用 rename table 命令，语法格式如下：

```
rename table 数据表名 1 to 数据表名 2;
```

例如，对数据表 tb_user 进行重命名，更名后的数据表为 tb_member，只需要在 MySQL 命令窗口中使用“rename table tb_user to tb_member;”语句即可。

说明

该语句可以同时对多个数据表进行重命名，多个表之间以逗号“,”分隔。

16.5.5　删除数据表

删除数据表的操作很简单，与删除数据库的操作类似，使用 drop table 命令即可实现。其语法格式如下：

```
drop table 数据表名;
```

例如，在 MySQL 命令窗口中使用“drop table tb_user;”语句即可删除 tb_user 数据表。删除数据表后，MySQL 管理系统会自动删除 E:\wamp\bin\mysql\mysql8.0.31\data\db_user 目录下的表文件。

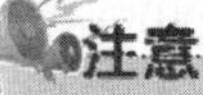

注意

删除数据表的操作应该谨慎使用。一旦删除了数据表，那么表中的数据将会全部清除，没有备份则无法恢复。

在删除数据表的过程中，如果删除一个不存在的表将会产生错误，这时在删除语句中加入 if exists 关键字就可避免出错。其语法格式如下：

```
drop table if exists 数据表名;
```

注意

在对数据表进行操作之前，必须先选择数据库，否则是无法对数据表进行操作的。

16.6 数据表记录的更新操作

数据库中包含数据表，而数据表中包含数据。在 MySQL 与 PHP 的结合应用中，真正被操作的是数据表中的数据，因此如何更好地操作和使用这些数据才是使用 MySQL 数据库的根本。

向数据表中插入、修改和删除记录可以在 MySQL 命令行中使用 SQL 语句完成。下面介绍如何在 MySQL 命令行中执行基本的 SQL 语句。

1. 数据表记录的添加

建立一个空的数据库和数据表时，首先要想到的就是如何向数据表中添加数据。这项操作可以通过 insert 命令来实现。语法格式如下：

```
insert into 数据表名(column_name, column_name2, … ) values(value1, value2, … );
```

在 MySQL 中，一次可以同时插入多行记录，各行记录的值清单在 values 关键字后以逗号分隔，而标准的 SQL 语句一次只能插入一行。

说明

值列表中的值应与字段列表中字段的个数和顺序相对应，值列表中值的数据类型必须与相应字段的数据类型保持一致。

例如，向用户信息表 tb_user 中插入一条数据信息，如图 16.11 所示。

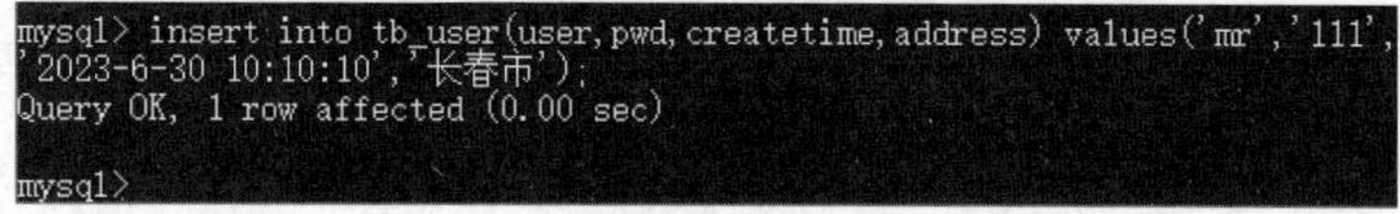

图 16.11　插入记录

当向数据表中的所有列添加数据时，insert 语句中的字段列表可以省略。例如：

```
insert into tb_user values(null, 'tm', '123', '2023-6-30 12:12:12', '沈阳市');
```

2. 数据表记录的修改

要执行修改的操作可以使用 update 命令，语法格式如下：

```
update 数据表名 set column_name = new_value1, column_name2 = new_value2, …where condition;
```

其中，set 子句指出要修改的列及其给定的值；where 子句是可选的，如果给出该子句，将指定记录中哪行应该被更新，否则，所有的记录行都将被更新。

例如，将用户信息表 tb_user 中用户名为 mr 的管理员密码 111 修改为 222，SQL 语句如下：

```
update tb_user set pwd = '222' where user = 'mr';
```

3. 数据表记录的删除

在数据库中有些数据已经失去意义或者是错误的，这时就需要将它们删除，此时可以使用 delete 命令。该命令的语法格式如下：

```
delete from 数据表名 where condition;
```

注意

该语句在执行过程中，如果没有指定 where 条件，将删除所有的记录；如果指定了 where 条件，将按照指定的条件进行删除。

例如，删除用户信息表 tb_user 中用户名为 mr 的记录信息，SQL 语句如下：

```
delete from tb_user where user = 'mr';
```

使用 delete 命令删除整个表的效率并不高，还可以使用 truncate 命令，利用该命令可以快速删除表中所有的内容。

16.7　数据表记录的查询操作

要从数据库中把数据查询出来，就要用到数据查询命令 select。select 命令是最常用的查询命令，语法格式如下：

```
select selection_list                    //要查询的内容，选择哪些列
from table_list                          //指定数据表
where primary_constraint                 //查询时需要满足的条件，行必须满足的条件
group by grouping_columns                //如何对结果进行分组
order by sorting_columns                 //如何对结果进行排序
having secondary_constraint              //查询时需要满足的第二个条件
limit count                              //限定输出的查询结果
```

这就是 select 查询语句的语法，下面对它的参数进行详细的讲解。

1. selection_list

该参数用于设置查询内容。如果要查询表中所有列，可以将其设置为“*”；如果要查询表中某一列或多列，可直接输入列名，并以“,”为分隔符。

例如，查询 tb_mrbook 数据表中所有列与查询 id 和 bookname 列的代码如下：

```
select * from tb_mrbook;                          //查询数据表中所有数据
select id, bookname from tb_mrbook;               //查询数据表中 id 和 bookname 列的数据
```

2．table_list

该参数用于指定查询的数据表。既可以从一个数据表中查询，也可以从多个数据表中查询，多个数据表之间用“,”进行分隔，并且通过 where 子句和连接运算来确定表之间的联系。

例如，从 tb_mrbook 和 tb_bookinfo 数据表中查询 bookname='PHP 自学视频教程'的 id 编号、书名、作者和价格，其代码如下：

```
select tb_mrbook.id, tb_mrbook.bookname,
    -> author, price from tb_mrbook, tb_bookinfo
    -> where tb_mrbook.bookname = tb_bookinfo.bookname and
    -> tb_bookinfo.bookname = 'php 自学视频教程';
```

在上面的 SQL 语句中，因为两个表都有 id 字段和 bookname 字段，为了告诉服务器要显示的是哪个表中的字段信息，要为其加上前缀。语法格式如下：

```
表名.字段名
```

通过 tb_mrbook.bookname = tb_bookinfo.bookname 将表 tb_mrbook 和 tb_bookinfo 连接起来，叫作等同连接；如果不使用 tb_mrbook.bookname = tb_bookinfo.bookname，那么产生的结果将是两个表的笛卡儿积，叫作全连接。

3．where 条件语句

在使用查询语句时，如要从很多的记录中查询想要的记录，就需要一个查询的条件。只有设定了条件，查询才有实际的意义。设定查询条件应使用 where 子句。

where 子句的功能非常强大，通过它可以实现很多复杂的条件查询。在使用 where 子句时，需要使用如表 16.9 所示的比较运算符。示例中，id 是记录的编号，name 是表中的用户名。

表 16.9　常用的 where 子句比较运算符

运 算 符	名　称	示　例	运 算 符	名　称	示　例
=	等于	id = 10	is not null	n/a	id is not null
>	大于	id > 10	between	n/a	id between1 and 10
<	小于	id < 10	in	n/a	id in (4,5,6)
>=	大于或等于	id >= 10	not in	n/a	name not in (a,b)
<=	小于或等于	id <= 10	like	模式匹配	name like ('abc%')
!=或<>	不等于	id != 10	not like	模式不匹配	name not like ('abc%')
is null	n/a	id is null	regexp	常规表达式	name 正则表达式

例如，使用 where 子句查询 tb_mrbook 表，条件是 type（类别）为 PHP 的所有图书，代码如下：

```
select * from tb_mrbook where type = 'PHP';
```

4．distinct

使用 distinct 关键字可以去除结果中重复的行。例如，查询 tb_mrbook 表，并在结果中去掉类型字

段 type 中的重复数据，代码如下：

```
select distinct type from tb_mrbook;
```

5．order by

使用 order by 可以对查询的结果进行升序和降序（desc）排列。在默认情况下，order by 按升序输出结果。如果要按降序排列，可以使用 desc 来实现。

对含有 NULL 值的列排序时，如果是按升序排列，NULL 值将出现在查询结果的最前面；如果是按降序排列，NULL 值将出现在查询结果的最后面。

例如，查询 tb_mrbook 表中的所有信息，按照 id 进行降序排列，且只显示 5 条记录。代码如下：

```
select * from tb_mrbook order by id desc limit 5;
```

6．like

like 属于较常用的比较运算符，通过它可以实现模糊查询。它有两种通配符："%"和下画线"_"。"%"可以匹配一个或多个字符，而"_"只能匹配一个字符。

例如，查找所有书名（bookname 字段）包含 PHP 的图书，代码如下：

```
select * from tb_mrbook where bookname like('%PHP%');
```

说明

无论是一个英文字符还是一个中文字符，都算作一个字符。在这一点上，英文字母和中文没有区别。

7．concat()函数

使用 concat()函数可以联合多个字段，构成一个总的字符串。例如，把 tb_mrbook 表中的书名（bookname）和价格（price）合并到一起，构成一个新的字符串，代码如下：

```
select id, concat(bookname, ":", price) as info, type from tb_mrbook;
```

其中，合并后的字段名为 concat()函数形成的表达式"bookname:price"，看上去十分复杂，通过 as 关键字给合并字段取一个别名，这样看上去就清晰多了。

8．limit

limit 子句可以对查询结果的记录条数进行限定，控制它输出的行数。

例如，查询 tb_mrbook 表，按照图书价格升序排列，显示 10 条记录，代码如下：

```
select * from tb_mrbook order by price asc limit 10;
```

使用 limit 还可以从查询结果的中间部分取值。首先要定义两个参数，参数 1 是开始读取的第一条记录的编号（在查询结果中，第一条结果的记录编号是 0，而不是 1）；参数 2 是待查询记录数。

例如，查询 tb_mrbook 表，从第 3 条记录开始，查询 6 条记录，代码如下：

```
select * from tb_mrbook limit 2, 6;
```

9．使用函数和表达式

在 MySQL 中，还可以使用表达式来计算各列的值作为输出结果。表达式还可以包含一些函数。例如，计算 tb_mrbook 表中各类图书的总价格，代码如下：

```
select sum(price) as totalprice, type from tb_mrbook group by type;
```

在对 MySQL 数据库进行操作时，有时需要对数据库中的记录进行统计，如求平均值、最小值、最大值等，这时可以使用 MySQL 中的统计函数，其常用的统计函数如表 16.10 所示。

表 16.10　MySQL 中常用的统计函数

名　　称	说　　明
avg（字段名）	获取指定列的平均值
count（字段名）	如果指定了一个字段，则会统计该字段中的非空记录。如果在前面增加 DISTINCT 关键字，则会统计不同值的记录，相同的值当作一条记录。如果使用 count(*)，则统计包含空值的所有记录数
min（字段名）	获取指定字段的最小值
max（字段名）	获取指定字段的最大值
std（字段名）	指定字段的标准背离值
stdtev（字段名）	与 std()函数相同
sum（字段名）	获取指定字段所有记录的总和

除了使用函数，还可以使用算术运算符、字符串运算符以及逻辑运算符来构成表达式。例如，可以计算图书打九折之后的价格，代码如下：

```
select *, (price * 0.9) as '90%' from tb_mrbook;
```

10．group by

通过 group by 子句可以将数据划分到不同的组中，实现对记录进行分组查询。在查询时，所查询的列必须包含在分组的列中，目的是使查询到的数据没有矛盾。在与 avg()或 sum()函数一起使用时，group by 子句能发挥出最大作用。

例如，查询 tb_mrbook 表，按照 type 进行分组，求每类图书的平均价格，代码如下：

```
select avg(price), type from tb_mrbook group by type;
```

11．使用 having 子句设定第二个查询条件

having 子句通常和 group by 子句一起使用。在对数据结果进行分组查询和统计之后，还可以使用 having 子句对查询的结果进行进一步的筛选。having 子句和 where 子句都用于指定查询条件，不同的是 where 子句在分组查询之前应用，而 having 子句在分组查询之后应用，而且 having 子句中还可以包含统计函数。

例如，计算 tb_mrbook 表中各类图书的平均价格，并筛选出平均价格大于 60 的记录，代码如下：

```
select avg(price), type from tb_mrbook group by type having avg(price) > 60;
```

16.8　MySQL 中的特殊字符

当 SQL 语句中存在特殊字符时，需要使用“\”对特殊字符进行转义，否则将会出现错误。这些特殊字符及转义后对应的字符如表 16.11 所示。

表 16.11　MySQL 中的特殊字符

特 殊 字 符	转义后的字符	特 殊 字 符	转义后的字符
\'	单引号	\t	制表符
\"	双引号	\0	0 字符
\\	反斜线	\%	%字符
\n	换行符	_	_字符
\r	回车符	\b	退格符

例如，先向用户信息表 tb_user 中添加一条用户名为 O'Neal 的记录，然后查询表中的所有记录，SQL 语句如下：

```
insert into tb_user values(null, 'O\'Neal', '123456', '2023-6-26 15:16:17', '大连市');
select * from tb_user;
```

运行结果如图 16.12 所示。

```
mysql> insert into tb_user values(null, 'O\'Neal', '123456', '2023-6-26 15:16:17', '大连市');
Query OK, 1 row affected (0.00 sec)

mysql> select * from tb_user;
+----+--------+--------+---------------------+---------+
| id | user   | pwd    | createtime          | address |
+----+--------+--------+---------------------+---------+
|  3 | O'Neal | 123456 | 2023-06-26 15:16:17 | 大连市  |
|  2 | tm     | 123    | 2023-06-30 12:12:12 | 沈阳市  |
+----+--------+--------+---------------------+---------+
2 rows in set (0.00 sec)

mysql>
```

图 16.12　插入记录并查询数据表

16.9　实践与练习

（答案位置：资源包\TM\sl\16\实践与练习\）

综合练习 1：操作 MySQL 数据库

创建一个数据库 db_shop，查看 MySQL 服务器中所有的数据库，确认数据库 db_shop 是否创建成功。如果该数据库成功创建，则选择该数据库并进行删除操作。

综合练习 2：创建商品信息表

在数据库 db_shop 中，按如图 16.13 所示的表结构创建商品信息表 tb_shangpin。

Field	Type	Null	Key	Default	Extra
id	int(4)	NO	PRI	NULL	auto_increment
mingcheng	varchar(25)	YES		NULL	
jianjie	mediumtext	YES		NULL	
addtime	varchar(25)	YES		NULL	
dengji	varchar(5)	YES		NULL	
xinghao	varchar(25)	YES		NULL	
tupian	varchar(200)	YES		NULL	
shuliang	int(4)	YES		NULL	
typeid	int(4)	YES		NULL	
huiyuanjia	varchar(25)	YES		NULL	
pinpai	varchar(25)	YES		NULL	

图 16.13　创建表结构

综合练习 3：修改数据表名称

将商品信息表 tb_shangpin 更名为 tb_shop。

综合练习 4：向表中添加数据

向商品信息表 tb_shop 的各字段中添加 3 条商品信息。

综合练习 5：操作数据表

浏览商品信息表 tb_shop 中的全部数据，将第一条数据的商品数量修改为 200，将该表中的最后一条数据删除。

第 17 章　phpMyAdmin 图形化管理工具

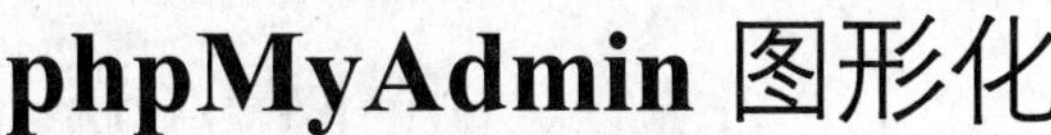

安装了 MySQL 数据库后，用户即可在命令行提示符下创建数据库和操作数据表。除此以外，用户还可以使用可视化图形管理工具 phpMyAdmin 来快速操作和管理数据库。phpMyAdmin 为初学者提供了图形化的操作界面，使得 MySQL 数据库的创建不必在枯燥的命令行下通过命令实现，从而大大提高了程序开发的效率。phpMyAdmin 可以运行在各种版本的 PHP 及 MySQL 下。对于大型网站，也可通过 phpMyAdmin 生成和执行 MySQL 数据库脚本来维护网站数据库。

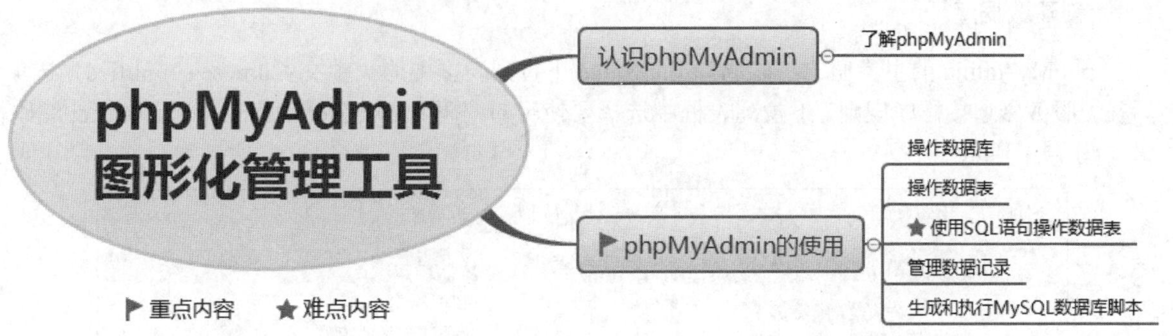

17.1　认识 phpMyAdmin

phpMyAdmin 是众多 MySQL 图形化管理工具中使用最广泛的一种，是一款使用 PHP 开发的 B/S 模式的 MySQL 客户端软件，该工具是基于 Web 的跨平台的管理程序，支持简体中文。用户可以在其官方网站 www.phpmyadmin.net 上免费下载到最新的版本。phpMyAdmin 为 Web 开发人员提供了类似于 Access、SQL Server 的图形化数据库操作界面，通过该管理工具可以对 MySQL 进行各种操作，如创建数据库、数据表和生成 MySQL 数据库脚本文件等。

注意

如果读者使用的是集成化安装包来配置 PHP 的开发环境，就无须单独下载 phpMyAdmin 图形化管理工具了，因为集成化的安装包中大多包括图形化管理工具。

17.2　phpMyAdmin 的使用

无论是 Windows 操作系统还是 Linux 操作系统，phpMyAdmin 图形化管理工具的使用方法都是一样的。下面讲解如何在 phpMyAdmin 图形化管理工具的可视化界面中操作数据库及数据表。

17.2.1　操作数据库

在浏览器的地址栏中输入 http://localhost/phpmyadmin/，按 Enter 键进入 phpMyAdmin 的登录界面。在默认情况下，登录用户名为 root，密码为空，直接单击“登录”按钮进入 phpMyAdmin 主界面，即可进行 MySQL 数据库的创建、修改和删除等操作。

1．创建数据库

在 phpMyAdmin 的主界面中，先选择 Language 下拉列表框中的“中文-Chinese simplified”选项，然后在“服务器连接排序规则”下拉列表框中选择要使用的编码，一般选择 utf8mb4_unicode_ci 编码格式，如图 17.1 所示。

图 17.1　phpMyAdmin 管理主界面

单击“数据库”超链接新建数据库，先在文本框中输入数据库的名称 db_study，再选择数据库使用的编码类型 utf8mb4_unicode_ci，如图 17.2 所示。单击“创建”按钮创建数据库。

图 17.2　输入数据库名称

2．修改数据库

在左侧数据库列表中选择新创建的数据库 db_study，在右侧界面中单击“操作”超链接，进入修改操作页面。

☑ 可以为当前数据库新建数据表。在新建数据表提示信息下的两个文本框中分别输入要创建的数据表的名称和字段数，单击“创建”按钮。具体创建方法将在 17.2.2 节中进行详细讲解。

☑ 可以重命名当前的数据库，在“重命名数据库为”文本框中输入新的数据库名称，单击“执行”按钮，即可成功修改数据库名称。

修改数据库的效果如图 17.3 所示。

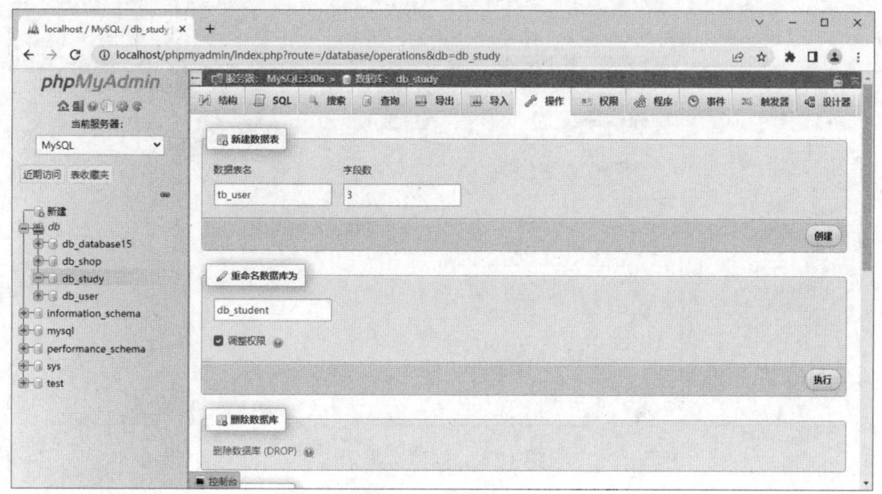

图 17.3　修改数据库

3．删除数据库

要删除当前的数据库，只需先单击图 17.3 右侧界面中的“删除数据库(DROP)”超链接，然后在弹出的提示框中单击“确定”按钮，即可成功删除该数据库，如图 17.4 所示。

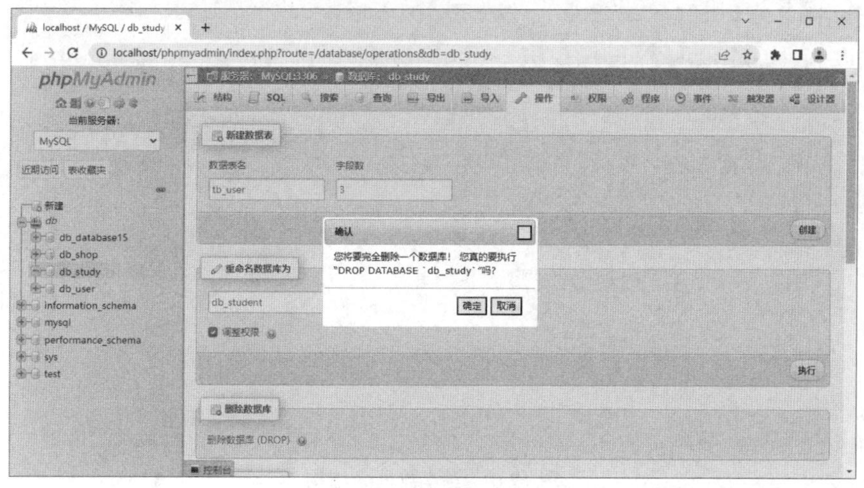

图 17.4　删除数据库

17.2.2　操作数据表

操作数据表需要先选择指定的数据库，然后在该数据库中创建并管理数据表。

1．创建数据表

创建数据库 db_study 后，在左侧数据库列表中选择 db_study 数据库，在右侧操作页面中输入数据表的名称 tb_admin 和字段数 3，然后单击“创建”按钮，即可创建数据表，如图 17.5 所示。

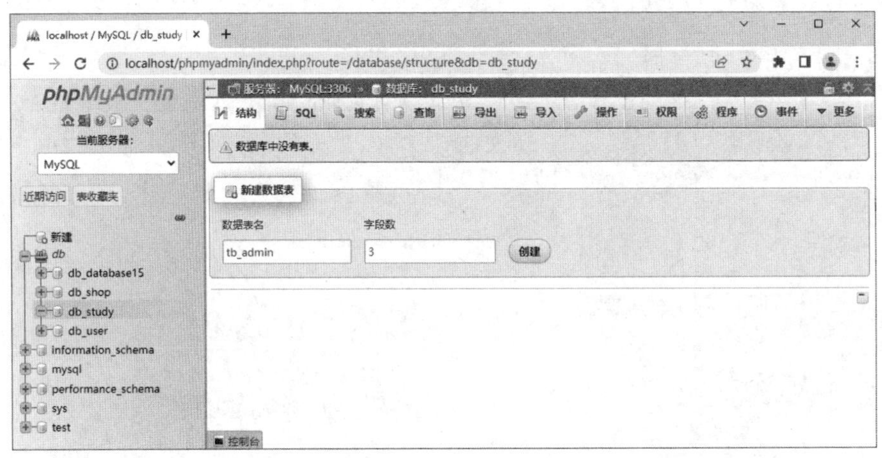

图 17.5　创建数据表

成功创建数据表 tb_admin 后，将显示数据表结构界面。在表单中输入各个字段的详细信息，包括名字、类型、长度/值、排序规则、是否为空和索引等，以完成对表结构的详细设置。当所有的信息都输入完成以后，单击“保存”按钮，创建数据表结构，如图 17.6 所示。

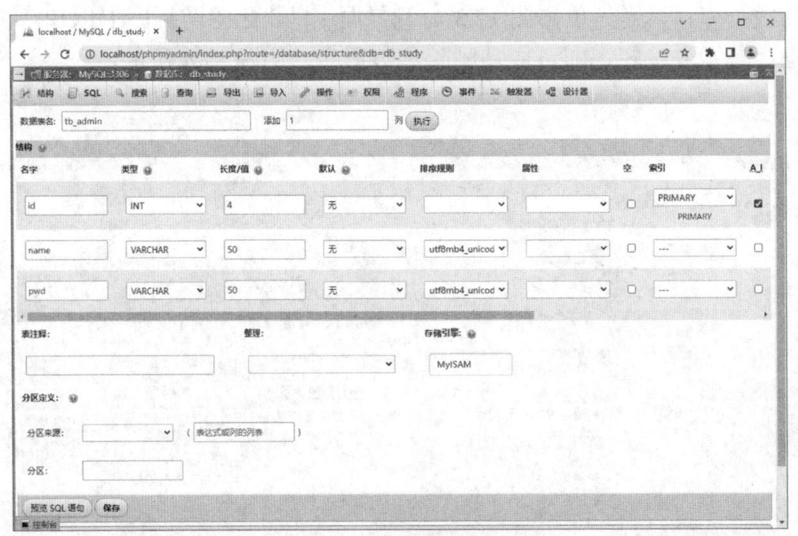

图 17.6　创建数据表结构

2．修改数据表

成功创建数据表结构以后，单击“结构”超链接，将显示如图 17.7 所示的界面。在这里可以通过改变表的结构来修改表，可以执行添加列、删除列、索引列、修改列的数据类型或者字段的长度/值等操作。

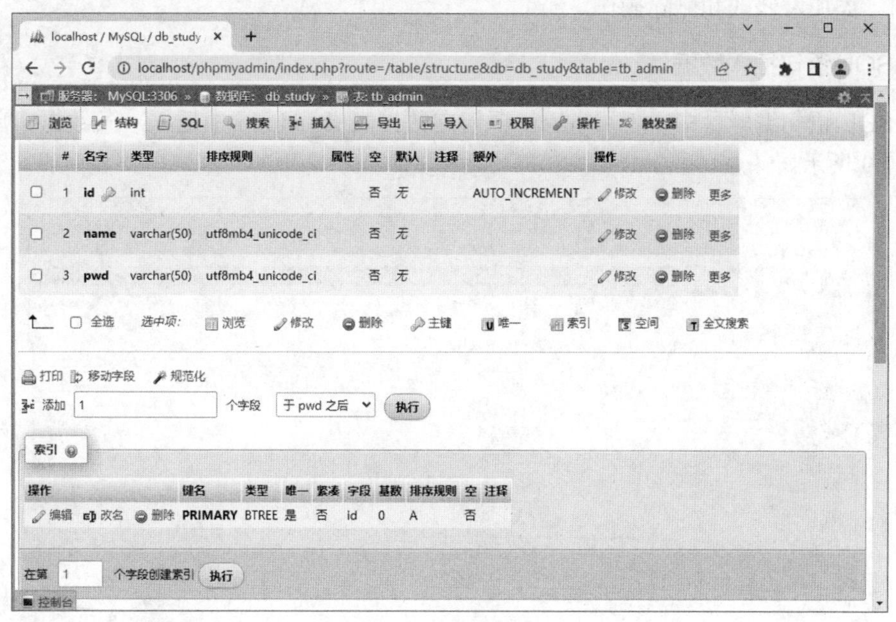

图 17.7　修改数据表结构

3．删除数据表

在左侧的数据库列表中找到指定的数据库，选择要删除的数据表，接着单击右侧界面中的“操作”超链接，在页面下方的“删除数据或数据表”选项区中单击“删除数据表(DROP)”超链接，在弹出的提示框中单击“确定”按钮，即可成功删除指定的数据表，如图 17.8 所示。

图 17.8　删除数据表

17.2.3 使用 SQL 语句操作数据表

单击 phpMyAdmin 主界面中的 SQL 超链接，打开 SQL 语句编辑区，输入完整的 SQL 语句可以实现数据的查询、添加、修改和删除操作。

1. 使用 SQL 语句插入数据

（1）在 SQL 语句编辑区中，使用 insert 语句向数据表 tb_admin 中插入一条数据，单击“执行”按钮，如图 17.9 所示。

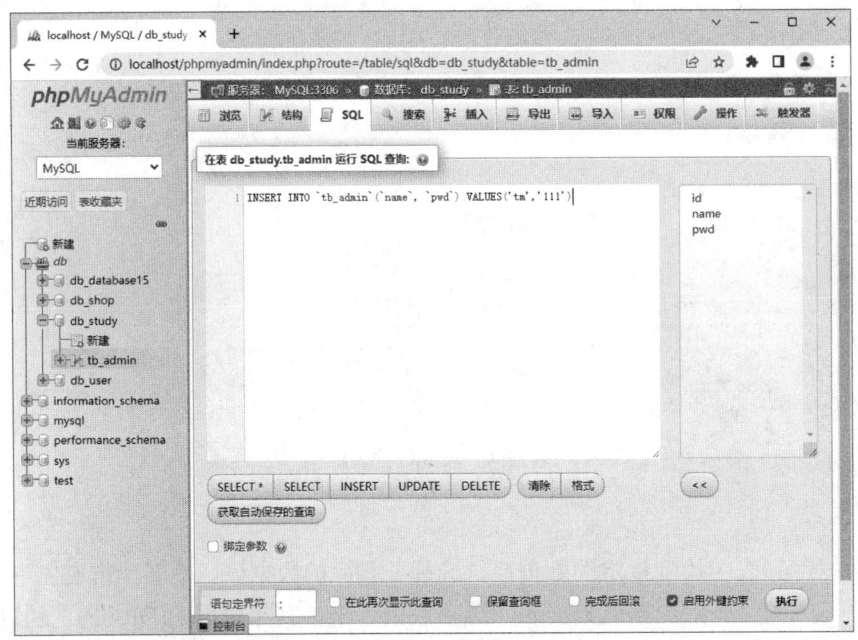

图 17.9　使用 SQL 语句向数据表中插入数据

（2）如果提交的 SQL 语句有错误，系统会给出警告，提示用户修改；如果提交的 SQL 语句正确，单击“浏览”超链接即可查看插入的数据，如图 17.10 所示。

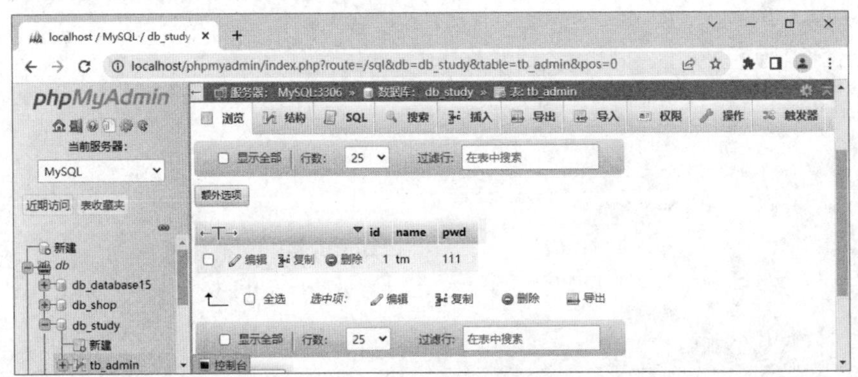

图 17.10　成功添加数据信息

2. 使用 SQL 语句修改数据

（1）在 SQL 语句编辑区使用 update 语句修改数据信息，将 id 为 1 的管理员的名字改为 Tony，密码改为 666，添加的 SQL 语句如图 17.11 所示。

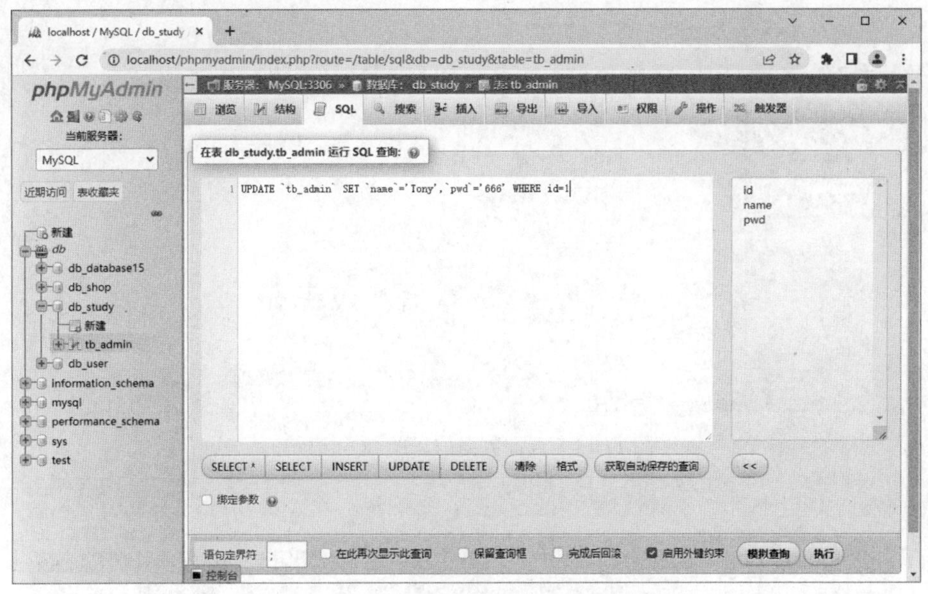

图 17.11　修改数据信息的 SQL 语句

（2）单击“执行”按钮，然后单击“浏览”超链接即可查看修改后的数据，如图 17.12 所示。

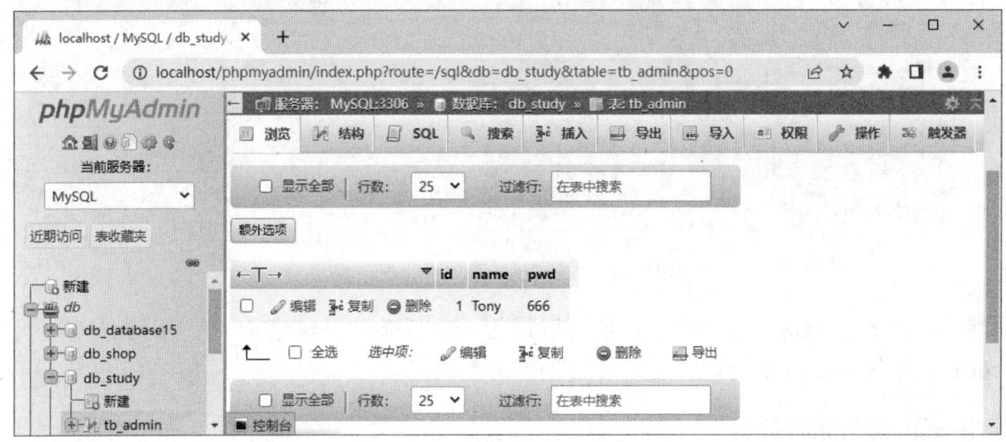

图 17.12　修改数据表中的数据

3. 使用 SQL 语句查询数据

（1）在 SQL 语句编辑区使用 select 语句检索指定条件的数据信息，将 id 小于 4 的管理员全部显示出来，SQL 语句如图 17.13 所示。

（2）单击“执行”按钮开始查询，查询结果如图 17.14 所示。注意，在进行查询之前需要向数据表中插入几条数据。

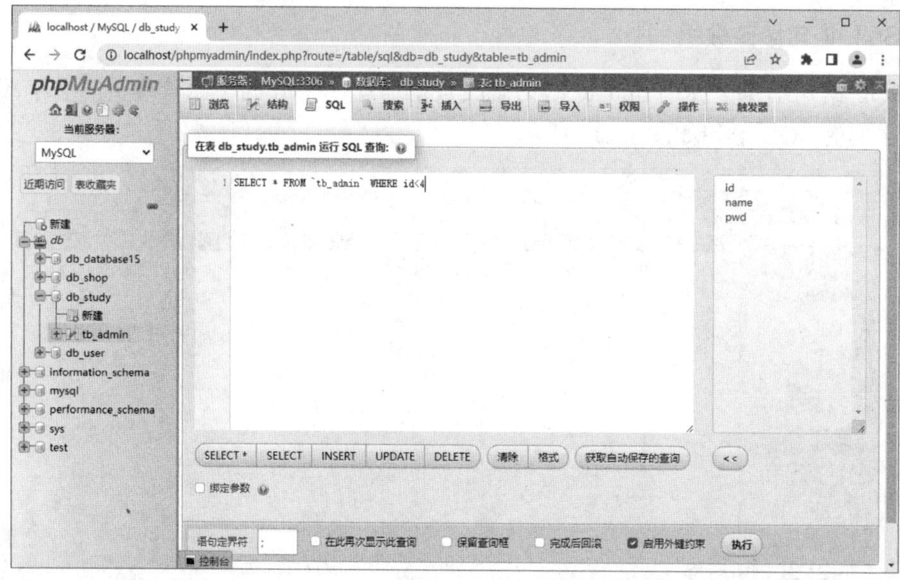

图 17.13　查询数据信息的 SQL 语句

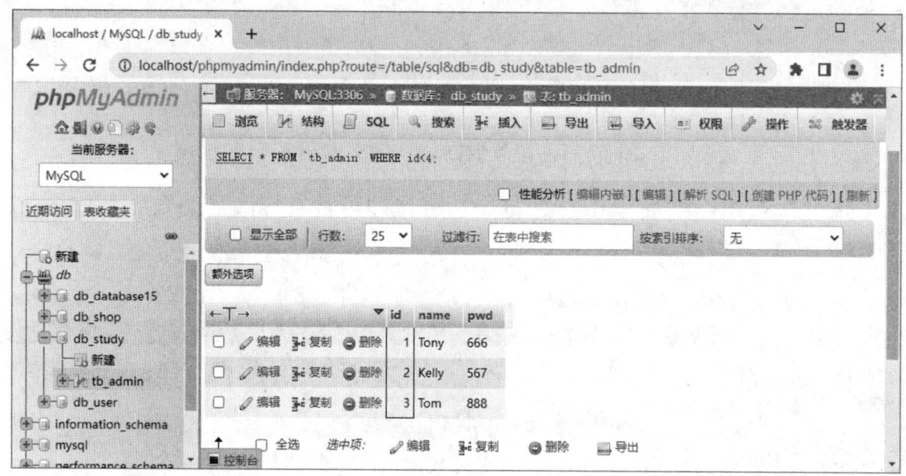

图 17.14　查询指定条件的数据信息

（3）除了可对整个表进行简单查询，还可以进行一些复杂的条件查询（使用 where 子句提交 like、order by、group by 等条件查询语句）及多表查询。

4．使用 SQL 语句删除数据

（1）在 SQL 语句编辑区使用 delete 语句删除指定条件的数据或全部数据信息，删除名字为 Tom 的管理员信息，SQL 语句如图 17.15 所示。

（2）单击“执行”按钮，弹出确认删除操作对话框，单击“确定”按钮，即可执行数据表中指定条件的数据的删除操作。删除后数据表中的数据如图 17.16 所示。

（3）如果 delete 语句后面没有 where 条件值，那么将删除指定数据表中的全部数据。

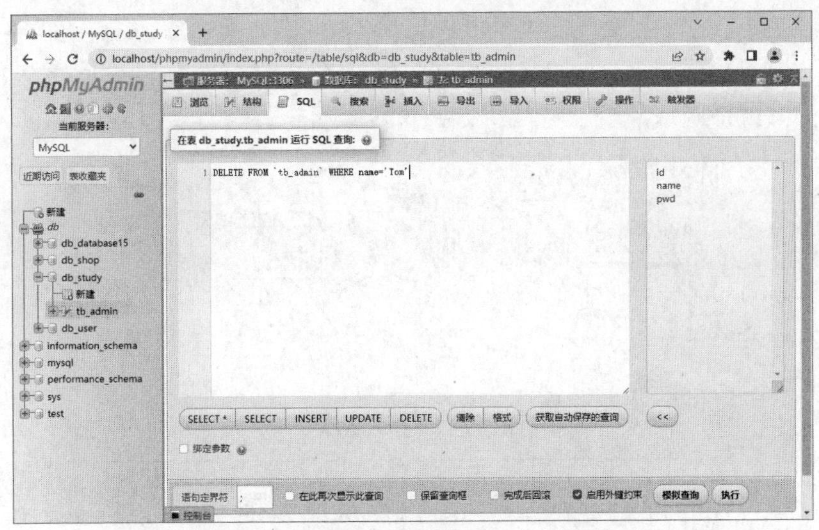

图 17.15　删除指定数据信息的 SQL 语句

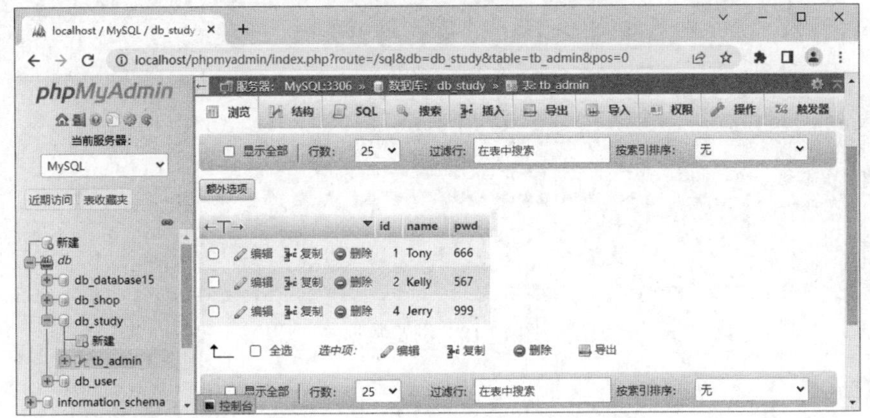

图 17.16　删除指定数据后数据表中的数据

17.2.4　管理数据记录

在创建完数据库和数据表后，可以通过操作数据表来管理数据。下面分别介绍插入数据、浏览数据、搜索数据的方法。

1．插入数据

选择某个数据表后，单击“插入”超链接，进入插入数据界面，如图 17.17 所示。在界面中输入各字段值，单击“执行”按钮即可插入数据记录。在默认情况下，一次可以插入两条记录。

2．浏览数据

选择某个数据表后，单击“浏览”超链接进入浏览界面，如图 17.18 所示。单击每行记录中的“编辑”按钮，可以对该记录进行编辑；单击每行记录中的“删除”按钮，可以删除该条记录。

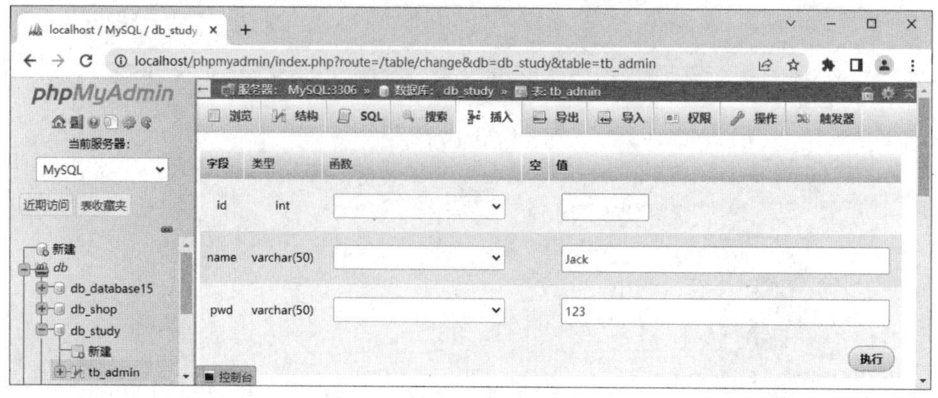

图 17.17　插入数据

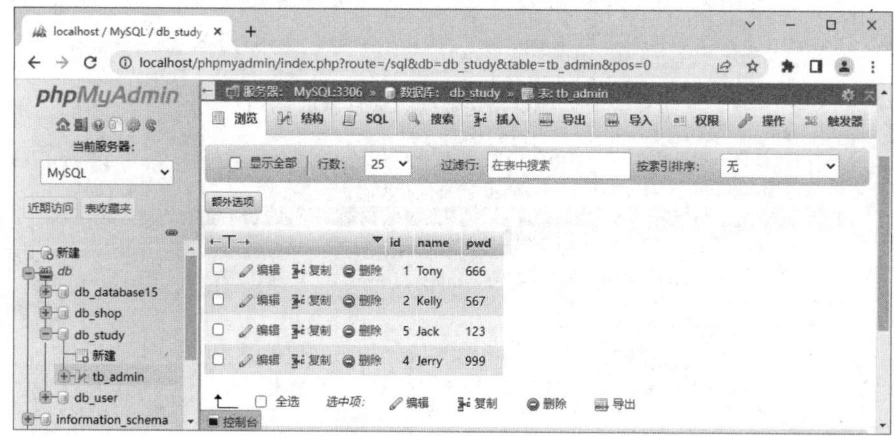

图 17.18　浏览数据

3. 搜索数据

选择某个数据表后，单击“搜索”超链接进入搜索页面，如图 17.19 所示。在该页面中，可以使用依例查询，选择查询的条件，并在文本框中输入要查询的值，单击“执行”按钮即可输出查询结果。

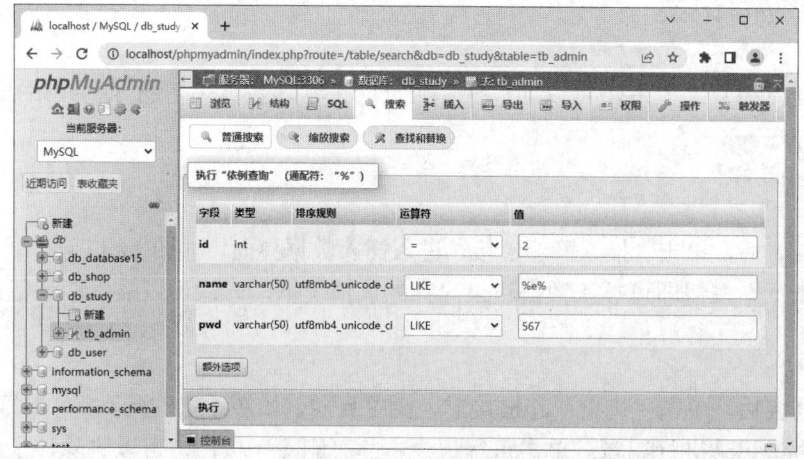

图 17.19　搜索查询

17.2.5　生成和执行 MySQL 数据库脚本

生成和执行 MySQL 数据库脚本是互逆的两个操作，执行 MySQL 脚本是通过生成的扩展名为.sql 文件导入数据记录到数据库中；生成 MySQL 脚本是将数据表结构、表记录存储为.sql 的脚本文件。可以通过生成和执行 MySQL 脚本实现数据库的备份和还原操作。

1. 生成 MySQL 数据库脚本

在数据库列表中选择要导出的数据库，单击 phpMyAdmin 主界面中的“导出”超链接，打开如图 17.20 所示的页面。在该页面中可以选择导出方式和导出的文件的格式。这里使用默认选项，单击“导出”按钮后即可将脚本文件以.sql 格式存储在计算机中的指定位置。

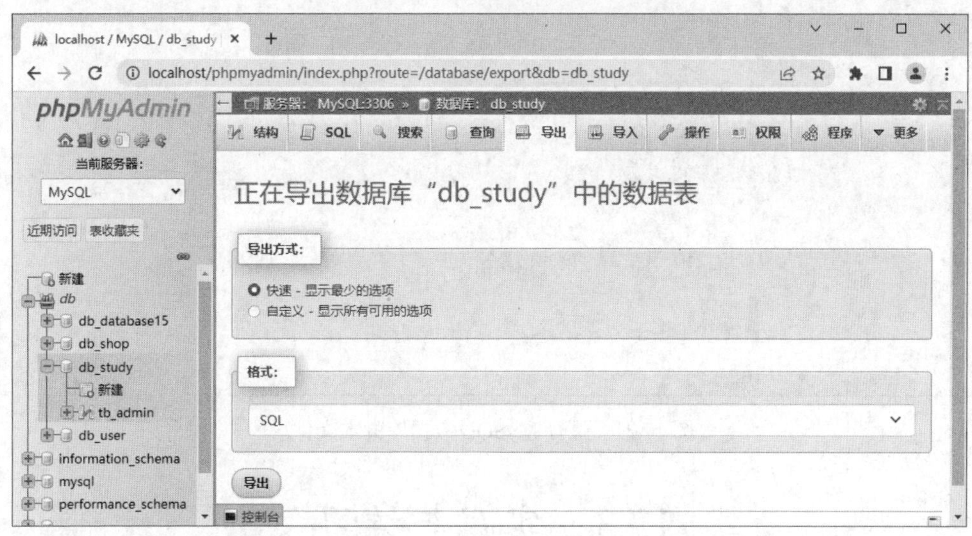

图 17.20　生成 MySQL 脚本文件

2. 执行 MySQL 数据库脚本

在执行 MySQL 脚本文件前，首先应在数据库列表中选择要导入的数据库，然后执行 MySQL 数据库脚本文件。另外，在选择的当前数据库中，不能有与将要导入数据库中的数据表重名的数据表存在，如果有重名的表存在，导入文件就会失败，并提示错误信息。

单击“导入”超链接，进入执行 MySQL 数据库脚本界面，单击“选择文件”按钮查找脚本文件（如 db_study.sql）所在位置，如图 17.21 所示，单击“导入”按钮，即可执行 MySQL 数据库脚本文件。

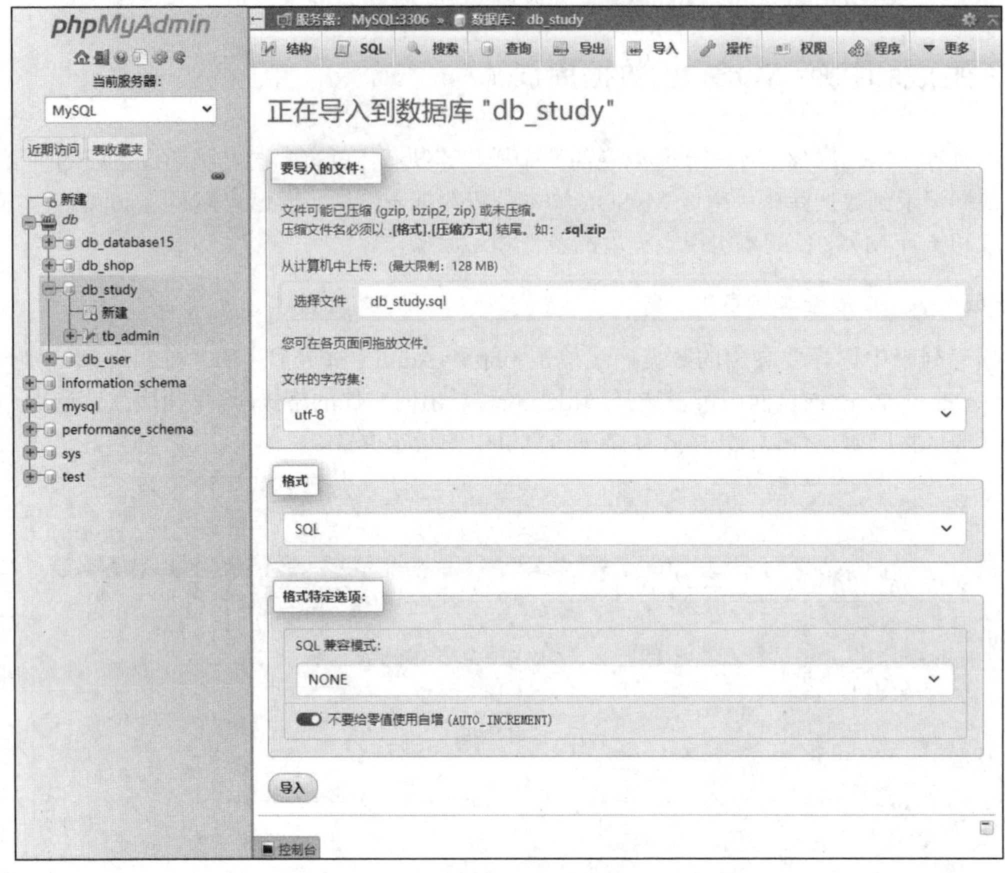

图 17.21　执行 MySQL 数据库脚本文件

17.3　实践与练习

（**答案位置：资源包\TM\sl\17\实践与练习**）

综合练习 1：创建数据库并更名

创建一个数据库 db_shop，并修改其名称为 shop。

综合练习 2：创建数据表及表结构

在数据库 shop 中添加两个数据表，在数据表中尝试添加各种数据类型的字段，设置每个表中的 id 为自动编号，并设置为主键。

综合练习 3：向数据表中添加数据

使用 SQL 语句向数据表中添加字段值。

综合练习 4：导出和导入数据库

将数据库生成 SQL 脚本文件 shop.sql，再建立一个数据库 db_library，将生成的脚本文件导入该数据库中。

第 18 章

PHP 操作 MySQL 数据库

本章将介绍如何使用 MySQL 扩展来操作 MySQL 数据库。通过本章的学习，读者能够掌握 PHP 操作 MySQL 数据库的一般流程，掌握 MySQLi 扩展库中常用函数的使用方法，并具备独立开发数据库程序的能力。希望本章内容能起到抛砖引玉的作用，帮助读者更深层次地学习 PHP 操作 MySQL 数据库的相关技术，并进一步学习使用面向对象的方式操作 MySQL 数据库的方法。

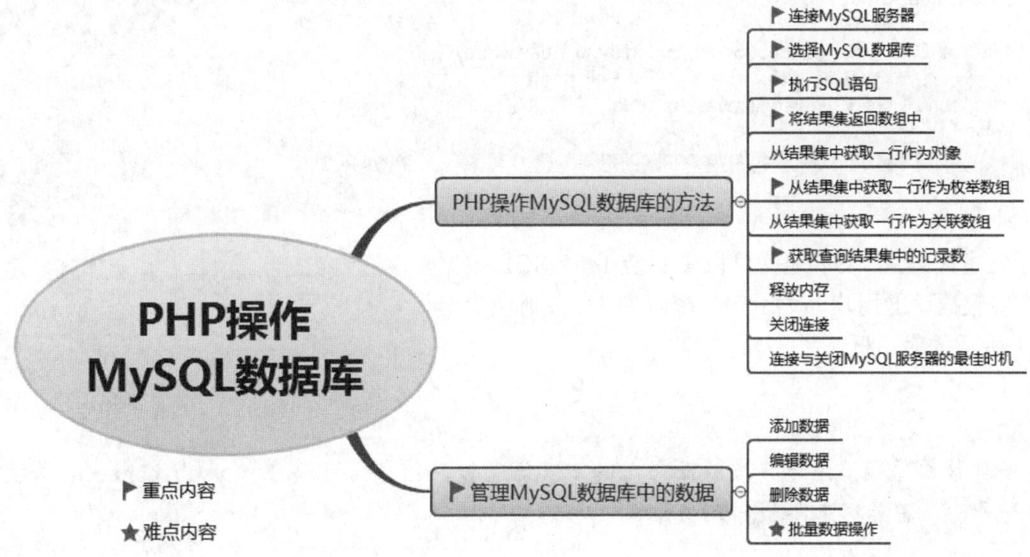

18.1 PHP 操作 MySQL 数据库的方法

MySQLi 函数库是 MySQL 系统函数的增强版，它更稳定、高效、安全。它与 MySQL 函数库的应用基本类似，而且大部分函数的使用方法一样，唯一的区别就是 MySQLi 函数库中的函数名称都是以 mysqli 开始的。

18.1.1 连接 MySQL 服务器

要想使用 PHP 操作 MySQL 数据库，首先要建立与 MySQL 数据库的连接。MySQLi 扩展中的 mysqli_connect()函数用于实现与 MySQL 数据库的连接，其语法格式如下：

```
mysqli mysqli_connect([string server [, string username [, string password [, string dbname [, int port [, string socket]]]]]])
```

mysqli_connect()函数用于打开一个到 MySQL 服务器的连接，如果成功，则返回 MySQL 连接标识，如果失败，则返回 false。该函数的参数及其说明如表 18.1 所示。

表 18.1　mysqli_connect()函数的参数及其说明

参　数	说　明	参　数	说　明
server	MySQL 服务器地址	dbname	连接的数据库名称
username	用户名，默认值是服务器进程所有者的用户名	port	MySQL 服务器使用的端口号
password	密码，默认值是空密码	socket	UNIX 域 socket

【例 18.1】应用 mysqli_connect()函数创建与 MySQL 服务器的连接，MySQL 数据库服务器地址为 127.0.0.1，用户名为 root，密码为 111。（**实例位置：资源包\TM\sl\18\1**）

```
<?php
    $host = "127.0.0.1";                                        //MySQL 服务器地址
    $userName = "root";                                         //用户名
    $password = "111";                                          //密码
    if ($connID = mysqli_connect($host, $userName, $password)) {
        //建立与 MySQL 数据库的连接，并弹出提示对话框
        echo "<script type='text/javascript'>alert('数据库连接成功！');</script>";
    } else {
        echo "<script type='text/javascript'>alert('数据库连接失败！');</script>";
    }
?>
```

运行上述代码，如果本地计算机中安装了 MySQL 数据库，且连接数据库的用户名为 root，密码为 111，则会弹出如图 18.1 所示的对话框。

localhost 显示
数据库连接成功!
确定

图 18.1　数据库连接成功

说明

为了屏蔽由于数据库连接失败而显示的不友好的错误信息，可以在 mysqli_connect()函数前加“@”符号，该符号用来屏蔽错误提示。

18.1.2　选择 MySQL 数据库

应用 mysqli_connect()函数可以创建与 MySQL 服务器的连接，同时也可以指定要选择的数据库名称。例如，在连接 MySQL 服务器的同时选择名称为 db_database18 的数据库，代码如下：

```
$connID = mysqli_connect("127.0.0.1", "root", "111", "db_database18");
```

说明

db_database18 是本章实例需要使用的数据库，在运行后面的实例之前，首先需要创建一个名为 db_database18 的数据库，然后在资源包中找到该数据库的脚本文件 db_database18.sql，将该文件导入 db_database18 数据库即可。

除此之外，MySQLi 扩展还提供了 mysqli_select_db()函数，用来选择 MySQL 数据库。其语法格式如下：

```
bool mysqli_select_db(mysqli link, string dbname)
```

☑ link 为必选参数，是 mysqli_connect()函数成功连接 MySQL 数据库服务器后返回的连接标识。

☑ dbname 为必选参数，是用户指定要选择的数据库名称。

【例 18.2】首先使用 mysqli_connect()函数建立与 MySQL 数据库的连接并返回数据库连接 ID，然后使用 mysqli_select_db()函数选择 MySQL 数据库服务器中名为 db_database18 的数据库。（**实例位置：资源包\TM\sl\18\2**）

```
<?php
    $host = "127.0.0.1";                                          //MySQL 服务器地址
    $userName = "root";                                           //用户名
    $password = "111";                                            //密码
    $dbName = "db_database18";                                    //数据库名称
    $connID = mysqli_connect($host, $userName, $password);        //建立与 MySQL 数据库服务器的连接
    if (mysqli_select_db($connID, $dbName)) {                     //选择数据库
        echo "数据库选择成功！";
    } else {
        echo "数据库选择失败！";
    }
?>
```

运行上述代码，如果本地 MySQL 数据库服务器中存在名为 db_database18 的数据库，将在页面中显示如图 18.2 所示的提示信息。

说明

在实际的程序开发过程中，将 MySQL 服务器的连接和数据库的选择存储在一个单独的文件中，在需要使用的脚本中通过 require 语句包含这个文件即可。这样做既有利于程序的维护，也避免了代码的冗余。在本章后面的章节中，将 MySQL 服务器的连接和数据库的选择存储在根目录下的 conn 文件夹下，文件名称为 conn.php。

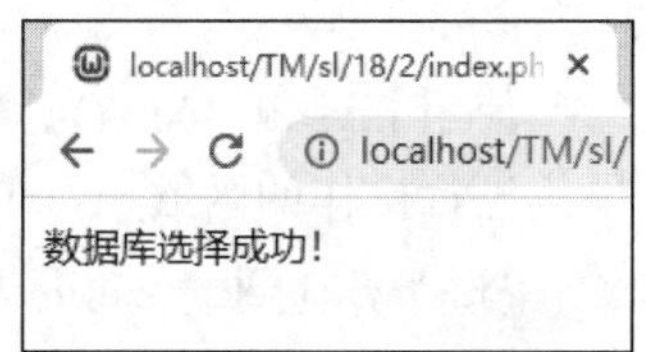

图 18.2　数据库选择成功

18.1.3　执行 SQL 语句

要对数据库中的表进行操作，需要使用 mysqli_query()函数。其语法格式如下：

```
mixed mysqli_query(mysqli link, string query [, int resultmode])
```

☑ link 为必选参数，是 mysqli_connect()函数成功连接 MySQL 数据库服务器后所返回的连接标识。

☑ query 为必选参数，是所要执行的查询语句。

☑ resultmode 为可选参数，该参数取值为 MYSQLI_USE_RESULT 和 MYSQLI_STORE_RESULT。其中，MYSQLI_STORE_RESULT 为该函数的默认值。如果返回大量数据，可以应用 MYSQLI_USE_RESULT，但应用该值时，以后的查询调用可能会返回一个 commands out of sync 错误，解决办法是应用 mysqli_free_result()函数释放内存。

如果 SQL 语句是查询指令 select，执行成功则返回查询结果集，否则返回 false；如果 SQL 语句是 insert、delete、update 等操作指令，执行成功则返回 true，否则返回 false。

下面通过 mysqli_query()函数执行简单的 SQL 语句。

添加会员记录，SQL 语句的代码如下：

```
$result = mysqli_query($conn, "insert into tb_member values('mrsoft', '123', 'mrsoft@mrsoft.com')");
```

修改会员记录，SQL 语句的代码如下：

```
$result = mysqli_query($conn, "update tb_member set user = 'mrbook', pwd = '111' where user = 'mrsoft'");
```

删除会员记录，SQL 语句的代码如下：

```
$result = mysqli_query($conn, "delete from tb_member where user = 'mrbook'");
```

查询会员记录，SQL 语句的代码如下：

```
$result = mysqli_query($conn, "select * from tb_member");
```

mysqli_query()函数不仅可执行 select、update 和 insert 等 SQL 指令，而且可以选择数据库和设置数据库的编码格式。选择数据库的功能与 mysqli_select_db()函数是相同的，代码如下：

```
mysqli_query($conn, "use db_database18");                    //选择数据库 db_database18
```

设置数据库编码格式的代码如下：

```
mysqli_query($conn, "set names utf8");                        //设置数据库的编码为 utf8
```

18.1.4 将结果集返回数组中

使用 mysqli_query()函数执行 select 语句，如果成功，将返回查询结果集。下面介绍一个对查询结果集进行操作的函数 mysqli_fetch_array()。它将结果集返回数组中，其语法格式如下：

```
array mysqli_fetch_array(resource result [, int result_type])
```

☑ result：资源类型的参数，要传入的是由 mysqli_query()函数返回的数据指针。

☑ result_type：可选项，设置结果集数组的表述方式，有以下 3 种取值。

- ➢ MYSQLI_ASSOC：返回一个关联数组，数组下标由表的字段名组成。
- ➢ MYSQLI_NUM：返回一个索引数组，数组下标由数字组成。
- ➢ MYSQLI_BOTH：返回一个同时包含关联和数字索引的数组，默认值是 MYSQLI_BOTH。

注意

mysqli_fetch_array()函数返回的字段名区分字母大小写，这是初学者最容易忽略的问题。

至此，PHP 操作 MySQL 数据库的方法已经学习过半，我们可以实现 MySQL 服务器的连接、选择数据库、执行查询语句，并且可以将查询结果集中的数据返回数组中。下面编写一个实例，通过 PHP 操作 MySQL 数据库，读取数据库中存储的数据。

【例 18.3】使用 mysqli_fetch_array()函数读取 db_database18 数据库 tb_demo01 数据表中的数据。

（实例位置：资源包\TM\sl\18\3）

（1）创建 conn 文件夹，编写 conn.php 文件，实现与 MySQL 服务器的连接。选择 db_database18 数据库，并设置数据库编码格式为 utf8。conn.php 文件的代码如下：

```
<?php
	$conn = mysqli_connect("localhost", "root", "111", "db_database18") or die("连接数据库服务器失败！"
	.mysqli_connect_error());                                    //连接 MySQL 服务器，选择数据库
	mysqli_query($conn, "set names utf8");                       //设置数据库编码格式为 utf8
?>
```

（2）创建 index.php 文件，通过 include_once 语句包含数据库连接文件；通过 mysqli_query()函数执行查询语句，查询 tb_demo01 数据表中的数据；通过 mysqli_fetch_array()函数将查询结果集中的数据返回数组中；通过 while 语句循环输出数组中的数据。其代码如下：

```
<?php
	include_once("conn/conn.php");                               //包含连接数据库文件
	$result = mysqli_query($conn, "select * from tb_demo01");    //执行查询语句
	while ($myrow = mysqli_fetch_array($result)) {               //循环输出查询结果
?>
	<tr>
	  <td align="center"><span class="STYLE2"><?php echo $myrow[0]; ?></span></td>
	  <td align="left"><span class="STYLE2"><?php echo $myrow[1]; ?></span></td>
	  <td align="center"><span class="STYLE2"><?php echo $myrow[2]; ?></span></td>
	  <td align="center"><span class="STYLE2"><?php echo $myrow['date']; ?></span></td>
	  <td align="center"><span class="STYLE2"><?php echo $myrow['type']; ?></span></td>
	</tr>
<?php
	}
?>
```

运行结果如图 18.3 所示。

图 18.3　通过 mysqli_fetch_array()函数输出数据表中的数据

说明

本例中，在输出 mysqli_fetch_array()函数返回数组中数据时，既应用了数字索引，也使用了关联索引。

18.1.5　从结果集中获取一行作为对象

除 mysqli_fetch_array()函数外，应用 mysqli_fetch_object()函数也可以获取结果集中的数据。其语法格式如下：

```
mixed mysqli_fetch_object(resource result)
```

mysqli_fetch_object()函数和 mysqli_fetch_array()函数类似，只有一点区别：它返回的是一个对象而不是数组，即该函数只能通过字段名来访问数组。访问结果集中行的元素的语法结构如下：

```
$row->col_name                                        //col_name 为字段名，$row 代表结果集
```

例如，从某数据表中检索 id 和 name 值，可以用$row->id 和$row-> name 访问行中的元素值。

注意

mysqli_fetch_object()函数返回的字段名同样是区分字母大小写的。

【例 18.4】读取 db_database18 数据库 tb_demo01 数据表中的数据，应用 mysqli_fetch_object()函数逐行获取结果集中的记录。（**实例位置：资源包\TM\sl\18\4**）

（1）创建数据库的连接文件 conn.php。

（2）编写 index.php 文件。包含数据库连接文件 conn.php 实现与数据库的连接，利用 mysqli_query()函数执行 SQL 查询语句并返回结果集。通过 while 语句和 mysqli_fetch_object()函数循环输出查询结果集。其代码如下：

```
<?php
     include_once("conn/conn.php");                              //包含数据库连接文件
     $result = mysqli_query($conn, "select * from tb_demo01");   //执行查询操作并返回结果集
     while ($myrow = mysqli_fetch_object($result)) {             //循环输出数据
?>
     <tr>
         <td align="center"><span class="STYLE2"><?php echo $myrow->id; ?></span></td>
         <td align="left"><span class="STYLE2"><?php echo $myrow->name; ?></span></td>
         <td align="center"><span class="STYLE2"><?php echo $myrow->price; ?></span></td>
         <td align="center"><span class="STYLE2"><?php echo $myrow->date; ?></span></td>
         <td align="center"><span class="STYLE2"><?php echo $myrow->type; ?></span></td>
     </tr>
<?php
     }
?>
```

本例的运行结果与例 18.3 相同。

18.1.6　从结果集中获取一行作为枚举数组

mysqli_fetch_row()函数可以从结果集中取得一行作为枚举数组。其语法格式如下：

```
mixed mysqli_fetch_row(resource result)
```

mysqli_fetch_row()函数返回根据所取得的行生成的数组，如果没有更多行，则返回 null。返回数组的偏移量从 0 开始，即以$row[0]的形式访问第一个元素（只有一个元素时也是如此）。

【例 18.5】读取 db_database18 数据库中 tb_demo01 数据表中的数据，应用 mysqli_fetch_row()函数逐行获取结果集中的记录。（**实例位置：资源包\TM\sl\18\5**）

（1）创建数据库连接文件 conn.php。

（2）编写 index.php 文件。包含数据库连接文件 conn.php 实现与数据库的连接，利用 mysqli_query()函数执行 SQL 查询语句并返回结果集。通过 while 语句和 mysqli_fetch_row()函数循环输出查询结果集。其代码如下：

```
<?php
	include_once("conn/conn.php");                              //包含数据库连接文件
	$result = mysqli_query($conn, "select * from tb_demo01");    //执行查询操作并返回结果集
	while ($myrow = mysqli_fetch_row($result)) {                 //循环输出数据
?>
	<tr>
		<td align="center"><span class="STYLE2"><?php echo $myrow[0]; ?></span></td>
		<td align="left"><span class="STYLE2"><?php echo $myrow[1]; ?></span></td>
		<td align="center"><span class="STYLE2"><?php echo $myrow[2]; ?></span></td>
		<td align="center"><span class="STYLE2"><?php echo $myrow[3]; ?></span></td>
		<td align="center"><span class="STYLE2"><?php echo $myrow[4]; ?></span></td>
	</tr>
<?php
	}
?>
```

本例的运行结果与例 18.3 相同。

说明

在应用 mysqli_fetch_row()函数逐行获取结果集中的记录时，只能使用数字索引来读取数组中的数据，而不能像 mysqli_fetch_array()函数那样可以使用关联索引获取数组中的数据。

18.1.7　从结果集中获取一行作为关联数组

mysqli_fetch_assoc()函数从结果集中取得一行作为关联数组。其语法格式如下：

```
mixed mysqli_fetch_assoc(resource result)
```

mysqli_fetch_assoc()函数返回根据所取得的行生成的数组，如果没有更多行，则返回 null。该数组的下标为数据表中字段的名称。

【例 18.6】读取 db_database18 数据库中 tb_demo01 数据表中的数据，应用 mysqli_fetch_assoc()函数逐行获取结果集中的记录。（**实例位置：资源包\TM\sl\18\6**）

（1）创建数据库连接文件 conn.php。

（2）编写 index.php 文件。包含数据库连接文件 conn.php 实现与数据库的连接，利用 mysqli_query()函数执行 SQL 查询语句并返回结果集。通过 while 语句和 mysqli_fetch_assoc()函数循环输出查询结果集。其代码如下：

```
<?php
      include_once("conn/conn.php");                                    //包含数据库连接文件
      $result = mysqli_query($conn, "select * from tb_demo01");         //执行查询操作并返回结果集
      while ($myrow = mysqli_fetch_assoc($result)) {                    //循环输出数据
?>
      <tr>
         <td align="center"><span class="STYLE2"><?php echo $myrow['id']; ?></span></td>
         <td align="left"><span class="STYLE2"><?php echo $myrow['name']; ?></span></td>
         <td align="center"><span class="STYLE2"><?php echo $myrow['price']; ?></span></td>
         <td align="center"><span class="STYLE2"><?php echo $myrow['date']; ?></span></td>
         <td align="center"><span class="STYLE2"><?php echo $myrow['type']; ?></span></td>
      </tr>
<?php
      }
?>
```

本例的运行结果与例 18.3 相同。

18.1.8 获取查询结果集中的记录数

使用 mysqli_num_rows()函数可以获取由 select 语句查询的结果集中行的数目。其语法格式如下：

```
int mysqli_num_rows(resource result)
```

mysqli_num_rows()函数返回结果集中行的数目。此命令仅对 select 语句有效。要取得被 insert、update 或者 delete 语句所影响的行的数目，要使用 mysqli_affected_rows()函数。

【例 18.7】应用 mysqli_fetch_row()函数逐行获取结果集中的记录，同时应用 mysqli_num_rows()函数获取结果集中行的数目，并输出返回值。（**实例位置：资源包\TM\sl\18\7**）

由于本例是在例 18.5 的基础上进行操作，所以这里只给出关键代码，不再赘述它的创建步骤。其通过 mysqli_num_rows()函数获取结果集中记录数的关键代码如下：

```
<?php
      $nums = mysqli_num_rows($result);          //获取查询结果的行数
      echo $nums;                                //输出返回值
?>
```

运行结果如图 18.4 所示。

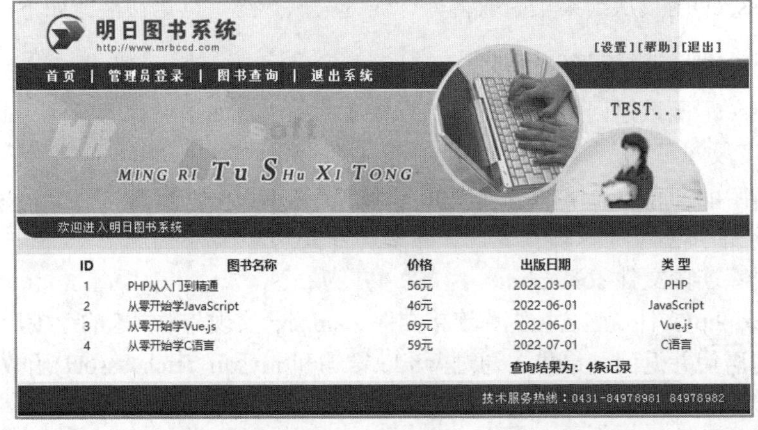

图 18.4 获取查询结果集中的记录数

18.1.9　释放内存

mysqli_free_result()函数用于释放内存。数据库操作完成后，需要关闭结果集以释放系统资源。其语法格式如下：

```
void mysqli_free_result(resource result);
```

mysqli_free_result()函数将释放所有与结果标识符 result 相关联的内存。该函数仅在返回的结果集要占用较大内存时调用。在脚本结束后，所有关联的内存都会被自动释放。

18.1.10　关闭连接

完成对数据库的操作后，需要及时断开与数据库的连接并释放内存，否则会浪费大量的内存空间，在访问量较大的 Web 项目中，很可能导致服务器崩溃。在 MySQL 函数库中，使用 mysqli_close()函数断开与 MySQL 服务器的连接，其语法格式如下：

```
bool mysqli_close(mysqli link)
```

参数 link 为 mysqli_connect()函数成功连接 MySQL 数据库服务器后所返回的连接标识。如果成功则返回 true，失败则返回 false。

例如，读取 db_database18 数据库中 tb_demo01 数据表中的数据，使用 mysqli_free_result()函数释放内存，并使用 mysqli_close()函数断开与 MySQL 数据库的连接。代码如下：

```
<?php
    include_once("conn/conn.php");                                    //包含数据库连接文件
    $result = mysqli_query($conn, "select * from tb_demo01");         //执行查询操作并返回结果集
    while ($myrow=mysqli_fetch_row($result)) {                        //循环输出数据
?>
<tr>
    <td align="center"><?php echo $myrow[0]; ?></td>
    <td align="left"><?php echo $myrow[1]; ?></td>
    <td align="center"><?php echo $myrow[2]; ?></td>
    <td align="center"><?php echo $myrow[3]; ?></td>
    <td align="center"><?php echo $myrow[4]; ?></td>
</tr>
<?php
    }
    mysqli_free_result($result);                                      //释放内存
    mysqli_close($conn);                                              //断开与数据库的连接
?>
```

说明

PHP 中与数据库的连接是非持久连接，系统会自动回收，一般不用设置关闭。但如果一次性返回的结果集比较大，或网站访问量比较多，则最好使用 mysqli_close()函数手动进行释放。

18.1.11　连接与关闭 MySQL 服务器的最佳时机

MySQL 服务器连接应该及时关闭，但并不是说每一次数据库操作后都要立即关闭与 MySQL 服务器的连接。例如，在 book_query()函数中实现 MySQL 服务器的连接，在查询数据表中的数据之后释放内存并关闭与 MySQL 服务器的连接，代码如下：

```
<?php
    function book_query() {
        $conn = mysqli_connect("localhost", "root", "111", "db_database18") or die("连接数据库服务器失败！"
        .mysqli_connect_error());                                          //连接 MySQL 服务器，选择数据库
        mysqli_query($conn, "set names utf8");                             //设置数据库编码格式 utf8
        $result = mysqli_query($conn, "select * from tb_demo01");          //执行查询语句
        while ($myrow = mysqli_fetch_row($result)) {                       //循环输出查询结果
            echo $myrow[1]." ";
            echo $myrow[2]."<br />";
        }
        mysqli_free_result($result);                                       //释放内存
        mysqli_close($conn);                                               //关闭服务器连接
    }
    book_query();                                                          //调用函数
    book_query();                                                          //调用函数
?>
```

在上面的代码中，每调用一次 book_query()函数，都会打开新的 MySQL 服务器连接和关闭 MySQL 服务器连接，服务器资源耗费较大。这时可以将上述代码修改如下：

```
<?php
    function book_query() {
        global $conn;                                                      //定义全局变量
        $result = mysqli_query($conn, "select * from tb_demo01");          //执行查询语句
        while ($myrow=mysqli_fetch_row($result)) {                         //循环输出查询结果
            echo $myrow[1]." ";
            echo $myrow[2]."<br />";
        }
        mysqli_free_result($result);                                       //释放内存
    }
    $conn = mysqli_connect("localhost", "root", "111", "db_database18") or die("连接数据库服务器失败！"
    .mysqli_connect_error());                                              //连接 MySQL 服务器，选择数据库
    mysqli_query($conn, "set names utf8");                                 //设置数据库编码格式 utf8
    book_query();                                                          //调用函数
    book_query();                                                          //调用函数
    mysqli_close($conn);                                                   //关闭服务器连接
?>
```

这样在多次调用 book_query()函数时，仅打开了一次 MySQL 服务器连接，节省了网络和服务器资源。

18.2　管理 MySQL 数据库中的数据

在开发网站的后台管理系统中，对数据库的操作不仅局限于查询指令，对数据的添加、修改和删除等操作指令也是必不可少的。本节重点介绍如何在 PHP 页面中对数据库进行添加、删除、修改的操作。

18.2.1　添加数据

向数据库中添加数据是最常见的一种数据库操作。添加数据使用的是 insert 语句，通过 mysqli_query()函数来执行该语句。

【例 18.8】通过 insert 语句和 mysqli_query()函数向图书信息表中添加一条记录。（**实例位置：资源包\TM\sl\18\8**）

（1）创建 conn 文件夹，编写 conn.php 文件，完成与数据库的连接，并设置页面的编码格式为 utf8。

（2）编写 index.php 文件。该文件用于设计添加数据的表单，关键代码如下：

```
<form name="intFrom" method="post" action="index_ok.php">
    书名：<input type="text" name="bookname">
    价格：<input type="text" name="price">
    出版时间：<input type="text" name="f_time">
    所属类别：<input type="text" name="type">
    <input type="hidden" name="action" value="insert">
    <input type="submit" name="Submit" value="添加">
    <input type="reset" name="reset" value="重置">
</form>
```

（3）创建 index_ok.php 文件，该文件用于连接数据库，并且获取表单中提交的数据，编辑 SQL 语句将表单中提交的数据添加到指定的数据表中，关键程序代码如下：

```
<?php
    header("content-type: text/html; charset = utf-8");                    //设置文件编码格式
    include_once("conn/conn.php");                                         //包含数据库连接文件
    if (!($_POST['bookname'] and $_POST['price'] and $_POST['f_time'] and $_POST['type'])) {
        echo "输入不允许为空。单击<a href='javascript:onclick=history.go(-1)'>这里</a> 返回";
    }else{
        $sqlstr1 = "insert into tb_demo02 values('', '".$_POST['bookname']."',
        '".$_POST['price']."', '".$_POST['f_time']."', '".$_POST['type']."')";   //定义添加语句
        $result = mysqli_query($conn, $sqlstr1);                           //执行添加语句
        if ($result) {
            echo "添加成功，点击<a href='select.php'>这里</a>查看";
        } else {
            echo "<script>alert('添加失败'); history.go(-1); </script>";
        }
    }
?>
```

添加数据的表单页面效果如图 18.5 所示。添加成功后，运行结果如图 18.6 所示。

18.2.2　编辑数据

在添加数据后，如果发现录入的是错误信息，或者经过一段时间以后数据需要更新，就需要对数据进行编辑。数据更新使用 update 语句，依然通过 mysqli_query()函数来执行该语句。

【例 18.9】通过 update 语句和 mysqli_query()函数更新数据。（**实例位置：资源包\TM\sl\18\9**）

（1）创建 conn 文件夹，编写 conn.php 文件，完成与数据库的连接，并设置页面的编码格式为 utf8。

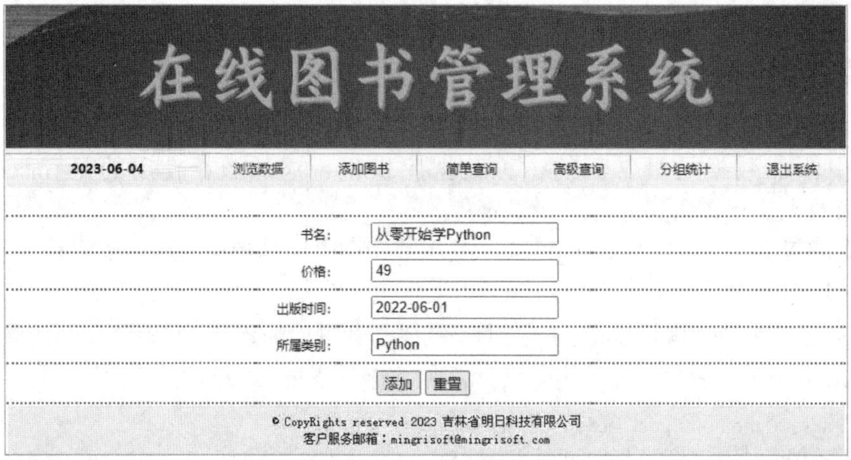

图 18.5　添加数据的表单

图 18.6　添加数据成功页面

（2）创建 index.php 文件，循环输出数据库中的数据，并且为指定的记录设置修改的超链接，链接到 update.php 文件，链接中传递的参数包括 action 和数据的 ID。关键代码如下：

```
<?php
    $sqlstr = "select * from tb_demo02 order by id";                //定义查询语句
    $result = mysqli_query($conn, $sqlstr);                        //执行查询语句
    while ($rows = mysqli_fetch_row($result)) {                    //循环输出结果集
        echo "<tr>";
        for ($i = 0; $i < count($rows); $i++) {                   //循环输出字段值
            echo "<td height='25' align='center' class='m_td'>".$rows[$i]."</td>"; }
        echo "<td class='m_td'><a href=update.php?action=update&id=".$rows[0]. ">修改
            </a>/<a href='#'>删除</a></td>";
        echo "</tr>";
    }
?>
```

（3）创建 update.php 文件，先添加表单，根据地址栏中传递的 ID 值执行查询语句，将查询到的数据输出到对应的表单元素中。然后对数据进行修改，最后将修改后的数据提交到 update_ok.php 文件中，完成修改操作。update.php 文件的关键代码如下：

```
<?php
    include_once("conn/conn.php");                                //包含数据库连接文件
    if ($_GET['action'] == "update") {                            //判断地址栏参数 action 的值是否等于 update
    $sqlstr = "select * from tb_demo02 where id = ".$_GET['id'];  //定义查询语句
    $result = mysqli_query($conn, $sqlstr);                       //执行查询语句
    $rows = mysqli_fetch_row($result);                            //将查询结果返回为数组
?>
<form name="intFrom" method="post" action="update_ok.php">
```

```
    书名：<input type="text" name="bookname" value="<?php echo $rows[1] ?>">
    价格：<input type="text" name="price" value="<?php echo $rows[2] ?>">
    出版时间：<input type="text" name="f_time" value="<?php echo $rows[3] ?>">
    所属类别：<input type="text" name="type" value="<?php echo $rows[4] ?>">
    <input type="hidden" name="action" value="update">
    <input type="hidden" name="id" value="<?php echo $rows[0] ?>">
    <input type="submit" name="Submit" value="修改">
    <input type="reset" name="reset" value="重置">
</form>
```

（4）创建 update_ok.php 文件，获取表单中提交的数据，根据隐藏域传递的 ID 值定义更新语句，完成数据的更新操作。其关键代码如下：

```
<?php
    header("Content-type:text/html;charset=utf-8");                    //设置文件编码格式
    include_once("conn/conn.php");                                     //包含数据库连接文件
    if ($_POST['action'] == "update") {
        if (!($_POST['bookname'] and $_POST['price'] and $_POST['f_time'] and $_POST['type'])) {
            echo "输入不允许为空。点击<a href = 'javascript:onclick = history.go(-1)'>这里</a>返回";
        } else {
            //定义更新语句
            $sqlstr = "update tb_demo02 set bookname = '".$_POST['bookname']."', price = '".$_POST['price']."',
                    f_time = '".$_POST['f_time']."', type = '".$_POST['type']."' where id = ".$_POST['id'];
            $result = mysqli_query($conn, $sqlstr);                    //执行更新语句
            if ($result) {
                echo "修改成功，点击<a href='index.php'>这里</a>查看";
            } else {
                echo "修改失败.<br>$sqlstr";
            }
        }
    }
?>
```

运行 index.php 页面，循环输出数据库中的数据，结果如图 18.7 所示。单击新添加的记录后的“修改”超链接，在表单中显示要更新的数据，结果如图 18.8 所示。在表单中对数据进行更新，如图 18.9 所示。单击“修改”按钮，对新添加的记录进行修改，修改后的运行结果如图 18.10 所示。单击“这里”超链接，将显示更新后的数据库中的所有数据，结果如图 18.11 所示。

在线图书管理系统

2023-06-04　浏览数据　添加图书　简单查询　高级查询　分组统计　退出系统

id	书名	价格	出版时间	类别	操作
1	PHP从入门到精通	56	2022-03-01	PHP	修改/删除
2	从零开始学JavaScript	46	2022-06-01	JavaScript	修改/删除
3	从零开始学Vue.js	69	2022-06-01	Vue.js	修改/删除
4	从零开始学C语言	59	2022-07-01	C语言	修改/删除
5	从零开始学Java	79	2022-06-01	Java	修改/删除
6	从零开始学Python	49	2022-06-01	Python	修改/删除

© CopyRights reserved 2023 吉林省明日科技有限公司
客户服务邮箱：mingrisoft@mingrisoft.com

图 18.7　原始数据

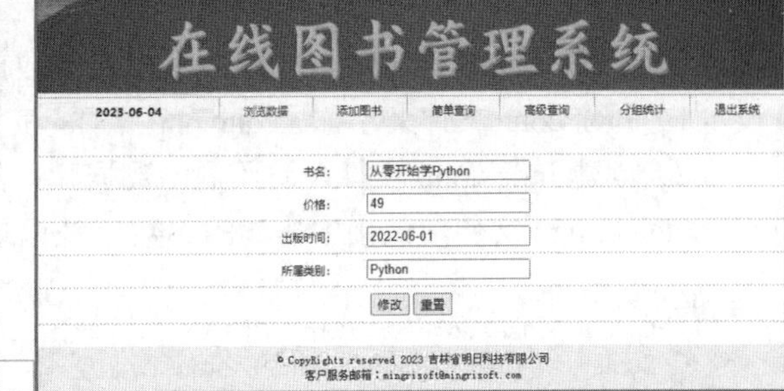

图 18.8　在表单中显示要更新的数据

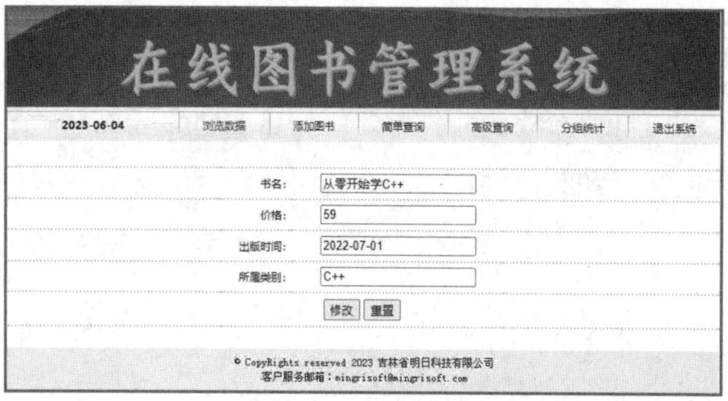

图 18.9　输入更新的数据

图 18.10　提示修改成功

图 18.11　浏览更新后的数据

18.2.3　删除数据

删除数据库中的数据应用的是 delete 语句。在不指定删除条件的情况下，将删除指定数据表中的所有数据；如果指定了删除条件，将删除数据表中指定的记录。删除操作应慎重执行，因为一旦执行该操作，数据就没有恢复的可能。

【例 18.10】继续例 18.9，删除某行指定的数据。（**实例位置：资源包\TM\sl\18\10**）

（1）创建 conn 文件夹，编写 conn.php 文件，完成与数据库的连接，并且设置页面的编码格式为 utf8。

（2）创建 index.php 文件，循环输出数据库中的数据，并且为每一条记录创建一个删除的超链接，链接到 delete.php 文件，链接中传递的参数值是记录的 ID。关键代码如下：

```
<?php
    include_once("conn/conn.php");                                          //包含数据库连接文件
    $sqlstr = "select * from tb_demo02 order by id";                        //定义查询语句
    $result = mysqli_query($conn, $sqlstr);                                 //执行查询语句
    while ($rows = mysqli_fetch_row($result)) {                             //循环输出结果集
        echo "<tr>";
        for ($i = 0; $i < count($rows); $i++) {                             //循环输出字段值
            echo "<td height='25' align='center' class='m_td'>".$rows[$i]."</td>";
        }
        echo "<td class='m_td'><a href='#'>修改</a>/<a href=delete.php?action=del&id=".$rows[0].
        " onclick = 'return del();'>删除</a></td>";
```

```
            echo "</tr>";
      }
?>
```

（3）创建 delete.php 文件，根据超链接中传递的参数值，定义 delete 语句，完成数据的删除操作，其关键代码如下：

```
<?php
      header( "Content-type: text/html; charset=utf-8" );                  //设置文件编码格式
      include_once("conn/conn.php");                                        //连接数据库
      if ($_GET['action'] == "del") {                                       //判断是否执行删除
            $sqlstr1 = "delete from tb_demo02 where id = ".$_GET['id'];     //定义删除语句
            $result = mysqli_query($conn, $sqlstr1);                         //执行删除操作
            if ($result) {
                  echo "<script>alert('删除成功'); location = 'index.php'; </script>";
            } else {
                  echo "删除失败";
            }
      }
?>
```

运行本例，当单击某行记录的“删除”超链接时会弹出确认对话框，单击“确定”按钮后提示删除成功，运行结果如图 18.12 所示。

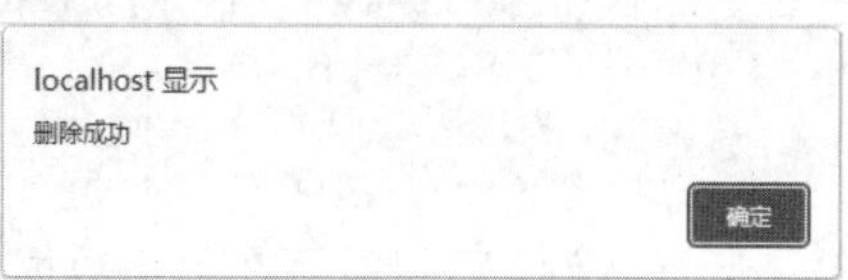

图 18.12　删除数据成功

18.2.4　批量数据操作

以上操作都是对单条数据进行的，但很多时候需要对多条记录批量进行操作，如修改表中所有记录的字段值、删除不需要的记录等。如果一条一条地操作需要花费很多时间，下面给出一个批量删除的实例，希望读者能够举一反三，自己动手实现批量添加、批量修改的功能模块。

【例 18.11】开发一个可以执行批量删除数据的程序。**（实例位置：资源包\TM\sl\18\11）**

（1）创建 conn 文件夹，编写 conn.php 文件，完成与数据库的连接。

（2）创建 index.php 文件，在文件中添加表单，在表单中设置复选框，将数据的 ID 设置为复选框的值；设置隐藏域传递执行删除操作的参数；设置提交按钮，通过 onClick 事件调用 del 方法执行删除操作。关键代码如下：

```
<form name="form1" id="form1" method="post" action="deletes.php">
<?php
      include_once("conn/conn.php");
      $sqlstr1 = "select * from tb_demo02 order by id";
      $result = mysqli_query($conn,$sqlstr1);
      while ($rows = mysqli_fetch_row($result)){
            echo "<tr><td height='25' align='center' class='m_td'>";
            echo "<input type=checkbox name='chk[]' id='chk' value=".$rows[0].">";
            echo "</td>";
            for($i = 0; $i < count($rows); $i++){
                  echo "<td height='25' align='center' class='m_td'>".$rows[$i]."</td>";
            }
            echo "<td class='m_td'><a href='#'>修改</a>/<a href='#'>删除</a></td>";
            echo "</tr>";
      }
?>
```

```
<a href="" onClick="return chek();">全部选择/取消</a>  
<input type="hidden" name="action" value="delall">
<input type="submit" value="删除选择" onclick = 'return del();'>
</form>
```

（3）创建 delete.php 文件，获取表单中提交的数据。首先，判断提交的数据是否为空，如果不为空，则通过 for 语句循环输出复选框提交的值，然后将复选框的值作为 delete 语句的条件，最后通过 mysqli_query()函数执行删除语句，其关键代码如下：

```
<?php
    header("Content-type: text/html; charset=utf-8");                        //设置文件编码格式
    include_once("conn/conn.php");                                           //连接数据库
    if ($_POST['action'] == "delall") {                                      //判断是否执行删除操作
        if (count($_POST['chk']) == 0) {                                     //判断提交的删除记录是否为空
            echo "<script>alert('请选择记录');history.go(-1); </script>";
        } else {
            for ($i = 0; $i < count($_POST['chk']); $i++) {                  //for 语句，循环读取复选框提交的值
                $sqlstr = "delete from tb_demo02 where id = ".$_POST['chk'][$i];    //定义删除语句
                mysqli_query($conn, $sqlstr);                                       //执行删除操作
            }
            echo "<script>alert('删除成功'); location='index.php'; </script>";
        }
    }
?>
```

运行本例，可以看到在每条数据前都有一个复选框，如图 18.13 所示。先选中要删除数据对应的复选框，然后单击“删除选择”按钮，会弹出提示对话框，单击“确定”按钮后将提示删除成功，运行结果如图 18.14 所示。

图 18.13　显示数据库中的数据

图 18.14　批量删除成功

18.3　实践与练习

（答案位置：资源包\TM\sl\18\实践与练习\）

综合练习 1：实现分页功能

采用 limit 子句实现分页功能。通过 limit 子句的第一个参数控制从第几条数据开始输出，通过第二个参数控制每页输出的记录数。

综合练习 2：截取新闻主题

动态显示新闻信息，截取部分新闻主题字符串，屏蔽乱码。

第 19 章

PDO 数据库抽象层

在 PHP 的早期版本中，各种不同的数据库扩展（如 MySQL、MS SQL Server、Oracle 等）之间缺乏一致性，虽然都可以实现相同的功能，但是这些扩展之间互不兼容，都有着各自的操作函数，结果导致 PHP 的维护非常困难，可移植性也非常差。为了解决这些问题，PHP 的开发人员编写了一种轻型、便利的 API 来统一这些数据库，使得 PHP 脚本能最大限度地实现抽象性和兼容性，这就是数据库抽象层。本章将要介绍目前 PHP 抽象层中最为流行的一种——PDO 抽象层。

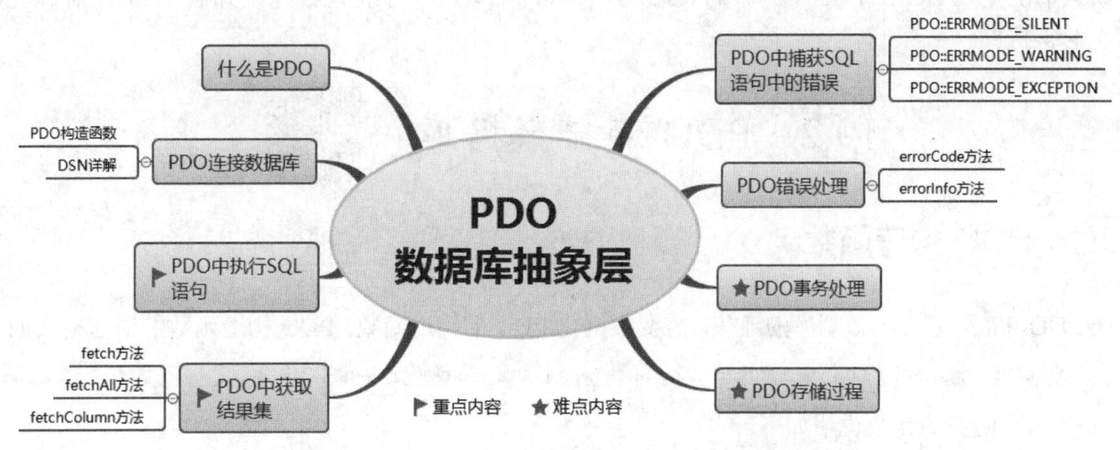

19.1 什么是 PDO

PDO 是 PHP data object（PHP 数据对象）的简称，目前支持的数据库包括 Firebird、FreeTDS、Interbase、MySQL、MS SQL Server、ODBC、Oracle、Postgre SQL、SQLite 和 Sybase。有了 PDO，就不必再使用 mysql_*函数、oci_*函数或者 mssql_*函数，也不必再为它们封装数据库操作类，只需要使用 PDO 接口中的方法，就可以对数据库进行操作。在选择不同的数据库时，只需要修改 PDO 的 DSN（数据源名称）即可。

因为 PHP 默认使用 PDO 连接数据库，因此所有非 PDO 扩展在 PHP 6 中已被移除。PDO 扩展提供了 PHP 内置类 PDO 来对数据库进行访问，通过不同数据库使用相同的方法名，解决了数据库连接不统一的问题。

1. PDO 的特点

PDO 的特点如下。

- ☑ PDO 通过数据库访问抽象层，其作用是统一各数据库的访问接口。与 MySQL 和 MS SQL Server 函数库相比，PDO 让跨数据库的使用更具有亲和力；与 ADODB 和 MDB2 相比，PDO 更高效。
- ☑ PDO 将通过一种轻型、清晰、方便的函数，统一各种不同 RDBMS 库的共有特性，最大限度地实现 PHP 脚本的抽象性和兼容性。
- ☑ PDO 吸取现有数据库扩展成功和失败的经验教训，可以轻松地与各种数据库进行交互。
- ☑ PDO 扩展是模块化的，能够在运行时为数据库后端加载驱动程序，而不必重新编译或重新安装整个 PHP 程序。例如，PDO_MySQL 扩展会替代 PDO 扩展实现 MySQL 数据库 API。还有一些用于 Oracle、PostgreSQL、ODBC 和 Firebird 的驱动程序，更多的驱动程序尚在开发。

2. 安装 PDO

PDO 是与 PHP 5.1 一起发行的，默认包含在 PHP 中。由于 PDO 需要 PHP 5 核心面向对象特性的支持，因此其无法在 PHP 5 之前的版本中使用。

默认情况下，PDO 在 PHP 中为开启状态。在 WampServer 3.2 中也已经默认开启了 PDO 对 MySQL 数据库的支持。

19.2 PDO 连接数据库

19.2.1 PDO 构造函数

在 PDO 中，要建立与数据库的连接，需要实例化 PDO 的构造函数。PDO 构造函数的语法格式如下：

```
__construct(string $dsn[, string $username[, string $password[, array $driver_options]]])
```

PDO 构造函数的参数说明如下。

- ☑ dsn：数据源名，包括主机名、端口号和数据库名称。
- ☑ username：连接数据库的用户名。
- ☑ password：连接数据库的密码。
- ☑ driver_options：连接数据库的其他选项。

通过 PDO 连接 MySQL 数据库的代码如下：

```
<?php
	header("Content-Type:text/html; charset = utf-8");                //设置页面的编码格式
	$dbms = 'mysql';                                                  //数据库类型
	$dbName = 'db_database19';                                        //使用的数据库名称
	$user = 'root';                                                   //使用的数据库用户名
	$pwd = '111';                                                     //使用的数据库密码
	$host = 'localhost';                                              //使用的主机名称
	$dsn = "$dbms:host = $host; dbname = $dbName";
	try {                                                             //捕获异常
		$pdo = new PDO($dsn, $user, $pwd);                            //实例化对象
		echo "PDO 连接 MySQL 成功";
	} catch(Exception $e) {
		echo $e->getMessage()."<br>";
	}
?>
```

说明

db_database19 是本章实例需要使用的数据库，在运行后面的实例之前首先需要创建一个名为 db_database19 的数据库，然后在资源包中找到该数据库的脚本文件 db_database19.sql，将该文件导入 db_database19 数据库即可。

19.2.2　DSN 详解

DSN 是 data source name（数据源名称）的缩写。DSN 提供连接数据库需要的信息。PDO 的 DSN 包括 3 部分：PDO 驱动名称（如 mysql、sqlite 或者 pgsql）、冒号和驱动特定的语法。每种数据库都有其特定的驱动语法。

在使用不同的数据库时，必须明确数据库服务器是完全独立于 PHP 的实体。虽然笔者在讲解本书的内容时，数据库服务器和 Web 服务器是在同一台计算机上，但是实际的项目开发情况可能不是如此，数据库服务器可能与 Web 服务器不在同一台计算机上，此时要通过 PDO 连接数据库，就需要修改 DSN 中的主机名称。

数据库服务器只在特定的端口上监听连接请求，每种数据库服务器都具有一个默认的端口号（MySQL 是 3306），但是由于数据库管理员可以对端口号进行修改，因此 PHP 有可能找不到数据库的端口，此时就可以在 DSN 中包含端口号。

另外，因为一个数据库服务器中可能拥有多个数据库，所以在通过 DSN 连接数据库时，通常都包括数据库名称，这样可以确保连接的是目标数据库，而不是其他的数据库。

19.3　PDO 中执行 SQL 语句

建立与数据库的连接之后，因为要对数据库中的数据进行操作，所以需要执行指定的 SQL 语句。在 PDO 中，可以使用下面的 3 种方法来执行 SQL 语句。

1．exec 方法

exec 方法返回执行后受影响的行数，其语法格式如下：

```
int PDO::exec(string statement)
```

其中，statement 是要执行的 SQL 语句。该方法返回执行查询时受影响的行数，通常用于 insert、delete 和 update 语句中。

2．query 方法

query 方法用于返回执行查询后的结果集，其语法格式如下：

```
PDOStatement PDO::query(string statement)
```

其中，statement 是要执行的 SQL 语句。它返回的是一个 PDOStatement 对象。

3．预处理语句——prepare 和 execute 方法

预处理语句包括 prepare 和 execute 两个方法。首先通过 prepare 方法做查询的准备工作，然后通过 execute 方法执行查询，还可以通过 bindParam 方法来绑定参数提供给 execute 方法。prepare 和 execute 方法的语法格式如下：

```
PDOStatement PDO::prepare(string statement [, array driver_options])
bool PDOStatement::execute([array input_parameters])
```

19.4 PDO 中获取结果集

在 PDO 中获取结果集可以使用 3 种方法，分别是 fetch 方法、fetchAll 方法和 fetchColumn 方法。下面对这 3 种方法进行详细介绍。

19.4.1 fetch 方法

fetch 方法用于获取结果集中的下一行，其语法格式如下：

```
mixed PDOStatement::fetch([int fetch_style [, int cursor_orientation [, int cursor_offset]]])
```

☑ fetch_style：控制结果集的返回方式，其可选值如表 19.1 所示。

表 19.1 fetch_style 控制结果集的可选值

值	说　明
PDO::FETCH_ASSOC	关联数组形式
PDO::FETCH_NUM	数字索引数组形式
PDO::FETCH_BOTH	两种数组形式都有，默认返回方式
PDO::FETCH_OBJ	按照对象的形式，类似于 mysql_fetch_object()
PDO::FETCH_BOUND	以布尔值的形式返回结果，同时将获取的列值赋给 bindParam 方法中指定的变量
PDO::FETCH_LAZY	以关联数组、数字索引数组和对象 3 种形式返回结果

☑ cursor_orientation：PDOStatement 对象的一个滚动游标，可用于获取指定的一行。

☑ cursor_offset：游标的偏移量。

【例 19.1】 通过 fetch 方法获取结果集中下一行的数据，进而应用 while 语句完成数据库中数据的循环输出。（**实例位置：资源包\TM\sl\19\1**）

创建 index.php 文件，设计网页页面。首先通过 PDO 连接 MySQL 数据库，然后定义 select 查询语句，应用 prepare 和 execute 方法执行查询操作。接着通过 fetch 方法返回结果集中的下一行数据，同时设置结果集以关联数组形式返回。最后，通过 while 语句完成数据的循环输出。其关键代码如下：

```
<?php
	$dbms = 'mysql';                                //数据库类型，使用不同的数据库时只要更改这里即可
	$host = 'localhost';                            //数据库主机名
	$dbName = 'db_database19';                      //使用的数据库
	$user = 'root';                                 //数据库连接用户名
```

```
        $pass = '111';                                                    //对应的密码
        $dsn = "$dbms:host = $host; dbname = $dbName";
        try {
                $pdo = new PDO($dsn, $user, $pass);                      //初始化 PDO 对象，就是创建数据库连接对象$pdo
                $query = "select * from tb_pdo_mysql";                   //定义 SQL 语句
                $result = $pdo -> prepare($query);                       //准备查询语句
                $result -> execute();                                    //执行查询语句，并返回结果集
                while ($res = $result -> fetch(PDO::FETCH_ASSOC)) {      //循环输出查询结果集，设置为关联索引
?>
                    <tr>
                      <td height="22" align="center" valign="middle"><?php echo $res['id'];?></td>
                      <td align="center" valign="middle"><?php echo $res['pdo_type'];?></td>
                      <td align="center" valign="middle"><?php echo $res['database_name'];?></td>
                      <td align="center" valign="middle"><?php echo $res['dates'];?></td>
                      <td align="center" valign="middle"><a href="#">删除</a></td>
                    </tr>
<?php
                }
        } catch (PDOException $e) {
                die("Error!: " . $e -> getMessage() . "<br/>");
        }
?>
```

运行结果如图 19.1 所示。

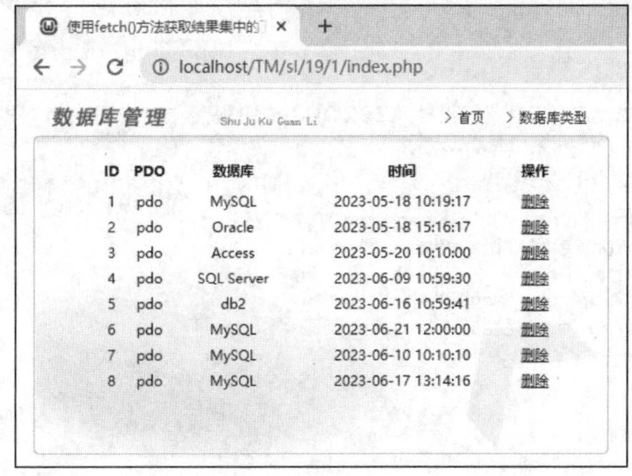

图 19.1　fetch 方法获取查询结果集

说明

由于篇幅限制，本章所有实例只给出了关键代码，实例的完整代码请参考本书附带资源包。

19.4.2　fetchAll 方法

fetchAll 方法用于获取结果集中的所有行，其语法格式如下：

```
array PDOStatement::fetchAll([int fetch_style [, int column_index]])
```

☑　fetch_style：控制结果集中数据的显示方式。

☑　column_index：字段的索引。

其返回值是一个包含结果集中所有数据的二维数组。

【例 19.2】 通过 fetchAll 方法获取结果集中的所有行，并且通过 for 语句读取二维数组中的数据，完成数据库中数据的循环输出。（**实例位置：资源包\TM\sl\19\2**）

创建 index.php 文件，设计网页页面。首先，通过 PDO 连接 MySQL 数据库。然后，定义 select 查询语句，应用 prepare 和 execute 方法执行查询操作。接着，通过 fetchAll 方法返回结果集中的所有行。最后，通过 for 语句完成结果集中所有数据的循环输出。其关键代码如下：

```
<table width="500">
    <tr>
        <td height="40" align="center"><strong>ID</strong></td>
        <td align="center"><strong>电影名称</strong></td>
        <td align="center"><strong>主演</strong></td>
        <td align="center"><strong>类型</strong></td>
        <td align="center"><strong>片长</strong></td>
    </tr>
     <?php
        $dbms='mysql';                                        //数据库类型
        $host='localhost';                                    //数据库主机名
        $dbName='db_database19';                              //使用的数据库
        $user='root';                                         //数据库连接用户名
        $pass='111';                                          //对应的密码
        $dsn="$dbms:host=$host;dbname=$dbName";
        try {
            $pdo = new PDO($dsn, $user, $pass);               //初始化 PDO 对象，就是创建数据库连接对象$pdo
            $query="select * from tb_movie";                  //定义 SQL 语句
            $result=$pdo->prepare($query);                    //准备查询语句
            $result->execute();                               //执行查询语句，并返回结果集
            $res=$result->fetchAll(PDO::FETCH_ASSOC);         //获取结果集中的所有数据
            for($i=0;$i<count($res);$i++){                    //循环读取二维数组中的数据
     ?>
    <tr>
        <td height="30" align="center"><?php echo $res[$i]['id'];?></td>
        <td align="center"><?php echo $res[$i]['name'];?></td>
        <td align="center"><?php echo $res[$i]['actor'];?></td>
        <td align="center"><?php echo $res[$i]['type'];?></td>
        <td align="center"><?php echo $res[$i]['length'];?>分钟</td>
    </tr>
    <?php
            }
        } catch (PDOException $e) {
            die ("Error!: " . $e->getMessage() . "<br/>");
        }
    ?>
</table>
```

运行结果如图 19.2 所示。

fetchAll()方法获取结果集中的所

localhost/TM/sl/19/2/index.php

ID	电影名称	主演	类型	片长
1	头号玩家	泰伊·谢里丹	动作片	140分钟
2	星际穿越	马修·麦康纳	科幻片	169分钟
3	美丽心灵	罗素·克劳	文艺片	135分钟
4	超人总动员	格雷格·T·尼尔森	动漫	115分钟
5	阿凡达	萨姆·沃辛顿	动作片	162分钟
6	美女与野兽	艾玛·沃森	爱情片	129分钟

图 19.2　使用 fetchAll 方法返回结果集中的所有数据

19.4.3　fetchColumn 方法

fetchColumn 方法用于获取结果集中下一行指定列的值，其语法格式如下：

```
string PDOStatement::fetchColumn([int column_number])
```

其中，column_number 为可选参数，用于设置行中列的索引值，该值从 0 开始。如果省略该参数，

将从第一列开始取值。

【例 19.3】使用 fetchColumn 方法获取结果集中指定列的值。（**实例位置：资源包\TM\sl\19\3**）

创建 index.php 文件，设计网页页面。首先通过 PDO 连接 MySQL 数据库，然后定义 select 查询语句，应用 prepare 和 execute 方法执行查询操作，接着通过 fetchColumn 方法输出结果集中下一行第二列的值，其关键代码如下：

```
<table width="180">
    <tr>
        <td height="30" align="center"><strong>电影名称</strong></td>
    </tr>
     <?php
        $dbms='mysql';                                    //数据库类型
        $host='localhost';                                //数据库主机名
        $dbName='db_database19';                          //使用的数据库
        $user='root';                                     //数据库连接用户名
        $pass='111';                                      //对应的密码
        $dsn="$dbms:host=$host;dbname=$dbName";
        try {
            $pdo = new PDO($dsn, $user, $pass);           //初始化 PDO 对象，即创建数据库连接对象$pdo
            $query="select * from tb_movie";              //定义 SQL 语句
            $result=$pdo->prepare($query);                //准备查询语句
            $result->execute();                           //执行查询语句，并返回结果集
            for($i=0;$i<5;$i++){                          //循环读取数据
     ?>
    <tr>
        <td height="26" align="center"><?php echo $result->fetchColumn(1);?></td>
    </tr>
    <?php
            }
        } catch (PDOException $e) {
            die ("Error!: " . $e->getMessage() . "<br/>");
        }
    ?>
</table>
```

运行结果如图 19.3 所示。

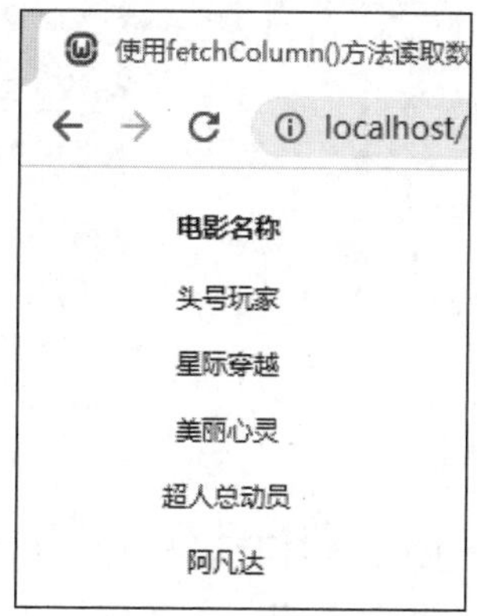

图 19.3　使用 fetchColumn 方法获取结果集中指定列的值

19.5 PDO 中捕获 SQL 语句中的错误

要想在 PDO 中捕获 SQL 语句中的错误，可以使用 3 种错误处理模式，分别是 PDO::ERRMODE_SILENT、PDO::ERRMODE_WARNING 和 PDO::ERRMODE_EXCEPTION，下面分别进行介绍。

19.5.1 PDO::ERRMODE_SILENT

在 PHP 8.0.0 之前，PDO::ERRMODE_SILENT 为默认模式。使用这种模式，PDO 只简单地设置错误码，可以使用 errorCode()和 errorInfo()方法来检查 SQL 语句和数据库对象。如果错误是因为对 SQL 语句对象的调用而产生的，那么可以调用 SQL 语句对象的 errorCode()或 errorInfo()方法。如果错误是调用数据库对象而产生的，那么可以在数据库对象上调用这两个方法。

【例 19.4】在 PHP 8.0.0 之前的版本中，使用默认模式捕获代码中的错误。（**实例位置：资源包\TM\sl\19\4**）

创建 index.php 文件，添加 form 表单，将表单元素提交到当前页面。通过 PDO 连接 MySQL 数据库，应用预处理语句 prepare 和 execute 执行 insert 语句，向数据表中添加数据，并且设置 PDOStatement 对象的 errorCode 方法检测代码中的错误。其关键代码如下：

```
<?php
    if (isset($_POST['Submit']) && $_POST['Submit'] == "提交" && $_POST['pdo'] != "") {
        $dbms = 'mysql';                                    //数据库类型
        $host = 'localhost';                                //数据库主机名
        $dbName = 'db_database19';                          //使用的数据库
        $user = 'root';                                     //数据库连接用户名
        $pass = '111';                                      //对应的密码
        $dsn = "$dbms:host = $host;dbname = $dbName";
        $pdo = new PDO($dsn, $user, $pass);                 //初始化 PDO 对象，即创建数据库连接对象$pdo
        $query = "insert into tb_pdo_mysqls(pdo_type, database_name, dates)values('".$_POST['pdo'].
            "', '".$_POST['databases']."', '".$_POST['dates']."')";
        $result = $pdo -> prepare($query);
        $result -> execute();
        $code = $result -> errorCode();
        if (empty($code)) {
            echo "数据添加成功！";
        } else {
            echo '数据库错误：<br/>';
            echo 'SQL Query:'.$query;
            echo '<pre>';
            var_dump($result -> errorInfo());
            echo '</pre>';
        }
    }
?>
```

在本例中，在定义 insert 添加语句时，使用了错误的数据表名称 tb_pdo_mysqls（正确名称是 tb_pdo_mysql），导致在提交表单时输出错误信息，结果如图 19.4 所示。

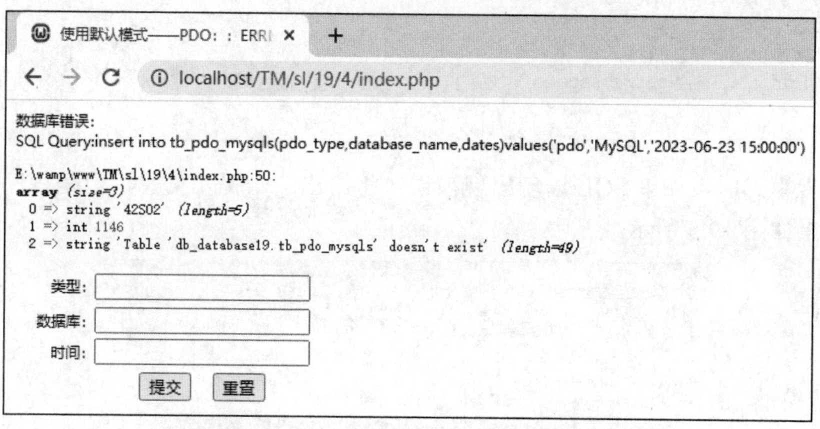

图 19.4　在默认模式中捕获 SQL 中的错误

说明

该实例需要在 PHP 8.0.0 之前版本的环境中运行才能看到实际效果。

19.5.2　PDO::ERRMODE_WARNING

PDO::ERRMODE_WARNING 为警告模式，警告模式会产生一个 PHP 警告。如果设置的是警告模式，那么除非明确地检查错误代码，否则程序将继续按照其方式运行。

【例 19.5】使用警告模式捕获 SQL 语句中的错误信息。（**实例位置：资源包\TM\sl\19\5**）

创建 index.php 文件，连接 MySQL 数据库，通过预处理语句 prepare 和 execute 执行 select 查询语句，并设置一个错误的数据表名称，同时通过 setAttribute 方法设置为警告模式，最后通过 while 语句和 fetch 方法完成数据的循环输出。其关键代码如下：

```
<?php
    $dbms = 'mysql';                                    //数据库类型
    $host = 'localhost';                                //数据库主机名
    $dbName = 'db_database19';                          //使用的数据库
    $user = 'root';                                     //数据库连接用户名
    $pass = '111';                                      //对应的密码
    $dsn = "$dbms:host = $host; dbname = $dbName";
    try {
        $pdo = new PDO($dsn, $user, $pass);             //初始化 PDO 对象，即创建数据库连接对象$pdo
        $pdo -> setAttribute(PDO::ATTR_ERRMODE, PDO::ERRMODE_WARNING);     //设置为警告模式
        $query = "select * from tb_pdo_mysqls";         //定义 SQL 语句
        $result = $pdo -> prepare($query);              //准备查询语句
        $result -> execute();                           //执行查询语句，并返回结果集
        while ($res = $result -> fetch(PDO::FETCH_ASSOC)) {     //while 循环输出查询结果集，且设为关联索引
?>
        <tr>
          <td height="22" align="center" valign="middle"><?php echo $res['id'];?></td>
          <td align="center" valign="middle"><?php echo $res['pdo_type'];?></td>
          <td align="center" valign="middle"><?php echo $res['database_name'];?></td>
          <td align="center" valign="middle"><?php echo $res['dates'];?></td>
        </tr>
<?php
```

```
        }
    } catch (PDOException $e) {
        die("Error!: " . $e -> getMessage() . "<br/>");
    }
?>
```

在设置为警告模式后，如果 SQL 语句出现错误，将给出一个提示信息，但是程序仍能够继续执行下去，其运行结果如图 19.5 所示。

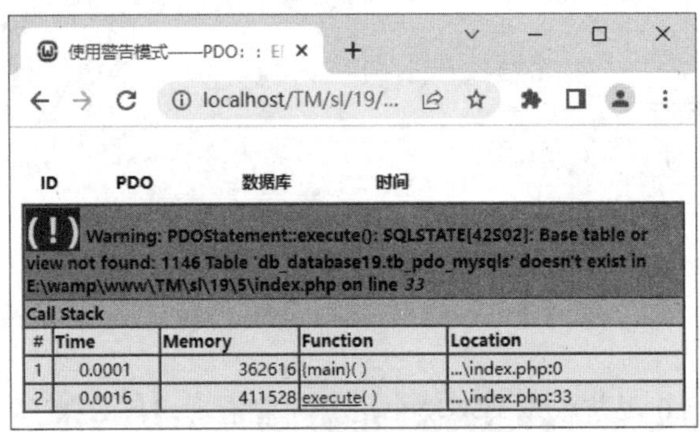

图 19.5　设置警告模式后捕获的 SQL 语句错误

19.5.3　PDO::ERRMODE_EXCEPTION

PDO::ERRMODE_EXCEPTION 为异常模式。从 PHP 8.0.0 开始，PDO::ERRMODE_EXCEPTION 也是默认的错误处理模式。除了设置错误码，PDO 还将抛出一个 PDOException 异常类，通过调用类中的方法来获取错误码和错误信息。

【例 19.6】在执行数据库中数据的删除操作时，将错误处理模式设置为异常模式，并且编写一个错误的 SQL 语句（操作错误的数据表 tb_pdo_mysqls），使用 PDOException 类中的方法获取错误信息。**（实例位置：资源包\TM\sl\19\6）**

（1）创建 index.php 文件，连接 MySQL 数据库，通过预处理语句 prepare 和 execute 执行 select 查询语句，通过 while 语句和 fetch 方法完成数据的循环输出，并且设置删除超链接，链接到 delete.php 文件，传递的参数是数据的 ID 值。关键代码如下：

```
<table width="310" border="0" cellpadding="0" cellspacing="0">
    <tr>
        <td height="30" align="center"><strong>ID</strong></td>
        <td align="center"><strong>PDO</strong></td>
        <td align="center"><strong>数据库</strong></td>
        <td align="center"><strong>时间</strong></td>
        <td align="center"><strong>操作</strong></td>
    </tr>
    <?php
        $dbms='mysql';                                   //数据库类型
        $host='localhost';                               //数据库主机名
        $dbName='db_database19';                         //使用的数据库
        $user='root';                                    //数据库连接用户名
        $pass='111';                                     //对应的密码
        $dsn="$dbms:host=$host;dbname=$dbName";
        try {
```

```
            $pdo = new PDO($dsn, $user, $pass);                       //初始化 PDO 对象，即创建数据库连接对象$pdo
            $query="select * from tb_pdo_mysql";                      //定义 SQL 语句
            $result=$pdo->prepare($query);                            //准备查询语句
            $result->execute();                                       //执行查询语句，并返回结果集
            while($res=$result->fetch(PDO::FETCH_ASSOC)){ //while 循环输出查询结果集，并且设置结果集为关联索引
    ?>
  <tr>
      <td height="22" align="center" valign="middle"><?php echo $res['id'];?></td>
      <td align="center" valign="middle"><?php echo $res['pdo_type'];?></td>
      <td align="center" valign="middle"><?php echo $res['database_name'];?></td>
      <td align="center" valign="middle"><?php echo $res['dates'];?></td>
      <td align="center" valign="middle"><a href="delete.php?conn_id=<?php echo $res['id'];?>">删除</a></td>
  </tr>
   <?php
            }
        } catch (PDOException $e) {
            die ("Error!: " . $e->getMessage() . "<br/>");
        }
   ?>
</table>
```

（2）创建 delete.php 文件，先在文件中获取超链接传递的数据 ID 值，然后连接数据库，通过 setAttribute 方法设置为异常模式，在定义 delete 删除语句时使用错误的数据表（tb_pdo_mysqls），并且通过 try{…} catch{…}语句捕获错误信息。其代码如下：

```
<?php
     header("Content-type: text/html; charset=utf-8");                   //设置文件编码格式
     if ($_GET['conn_id'] != "") {
          $dbms = 'mysql';                                               //数据库类型
          $host = 'localhost';                                           //数据库主机名
          $dbName = 'db_database19';                                     //使用的数据库
          $user = 'root';                                                //数据库连接用户名
          $pass = '111';                                                 //对应的密码
          $dsn = "$dbms:host = $host; dbname = $dbName";
          try {
               $pdo = new PDO($dsn, $user, $pass);                       //初始化 PDO 对象
               $pdo -> setAttribute(PDO::ATTR_ERRMODE, PDO::ERRMODE_EXCEPTION);
               $query = "delete from tb_pdo_mysqls where id =:id";
               $result = $pdo -> prepare($query);                        //预准备语句
               $result -> bindParam(':id', $_GET['conn_id']);            //绑定更新的数据
               $result -> execute();
          } catch (PDOException $e) {
               echo 'PDO Exception Caught.';
               echo 'Error with the database:<br/>';
               echo 'SQL Query: '.$query;
               echo '<pre>';
               echo "Error: " . $e->getMessage(). "<br/>";
               echo "Code: " . $e->getCode(). "<br/>";
               echo "File: " . $e->getFile(). "<br/>";
               echo "Line: " . $e->getLine(). "<br/>";
               echo "Trace: " . $e->getTraceAsString(). "<br/>";
               echo '</pre>';
          }
     }
?>
```

运行实例，循环输出数据表中的数据，结果如图 19.6 所示。单击某行数据后的“删除”超链接会抛出异常信息。在设置为异常模式后，执行错误的 SQL 语句返回的结果如图 19.7 所示。

ID	PDO	数据库	时间	操作
1	pdo	MySQL	2023-05-18 10:19:17	删除
2	pdo	Oracle	2023-05-18 15:16:17	删除
3	pdo	Access	2023-05-20 10:10:00	删除
4	pdo	SQL Server	2023-06-09 10:59:30	删除
5	pdo	db2	2023-06-16 10:59:41	删除
6	pdo	MySQL	2023-06-21 12:00:00	删除
7	pdo	MySQL	2023-06-10 10:10:10	删除
8	pdo	MySQL	2023-06-17 13:14:16	删除

图 19.6　数据的循环输出

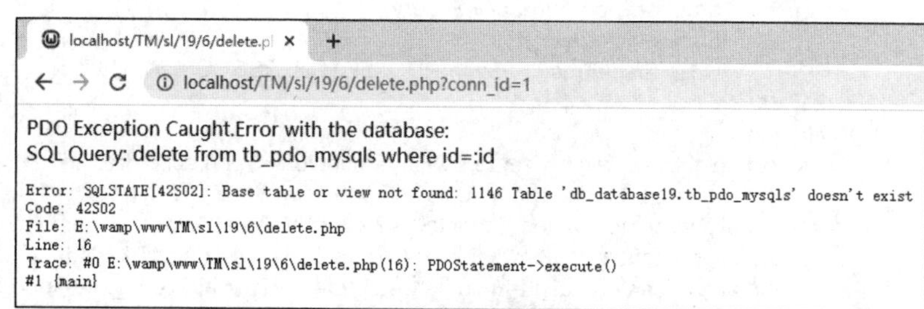

localhost/TM/sl/19/6/delete.php?conn_id=1
PDO Exception Caught.Error with the database:
SQL Query: delete from tb_pdo_mysqls where id=:id
Error: SQLSTATE[42S02]: Base table or view not found: 1146 Table 'db_database19.tb_pdo_mysqls' doesn't exist
Code: 42S02
File: E:\wamp\www\TM\sl\19\6\delete.php
Line: 16
Trace: #0 E:\wamp\www\TM\sl\19\6\delete.php(16): PDOStatement->execute()
#1 {main}

图 19.7　异常模式捕获的 SQL 语句错误信息

19.6　PDO 错误处理

在 PDO 中有两个获取程序中错误信息的方法，一个是 errorCode 方法，另一个是 errorInfo 方法。下面分别进行介绍。

19.6.1　errorCode 方法

errorCode 方法用于获取操作数据库句柄时发生的错误代码，这些错误代码被称为 SQLSTATE 代码。其语法格式如下：

```
int PDOStatement::errorCode(void)
```

errorCode 方法返回 SQLSTATE，SQLSTATE 是由 5 个数字和字母组成的代码。

【例 19.7】 在定义 SQL 语句时使用一个错误的数据表，通过 errorCode 方法返回错误代码。（**实例位置：资源包\TM\sl\19\7**）

创建 index.php 文件。在文件中通过 PDO 连接 MySQL 数据库，通过 query 方法执行查询语句，在捕获异常信息时使用 errorCode 方法获取错误代码。其关键代码如下：

```
<?php
	$dbms = 'mysql';                                          //数据库类型
	$host = 'localhost';                                      //数据库主机名
	$dbName = 'db_database19';                                //使用的数据库
	$user = 'root';                                           //数据库连接用户名
	$pass = '111';                                            //对应的密码
	$dsn = "$dbms:host=$host; dbname = $dbName";
	try {
		$pdo = new PDO($dsn, $user, $pass);                   //初始化 PDO 对象，即创建数据库连接对象$pdo
		$query = "select * from tb_pdo_mysqls";               //定义 SQL 语句
		$result = $pdo -> query($query);                      //执行查询语句，并返回结果集
		foreach($result as $items) {
?>
		<tr>
		  <td height="22" align="center" valign="middle"><?php echo $items['id'];?></td>
		  <td align="center" valign="middle"><?php echo $items['pdo_type'];?></td>
		  <td align="center" valign="middle"><?php echo $items['database_name'];?></td>
		  <td align="center" valign="middle"><?php echo $items['dates'];?></td>
		</tr>
<?php
```

```
        }
    } catch (PDOException $e) {
        echo "errorCode 为: ".$pdo -> errorCode();
    }
?>
```

运行结果如图 19.8 所示。

图 19.8　通过 errorCode 方法获取错误代码

19.6.2　errorInfo 方法

errorInfo 方法用于获取操作数据库句柄时所发生的错误信息。其语法格式如下：

```
array PDOStatement::errorInfo(void)
```

errorInfo 方法的返回值为一个数组，它包含了相关的错误信息。

【例 19.8】在定义 SQL 语句时使用一个错误的数据表，通过 errorInfo 方法返回错误信息。（**实例位置：资源包\TM\sl\19\8**）

创建 index.php 文件。在文件中通过 PDO 连接 MySQL 数据库，通过 query 方法执行查询语句，在捕获异常信息时使用 errorInfo 方法获取错误信息。关键代码如下：

```
<?php
    $dbms = 'mysql';                                      //数据库类型
    $host = 'localhost';                                  //数据库主机名
    $dbName = 'db_database19';                            //使用的数据库
    $user = 'root';                                       //数据库连接用户名
    $pass = '111';                                        //对应的密码
    $dsn = "$dbms:host = $host; dbname = $dbName";
    try {
        $pdo = new PDO($dsn, $user, $pass);               //初始化 PDO 对象，即创建数据库连接对象$pdo
        $query = "select * from tb_pdo_mysqls";           //定义 SQL 语句
        $result = $pdo -> query($query);                  //执行查询语句，并返回结果集
        foreach($result as $items) {
?>
        <tr>
          <td height="22" align="center" valign="middle"><?php echo $items['id'];?></td>
          <td align="center" valign="middle"><?php echo $items['pdo_type'];?></td>
          <td align="center" valign="middle"><?php echo $items['database_name'];?></td>
          <td align="center" valign="middle"><?php echo $items['dates'];?></td>
        </tr>
<?php
        }
    } catch (PDOException $e) {
        print_r($pdo -> errorInfo());
    }
?>
```

运行结果如图 19.9 所示。

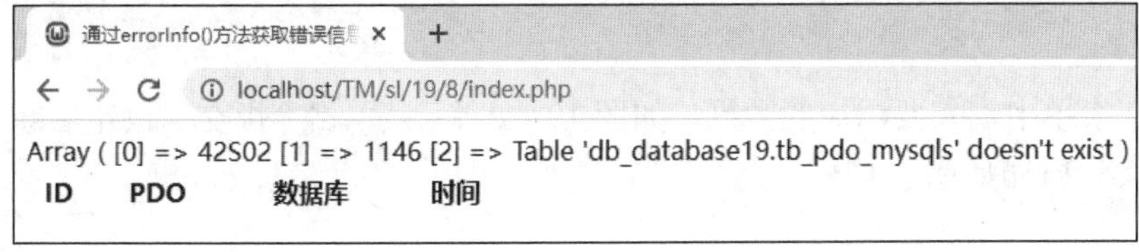

图 19.9　通过 errorInfo 方法获取错误信息

19.7　PDO 事务处理

在 PDO 中同样可以实现事务处理的功能，其应用的方法如下。

☑ beginTransaction 方法：用于开启事务。beginTransaction 方法将关闭自动提交（autocommit）模式，直到事务提交或者回滚以后才恢复。

☑ commit 方法：用于完成事务的提交操作，成功则返回 true，否则返回 false。

☑ rollBack 方法：用于事务回滚。

【例 19.9】 通过 prepare 和 execute 方法向数据库中添加数据，并且通过事务处理机制确保数据能够正确地添加到数据表中。（**实例位置：资源包\TM\sl\19\9**）

创建 index.php 文件。在文件中首先定义数据库连接的参数，然后创建 try…catch 语句，在 try 语句中实例化 PDO 构造函数，完成与数据库的连接，并且通过 beginTransaction 方法开启事务。接着定义 insert 语句，使用$_POST[]方法获取表单中提交的数据，通过 prepare 和 execute 方法向数据库中添加数据，并且通过 commit 方法完成事务的提交操作。最后，在 catch 语句中返回错误信息，并且通过 rollBack 执行事务的回滚操作。其关键代码如下：

```
<?php
    if (isset($_POST['Submit']) && $_POST['Submit'] == "提交" && $_POST['pdo'] != "") {
        $dbms = 'mysql';                                    //数据库类型
        $host = 'localhost';                                //数据库主机名
        $dbName = 'db_database19';                          //使用的数据库
        $user = 'root';                                     //数据库连接用户名
        $pass = '111';                                      //对应的密码
        $dsn = "$dbms:host = $host; dbname = $dbName";
        try {
            $pdo = new PDO($dsn, $user, $pass);             //初始化 PDO 对象，即创建数据库连接对象$pdo
            $pdo -> beginTransaction();                     //开启事务
            $query = "insert into tb_pdo_mysql(pdo_type, database_name, dates)values
            ('".$_POST['pdo']."', '".$_POST['databases']."', '".$_POST['dates']."')";
            $result = $pdo -> prepare($query);
            if ($result -> execute()) {
                echo "<script>alert('数据添加成功！')</script>";
            } else {
                echo "<script>alert('数据添加失败！')</script>";
            }
            $pdo -> commit();                               //执行事务的提交操作
        } catch (PDOException $e) {
            die("Error!: " . $e -> getMessage() . "<br/>");
            $pdo -> rollBack();                             //执行事务的回滚
        }
    }
?>
```

运行实例，在表单中输入要添加的数据，如图 19.10 所示。单击“提交”按钮后会弹出相应的提示对话框，结果如图 19.11 所示。

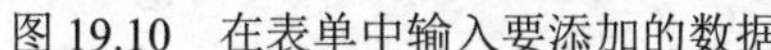

图 19.10　在表单中输入要添加的数据

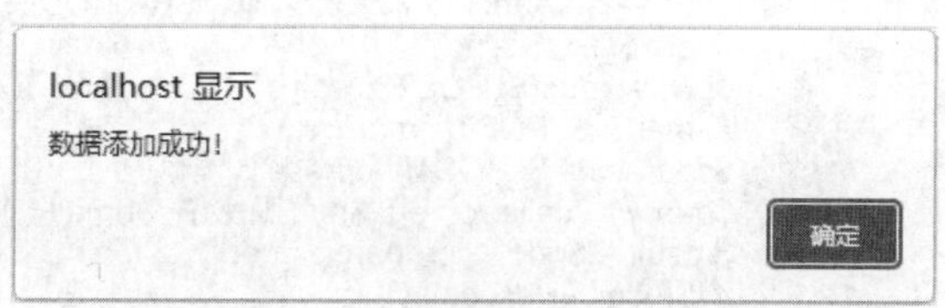

图 19.11　弹出提示对话框

19.8　PDO 存储过程

存储过程允许在更接近数据的位置操作数据，从而减少带宽的使用，它们使数据独立于脚本逻辑，允许使用不同语言的多个系统以相同的方式访问数据，从而节省花费在编码和调试上的宝贵时间。同时，它使用预定义的方案执行操作，提高了查询速度，并且能够阻止与数据的直接相互作用，从而起到保护数据的作用。

下面讲解如何在 PDO 中调用存储过程。这里首先创建一个存储过程，其 SQL 语句如下：

```
drop procedure if exists pro_reg;//
delimiter //
create procedure pro_reg(in nc varchar(80), in pwd varchar(80), in email varchar(80),in address varchar(50))
begin
insert into tb_reg(name, pwd, email, address) values(nc, pwd, email, address);
end;
//
```

☑　drop 语句用于删除 MySQL 服务器中已经存在的存储过程 pro_reg。

☑　“delimiter //”的作用是将语句结束符更改为“//”。

☑　“in nc varchar(80)…in address varchar(50)”表示要向存储过程中传入的参数。

☑　“begin…end”表示存储过程中的语句块，它的作用类似 PHP 语言中的“{…}”。

存储过程创建成功后，就可以调用这个存储过程实现用户注册的功能了。

【例 19.10】在 PDO 中通过 call 语句调用存储过程，实现用户注册信息的添加操作。（**实例位置：资源包\TM\sl\19\10**）

创建 index.php 文件。在文件中首先创建 form 表单，将用户注册信息通过 POST 方法提交到当前页面。然后在页面中编写 PHP 脚本，通过 PDO 连接 MySQL 数据库，并且设置数据库编码格式为 utf8。接着获取表单中提交的用户注册信息，再通过 call 语句调用存储过程 pro_reg，将用户注册信息添加到数据表中。最后通过 try…catch 语句块返回错误信息。其关键代码如下：

```
<?php
	if (isset($_POST['submit']) && $_POST['submit'] != "") {
		$dbms = 'mysql';                                          //数据库类型
		$host = 'localhost';                                      //数据库主机名
		$dbName = 'db_database19';                                //使用的数据库
		$user = 'root';                                           //数据库连接用户名
		$pass = '111';                                            //对应的密码
		$dsn = "$dbms:host = $host; dbname = $dbName";
		try {
```

```
        $pdo = new PDO($dsn, $user, $pass);                    //初始化 PDO 对象，即创建数据库连接对象$pdo
            $pdo -> query("set names utf8");                   //设置数据库编码格式
            //定义错误异常模式
            $pdo -> setAttribute(PDO::ATTR_ERRMODE, PDO::ERRMODE_EXCEPTION);
            $nc = $_POST['nc'];
            $pwd = md5($_POST['pwd']);
            $email = $_POST['email'];
            $address = $_POST['address'];
            $query = "call pro_reg('$nc', '$pwd', '$email', '$address')";
            $result = $pdo -> prepare($query);
            if ($result -> execute()) {
                echo "<script>alert('注册成功！ ')</script>";
            } else {
                echo "<script>alert('注册失败！ ')</script>";
            }
        } catch (PDOException $e) {
        echo 'PDO Exception Caught.';
            echo 'Error with the database:<br/>';
            echo 'SQL Query: '.$query;
            echo '<pre>';
        echo "Error: " . $e -> getMessage(). "<br/>";
            echo "Code: " . $e -> getCode(). "<br/>";
            echo "File: " . $e -> getFile(). "<br/>";
            echo "Line: " . $e -> getLine(). "<br/>";
            echo "Trace: " . $e -> getTraceAsString(). "<br/>";
            echo '</pre>';
        }
    }
?>
```

运行实例，在表单中输入注册信息，结果如图 19.12 所示。单击“注册”按钮后会弹出相应的提示对话框，结果如图 19.13 所示。

图 19.12　输入注册信息

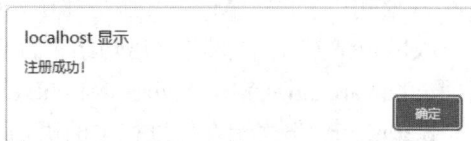

图 19.13　弹出提示对话框

19.9　实践与练习

（答案位置：资源包\TM\sl\19\实践与练习\）

综合练习 1：通过 PDO 添加数据

定义一个插入数据的表单，在提交表单时通过 PDO 向已经创建好的数据库中添加数据。

综合练习 2：通过 PDO 浏览数据

通过 PDO 浏览数据库中的数据，将读取的数据显示在表格中。

综合练习 3：通过 PDO 更新数据

在表格中显示数据库中的数据，在每行数据后有一个“修改”超链接，单击该超链接对指定数据进行修改，修改后单击“确定”按钮，通过 PDO 来更新数据库中的数据。

第 20 章

ThinkPHP 框架

ThinkPHP 是一个免费、开源、快速、简单的面向对象的轻量级 PHP 开发框架，是为了敏捷 Web 应用开发和简化企业应用开发而诞生的。ThinkPHP 自诞生以来，一直秉承简洁、实用的设计原则，在保持出色的性能和至简的代码的同时，也注重易用性。

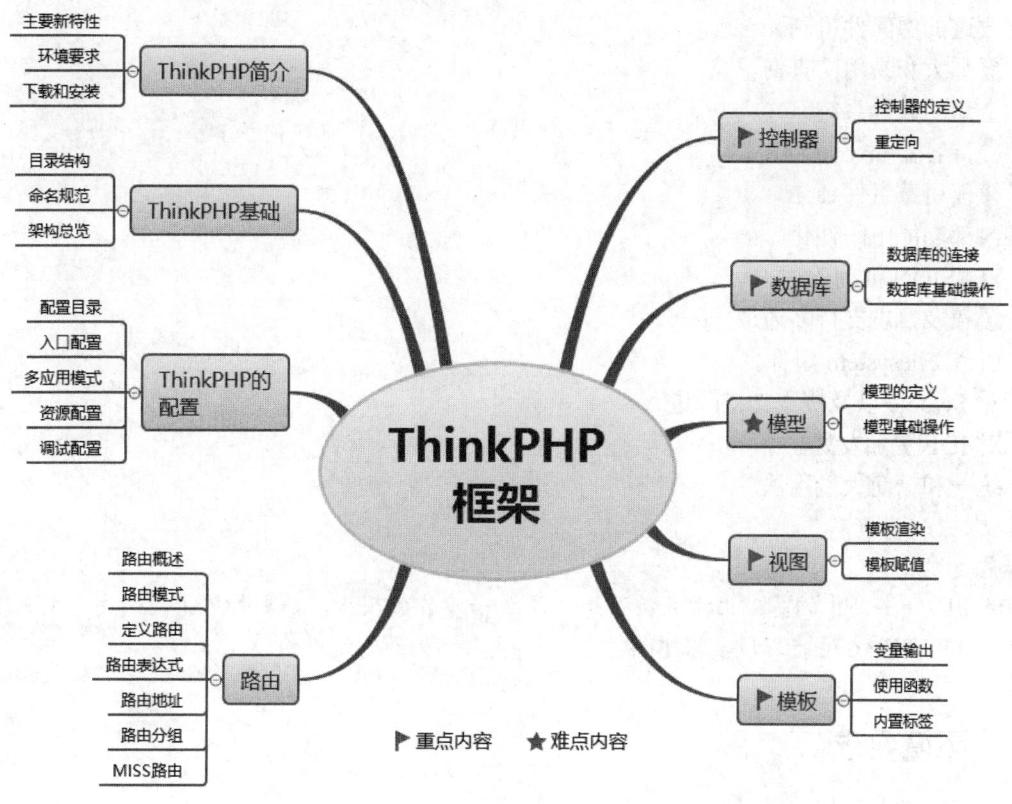

20.1 ThinkPHP 简介

ThinkPHP 框架可以方便、快捷地进行项目开发和部署应用，而且不仅是企业级应用，任何 PHP 应用开发都可以从 ThinkPHP 的简单和快速的特性中受益。ThinkPHP 本身具有很多的原创特性，并且倡导“大道至简，开发由我”的开发理念，用最少的代码完成更多的功能，其宗旨就是让 Web 应用开发更简单、更快速。

ThinkPHP 遵循 Apache 2 开源许可协议发布，这意味着可以免费使用 ThinkPHP，甚至允许把基于 ThinkPHP 开发的应用开源或商业产品发布/销售。

20.1.1 主要新特性

ThinkPHP 是一个性能卓越并且功能丰富的轻量级 PHP 开发框架，有多个版本，本书以 ThinkPHP 6 版本为例进行讲解。ThinkPHP 6 的主要新特性如下：

- ☑ 采用 PHP7 强类型（严格模式）。
- ☑ 支持更多的 PSR 规范。
- ☑ 多应用支持。
- ☑ ORM 组件独立。
- ☑ 改进的中间件机制。
- ☑ 更强大和易用的查询。
- ☑ 全新的事件系统。
- ☑ 支持容器 invoke 回调。
- ☑ 模板引擎组件独立。
- ☑ 内部功能中间件化。
- ☑ SESSION 机制改进。
- ☑ 缓存及日志支持多通道。
- ☑ 引入 Filesystem 组件。
- ☑ 对 Swoole 以及协程支持改进。
- ☑ 对 IDE 更加友好。
- ☑ 统一和精简大量用法。

说明

ThinkPHP 6 在 5.1 的基础上对底层架构做了进一步优化改进，并更加规范化。由于引入了一些新特性，ThinkPHP 6 运行环境要求 PHP 7.2+，不支持 5.1 的无缝升级。

20.1.2 环境要求

ThinkPHP 6 版本可以支持 Windows/UNIX 服务器环境，可运行于包括 Apache、IIS 在内的多种 Web 服务器。需要 PHP 7.2 及以上版本支持。支持 MySQL、MSSQL、PgSQL、Sqlite、Oracle 等数据库。

20.1.3 下载和安装

ThinkPHP 6 必须通过 Composer 方式安装和更新。

Composer 是 PHP 的一个依赖管理工具。它允许用户声明项目所依赖的代码库，并在项目中安装它们。使用 Composer 前需要先安装，安装步骤可参考 Composer 中文文档（https://docs.phpcomposer.com）。

注意

访问国外网站的速度很慢，因此安装时间会较长，建议通过下面的方式使用国内镜像。打开命令行窗口（windows 用户）或控制台（Linux、Mac 用户）并执行如下命令：

composer config -g repo.packagist composer https://mirrors.aliyun.com/composer/

如果是第一次安装，在命令行下切换到 Web 根目录并执行下面的命令：

```
composer create-project topthink/think tp
```

这里的 tp 目录名可以任意更改，执行完毕后，会在当前目录的 tp 子目录中安装最新版本的 ThinkPHP，这个目录就是后面经常提到的应用根目录。

如果之前已经安装过 ThinkPHP，那么先切换到应用根目录下面，然后执行下面的命令进行更新：

```
composer update topthink/framework
```

在安装 ThinkPHP 6 之后，需要验证其是否能正常运行。在浏览器地址栏中输入地址 http://localhost/tp/public/，如果输出结果如图 20.1 所示，则表示安装成功。如果无法正常运行，需要检查服务器环境，如 PHP 版本是否不低于 7.2，Web 服务器是否能正常启动等。

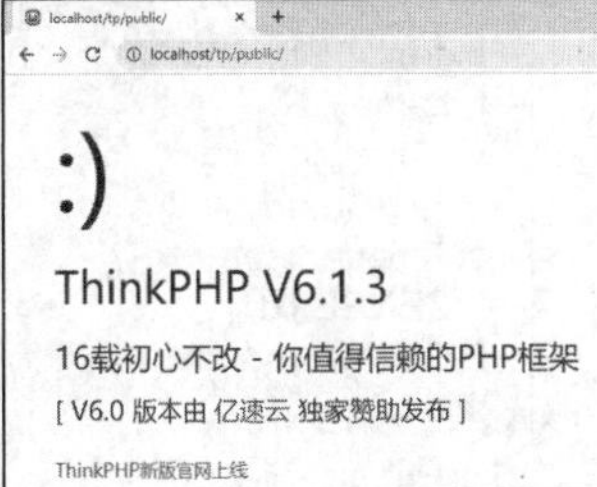
localhost/tp/public/
localhost/tp/public/
:)
ThinkPHP V6.1.3
16载初心不改 - 你值得信赖的PHP框架
[V6.0 版本由 亿速云 独家赞助发布]
ThinkPHP新版官网上线

图 20.1　运行 ThinkPHP 6 框架

20.2　ThinkPHP 基础

资源包 ThinkPHP 遵循简洁实用的设计原则，兼顾开发速度和执行速度的同时，也注重易用性。本节内容将对 ThinkPHP 框架的整体思想和架构体系进行详细说明。

20.2.1　目录结构

Composer 安装后，完整的 ThinkPHP 6 框架目录结构及说明如下所示：

```
www   WEB 部署目录（或者子目录）
├─app                    应用目录
│  ├─controller          控制器目录
│  ├─model               模型目录
│  ├─ ...                更多类库目录
│  │
│  ├─common.php          公共函数文件
│  └─event.php           事件定义文件
│
├─config                 配置目录
│  ├─app.php             应用配置
│  ├─cache.php           缓存配置
│  ├─console.php         控制台配置
│  ├─cookie.php          Cookie 配置
│  ├─database.php        数据库配置
│  ├─filesystem.php      文件磁盘配置
│  ├─lang.php            多语言配置
│  ├─log.php             日志配置
```

```
│   ├─middleware.php        中间件配置
│   ├─route.php             URL 和路由配置
│   ├─session.php           Session 配置
│   ├─trace.php             Trace 配置
│   └─view.php              视图配置
│
├─view                      视图目录
├─route                     路由定义目录
│   ├─route.php             路由定义文件
│   └─...
│
├─public                    WEB 目录（对外访问目录）
│   ├─index.php             入口文件
│   ├─router.php            快速测试文件
│   └─.htaccess             用于 apache 的重写
│
├─extend                    扩展类库目录
├─runtime                   应用的运行时目录（可写，可定制）
├─vendor                    Composer 类库目录
├─.example.env              环境变量示例文件
├─composer.json             composer 定义文件
├─LICENSE.txt               授权说明文件
├─README.md                 README 文件
├─think                     命令行入口文件
```

20.2.2 命名规范

ThinkPHP 框架有其自身的规范，要采用 ThinkPHP 框架开发项目，就要尽量遵守它的规范。ThinkPHP 6 遵循 PSR-2 命名规范和 PSR-4 自动加载规范，并且遵循如下规范。

1. 目录和文件

☑ 目录使用小写字母和下画线表示。
☑ 类库、函数文件统一以.php 为后缀。
☑ 类文件名以命名空间定义，并且命名空间的路径和类库文件所在路径一致。
☑ 类文件名采用驼峰法命名，其他文件名采用小写字母和下画线命名。
☑ 类名和文件名保持一致，统一采用驼峰法命名。

2. 函数、类、属性的命名

☑ 类的命名采用大驼峰法，即每个单词的首字母均为大写，如 User、UserType。
☑ 函数的命名使用小写字母和下画线，如 get_client_ip。
☑ 方法的命名使用小驼峰法，即第一个单词的首字母小写，其他单词的首字母大写，如 getUserName。
☑ 属性的命名使用小驼峰法，即第一个单词的首字母小写，其他单词的首字母大写，如 tableName、instance。
☑ 特例：以双下画线__开头的函数或方法是魔术方法，如__call 和__autoload。

3. 常量和配置

☑ 常量以大写字母和下画线命名，如 APP_PATH。

☑ 配置参数以小写字母和下画线命名，如 url_route_on 和 url_convert。
☑ 环境变量使用大写字母和下画线命名，如 APP_DEBUG。

4．数据表和字段

数据表和字段采用小写字母和下画线的方式命名，如 think_user 表和 user_name 字段，并注意字段名不要以下画线开头。不建议使用驼峰和中文作为数据表及字段命名方式。

20.2.3　架构总览

ThinkPHP 支持传统的 MVC（Model-View-Controller）模式以及流行的 MVVM（Model-View-ViewModel）模式的应用开发。

下面介绍 ThinkPHP 6 框架中的一些基本概念。

1．MVC 设计模式

MVC 是一种经典的程序设计理念，此模式将应用程序分为 3 个部分：模型层（Model）、视图层（View）和控制层（Controller）。MVC 是这 3 个部分英文字母的缩写。

说明

MVC 设计模式产生的原因：应用程序中用来完成任务的代码——模型层（也叫业务逻辑层），通常是程序中相对稳定的部分，重用率高；而与用户交互的界面——视图层，却经常改变。如果因需求变动而不得不对业务逻辑代码修改，或者要在不同的模块中应用相同的功能而重复地编写业务逻辑代码，不仅会降低整体开发的进度，也会使未来的维护变得非常困难。因此，将业务逻辑代码与外观界面分离，可更方便地根据需求改进程序，这就是 MVC 设计模式。

在 PHP Web 开发中，MVC 设计模式的各部分功能及相互关系如图 20.2 所示。

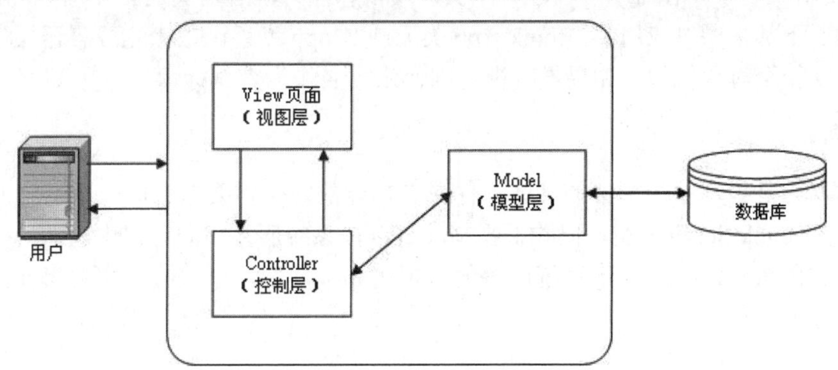

图 20.2　MVC 关系图

☑ 模型层（Model）：应用程序的核心部分，它可以是一个实体对象或一种业务逻辑。之所以称为模型，是因为它在应用程序中有更好的重用性和扩展性。
☑ 视图层（View）：提供应用程序与用户之间的交互界面。在 MVC 理论中，这一层并不包含任何的业务逻辑，仅提供一种与用户交互的视图。

☑ 控制层（Controller）：用于对程序中的请求进行控制，其作用就像宏观调控，可以选择调用哪些视图或者调用哪些模型。

2．入口文件

用户请求的 PHP 文件，负责处理一个请求（注意，不一定是 URL 请求）的生命周期。入口文件位于 public 目录下面，最常见的入口文件就是 index.php。ThinkPHP 6 支持多应用多入口，可以为每个应用增加入口文件。例如，给后台应用单独设置一个入口文件 admin.php。

3．应用

ThinkPHP 6 版本提供了对多应用的良好支持，每个应用都是一个 app 目录的子目录（或者指定的 composer 库），每个应用都具有独立的路由、配置，以及 MVC 相关文件。这些应用可以公用框架核心以及扩展，而且可以支持 composer 应用加载。

4．路由

路由用于规划（同时也会进行简化）请求的访问地址，在访问地址和实际操作方法之间建立一个路由规则，映射路由地址间的关系。

ThinkPHP 并不强制使用路由。如果没有定义路由，可以直接使用“控制器/操作”的方式进行访问。如果定义了路由，则该路由对应的路由地址就不能直接访问了。一旦开启强制路由参数，就必须为每个请求定义路由（包括首页）。

使用路由有一定的性能损失，但随之也会更加安全。因为每个路由都有自己的生效条件，如果请求不满足条件，将会被过滤掉。这远比用户在控制器操作中进行各种判断要实用得多。

路由的作用不只是规范 URL，还可以实现验证、权限、参数绑定及响应设置等功能。

5．容器

ThinkPHP 使用（对象）容器统一管理对象实例及依赖注入。容器类的工作由 think\Container 类完成，但大多数情况下都是通过应用类（think\App 类）或是 app 助手函数来完成容器操作。可以为容器中的对象实例绑定一个对象标识，如果没有绑定则使用类名作为容器标识。

6．系统服务

系统服务的概念是指在执行框架的某些组件或者功能的时候需要依赖的一些基础服务，服务类通常可以继承系统的 think\Service 类，但并不强制。可以在系统服务中向容器中注册一个对象，或者对某些对象进行相关的依赖注入。由于系统服务的执行优先级问题，可以确保相关组件在执行的时候已经完成相关依赖注入。

7．控制器

每个应用都拥有独立的类库及配置文件，一个应用下面有多个控制器负责响应请求。控制器其实就是一个独立的控制器类，主要负责请求的接收，并调用相关的模型处理，最终通过视图输出。严格来说，控制器不应该过多地介入业务逻辑处理。

说明

事实上，控制器是可以被跳过的。通过路由可以把请求直接调度到某个模型或者其他的类进行处理。

8. 操作

一个控制器包含多个操作（方法），操作方法是一个 URL 访问的最小单元。

下面是一个典型的 Index 控制器的操作方法定义，包含了两个操作方法。

```
namespace app\controller;
class Index {
    public function index() {                    //操作 1
        return 'index';
    }
    public function hello($name) {               //操作 2
        return 'Hello,'.$name;
    }
}
```

操作方法可以不使用任何参数，如果定义了一个非可选参数，并且不是对象类型，则该参数必须通过用户请求传入。如果是 URL 请求，则通常是通过当前的请求传入。

9. 模型

模型类通常完成实际的业务逻辑和数据封装，并返回和格式无关的数据。模型类并不一定要访问数据库，而且在 ThinkPHP 的架构设计中，只有在进行实际的数据库查询操作时，才会进行数据库连接，是真正的惰性连接。

ThinkPHP 的模型层支持多层设计，可以对模型层进行更细化的设计和分工。例如，把模型层分为逻辑层、服务层、事件层等。

10. 视图

控制器调用模型类后，返回的数据通过视图组装成不同格式被输出。视图会根据不同的需求，确定是调用模板引擎进行内容解析后输出还是直接输出。

视图通常会有一系列的模板文件，对应不同的控制器和操作方法，并且支持动态设置模板目录。

11. 模板引擎

模板文件中可以使用一些特殊的模板标签，这些标签的解析通常由模板引擎负责实现。新版不再内置 think-template 模板引擎，如果需要使用 ThinkPHP 官方模板引擎，则需要单独安装 think-view 模板引擎驱动扩展。

20.3　ThinkPHP 的配置

20.3.1　配置目录

ThinkPHP 中的配置文件是自动加载的，但额外的配置需要用户自己设置。对于单应用模式来说，配置文件和目录很简单，根目录下的 config 目录下就是所有的配置文件。每个配置文件对应不同的组件，也可以增加自定义的配置文件。单应用模式的配置目录如下：

```
├─config（配置目录）
│   ├─app.php              应用配置
│   ├─cache.php            缓存配置
│   ├─console.php          控制台配置
│   ├─cookie.php           Cookie 配置
│   ├─database.php         数据库配置
│   ├─filesystem.php       文件磁盘配置
│   ├─lang.php             多语言配置
│   ├─log.php              日志配置
│   ├─middleware.php       中间件配置
│   ├─route.php            URL 和路由配置
│   ├─session.php          Session 配置
│   ├─trace.php            Trace 配置
│   ├─view.php             视图配置
│   └─...                  更多配置文件
│
```

单应用模式的 config 目录下的所有配置文件，系统都会自动读取，不需要手动加载。如果存在子目录，可以通过 Config 类的 load 方法手动加载。

在多应用模式下，配置分为全局配置和应用配置。config 目录下的文件就是项目的全局配置文件，对所有应用有效。而每个应用都可以有独立的配置文件，相同的配置参数会覆盖全局配置。

20.3.2 入口配置

ThinkPHP 默认自带的入口文件位于 public/index.php（实际部署的时候 public 目录为应用对外访问目录），入口文件内容如下：

```
// [ 应用入口文件 ]
namespace think;

require __DIR__ . '/../vendor/autoload.php';

// 执行 HTTP 应用并响应
$http = (new App())->http;

$response = $http->run();

$response->send();

$http->end($response);
```

为了方便访问，可以设置 vhost 虚拟机访问。以 WampServer3.3.0 版本为例，配置虚拟机的步骤如下。

（1）打开 WampServer，选择 Your VirtualHosts/VirtualHost Management 命令，如图 20.3 所示。

（2）在 VirtualHosts 管理面板中，首先在 Virtual Host 项下的文本框中输入网址“www.tp.com”；在 path 项下的文本框中输入入口文件所在目录“E:\wamp\www\tp\public”，然后单击 Start the creation/modification of the VirtualHost 按钮，如图 20.4 所示。

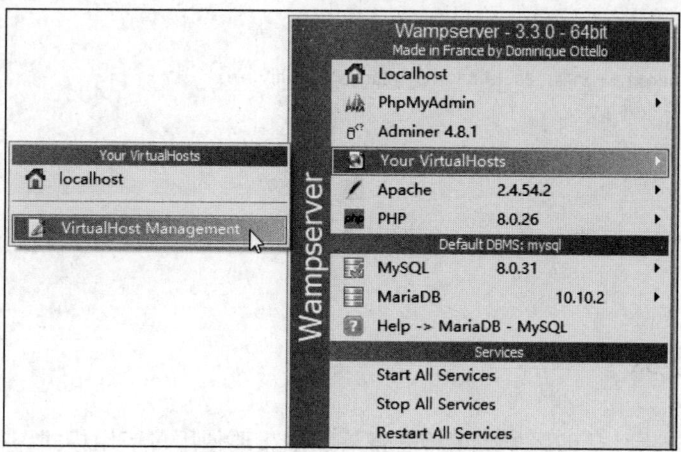

图 20.3　打开 VirtualHosts 管理面板

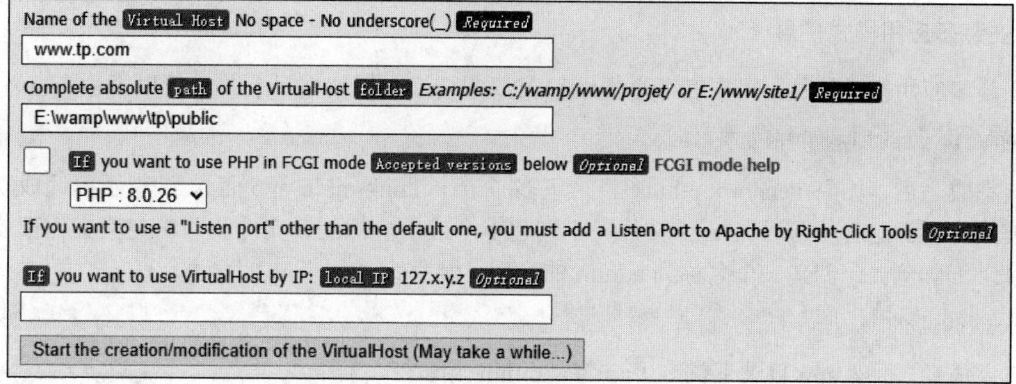

图 20.4　配置虚拟机

配置完成后重启服务器，在浏览器中输入“www.tp.com”，运行结果如图 20.5 所示。

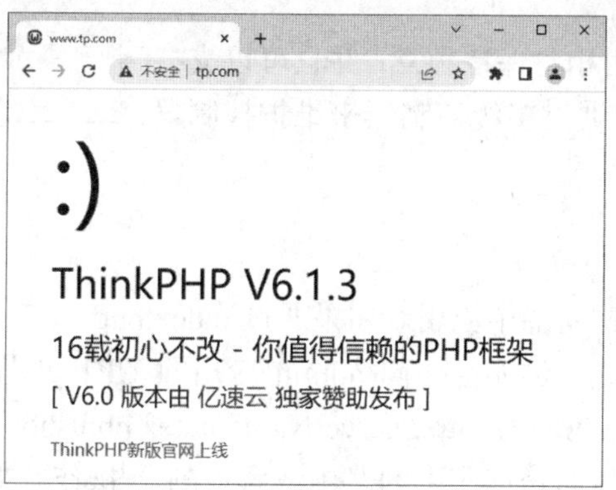

图 20.5　使用域名访问项目

也可以手动配置虚拟机，步骤如下。

（1）在 Apache 配置中添加如下内容：

```
<VirtualHost *:80>
    ServerName www.tp.com
```

```
        DocumentRoot "e:/wamp/www/tp/public"
        <Directory "e:/wamp/www/tp/public/">
                Options + Indexes + Includes + FollowSymLinks + MultiViews
                AllowOverride All
                Require local
        </Directory>
</VirtualHost>
```

（2）修改本机的 hosts 文件，把 tp.com 指向本地 127.0.0.1，内容如下：

```
127.0.0.1    www.tp.com
```

20.3.3 多应用模式

ThinkPHP 6 在安装后默认使用单应用模式部署。如果要使用多应用模式，需要安装多应用模式扩展 think-multi-app。

1．安装多应用模式扩展

要安装多应用模式扩展，需要在命令提示符窗口中切换到框架根目录并执行以下命令：

```
composer require topthink/think-multi-app
```

安装完成之后，如果 vendor/topthink 目录下多了一个 think-multi-app 目录，表示已经成功安装了多应用模式扩展。这时就可以在 app 文件夹下创建多个应用，把配置文件和路由定义文件都放在对应的应用目录下。例如，创建一个名称为 admin 的应用，执行命令如下：

```
php think build admin
```

创建完成后，框架 app 目录下就多了一个 admin 应用。在自动生成的应用目录中包含了 controller、model 和 view 目录以及 common.php 等文件。在浏览器中直接访问 admin 应用，结果如图 20.6 所示。

图 20.6　访问 admin 应用

在多应用模式下，每个应用相对保持独立，并且可以支持多个入口文件，应用下面还可以通过多级控制器来维护控制器分组。

2．自动多应用部署

通过同一个入口文件可以访问多个应用。如果通过 index.php 入口文件访问，并且没有设置应用名称，系统会自动采用多应用模式。例如，访问 admin 应用的 URL 地址为 http://serverName/index.php/admin，访问 shop 应用的 URL 地址为 http://serverName/index.php/shop。也就是说，pathinfo 地址的第一个参数表示当前的应用名，后面是该应用的路由或者控制器/操作。如果直接访问 http://serverName/index.php，访问的就是默认的 index 应用，可以通过 app.php 配置文件的 default_app 配置参数指定默认应用。

3．增加应用入口

在多应用模式下，允许为每个应用创建单独的入口文件。例如，创建一个 admin.php 入口文件来访

问 admin 应用，代码如下：

```
// [ 应用入口文件 ]
namespace think;

require __DIR__ . '/../vendor/autoload.php';

// 执行 HTTP 应用并响应
$http = (new App())->http;

$response = $http->run();

$response->send();

$http->end($response);
```

多应用模式使用不同的入口文件，每个入口文件的内容都是一样的，默认入口文件名（不含后缀）就是应用名。所以，使用 http://serverName/admin.php 即可访问 admin 应用。

如果入口文件名和应用不一致，例如，后台 admin 应用使用的入口文件名为 test.php，那么入口文件需要修改如下：

```
// [ 应用入口文件 ]
namespace think;

require __DIR__ . '/../vendor/autoload.php';

// 执行 HTTP 应用并响应
$http = (new   App())->http;

$response = $http->name('admin')->run();

$response->send();

$http->end($response);
```

20.3.4　资源配置

网站的资源文件访问不会影响正常的访问操作，只有当访问的资源文件不存在时才会解析到入口文件，提示模块不存在的错误。网站的资源文件一般放在 public 目录的子目录下面，建议规范如下：

```
├─public                    Web 目录（对外访问目录）
│  ├─index.php              入口文件
│  ├─static                 静态资源文件
│  │  ├─css                 样式目录
│  │  ├─js                  脚本目录
```

注意

不要在 public 目录之外的任何位置放置资源文件，包括 app 目录。

访问资源文件的 URL 路径是 http://localhost/tp/public/static/css/style.css 或 http://www.tp.com/static/css/style.css。

20.3.5 调试配置

ThinkPHP 6 支持调试模式。调试模式下除错优先，在异常的时候会尽可能多地显示信息，所以对性能有一定的影响。

由于架构设计原因，调试配置只能在环境变量中修改。默认安装后的根目录下有一个.example.env 环境变量示例文件，可以直接将其改名成.env 文件后进行修改。在该文件中开启调试模式的代码如下：

```
//开启调试模式
APP_DEBUG = true
```

注意

为了安全，应避免泄露服务器的 Web 目录信息等资料，在正式部署时须关闭调试模式。

20.4 路　由

20.4.1 路由概述

路由是应用开发中比较关键的一个环节，其主要作用包括但不限于以下几个方面。

- ☑ 让 URL 更加规范和优雅。
- ☑ 隐式传入额外请求参数。
- ☑ 统一拦截并进行权限检查等操作。
- ☑ 绑定请求数据。
- ☑ 使用请求缓存。
- ☑ 路由中间件支持。

路由在框架中的作用好比是 Web 应用的总调度室，对于访问的 URL 地址，路由可以拒绝或者接受某个 URL 请求，并进行分发调度，如图 20.7 所示。

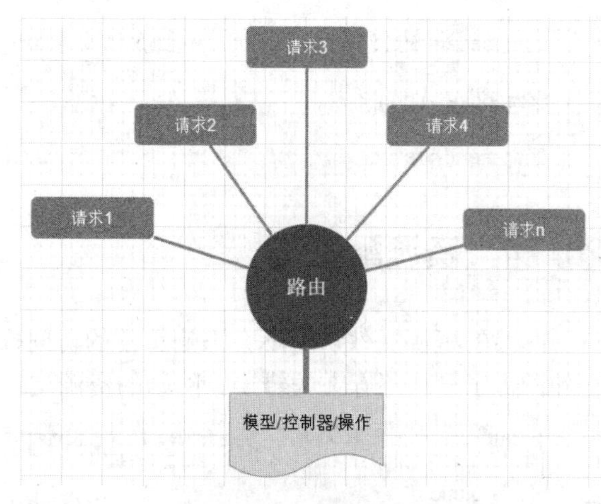

图 20.7　路由调度示意图

路由解析过程如图 20.8 所示。

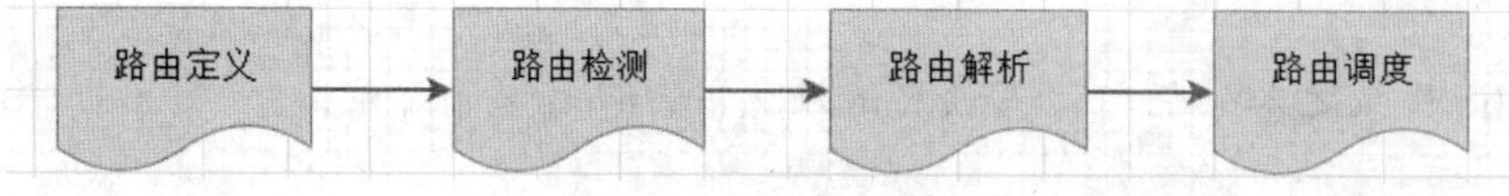

图 20.8　路由解析过程

定义路由必须在应用的路由定义文件中完成。路由的定义和检测是针对应用的，因此如果采用多

应用模式，而每个应用的路由都是完全独立的，那么路由定义文件应放在应用目录下，并且路由地址不能跨应用（除非采用重定向路由）。

20.4.2　路由模式

ThinkPHP 中路由比较灵活，不要求强制定义。主要包括默认模式和强制模式两种，通过 config/route.php 文件的 url_route_must 参数进行配置。

☑　默认模式的参数配置如下：

```
'url_route_must' => false,
```

在默认模式下，采用 ThinkPHP 框架默认的 PATH_INFO 模式访问 URL，代码如下：

```
http://serverName/index.php/app/controller/action/param/value/...
```

☑　强制模式的参数配置如下：

```
'url_route_must' => true,
```

在强制模式下，必须严格给每一个访问地址定义路由规则（包括首页），否则将抛出异常。

20.4.3　定义路由

路由文件的默认路径为 route/app.php。其中，app.php 文件中包含如下代码：

```
use think\facade\Route;

Route::get('think', function() {
    return 'hello,ThinkPHP6!';
});

Route::get('hello/:name', 'index/hello');
```

上述代码中定义了两个路由，接下来进行测试。在浏览器中输入网址 www.tp.com/think，运行结果如图 20.9 所示。在浏览器中输入网址 www.tp.com/hello/Tony，运行结果如图 20.10 所示。

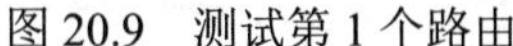

图 20.9　测试第 1 个路由

图 20.10　测试第 2 个路由

定义路由有两种模式：常规模式和快捷方法名模式。

1. 常规模式

常规模式定义方法如下：

```
Route::rule('路由表达式', '路由地址', '请求类型');
```

除了路由表达式和路由地址是必需的，其他参数均为可选。例如，注册如下路由规则（假设为单应用模式）：

```
//注册路由到 News 控制器的 read 操作
Route::rule('new/:id', 'News/read');
```

此时访问网址 http://serverName/new/5，会自动路由到 http://serverName/news/read/id/5，且原来的访问地址会自动失效。

可以在 rule 方法中指定请求类型（不指定的话默认为任何请求类型都有效）。例如，下面的代码表示定义的路由规则在 POST 请求下才有效。

```
Route::rule('new/:id', 'News/update', 'POST');
```

如果要定义 GET 和 POST 请求支持的路由规则，可以用如下代码：

```
Route::rule('new/:id', 'News/read', 'GET|POST');
```

【例 20.1】创建一个 admin 应用，并创建一个 Book 控制器，在该控制器下创建一个 read 操作（方法）。设置路由，根据 ID 访问具体图书信息。（**实例位置：资源包\TM\sl\20\1**）

（1）使用 ThinkPHP 命令行的方式创建应用。

ThinkPHP 支持 Console 应用，通过命令行的方式可以自动生成目录和文件。使用命令行前，请确保已经将 php.exe 文件添加到环境变量中，可以通过在命令提示符窗口中输入“php -v”进行测试，如果输出的当前 PHP 版本如图 20.11 所示，则表示可以使用 PHP 命令行。

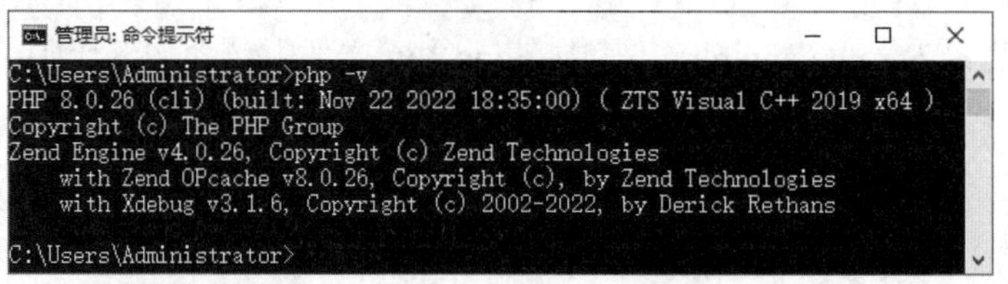

图 20.11　输出 PHP 版本

接下来，进入项目根目录下，输入如图 20.12 所示命令，自动创建 admin 应用。创建完成后，在“app/”目录下将生成一个 admin 应用目录，如图 20.13 所示。

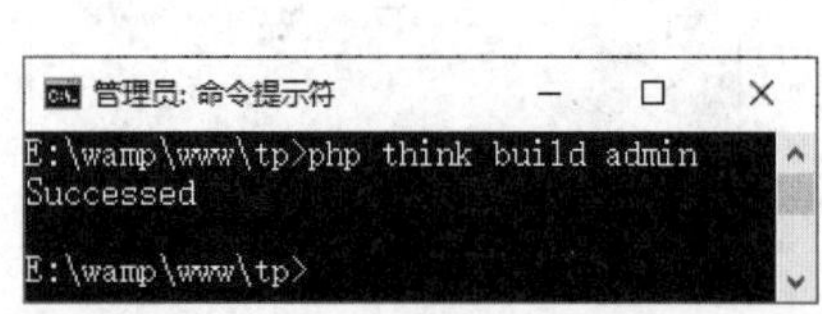

图 20.12　使用命令生成 admin 应用

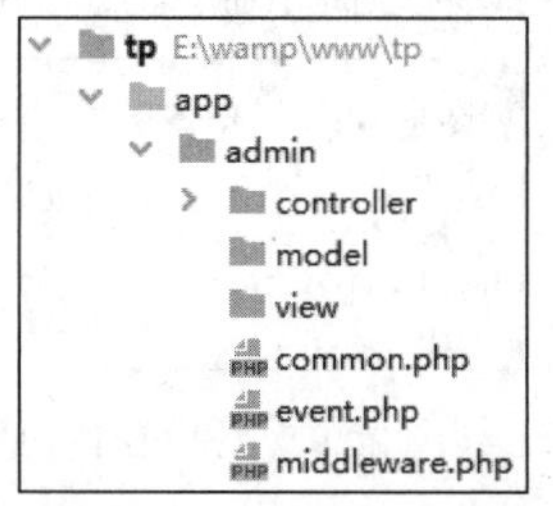

图 20.13　admin 应用目录

（2）使用命令创建 Book 控制器，如图 20.14 所示。创建成功后，在“admin/controller/”路径下将生成一个 Book.php 文件。在 Book.php 文件中自动创建一个与文件名同名的 Book 类，同时在 Book 类中自动创建了 index、create、save、read、edit、update 和 delete 7 个方法。

在创建控制器时，如果不需要创建默认的方法，则可以使用如下命令：

```
php think make:controller admin@Book --plain
```

（3）编写 read 方法。在 admin/controller/Book.php 文件中编写如下代码：

```
public function read($id) {
    $content = "这本书的 ID 是：".$id;
    return $content;
}
```

（4）设置路由。在 admin 目录下创建 route 文件夹，在文件夹下创建路由定义文件 app.php，在文件中设置路由，代码如下：

```
Route::rule('book/:id', 'Book/read', "GET");
```

（5）在浏览器中输入网址 www.tp.com/admin/book/100，运行结果如图 20.15 所示。

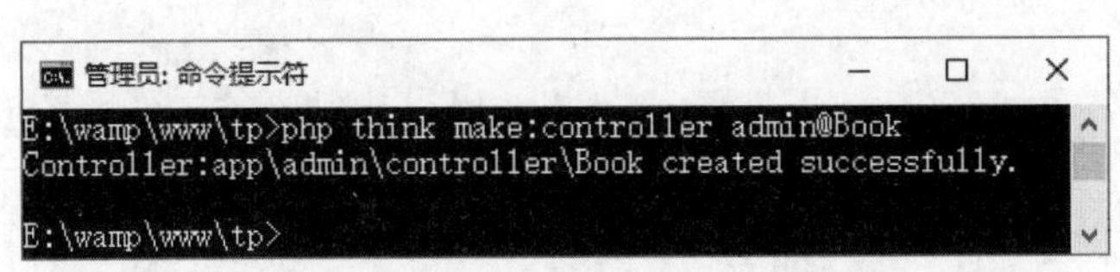

图 20.14　使用命令生成 Book 控制器

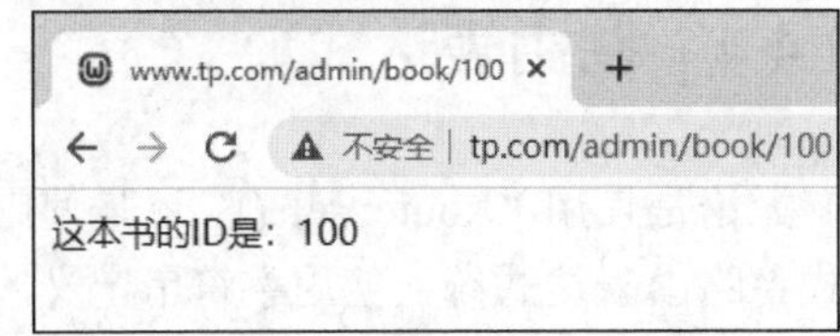

图 20.15　根据 ID 访问图书信息

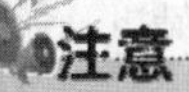

注意

在多应用模式下使用路由，URL 中的应用名不能省略和改变。

2. 快捷方法名模式

使用快捷方法名模式定义路由的方法如下：

```
Route::快捷方法名('路由表达式', '路由地址');
```

快捷方法名及其描述如表 20.1 所示。

表 20.1　快捷方法名及其描述

快捷方法名	描　　述	快捷方法名	描　　述
get	GET 请求	patch	PATCH 请求
post	POST 请求	head	HEAD 请求
put	PUT 请求	any	任何请求类型
delete	DELETE 请求		

使用快捷方法名替换例 20.1 中的路由，代码如下：

```
Route::get('book/:id', 'Book/read');
```

此外，还有如下示例：

```
Route::get('new/:id', 'News/read');              //定义 GET 请求路由规则
Route::post('new/:id', 'News/update');           //定义 POST 请求路由规则
Route::put('new/:id', 'News/update');            //定义 PUT 请求路由规则
Route::delete('new/:id', 'News/delete');         //定义 DELETE 请求路由规则
Route::any('new/:id', 'News/read');              //所有请求都支持的路由规则
```

注册多个路由规则后，系统会依次遍历注册过的满足请求类型的路由规则，一旦匹配到正确的路由规则，就开始执行最终调度方法，不再检测后续规则。例如，app.php 文件中有如下路由：

```
Route::get('book/', 'Book/index');
Route::get('book/:id', 'Book/read');
```

那么，在访问“www.tp.com/book”时，会先匹配到第 1 个路由，从而执行第 1 个路由的控制器和操作，而不会执行第 2 个。

20.4.4　路由表达式

无论是使用“Route::rule()”还是使用“Route::快捷方法名()”定义路由，其第 1 个参数都是路由表达式。路由表达式统一使用字符串定义，采用规则表达式定义的方式。

1．规则表达式

规则表达式通常包含静态地址和动态地址，或者两种地址的结合。例如，下面代码都属于有效的规则表达式：

```
'/' => 'index',                                    //首页访问路由
'my' => 'Member/myinfo',                           //静态地址路由
'blog/:id' => 'Blog/read',                         //静态地址和动态地址结合
'new/:year/:month/:day' => 'News/read',            //静态地址和动态地址结合
':user/:blog_id' => 'Blog/read',                   //全动态地址
```

规则表达式的定义以“/”为参数分隔符，参数中以 ':' 开头的参数表示动态变量，会自动绑定到操作方法的对应参数。注意，无论 PATH_INFO 分隔符设置是什么，请确保在定义路由规则表达式时统一使用“/”进行 URL 参数分隔。

2．可选定义

支持对路由参数的可选定义，例如：

```
'blog/:year/[:month]' => 'Blog/archive',
```

其中，[:month]变量用[ ]包含起来后，就表示该变量是路由匹配的可选变量。

注意

可选参数只能放到路由规则的最后，如果在中间使用了可选参数，那么后面的变量都会变成可选参数。

3．完全匹配

如果希望完全匹配，可以在路由表达式最后加上“$”符号。下面的代码中，http://serverName/index.php/new/info 会匹配成功，http://serverName/index.php/new/info/2 则不会匹配成功。

```
'new/:cate$' => 'News/category'
```

如果希望所有的路由定义都是完全匹配的，可以在路由配置文件中进行如下配置：

```
//开启路由定义的全局完全匹配
'route_complete_match' => true,
```

20.4.5 路由地址

路由地址表示定义的路由表达式最终需要路由的地址以及一些需要的额外参数。主要有 5 种定义方式，如表 20.2 所示。

表 20.2 路由地址定义方式说明

定义方式	定义格式
方式 1：路由到控制器/操作	控制器/操作
方式 2：路由到类的方法	\完整类名@动态方法名 或者 \完整类名::静态方法名
方式 3：重定向路由	Route::redirect('路由表达式','重定向地址')
方式 4：路由到模板	使用 view 方法
方式 5：路由到闭包	闭包函数定义（支持参数传入）

20.4.6 路由分组

路由分组功能允许把相同前缀的路由定义合并分组，这样可以提高路由匹配的效率，不必每次都去遍历完整的路由规则。实现路由分组可以使用 Route 类的 group 方法。例如，为分组路由定义一些公用的路由设置参数，代码如下：

```
Route::group('blog', function () {
    Route::rule(':id', 'blog/read');
    Route::rule(':name', 'blog/read');
})->ext('html')->pattern(['id' => '\d+', 'name' => '\w+']);
```

如果只是用于对一些路由规则设置一些公共的路由参数，可以使用如下方式：

```
Route::group(function () {
    Route::rule('blog/:id', 'blog/read');
    Route::rule('blog/:name', 'blog/read');
})->ext('html')->pattern(['id' => '\d+', 'name' => '\w+']);
```

20.4.7 MISS 路由

1. 全局 MISS 路由

当所有的路由规则都无法匹配时，如果希望执行一条设定的路由，可以使用 MISS 路由功能。使用 miss 方法可以注册一个 MISS 路由。例如，下面代码中当所有的路由规则都无法匹配时，会路由到 public/miss 路由地址。

```
Route :: miss('public/miss');
```

【例 20.2】 创建一个 404 页面，当访问的路由不存在时显示它。（**实例位置：资源包\TM\sl\20\2**）

（1）设置 MISS 路由。在 app\admin\route\app.php 文件中添加如下代码：

```
Route::miss('Index/miss');
```

（2）创建控制器/操作。app.php 文件中 Route::miss()指定了所对应的控制器/操作，在 app/admin/controller/Index.php 文件中编写如下代码：

```
public function miss(){
    $content = "<div style = 'text-align: center; margin: 200px;'><h1>404 Page Not Found</h1>
            <p>Sorry nothing could be found</p></div>";
    return $content;
}
```

（3）在浏览器中输入一个不存在的路由网址，如 www.tp.com/admin/abcdefg，运行结果如图 20.16 所示。

图 20.16　404 页面效果

2．分组 MISS 路由

分组支持独立的 MISS 路由，例如以下定义：

```
Route::group('blog', function () {
    Route::rule(':id', 'blog/read');
    Route::rule(':name', 'blog/read');
    Route::miss('blog/miss');
})->ext('html')->pattern(['id' => '\d+', 'name' => '\w+']);
```

20.5　控　制　器

20.5.1　控制器的定义

控制器就是 MVC 设计模式中的 C（Controller），通常用于读取视图 V（View）、完成用户输入以及处理模型数据 M（Model）。ThinkPHP 中的控制器定义比较灵活，可以不继承任何的基础类，也可以根据业务需求封装自己的基础控制器类。一个典型的控制器类定义如下：

```
namespace app\index\controller;                //命名空间
class Index {                                  //控制器名称
    public function index() {                  //方法名称
        return 'index';
    }
}
```

控制器类文件的实际位置是 app\index\controller\Index.php。例如，访问 URL 地址 http://localhost/index/index/hello 时，实际上访问的是 index 应用下 Index 控制器类的 hello 方法（在没有定义任何路由的情况下）。控制器一般不需要任何输出，直接返回即可。

20.5.2　重定向

使用 redirect 助手函数可以实现页面的重定向功能。例如：

```
<?php
namespace app\controller;

class Index
{
    public function hello()
    {
        return redirect('http://www.mingrisoft.com');
    }
}
```

如果是站内重定向，可以直接使用完整地址（以"/"开头）。例如：

```
redirect('/index/hello/name/thinkphp');
```

如果需要自动生成 URL 地址，应该在调用 redirect 之前调用 url 函数生成最终的 URL 地址。例如：

```
redirect((string) url('hello',['name' => 'think']));
```

20.6　数　据　库

新版的数据库和模型操作已经独立为 ThinkORM 库，在安装应用的时候会自动安装。如果不需要使用该 ORM 库，则可以单独卸载 topthink/think-orm 后安装其他的 ORM 库。

20.6.1　数据库的连接

如果应用需要使用数据库，必须配置数据库连接信息。数据库的配置文件主要有 3 种定义方式。

1．配置文件定义

常用的配置方式是在全局或者应用配置目录下面的 database.php 文件中配置下面的数据库参数：

```
return [
    'default'      =>      'mysql',
    'connections'      =>      [
        'mysql'      =>      [
            'type'             => 'mysql',          // 数据库类型
            'hostname'      => '127.0.0.1',      // 服务器地址
            'database'       => 'thinkphp',        // 数据库名
            'username'      => 'root',             // 数据库用户名
            'password'       => '111',              // 数据库密码
            'hostport'       => '80',               // 数据库连接端口
```

```
                'params'        => [],              // 数据库连接参数
                'charset'       => 'utf8',          // 数据库编码默认采用 utf8
                'prefix'        => 'think_',        // 数据库表前缀
            ],
        ],
];
```

default 参数用于设置默认使用的数据库连接配置，connections 参数用于配置具体的数据库连接信息。

每个应用都可以设置独立的数据库连接参数，通常直接更改 default 参数即可。例如，为某个应用设置独立的数据库连接参数，代码如下：

```
return [
    'default'    =>    'admin',
];
```

2．定义多个连接

可以在数据库配置文件中定义多个连接信息，例如：

```
return [
    'default'    =>    'mysql',
    'connections'    =>    [
        'mysql'    =>    [
            'type'          => 'mysql',         // 数据库类型
            'hostname'      => '127.0.0.1',     // 服务器地址
            'database'      => 'thinkphp',      // 数据库名
            'username'      => 'root',          // 数据库用户名
            'password'      => '111',           // 数据库密码
            'hostport'      => '80',            // 数据库连接端口
            'params'        => [],              // 数据库连接参数
            'charset'       => 'utf8',          // 数据库编码默认采用 utf8
            'prefix'        => 'think_',        // 数据库表前缀
        ],
        'demo'    =>    [
            'type'          => 'mysql',         // 数据库类型
            'hostname'      => '127.0.0.1',     // 服务器地址
            'database'      => 'demo',          // 数据库名
            'username'      => 'root',          // 数据库用户名
            'password'      => '111',           // 数据库密码
            'hostport'      => '80',            // 数据库连接端口
            'params'        => [],              // 数据库连接参数
            'charset'       => 'utf8',          // 数据库编码默认采用 utf8
            'prefix'        => 'think_',        // 数据库表前缀
        ],
    ],
];
```

这样，就可以调用 Db::connect 方法动态配置数据库连接信息了，例如：

```
\think\facade\Db::connect('demo')
        ->table('user')
        ->find();
```

注意

connect 方法必须在查询的最开始调用，而且后面必须紧跟着调用查询方法，否则可能会导致部分查询失效或者依然使用默认的数据库连接。

3. 模型类定义

如果在某个模型类里面定义了 connection 属性，则该模型操作时会自动连接指定的数据库，而不是配置文件中设置的默认连接信息。当数据表位于当前数据库连接之外的其他数据库中时，多采用这种方式。例如：

```
//在模型里单独设置数据库连接信息
namespace app\index\model;
use think\Model;
class User extends Model {
    //直接使用配置参数名
    protected $connection = 'demo';
}
```

需要注意的是，ThinkPHP 的数据库连接是惰性的，所以并不是在实例化时就连接数据库，而是在有实际的数据操作时才会连接数据库。

20.6.2　数据库基础操作

对数据库进行操作需要使用 Db 类。要使用 Db 类，首先需要在类文件中引入该类，代码如下：

```
use think\facade\Db;
```

1. 查询数据

1）基本查询

查询一条数据使用 find 方法，示例代码如下：

```
Db::table('think_book')->where('id', 1)->find();
```

table 方法中，必须指定完整的数据表名；find 方法中，如果查询结果不存在，则返回 null。

查询数据集使用 select 方法，示例代码如下：

```
Db::table('think_book')->where('status', 1)->select();
```

select 方法中，如果查询结果不存在，则返回空数组。

如果设置了数据表前缀参数，可以使用如下代码：

```
Db::name('book')->where('id', 1)->find();
Db::name('book')->where('status', 1)->select();
```

如果数据表没有使用表前缀功能，那么使用 name 和 table 方法的效果是一样的。

在 find 和 select 方法之前可以使用所有的链式操作方法。默认情况下，find 和 select 方法返回的都是数组。

【例 20.3】 创建 MySQL 数据库和 book 数据表，根据 ID 从数据库中查询图书信息。（**实例位置：资源包\TM\sl\20\3**）

（1）创建一个名为 thinkphp 的数据库，执行如下 SQL 语句，创建 book 数据表，并插入图书信息记录。

```
-- ----------------------------
-- Table structure for book
```

```
-- ----------------------------
DROP TABLE IF EXISTS `book`;
CREATE TABLE `book` (
  `id` int(8) NOT NULL AUTO_INCREMENT,
  `name` varchar(255) NOT NULL,
  `price` decimal(10,2) unsigned NOT NULL,
  `publish_time` date NOT NULL,
  `status` tinyint(1) DEFAULT '1',
  PRIMARY KEY(`id`)
) ENGINE=InnoDB DEFAULT CHARSET=utf8;

-- ----------------------------
-- Records of book
-- ----------------------------
INSERT INTO `book` VALUES('1', 'PHP 从入门到精通', '49.80', '2022-03-01', '1');
INSERT INTO `book` VALUES('2', 'Python 从入门到精通', '46.80', '2021-07-01', '1');
INSERT INTO `book` VALUES('3', 'Java 从入门到精通', '49.80', '2021-07-01', '0');
INSERT INTO `book` VALUES('4', 'C 语言从入门到精通', '39.80', '2021-08-01', '0');
```

book 创建完成后，使用数据库可视化软件查看 book 表中的记录，如图 20.17 所示。

←T→				id	name	price	publish_time	status
☐	编辑	复制	删除	1	PHP从入门到精通	49.80	2022-03-01	1
☐	编辑	复制	删除	2	Python从入门到精通	46.80	2021-07-01	1
☐	编辑	复制	删除	3	Java从入门到精通	49.80	2021-07-01	0
☐	编辑	复制	删除	4	C语言从入门到精通	39.80	2021-08-01	0

图 20.17　book 表记录

（2）配置 MySQL 连接信息。在 config/database.php 文件中配置数据库连接信息。

（3）根据 ID 查询图书信息。修改 app/admin/controller/Book.php 文件的 read()方法，修改后的代码如下：

```
public function read($id) {
    $book = Db::table('book')->where('id', $id)->find();            #根据 ID 查询图书信息
    if ($book) {
        $content = "《".$book['name']."》的图书 ID 是".$book['id'];
    } else {
        $content = "图书信息不存在";
    }
    return $content;
}
```

在浏览器中输入网址 http://www.tp.com/admin/book/1，运行结果如图 20.18 所示；如果 ID 不存在，如输入网址 http://www.tp.com/admin/book/100，运行结果如图 20.19 所示。

图 20.18　查询 ID 为 1 的图书信息

图 20.19　查询 ID 不存在的图书信息

2）值和列查询

查询某个字段的值使用 value 方法，示例代码如下：

```
Db::table('book')->where('id', 1)->value('name');            //返回某个字段的值
```

使用 value 方法，当查询结果不存在时，返回 null。

查询某一列的值使用 column 方法，示例代码如下：

```
Db::table('book')->where('status', 1)->column('name');                  //返回数组
Db::table('book')->where('status', 1)->column('name', 'id');            //指定索引
```

使用 column 方法，当查询结果不存在时，返回空数组。

2. 添加数据

1）添加一条数据

使用 Db 类的 save 方法可以向数据库中统一写入数据，在写入时自动判断是新增数据还是更新数据，代码如下：

```
$data = ['name' => ' C++从入门到精通', 'price' => 49.8];
Db::table('book')->save($data);
```

或者使用 Db 类的 insert 方法向数据库提交数据，代码如下：

```
$data = ['name' => ' C++从入门到精通', 'price' => 49.8];
Db::table('book')->insert($data);
```

如果在 database.php 配置文件中配置了数据库前缀（prefix），则可以直接使用 Db 类的 name 方法提交数据，代码如下：

```
Db::name('book')->insert($data);
```

insert 方法添加数据成功后会返回添加成功的条数，正常情况下返回 1。添加数据后，如果需要返回新增数据的自增主键，可以使用 insertGetId 方法新增数据并返回主键值：

```
$bookId = Db::name('book')->insertGetId($data);
```

insertGetId 方法添加数据成功，将返回添加数据的自增主键。

2）添加多条数据

添加多条数据时，直接向 Db 类的 insertAll 方法传入需要添加的数据即可。代码如下：

```
$data = [
        ['name' => 'C#从入门到精通', 'price' => 59.8],
        ['name' => ' VB 从入门到精通', 'price' => 49.8],
        ['name' => '.NET 从入门到精通', 'price' => 69.8]
        ];
Db::name('book')->insertAll($data);
```

insertAll 方法添加数据成功，将返回添加成功的条数。

3. 更新数据

1）更新数据表中的数据

更新数据表中的数据可以使用 save 方法，代码如下：

```
Db::table('book')->save(['id' => 1, 'name' => 'thinkphp']);
```

或者使用 update 方法，代码如下：

```
Db::table('book')->where('id', 1)->update(['name' => 'thinkphp']);
```

如果数据中包含主键，可以直接使用：

```
Db::table('book')->update(['name' => 'thinkphp', 'id'=>1]);
```

update 方法返回影响数据的条数，如果未修改任何数据，则返回 0。

如果要更新的数据需要使用 SQL 函数或者其他字段，可以使用下面的方式：

```
Db::table('book')
    ->where('id', 1)
    ->exp('publish_date','now()')
    ->update();
```

2）自增、自减某个字段的值

可以使用 inc 或 dec 方法自增或自减一个字段的值。如不添加第二个参数，则默认值为 1。

```
Db::table('book')->where('id', 1)->inc('count')->update();          //count 字段加 1
Db::table('book')->where('id', 1)->inc('count', 5)->update();       //count 字段加 5
Db::table('book')->where('id', 1)->dec('count')->update();          //count 字段减 1
Db::table('book')->where('id', 1)->dec('count', 5)->update();       //count 字段减 5
```

4．删除数据

删除数据表中的数据使用 delete 方法，代码如下：

```
//根据主键删除
Db::table('book')->delete(1);
Db::table('book')->delete([1, 2, 3]);
//条件删除
Db::table('book')->where('id', 1)->delete();
Db::table('book')->where('id', '<', 10)->delete();
```

delete 方法返回影响数据的条数，如果没有删除，则返回 0。

5．查询方法

查询表达式支持大部分的 SQL 查询语法，也是 ThinkPHP 查询语言的精髓，使用格式如下：

```
where('字段名', '查询表达式', '查询条件');
whereOr('字段名', '查询表达式', '查询条件');
```

1）where 方法

使用 where 方法进行 AND 条件查询，代码如下：

```
Db::table('book')
    ->where('name', 'like', '%thinkphp')
    ->where('status', 1)
    ->find();
```

多字段相同条件的 AND 查询可以简化为如下方式：

```
Db::table('book')
    ->where('name&title', 'like', '%thinkphp')
    ->find();
```

使用字符串条件进行 AND 查询，代码如下：

```
Db::table('book')->whereRaw('name like "%thinkphp" AND status=1')->find();
```

2）whereOr 方法

使用 whereOr 方法进行 OR 查询，代码如下：

```
Db::table('book')
        ->whereOr('name', 'like', '%thinkphp')
        ->whereOr('title', 'like', '%thinkphp')
        ->find();
```

多字段相同条件的 OR 查询可以简化为如下方式：

```
Db::table('book')
        ->where('name|title', 'like', '%thinkphp')
        ->find();
```

使用字符串条件进行 OR 查询，代码如下：

```
    Db::table('book')->whereRaw('name like "%thinkphp" OR status=1')->find();
```

20.7　模　　型

模型的主要作用是封装数据库的相关逻辑。也就是说，每执行一次数据库操作，都要遵循定义的数据模型规则来完成。

20.7.1　模型的定义

模型类通常需要继承系统的\Think\Model 类或其子类，下面是一个 User 模型类的定义：

```
namespace app\model;
use think\Model;
class User extends Model {
}
```

说明

请确保已经在数据库配置文件中配置了数据库连接信息。

模型会自动对应数据表，模型类的命名规则是除去表前缀的数据表名称，采用驼峰法命名，并且首字母大写。模型类的命名规则如表 20.3 所示。

表 20.3　模型类命名规则

模　型　名	约定对应数据表（假设数据库的前缀定义是 think_）
User	think_user
UserType	think_user_type

如果用户的命名和上面的系统约定不符合，那么需要设置 Model 类的数据表名称属性，以确保能够找到对应的数据表。

在模型中，通过设置 pk 属性来设置模型主键，示例代码如下：

```
namespace app\model;
use think\Model;
class User extends Model {
    protected $pk = 'uid';
}
```

如果想指定数据表或者数据库连接，可以使用 table 和 connection 属性，示例代码如下：

```
namespace app\model;
use think\Model;
class User extends Model {
    //设置当前模型对应的完整数据表名称
    protected $table = 'think_user';
    //设置当前模型的数据库连接
    protected $connection = 'db_config';
}
```

connection 属性设置，建议使用配置参数名（需要在 database.php 文件中添加），而不是具体的连接信息，从而避免把数据库连接固化在代码里面。

常用的模型设置属性如表 20.4 所示（这些属性都不是必须设置的）。

表 20.4　模型属性及描述

属　性	描　述	属　性	描　述
name	模型名（默认为当前不含后缀的模型类名）	connection	数据库连接（默认读取数据库配置）
table	数据表名（默认自动获取）	query	模型使用的查询类名称
suffix	数据表后缀（默认为空）	schema	模型对应数据表字段及类型
pk	主键名（默认为 id）	field	模型允许写入的字段列表（数组）

也可以使用命令行的方式创建模型文件。与创建控制器方式类似，在项目根目录下运行如下命令：

```
php think make:model admin@Book
```

模型创建成功后，app\admin\model\目录下将新增一个 Book.php 文件，代码如下：

```
declare (strict_types = 1);

namespace app\admin\model;

use think\Model;

/**
 * @mixin \think\Model
 */
class Book extends Model
{
    //
}
```

20.7.2　模型基础操作

1．新增

（1）添加一条数据。实例化模型对象后赋值并保存，代码如下：

```
$user              =  new User;
$user->name        =  'thinkphp';
$user->email       =  'thinkphp@qq.com';
$user->save();
```

也可以在 save 方法中传入数据进行批量赋值，代码如下：

```
$user = new User;
$user->save([
    'name'   =>   'thinkphp',
    'email' =>   'thinkphp@qq.com'
]);
```

（2）获取自增 ID。获取新增数据的自增 ID，代码如下：

```
$user              =  new User;
$user->name        =  'thinkphp';
$user->email       =  'thinkphp@qq.com';
$user->save();
//获取自增 ID
echo $user->id;
```

注意，这里其实是获取模型的主键。如果主键不是 id，而是 user_id，则获取自增 ID 的代码如下：

```
//获取自增 ID
echo $user->user_id;
```

（3）添加多条数据。批量新增数据的代码如下：

```
$user = new User;
$list = [
        ['name' => 'thinkphp', 'email' => 'thinkphp@qq.com'],
        ['name' => 'onethink', 'email' => 'onethink@qq.com']
];
$user->saveAll($list);
```

saveAll 方法新增数据返回的是包含新增模型（带自增 ID）的数据集（数组）。

（4）静态方法。可以直接调用 create 静态方法创建并写入数据，代码如下：

```
$user = User::create([
        'name' => 'thinkphp',
        'email' => 'thinkphp@qq.com'
]);
echo $user->name;
echo $user->email;
echo $user->id;                                          //获取自增 ID
```

和 save 方法不同的是，create 方法返回的是当前模型的对象实例。

【例 20.4】使用模型方式向 book 表添加图书信息。（**实例位置：资源包\TM\sl\20\4**）

（1）在 app/admin/route/app.php 文件中新增路由 index/create，代码如下：

```
Route::rule('book/index', 'Book/index', "GET");
Route::rule('index/create', 'Index/create', "GET");           //新增路由
Route::rule('book/:id', 'Book/read', "GET");
```

（2）在 app\admin\controller\Index.php 文件中引入 Book 模型类，并创建 create()方法，代码如下：

```
use app\admin\model\Book;
```

```
class Index
{
public function create() {
		try {
			$book = new Book;
			$book->save([//新增数据
				'name'	=>	'C++从入门到精通',
				'price' =>	47.8,
				'publish_time' =>	'2021-11-01'
			]);
			print_r('新增成功');
		} catch (Exception $e) {
			print_r('新增失败');
		}
	}
}
```

（3）在浏览器地址栏中输入网址 www.tp.com/ admin/index/create，如果数据表中记录创建成功，则输出“新增成功”，且数据表中新增一条记录，如图 20.20 所示；否则，提示“新增失败”。

←T→				id	name	price	publish_time	status
☐	编辑	复制	删除	1	PHP从入门到精通	49.80	2022-03-01	1
☐	编辑	复制	删除	2	Python从入门到精通	46.80	2021-07-01	1
☐	编辑	复制	删除	3	Java从入门到精通	49.80	2021-07-01	0
☐	编辑	复制	删除	4	C语言从入门到精通	39.80	2021-08-01	0
☐	编辑	复制	删除	5	C++从入门到精通	47.80	2021-11-01	1

图 20.20　新增记录

2. 更新

（1）查找并更新。找出数据，更改字段内容后使用 save 方法更新数据，代码如下：

```
$user = User::find(1);
$user->name = 'thinkphp';
$user->email = 'thinkphp@qq.com';
$user->save();
```

（2）直接更新。使用模型的静态方法 update 进行更新，代码如下：

```
User::update(['name' => 'thinkphp'], ['id' => 1]);
```

（3）批量更新。可以使用 saveAll 方法批量更新数据，代码如下：

```
$user = new User;
$list = [
	['id' => 1, 'name' => 'thinkphp', 'email' => 'thinkphp@qq.com'],
	['id' => 2, 'name' => 'onethink', 'email' => 'onethink@qq.com']
];
$user->saveAll($list);
```

注意

批量更新仅能根据主键值进行更新，其他情况请使用 foreach 遍历更新。

（4）自动识别。新增模型和更新模型使用的都是 save 方法，系统有一套默认的规则可以识别当

前的数据需要更新还是新增，规则如下。

☑ 实例化模型后调用 save 方法，表示新增。

☑ 查询数据后调用 save 方法，表示更新。

注意事项如下。

☑ 不要在一个模型实例里面做多次更新，否则会导致部分重复数据不再更新。正确的方式是先查询后更新，或者使用模型类的 update 方法更新。

☑ 不要调用 save 方法进行多次数据写入。

3．删除

（1）删除当前模型。删除模型数据，可以在查询数据后调用 delete 方法，代码如下：

```
$user = User::find(1);
$user->delete();
```

（2）根据主键删除。可以直接调用静态方法，代码如下：

```
User::destroy(1);
//支持批量删除多个数据
User::destroy([1, 2, 3]);
```

（3）条件删除。可以使用闭包删除，代码如下：

```
User::destroy(function($query){
    $query->where('id','>',5);
});
```

也可以通过数据库类的查询条件进行删除，代码如下：

```
User::where('id', '>', 5)->delete();
```

4．查询

（1）获取单个数据，代码如下：

```
// 查找主键为 1 的数据
$user = User::find(1);
echo $user->name;

// 使用查询构造器查询满足条件的数据
$user = User::where('name', 'thinkphp')->find();
echo $user->name;
```

使用 find 方法查询，如果数据不存在则返回 null，否则返回当前模型的对象实例。

注意

在模型内部不要使用$this->name 方式来获取数据，应使用$this->getAttr('name')方式。

（2）获取多个数据，代码如下：

```
// 根据主键获取多个数据
$list = User::select([1,2,3]);
// 对数据集进行遍历操作
foreach($list as $key => $user) {
    echo $user->name;
}
```

（3）使用查询构造器。在模型中仍然可以调用数据库的链式操作和查询方法，可以充分利用数据库的查询构造器的优势。例如：

```
User::where('id', 10)->find();
User::where('status', 1)->order('id desc')->select();
User::where('status', 1)->limit(10)->select();
```

通过查询构造器直接使用静态方法调用即可，无须先实例化模型。

还可以获取某个字段或者某个列的值，代码如下：

```
User::where('id', 10)->value('score');              //获取某个用户的积分
User::where('status', 1)->column('name');           //获取某个列的所有值
User::where('status', 1)->column('name', 'id');     //以 id 为索引
```

（4）动态查询。支持数据库的动态查询方法，代码如下：

```
$user = User::getByName('thinkphp');                //根据 name 字段查询用户
$user = User::getByEmail('thinkphp@qq.com');        //根据 email 字段查询用户
```

（5）聚合查询。在模型中也可以调用数据库的聚合方法进行查询，代码如下：

```
User::count();
User::where('status', '>', 0)->count();
User::where('status', 1)->avg('score');
User::max('score');
```

20.8 视　　图

视图功能由\think\View 类配合视图驱动（模板引擎）类一起完成，新版仅内置了 PHP 原生模板引擎（主要用于内置的异常页面输出），如果需要使用其他的模板引擎需要单独安装相应的模板引擎扩展。

如果需要使用 think-template 模板引擎，只需要安装 think-view 模板引擎驱动。执行命令如下：

```
composer require topthink/think-view
```

20.8.1 模板渲染

模板渲染最典型的用法是直接调用 fetch 方法，例如，下面是典型的不带任何参数的写法示例：

```
<?php
    namespace app\admin\controller;
    use think\facade\View;
    class Index{
        public function index(){
            // 不带任何参数 自动定位当前操作的模板文件
            return View::fetch();
        }
    }
```

表示系统会按照默认规则自动定位视图目录下的模板文件，其规则是：

```
控制器名（小写+下画线）/操作名.html
```

上面示例对应的模板文件是 app/admin/view/index/index.html。自动定位模板文件的对应关系如图 20.21 所示。

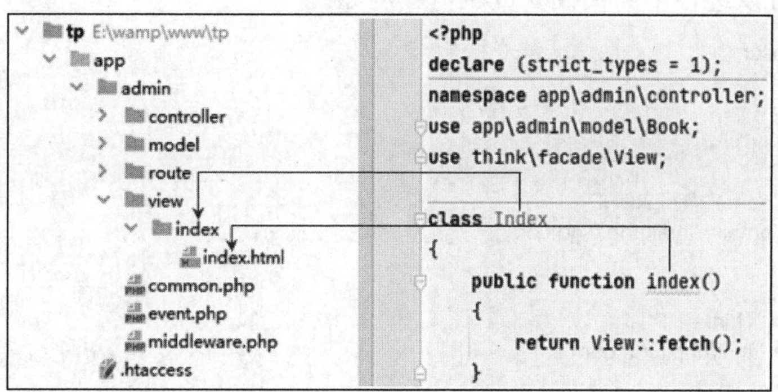

图 20.21　自动定位模板文件

如果要调用当前控制器下的不同模板文件，例如，要调用当前控制器下的 demo 模板，fetch()函数应编写为：

```
return View::fetch('demo');
```

如果要调用相同应用下不同控制器下的模板文件，例如，要调用 admin 应用 Shop 控制器下的 index 模板，fetch()函数应编写为：

```
return View::fetch('shop/index');
```

如果要调用其他应用下的模板文件，例如，要调用 index 应用 Index 控制器下的 hello 模板，fetch()函数应该编写为：

```
return View::fetch('index@index/hello');
```

此外，如果只是渲染内容，而不需要模板，可以使用 display 方法实现。代码如下：

```
namespace app\index\controller;
use think\facade\View;
class Index{
    public function index() {
        //直接渲染内容
        $content = '{$name}-{$email}';
        return View::display($content, ['name' => 'thinkphp', 'email' => 'thinkphp@qq.com']);
    }
}
```

上述代码中，$contant 中的$name 被 thinkphp 替换，而$email 被 thinkphp@qq.com 替换。

20.8.2　模板赋值

除了系统变量和配置参数输出无须赋值，其他变量如果需要在模板中输出，必须先进行模板赋值操作。传递数据到模板输出，有下面几种方式。

1．assign 方法

使用 assign 方法可以进行全局模板变量赋值。例如：

```
namespace app\controller;
use think\facade\View;
class Index {
    public function index() {
        //模板变量赋值
        View::assign('name', 'ThinkPHP');
        View::assign('email', 'thinkphp@qq.com');
        //或者批量赋值
        View::assign([
            'name' => 'ThinkPHP',
            'email' => 'thinkphp@qq.com'
        ]);
        //模板输出
        return View::fetch('index');
    }
}
```

2．在方法中传入参数

assign 方法赋值属于全局变量赋值，如果需要单次赋值的话，可以直接在 fetch 方法中传入。例如：

```
namespace app\controller;
use think\facade\View;
class Index {
    public function index() {
        return View::fetch('index', [
            'name' => 'ThinkPHP',
            'email' => 'thinkphp@qq.com'
        ]);
    }
}
```

3．助手函数

如果使用 view 助手函数渲染输出，可以使用下面的方法进行模板变量赋值：

```
return view('index', [
    'name' => 'ThinkPHP',
    'email' => 'thinkphp@qq.com'
]);
```

20.9 模　　板

ThinkPHP 内置了一个基于 XML 的性能卓越的模板引擎，其使用了 XML 标签库技术的编译型模板引擎、动态编译和缓存技术，而且支持自定义标签库。

20.9.1 变量输出

在模板中输出变量的方法很简单。先在控制器中给模板变量赋值：

```
View::assign('name', 'thinkphp');
return View::fetch();
```

然后就可以在模板中使用：

```
Hello,{$name}!
```

模板编译后的结果是：

```
Hello,<?php echo($name);?>!
```

这样，运行的时候就会在模板中显示“Hello,ThinkPHP！”。

需要注意的是，模板标签的“{”和“$”之间不能有任何空格，否则标签无效。例如，下面的代码就无法正常输出：

```
Hello,{ $name}!
```

变量类型不同，模板标签的变量输出会有所区别。如果输出的是数组变量，则代码如下：

```
$data['name'] = 'ThinkPHP';
$data['email'] = 'thinkphp@qq.com';
View::assign('data', $data);
```

在模板中可以用下面的方式输出：

```
Name：{$data.name}
Email：{$data.email}
```

或者用下面的方式也是有效的：

```
Name：{$data['name']}
Email：{$data['email']}
```

说明

当要输出多维数组的时候，往往要采用后一种方式。

如果 data 变量是一个对象（包含 name 和 email 两个属性），那么可以用下面的方式输出：

```
Name：{$data->name}
Email：{$data->email}
```

也可以直接调用对象的常量或者方法：

```
常量：{$data::CONST_NAME}
方法：{$data->fun()}
```

20.9.2　使用函数

对模板输出变量使用函数，代码如下：

```
{$data.name|md5}
```

编译后的结果是：

```
<?php echo(md5($data['name'])); ?>
```

可以使用系统内置的过滤方法，代码如下：

```
{$data.create_time|date="Y-m-d H:i:s"}
```

编译后的结果是：

```
<?php echo(date("Y-m-d H:i:s", $data.create_time)); ?>
```

如果函数有多个参数需要调用，则可以直接使用：

```
{$data.name|substr=0, 3}
```

表示输出：

```
<?php echo(substr($data['name'], 0, 3)); ?>
```

还可以支持多个函数过滤，函数之间用“|”进行分隔。例如：

```
{$data.name|md5|upper|substr = 0, 3}
```

编译后的结果是：

```
<?php echo(substr(strtoupper(md5($name)), 0, 3)); ?>
```

函数会按照从左到右的顺序依次调用。如果觉得这样写起来比较麻烦，也可以直接这样写：

```
{:substr(strtoupper(md5($name)), 0, 3)}
```

说明

变量输出使用的函数可以支持内置的 PHP 函数或者用户自定义函数，也可以支持静态方法。

20.9.3　内置标签

变量输出使用普通标签就足够了，要完成其他的控制、循环和判断功能，就需要借助模板引擎的标签库功能，系统内置标签库的所有标签无须引入标签库即可直接使用。常用内置标签如表 20.5 所示。

表 20.5　ThinkPHP 常用内置标签

标　签　名	作　　用	包 含 属 性
include	包含外部模板文件（闭合）	file
load	导入资源文件（闭合，包括 js css import 别名）	file，href，type，value，basepath
volist	循环数组数据输出	name，id，offset，length，key，mod
foreach	数组或对象遍历输出	name，item，key
for	for 循环数据输出	name，from，to，before，step
switch	分支判断输出	name
case	分支判断输出（必须和 switch 标签配套使用）	value，break
default	默认情况输出（闭合，必须和 switch 标签配套使用）	无
compare	比较输出（包括 eq、neq、lt、gt、egt、elt、heq、nheq 等别名）	name，value，type

续表

标 签 名	作 用	包 含 属 性
Range	范围判断输出（包括 in、notin、between、notbetween 别名）	name，value，type
present	判断是否赋值	name
notpresent	判断是否尚未赋值	name
empty	判断数据是否为空	name
notempty	判断数据是否不为空	name
defined	判断常量是否定义	name
notdefined	判断常量是否未定义	name
define	常量定义（闭合）	name，value
assign	变量赋值（闭合）	name，value
if	条件判断输出	condition
elseif	条件判断输出（闭合，必须和 if 标签配套使用）	condition
else	条件不成立输出（闭合，可用于其他标签）	无
php	使用 php 代码	无

【例 20.5】先从 book 表中获取所有图书信息，然后渲染模板，展示所有图书信息。（**实例位置：资源包\TM\sl\20\5**）

（1）先在 app\admin\controller\Book.php 文件中引入视图类 View，然后创建 index 方法，代码如下：

```
use think\facade\View;
class Book
{
    public function index() {
        $books = Db::table('book')->select();
        View::assign('books', $books);
        return View::fetch('index');
    }
}
```

（2）在 app\admin\view\book 下创建 index.html 模板文件，关键代码如下：

```
<div class="card">
    <div class="card-body">
        <h3 class="card-title">图书列表</h3>
        <div class="card-text">
        <table class="table table-striped">
            <thead>
            <tr>
                <th>ID</th>
                <th>书名</th>
                <th>价格</th>
                <th>是否有货</th>
                <th>出版时间</th>
            </tr>
            </thead>
            <tbody>
            {foreach $books as $book}
            <tr>
```

```
                <td>{$book.id}</td>
                <td>{$book.name}</td>
                <td>{$book.price}</td>
                {if $book.status}
                <td>有货</td>
                {else/}
                <td>无货</td>
                {/if}
                <td>{$book.publish_time}</td>
            </tr>
            {/foreach}
            </tbody>
        </table>
        </div>
    </div>
</div>
```

上述代码使用了{foreach}标签遍历 books 对象，使用{if}标签根据 status 字段值判断图书是否有货。在浏览器地址栏中输入网址 www.tp.com/admin/book/index，运行结果如图 20.22 所示。

ID	书名	价格	是否有货	出版时间
1	PHP从入门到精通	49.80	有货	2022-03-01
2	Python从入门到精通	46.80	有货	2021-07-01
3	Java从入门到精通	49.80	无货	2021-07-01
4	C语言从入门到精通	39.80	无货	2021-08-01
5	C++从入门到精通	47.80	有货	2021-11-01

图 20.22　输出图书列表信息

20.10　实践与练习

（答案位置：资源包\TM\sl\20\实践与练习\）

综合练习 1：对图书列表进行筛选排序

修改例 20.5，根据以下条件对图书列表进行筛选排序：①显示有货；②根据价格降序排列。运行效果如图 20.23 所示。

综合练习 2：新增图书信息

在 admin 应用下创建 book 控制器，在 book 控制器下创建 create()和 save()方法。create()方法用于实现显示新增图书页面，运行效果如图 20.24 所示。单击“提交”按钮后执行 save()方法，用于存储图书信息数据，并跳转到图书列表页面。运行效果如图 20.25 所示。

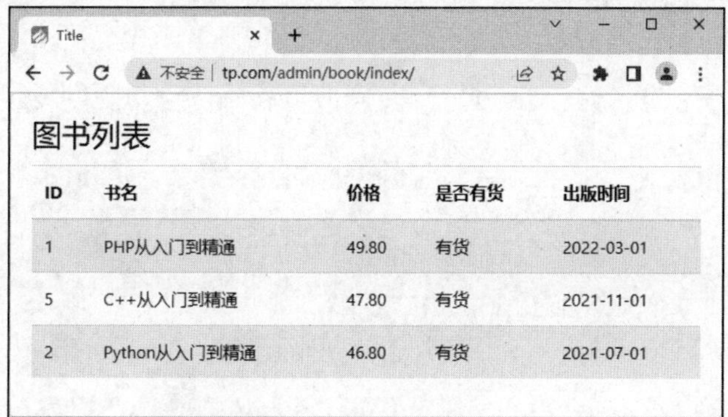

图 20.23　筛选排序运行效果

图 20.24　新增图书效果

图 20.25　图书列表页面

第 3 篇

高级应用

本篇讲解 Smarty 模板技术、PHP 与 XML 技术、PHP 与 Ajax 技术以及 PHP 与 Swoole 技术，这些技术是 PHP 开发中的高级应用技术。学习完本篇内容，读者可使用 PHP 开发一些实用的网络程序。

高级应用

- Smarty模板技术：学习一种优秀的MVC模板引擎，将用户界面和PHP代码分离
- PHP与XML技术：学习使用PHP操作XML文档，实现数据传输与存储
- PHP与Ajax技术：熟悉Ajax技术原理，掌握PHP和Ajax的结合应用，实现动态更新效果，提高用户体验
- PHP与Swoole技术：熟悉Swoole的基本原理，学习使用Swoole搭建TCP服务器，以及ThinkPHP和Swoole相结合的应用

第 21 章

Smarty 模板技术

网络上针对 PHP 的模板数不胜数。作为最早的 MVC 模板之一，Smarty 在功能和速度上具有绝对领先的优势。那么，Smarty 的特点是什么？它是如何完成代码分离的呢？

作为当今流行的模板，Smarty 和其他一些主流技术，如 ADODB、Ajax 等都能够很好地合作。Smarty 分为模板设计和程序设计，作为一个开发者，要牢牢掌握这两方面。

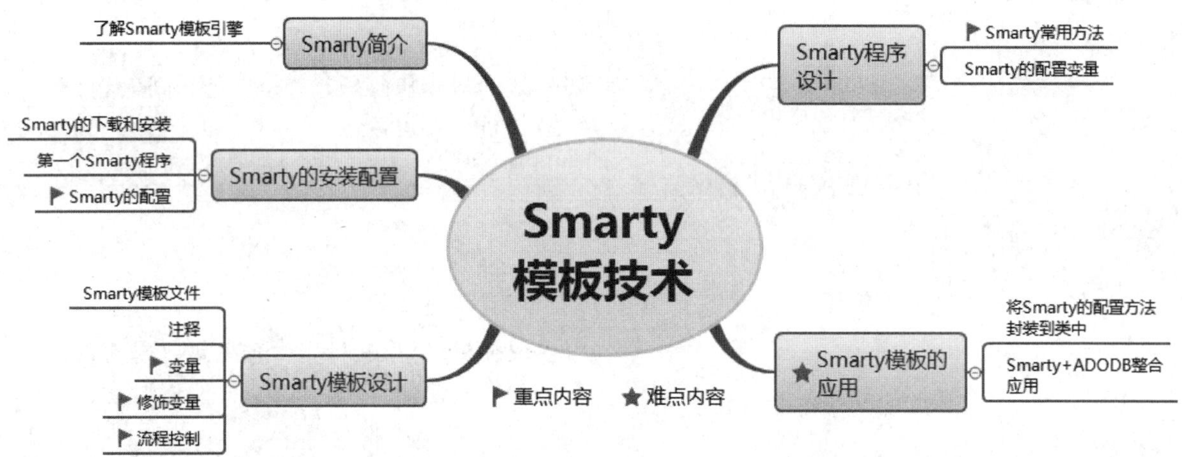

21.1 Smarty 简介

Smarty 是 PHP 的一个模板引擎，是众多 PHP 模板中最优秀、著名的模板之一。

1. 什么是 Smarty

Smarty 是一个使用 PHP 编写的 PHP 模板引擎，它将一个应用程序分成两个部分实现：视图和逻辑控制。简单地讲，就是将 UI（用户界面）和 PHP code（PHP 代码）分离，这样程序员在修改程序时不会影响页面设计，而美工在重新设计或修改页面时也不会影响程序逻辑。

2. Smarty 与 MVC

Smarty 开发模式是基于 MVC 框架概念的。MVC 是指一个应用程序，由 3 部分构成：模型部分、视图部分和控制部分。

☑ 模型：对接收的信息进行处理，并将处理结果回传给视图。例如，当用户输入的信息正确时，将给视图一个命令，允许用户进入主页面，反之则拒绝用户的操作。

☑ 视图：提供给用户的界面。视图只提供信息的收集及显示，不涉及处理。如用户登录界面，也就是视图，只提供用户登录的用户名和密码输入框（也可以有验证码、安全问题等信息），至于用户名和密码的对与错，这里不去处理，直接传给后面的控制部分。

☑ 控制：负责处理视图和模型的对应关系，并将视图收集的信息传递给对应的模型。例如，在用户提交用户名和密码后，控制部分将接收用户提交的信息，并判断这是一个登录操作，随后将提交信息转发给登录模块，也就是模型。

3. Smarty 的特点

☑ 采用 Smarty 模板编写的程序可以获得最快的速度。注意，这是相对于其他模板而言。

☑ 可以自行设置模板定界符，如{}、{{}}、<!--{}-->等。

☑ 仅对修改过的模板文件进行重新编译。

☑ 模板中可以使用 if/elseif/else/endif。

☑ 支持内置缓存技术。

☑ 可自定义插件。

21.2　Smarty 的安装配置

21.2.1　Smarty 的下载和安装

PHP 没有内置 Smarty 模板类，需要单独进行下载和安装配置，而且 Smarty 要求服务器上的 PHP 版本最低为 4.0.6。用户可以通过访问 http://www.smarty.net/download.php 下载最新的 Smarty 压缩包。

将压缩包解压后，会得到一个 libs 目录，其中包含了 Smarty 类库的核心文件，即 Smarty.class.php、Autoloader.php、bootstrap.php、functions.php 和 debug.tpl 五个文件，另外还有 sysplugins 和 plugins 两个目录。复制 libs 目录到服务器根目录下，并为其重命名，一般该目录的名称为 Smarty 或 class 等，这里改为 Smarty。至此，Smarty 模板安装完毕。

后面章节中提到 Smarty 类包、Smarty 目录等，都是这个重命名后的 Smarty，即原 libs 目录。

21.2.2　第一个 Smarty 程序

使用 Smarty 模板不像 Smarty 手册或有些书籍中讲的那么复杂、烦琐。这里我们先实现第一个 Smarty 实例，并对过程进行讲解。对 Smarty 有了初步了解后，再学习 Smarty 的配置。

【例 21.1】了解 Smarty 的使用过程。（**实例位置：资源包\TM\sl\21\1**）

（1）新建一个程序目录，存放位置为服务器地址/TM/sl/21/，命名为 1，表示为第一个实例。

（2）复制 Smarty 到目录 1 下，在 Smarty 目录下新建 4 个目录，分别是 templates、templates_c、configs 和 cache。这时，例 21.1 的目录结构如图 21.1 所示。

（3）新建一个 HTML 静态页，输入数据完毕后，将文件保存到新建的 templates 目录下，并命名为 index.html，代码如下：

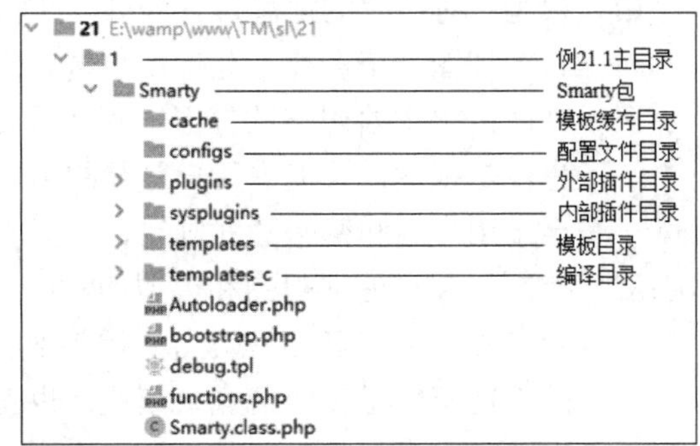

图 21.1　Smarty 包的目录结构

```
<html>
    <head>
        <meta http-equiv="Content-Type" content="text/html; charset=utf-8" />
        <title>{$title}</title>
    </head>
    <body>
        {$content}
    </body>
</html>
```

代码中加粗的部分就是 Smarty 标签，大括号“{}”为标签的定界符，$title 和$content 为变量。

注意

在 Smarty 3.0 以上版本中，Smarty 标签不支持空格。例如，{ $abc }不能被解析，必须写成{$abc}。

技巧

这里使用.html 作为模板文件的后缀，因为 HTML 网页在互联网中更容易被搜索引擎搜索到。

（4）回到上级目录，在目录 1 下新建一个.php 文件，使用 Smarty 变量和方法对文件进行操作，代码输入完毕后保存为 index.php 文件，代码如下：

```
<?php
    define('BASE_PATH', $_SERVER['DOCUMENT_ROOT']);          //定义服务器的绝对路径
    define('SMARTY_PATH', '\TM\sl\21\1\Smarty\\');           //定义 Smarty 目录的绝对路径
    require BASE_PATH.SMARTY_PATH.'Smarty.class.php';        //加载 Smarty 类库文件
    $smarty = new Smarty;                                    //实例化一个 Smarty 对象
    //定义各个目录的路径
    $smarty->template_dir = BASE_PATH.SMARTY_PATH.'templates/';
    $smarty->compile_dir = BASE_PATH.SMARTY_PATH.'templates_c/';
    $smarty->config_dir = BASE_PATH.SMARTY_PATH.'configs/';
    $smarty->cache_dir = BASE_PATH.SMARTY_PATH.'cache/';
    $smarty->assign('title', '第一个 Smarty 程序');            //使用 Smarty 赋值方法将一对名称/方法发送到模板中
    $smarty->assign('content', 'Hello,Welcome to study \'Smarty\'!');
    $smarty->display('index.html');                          //显示模板
?>
```

本步骤是 Smarty 运行最关键的步骤，主要进行了两项设置和两步操作。

☑ 加载 Smarty 类库，也就是加载 Smarty.class.php 文件，这里使用的是绝对地址。为了稍后在配置其他路径时不用输入那么长的地址字串，之前还声明了两个常量：服务器地址常量和 Smarty 路径常量。两个常量连接起来就是 Smarty 类库所在的目录。

☑ 保存新建的 4 个目录的绝对路径到各自的变量。在例 21.1 的第（2）步曾创建了 4 个目录，这 4 个目录各有各的用途，如果没有配置目录的地址，那么服务器默认的路径就是当前执行文件所在的路径。除了两项必须设置的变量，还可以改变很多 Smarty 参数值，如开启/关闭缓存、改变 Smarty 的默认定界符等，这些变量将在 21.4.2 节中介绍。

☑ 给模板赋值。设置成功后，需要给指定的模板赋值。assign 就是赋值方法。

☑ 显示模板。一切操作结束后，调用 display 方法来显示页面。实际上，用户真正看到的页面是 templates 模板目录下的 index.html 模板文件，而作为首页的 index.php 文件只用来传递结果和显示模板。

打开浏览器，运行 index.php 文件，运行结果如图 21.2 所示。

图 21.2　第一个 Smarty 程序

21.2.3　Smarty 的配置

下面详细讲解 Smarty 模板的配置步骤。

（1）确定 Smarty 目录的位置。因为 Smarty 类库是通用的，每个项目都会用到它，所以将 Smarty 存储在根目录下。

（2）新建 4 个目录 templates、templates_c、configs 和 cache。其中，目录 templates 存储项目的模板文件，该目录具体放置在什么位置没有严格的规定，只要设置的路径正确即可；目录 templates_c 存储项目的编译文件；目录 configs 存储项目的配置文件；目录 cache 存储项目的缓存文件。

（3）创建配置文件。如果要应用 Smarty 模板，就一定要包含 Smarty 类库和相关信息。将配置信息写到一个文件中，使用时只要在代码中用 include 包含配置文件即可。配置文件 config.php 的代码如下：

```
<?php
    define('BASE_PATH', $_SERVER['DOCUMENT_ROOT']);                    //定义服务器的绝对路径
    define('SMARTY_PATH', '\TM\sl\21\Smarty\\');                       //定义 Smarty 目录的绝对路径
    require BASE_PATH.SMARTY_PATH.'Smarty.class.php';                  //加载 Smarty 类库文件
    $smarty = new Smarty;                                              //实例化一个 Smarty 对象
    $smarty->template_dir = BASE_PATH.SMARTY_PATH.'templates/';        //定义各个目录的路径
    $smarty->compile_dir = BASE_PATH.SMARTY_PATH.'templates_c/';
    $smarty->config_dir = BASE_PATH.SMARTY_PATH.'configs/';
    $smarty->cache_dir = BASE_PATH.SMARTY_PATH.'cache/';
?>
```

上述配置文件的参数说明如下。

☑ BASE_PATH：指定服务器的绝对路径。

☑ SMARTY_PATH：指定 Smarty 目录的绝对路径。

☑ require：加载 Smarty 类库文件 Smarty.class.php。

☑ $smarty：实例化 Smarty 对象。

☑ $smarty->template_dir：定义模板目录存储位置。

☑ $smarty-> compile_dir：定义编译目录存储位置。
☑ $smarty-> config_dir：定义配置文件存储位置。
☑ $smarty-> cache_dir：定义模板缓存目录。

技巧

指定服务器绝对路径的目的是找到 Smarty 文件夹在服务器中的存储位置，方法有两种。第一种，直接指定绝对路径，如“E:\wamp\www\;”，使用这种方法来指定服务器的绝对路径，一旦服务器的绝对路径发生更改，就必须修改配置文件，否则程序运行就会出错。第二种，通过全局变量 $_SERVER['DOCUMENT_ROOT']来获取服务器的绝对路径，使用该方法不会因为服务器路径的更改而影响程序的执行。推荐使用第二种方法。

有关定界符的使用，开发者可以指定任意的格式，也可以不指定定界符，使用 Smarty 默认的定界符“{”和“}”。

下面介绍 Smarty 中最常用的两个方法。

1．assign 方法

assign 方法用于在模板被执行时为模板变量赋值。语法格式如下：

```
{assign var = " " value = " "}
```

其中，var 是被赋值的变量名，value 是赋给变量的值。

2．display 方法

display 方法用于显示模板，需要指定一个合法的模板资源的类型和路径，还可以通过第二个可选参数指定一个缓存号，相关的信息可以查看缓存。

```
void display(string template [, string cache_id [, string compile_id]])
```

其中，template 用于指定一个合法的模板资源的类型和路径；cache_id 为可选参数，用于指定一个缓存号；compile_id 为可选参数，用于指定编译号。编译号可以将一个模板编译成不同版本使用。例如，可针对不同的语言编译模板。编译号的另外一个作用是，如果存在多个$template_dir 模板目录，但只有一个$compile_dir 编译后存档目录，这时可以为每一个$template_dir 模板目录指定一个编译号，以避免相同的模板文件在编译后互相覆盖。除此以外，也可以通过设置$compile_id 属性来一次性设定多个编译号。

21.3　Smarty 模板设计

Smarty 的设计目的是将用户界面设计和开发过程相分离，让美工和程序员各司其职，互不干扰。因此，Smarty 类库也自然地被分成两部分来使用，即 Smarty 模板设计和 Smarty 程序设计。两部分内容既相互独立，也有一部分重叠。本节首先来学习 Smarty 模板设计。

21.3.1　Smarty 模板文件

Smarty 模板文件是由一个页面中所有的静态元素，加上一些定界符“{...}”组成的。模板文件统一存放的位置是 templates 目录。模板中不允许出现 PHP 代码段。Smarty 模板中的所有注释、变量、函数等都要包含在定界符内。

21.3.2　注释

Smarty 中的注释和 PHP 注释类似，都不会显示在源代码中。注释包含在两个星号“*”中间，格式如下：

```
{* 这是注释 *}
```

21.3.3　变量

Smarty 中的变量包括 PHP 页面中的变量、保留变量和从配置文件中读取的变量。

1. PHP 页面中的变量

PHP 页面中的变量，也就是 assign 方法传过来的变量。使用方法和在 PHP 中使用基本一致，也需要使用“$”符号，略有不同的是对数组的读取方式。在 Smarty 中读取数组有两种方法：一种是通过索引获取，和在 PHP 中相似，可以是一维数组，也可以是多维数组；另一种是通过键值获取数组元素，这种方法的格式和以前接触过的不太一样，其使用符号“.”作为连接符。例如，有数组“$arr = array{'object' => 'book', 'type' => 'computer', 'unit' => '本'}”，如果想得到 type 的值，则表达式的格式应为$arr.type。这个格式同样适用于二维数组。

【例 21.2】使用不同的方法读取数组的值。（**实例位置：资源包\TM\sl\21\2**）

```
//templates/02/index.html 文件
<html>
	<head>
		{* 页面的标题变量$title *}
		<title>{$title}</title>
	</head>
	<body>
		购书信息：<p>
		{* 使用索引取得数组的第一个元素值 *}
		图书类别：{$arr[0]}<br />
		{* 使用键值取得第二个数组元素值 *}
		图书名称：{$arr.name}<br />
		{* 使用键值取得二维数组的元素值 *}
		图书单价：{$arr.unit_price.price}/{$arr.unit_price.unit}
	</body>
</html>
//index.php 文件
<?php
	include '../config.php';							//载入配置文件
	$arr = array('计算机图书', 'name' => 'PHP 从入门到精通', 'unit_price' => array('price' => '￥99.80', 'unit' => '本'));	//声明
```

```
数组
      $smarty->assign('title', '使用 Smarty 读取数组');                        //将标题和数组传递给模板
      $smarty->assign('arr', $arr);
      $smarty->display('02/index.html');                                      //要显示的模板页面
?>
```

运行结果如图 21.3 所示。

2. 保留变量

保留变量相当于 PHP 中的预定义变量。在 Smarty 模板中使用保留变量时，无须使用 assign 方法传值，只需直接调用变量名即可。Smarty 中常用的保留变量如表 21.1 所示。

表 21.1　Smarty 中常用的保留变量

保留变量名	说　明
get、post、server、session、cookie、request	等价于 PHP 中的$_GET、$_POST、$_SERVER、$_SESSION、$_COOKIE、$_REQUEST
now	当前的时间戳。等价于 PHP 中的 time
const	用 const 包含修饰的为常量
config	配置文件内容变量。参见例 21.4

【例 21.3】在模板文件中输出一些保留变量的值。（**实例位置：资源包\TM\sl\21\3**）

```
//templates/03/index.html 文件
{* 设置标题名称 *}
<title>{$title}</title>
<body>
      {* 使用 get 变量获取 url 中的变量值(ex: http://localhost/TM/sl/21/3/index.php?type=computer) *}
      变量 type 的值是：{$smarty.get.type}<br />
      当前路径为：{$smarty.server.PHP_SELF}<br />
      当前时间为：{$smarty.now}
</body>
//index.php 文件
<?php
      include '../config.php';                                                //载入配置文件
      $smarty->assign('title', 'Smarty 保留变量');                            //向模板中赋值
      $smarty->display('03/index.html');                                      //显示指定模板
?>
```

运行结果如图 21.4 所示。

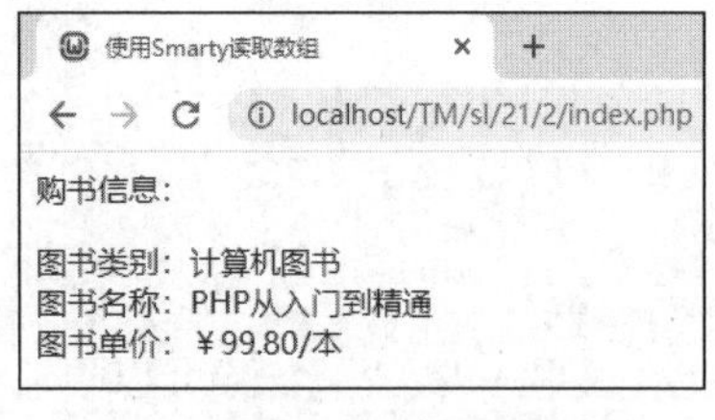

图 21.3　使用 Smarty 读取数组

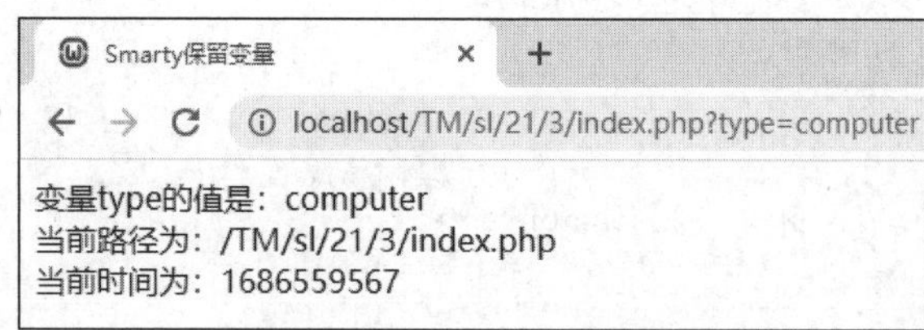

图 21.4　Smarty 保留变量

3. 从配置文件中读取的变量

Smarty 模板也可以通过配置文件来赋值。对于 PHP 开发人员来说，对配置文件的使用从安装服务器就开始了，对文件的格式也有了一个初步的了解。调用配置文件中变量的方法有两种。

☑　使用“#”，将变量名置于两个“#”中间，即可像普通变量一样调用配置文件内容。

☑　使用保留变量中的“$smarty_config.”来调用配置文件。

【例 21.4】通过不同方法调用配置文件 04.conf 的内容。（**实例位置：资源包\TM\sl\21\4**）

```
//configs/04/04.conf 文件
title = "调用配置文件"
bgcolor = "#f0f0f0"
border = "5"
type = "计算机类"
name = "PHP 从入门到精通"
//templates/04/index.html 文件
{config_load file = "04/04.conf"}
<html>
	<head>
		<meta http-equiv="Content-Type" content="text/html; charset=utf-8" />
		<title>{#title#}</title>
	</head>
	<body bgcolor="{#bgcolor#}">
		<table border="{#border#}">
		<tr>
			<td>{$smarty.config.type}</td>
			<td>{$smarty.config.name}</td>
		</tr>
		</table>
	</body>
</html>
//index.php 文件
<?php
	include_once '../config.php';
	$smarty->display('04/index.html');
?>
```

运行结果如图 21.5 所示。

图 21.5　调用配置文件

21.3.4　修饰变量

有时，不仅要取得变量的值，还要对变量进行处理。修饰变量的一般格式如下：

```
{variable_name|modifer_name: parameter1:...}
```

☑　variable_name：变量名称。

☑　modifer_name：修饰变量的方法名。变量和方法之间使用符号“|”分隔。

☑　parameter1：参数值。如果有多个参数，则使用“:”分隔。

Smarty 提供了修饰变量的方法，常用方法及其说明如表 21.2 所示。

表 21.2　修饰变量的常用方法及其说明

方　法　名	说　　明
capitalize	首字母大写
count_characters:true/false	变量中的字符串个数。如果后面有参数 true，则空格也被计算；否则忽略空格
cat:"characters"	将 cat 中的字符串添加到指定字符串的后面

续表

方 法 名	说 明
date_format:"%Y-%M-%D"	格式化日期和时间，等同于 PHP 中的 strftime()函数
default:"characters"	设置默认值。当变量为空时，将使用 default 后面的默认值
escape:"value"	用于字符串转码。value 值可以为 html、htmlall、url、quotes、hex、hexentity 和 javascript。默认为 html
lower	将变量字符串小写
nl2br	所有的换行符将被替换成 ，功能同 PHP 中的 nl2br()函数
regex_replace:"parameter1":"value2"	正则替换，即用 value2 替换所有符合 parameter1 标准的字串
replace:"value1":"value2"	替换，即使用 value2 替换所有 value1
string_format:"value"	使用 value 来格式化字符串。如 value 为%d，则字符串被格式化为十进制数
strip_tags	去掉所有 HTML 标签
upper	将变量改为大写

在对变量进行修饰时，不仅可以单独使用表 21.2 中的方法，还可以同时使用多个。需要注意的是，在每种方法之间使用“|”分隔。

【例 21.5】使用表 21.2 中的几种方法来修饰字符串。（**实例位置：资源包\TM\sl\21\5**）

```
//templates/05/index.html 文件
<html>
	<head>
		<meta http-equiv="Content-Type" content="text/html; charset=utf-8" />
		<title>{$title}</title>
		<link rel="stylesheet" href="../css/style.css" />
	</head>
	<body>
		原文：{$str}
		<p>
		变量中的字符数（包括空格）：{$str|count_characters:true}
		<br />
		使用变量修饰方法后：{$str|nl2br|upper}
	</body>
</html>
//index.php 文件
<?php
	include_once "../config.php";
	$str1 = '这是一个实例。';
	$str2 = "\n 图书->计算机类->php\n 书名：《PHP 从入门到精通》";
	$str3 = "\n 价格：¥99.80/本";
	$smarty->assign('title', '使用变量修饰方法');
	$smarty->assign('str', $str1.$str2.$str3);
	$smarty->display('05/index.html');
?>
```

运行结果如图 21.6 所示。

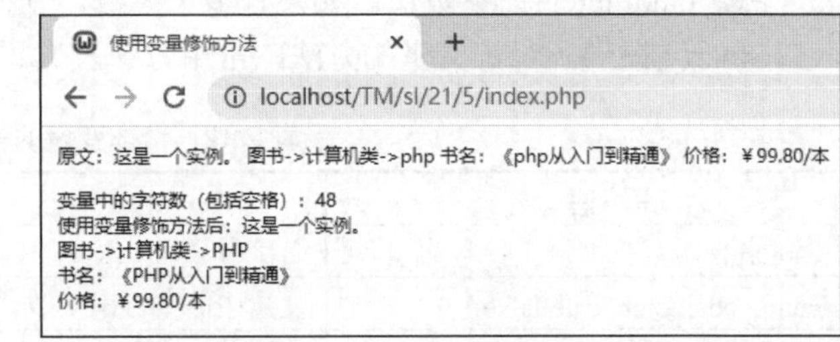

图 21.6　使用变量修饰方法

21.3.5　流程控制

Smarty 模板中的流程控制语句包括 if 条件控制语句和 foreach、section 循环控制语句。

1．if…elseif…else 语句

if 条件控制语句的使用方法和 PHP 中的 if 语句大同小异。需要注意的是，if 语句必须以“/if”为结束标志。下面来看 if 语句的格式。

```
{if 条件语句 1}
	语句 1
{elseif 条件语句 2}
	语句 2
{else}
	语句 3
{/if}
```

在上述条件语句中，除了使用 PHP 中的<、>、=、!=等常见运算符，还可以使用 eq、ne、neq、gt、lt、lte、le、gte、ge、is even、is odd、is not even、is not odd、not、mod、div by、even by、odd by 等修饰词修饰。

【例 21.6】使用条件控制语句显示不同的返回信息。（**实例位置：资源包\TM\sl\21\6**）

```
//templates/06/index.html 文件
<html >
	<head>
		<meta http-equiv="Content-Type" content="text/html; charset=utf-8" />
		<title>{$title}</title>
	</head>
	<body>
		<p>
		{if $smarty.get.type == 'tm'}
		欢迎光临，{$smarty.get.type}
		{else}
		对不起，您不是本站 VIP，无权访问此栏目。
		{/if}
	</body>
</html>
//index.php 文件
<?php
	include_once "../config.php";
	$smarty->assign("title", "if 条件判断语句");
	$smarty->display("06/index.html");
?>
```

运行结果如图 21.7 所示。

图 21.7　if 条件判断语句

2．foreach 语句

Smarty 模板中的 foreach 语句可以循环输出数组。与另一个循环控制语句 section 相比，在使用格式上要简单得多，一般用于简单数组的处理。foreach 语句的使用格式如下：

```
{foreach name = foreach_name key = key item = item from = arr_name}
…
{/foreach}
```

其中，name 为循环的名称；key 为当前元素的键值；item 是当前元素的变量名；from 是待循环的数组。item 和 from 是必要参数，不可省略。

【例 21.7】使用 foreach 语句，循环输出数组 infobook 的全部内容。（实例位置：资源包\TM\sl\21\7）

```
//templates/07/index.html 文件
<html>
  <head>
      <meta http-equiv="Content-Type" content="text/html; charset=utf-8" />
      <title>{$title}</title>
  </head>
  <body>
      使用 foreach 语句循环输出数组。<p>
      {foreach key = key item = item from = $infobook}
      {$key} => {$item}<br />
      {/foreach}
  </body>
</html>
//index.php 文件
<?php
      include_once '../config.php';
      $infobook = array('object' => 'book', 'type' => 'computer', 'name' =>
                    'PHP 从入门到精通', 'publishing' => '清华大学出版社');
      $smarty->assign('title', '使用 foreach 循环输出数组内容');
      $smarty->assign('infobook', $infobook);
      $smarty->display('07/index.html');
?>
```

运行结果如图 21.8 所示。

3. section 语句

Smarty 模板中的另一个循环控制语句是 section，该语句可用于比较复杂的数组。section 的语法格式如下：

```
{section name = "sec_name"loop = $arr_name start = num step = num}
```

其中，name 是循环的名称；loop 为循环的数组；start 表示循环的初始位置；step 表示步长。例如，start=2，说明循环是从 loop 数组的第二个元素开始的；step=2，说明循环一次后数组的指针将向下移动两位，以此类推。

【例 21.8】使用 section 语句循环输出一个二维数组。（实例位置：资源包\TM\sl\21\8）

```
//templates/08/index.html 文件
<html>
        <head>
                <meta http-equiv="Content-Type" content="text/html; charset=utf-8" />
                <title>{$title}</title>
        </head>
        <body>
                <table width="100" border="0" align="left" cellpadding="0" cellspacing="0">
                {section name = sec1 loop = $obj}
                <tr>
                        <td colspan="2">{$obj[sec1].bigclass}</td>
                </tr>
                {section name = sec2 loop = $obj[sec1].smallclass}
                <tr>
                        <td width="25"> </td>
                        <td width="75">{$obj[sec1].smallclass[sec2].s_type}</td>
                </tr>
                {/section}
```

```
            {/section}
            </table>
        </body>
</html>
//index.php 文件
<?php
    require "../config.php";
    $obj = array(array("id" => 1, "bigclass" => "计算机图书", "smallclass" => array(array("s_id" => 1, "s_type" => "PHP"))),
array("id" => 2, "bigclass" => "历史传记", "smallclass" => array(array("s_id" => 2, "s_type" => "中国历史"), array("s_id" => 3,
"s_ type" => "世界历史"))), array("id" => 3, "bigclass" => "畅销小说", "smallclass" => array(array("s_id" => 4," s_type" => "网络
小说"), array("s_id" => 5, "s_type" => "科幻小说"))));
    $smarty->assign('title', 'section 循环控制');
    $smarty->assign("obj", $obj);
    $smarty->display("08/index.html");
?>
```

运行结果如图 21.9 所示。

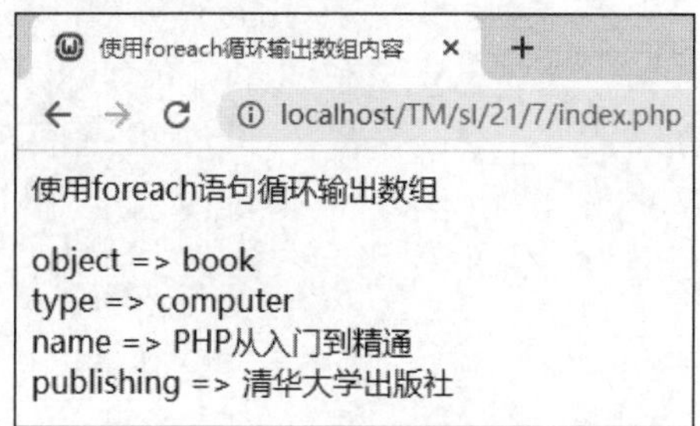

图 21.8　使用 foreach 循环控制语句输出数组内容

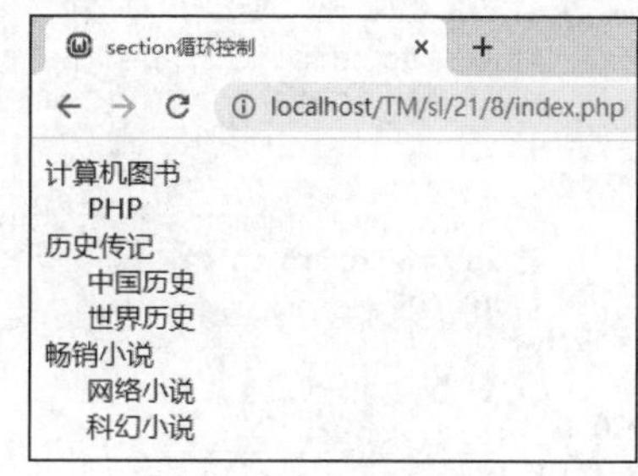

图 21.9　使用 section 循环控制输出二维数组内容

21.4　Smarty 程序设计

在 Smarty 模板中是不推荐使用 PHP 代码段的，所有的 PHP 程序都要另写成文件。Smarty 程序的功能有两个：一是使用 assign、display 等方法和 Smarty 模板进行交互；二是配置 Smarty，如变量 template_dir、$config_dir 等。本节我们就来学习 Smarty 程序设计的其他一些方法和配置参数。

21.4.1　Smarty 中的常用方法

Smarty 中除了可以使用 assign、display 方法和模板交互，还有一些比较常用的方法，如表 21.3 所示。

表 21.3　Smarty 程序设计常用方法及其说明

方　法　名	说　　明
void append(string varname, mixed var[, boolean merge])	向数组中追加元素
void clear_all_assign	清除所有模板中的赋值
void clear_assign(string var)	清除一个指定的赋值
void config_load(string file [, string section])	加载配置文件，如果有参数 section，说明只加载配置文件中相对应的一段数据

续表

方 法 名	说 明
string fetch(string template)	返回模板的输出内容，但不直接显示出来
array get_config_vars([string varname])	获取指定配置变量的值，如果没有参数，则返回一个包含所有配置变量的数组
array get_template_vars([string varname])	获取指定模板变量的值，如果没有参数，则返回一个包含所有模板变量的数组
bool template_exists(string template)	检测指定的模板是否存在

这些方法在使用上和 assign、display 方法基本一样。下面以 append 方法为例进行讲解。

【例 21.9】使用 append 方法向数组$arr 中追加两个数组。（**实例位置：资源包\TM\sl\21\9**）

```
//templates/09/index.html 文件
<html>
	<head>
		<meta http-equiv="Content-Type" content="text/html; charset=utf-8" />
		<title>{$title}</title>
	</head>
	<body>
		{foreach key = key item = item from = $arr}
		{$key} => {$item} <br />
		{/foreach}
	</body>
</html>
//index.php 文件
<?php
	include '../config.php';
	$arr = array("object"=>'book', "type" => 'computer');
	$str1 = array('name' => 'PHP');
	$str2 = array('publishing' => 'qinghua');
	$smarty->assign('title', '使用 append');
	$smarty->assign('arr', $arr);
	$smarty->append('arr', $str1, true);
	$smarty->append('arr', $str2);
	$smarty->display('09/index.html');
?>
```

运行结果如图 21.10 所示。

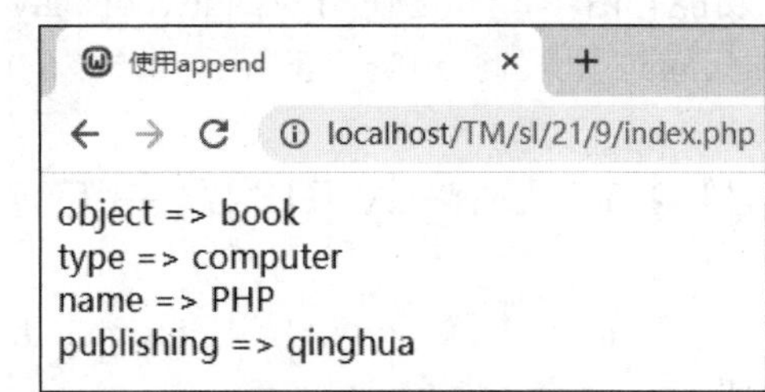

图 21.10 使用 append 方法

21.4.2 Smarty 的配置变量

Smarty 中只有一个常量 SMARTY_DIR，用来保存 Smarty 类库的完整路径，其他的所有配置信息都保存到相应的变量中。下面将介绍包括前面章节中接触过的$template_dir 等变量的作用及设置。

- ☑ $template_dir：模板目录，用来存放 Smarty 模板。在前面的实例中，所有的.html 文件都是 Smarty 模板。模板的后缀没有要求，一般为.htm、.html 等。
- ☑ $compile_dir：编译目录。顾名思义，就是编译后的模板和 PHP 程序所生成的文件，默认路径为当前执行文件所在目录下的 templates_c 目录。进入编译目录，可以发现许多“%%...%%index.html.php”格式的文件。随便打开一个这样的文件就可以发现，实际上 Smarty 将模板和 PHP 程序又重新组合成了一个混编页面。

- ☑ $cache_dir：缓存目录，用来存放缓存文件。同样，在 cache 目录下可以看到生成的.html 文件。如果 caching 变量开启，那么 Smarty 将直接从这里读取文件。
- ☑ $config_dir：配置目录，用来存放配置文件。例 21.4 中所用的配置文件就保存在这里。
- ☑ $debugging：调试变量，用于打开调试控制台。只要在配置文件（config.php）中将$smarty->debugging 设为 true 即可使用。
- ☑ $caching：缓存变量，用于开启缓存。只要当前模板文件和配置文件未被改动，Smarty 就直接从缓存目录中读取缓存文件，而不用重新编译模板。

21.5　Smarty 模板的应用

21.5.1　将 Smarty 的配置方法封装到类中

可以先将 Smarty 模板的配置方法定义到一个类中，并存储在 system.smarty.inc.php 文件中，再将类的实例化操作存储到 system.inc.php 文件中，最后将这两个文件存储在 system 文件夹下。

将 Smarty 模板的配置存储在一个类中，通过类中的构造方法完成对 Smarty 的配置操作，这就是 system.smarty.inc.php 文件，其代码如下：

```
<?php
	require("../Smarty/Smarty.class.php");			//调用 Smarty 文件
	class SmartyProject extends Smarty {			//定义类，继承 Smarty 父类
	function __construct(){				//定义构造方法，配置 Smarty 模板
		parent::__construct();			//调用父类构造方法
		$this->setTemplateDir("./");		//指定模板文件存储在根目录下
		$this->setCompileDir("../Smarty/templates_c/");//指定编译目录
		$this->setConfigDir("../Smarty/configs/");	//指定配置目录
		$this->setCacheDir("../Smarty/cache/");	//指定缓存目录
	}
	}
?>
```

在 system.inc.php 文件中对类进行实例化，根据返回的对象名称调用 Smarty 中的方法，返回对象名为$smarty，其代码如下：

```
<?php
	require("system.smarty.inc.php");			//调用类文件
	$smarty = new SmartyProject();			//执行类的实例化操作
?>
```

将配置方法封装到类中后，无论将程序复制到哪个服务器下执行，都不需要更改服务器或 Smarty 文件的绝对路径，即可直接运行。

【例 21.10】应用存储在类文件中的配置方法，使用 Smarty 中的 section 循环语句输出数据库中的数据。（**实例位置：资源包\TM\sl\21\10**）

（1）创建 index.php 动态页文件。首先，连接数据库，调用 Smarty 配置文件，通过 MySQL 数据库函数读取数据库中的数据，并把读取的数据存储到一个数组中。然后，应用 Smarty 中的 assign 方法将数组赋给指定的模板变量。最后，使用 Smarty 中的 display 方法指定模板页。

```
<?php
    include_once "conn/conn.php";                                                          //连接数据库
    require_once("system/system.inc.php");                                                 //调用指定的文件
    $result = mysqli_query($conn, "select * from tb_book where id order by id limit 3");   //执行 select 查询语句
    $array = array();                                                   //定义空数组
    while ($myrow = mysqli_fetch_array($result)) {
        array_push($array, $myrow);                                     //将读取的数据写入数组中
    }
    if (!$array) {
        $smarty->assign("iscommo", "F");                                //判断，如果执行失败，则输出模板变量 iscommo 的值为 F
    } else {
        $smarty->assign("iscommo", "T");                                //判断，如果执行成功，则输出模板变量 iscommo 的值为 T
    $smarty->assign("arraybook", $array);                               //定义模板变量 arraybook，输出数据库中的数据
    }
    $smarty->display('index.html');                                     //执行模板文件
?>
```

（2）创建 index.html 模板页。应用 Smarty 中的 section 循环语句读取模板变量中的数据，在模板页中输出从数据库中获取的数据。其关键代码如下：

```
{section name = bookid loop = $arraybook}
<tr>
    <td width="135" rowspan="5" align="center" valign="middle">
        <img src="{$arraybook[bookid].pics}" width="95" height="100" alt="{$arraybook[bookid].name}"
                style="border: 1px solid #f0f0f0;" />
    </td>
    <td height="35">图书名称：{$arraybook[bookid].name}</td>
</tr>
<tr>
    <td height="23">图书品牌：{$arraybbstell[bookid].brand}</td>
</tr>
<tr>
    <td width="160" height="23">剩余数量：{$arraybbstell[bookid].stocks}</td>
</tr>
<tr>
    <td height="23">市场价格：<font color="red">{$arraybbstell[bookid].m_price} 元</font></td>
</tr>
<tr>
    <td height="30">会员价格：<font color="#FF0000">{$arraybbstell[bookid].v_price} 元</font></td>
</tr>
{/section}
```

运行结果如图 21.11 所示。

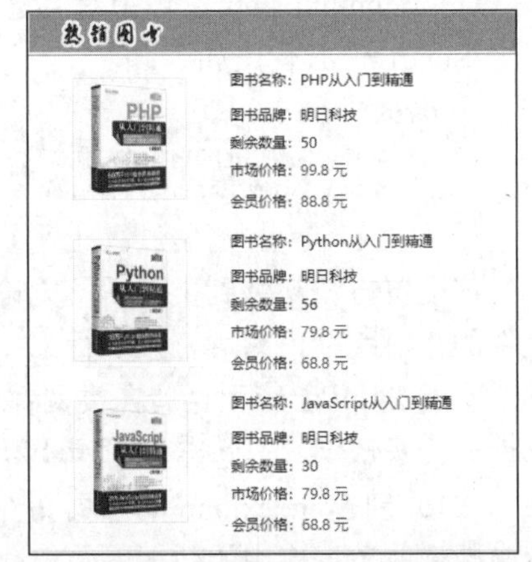

图 21.11　将 Smarty 的配置方法封装到类中

21.5.2　Smarty+ADODB 整合应用

下面介绍综合运用 Smarty 和 ADODB 技术，通过面向对象的方法完成 Smarty 模板的配置、ADODB 连接、操作 MySQL 数据库和分页的功能。

【例 21.11】应用 ADODB 连接操作 MySQL 数据库，应用分页类完成数据的分页输出，应用 Smarty 模板实现网页的动静分离。（**实例位置：资源包\TM\sl\21\11**）

（1）在 system 文件夹下创建 system.class.inc.php 文件，定义数据库的连接、操作和分页类；创建 system.smarty.inc.php 文

件，定义 Smarty 的配置类；创建 system.inc.php 文件，完成类的实例化操作，并返回实例化对象和数据库的连接标识。代码可参考本书资源包中的内容。

（2）创建 index.php 动态页。调用数据库连接类中的方法完成与数据库的连接；应用分页类中的方法，实现分页读取数据库中的数据；应用 Smarty 中的 assign 方法将从数据库中读取的数据赋给模板变量；最后应用 display 方法指定模板页。其代码如下：

```
<?php
	require_once("system/system.inc.php");                                          //调用指定的文件
	$shopping = $seppage->ShowDate("select * from tb_book order by id ", $conn, 3, isset($_GET["page"])?
	$_GET["page"]:1);                                                                //调用分页类中的方法，实现分页功能
	if (!$shopping) {
		$smarty->assign("istr", "F");
	} else {
		$smarty->assign("istr", "T");
		$smarty->assign("showpage", $seppage->ShowPage("图书", "本", "", "a1"));
                                                                                    //定义输出分页数据的模板变量 showpage
		$smarty->assign("shopping", $shopping);                                     //将返回的数组赋给模板变量
	}
	$smarty->assign('title', 'Smarty+Adodb 完成数据分页显示');
	$smarty->display('index.html');                                                 //指定模板页
?>
```

（3）创建 index.html 静态页，应用 section 循环语句循环输出模板变量中传递的数据，并输出分页超链接。其关键代码如下：

```
{if $istr == "T"}
<table width="380" height="134" border="0" cellspacing="0" cellpadding="0">
{section name = shopping_id loop = $shopping}
	<tr>
		<td width="135" rowspan="5" align="center" valign="middle">
			<img src="{$shopping[shopping_id]. pics}" width="95" height="100" alt="{$shopping[shopping_id].name}"
					style="border: 1px solid #f0f0f0;" />
		</td>
		<td height="35">图书名称：{$shopping[shopping_id].name}</td>
	</tr>
	<tr>
		<td height="23">图书品牌：{$shopping[shopping_id].brand}</td>
	</tr>
	<tr>
		<td width="160" height="23">剩余数量：{$shopping[shopping_id].stocks}</td>
	</tr>
	<tr>
		<td height="23">市场价格：<font color="red">{$shopping[shopping_id].m_price} 元</font></td>
	</tr>
	<tr>
		<td height="30">会员价格：{$shopping[shopping_id].v_price} 元</td>
	</tr>
{/section}
</table>
<table width="100%" height="22" border="0" align="center" cellpadding="0" cellspacing="0">
	<tr>
	<td align="center" class="STYLE4">  {$showpage}</td>
	</tr>
</table>
<hr style="border: 1px solid #f0f0f0;" />
{/if}
```

运行结果如图 21.12 所示。

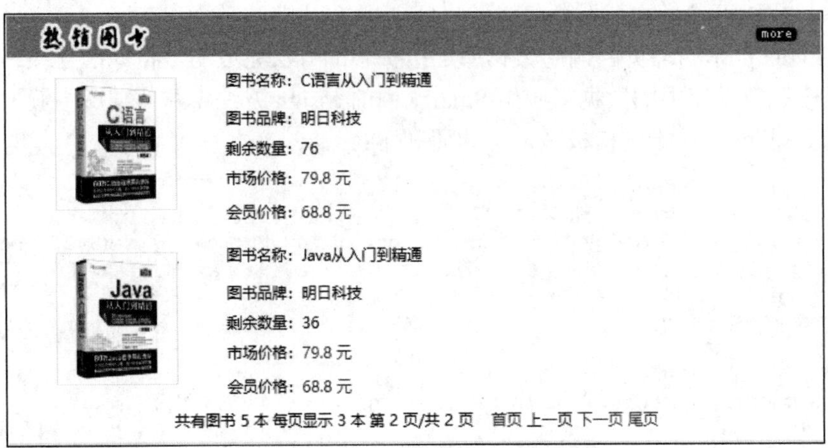

图 21.12 Smarty+ADODB 整合应用

21.6 实践与练习

（答案位置：资源包\TM\sl\21\实践与练习\）

综合练习 1：截取中文字符串

使用 truncate 方法截取中文字符串，输出数据表中存储的公告标题和公告内容。

综合练习 2：注册模板函数

使用 registerPlugin 函数以插件的形式注册模板函数，实现将数据表中的字符转换为 HTML 实体的功能。

第22章 PHP与XML技术

XML被称为第二代Web语言，是Web 2.0中的一项重要技术。无论是RSS订阅、Web Service，还是Ajax无刷新技术，都和XML有着直接的联系。通过PHP可以对XML进行全面的操作，通过学习本章内容，读者可以初步掌握PHP对XML文档的操作，为学习Ajax、SOAP等技术做好准备。

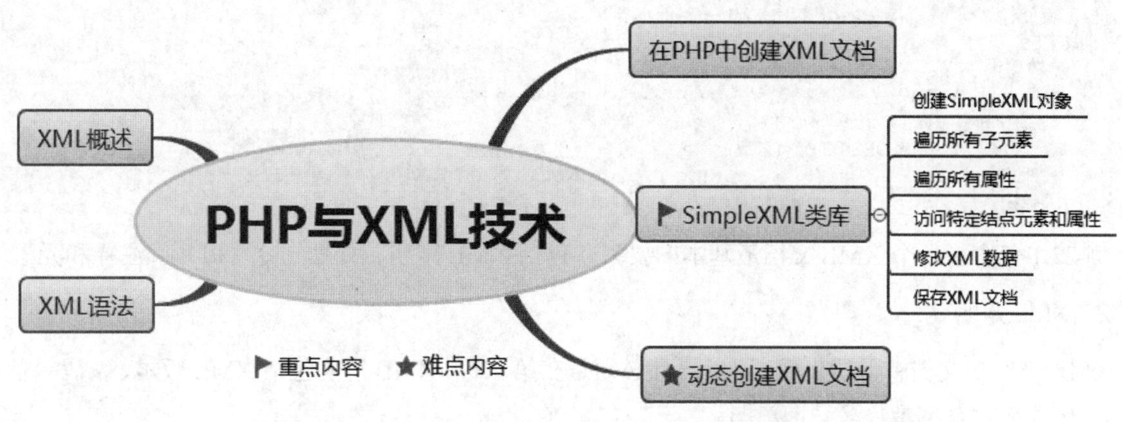

22.1 XML概述

XML（eXtensible Markup Language，可扩展性标记语言）是用来描述其他语言的语言，它允许用户设计自己的标记。XML是由互联网联合组织W3C于1998年2月发布的一种标准，其前身是SGML（Standard Generalized Markup Language，标准通用标记语言）。XML产生的原因是为了弥补HTML语言的不足，使网络语言更加规范化、多样化。

HTML语言被称为第一代Web语言，现在的版本为5.0，以后将不再更新，取而代之的是XHTML，而XHTML正是根据XML来制定的。XML有以下特点。

☑ 易用性：XML可以使用多种编辑器进行编写，包括记事本等所有的纯文本编辑器。

☑ 结构性：XML是具有层次结构的标记语言，包括多层的嵌套。

☑ 开放性：XML语言允许开发人员自定义标记，这使得不同的领域都可以有自己的特色方案。

☑ 分离性：XML语言将数据样式和数据内容分开保存、各自处理，使得基于XML的应用程序可以在XML文件中准确、高效地搜索相关的数据内容，忽略其他不相关部分。

22.2　XML 语法

XML 语法是 XML 语言的基础，是学好 XML 的前提条件。任何一门语言都有一些共同的特性，同样也有各自的语法特点。下面我们就来学习 XML 的语法特点。

1．XML 文档结构

在开始讲解 XML 语法之前，我们先来熟悉一下 XML 的文档结构。

【例 22.1】了解 XML 的文档结构。（**实例位置：资源包\TM\sl\22\1**）

```
<?xml version="1.0" encoding="gb2312" standalone="yes"?>
<?xml-stylesheet type="text/css" href="Book.css"?>
<!--下面的标签<计算机图书>就是这个 XML 文档的根目录-->
<计算机图书>
	<PHP>
		<书名>PHP 从入门到精通</书名>
		<价格 单位="元/本">99.80</价格>
		<出版时间>2022-03-01</出版时间>
	</PHP>
</计算机图书>
```

例 22.1 包含了一个 XML 文档最基本的要素，包括 XML 声明、处理指令（PI）、注释和元素等。

2．XML 声明

XML 声明在文档中只能出现一次，而且必须是在第一行。XML 声明包括 XML 版本、编码等信息。例 22.1 中的第一行就是该文档的声明。

```
<?xml version="1.0" encoding="gb2312" standalone="yes"?>
```

XML 声明中各部分的含义如表 22.1 所示。

表 22.1　XML 声明中各部分的含义

XML 声明部分	含　义
<?xml	表示 XML 声明的开始。xml 表示该文件是 XML 文件
version = "1.0"	XML 的版本说明，是声明中必不可少的属性，而且必须放到第一位
encoding = "gb2312"	编码声明。如果不声明该属性，XML 将默认使用 utf-8 来解析文档
standalone = "yes"	独立声明。如果该属性赋值 yes，则说明该 XML 文档不依赖于外部文档；如果该属性赋值为 no，则说明该文档有可能依赖于某个外部文档
?>	XML 声明的结束标记

3．处理指令

处理指令，顾名思义，就是如何处理 XML 文档的指令。有些 XML 分析器可能对 XML 文档的应用程序不做处理，这时可以先指定应用程序按照这个指令信息来处理，然后传给下一个应用程序。XML 声明其实就是一个特殊的处理指令。处理指令的格式如下：

```
<?处理指令名 处理执行信息?>
```

例 22.1 中的处理指令是：

```
<?xml-stylesheet type="text/css" href="Book.css"?>
```

☑ xml-stylesheet：样式表单处理指令，指明了该 XML 文档使用的样式表。

☑ type = "text/css"：设定文档使用的样式是 css。

☑ href = "Book.css"：设定样式文件的地址。

4．注释

XML 中的注释和 HTML 是一样的，使用“<!--”和“-->”作为开始和结束定界符。注释的用法十分简单，这里只介绍在使用注释时要注意的几个问题。

☑ 不能出现在 XML 声明之前。

☑ 不能出现在 XML 元素中间。例如：

```
<computer_book <!--这是错误的-->>
```

☑ 不能出现在属性列表中。

☑ 不能嵌套注释。

☑ 注释内容可以包含“<”“>”“&”等特殊字符，但不允许有“--”。

5．XML 元素

元素是每个 XML 文档不可或缺的部分，也是文档内容的基本单元。每个 XML 文档至少要包含一个元素。一般元素由 3 部分组成，格式如下：

```
<标签>数据内容</标签>
```

其中，<标签>为元素的开始标签，</标签>是元素的结束标签，中间的数据内容是元素的值。这里要注意的是标签的写法。

☑ <标签>和</标签>是成对出现的，这是 XML 严格定义的，不允许只有开始标签而没有结束标签。对于空元素，即两个标签之间没有数据，这时可以使用简短形式<标签/>。

☑ 英文标签名称只能由下画线“_”或英文字母开头，中文标签名称只能使用下画线“_”或汉字开头。名称中只能有下画线“_”、连接符“-”、点“.”和冒号“:”等特殊字符，也可以使用指定字符集下的合法字符。

☑ <标签>中不能有空格，< 标签>或</ 标签>都是错误的。

☑ <标签>对英文大小写敏感，<name>和<Name>是两个不同的标签。

6．XML 属性

XML 属性是 XML 元素中的内容，是可选的。XML 属性和 HTML 中的属性在功能上十分相似，但 XML 属性在格式上更加严格，使用上更加灵活。XML 属性的格式如下：

```
<标签 属性名="属性值" 属性名=""…>内容</标签>
```

这里要注意以下两点。

☑ 属性名和属性值必须成对出现，不像 HTML 中有些属性，可以不需要值而单独存在。对于

XML 来说这是不允许的。如果没有值，写成“属性名 =""”也可以。

☑ 属性值必须用引号括起来，通常使用双引号，除非属性值本身包含了双引号，这时可以用单引号来代替。

7．使用 CDATA 标记

在 XML 中，特殊字符“>”“<”“&”的输入需要使用实体引用来处理，实体引用就是使用“&…;”的形式来代替那些特殊字符。表 22.2 是 XML 中用到的实体引用。

表 22.2　XML 中的实体引用

实 体 参 考	字　符	实 体 参 考	字　符
<	<	"	"
>	>	&	&
'	'		

如果遇到大量的特殊符号需要输入，使用这种方法就不太实际了。XML 中提供了 CDATA（character data，字符数据）标记，在 CDATA 标记段中的内容都会被当作纯文本数据处理。CDATA 标记的格式如下：

```
<![CDATA[
    …
]]>
```

【例 22.2】分别使用实体引用和 CDATA 标记来显示特殊符号。（**实例位置：资源包\TM\sl\22\2**）

```
<?xml version="1.0" encoding="GB2312"?>
<exam>
    <实体引用>这里必须使用引用“&lt;”、“&gt;”、“&amp;”</实体引用>
    <CDATA 标记>
    <![CDATA[
        这里可以正常输出“<”、“>”、“&”。
    ]]>
    </CDATA 标记>
</exam>
```

注意

在 CDATA 标记段内不允许出现“]]>”，否则，XML 会认为 CDATA 标记段已结束。

8．XML 命名空间

命名空间通过在元素前面增加一个前缀来保证元素和属性的唯一性，它的最重要用途是融会不同的 XML 文档。命名空间的格式如下：

```
<标签名称 xmlns:前缀名称="URL">
```

【例 22.3】对元素<外语图书>使用命名空间。（**实例位置：资源包\TM\sl\22\3**）

```
<?xml version="1.0" encoding="gb2312" standalone="yes"?>
<外语图书 xmlns:frn="http://www.bccd.com/foreign">
    <frn:English>
```

```
            <frn:书名>超实用英语口语 1000 句</frn:书名>
            <frn:价格  货币种类="RMB"  单位="4 本">59.80</frn:价格>
            <frn:出版时间>2022-07-01</frn:出版时间>
        </frn:English>
</外语图书>
```

22.3　在 PHP 中创建 XML 文档

PHP 不仅可以生成动态网页，也可以生成 XML 文档。下面介绍 PHP 是如何生成 XML 的。

【例 22.4】 输出一个简单的 XML 文档。（**实例位置：资源包\TM\sl\22\4**）

```
<?php
    header('Content-type:text/xml');
    echo '<?xml version="1.0" encoding="gb2312" ?>';
    echo '<计算机图书>';
    echo '<PHP>';
    echo '<书名>PHP 从入门到精通</书名>';
    echo '<价格>99.80RMB</价格>';
    echo '<出版日期>2022-03-01</出版日期>';
    echo '</PHP>';
    echo '</计算机图书>';
?>
```

从上述代码可以看到，在 PHP 中生成 XML 文档非常简单。运行结果如图 22.1 所示。

```
▼<计算机图书>
  ▼<PHP>
     <书名>PHP从入门到精通</书名>
     <价格>99.80RMB</价格>
     <出版日期>2022-03-01</出版日期>
   </PHP>
 </计算机图书>
```

图 22.1　在 PHP 中创建 XML 文档

22.4　SimpleXML 类库

PHP 对 XML 格式的文档进行操作有很多方法，如 XML 语法解析函数、DOMXML 函数和 SimpleXML 函数等。本节就使用 SimpleXML 系列函数来实现对 XML 文档的读写和浏览。

22.4.1　创建 SimpleXML 对象

创建 SimpleXML 对象的方法有以下 3 种。

☑　Simplexml_load_file()函数，将指定的文件解析到内存中。

☑　Simplexml_load_string()函数，将创建的字符串解析到内存中。

☑　Simplexml_import_dom()函数，将一个使用 DOM 函数创建的 DomDocument 对象导入内存中。

【例 22.5】先使用 3 个函数创建 3 个对象，然后使用 print_r 来输出这 3 个对象。（**实例位置：资源包\TM\sl\22\5**）

```
<?php
    header("Content-Type:text/html; charset = utf-8");                    //设置编码
    /*第一种方法*/
    $xml_1 = simplexml_load_file("5.xml");
    print_r($xml_1);
    /*第二种方法*/
    $str = <<<XML
    <?xml version='1.0' encoding='gb2312'?>
    <Object>
        <ComputerBook>
            <title>PHP 从入门到精通</title>
        </ComputerBook>
    </Object>
    XML;
    $xml_2 = simplexml_load_string($str);
    echo '<p>';
    print_r($xml_2);
    /*第三种方法*/
    $dom = new domDocument();
    $dom -> loadXML($str);
    $xml_3 = simplexml_import_dom($dom);
    echo '<p>';
    print_r($xml_3);
?>
```

结果为：

```
SimpleXMLElement Object([ComputerBook] => SimpleXMLElement Object([title] => PHP 从入门到精通))
SimpleXMLElement Object([ComputerBook] => SimpleXMLElement Object([title] => PHP 从入门到精通))
SimpleXMLElement Object([ComputerBook] => SimpleXMLElement Object([title] => PHP 从入门到精通))
```

可以看到，不同数据源的 XML 只要结构相同，那么输出的结果也是相同的。

注意

第一行中的 header()函数设置了 HTML 编码。虽然在 XML 文档中设置了编码格式，但只是针对 XML 文档的，在 HTML 输出时也要设置编码格式。

22.4.2 遍历所有子元素

创建对象后，可以使用 SimpleXML 的其他函数来读取数据。使用 SimpleXML 对象的 children()函数和 foreach 循环语句可以遍历所有子结点元素。

【例 22.6】使用 children()函数遍历所有子结点。（**实例位置：资源包\TM\sl\22\6**）

```
<?php
    header('Content-Type:text/html; charset = utf-8');                    //设置编码
    /*创建 XML 格式的字符串*/
    $str = <<<XML
    <?xml version='1.0' encoding='gb2312'?>
    <object>
        <book>
```

```
                <computerbook>PHP 从入门到精通</computerbook>
            </book>
            <book>
                <computerbook>PHP 项目开发全程实录</computerbook>
            </book>
    </object>
    XML;
    /*  ***************************  */
    $xml = simplexml_load_string($str);                               //创建一个 SimpleXML 对象
    foreach($xml->children() as $layer_one) {                         //循环输出根结点
        print_r($layer_one);                                          //查看结点结构
        echo '<br>';
        foreach($layer_one->children() as $layer_two) {               //循环输出第二层根结点
            print_r($layer_two);                                      //查看结点结构
            echo '<br>';
        }
    }
?>
```

运行结果如图 22.2 所示。

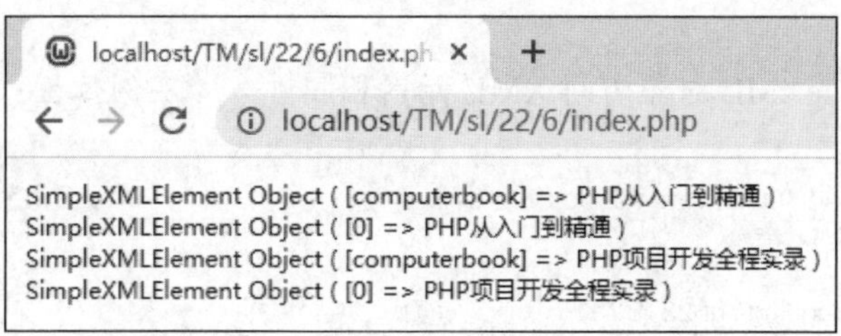

图 22.2　遍历结点

22.4.3　遍历所有属性

SimpleXML 不仅可以遍历子元素，还可以遍历元素中的属性，其使用的是 SimpleXML 对象中的 attributes()方法，在使用方法上和 children()函数相似。

【例 22.7】使用 attributes()方法来遍历所有的元素属性。（**实例位置：资源包\TM\sl\22\7**）

```
<?php
    header("Content-Type:text/html; charset = utf-8");                 //设置编码
    /*创建 XML 格式的字符串*/
    $str = <<<XML
    <?xml version='1.0' encoding='gb2312'?>
    <object name='commodity'>
        <book type='computerbook'>
            <bookname name='PHP 从入门到精通'/>
        </book>
        <book type='historybook'>
            <booknanme name='上下五千年'/>
        </book>
    </object>
    XML;
    $xml = simplexml_load_string($str);                                 //创建一个 SimpleXML 对象
    foreach($xml->children() as $layer_one) {                           //循环子结点元素
        foreach($layer_one->attributes() as $name => $vl) {             //输出各个结点的属性和值
            echo $name.'::'.$vl;
```

```
            }
            echo '<br>';
                foreach($layer_two->attributes() as $nm => $vl) {                    //输出各个结点的属性和值
                    echo $nm."::".$vl;
                }
                echo '<br>';
            }
        }
?>
```

运行结果如图 22.3 所示。

图 22.3　遍历子元素属性

22.4.4　访问特定结点元素和属性

SimpleXML 对象除了可以使用上面两个方法来遍历所有的结点元素和属性，还可以访问特定的数据元素。SimpleXML 对象可以通过子元素的名称对该子元素赋值，或使用子元素的名称数组来对该子元素的属性赋值。

【例 22.8】使用 SimpleXML 对象访问 XML 元素和属性。（**实例位置：资源包\TM\sl\22\8**）

```
<?php
    header('Content-Type:text/html; charset = utf-8');                        //设置编码
    /*创建 XML 格式的字符串*/
    $str = <<<XML
    <?xml version='1.0' encoding='gb2312'?>
    <object name='商品'>
        <book>
            <computerbook>PHP 从入门到精通</computerbook>
        </book>
        <book>
            <computerbook name='PHP 项目开发全程实录'/>
        </book>
    </object>
    XML;
    /*   ***************************   */
    $xml = simplexml_load_string($str);                                       //创建 SimpleXML 对象
    echo $xml['name'].'<br>';                                                 //输出根元素的属性 name
    echo $xml->book[0]->computerbook.'<br>';                                  //输出子元素中 computerbook 的值
    echo $xml->book[1]->computerbook['name'].'<br>';                          //输出 computerbook 的属性值
?>
```

运行结果如图 22.4 所示。

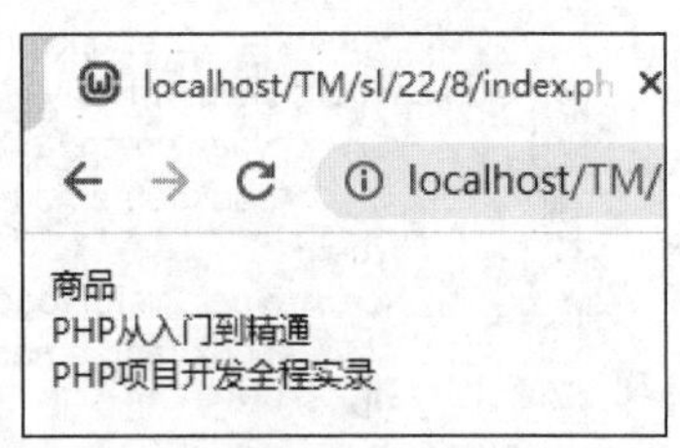

图 22.4　访问特定的结点元素和属性

22.4.5　修改 XML 数据

修改 XML 数据的方法同读取 XML 数据的方法类似，下面我们来看一个例子。

【例 22.9】先读取 XML 文档，然后输出根元素属性 name，接着修改子元素 computerbook，最后输出修改后的值。（**实例位置：资源包\TM\sl\22\9**）

```
<?php
    header('Content-Type:text/html; charset = utf-8');                    //设置编码格式
    $str = <<<XML                                                          //创建 XML 格式的字符串
    <?xml version='1.0' encoding='utf-8'?>
    <object name='商品'>
        <book>
            <computerbook type='PHP 入门应用'>PHP 从入门到精通</computerbook>
        </book>
    </object>
    XML;
    /* **************************** */
    $xml = simplexml_load_string($str);                                   //创建 SimpleXML 对象
    echo $xml['name'].'<br />';                                            //输出根目录属性 name 的值
    /*修改子元素 computerbook 的属性值 type*/
    $xml->book->computerbook['type'] = 'PHP 程序员必备工具';
    /*修改子元素 computerbook 的值*/
    $xml->book->computerbook = 'PHP 函数参考大全';
    /*输出修改后的属性和元素值*/
    echo $xml->book->computerbook['type'].' => ';
    echo $xml->book->computerbook;
?>
```

运行结果如图 22.5 所示。

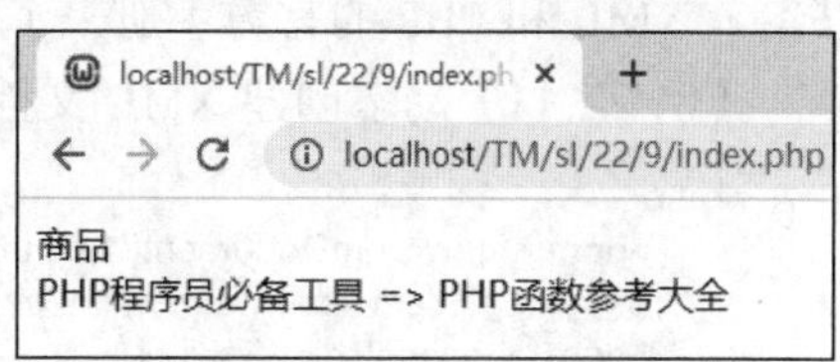

图 22.5　修改元素和属性值

22.4.6　保存 XML 文档

数据在 SimpleXML 对象中所做的修改，其实是在系统内存中做的改动，原文档其实没有变化。当用户关闭网页或清空内存时，数据又会恢复。要保存一个修改过的 SimpleXML 对象，可以使用 asXML()方法来实现。该方法可以先将 SimpleXML 对象中的数据格式转换为 XML 格式，再使用 file()函数中的写入函数将数据保存到 XML 文件中。

【例 22.10】先从 10.xml 文档中生成 SimpleXML 对象，然后对 SimpleXML 对象中的元素进行修改，最后将已修改的 SimpleXML 对象保存到 10.xml 文档中。（**实例位置：资源包\TM\sl\22\10**）

```
//10.xml 文档
    <?xml version="1.0" encoding="utf-8"?>
    <object name="商品">
        <book>
            <computerbook type="PHP 入门应用">PHP 从入门到精通</computerbook>
        </book>
    </object>
//index.php 文件
<?php
    $xml = simplexml_load_file('10.xml');                                 //创建 SimpleXML 对象
    $xml->book->computerbook['type'] = 'PHP 程序员必备工具';               //修改 XML 文档内容
    $xml->book->computerbook = 'PHP 函数参考大全';
    $modi = $xml->asXML();                                                //格式化对象$xml
    file_put_contents('10.xml', $modi);                                   //将对象保存到 10.xml 文档中
    $str = file_get_contents('10.xml');                                   //重新读取 10.xml 文档
    echo $str;                                                            //输出修改后的文档内容
?>
```

运行结果如图 22.6 所示。

```
▼<object name="商品">
  ▼<book>
     <computerbook type="PHP程序员必备工具">PHP函数参考大全</computerbook>
   </book>
 </object>
```

图 22.6　保存 SimpleXML 对象

22.5　动态创建 XML 文档

使用 SimpleXML 对象可以十分方便地读取和修改 XML 文档，但无法动态建立 XML，为了动态创建 XML 文档就需要使用 DOM（document object model，文档对象模型）。DOM 通过树形结构模式来遍历 XML 文档。使用 DOM 遍历文档的好处是不需要标记即可显示全部内容，但缺点同样明显，就是十分消耗内存。

PHP 中的 DOM 函数库十分庞大，这里只给出一个常用的创建 XML 文档的实例。感兴趣的读者可以参考 XML 和 PHP 的官方手册来了解 DOM 的知识。

【例 22.11】动态创建 XML 文档。（**实例位置：资源包\TM\sl\22\11**）

```
<?php
    $dom = new DomDocument('1.0', utf-8);                          //创建 DOM 对象
    $object = $dom->createElement('object');                       //创建根结点 object
    $dom->appendChild($object);                                    //将创建的根结点添加到 DOM 对象中
    $book = $dom->createElement('book');                           //创建结点 book
    $object->appendChild($book);                                   //将结点 book 追加到 DOM 对象中
    $computerbook = $dom->createElement('computerbook');           //创建结点 computerbook
    $book->appendChild($computerbook);                             //将 computerbook 追加到 DOM 对象中
    $type = $dom->createAttribute('type');                         //创建一个结点属性 type
    $computerbook->appendChild($type);                             //将属性追加到 computerbook 元素后
    $type_value = $dom->createTextNode('computer');                //创建一个属性值
    $type->appendChild($type_value);                               //将属性值赋给 type
    $bookname = $dom->createElement('bookname');                   //创建结点 bookname
    $computerbook->appendChild($bookname);                         //将结点追加到 DOM 对象中
    $bookname_value = $dom->createTextNode('PHP 从入门到精通');      //创建元素值
    $bookname->appendChild($bookname_value);                       //将值赋给结点 bookname
    echo $dom->save('index.xml')?'保存成功':'保存失败';               //保存为 XML 文档
?>
```

运行实例，在当前文件夹下会动态创建一个 index.xml 文件，运行该文件，结果如图 22.7 所示。

```
▼<object>
  ▼<book>
    ▼<computerbook type="computer">
       <bookname>PHP从入门到精通</bookname>
     </computerbook>
   </book>
 </object>
```

图 22.7　使用 DOM 创建 XML 文档

22.6　实践与练习

（答案位置：资源包\TM\sl\22\实践与练习\）

综合练习 1：实现简易留言本

定义一个 PHP 读取 XML 类，实现添加留言、查看留言和删除留言的操作。

综合练习 2：创建 XML 文档保存用户信息

使用 DOM 动态创建一个 XML 文档，文档中包括姓名、性别和年龄等用户信息。

第 23 章

PHP 与 Ajax 技术

本章将介绍 Ajax 技术及如何在 PHP 中应用 Ajax 技术。Ajax 是 PHP 动态网站开发中的一项高级技术，读者应该认真学习并掌握。例如，使用 Ajax 技术可以实现很多无刷新数据更新效果，增强页面的友好感。另外，Ajax 是一种客户端技术，无论使用哪种服务器端技术（如 PHP、ASP 等），都可以使用 Ajax 技术。

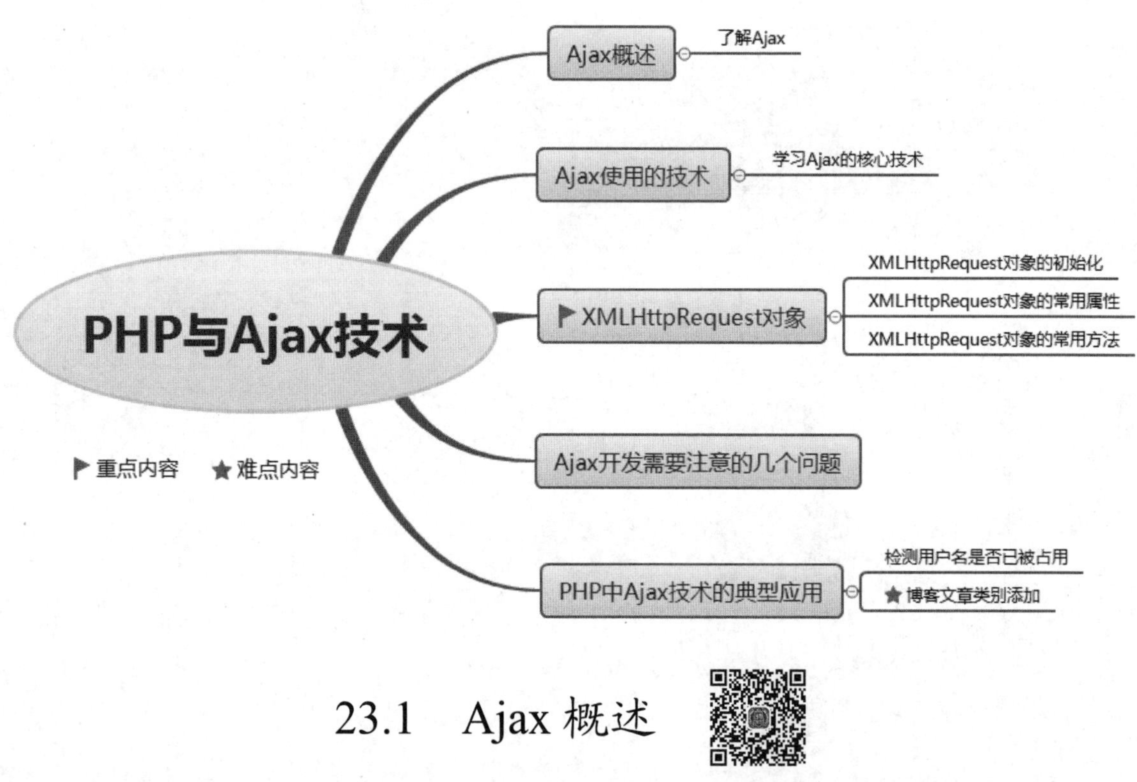

23.1 Ajax 概述

Ajax 技术可以极大地改善传统 Web 应用的用户体验，充分发掘 Web 浏览器的潜力，大量实现新的可能性。

1. 什么是 Ajax

Ajax 是 Asynchronous JavaScript And XML 的缩写，由 Jesse James Garrett 创造，含义是异步 JavaScript 和 XML 技术。Ajax 是 JavaScript、XML、CSS、DOM 等多种已有技术的组合，可以实现客户端的异步请求操作，在不需要刷新页面的情况下与服务器进行通信，从而减少用户的等待时间。

2. Ajax 的开发模式

在传统的 Web 应用模式中，用户在页面中的每一次操作都将触发一次返回 Web 服务器的 HTTP 请求，服务器进行相应的处理（获得数据、运行与不同的系统会话）后，返回一个 HTML 页面给客户端，如图 23.1 所示。而在 Ajax 应用中，用户在页面中的操作先通过 Ajax 引擎与服务器端进行通信，然后将返回结果提交给客户端页面的 Ajax 引擎，再由 Ajax 引擎决定将这些数据插入页面的指定位置，如图 23.2 所示。

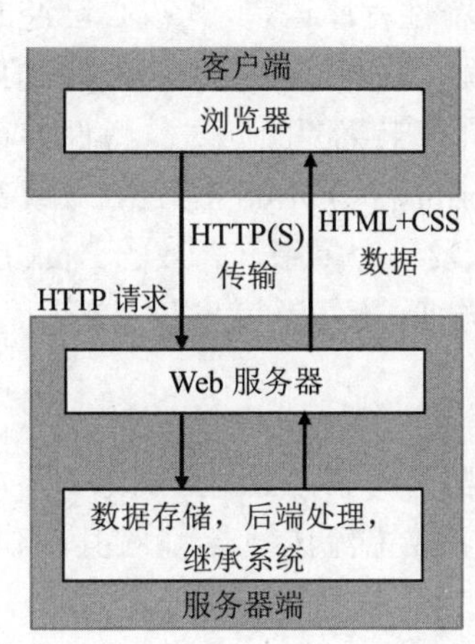

图 23.1　传统的 Web 开发模式

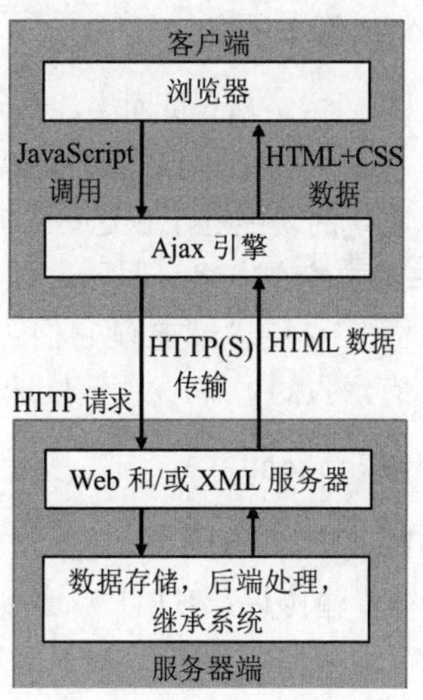

图 23.2　Ajax 的开发模式

从图 23.1 和图 23.2 中可以看出，对于每个用户的行为，在传统的 Web 应用模式中，将生成一次 HTTP 请求，而在 Ajax 应用开发模式中，将变成对 Ajax 引擎的一次 JavaScript 调用。在 Ajax 应用开发模式中，通过 JavaScript 可实现在不刷新整个页面的情况下，对部分数据进行更新，从而降低网络流量，带来更好的用户体验。

3. Ajax 的优点

与传统的 Web 应用不同，Ajax 在用户与服务器之间引入了一个中间媒介（即 Ajax 引擎），Web 页面不需要中断交互流程和进行重新加载，即可动态地更新页面，从而消除了网络交互过程中“处理→等待→处理→等待”的缺点。

使用 Ajax 的优点具体表现在以下几个方面。

- ☑ 可以减轻服务器的负担。Ajax 的原则是“按需求获取数据”，可以最大限度地减少冗余请求和响应对服务器造成的负担。
- ☑ 可以把一部分以前由服务器负担的工作转移到客户端，利用客户端闲置的资源进行处理，减轻服务器和带宽的负担，节约空间和宽带租用成本。
- ☑ 可以无刷新更新页面。Ajax 使用 XMLHttpRequest 对象发送请求，并得到服务器响应，在不需要重新载入整个页面的情况下，即可通过 DOM 及时将更新的内容显示在页面上。
- ☑ 可以调用 XML 等外部数据，进一步实现 Web 页面显示和数据的分离。
- ☑ 是基于标准化并被广泛支持的技术，不需要用户下载插件或者小程序。

23.2　Ajax 使用的技术

Ajax 是 XMLHttpRequest 对象和 JavaScript、XML 语言、DOM、CSS 等多种技术的组合。下面对 Ajax 使用的技术进行简要介绍。

1. JavaScript 脚本语言

JavaScript 是一种在 Web 页面中添加动态脚本代码的解释性程序语言，其核心已经嵌入目前主流的 Web 浏览器中。虽然平时应用最多的是通过 JavaScript 实现一些网页特效及表单数据验证等功能，但 JavaScript 可以实现的功能远不止这些。JavaScript 是一种具有丰富的面向对象特性的程序设计语言，利用它能执行许多复杂的任务。例如，Ajax 就是利用 JavaScript 将 DOM、XHTML（或 HTML）、XML 以及 CSS 等技术综合起来，并控制它们的行为。因此，要开发一个复杂、高效的 Ajax 应用程序，就必须对 JavaScript 有深入的了解。关于 JavaScript 脚本语言的详细讲解可参考相关书籍。

2. XMLHttpRequest

Ajax 技术中，最核心的技术就是 XMLHttpRequest，它是一个具有应用程序接口的 JavaScript 对象，能够使用超文本传输协议（HTTP）连接服务器。现在大多数主流浏览器都对其提供了支持。关于 XMLHttpRequest 对象的使用将在 23.3 节进行详细介绍。

3. XML 语言

XML 语言提供了用于描述结构化数据的格式。XMLHttpRequest 对象与服务器交换的数据通常采用 XML 格式，但也可以是基于文本的其他格式。

4. DOM

DOM 为 XML 文档的解析定义了一组接口。解析器先读入整个文档，然后构建一个驻留内存的树结构，最后通过 DOM 遍历树，以获取来自不同位置的数据。可以添加、修改、删除、查询和重新排列树及其分支。另外，还可以根据不同类型的数据源来创建 XML 文档。在 Ajax 应用中，通过 JavaScript 操作 DOM，可以达到在不刷新页面的情况下实时修改用户界面的目的。

5. CSS

CSS 是 cascading style sheet（层叠样式表）的缩写，用于控制网页样式并允许将样式信息与网页内容分离的一种标记性语言。在 Ajax 中，通常使用 CSS 进行页面布局，并通过改变文档对象的 CSS 属性控制页面的外观和行为。CSS 是 Ajax 开发人员所需要掌握的重要语言，它提供了从内容中分离应用样式和设计的机制。虽然 CSS 在 Ajax 应用中扮演着至关重要的角色，但它也是构建跨浏览器应用的一大阻碍，因为不同的浏览器支持不同级别的 CSS。

23.3　XMLHttpRequest 对象

XMLHttpRequest 是 Ajax 最核心的技术，它是一个具有应用程序接口的 JavaScript 对象，能够使用超文本传输协议（HTTP）连接一个服务器，是微软公司为了满足开发者的需要，于 1999 年在 IE 5.0 浏览器中率先推出的。现在许多浏览器都对其提供了支持。使用 XMLHttpRequest 对象，Ajax 可以像桌面应用程序一样只同服务器进行数据层面的交换，而不用每次都刷新页面，也不用每次都将数据处理的工作交给服务器来做，这样既减轻了服务器负担又加快了响应速度、缩短了用户等待的时间。

23.3.1　XMLHttpRequest 对象的初始化

在使用 XMLHttpRequest 对象发送请求和处理响应之前，需要初始化该对象。主流浏览器（如 Firefox、Opera、Mozilla、Safari）把 XMLHttpRequest 对象实例化为一个本地 JavaScript 对象。具体方法如下：

```
var http_request = new XMLHttpRequest();
```

23.3.2　XMLHttpRequest 对象的常用属性

XMLHttpRequest 对象提供了一些常用属性，通过这些属性可以获取服务器的响应状态及响应内容等，下面将对 XMLHttpRequest 对象的常用属性进行介绍。

1．指定状态改变时所触发的事件处理器的属性

XMLHttpRequest 对象提供了用于指定状态改变时所触发的事件处理器的属性 onreadystatechange。在 Ajax 中，每个状态改变时都会触发这个事件处理器，通常会调用一个 JavaScript 函数。

通过下面的代码可以实现当指定状态改变时所要触发的 JavaScript 函数，如 getResult()。

```
http_request.onreadystatechange = getResult;                    //当状态改变时执行 getResult()函数
```

在上面的代码中，http_request 为 XMLHttpRequest 对象。

2．获取请求状态的属性

XMLHttpRequest 对象提供了用于获取请求状态的属性 readyState，该属性共包括 5 个属性值，如表 23.1 所示。

表 23.1　readyState 属性的属性值

值	意　义	值	意　义
0	未初始化	1	正在加载
2	已加载	3	交互中
4	完成		

在实际应用中，该属性经常用于判断请求状态，当请求状态等于 4，也就是为完成时，再判断请求是否成功，如果成功则开始处理返回结果。

3．获取服务器的字符串响应的属性

XMLHttpRequest 对象提供了用于获取服务器响应的属性 responseText，表示为字符串。例如，获取服务器返回的字符串响应，并赋值给变量 result，可以使用下面的代码：

```
var result=http_request.responseText;                    //获取服务器返回的字符串响应
```

在上面的代码中，http_request 为 XMLHttpRequest 对象。

4．获取服务器的 XML 响应的属性

XMLHttpRequest 对象提供了用于获取服务器响应的属性 responseXML，表示为 XML。这个对象可以解析为一个 DOM 对象。例如，获取服务器返回的 XML 响应，并赋值给变量 xmldoc，可以使用下面的代码：

```
var xmldoc = http_request.responseXML;                   //获取服务器返回的 XML 响应
```

在上面的代码中，http_request 为 XMLHttpRequest 对象。

5．返回服务器的 HTTP 状态码的属性

XMLHttpRequest 对象提供了用于返回服务器的 HTTP 状态码的属性 status。该属性的语法格式如下：

```
http_request.status
```

☑ http_request：XMLHttpRequest 对象。

☑ 返回值：长整型的数值，代表服务器的 HTTP 状态码。常用的状态码如表 23.2 所示。

表 23.2　status 属性的状态码

值	意　义	值	意　义
100	继续发送请求	200	请求已成功
202	请求被接受，但尚未成功	400	错误的请求
404	文件未找到	408	请求超时
500	内部服务器错误	501	服务器不支持当前请求所需要的某个功能

注意

status 属性只在 send()方法返回成功时才有效。

status 属性常用于当请求状态为完成时，判断当前的服务器状态是否成功。代码如下：

```
<script type="text/javascript">
    if (http_request.readyState == 4) {                  //当请求状态为完成时
        if (http_request.status == 200) {                //请求成功，开始处理返回结果
            alert("请求成功！");
        } else{                                          //请求未成功
            alert("请求未成功！");
```

```
        }
    }
</script>
```

23.3.3　XMLHttpRequest 对象的常用方法

XMLHttpRequest 对象提供了一些常用的方法，通过这些方法可以对请求进行操作。下面对 XMLHttpRequest 对象的常用方法进行介绍。

1．创建新请求的方法

open()方法用于设置进行异步请求目标的 URL、请求方法以及其他参数信息，具体语法如下：

```
open("method","URL"[,asyncFlag[,"userName"[, "password"]]])
```

open()方法的参数说明如表 23.3 所示。

表 23.3　open()方法的参数说明

参　数	说　明
method	用于指定请求的类型，一般为 GET 或 POST
URL	用于指定请求地址，可以使用绝对地址或者相对地址，并且可以传递查询字符串
asyncFlag	为可选参数，用于指定请求方式，异步请求为 true，同步请求为 false，默认为 true
userName	为可选参数，用于指定请求用户名，没有时可省略
password	为可选参数，用于指定请求密码，没有时可省略

例如，设置异步请求目标为 user.html，请求方法为 GET，请求方式为异步，代码如下：

```
http_request.open("GET","user.html",true);                    //设置异步请求，请求方法为 GET
```

2．向服务器发送请求的方法

send()方法用于向服务器发送请求。如果请求声明为异步，该方法将立即返回，否则将等到接收到响应为止。send()方法的语法格式如下：

```
send(content)
```

参数 content 用于指定发送的数据，可以是 DOM 对象的实例、输入流或字符串。如果没有参数需要传递，可以设置为 null。

例如，向服务器发送一个不包含任何参数的请求，可以使用下面的代码：

```
http_request.send(null);                    //向服务器发送一个不包含任何参数的请求
```

3．设置请求的 HTTP 头的方法

setRequestHeader()方法用于为请求的 HTTP 头设置值。setRequestHeader()方法的具体语法格式如下：

```
setRequestHeader("header", "value")
```

☑　header：用于指定 HTTP 头。

☑ value：用于为指定的 HTTP 头设置值。

说明

setRequestHeader()方法必须在调用 open()方法之后才能调用。

例如，在发送 POST 请求时，需要设置 Content-Type 请求头的值为"application/x-www-form-urlencoded"，这时就可以通过 setRequestHeader()方法进行设置，具体代码如下：

```
//设置 Content-Type 请求头的值
http_request.setRequestHeader("Content-Type","application/x-www-form-urlencoded");
```

4．停止或放弃当前异步请求的方法

abort()方法用于停止或放弃当前异步请求。其语法格式如下：

```
abort()
```

例如，要停止当前异步请求可以使用下面的语句：

```
http_request.abort();                                    //停止当前异步请求
```

5．返回 HTTP 头信息的方法

XMLHttpRequest 对象提供了两种返回 HTTP 头信息的方法，分别是 getResponseHeader()方法和 getAllResponseHeaders()方法。下面分别进行介绍。

1）getResponseHeader()方法

getResponseHeader()方法用于以字符串形式返回指定的 HTTP 头信息。其语法格式如下：

```
getResponseHeader("headerLabel")
```

参数 headerLabel 用于指定 HTTP 头，包括 Server、Content-Type 和 Date 等。

说明

getResponseHeader()方法必须在调用 send()方法之后才能调用。

例如，要获取 HTTP 头 Content-Type 的值，可以使用以下代码：

```
http_request.getResponseHeader("Content-Type");          //获取 HTTP 头 Content-Type 的值
```

如果请求的是 HTML 文件，上面的代码将获取到以下内容：

```
text/html
```

2）getAllResponseHeaders()方法

getAllResponseHeaders()方法用于以字符串形式返回完整的 HTTP 头信息。该方法的语法格式如下：

```
getAllResponseHeaders()
```

说明

getAllResponseHeaders()方法只有在调用 send()方法之后才能调用。

23.4　Ajax 开发需要注意的几个问题

Ajax 在开发过程中需要注意以下几个问题。

1．XMLHttpRequest 对象封装问题

Ajax 技术的实现主要依赖于 XMLHttpRequest 对象，但在调用其进行异步数据传输时，因为 XMLHttpRequest 对象的实例在处理事件完成后就会被销毁，所以如果不对该对象进行封装处理，在下次需要调用它时就要重新构建，而且每次调用都需要编写一大段代码，使用起来很不方便。现在很多开源的 Ajax 框架都提供了对 XMLHttpRequest 对象的封装方案，其详细内容这里不做介绍，请参考相关资料。

2．性能问题

由于 Ajax 将大量的计算从服务器端移到了客户端，这就意味着浏览器将承受更大的负担，而不再是只负责简单的文档显示。由于 Ajax 的核心语言是 JavaScript，而 JavaScript 并不以高性能知名，且 JavaScript 对象也不是轻量级的，特别是 DOM 元素耗费了大量的内存。因此，如何提高 JavaScript 代码的性能对 Ajax 开发者来说尤为重要。下面介绍 3 种优化 Ajax 应用执行速度的方法。

☑ 优化 for 循环。

☑ 将 DOM 结点附加到文档上。

☑ 尽量减少点操作符“.”的使用。

3．中文编码问题

Ajax 不支持多种字符集，它默认的字符集是 utf-8，所以在应用 Ajax 技术的程序中应及时进行编码转换，否则程序中出现的中文字符将变成乱码。一般情况下，以下两种情况将产生中文乱码。

☑ PHP 发送中文，Ajax 接收。只需在 PHP 顶部添加如下语句，XMLHttpRequest 就会正确解析其中的中文。

```
header('Content-type: text/html; charset=utf-8');                    //指定发送数据的编码格式
```

☑ Ajax 发送中文，PHP 接收。这个比较复杂，需要在 Ajax 中先用 encodeURIComponent 对提交的中文进行编码，然后在 PHP 页面添加如下代码：

```
$GB2312string=iconv('UTF-8', 'gb2312//IGNORE', $RequestAjaxString);
```

PHP 选择 MySQL 数据库时，使用如下语句设置数据库的编码类型：

```
mysqli_query($conn, "set names gb2312");
```

23.5　PHP 中 Ajax 技术的典型应用

23.5.1　检测用户名是否已被占用

【例 23.1】通过 Ajax 技术实现不刷新页面检测用户名是否被占用。（**实例位置：资源包\TM\sl\23\1**）

（1）创建 XMLHttpRequest 对象并发送请求，代码如下：

```
<script type="text/javascript">
var http_request = false;
function createRequest(url) {                                    //初始化对象并发送 XMLHttpRequest 请求
    http_request = false;
    http_request = new XMLHttpRequest();

    if (!http_request) {
        alert("不能创建 XMLHTTP 实例!");
        return false;
    }
    http_request.onreadystatechange = alertContents;             //指定响应方法
    //发送 HTTP 请求
    http_request.open("GET", url, true);
    http_request.send(null);
}
function alertContents() {                                       //处理服务器返回的信息
    if (http_request.readyState == 4) {
        if (http_request.status == 200) {
            alert(http_request.responseText);
        } else {
            alert('您请求的页面发现错误');
        }
    }
}
</script>
```

（2）编写 JavaScript 的自定义函数 checkName()，用于检测用户名是否为空，当用户名不为空时，调用 createRequest()函数发送请求，检测用户名是否存在，代码如下：

```
<script type="text/javascript">
function checkName() {
    var username = form1.username.value;
    if (username == "") {
        window.alert("请填写用户名!");
        form1.username.focus();
        return false;
    }
    else {
        createRequest('checkname.php?username='+username+'&nocache='+new Date().getTime());
    }
}
</script>
```

在上面的代码中，必须添加清除缓存的代码（加粗的代码部分），否则程序将不能正确检测用户

名是否已被占用。

（3）在页面的适当位置添加“检测用户名”超链接，在该超链接的 onClick 事件中调用 checkName 方法，弹出显示检测结果的对话框，关键代码如下：

```
<a href="#" onClick="checkName();">[检测用户名]</a>
```

（4）编写检测用户名是否唯一的 PHP 处理页面 checkname.php，在该页面中使用 PHP 的 echo 语句，输出检测结果，完整代码如下：

```
<?php
	header('Content-type: text/html; charset=utf-8');              //指定发送数据的编码格式为 utf-8
	$link = mysqli_connect("localhost", "root", "111");
	mysqli_select_db($link, "db_database23");
	mysqli_query($link, "set names utf8");
	$username = $_GET['username'];
	$sql = mysqli_query($link, "select * from tb_user where name = '".$username."'");
	$info = mysqli_fetch_array($sql);
	if ($info) {
		echo "很抱歉！用户名[".$username."]已经被注册！";
	} else {
		echo "祝贺您！用户名[".$username."]没有被注册！";
	}
?>
```

运行本例，在“用户名”文本框中输入“纯净水”，单击“检测用户名”超链接，即可在不刷新页面的情况下弹出“祝贺您！用户名[纯净水]没有被注册！”的提示框，如图 23.3 所示。

图 23.3　检测用户名

23.5.2　博客文章类别添加

【例 23.2】通过 Ajax 技术实现无刷新的博客文章类别添加。（**实例位置：资源包\TM\ sl\23\2**）

（1）创建 XMLHttpRequest 对象并发送请求，具体代码如下：

```
<script type="text/javascript">
var http_request = false;
function createRequest(url) {
```

```
        //初始化对象并发送 XMLHttpRequest 请求
        http_request = false;
        http_request = new XMLHttpRequest();
        if (!http_request) {
                alert("不能创建 XMLHTTP 实例!");
                return false;
        }
        http_request.onreadystatechange = alertContents;                    //指定响应方法

        http_request.open("GET", url, true);                                //发送 HTTP 请求
        http_request.send(null);
}
function alertContents() {                                                  //处理服务器返回的信息
        if (http_request.readyState == 4) {
                if (http_request.status == 200) {
                        sort_id.innerHTML = http_request.responseText;      //设置 sort_id HTML 文本替换的元素内容
                } else {
                        alert('您请求的页面发现错误');
                }
        }
}
</script>
```

在上面的代码中，要特别注意的是加粗部分的代码，sort_id 是显示文章分类信息的单元格 id 属性，将在本例的步骤（4）中介绍。innerHTML 属性声明了元素含有的 HTML 文本，不包括元素本身的开始标记和结束标记，该属性用于指定 HTML 文本替换元素的内容。

（2）编写 JavaScript 的自定义函数 checksort()，用于检测欲添加的类别名称是否为空。当类别名称不为空时，调用 createRequest()函数，发送请求，获取添加的类别信息到数据库中。代码如下：

```
<script type="text/javascript">
function checksort() {
        var txt_sort = form1.txt_sort.value;
        if (txt_sort=="") {
                window.alert("请填写文章类别!");                             //如果文章类别文本框内容为空，弹出提示
                form1.txt_sort.focus();
                return false;
        }
        else {
                createRequest('checksort.php?txt_sort='+txt_sort);          //提交分类信息到数据处理页
        }
}
</script>
```

（3）在下拉列表中动态输出博客文章的类别信息。注意，要将第一行代码中单元格的 id 属性设置为 sort_id，以便于在 JavaScript 脚本中调用。另外，在“添加分类”图像的 onClick 事件中调用 checksort 方法。代码如下：

```
<td width="14%" valign="baseline" id="sort_id">
    <table border="0" cellpadding="0" cellspacing="0">
        <tr>
            <td>
                <select name="select" >
                <?php
                    $link = mysqli_connect("localhost", "root", "111");     //连接 MySQL 数据库服务器
                    mysqli_select_db($link, "db_database23");               //选择数据库文件
                    mysqli_query($link, "set names utf8");                  //设置数据库编码类型为 utf8
```

```
                $sql = mysqli_query($link, "select distinct * from tb_sort group by sort");
                $result = mysqli_fetch_object($sql);                          //检索数据表中的信息
                do {
                    header('Content-type: text/html;charset=utf-8');          //指定发送数据的编码格式为 utf-8
            ?>
                    <option value="<?php echo $result->sort;?>" selected><?php echo $result->sort;?></option>
            <?php
                } while ($result = mysqli_fetch_object($sql));
            ?>
            </select>
        </td>
        <td width="20%" height="21" align="right" valign="baseline">
            <input name="txt_sort" type="text" id="txt_sort" size="12" style="border:1px #64284A solid; height:21">
        </td>
        <td width="49%" height="21" align="left" valign="baseline">
            <img src="images/add.gif" width="67" height="23" onclick="checksort();">
        </td>
    </tr>
  </table>
</td>
```

（4）在 PHP 处理页面 checksort.php 编写添加分类信息，该页面首先从表单中获取博客分类信息，然后添加到数据库中，最后显示在下拉列表中，完整代码如下：

```
<?php
    $link = mysqli_connect("localhost", "root", "111");
    mysqli_select_db($link, "db_database23");
    mysqli_query($link, "set names utf8");
    $sort = $_GET['txt_sort'];
    mysqli_query($link, "insert into tb_sort(sort) values('$sort')");
    header('Content-type: text/html; charset=utf-8');                         //指定发送数据的编码格式为 utf-8
?>
<!--下面的代码部分是单元格id属性中的代码部分，与步骤（3）等同，只是不包括元素本身的开始标记和结束标记<td width="14%"
valign="baseline" id="sort_id">，该属性用于指定 HTML 文本替换元素的内容。--!>
<table width="303" border="0" cellpadding="0" cellspacing="0">
  <tr>
    <td>
    <select name="select" >
    <?php
        $link = mysqli_connect("localhost", "root", "111");                   //连接 MySQL 数据库服务器
        mysqli_select_db($link, "db_database23");                             //选择数据库文件
        mysqli_query($link, "set names utf8");                                //设置数据库编码类型为 utf8
        $sql = mysqli_query($link, "select distinct * from tb_sort group by sort");
        $result = mysqli_fetch_object($sql);                                  //检索数据表中的信息
        do {
            header('Content-type: text/html; charset=utf-8');                 //指定发送数据的编码格式为 utf-8
    ?>
    <option value="<?php echo $result->sort;?>" selected><?php echo $result->sort;?></option>
    <?php
        } while ($result = mysqli_fetch_object($sql));
    ?>
    </select>
    </td>
    <td width="20%" height="21" align="right" valign="middle">
      <input name="txt_sort" type="text" id="txt_sort" size="12" style="border:1px #64284A solid; height:21">
    </td>
    <td width="49%" height="21" align="left" valign="middle">
      <img src="images/add.gif" width="67" height="23" onclick="checksort();">
    </td>
  </tr>
</table>
```

运行本例，在“文章类别”后面的文本框中输入“心灵感悟”，单击“添加分类”按钮，即可在“文章类别”下拉列表框中成功添加该分类信息，如图 23.4 所示。

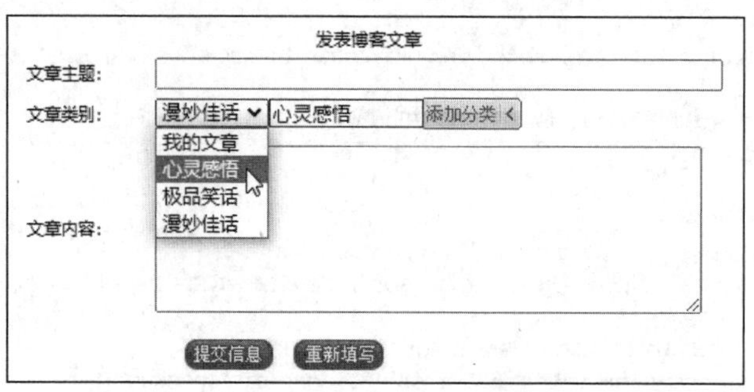

图 23.4　在 PHP 中应用 Ajax 技术实现博客文章类别添加

23.6　实践与练习

（答案位置：资源包\TM\sl\23\实践与练习\）

综合练习 1：实现无刷新级联下拉列表

应用 Ajax 技术实现无刷新的级联下拉列表。在“所属大类”下拉列表框中选择“家居日用”列表项后，在“所属小类”下拉列表框中将显示属于该类别的全部子类。

综合练习 2：实现无刷新模糊查询

应用 Ajax 技术对数据库中的数据进行模糊查询，根据输入的员工技能关键字查询员工信息。

第 24 章

PHP 与 Swoole 技术

PHP 这门语言从诞生到现在，一直被作为 Web 领域快速开发的首选语言之一，然而在某些应用中却具有局限性，如即时通信类（需要维持长链接）项目、直播类项目、游戏类项目等，使用传统的 PHP 不借助其他应用就无法开发。此外，PHP 是同步阻塞式语言，在 Web 应用 I/O 密集型领域，编写高并发、高性能应用存在很大的阻碍。有了 Swoole 之后，PHP 语言在异步 I/O 和网络通信领域开疆拓土，不再局限于 Web 领域。从某种角度上说，Swoole 让 PHP 插上了异步的翅膀，让它飞得更高。

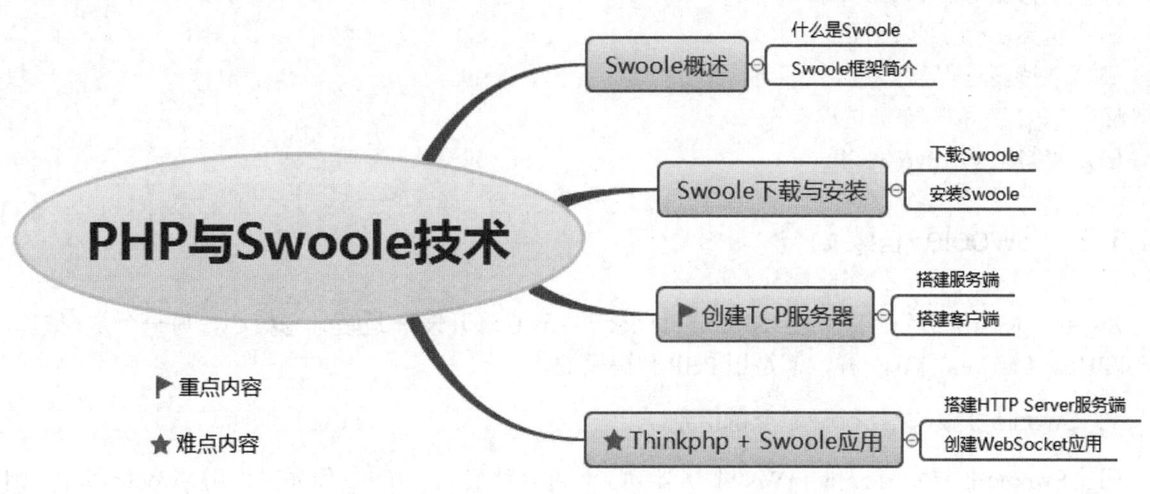

24.1 Swoole 概述

24.1.1 什么是 Swoole

Swoole 是一个使用纯 C 语言编写的（Swoole 4 开始逐渐改为通过 C++编写），基于异步事件驱动和协程的并行网络通信引擎，为 PHP 提供协程、高性能网络编程支持。它提供了多种通信协议的网络服务器和客户端模块，可以方便快速地实现 TCP/UDP 服务、高性能 Web、WebSocket 服务、物联网、实时通信、游戏、微服务等，使 PHP 不再局限于传统的 Web 领域。

Swoole 以 PHP 扩展的方式来运行，即 Swoole 是运行在 PHP 下的一个 extesion 扩展。它与普通的扩展不同。普通的扩展只是提供一个库函数，而 Swoole 扩展在运行后会接管 PHP 的控制权，进入事件循环。当 I/O 事件发生后，Swoole 会自动回调指定的 PHP 函数。PHP 通过 Swoole 系列函数调用 Swoole 的 API 来启动 Swoole 服务、注册回调函数等。Swoole 提供了 PHP 语言的异步多线程服务器、异步 TCP/UDP 网络客户端、异步 MySQL、异步 Redis、数据库连接池、AsyncTask、消息队列、毫秒定时器、异步文件读写、异步 DNS 查询等功能。

Swoole 比较适合用于服务器端开发，也可以应用于互联网、实时通信、云计算、网络游戏、物联网、车联网、智能家居、微服务、数据库连接池等领域。使用 PHP+Swoole 作为网络通信框架，可以使企业 IT 研发团队的效率大大提升，从而更加专注于开发创新产品。

Swoole 是开源免费的自由软件，企业和开发者均可免费使用 Swoole 的代码。它具有以下优势：

☑ 纯 C 编写性能极强。
☑ 简单易用开发效率高。
☑ 事件驱动异步非阻塞。
☑ 并发百万 TCP 连接。
☑ 支持 TCP/UDP/UnixSock。
☑ 支持服务器端/客户端。
☑ 全异步/半异步半同步。
☑ 支持多进程/多线程。
☑ CPU 亲和性/守护进程。
☑ 支持 IPv4/IPv6 网络。

24.1.2 Swoole 框架简介

Swoole 有两个部分。一个是 Swoole 扩展，用 C/C++开发，是基础与核心。另一个是框架，像 ThinkPHP、Laravel、Yii 一样，都是用 PHP 代码写的。

1. Swoole 扩展与 Swoole 框架的区别

☑ Swoole 扩展本身提供了 Web 服务器功能，可以替代 php-fpm。而如果仅用 Swoole 框架，则只能运行在 Nignx、Apache 等 Web 服务器中。
☑ Swoole 框架同 PHP 框架一样，适用于 Web 开发。而 Swoole 扩展提供了更底层的服务器通信机制，可以使用 UDP、TCP 等协议，而不仅是 HTTP 协议。
☑ 安装方式上，Swoole 扩展同其他 PHP 扩展一样，可以用 pecl 安装，也可以编译安装。而 Swoole 框架用 composer 引入之后安装即可，或者下载源码后手动引入。
☑ 基于 Swoole 扩展，可以做出多种框架，而不仅是 Web 框架。而 Swoole 框架依赖 Swoole 扩展，是 Swoole 扩展的应用实例。

2. Swoole 常用框架

1）Swoft——高性能 PHP 微服务框架

Swoft 是一款基于 Swoole 扩展实现的 PHP 微服务协程框架。Swoft 能像 Go 一样，内置协程网络服务器及常用的协程客户端且常驻内存，不依赖传统的 PHP-FPM。有类似 Go 语言的协程操作方式，

有类似 Spring Cloud 框架灵活的注解，有强大的全局依赖注入容器、完善的服务治理、灵活强大的 AOP、标准的 PSR 规范实现等。Swoft 的官方网址：https://www.swoft.org/。

2）Easyswoole——企业级分布式协程框架

EasySwoole 是一款常驻内存型的分布式 Swoole 框架，专为 API 而生，支持同时混合监听 HTTP、WebSocket、自定义 TCP/UDP 协议，且拥有丰富的组件，如协程连接池、TP 风格的协程 ORM、协程微信 SDK、协程支付宝 SDK、协程 Kafka 客户端、协程 ElasticSearch 客户端、协程 Consul 客户端、协程 Redis 客户端、协程 Apollo 客户端、协程 NSQ 客户端、协程自定义队列、协程 Memcached 客户端、协程视图引擎、JWT、协程 RPC、协程 SMTP 客户端、协程 HTTP 客户端、协程 Actor、Crontab 定时器等诸多组件。让开发者以最低的学习成本和最少的精力编写出多进程、可异步、高可用的应用服务。EasySwoole 的官方网址：https://www.easyswoole.com/。

3）Hyperf——高性能的企业级协程框架

Hyperf 是一个高性能、高灵活性的渐进式 PHP 协程框架，适用于微服务，内置协程服务器及大量常用的组件，性能较传统基于 PHP-FPM 的框架有质的提升。而且在提供超高性能的同时，也保持着极其灵活的可扩展性，标准组件均基于 PSR 标准实现，基于强大的依赖注入设计，保证了绝大部分组件或类都是可替换与可复用的。Hyperf 的官方网址：https://hyperf.wiki/。

4）imi——PHP 长连接微服务分布式开发框架

imi 是基于 Swoole 的 PHP 协程开发框架，它支持 HTTP、HTTP2、WebSocket、TCP、UDP、MQTT 等主流协议的服务开发，特别适合互联网微服务、即时通信聊天 im、物联网等场景。imi 框架拥有丰富的功能组件，可以广泛应用于互联网、移动通信、企业软件、云计算、网络游戏、物联网（IOT）、车联网和智能家居等领域，可以使企业 IT 研发团队的效率大大提升，更加专注于开发创新产品。imi 的官方网址：https://www.imiphp.com/。

5）MixPHP——单线程协程 PHP 微服务框架

MixPHP 是一款基于 Swoole 的 FastCGI、常驻内存、协程三模 PHP 高性能框架，MixPHP 秉承“普及 PHP 常驻内存型解决方案，促进 PHP 往更后端发展”的理念而创造，采用 Swoole 原生协程与最新的 PHP Stream 一键协程化技术，提供了 Console / Daemon / HTTP / WebSocket / TCP / UDP 开发所需的众多开箱即用的组件，在其他 Swoole 框架都定位于大中型团队、庞大的 PHP 应用集群的时候，MixPHP 决定推动这项技术的普及，定位于众多的中小型企业、创业型公司，将 Swoole 的复杂度封装起来，用简单的编码方式呈现给用户，让更多的中级程序员也可打造高并发系统，努力让 Swoole 不再只是高级程序员的专利。MixPHP 的官方网址：https://openmix.org/。

24.2　Swoole 下载与安装

Swoole 是 PHP 的一个扩展，所以安装方式与其他 PHP 扩展的安装方式一样。由于 Windows 环境对 Swoole 支持不太好，所以这里我们选择在 linux 系统下下载和安装，另外 MacOS 和 FreeBSD 系统也是支持 Swoole 的，这里我们不做介绍。

24.2.1　下载 Swoole

下载 Swoole 可以访问 PHP 扩展库的官方网址 http://pecl.php.net/package/swoole。在浏览器中打开该网页，选择想要安装的版本右击，在弹出的快捷菜单中选择“复制链接地址”，如图 24.1 所示。这里我们选择当前最新的 Swoole 5.0.0 版本。

Available Releases			
Version	State	Release Date	Downloads
4.8.12	stable	2022-09-23	swoole-4.8.12.tgz (2048.2kB)
5.0.0	stable	2022-08-01	swoole-5.0.0.tgz (2086.0kB)
4.8.11	stable	2022-07-12	swoole-4.8.
4.8.10	stable	2022-06-22	swoole-4.8.
4.8.9	stable	2022-04-17	swoole-4.8.
4.8.8	stable	2022-03-16	swoole-4.8.
4.8.7	stable	2022-02-24	swoole-4.8.
4.8.6	stable	2022-01-13	swoole-4.8.
4.8.5	stable	2021-12-24	swoole-4.8.
4.8.4	stable	2021-12-18	swoole-4.8.
4.8.3	stable	2021-12-01	swoole-4.8.
4.8.2	stable	2021-11-18	swoole-4.8.
4.8.1	stable	2021-10-30	swoole-4.8.
4.8.0	stable	2021-10-15	swoole-4.8.0.tgz

在新标签页中打开链接(T)
在新窗口中打开链接(W)
在隐身窗口中打开链接(G)
链接另存为(K)...
添加到收藏夹(F)...　Ctrl+D
复制链接地址(E)
分享网址
复制文本(C)　Ctrl+C
审查元素(N)　Ctrl+Shift+I
属性(P)

图 24.1　选择“复制链接地址”

在 linux 服务器中新建目录存放下载的源码，并执行以下命令：

```
# 创建目录
mkdir   /src

# 进入目录
cd   /src

#下载
wget   https://pecl.php.net/get/swoole-5.0.0.tgz

# 解压
tar   -zxvf   swoole-5.0.0.tgz
```

至此，Swoole 的下载已完成，接下来开始安装。

24.2.2　安装 Swoole

在安装 Swoole 之前必须保证系统已经安装了下列软件：

☑　PHP 8.0 或更高版本。

☑　gcc-4.8 或更高版本。

☑　make。

☑　autoconf。

在正式安装前需要查找 3 个文件（phpize、php-config 和 php.ini）的位置，命令分别如下：

```
find   /   -name   phpize              #笔者服务器上对应目录为 /www/server/php/80/bin/phpize
```

```
find  /  -name  php-config        #笔者服务器上对应目录为 /www/server/php/80/bin/php-config
find  /  -name  php.ini           #笔者服务器上对应目录为 /www/server/php/80/etc/php.ini
```

现在开始安装，分别执行如下命令：

```
# 进入 swoole 解压后的目录
cd  swoole-5.0.0

# 执行 phpize 命令，产生出 configure 可执行文件
/www/server/php/80/bin/phpize       #注意，这里要换成你的服务器上 phpize 所在目录

# 进行配置
./configure --with-php-config=/www/server/php/80/bin/php-config --enable-openssl --enable-http2  #注意，这里要换成你的服务器上 php-config 所在目录

# 编译和安装
make  &&  make install

# 打开 php.ini 文件
vi  /www/server/php/80/etc/php.ini    #注意，这里要换成你的服务器上 php.ini 所在目录

# 复制如下代码到 php.ini 文件中即可，无须重启任何服务
extension=swoole.so

# 查看扩展是否安装成功
php --ri  swoole
```

如果显示如图 24.2 所示界面，就说明 Swoole 已安装成功。

```
[root@iZ2ze8zi7ua639r5anm1k0Z server]# php --ri swoole

swoole

Swoole => enabled
Author => Swoole Team <team@swoole.com>
Version => 5.0.0
Built => Oct 27 2022 19:15:54
coroutine => enabled with boost asm context
epoll => enabled
eventfd => enabled
signalfd => enabled
cpu_affinity => enabled
spinlock => enabled
rwlock => enabled
http2 => enabled
json => enabled
pcre => enabled
zlib => 1.2.7
mutex_timedlock => enabled
pthread_barrier => enabled
futex => enabled
async_redis => enabled

Directive => Local Value => Master Value
swoole.enable_coroutine => On => On
swoole.enable_library => On => On
swoole.enable_preemptive_scheduler => Off => Off
swoole.display_errors => On => On
swoole.use_shortname => On => On
swoole.unixsock_buffer_size => 8388608 => 8388608
```

图 24.2　查看安装 Swoole 是否安装成功

24.3　创建 TCP 服务器

使用 Swoole 可以很方便地创建一个异步服务器程序，支持 TCP、UDP、unixSocket 3 种 socket 类型。本节只简单介绍如何使用 Swoole 创建 TCP 服务器。

24.3.1　搭建服务端

搭建 TCP 服务端需要使用 Swoole\Server 类中的一些方法。下面介绍 Swoole\Server 类中的几个常用方法。

1．__construct()方法

__construct()方法是 Swoole\Server 类的构造方法，用于创建一个异步 I/O 的 TCP Server 对象。语法格式如下：

```
Swoole\Server::__construct(string $host = '0.0.0.0', int $port = 0, int $mode = SWOOLE_PROCESS, int $sockType = SWOOLE_SOCK_TCP)
```

其中，$host 用于指定监听的 IP 地址；$port 用于指定监听的端口；$mode 用于指定运行模式，SWOOLE_PROCESS 表示多进程模式，SWOOLE_BASE 表示基本模式。从 Swoole5 开始，运行模式的默认值为 SWOOLE_BASE；$sockType 用于指定这组 Server 的类型。

例如，创建 Server 对象，监听的 IP 地址是 127.0.0.1，监听的端口是 9501，代码如下：

```
$server = new Swoole\Server('127.0.0.1', 9501);
```

2．set()方法

set()方法用于设置服务器运行时的各项参数。服务器启动后会访问 set()方法设置的参数数组。语法格式如下：

```
Swoole\Server->set(array $setting)
```

使用 set()方法设置参数的示例代码如下：

```
$server->set(array(
    'reactor_num' => 2,            // 线程数
    'worker_num' => 4,             // 进程数
    'backlog' => 128,              // 设置 Listen 队列长度
    'max_request' => 50,           // 每个进程最大接受请求数
    'daemonize' => true,           // 启用守护进程
));
```

3．on()方法

on()方法用于注册 Server 的事件回调函数。语法格式如下：

```
Swoole\Server->on(string $event, callable $callback)
```

其中，$event 用于指定回调事件名称，事件名称字符串不需要加 on；$callback 用于指定回调函数，可以是函数名的字符串、类静态方法、对象方法数组或匿名函数。

因为创建的 Server 是异步服务器，所以需要通过监听事件的方式来编写程序。当对应的事件发生时，底层会主动回调指定的函数。例如，当有新的 TCP 连接时，会执行 onConnect 事件回调；当某个连接向服务器发送数据时，会执行 onReceive 事件回调。

4．start()方法

start()方法用于启动服务器，监听所有 TCP 端口。语法格式如下：

```
Swoole\Server->start()
```

下面是一个使用 Swoole 搭建 TCP 服务端的例子。在服务端创建 tcpServer.php 文件，在文件中创建 Server 对象，监听的 IP 地址是 127.0.0.1，监听的端口是 9501，使用 on()方法分别监听连接进入事件、数据接收事件和连接关闭事件，代码如下：

```
//创建 Server 对象，监听 127.0.0.1:9501
$server = new Swoole\Server('127.0.0.1', 9501);

//监听连接进入事件
$server->on('Connect', function ($server, $fd) {
    echo "Client: Connect.\n";
});

//监听数据接收事件
$server->on('Receive', function ($server, $fd, $reactor_id, $data) {
    $server->send($fd, "Server: {$data}");
});

//监听连接关闭事件
$server->on('Close', function ($server, $fd) {
    echo "Client: Close.\n";
});

//启动服务器
$server->start();
```

上述代码中，$fd 是客户端连接的唯一标识符，send() 方法用于向客户端连接发送数据。当客户端 Socket 通过网络发送一个 Swoole 字符串时，服务器会回复一个 Server: Swoole 字符串。如果客户端主动断开连接，此时会触发 onClose 事件回调。

创建 TCP 服务器后，在命令行输入 php tcpServer.php 命令执行 tcpServer.php 程序，启动成功后可以使用 netstat 工具看到已经在监听的 9501 端口。这时可以使用 telnet/netcat 工具连接服务器。执行结果如下：

```
telnet 127.0.0.1 9501
Swoole
Server: Swoole
```

24.3.2　搭建客户端

搭建 TCP 客户端需要使用 Swoole\Client 类中的一些方法。下面介绍 Swoole\Client 类中的几个常用方法。

1．__construct()方法

__construct()方法是 Swoole\Client 类的构造方法，语法格式如下：

```
Swoole\Client::__construct(int $sock_type, int $is_sync = SWOOLE_SOCK_SYNC, string $key)
```

其中，$sock_type 表示 socket 的类型；$is_sync 表示同步阻塞模式；$key 用于指定长连接的 key，默认使用 IP:PORT 作为 key。

2．connect()方法

connect()方法用于连接远程服务器。语法格式如下：

```
Swoole\Client->connect(string $host, int $port, float $timeout = 0.5, int $sock_flag = 0)
```

其中，$host 用于指定服务器地址；$port 用于指定服务器端口；$timeout 用于设置超时时间，单位是秒；$sock_flag=1 表示设置为非阻塞 socket。如果连接服务器成功则返回 true，失败则返回 false。如果连接失败可以使用 errCode 属性获取失败原因。

3．send()方法

send()方法用于发送数据到远程服务器，必须在建立连接后才可向对端发送数据。语法格式如下：

```
Swoole\Client->send(string $data)
```

其中，$data 表示要发送的数据，支持发送二进制数据。

4．recv()方法

recv()方法用于从服务器端接收数据。语法格式如下：

```
Swoole\Client->recv(int $size = 65535, int $flags = 0)
```

其中，$size 表示接收数据的缓存区最大长度；$flags 表示可设置额外的参数。

5．close()方法

close()方法用于关闭连接。语法格式如下：

```
Swoole\Client->close(bool $force = false)
```

其中，$force 用于强制关闭连接。当一个 Swoole 客户端连接被关闭后，不要再次发起连接。正确的做法是销毁当前的客户端，重新创建一个客户端并发起新的连接。

下面是一个使用 Swoole 搭建 TCP 客户端的例子。TCP 服务启动后，需要使用 Swoole 搭建 TCP 客户端来连接 TCP 服务。新建 tcpClient.php 文件，代码如下：

```
$client = new Swoole\Client(SWOOLE_SOCK_TCP);
if (!$client->connect('127.0.0.1', 9501, -1)) {
    exit("connect failed. Error: {$client->errCode}\n");
}
$client->send("hello world\n");                    //向服务器发送数据
echo $client->recv();                              //输出从服务器接收的数据
$client->close();                                  //关闭连接
```

上述代码中，创建了一个 TCP 的同步客户端，此客户端用于连接 tcpServer.php 开启的 TCP 服务。向服务端发送一个“hello world”字符串，服务器会返回一个“Server：hello world”字符串。

在命令行执行 php tcp_client.php 命令就可以连接 TCP 服务，并输出从服务器接收的数据，执行结果如下：

```
php tcp_client.php
Server：hello world
```

24.4　Thinkphp + Swoole 应用

传统的 FPM 框架，在每次请求时都要重新加载大量文件，而且每次加载的文件几乎都是相同的，因此影响了效率，降低了接口的响应速度。那么我们应该如何优化呢？使用 Swoole 可以解决此问题。Swoole 可以将加载的文件放到内存中，后面无须重复加载，做到了只加载一次，以后直接读取内存即可。Swoole 使 PHP 开发人员可以编写高性能高并发的 TCP、UDP、Unix Socket、HTTP、WebSocket 等服务。随着 Swoole 的应用越来越广泛，ThinkPHP 也推出了最新的扩展 think-swoole。下面我们运用 ThinPHP 6 结合 think-swoole 扩展来体验 Swoole 的应用。

24.4.1　搭建 HTTP Server 服务端

1．环境与版本说明

最新的 think-swoole 扩展目前仅支持在 Linux 环境或者在 MacOs 下运行，要求 Swoole 的最低版本为 4.3.1。这里所需要的开发环境和框架版本如下：

☑　系统：CentOS 7.6。

☑　PHP 版本：php 8.0.26。

☑　Swoole 版本：Swoole 5.0.0。

☑　ThinkPHP 版本：6.1.3。

2．关键步骤

应用 ThinPHP 6 和 think-swoole 扩展搭建 HTTP Server 服务端的步骤如下。

（1）安装 Swoole。安装 Swoole 的方法请参照上文 24.2.2 小节的内容，这里不再赘述。

（2）安装 ThinkPHP6.1.3，分别执行如下命令：

```
# 创建目录

mkdir   /src
# 进入目录

cd   /src

#下载
composer   create-project   topthink/think=6.1.x-dev   tp

# 进入 tp 目录
```

```
cd  tp
```

（3）安装 think-swoole 扩展，分别执行如下命令：

```
# 删除 tp 目录下的 composer.lock
rm  -rf  composer.lock
# 清除缓存
composer  clearcache
# 更新依赖
composer  update
# 下载
composer  require  topthink/think-swoole
# 开启服务
php  think  swoole
```

Swoole 服务启动成功后的结果如图 24.3 所示，可以看到已经在 0.0.0.0:9501 启动了一个 HTTP Server 服务端，我们可以在浏览器中直接访问当前的应用，如图 24.4 所示。

```
[root@iZ2ze8zi7ua639r5anm1k0Z tp5]# php think swoole
Starting swoole http server...
Swoole http server started: <http://0.0.0.0:9501>
You can exit with `CTRL-C`
```

图 24.3　开启 Swoole 服务

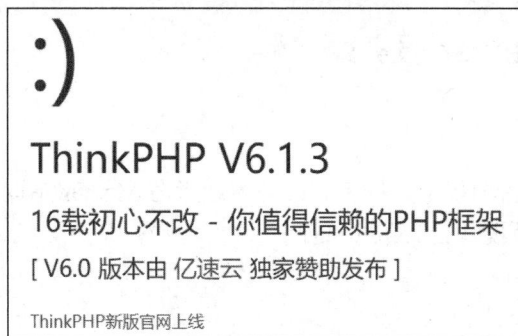

ThinkPHP V6.1.3
16载初心不改 - 你值得信赖的PHP框架
[V6.0 版本由 亿速云 独家赞助发布]
ThinkPHP新版官网上线

图 24.4　浏览器中访问当前应用

注意

在浏览器中访问上述应用时，要把 0.0.0.0 换成你的服务器 IP 地址。

3. 基本操作命令

对搭建的 HTTP Server 服务端的基本操作包括启动 HTTP 服务、停止 HTTP 服务和重启 HTTP 服务等。命令分别如下：

```
# 开启服务
php  think  swoole  start
# 停止服务
php  think  swoole  stop
# 平滑重启
php  think  swoole  reload
# 重启服务
php  think  swoole  restart
```

注意

restart 和 reload 的区别是，restart 会先 stop 然后 start，而 reload 则是平滑重启服务，不会中断。

4．配置文件

在安装think-swoole扩展之后，在config目录下会自动生成一个针对Swoole的配置文件swoole.php，相关配置参数可以在该文件中进行配置。主要配置参数及其描述如表 24.1 所示。

表 24.1　Swoole 主要配置参数及其描述

配 置 参 数	描　　述	默 认 值
host	监听地址	0.0.0.0
port	监听端口	9501
mode	运行模式	SWOOLE_BASE
sock_type	Socket 类型	SWOOLE_SOCK_TCP
app_path	应用目录（守护进程模式必须设置）	自动识别
ssl	是否启用 https	false
file_monitor	是否监控文件更改（V2.0.9+）	false
file_monitor_interval	监控文件间隔（秒）（V2.0.9+）	2
file_monitor_path	监控目录 （V2.0.9+）	默认监控 app 和 config 目录

说明

其他的 Swoole 配置参数可以参考官方文档，所有 Swoole 本身支持的配置参数都可以直接在 swoole.php 中设置。

5．守护进程

如果需要使用守护进程模式运行，可以使用如下命令：

```
# 守护进程模式
php think swoole -d
```

或者在 /src/tp/config/swoole.php 文件中做如下设置：

```
'host' => '0.0.0.0',                    // 监听地址
'port'  => 9501,                        // 监听端口
'daemonize' => true,                    // 守护进程
'app_path' => '/src/tp/app/',           // 应用目录，这里换成你的项目所在的目录
```

如果启动了多个不同的端口服务，start、reload、restart 和 stop 操作必须也针对某个端口，命令如下：

```
php think swoole (start)/reload/restart/stop -p 9502
```

24.4.2 创建 WebSocket 应用

WebSocket 协议是基于 TCP 的一种新的网络协议，可使得客户端和服务器之间的数据交换变得更加简单，允许服务器主动向客户端推送数据。在 WebSocket API 中，浏览器和服务器只需要完成一次握手，二者之间就直接可以创建持久性的连接，并进行双向数据传输。下面介绍怎样通过 think-swoole 扩展创建一个简单的 WebSocket 应用。具体实现步骤如下。

（1）在 Swoole 配置文件 swoole.php 中启用 WebSocket，修改其中的配置信息，将 websocket 配置项中的 enable 的值设置为 true，关键代码如下：

```
'websocket'  => [
'enable' => true,
]
```

（2）WebSocket 服务依赖于事件，所以需要创建监听事件。可以直接在 app 目录下创建 listener 目录，并新建需要的类文件，也可以使用命令的方式快捷生成一个事件。例如，创建一个 WebsocketTest 事件，执行命令如下：

```
php think make:listener WebsocketTest
```

执行命令后，在 app 目录下会自动创建一个 listener 目录，在 listener 目录下自动生成 WebsocketTest.php 文件。

（3）在 app 目录下的 event.php 文件中注册事件，关键代码如下：

```
return [
    'listen' => [
        //监听连接，swoole 事件必须以 swoole 开头，事件首字母大写
        'swoole.websocket.Test' => [
            app\listener\WebsocketTest::class
        ],
    ],
];
```

（4）在 WebsocketTest.php 文件中编写代码，实现发送数据的功能。在文件中创建 handle 方法，每次触发事件都会执行 handle 方法。WebsocketTest.php 文件的关键代码如下：

```
<?php
class WebsocketTest{
    public $websocket = null;
    //注入容器管理类，从容器中取出 Websocket 类，也可以直接注入 Websocket 类
    public function __construct(Container $container){
        $this->websocket = $container->make(Websocket::class);
    }
    public function handle($event){
        //回复客户端消息
        $this->websocket->emit("testcallback", ['abc' => 1, 'getdata' => $event['message']]);
    }
}
?>
```

（5）在 public 目录下创建 index.html 文件，代码如下：

```
接收者：<input type="text" id="to">
消息：<input type="text" id="message">
<button onClick="send()">发送</button>
<script>
    var ws = new WebSocket("ws://127.0.0.1:9501/");
    ws.onopen = function(){
        console.log('连接成功');
    }
    ws.onmessage = function(data){
        console.log(data);
    }
    ws.onclose = function(){
        console.log('连接断开');
    }
    function send() {
        var message = document.getElementById('message').value;
        var to = document.getElementById('to').value;
        console.log("准备给" + to + "发送数据：" + message);
        ws.send(JSON.stringify(['test',{
            //此处可以自己定义事件
            to:to,
            message:message
        }])); //发送的数据必须是“['test',数据]”的格式
    }
</script>
```

在浏览器地址栏中输入 http://127.0.0.1:9501/index.html 进行访问。先在表单中输入内容，然后单击“发送”按钮，即可向服务器发送数据，单击 F12 键打开开发者工具，可以看到从服务器返回的信息。

24.5　实践与练习

（答案位置：资源包\TM\sl\24\实践与练习\）

综合练习 1：简单聊天室

使用 Swoole 创建 TCP 服务器，实现一个基于 TCP 的简单聊天室的功能。

综合练习 2：创建简单的 WebSocket 应用

使用 think-swoole 扩展创建 WebSocket 应用，在表单中输入图书名称，单击“发送”按钮，从服务器返回图书名称和图书作者。

第 4 篇

项目实战

本篇综合应用前面学过的技术，开发两个实战项目。一个项目是使用 Smarty 模板技术、PDO 数据库抽象层、Ajax 技术实现一个功能完整的大型电子商务平台网站；另一个项目是使用 ThinkPHP 框架开发一个在线视频学习网站。项目全程运用软件工程的设计思想，可使读者真实体验 PHP 项目开发的实际过程。

项目实战

应用Smarty模板开发电子商务网站

基于Smarty模板技术设计一个功能完整的大型电子商务平台网站，读者可掌握如何使用PHP技术实现电子商务网站各功能模块，真实体验PHP项目开发的全过程

应用ThinkPHP框架开发编程e学网

基于ThinkPHP框架开发一个在线视频学习网站，可使读者真实体验使用PHP结合ThinkPHP框架开发应用项目的全过程

第 25 章　应用 Smarty 模板开发电子商务网站

本章使用 Smarty 模板、PDO 数据库抽象层、Ajax 等技术，实现一个电子商务平台从设计思路到最后发布的全过程。希望读者通过这个项目实例，把前面所学到的各种技术消化吸收、融会贯通，并能够学以致用，举一反三。

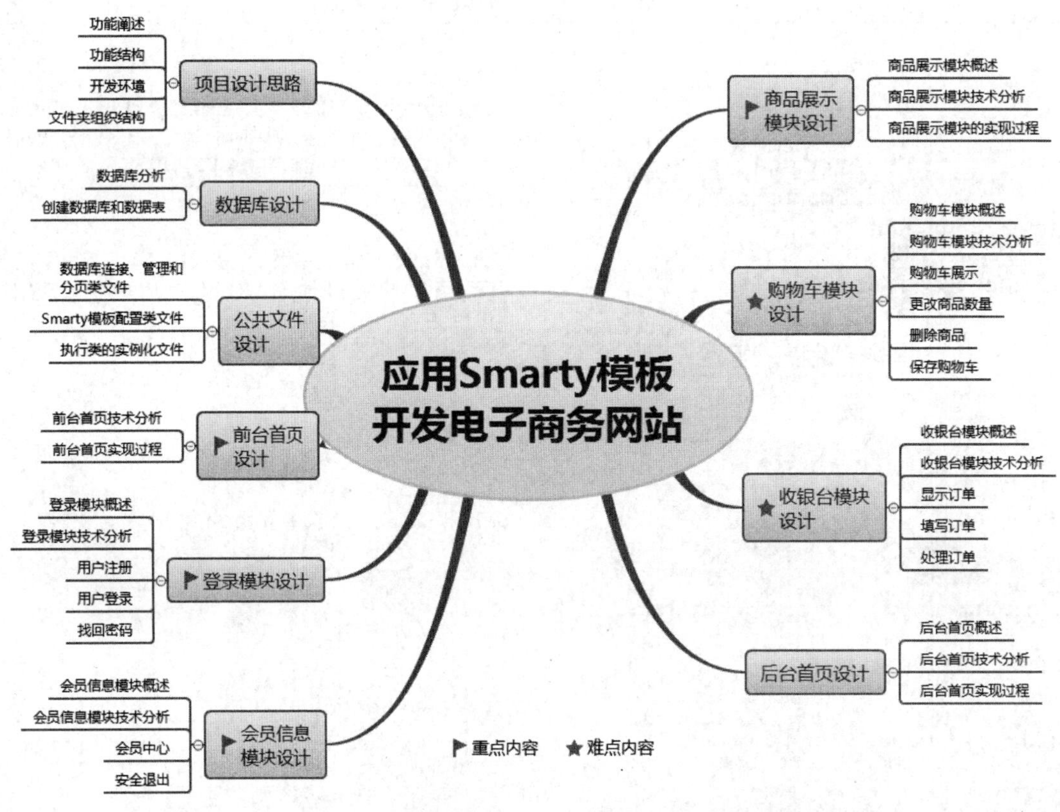

25.1　项目设计思路

25.1.1　功能阐述

根据对客户提供的需求和对实际情况的考察与分析，该电子商务网站应该具备如下功能。

- ☑ 首页设计能够吸引用户的目光，整个页面要以简洁为主，突出重点。
- ☑ 可操作性强，避免复杂的、有异议的链接。
- ☑ 浏览速度快，尽量避免长时间打不开页面的情况发生。
- ☑ 商品信息部分有实物图例，图像清楚、文字醒目。
- ☑ 详细的商品查询功能，可以通过商品的各个属性来搜索。
- ☑ 详细的流程介绍，从浏览商品到购买结账，各个步骤之间的联系最好能以图例来说明。
- ☑ 提供在线咨询。
- ☑ 后台可以对用户信息和商品信息进行详尽的查看和管理。
- ☑ 提供订单管理。
- ☑ 易维护，并提供二次开发支持。

25.1.2　功能结构

电子商务平台分为前台系统和后台系统。前台系统功能结构如图 25.1 所示，后台系统功能结构如图 25.2 所示。

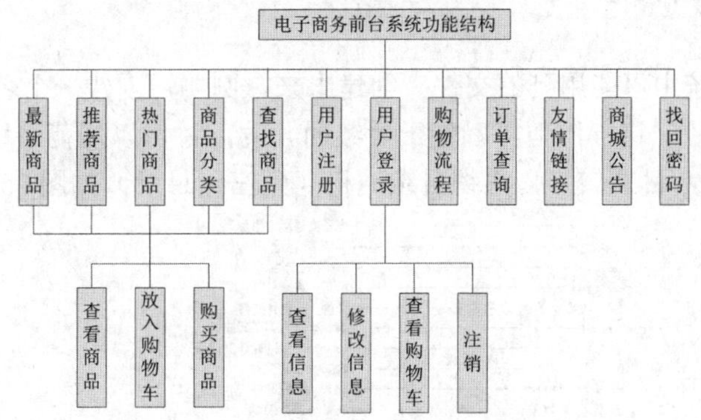

图 25.1　电子商务前台系统功能结构

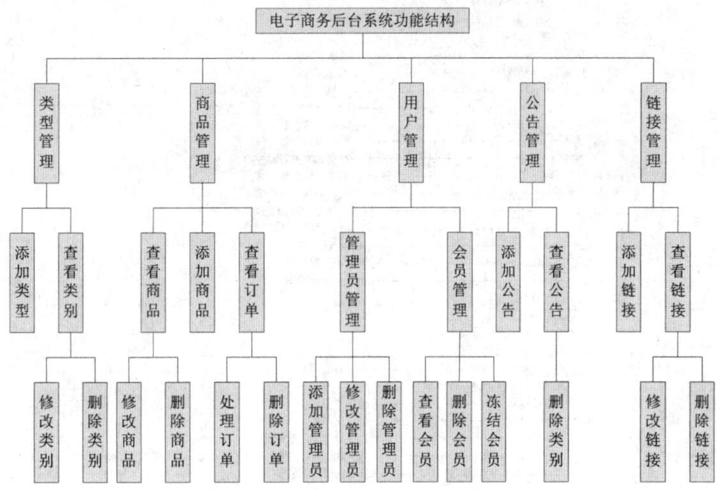

图 25.2　电子商务后台系统功能结构

25.1.3 开发环境

1. 服务器端

☑ 操作系统：Windows 7 及以上/Linux（推荐）。
☑ 服务器：Apache 2.4.54。
☑ PHP 版本：PHP 8.0.26。
☑ 数据库：MySQL 8.0.31。
☑ 浏览器：Chrome 或 Edge 浏览器。

2. 客户端

☑ 浏览器：Chrome 或 Edge 浏览器。
☑ 分辨率：最佳效果为 1440 像素×900 像素。

25.1.4 文件夹组织结构

编写代码前，先把系统中可能用到的文件夹创建出来。例如，创建一个名为 images 的文件夹，用于保存程序中所使用的图片，这样不但可以便于后续的开发，还可以规范系统的整体架构。本项目使用的是 Smarty+PDO 技术，目录较多，系统目录结构（到三级目录）如图 25.3 所示。

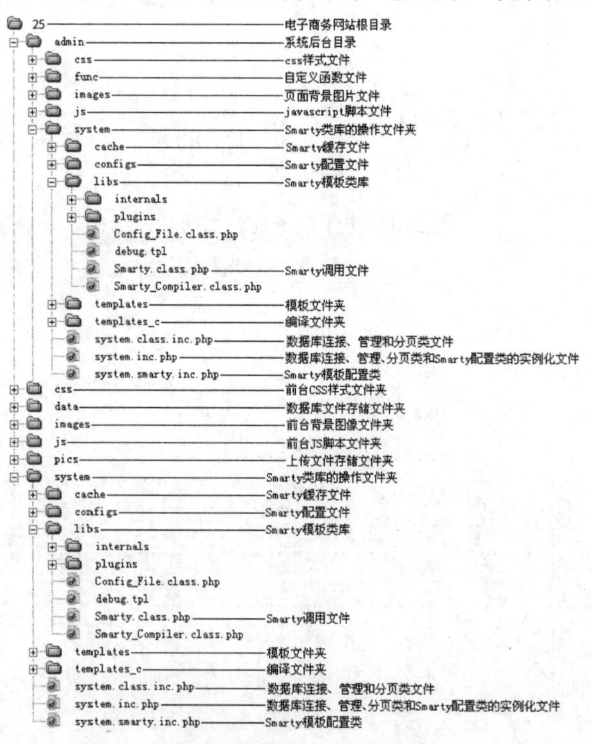

图 25.3 电子商务网站文件夹组织结构

25.2　数据库设计

无论是什么系统软件，其最根本的功能就是对数据的操作与使用。所以，一定要先做好数据库的分析、设计与实现，然后实现对应的功能模块。

25.2.1　数据库分析

根据需求分析和系统的功能流程图，找出需要保存的信息数据（也可以理解为现实世界中的实体），并将其转换为原始数据（属性类型）形式。这种描述现实世界的概念模型，可以使用 E-R 图（实体-联系图）来表示。最后将 E-R 图转换为关系数据库。这里重点介绍几个 E-R 图。

1. 会员信息实体

会员信息实体包括编号、名称、密码、E-mail、身份证号、固定电话、QQ、密保问题、密保答案、邮编、注册日期、真实姓名等属性。E-R 图如图 25.4 所示。

2. 商品信息实体

商品信息实体包括编号、名称、添加日期、型号、图片、库存、销售量、类型、会员价格、市场价格、打折率等属性。E-R 图如图 25.5 所示。

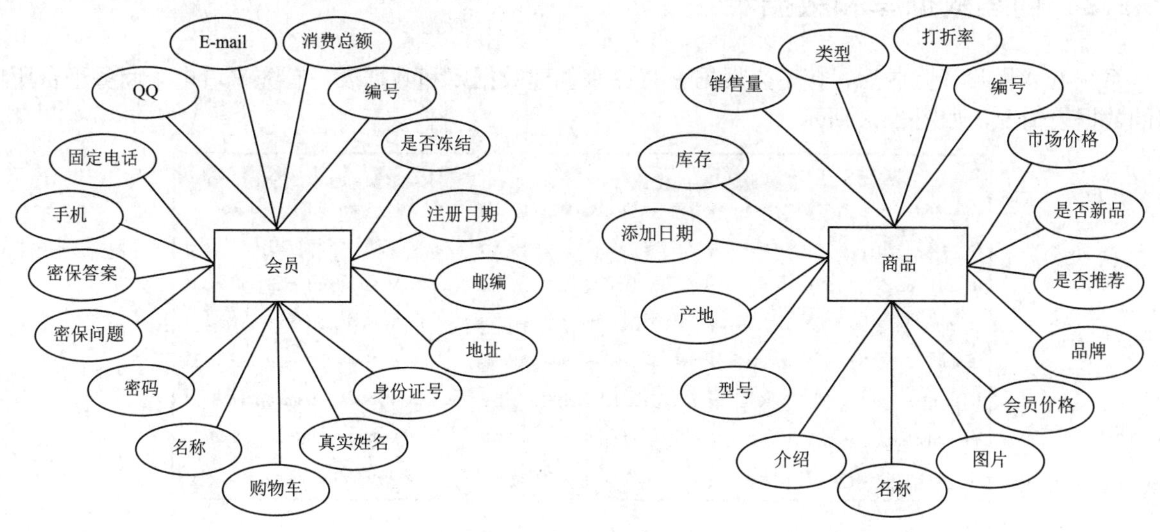

图 25.4　会员信息实体 E-R 图　　　　图 25.5　商品信息实体 E-R 图

3. 商品订单实体

商品订单实体包括编号、订单号、商品名称、商品数量、单价、打折率、收货人、送货地址、邮编、联系电话、收货方式、付款方式、订单日期、发货人、订单状态、消费金额等属性。E-R 图如图 25.6 所示。

4. 商品评价实体

商品评价实体包括编号、用户名称、商品名称、内容、时间等属性。E-R 图如图 25.7 所示。

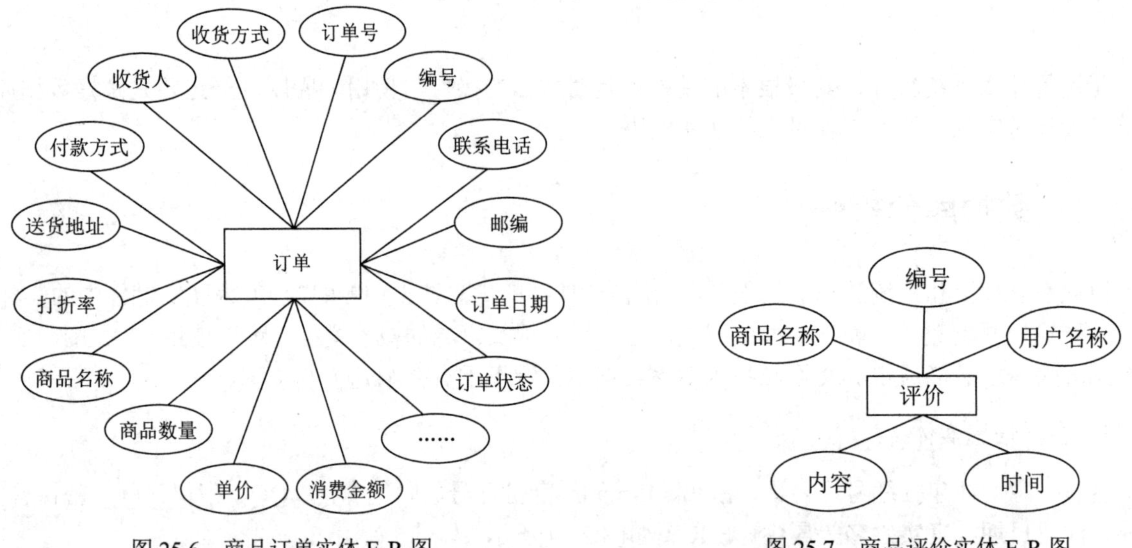

图 25.6　商品订单实体 E-R 图　　　　图 25.7　商品评价实体 E-R 图

除了上面介绍的 4 个 E-R 图，还有公告实体、管理员实体、类型实体和友情链接实体等，限于篇幅，这里仅列出主要的实体 E-R 图。

25.2.2　创建数据库和数据表

系统 E-R 图设计完成后，接下来根据 E-R 图来创建数据库和数据表。首先来看电子商务平台所使用的数据表情况，如图 25.8 所示。

表 ▲	操作							行数	类型	排序规则
tb_admin	★	浏览	结构	搜索	插入	清空	删除	2	MyISAM	utf8mb3_unicode_ci
tb_class	★	浏览	结构	搜索	插入	清空	删除	13	MyISAM	utf8mb3_unicode_ci
tb_commo	★	浏览	结构	搜索	插入	清空	删除	6	MyISAM	utf8mb3_unicode_ci
tb_form	★	浏览	结构	搜索	插入	清空	删除	20	MyISAM	utf8mb3_unicode_ci
tb_links	★	浏览	结构	搜索	插入	清空	删除	2	MyISAM	utf8mb3_unicode_ci
tb_opinion	★	浏览	结构	搜索	插入	清空	删除	0	MyISAM	utf8mb3_unicode_ci
tb_public	★	浏览	结构	搜索	插入	清空	删除	4	MyISAM	utf8mb3_unicode_ci
tb_user	★	浏览	结构	搜索	插入	清空	删除	2	MyISAM	utf8mb3_unicode_ci

图 25.8　电子商务数据表

下面来看各个数据表的结构和字段说明。

1. tb_admin（管理员信息表）

管理员信息表主要用于存储管理员的信息，其结构如图 25.9 所示。

2. tb_class（商品类型表）

商品类型表主要用于添加商品的类别，可以设定多个子类别（目前最多只能到二级子类别），其结构如图 25.10 所示。

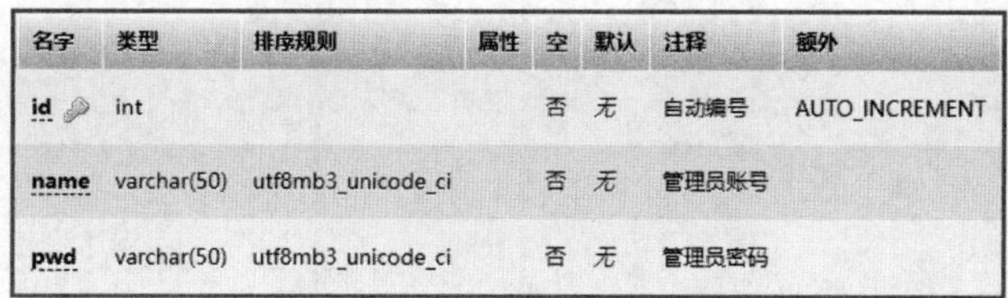

名字	类型	排序规则	属性	空	默认	注释	额外
id	int			否	无	自动编号	AUTO_INCREMENT
name	varchar(50)	utf8mb3_unicode_ci		否	无	管理员账号	
pwd	varchar(50)	utf8mb3_unicode_ci		否	无	管理员密码	

图 25.9　管理员信息表结构

名字	类型	排序规则	属性	空	默认	注释	额外
id	int			否	无	自动编号	AUTO_INCREMENT
name	varchar(20)	utf8mb3_unicode_ci		否	无	类型名称	
supid	int			否	无	父类ID	

图 25.10　商品类型表结构

3. tb_commo（商品信息表）

商品信息表主要用于存储关于商品的相关信息，其结构如图 25.11 所示。

名字	类型	排序规则	属性	空	默认	注释	额外
id	int			否	无	自动编号	AUTO_INCREMENT
name	varchar(50)	utf8mb3_unicode_ci		否	无	商品名称	
pics	varchar(200)	utf8mb3_unicode_ci		否	pics/null.jpg	商品图片	
info	mediumtext	utf8mb3_unicode_ci		否	无	商品介绍	
addtime	date			否	无	添加时间	
area	varchar(50)	utf8mb3_unicode_ci		否	无	商品产地	
model	varchar(50)	utf8mb3_unicode_ci		否	无	商品型号	
class	varchar(50)	utf8mb3_unicode_ci		否	无	商品类型	
brand	varchar(50)	utf8mb3_unicode_ci		否	无	品牌	
stocks	int			否	1	商品库存	
sell	int			否	0	销售量	
m_price	float			否	无	市场价格	
v_price	float			否	无	会员价格	
fold	float			否	9	打折率	
isnew	int			否	1	是否新品	
isnom	int			否	0	是否推荐	

图 25.11　商品信息表结构

4. tb_form（商品订单表）

商品订单表主要用于存储商品的订单信息，其结构如图 25.12 所示。

名字	类型	排序规则	属性	空	默认	注释	额外
id	int			否	无	自动编号	AUTO_INCREMENT
formid	varchar(125)	utf8mb3_unicode_ci		否	无	订单号	
commo_id	varchar(100)	utf8mb3_unicode_ci		否	无	商品id	
commo_name	varchar(50)	utf8mb3_unicode_ci		否	无	商品名称	
commo_num	varchar(100)	utf8mb3_unicode_ci		否	无	商品数量	
agoprice	varchar(50)	utf8mb3_unicode_ci		否	无	商品单价	
fold	varchar(50)	utf8mb3_unicode_ci		否	无	打折率	
total	varchar(50)	utf8mb3_unicode_ci		否	无	消费总额	
vendee	varchar(50)	utf8mb3_unicode_ci		否	无	消费者	
taker	varchar(50)	utf8mb3_unicode_ci		否	无	收货人姓名	
address	varchar(200)	utf8mb3_unicode_ci		否	无	送货地址	
tel	varchar(20)	utf8mb3_unicode_ci		否	无	联系电话	
code	varchar(10)	utf8mb3_unicode_ci		否	无	邮编	
pay_method	varchar(20)	utf8mb3_unicode_ci		否	无	付款方式	
del_method	varchar(20)	utf8mb3_unicode_ci		否	无	送货方式	
formtime	timestamp			否	CURRENT_TIMESTAMP	订单日期	DEFAULT_GENERATED
state	int			否	无	订单状态	

图 25.12　商品订单表结构

5．tb_public（公告信息表）

公告信息表主要用于展示网站的最新活动和最新消息，包括发布时间、公告标题和公告内容，其结构如图 25.13 所示。

名字	类型	排序规则	属性	空	默认	注释	额外
id	int			否	无	自动编号	AUTO_INCREMENT
title	varchar(50)	utf8mb3_unicode_ci		否	无	公告标题	
content	mediumtext	utf8mb3_unicode_ci		否	无	公告内容	
addtime	date			否	无	公告时间	

图 25.13　公告信息表结构

6．tb_user（会员信息表）

会员信息表主要用于存储用户的基本信息，其结构如图 25.14 所示。

此外还有友情链接表和商品评论表，限于篇幅，这里不再介绍，读者可参考本书附赠资源包中的数据库文件。

名字	类型	排序规则	属性	空	默认	注释	额外
id	int			否	无	自动编号	AUTO_INCREMENT
name	varchar(80)	utf8mb3_unicode_ci		否	无	用户名称	
password	varchar(80)	utf8mb3_unicode_ci		否	无	用户密码	
question	varchar(80)	utf8mb3_unicode_ci		否	无	密码保护	
answer	varchar(80)	utf8mb3_unicode_ci		否	无	问题答案	
realname	varchar(80)	utf8mb3_unicode_ci		否	无	真实姓名	
card	varchar(80)	utf8mb3_unicode_ci		否	无	身份证号	
tel	varchar(80)	utf8mb3_unicode_ci		否	无	手机	
phone	varchar(80)	utf8mb3_unicode_ci		否	无	座机	
Email	varchar(80)	utf8mb3_unicode_ci		否	无	Email	
QQ	varchar(80)	utf8mb3_unicode_ci		否	无	QQ	
code	varchar(80)	utf8mb3_unicode_ci		否	无	邮编	
address	varchar(200)	utf8mb3_unicode_ci		否	无	地址	
addtime	datetime			否	无	注册日期	
isfreeze	int			否	0	是否冻结	
shopping	varchar(200)	utf8mb3_unicode_ci		是	*NULL*	购物车信息	
consume	float			否	无		

图 25.14　会员信息表结构

25.3　公共文件设计

公共文件就是将多个页面都可能使用的代码写成单独的文件，如本系统中的数据库连接、管理和分页类文件，Smarty 模板配置类文件，类的实例化文件，CSS 样式表文件，JS 脚本文件等，在使用时只要用 include 或 require 语句将文件包含进来即可。以前台系统为例，下面给出主要的公共文件，后台的公共文件与前台大同小异。

25.3.1　数据库连接、管理和分页类文件

在数据库连接、管理和分页类文件中定义如下 3 个类。

☑　ConDB 数据库连接类：通过 PDO 连接 MySQL 数据库。

☑　AdminDB 数据库管理类：使用 PDO 类库中的方法对数据库中的数据执行查询、添加、更新和删除操作。

☑　SepPage 分页类：对商城中的数据进行分页输出。

实现数据库连接、管理和分页类文件的关键代码如下：

```
<?php
//数据库连接类
class ConnDB {
	var $dbtype;
	var $host;
	var $user;
	var $pwd;
	var $dbname;
	//构造方法
	function ConnDB($dbtype, $host, $user, $pwd, $dbname) {
		$this->dbtype = $dbtype;
		$this->host = $host;
		$this->user = $user;
		$this->pwd = $pwd;
		$this->dbname = $dbname;
	}
	//实现数据库的连接并返回连接对象
	function GetConnId() {
	if ($this->dbtype == "mysql" || $this->dbtype == "mssql") {
			$dsn = "$this->dbtype:host = $this->host; dbname = $this->dbname";
		} else {
			$dsn = "$this->dbtype:dbname = $this->dbname";
		}
		try {	//初始化一个 PDO 对象，就是创建了数据库连接对象$pdo
			$conn = new PDO($dsn, $this->user, $this->pwd);
			$conn->query("set names utf8");
			return $conn;
		} catch (PDOException $e) {
			die("Error!: " . $e->getMessage() . "<br/>");
		}
	}
}
//数据库管理类
class AdminDB {
	function ExecSQL($sqlstr, $conn) {
		$sqltype = strtolower(substr(trim($sqlstr), 0, 6));
		$rs = $conn->prepare($sqlstr);						//准备查询语句
		$rs->execute();								//执行查询语句，并返回结果集
		if ($sqltype == "select") {
			$array = $rs->fetchAll(PDO::FETCH_ASSOC);			//获取结果集中的所有数据
			if (count($array) == 0 || $rs == false)
				return false;
			else
				return $array;
		} elseif ($sqltype == "update" || $sqltype == "insert" || $sqltype == "delete") {
			if ($rs)
				return true;
			else
				return false;
		}
	}
}
//分页类
class SepPage {
	var $rs;
	var $pagesize;
	var $nowpage;
```

```
    var $array;
    var $conn;
    var $sqlstr;
    function ShowData($sqlstr, $conn, $pagesize, $nowpage) {                    //定义方法
        if (!isset($nowpage) || $nowpage == "")                                 //判断变量值是否为空
            $this->nowpage = 1;                                                 //定义起始页
        else
            $this->nowpage = $nowpage;
        $this->pagesize = $pagesize;                                            //定义每页输出的记录数
        $this->conn = $conn;                                                    //连接数据库返回的标识
        $this->sqlstr = $sqlstr;                                                //执行的查询语句
        $this->rs = $this->conn->PageExecute($this->sqlstr, $this->pagesize, $this->nowpage);
        @$this->array = $this->rs->GetRows();                                   //获取记录数
            if (count($this->array) == 0 || $this->rs == false)
                return false;
            else
                return $this->array;
    }
    function ShowPage($contentname, $utits, $anothersearchstr, $anothersearchstrs, $class) {
        $allrs = $this->conn->Execute($this->sqlstr);                           //执行查询语句
        $record = count($allrs->GetRows());                                     //统计记录总数
        $pagecount = ceil($record/$this->pagesize);                             //计算共有几页
        $str.=$contentname." ".$record." ".$utits." 每页 ".$this->pagesize." ". $utits.
            " 第 ".$this->rs->AbsolutePage()." 页/共 ".$pagecount." 页";
        $str.="    ";
        if (!$this->rs->AtFirstPage())
            $str.="<a href=".$_SERVER['PHP_SELF']."?page=1&parameter1=".$anothersearchstr. "&parameter2=
            ".$anothersearchstrs." class=".$class.">首页</a>";
        else
            $str.="<font color='#555555'>首页</font>";
        $str.=" ";
        if (!$this->rs->AtFirstPage())
            $str.="<a href=".$_SERVER['PHP_SELF']."?page=".($this->rs->AbsolutePage()-1)."&parameter1=".
              $anothersearchstr."&parameter2=".$anothersearchstrs." class=".$class.">上一页</a>";
        else
            $str.="<font color='#555555'>上一页</font>";
        $str.=" ";
        if (!$this->rs->AtLastPage())
            $str.="<a href=".$_SERVER['PHP_SELF']."?page=".($this->rs->AbsolutePage()+1)."&parameter1=".
              $anothersearchstr."&parameter2=".$anothersearchstrs." class=".$class.">下一页</a>";
        else
            $str.="<font color='#555555'>下一页</font>";
        $str.=" ";
        if (!$this->rs->AtLastPage())
            $str.="<a href=".$_SERVER['PHP_SELF']."?page=".$pagecount."&parameter1=".$anothersearchstr.
              "&parameter2=".$anothersearchstrs." class=".$class.">尾页</a>";
        else
            $str.="<font color='#555555'>尾页</font>";
        if (count($this->array) == 0 || $this->rs == false)
            return "";
        else
          return $str;
    }
}
?>
```

25.3.2 Smarty 模板配置类文件

在 Smarty 模板配置类文件中配置 Smarty 模板文件、编译文件、配置文件等文件路径。system.smarty.inc.php 文件的代码如下：

```
<?php
    require("libs/Smarty.class.php");                           //包含模板文件
    class SmartyProject extends Smarty{                         //定义类，继承模板类
        function __construct(){                                 //定义构造方法，配置 Smarty 模板
            parent::__construct();                              //调用父类构造方法
            $this->setTemplateDir("./system/templates/");       //指定模板文件存储位置
            $this->setCompileDir("./system/templates_c/");      //指定编译文件存储位置
            $this->setConfigDir("./system/configs/");           //指定配置文件存储位置
            $this->setCacheDir("./system/cache/");              //指定缓存文件存储位置
        }
    }
?>
```

25.3.3 执行类的实例化文件

在 system.inc.php 文件中，通过 require 语句包含 system.smarty.inc.php 文件和 system.class. inc.php 文件，执行类的实例化操作，并定义返回对象。完成数据库连接类的实例化后，调用其中的 GetConnId 方法连接数据库。system.inc.php 文件的代码如下：

```
<?php
    require("system.smarty.inc.php");                                           //包含 Smarty 配置类
    require("system.class.inc.php");                                            //包含数据库连接和操作类
    $connobj = new ConnDB("mysql", "localhost", "root", "111", "db_database25"); //数据库连接类实例化
    $conn = $connobj->GetConnId();                                              //执行连接操作，返回连接标识
    $admindb = new AdminDB();                                                   //数据库操作类实例化
    $seppage = new SepPage();                                                   //分页类实例化
    $usefun = new UseFun();                                                     //使用常用函数类实例化
    $smarty = new SmartyProject();                                              //调用 Smarty 模板
    function unhtml($params) {
        extract($params);
        $text = $content;
        global $usefun;
        return $usefun->UnHtml($text);
    }
    $smarty->registerPlugin("function","unhtml","unhtml");                      //注册模板函数
?>
```

25.4 前台首页设计

前台首页一般没有多少实质的技术，主要是加载一些功能模块，如登录模块、导航栏模块、公告栏模块等，使浏览者能够了解网站内容和特点。首页的重要之处是要合理地对页面进行布局，既要尽可能将重点模块显示出来，同时又不能因为页面凌乱无序，而让浏览者无所适从，产生反感。本系统

的前台首页 index.php 的运行结果如图 25.15 所示。

图 25.15　前台首页运行结果

25.4.1　前台首页技术分析

在前台首页中应用 switch 语句与 Smarty 模板中的内建函数 include 设计一个框架页面，实现不同功能模块在首页中的展示。

switch 语句在 PHP 动态文件中使用，根据超链接传递的值，包含不同的功能模块。

include 标签在 Smarty 模板页中使用，在当前模板页中包含其他模板文件。其语法格式如下：

```
{include file = "file_name" assign=" " var="   "}
```

其中，file 指定包含模板文件的名称；assign 指定一个变量保存包含模板的输出；var 传递给待包含模板的本地参数，只在待包含模板中有效。

25.4.2　前台首页实现过程

前台首页的实现过程包括以下步骤。

（1）创建 index.php 动态页。在 index.php 动态页中，应用 include_once 语句包含相应的文件，应用 switch 语句，以超链接中参数 page 传递的值为条件进行判断，实现在不同页面之间的跳转。index.php 的关键代码如下：

```
<?php
session_start();
header("Content-type: text/html; charset=UTF-8");                    //设置文件编码格式
require("system/system.inc.php");                                    //包含配置文件
if (isset($_GET["page"])) {
        $page = $_GET["page"];
} else {
        $page = "";
}
include_once("login.php");
include_once("public.php");
include_once("links.php");
switch($page_type) {
        case "hyzx":
                include_once "member.php";
                $smarty->assign('admin_phtml', 'member.tpl');        //将 PHP 脚本文件对应的模板文件名称赋给模板变量
                break;
        case 'allpub':
                include_once 'allpub.php';
                $smarty->assign('admin_phtml', 'allpub.tpl');
                break;
        case 'nom':
                include_once 'allnom.php';
                $smarty->assign('admin_phtml', 'allnom.tpl');
                break;
        case 'new':
                include_once 'allnew.php';
                $smarty->assign('admin_phtml', 'allnew.tpl');
                break;
        case 'hot':
                include_once 'allhot.php';
                $smarty->assign('admin_phtml', 'allhot.tpl');
                break;
        case 'shopcar':
                include_once 'myshopcar.php';
                $smarty->assign('admin_phtml', 'myshopcar.tpl');
                break;
        case 'settle':
                include_once 'settle.php';
                $smarty->assign('admin_phtml', 'settle.tpl');
                break;
        case 'queryform':
                include_once 'queryform.php';
                $smarty->assign('admin_phtml', 'queryform.tpl');
                break;
        default:
                include_once 'newhot.php';
                $smarty->assign('admin_phtml', 'newhot.tpl');
                break;
}
$smarty->display("index.tpl");                                       //指定模板页
?>
```

（2）创建 index.tpl 模板页。在模板文件 index.tpl 中应用 Smarty 的 include 标签调用不同的模板文件，生成静态页面。其关键代码如下：

```
<table width="850" border="0" cellspacing="0" cellpadding="0">
    <tr>
        <td colspan="2">{include file='top.tpl'}</td>
    </tr>
    <tr>
        <td width="216" align="left" valign="top">
            {include file='login.tpl'}
            {include file='public.tpl'}
            {include file='links.tpl'}
        </td>
        <td width="634" height="700" align="center" valign="top">
            {include file='search.tpl'}
            <!--载入模板文件-->{include file=$admin_phtml}
        </td>
    </tr>
</table>
<table width="850" border="0" cellspacing="0" cellpadding="0">
    <tr>
        <td>{include file='bottom.tpl'}</td>
    </tr>
</table>
```

说明

本系统的功能较多，结构比较复杂，对于初学者来说学起来可能会比较困难。所以，本书将系统中各功能模块涉及的文件（如 PHP、TPL、CSS、JS 等）尽可能都单独实现。读者在学习其中某个模块时，可以将相关的文件统一放到同一个目录下单独测试。

说明

本系统的很多功能都应用了 JavaScript 技术，对 JavaScript 不熟悉的读者可以参考《JavaScript 从入门到精通（第 5 版）》一书。

25.5　登录模块设计

25.5.1　登录模块概述

用户登录模块是会员功能的窗口。匿名用户虽然也可以访问本网站，但只能进行浏览、查询等简单操作，而会员则可以购买商品，并且能享受超低价格。登录模块包括用户注册、用户登录和找回密码 3 部分，其运行效果如图 25.16 所示。

图 25.16　登录模块运行效果

25.5.2　登录模块技术分析

（1）使用 Ajax 技术无刷新验证用户名是否被占用。其关键代码如下：

```
/*form 为传入的表单名称，本段代码为 register 表单*/
function chkname(form) {
```

```
        /*如果 name 文本域的信息为空，则名为 name1 的 div 标签显示如下信息*/
        if (form.name.value == "") {
                name1.innerHTML = "<font color=#FF0000>请输入用户名！ </font>";
        } else {
                /*否则获取文本域的值*/
                var user = form.name.value;
                /*生成 url 链接，将 user 的值传到 chkname.php 页面进行判断*/
                var url = "chkname.php?user="+user;
                /*使用 XMLhttpRequest 技术运行页面*/
                xmlhttp.open("GET", url, true);
                xmlhttp.onreadystatechange = function() {
                if (xmlhttp.readyState == 4) {
                                /*根据不同的返回值，在 div 标签中输出不同信息*/
                                var msg = xmlhttp.responseText;
                                if (msg == '2') {
                                        name1.innerHTML = "<font color=#FF0000>用户名被占用！ </font>";
                                        return false;
                                } else if(msg == '1') {
                                        name1.innerHTML = "<font color=green>恭喜您，可以注册!</font>";
                                        /*如果用户名正确，则将隐藏域的值改为 yes*/
                                        form.c_name.value = "yes";
                                } else {
                                        name1.innerHTML = "<font color=green>未知错误</font>";
                                }
                        }
                }
                xmlhttp.send(null);
        }
}
```

在该函数中调用 chkname.php 页面，该页面在会员登录时也会被调用，所以这里分两种情况，即有密码和无密码。无密码为注册验证，当返回结果为 2 时，说明该用户名可用；而有密码为登录验证，和无密码相反，只有查询记录存在才允许登录，并将用户名和用户 ID 存储到 Session 中。

chkname.php 页面的代码如下：

```
<?php
        session_start();
        header("Content-type: text/html; charset=UTF-8");                    //设置文件编码格式
        require("system/system.inc.php");                                    //包含配置文件
        $reback = '0';
        $sql = "select * from tb_user where name='".$_GET['user']."'";
        if (isset($_GET['password'])) {
                $sql .= " and password = '".md5($_GET['password'])."'";
        }
        $rst = $admindb->ExecSQL($sql, $conn);
        if ($rst) {
                /*登录所用*/
                if ($rst[0]['isfreeze'] != 0) {
                        $reback = '3';
                } else {
                        $_SESSION['member'] = $rst[0]['name'];
                        $_SESSION['id'] = $rst[0]['id'];
                        $reback = '2';
                }
        } else {
                $reback = '1';
        }
        echo $reback;
?>
```

（2）GD2 函数库可生成验证码，其关键代码如下：

```
<?php
    header("Content-type: text/html; charset=UTF-8");                    //设置文件编码格式
    srand((double)microtime()*1000000);                                   //生成随机数
    $im = imagecreate(60, 30);                                            //创建画布
    $black = imagecolorallocate($im, 0, 0, 0);                            //定义背景
    $white = imagecolorallocate($im, 255, 255, 255);                      //定义背景
    $gray = imagecolorallocate($im, 200, 200, 200);                       //定义背景
    imagefill($im, 0, 0, $gray);                                          //填充颜色
    for ($i = 0; $i < 4; $i++) {                                          //定义 4 位随机数
        $str = mt_rand(3, 20);                                            //定义随机字符所在位置的 Y 坐标
        $size = mt_rand(5, 8);                                            //定义随机字符的字体
        $authnum = substr($_GET['num'], $i, 1);                           //获取超链接中传递的验证码
        imagestring($im, $size, (2+$i*15), $str, $authnum, imagecolorallocate($im, rand(0, 130),
                rand(0, 130), rand(0, 130)));
    }                                                                     //水平输出字符串
    for ($i = 0; $i < 200; $i++) {                                        //执行 for 循环，为验证码添加模糊背景
        $randcolor = imagecolorallocate($im, rand(0, 255), rand(0, 255), rand(0, 255));      //创建背景
        imagesetpixel($im, rand()%70, rand()%30, $randcolor);                                //绘制单一元素
    }
    imagepng($im);                                                                           //生成 PNG 图像
    imagedestroy($im);                                                                       //销毁图像
?>
```

25.5.3　用户注册

用户注册页面的主要功能是新用户注册。如果信息输入完整而且符合要求，则系统会将该用户信息保存到数据库中，否则会显示错误原因，以便用户改正。用户注册页面的运行效果如图 25.17 所示。

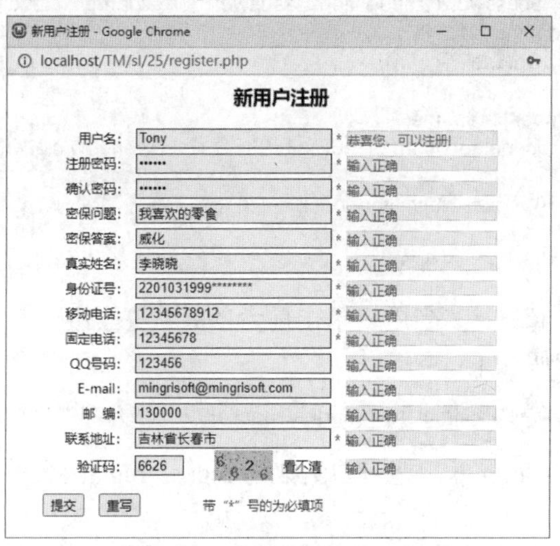

图 25.17　用户注册页面

（1）创建 register.tpl 模板文件，编写用户注册页面。其中包含两个 JS 脚本文件——createxmlhttp.js 和 check.js，createxmlhttp.js 是 Ajax 的实例化文件，而 check.js 对用户注册信息进行验证，并且返回验证结果。

（2）创建 register.php 动态 PHP 文件，加载模板。register.php 文件的代码如下：

```
<?php
	header("Content-type: text/html; charset=UTF-8");                    //设置文件编码格式
	require("system/system.inc.php");                                    //包含配置文件
	$smarty->assign('title', '新用户注册');
	$smarty->display('register.tpl');
?>
```

（3）创建 reg_chk.php 文件，获取表单中提交的数据，将数据存储到指定的数据表中。reg_chk.php 文件的代码如下：

```
<?php
	session_start();
	header("Content-type: text/html; charset=UTF-8");                    //设置文件编码格式
	require("system/system.inc.php");                                    //包含配置文件
	$name = $_POST['name'];
	$password = md5($_POST['pwd1']);
	$question = $_POST['question'];
	$answer = $_POST['answer'];
	$realname = $_POST['realname'];
	$card = $_POST['card'];
	$tel = $_POST['tel'];
	$phone = $_POST['phone'];
	$Email = $_POST['email'];
	$QQ = $_POST['qq'];
	$code = $_POST['code'];
	$address = $_POST['address'];
	$addtime = date("Y-m-d H:i:s");
	$sql = "insert into tb_user(name, password, question, answer, realname, card, tel, phone, Email, QQ, code, address,
			addtime, isfreeze, shopping)" ;
	$sql .= "values('$name', '$password', '$question', '$answer', '$realname', '$card', '$tel', '$phone', '$Email', '$QQ', '$code',
			'$address', '$addtime', '0', '')";
	$rst = $admindb->ExecSQL($sql, $conn);                                          //执行添加操作
	if ($rst) {
		$_SESSION['member'] = $name;
		echo "<script>top.opener.location.reload();alert('注册成功');window.close();</script>";
	} else {
		echo '<script>alert(\'添加失败\');history.back;</script>';
	}
?>
```

（4）创建“用户注册”超链接。当用户单击前台的 注册 按钮时，系统会调用 JavaScript 的 onclick 事件，弹出注册窗口。其代码如下：

```
<a href="#" id="login" onclick="reg()"><img src="images/check.JPG" width="59" height="23" border="0" /></a>
```

这里使用的 JS 文件为 js/login.js，调用的函数为 reg()。reg()函数的代码如下：

```
function reg() {
	window.open("register.php", "_blank", "width=600, height=650", false); //弹出窗口
}
```

25.5.4 用户登录

用户登录模块的运行结果如图 25.16 所示，需要输入用户名、密码和验证码。

（1）创建模板文件 login.tpl，完成用户登录表单的设计。在该页面中单击“登录”按钮时，系统将调用 lg()函数对用户登录信息进行验证。

lg()函数包含在 js\login.js 脚本文件内，其代码如下：

```
//JavaScript Document
function lg(form) {
	if (form.name.value == "") {
		alert('请输入用户名');
		form.name.focus();
		return false;
	}
	if (form.password.value == "" || form.password.value.length < 6) {
		alert('请输入正确密码');
		form.password.focus();
		return false;
	}
	if (form.check.value == "") {
		alert('请输入验证码');
		form.check.focus();
		return false;
	}
	if (form.check.value != form.check2.value) {
		form.check.select();
		code(form);
		return false;
	}
	var user = form.name.value;
	var password = form.password.value;
	var url = "chkname.php?user="+user+"&password="+password;
	xmlhttp.open("GET", url, true);
	xmlhttp.onreadystatechange = function() {
	if (xmlhttp.readyState == 4) {
			var msg = xmlhttp.responseText;
			if (msg == '1') {
				alert('用户名或密码错误!!');
				form.password.select();
				form.check.value = '';
				code(form);
				return false;
			} if (msg == "3") {
				alert("该用户被冻结，请联系管理员");
				return false;
			} else {
				alert('欢迎光临');
				location.reload();
			}
		}
	}
	xmlhttp.send(null);
	return false;
}
//显示验证码
function yzm(form) {
	var num1 = Math.round(Math.random() * 10000000);
	var num = num1.toString().substr(0,4);
	document.write("<img name=codeimg width=65 heigh=35 src='yzm.php?num="+num+"'>");
	form.check2.value = num;
}
```

```
//刷新验证码
function code(form) {
    var num1 = Math.round(Math.random() * 10000000);
    var num = num1.toString().substr(0,4);
    document.codeimg.src = "yzm.php?num="+num;
    form.check2.value = num;
}
//注册
function reg() {
    window.open("register.php", "_blank", "width=600, height=650", false);
}
//找回密码
function found() {
    window.open("found.php", "_blank", "width=350 height=240", false);
}
```

用户名和密码是在 chkname.php 页面中被验证的。chkname.php 在 25.5.2 节中已经介绍，这里不再重复。

（2）创建用户信息模板文件 info.tpl。用户登录成功后，在原登录框位置将显示用户信息，用户可以通过“会员中心”对个人信息进行修改，也可以单击“查看购物车”超链接，查看购物车商品。当用户离开时，可以单击“安全离开”超链接。用户信息模块的主要代码如下：

```
<!--显示当前登录用户名-->
欢迎您：{$member}
<!--会员中心超链接-->
<a href="?page_type=hyzx" class="lk">会员中心</a>
<!--查看购物车-->
<a href="?page_type=shopcar" class="lk">查看购物车</a>
<!--安全离开-->
<a onclick="javascript:logout()" style="cursor:pointer" id="info">安全离开</a>
```

25.5.5　找回密码

登录模块的最后一个功能就是找回密码，一般是根据用户在填写资料时所填写的密保问题和密保答案来实现的。当用户单击“找回密码”超链接时，首先提示用户输入要找回密码的会员名称，然后根据密保问题填写密保答案，最后重新输入密码。找回密码模块的流程如图 25.18 所示。

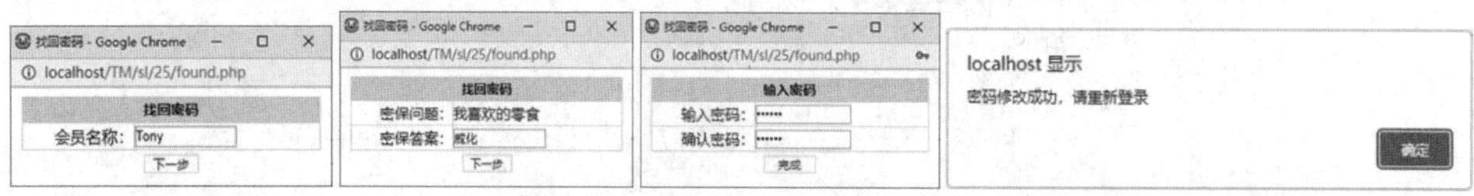

图 25.18　找回密码流程图

1．创建模板文件

虽然找回密码需要 4 个步骤，但实际上每个步骤使用的都是相同的模板文件和 JS 文件，只是被调用的表单和 JS 函数略有差别。这里根据不同的文件来进行介绍。

模板文件共包含 3 个表单，分别代表 3 个步骤，其核心代码如下：

```
<!--载入两个 JS 脚本文件-->
```

```
<script type="text/javascript"src="js/createxmlhttp.js"></script>
<script type="text/javascript"src="js/found.js"></script>
<!--第 1 个 div 标签-->
<div id="first">
<table width="200" border="0" cellspacing="0" cellpadding="0">
<form id="foundname" name="found" method="post" action="#">
  <tr><td> 找回密码</td></tr>
  <tr><td>会员名称：</td>
      <!--text 文本框，用于输入要找回密码的会员名称-->
<td><input id="user" name="user" type="text" class="txt"></td>
</tr>
  <tr><td>
  <!--单击“下一步”按钮，触发 onClick 事件来调用 chkname 函数-->
  <input id = "next1" name = "next1" type = "button" class = "btn" value = "下一步"
           onClick = "return chkname(foundname)"/>
  </td></tr>
</form>
</table>
</div>
<!--第 2 个 div 标签，样式为隐藏-->
<div id="second" style="display:none;">
<table>
<form id="foundanswer" name="found" method="post" action="#">
  <tr><td > 找回密码</td></tr>
  <tr><td>密保问题：</td>
<!--用于显示密保问题的 div 标签-->
    <td <div id="question"></div></td></tr>
  <tr><td>密保答案：</td>
<!--文本框，用于填写密保答案-->
    <td ><input id="answer" name="answer" type="text" class="txt" /></td></tr>
  <tr>
    <!--单击“下一步”按钮，触发 onClick 事件，并调用 chkanswer()函数-->
    <td><input id = "next2" name = "next2" type="button" class="btn" value ="下一步"
                   onClick = "return chkanswer(foundanswer)"></td>
  </tr>
</form>
</table>
</div>
<!--第 3 个 div 标签，样式为隐藏，作用是修改密码-->
<div id='third' style="display:none;">
<table>
<form id="modifypwd" name="found" method="post" action="#">
  <tr><td> 输入密码</td></tr>
  <tr><td>输入密码：</td>
    <td><input id="pwd1" name="pwd1" type="password" class="txt"></td></tr>
  <tr><td>确认密码：</td>
    <td><input id="pwd2" name="pwd2" type="password" class="txt" /></td>
  </tr>
  <tr>
    <!--单击“完成”按钮，调用 chkpwd()函数-->
    <td><input id = "mod" name = "mod" type = "button" class = "btn" value = "完成"
                   onClick = "return chkpwd (modifypwd)"></td>
  </tr>
</form>
</table>
</div>
```

可以看出，在上述 3 个表单中，只有一个表单默认情况下是显示的，其他则为隐藏。通过调用不同的 JS 函数，对其他表单进行操作。

2. 创建 JS 脚本文件

found.js 脚本文件包含 3 个函数：chkname()、chkanswer()和 chkpwd()。其中，chkname()函数的作用是检查用户输入的会员名称，如果不存在，则使用 xmlhttp 对象调用生成的 url 进行处理判断。如果该用户存在，则隐藏当前表单，并显示下一个表单，最后输出密保问题。

chkname()函数的核心代码如下：

```
function chkname(form) {
        var user = form.user.value;
        if (user == '') {
                alert('请输入用户名');
                form.user.focus();
                return false;
        } else {
                var url = "foundpwd.php?user="+user;
                xmlhttp.open("GET", url, true);
                xmlhttp.onreadystatechange = function() {
                if (xmlhttp.readyState == 4) {
                                var msg = xmlhttp.responseText;
                                if (msg == '0') {
                                        alert('没有该用户，请重新查找!');
                                        form.user.select();
                                        return false;
                                } else {
                                        document.getElementById('first').style.display = 'none';
                                        document.getElementById('second').style.display = '';
                                        document.getElementById('question').innerHTML = msg;
                                }
                        }
                }
                xmlhttp.send(null);
        }
}
```

其他两个函数也使用 XMLHttpRequest 对象，实现方法相差无几，不同之处就是对返回值的处理。chkanswer()函数用于隐藏当前表单，显示下一个表单，关键代码如下：

```
function chkanswer(form) {
        var user = document.getElementById('user').value;
        var answer = form.answer.value;
        if (answer == '') {
                alert('请输入提示问题');
                form.answer.focus();
                return false;
        } else {
                var url = "foundpwd.php?user="+user+"&answer="+answer;
                xmlhttp.open("GET", url, true);
                xmlhttp.onreadystatechange = function() {
                        if (xmlhttp.readyState == 4) {
                                var msg = xmlhttp.responseText;
                                if (msg == '0') {
                                        alert('问题回答错误');
                                        form.answer.select();
                                        return false;
                                } else {
                                        document.getElementById('second').style.display = 'none';
                                        document.getElementById('third').style.display = '';
```

```
                }
            }
        }
        xmlhttp.send(null);
    }
}
```

chkpwd()函数用于提示用户操作状态，如果成功，则关闭当前页。chkpwd()函数的代码如下：

```
function chkpwd(form) {
    var user = document.getElementById('user').value;
    var pwd1 = form.pwd1.value;
    var pwd2 = form.pwd2.value;
    if (pwd1 == '') {
        alert('请输入密码');
        form.pwd1.focus();
        return false;
    }
    if (pwd1.length < 6) {
        alert('密码输入错误');
        form.pwd1.focus();
        return false;
    }
    if (pwd1 != pwd2) {
        alert('两次密码不相同');
        form.pwd2.select();
        return false;
    }
    var url = "foundpwd.php?user="+user+"&password="+pwd1;
    xmlhttp.open("GET", url, true);
    xmlhttp.onreadystatechange = function() {
        if (xmlhttp.readyState == 4) {
            var msg = xmlhttp.responseText;
            if (msg == '1') {
                alert('密码修改成功，请重新登录');
                window.close();
            } else {
                alert(msg);
            }
        }
    }
    xmlhttp.send(null);
}
```

3. 创建数据处理文件

foundpwd.php 文件的功能是根据用户输入的信息来检测数据表中的数据，并根据不同的输入信息返回不同的结果。核心代码如下：

```
<?php
    header("Content-type: text/html; charset=UTF-8");                    //设置文件编码格式
    require("system/system.inc.php");                                    //包含配置文件
    $reback = '0';                                                       //设置变量初始值
    if (!isset($_GET['answer']) && !isset($_GET['password'])) {          //判断变量是否存在
        $namesql = "select * from tb_user where name = '".$_GET['user']."'";
        $namerst = $admindb->ExecSQL($namesql, $conn);                   //查询用户名是否存在
        if ($namerst) {
            $question = $namerst[0]['question'];
            $reback = $question;
```

```
        }
    } else if(isset($_GET['answer'])) {
        $answersql = "select * from tb_user where name = '".$_GET['user']."' and answer = '".$_GET['answer']."'";
        $answerrst = $admindb->ExecSQL($answersql, $conn);
        if ($answerrst) {
            $reback = '1';
        }
    } else if (isset($_GET['password'])) {
        $sql = "update tb_user set password='".md5($_GET['password'])."' where name='".$_GET['user']."'";
        $rst = $admindb->ExecSQL($sql, $conn);
        if ($rst) {
            $reback = '1';
        }
    }
    echo $reback;                                                    //输出返回结果
?>
```

4．加载模板页

因为所有登录模块的模板都不需要或者只需要传递一两个变量，所以 PHP 加载页的内容比较简单。找回密码页面的代码如下：

```
<?php
    header("Content-type: text/html; charset=UTF-8");                //设置文件编码格式
    require("system/system.inc.php");                                //包含配置文件
    $smarty->assign('title', '找回密码');
    $smarty->display('found.tpl');
?>
```

25.6　会员信息模块设计

25.6.1　会员信息模块概述

用户登录后，即可看到会员信息模块。在这里，可以进行查看或修改个人信息及密码、查看购物车和安全退出等操作。本节只对会员信息模块中的会员中心功能和安全退出功能进行讲解，关于查看购物车功能将在商品模块中进行介绍。会员信息模块的运行效果如图 25.19 所示。

图 25.19　会员信息

25.6.2　会员信息模块技术分析

在会员信息模块中，以 SESSION 变量中存储的用户名称为条件，从会员信息表中查询出会员信息并存储到模板变量中，最后在模板页中输出会员信息。member.php 文件的核心代码如下：

```
<?php
	/*查找用户资料*/
	if (isset($_SESSION['member'])) {
		$sql = "select * from tb_user where name = '".$_SESSION['member']."'";
		$arr = $admindb->ExecSQL($sql, $conn);
		if (isset($_GET['action']) && $_GET['action'] == 'modify') {
			$smarty->assign('check', "find");
			$smarty->assign('pwdarr', $arr);
		} else {
			$smarty->assign('check', "notfind");
			$smarty->assign('pwdarr', $arr);
		}
	}
?>
```

member.php 文件查询出的数据是会员信息模块其他功能实现的前提。

25.6.3　会员中心

当用户单击“会员中心”超链接时，会回传给当前页面一个 page_type 值，当前页面根据这个 page_type 值来载入 member.php 文件。

1．创建 PHP 页面

与登录模块设计不同，本节首先来创建 PHP 页面。因为该模块中的模板需要使用数据库中的数据及一些动态信息，这些都需要在 PHP 页中先行获取及处理，再传给模板页。会员中心页面的代码请参考技术分析中的内容。

2．创建模板页

该模块包括查看信息模板及修改密码模板，都存储在 member.tpl 模板文件中。

```
<link rel="stylesheet" href="css/member.css" />
<script language="javascript" src="js/member.js"></script>
{if $check=="find" }
<p align="left">{$smarty.session.member}&gt;&gt;&gt;<a href='?page=hyzx' id="mem">查看信息</a>&gt;&gt;&gt;
<a href='?page=hyzx&action=modify' id="mem">修改密码</a></p>
<table id="member" width="300" border="0" cellpadding="0" cellspacing="0">
  <form id="member" name="member" method="post" action="modify_pwd_chk.php" onSubmit="return pwd(member)">
    <tr>
      <td height="25" colspan="2" align="center" valign="middle" id="first"><font color="#f0f0f0">修改密码</font></td>
    </tr>
    <tr>
      <td width="25%" height="25" align="right" valign="middle" id="left">原密码：</td>
      <td height="25" align="left" valign="middle" id="right"><input id="old" name="old" type="password" /></td>
    </tr>
    <tr>
      <td width="25%" height="25" align="right" valign="middle" id="left">新密码：</td>
      <td height="25" align="left" valign="middle" id="right"><input id="new1" name="new1" type="password" /> </td>
    </tr>
    <tr>
      <td width="25%" height="25" align="right" valign="middle" id="left">确认密码：</td>
      <td height="25" align="left" valign="middle" id="right"><input id="new2" name="new2" type="password" /> </td>
    </tr>
    <tr>
```

```
        <td height="30" colspan="2" align="center" valign="middle"><input id="enter" name="enter" type="submit"
            value="修改" /></td>
      </tr>
    </form>
</table>
{else}
<p align="left">{$smarty.session.member}&gt;&gt;&gt;<a href='?page=hyzx' id="mem">查看信息</a>&gt;&gt;&gt;
<a href='?page=hyzx&action=modify' id="mem">修改密码</a></p>
{section name=pwd_id loop=$pwdarr}
<table id='member' width="500" border="0" cellpadding="0" cellspacing="0">
  <form id="member" name="member" method="post" action="modify_info_chk.php" onSubmit="return mem(member)" >
    <tr>
      <td height="25" colspan="2" align="center" valign="middle" id="first"><font color="#f0f0f0">{$pwdarr [pwd_id]. name}
          信息（不可更改信息）</font></td>
    </tr>
    <tr>
      <td width="25%" height="25" align="right" valign="middle" id="left"> 会员编号：</td>
      <td height="25" align="left" valign="middle" id="right"> {$pwdarr[pwd_id].id}</td>
    </tr>
    <tr>
      <td width="25%" height="25" align="right" valign="middle" id="left"> 会员名称：</td>
      <td height="25" align="left" valign="middle" id="right"> {$pwdarr[pwd_id].name}</td>
    </tr>
    <tr>
      <td width="25%" height="25" align="right" valign="middle" id="left"> 密保问题：</td>
      <td height="25" align="left" valign="middle" id="right"> {$pwdarr[pwd_id].question}</td>
    </tr>
    <tr>
      <td width="25%" height="25" align="right" valign="middle" id="left">密保答案：</td>
      <td height="25" align="left" valign="middle" id="right"> {$pwdarr[pwd_id].answer}</td>
    </tr>
    <tr>
      <td width="25%" height="25" align="right" valign="middle" id="left"> 注册时间：</td>
      <td height="25" align="left" valign="middle" id="right"> {$pwdarr[pwd_id].addtime}</td>
    </tr>
    <tr>
      <td width="25%" height="25" align="right" valign="middle" id="left">消费总额：</td>
      <td height="25" align="left" valign="middle" id="right"> {$pwdarr[pwd_id].consume}</td>
    </tr>
    <tr>
      <td height="25" colspan="2" align="center" valign="middle" id="first"><font color="#f0f0f0">{$pwdarr [pwd_id]. name}
          信息（可更改信息）</font></td>
    </tr>
    <tr>
      <td width="25%" height="25" align="right" valign="middle" id="left">真实姓名：</td>
      <td height="25" align="left" valign="middle" id="right">
          <input id="realname" name="realname" type="text" value="{$pwdarr[pwd_id].realname}" /> 
          <input type="hidden" name="userid" value="{$pwdarr[pwd_id].id}" />
          <font color="red">*</font></td>
    </tr>
    <tr>
      <td width="25%" height="25" align="right" valign="middle" id="left">身份证号：</td>
      <td height="25" align="left" valign="middle" id="right"><input id="card" name="card" type="text"
          value= "{$pwdarr[pwd_id].card}" /> <font color="red">*</font></td>
    </tr>
    <tr>
      <td width="25%" height="25" align="right" valign="middle" id="left">移动电话：</td>
      <td height="25" align="left" valign="middle" id="right"><input id="tel" name="tel" type="text"
          value= "{$pwdarr [pwd_id].tel}"> <font color="red">*</font> </td>
```

```
    </tr>
    <tr>
      <td width="25%" height="25" align="right" valign="middle" id="left">固定电话：</td>
      <td height="25" align="left" valign="middle" id="right"><input id="phone" name="phone" type="text"
          value= "{$pwdarr[pwd_id].phone}" /> <font color="red">*</font></td>
    </tr>
    <tr>
      <td width="25%" height="25" align="right" valign="middle" id="left">Email：</td>
      <td height="25" align="left" valign="middle" id="right"><input id="email" name="email" type="text"
          value= "{$pwdarr[pwd_id].Email}" /></td>
    </tr>
    <tr>
      <td width="25%" height="25" align="right" valign="middle" id="left">QQ 号：</td>
      <td height="25" align="left" valign="middle" id="right">
          <input id="qq" name="qq" type="text" value="{$pwdarr[pwd_id].QQ}" /></td>
    </tr>
    <tr>
      <td width="25%" height="25" align="right" valign="middle" id="left">邮编：</td>
      <td height="25" align="left" valign="middle" id="right">
          <input id="code" name="code" type="text" value="{$pwdarr[pwd_id].code}" /></td>
    </tr>
    <tr>
      <td width="25%" height="25" align="right" valign="middle" id="left">地址：</td>
      <td height="25" align="left" valign="middle" id="right">
          <input id="address" name="address" type="text" value="{$pwdarr[pwd_id].address}" /> 
          <font color="red">*</font></td>
    </tr>
    <tr>
      <td height="30" colspan="2" align="center" valign="middle">
          <input name="enter" type="submit" id="enter" value="修改" />    
          <input name="reset" type="reset" id="reset" value="重置" /></td>
    </tr>
  </form>
</table>
{/section}
{/if}
```

3．创建脚本文件

该模块的脚本文件和用户注册模块类似，都用于对信息的合法性进行验证，如信息是否为空、是否符合规范等，这里不再赘述。

4．创建处理页

当信息验证通过后，系统将跳转到处理页进行信息处理。本模块处理页分为信息修改和密码修改两个页面。首先介绍信息修改页面 modify_info_chk.php，代码如下：

```
<?php
    session_start();
    header("Content-type: text/html; charset=UTF-8");              //设置文件编码格式
    require("system/system.inc.php");                               //包含配置文件
    $sql = "update tb_user set realname='".$_POST['realname']."',card='".$_POST['card']."',tel='".$_POST['tel']."',
            phone='".$_POST['phone']."',Email='".$_POST['email']."',QQ='".$_POST['qq']."',code='".$_POST['code']."',
            address='".$_POST['address']."' where id = '".$_POST['userid']."'";
    $arr = $admindb->ExecSQL($sql, $conn);
    if ($arr)
        echo "<script>alert('修改成功');location=('index.php'); </script>";
    else
```

```
		echo "<script>alert('修改失败');history.go(-1); </script>";
?>
```

密码修改页面的操作流程也十分类似，只是更新的数组要小得多，只有一个字段。修改密码页面 modify_pwd_chk.php 的代码如下：

```
<?php
	session_start();
	header ( "Content-type: text/html; charset=UTF-8" );		//设置文件编码格式
	require("system/system.inc.php");						//包含配置文件
	$sql="select * from tb_user where name = '".$_SESSION['member']."' and password='".md5($_POST['old'])."' ";
	$arr = $admindb->ExecSQL($sql,$conn);					//判断用户名和密码是否正确
	if($arr){
		$sql = "update tb_user set password='".md5($_POST['new1'])."'
		  where name = '".$_SESSION['member']."' and password='".md5($_POST['old'])."' ";	//更新密码
		$arr = $admindb->ExecSQL($sql,$conn);
		echo "<script>alert('密码修改成功！');window.location.href='index.php';</script>";
	}else{
		echo "<script>alert('密码修改失败！');window.location.href='index.php';</script>";
	}
?>
```

25.6.4 安全退出

当用户需要离开网站时，可以通过单击“安全离开”超链接来调用 logout()函数，当用户确认退出后，就跳转到 logout.php 页面，销毁 Session 并回到首页。

logout()函数的代码如下：

```
function logout() {
	if (confirm("确定要退出登录吗？")) {						//输出选择框，用户可单击“确认”或“取消”按钮
		window.open('logout.php', '_parent', '',false);	//如果用户确认退出，则打开 logout.php 页
	}else
	return false;
}
```

安全退出页面 logout.php 的代码如下：

```
<?php
	session_start();
	header("Content-type: text/html; charset=UTF-8");	//设置文件编码格式
	session_destroy();
	echo '<script>alert(\'用户已安全退出!\');location=(\'index.php\');</script>';
?>
```

25.7 商品展示模块设计

25.7.1 商品展示模块概述

本系统为用户提供了不同的商品展示方式，包括推荐商品、最新商品、热门商品等，能够使消费者有目的地选购商品。每个展示方式中都包括商品的详细信息显示，从而为用户购买商品提供可靠的依据。本系统商品展示模块的运行效果如图 25.20 所示。

图 25.20　商品展示模块页面

因为推荐商品、最新商品和热门商品的实现方法和过程基本相同，所以本节只讲解推荐商品模块。其他功能相关代码可参见资源包中的源程序。

25.7.2　商品展示模块技术分析

商品显示功能实现的关键就是如何从数据库中读取商品信息，如何完成数据的分页显示。在定义 SQL 语句时，首先判断字段 isnom 的值，如果该字段为 1，即为推荐，否则为不推荐；然后定义数据降序排列，并设置每页显示 4 条记录，这就是完成商品显示的查询语句。

newhot.php 文件的代码如下：

```
<?php
	header("Content-type: text/html; charset=UTF-8");			//设置文件编码格式
	include_once("system/system.inc.php");				//包含类的实例化文件
	//定义 SQL 语句
	$newsql = "select id,name,pics,m_price,v_price from tb_commo where isnew = 1 order by id desc limit 4";
	$hotsql = "select id,name,pics,m_price,v_price from tb_commo order by sell,id desc limit 4";
	$sql = "select id,name,pics,m_price,v_price from tb_commo where isnom = 1 order by id desc limit 4";
	$newarr = $admindb->ExecSQL($newsql,$conn);			//执行 SQL 语句，降幂排列，显示 4 条记录
	$hotarr = $admindb->ExecSQL($hotsql,$conn);
	$nomarr = $admindb->ExecSQL($sql,$conn);
	$smarty->assign('newarr',$newarr);				//将查询结果赋给指定的模板变量
	$smarty->assign('hotarr',$hotarr);
	$smarty->assign('nomarr',$nomarr);
?>
```

最后定义模板文件，通过 section 语句循环输出存储在模板变量中的数据，即完成商品展示的操作。section 是 Smarty 模板中的一个循环语句，该语句用于复杂数组的输出。其语法如下：

```
{section name="sec_name" loop=$arr_name start=num step=num}
```

其中，name 是该循环的名称；loop 为循环的数组；start 表示循环的初始位置；step 表示步长。例如，start=2，说明循环是从 loop 数组的第 2 个元素开始的；step=2，说明循环一次后，数组的指针将向

下移动两位，以此类推。

25.7.3 商品展示模块的实现过程

在技术分析中已经对商品显示所使用的技术、方法进行了概述，下面介绍具体的实现过程。

（1）创建 newhot.php 文件，从数据库中读取推荐商品的数据，并将数据存储到模板变量中，其代码可以参考技术分析。

（2）创建 newhot.tpl 模板页，应用 section 语句输出商品信息，并添加相应的操作按钮或链接。模板页中一共有 3 个事件：显示更多商品、查看商品和放入购物车。

☑ 当单击"更多商品"超链接时，将会重新加载本页面，并传递一个 page_type 变量。switch 语句会根据 page_type 值进行显示。

☑ 当单击"查看详情"按钮时，将触发 onClick 事件，并将调用 openshowcommo()函数，同时，商品 id 会作为函数的唯一参数被传递进去。

☑ 当单击"购买"按钮时，同样会触发 onClick 事件，并调用 buycommo()函数，唯一的参数也是商品 id。

商品模板页面的代码如下：

```
<link rel="stylesheet" href="css/newhot.css" />
<link href="css/top.css" rel="stylesheet" type="text/css" />
<link href="css/nominate.css" rel="stylesheet" type="text/css" />
<link href="css/link.css" rel="stylesheet" type="text/css" />
<script language="javascript" src="js/createxmlhttp.js"></script>
<script language="javascript" src="js/showcommo.js"></script>
<table width="643" border="0" cellpadding="0" cellspacing="0" style=" border: 3px solid #f0f0f0;" >
    <tr>
      <td width="321" height="33" align="center" background="images/shop_07.gif">
        <div class="new">
          <a href="?page_type=nom" class="top"><img src="images/more.JPG" width="39" height="18" border="0" /></a>
        </div>
      </td>
      <td width="322" height="33" align="right" background="images/shop_14.gif">
        <div class="hot">
          <a href= "?page_type=hot" class="top"><img src="images/more.JPG" width="39" height="18" border="0" /></a>
        </div>
          </td>
    </tr>
    <tr>
      <td align="center" valign="top" style="border-right: 1px solid #f0f0f0;">
        <table width="295" height="307" align="center" border="0" cellpadding="0" cellspacing="0">
          <tr>{counter start=1 skip=1 direction=up print=false assign=count} {section name=new_id loop=$newarr}
            <td align="left" valign="top">
              <table width="150" height="150" align="left" border="0" cellpadding="0" cellspacing="0">
                <tr>
                  <td height="100" align="center" valign="middle">
                    <a style="cursor:hand;" onclick="">
                      <img src="{$newarr[new_id].pics}" width="100" height="80" alt="{$newarr[new_id].name}"
                           style="border:1px solid #f0f0f0;" onclick="openshowcommo({$newarr[new_id].id})" />
                    </a>
                  </td>
                </tr>
                <tr>
```

```
                    <td height="17" align="center" valign="middle">{$newarr[new_id].name}</td>
                  </tr>
                  <tr>
                    <td height="17" align="center" valign="middle">市场价：{$newarr[new_id].m_price} 元</td>
                  </tr>
                  <tr>
                    <td height="16" align="center" valign="middle">会员价：{$newarr[new_id].v_price} 元</td>
                  </tr>
                </table>
              </td>
                  {counter}
            {if $count mod 2 != 0}
            </tr>
            <tr> {/if}
             {/section} </tr>
        </table></td>
      <td align="center" valign="top" style="border-left: 1px solid #f0f0f0;">
        <table width="295" height="307" align="center" border="0" cellpadding="0" cellspacing="0">
            <tr> {counter start=1 skip=1 direction=up print=false assign=counts}{section name=hot_id loop= $hotarr}
              <td align="left" valign="top">
                <table width="150" height="150" align="left" border="0" cellpadding= "0" cellspacing="0">
                    <tr>
                      <td height="100" align="center" valign="middle"><a style="cursor:hand;" onclick="">
                        <img src="{$hotarr[hot_id].pics}" width="100" height="80" alt="{$hotarr[hot_id].name}"
                             style="border:1px solid #f0f0f0;" onclick="openshowcommo({$hotarr[hot_id].id})" /></a></td>
                    </tr>
                    <tr>
                      <td height="17" align="center" valign="middle">{$hotarr[hot_id].name}</td>
                    </tr>
                    <tr>
                      <td height="17" align="center" valign="middle">市场价：{$hotarr[hot_id].m_price} 元</td>
                    </tr>
                    <tr>
                      <td height="16" align="center" valign="middle">会员价：{$hotarr[hot_id].v_price} 元</td>
                    </tr>
                </table></td>
             {counter}
            {if $counts mod 2 != 0}</tr>
              <tr> {/if}
                {/section} </tr>
        </table>
      </td>
    </tr>
</table>
<table width="643" border="0" cellpadding="0" cellspacing="0">
      <tr>
            <td colspan="6" width="636" height="33" align="right" valign="middle">
               <img src="images/shop_10.gif" width="643" height="33" border="0" usemap="#Map" /></td>
            <td rowspan="3" width="7" height="238"> </td>
      </tr>
      <tr>
         <td width="23" height="185"> </td>
         {section name=nom_id loop=$nomarr}
         <td width="145" height="185" align="left" valign="top">
            <table width="145" border="0" cellpadding="0" cellspacing="0" >
                <tr>
                      <td height="100" align="center" valign="middle">
                         <img src="{$nomarr[nom_id].pics}" width="100" height="80" alt="{$nomarr[nom_id].name}"
                               style="border: 1px solid #f0f0f0;" ></td>
```

```
            </tr>
            <tr>
                <td height="17" align="center" valign="middle"> {$nomarr[nom_id].name}</td>
            </tr>
            <tr>
                <td height="17" align="center" valign="middle">市场价：{$nomarr[nom_id].m_price}  元</td>
            </tr>
            <tr>
              <td height="19" align="center" valign="middle">会员价：{$nomarr[nom_id].v_price} 元</td>
            </tr>
            <tr>
              <td height="32" align="center" valign="middle">
                <input id="showinfo" name="showinfo" type="button" value="" class="showinfo"
                       onclick="openshowcommo({$nomarr[nom_id].id})"/> 
                <input id="buy" name="buy" type="button" value="" class="buy"
                       onclick="return buycommo({$nomarr[nom_id].id})" /></td>
            </tr>
          </table>
        </td>
      {/section}
        <td width="33" height="185"> </td>
      </tr>
      <tr>
          <td colspan="6" width="636" height="14"> </td>
      </tr>
</table>
<map name="Map" id="Map">
<area shape="rect" coords="585,8,635,27" href="?page_type=new" class="lk" />
</map>
```

（3）创建 showcommo.js 脚本文件。当单击“查看商品”按钮时，系统会弹出一个新的页面，并显示商品的详细信息；当单击“购买”按钮时，该商品将会被放到当前用户的购物车中，如果用户没有登录账号或商品已添加过购物车，则会给出对应的提示信息。JS 脚本文件的代码如下：

```
/*查看商品信息函数，将打开一个新页面*/
function openshowcommo(key) {
    open('showcommo.php?id='+key,'_blank','width=560 height=300',false);
}
/*将购买商品添加到购物车中，具体代码将在 25.8 节中讲解*/
function buycommo(key) {
    …
}
```

25.8 购物车模块设计

25.8.1 购物车模块概述

购物车是前台客户端程序中非常关键的一个功能模块。购物车的主要功能是保留用户选择的商品信息，用户可以在购物车内设置选购商品的数量，显示选购商品的总金额，还可以清除已选的全部商品信息，重新选择商品信息。购物车页面的运行结果如图 25.21 所示。

我的购物车						
	商品名称	购买数量	市场价格	会员价格	折扣率	合计
☐	网络机顶盒	1	356	320.4	9	320.4
☐	小米13手机	2	4280	4066	9.5	8132
☐	PHP从入门到精通	1	99.8	89.82	9	89.82
全选 反选 删除选择			继续购物	去收银台		共计：8542.22 元

图 25.21　购物车页面

购物车模块主要实现添加商品、删除商品和更改数量等操作。

25.8.2　购物车模块技术分析

购物车模块最关键的功能实现就是如何将商品添加到购物车。如果不能完成商品的添加，那么购物车中的其他操作都没有任何意义。

在商品显示模块中，单击商品中的“购买”按钮，将商品放到购物车，并进入“购物车”页面。单击“购买”按钮调用 buycommo()函数，购买商品 id 是该函数的唯一参数，在 buycommo()函数中通过 xmlhttp 对象调用 chklogin.php 文件，并根据回传值来做出相应处理。buycommo()函数的代码如下：

```
/*添加商品，同时检查用户是否登录、商品是否重复等*/
function buycommo(key) {
	var url = "chklogin.php?key="+key;					//根据商品 id，生成 url
	xmlhttp.open("GET",url,true);						//使用 xmlhttp 对象调用 chklogin.php 页
	xmlhttp.onreadystatechange = function() {
		if (xmlhttp.readyState == 4) {
			var msg = xmlhttp.responseText;
			if (msg == '2') {						//用户没有登录
				alert('请您先登录');
				return false;
			} else if (msg == '3') {					//商品已添加
				alert('该商品已添加');
				window.close();
				return false;
			} else {								//显示购物车
				top.opener.location='index.php?page_type=shopcar';
				window.close();
			}
		}
	}
	xmlhttp.send(null);
```

在 chklogin.php 文件中将商品添加到购物车。chklogin.php 页面的代码如下：

```
<?php
	session_start();
	header("Content-type: text/html; charset=UTF-8");		//设置文件编码格式
	require("system/system.inc.php");					//包含配置文件
	/**
	*	1 表示添加成功
	*	2 表示用户没有登录
	*	3 表示商品已添加过
	*	4 表示添加时出现错误
	*	5 表示没有商品添加
	*/
```

```
    $reback = '0';
    if (empty($_SESSION['member'])) {
        $reback = '2';
    } else {
        $key = $_GET['key'];
        if ($key == '') {
            $reback = '5';
        } else {
            $boo = false;
            $sqls = "select id,shopping from tb_user where name = '".$_SESSION['member']."'";
            $shopcont = $admindb->ExecSQL($sqls, $conn);
            if (!empty($shopcont[0]['shopping'])) {
                $arr = explode('@',$shopcont[0]['shopping']);
                foreach($arr as $value) {
                    $arrtmp = explode(',',$value);
                    if ($key == $arrtmp[0]) {
                        $reback = '3';
                        $boo = true;
                        break;
                    }
                }
                if ($boo == false) {
                    $shopcont[0]['shopping'] .= '@'.$key.',1';
                    $update = "update tb_user set shopping='".$shopcont[0]['shopping']."'
                     where name = '".$_SESSION['member']."'";
                    $shop = $admindb->ExecSQL($update,$conn);
                    if ($shop) {
                        $reback = 1;
                    } else {
                        $reback = '4';
                    }
                }
            } else {
                $tmparr = $key.",1";
                $updates = "update tb_user set shopping='".$tmparr."'
                  where name = '".$_SESSION ['member']."'";
                $result = $admindb->ExecSQL($updates, $conn);
                if ($result) {
                    $reback = 1;
                } else {
                    $reback = '4';
                }
            }
        }
    }
    echo $reback;
?>
```

通过分析上述代码可知，shopping 字段保存的是购物车中的商品信息，一条商品信息包括两部分，即商品 id 和商品数量，其中商品数量默认为 1。两部分之间使用逗号“,”分隔，如果添加多个商品，则相邻商品之间使用“@”进行分隔。

成功完成商品的添加操作后，即可进入购物车页面，执行其他操作。

25.8.3 购物车展示

购物车页面分为 PHP 代码页和 Smarty 模板页。在 PHP 代码页中，首先读取 tb_user 数据表中 shopping 字段的内容，如果该字段为空，则输出“暂无商品”；如果数据库中有数据，则循环输出数

据，并将商品信息保存到数组中，再传给模板页。购物车页面的代码如下：

```
<?php
	$select = "select id,shopping from tb_user where name ='".$_SESSION['member']."'";
	$rst = $admindb->ExecSQL($select, $conn);
	if ($rst[0]['shopping'] == "") {
		echo "<p>";
		echo '购物车中暂时没有商品!';
		exit();
	}
	$commarr = array();
	foreach($rst[0] as $value) {
		$tmpnum = explode('@', $value);
		$shopnum = count($tmpnum);						//商品类数
		$sum = 0;
		foreach($tmpnum as $key => $vl){
			$s_commo = explode(',',$vl);
			$sql2 = "select id, name, m_price, fold, v_price from tb_commo";
			$commsql = $sql2." where id = ".$s_commo[0];
			$arr = $admindb->ExecSQL($commsql, $conn);
			@$arr[0]['num'] = $s_commo[1];
			@$arr[0]['total'] = $s_commo[1]*$arr[0]['v_price'];
			$sum += $arr[0]['total'];
			$commarr[$key] = $arr[0];
		}
	}
	$smarty->assign('shoparr', $shopnum);
	$smarty->assign('commarr', $commarr);
	$smarty->assign('sum', $sum);
?>
```

商品的模板页不仅要负责用户购买商品信息的输出，还要提供可以对商品进行修改、删除等操作的事件接口。模板页代码如下：

```
<table border="0" cellspacing="0" cellpadding="0" align="center">
<form id="myshopcar" name="myshopcar" method="post" action="#">
  <tr>
    <td height="30" colspan="7" align="center" valign="middle" class="first">我的购物车</td>
  </tr>
  <tr>
    <td width="35" height="25" align="center" valign="middle" class="left"> </td>
    <td width="100" height="25" align="center" valign="middle" class="center">商品名称</td>
    <td width="100" height="25" align="center" valign="middle" class="center">购买数量</td>
    <td width="100" height="25" align="center" valign="middle" class="center">市场价格</td>
    <td width="100" height="25" align="center" valign="middle" class="center">会员价格</td>
    <td width="100" height="25" align="center" valign="middle" class="center">折扣率</td>
    <td width="100" height="25" align="center" valign="middle" class="right">合计</td>
  </tr>
{foreach key=key item=item from=$commarr}
  <tr>
    <td height="25" align="center" valign="middle" class="left">
      <input id="chk" name="chk[]" type="checkbox" value="{$item.id}"></td>
    <td height="25" align="center" valign="middle" class="center">
      <div id = "c_name{$key}">  {$item. name}</div></td>
    <td height="25" align="center" valign="middle" class="center">
      <input id="cnum{$key}" name="cnum{$key}" type="text" class="shorttxt" value="{$item.num}"
            onkeyup="cvp({$key},{$item.v_price},{$shoparr})"></td>
    <td height="25" align="center" valign="middle" class="center">
      <div id="m_price{$key}">  {$item.m_price}</div></td>
```

```
        <td height="25" align="center" valign="middle" class="center"><div id="v_price{$key}">  {$item.v_price}</div></td>
        <td height="25" align="center" valign="middle" class="center"><div id="fold{$key}">  {$item.fold}</div></td>
        <td height="25" align="center" valign="middle" class="right"><div id="total{$key}">  {$item.total}</div></td>
    </tr>
{/foreach}
    <tr>
        <td height="25" colspan="3" align="left" valign="middle">
            <a href="#" onclick="return alldel(myshopcar)">全选</a>
            <a href="#" onclick="return overdel(myshopcar);">反选</a>  
            <input type="button" value="删除选择" class="btn" style="border-color: #FFFFFF;" onClick = 'return del(myshopcar);'>
                  </td>
        <td height="25" align="center" valign="middle"><input id="cont" name="cont" type="button" class="btn"
            value="继续购物" onclick="return conshop(myshopcar)" /></td>
        <td height="25" align="center" valign="middle">
            <input id="uid" name="uid" type="hidden" value="{$smarty. session.member}" >
            <input id="settle" name="settle" type="button" class="btn" value="去收银台" onclick="return formset(form)" /></td>
        <td height="25" colspan="2" align="right" valign="middle"><div id='sum'>共计：{$sum} 元</div></td>
    </tr>
</form>
</table>
```

25.8.4 更改商品数量

对于新添加的商品，默认的购买数量为 1，在购物车页面可以对商品的数量进行修改。当商品数量发生变化时，商品的合计金额和商品总金额会自动发生改变，该功能通过触发 text 文本域的 onkeyup 事件调用 cvp()函数实现。cvp()函数有 3 个参数，分别是商品 id、商品单价和商品类别。

首先，通过商品 id 可以得到要修改商品的相关表单和标签属性。然后，通过商品单价和输入的商品数量计算该商品的合计金额。接着，使用 for 循环得到其他商品的合计金额。最后，将所有的合计金额累加，并输出到购物车页面。cvp()函数的代码如下：

```
function cvp(key, vpr, shoparr) {
        var n_pre = 'total';
        var num = 'cnum'+key.toString();
        var total = n_pre+key.toString();
        var t_number = document.getElementById(num).value;
        var ttl = t_number * vpr;
        if(!Number.isInteger(ttl)) ttl = ttl.toFixed(2);
        document.getElementById(total).innerHTML = ttl;
        var sm = 0;
        for (var i = 0; i < shoparr; i++) {
                var aaa = document.getElementById(n_pre+i.toString()).innerHTML;
                sm += Number(aaa);
        }
        if(!Number.isInteger(sm)) sm = sm.toFixed(2);
        document.getElementById('sum').innerHTML = '共计：'+sm+' 元';
}
```

这里，更改后的商品数量并没有被保存到数据库中，如果希望保存，则单击“继续购物”按钮，即可将商品数量更新到数据库中。

25.8.5 删除商品

当对添加的商品不满意时，可以对商品进行删除操作。首先选中待删除商品前面的复选框，也可

以单击“全选”按钮，或“反选”按钮；然后单击“删除选择”按钮，在弹出的提示框中单击“确定”按钮，选择的商品将被删除。删除商品的操作流程如图 25.22 所示。

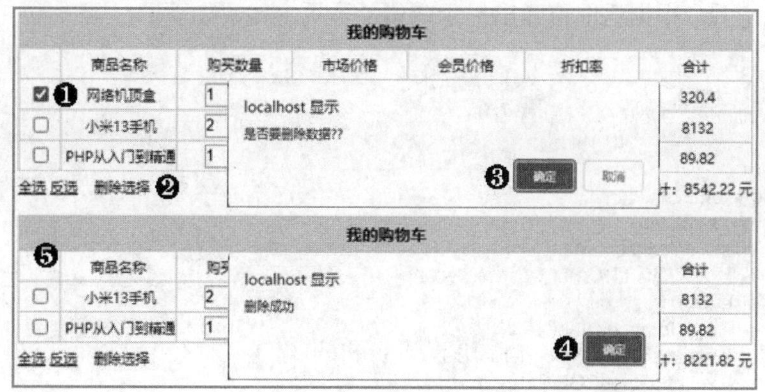

图 25.22　删除商品流程

所有的删除操作都是通过 JS 脚本文件 shopcar.js 来实现的，相关的函数包括 alldel()函数、overdel()函数和 del()函数。

alldel()函数和 overdel()函数实现的原理比较简单，通过触发 onClick 事件来改变复选框的选中状态。代码如下：

```
//全部选择/取消
function alldel(form) {
        var leng = form.chk.length;
        if (leng == undefined) {
            if (!form.chk.checked)
                    form.chk.checked = true;
        } else {
            for ( var i = 0; i < leng; i++)
                {
                    if (!form.chk[i].checked)
                            form.chk[i].checked = true;
                }
        }
        return false;
}
//反选
function overdel(form) {
        var leng = form.chk.length;
        if (leng == undefined) {
            if (!form.chk.checked)
                    form.chk.checked = true;
                else
                    form.chk.checked = false;
        } else {
            for (var i = 0; i < leng; i++)
                {
                    if (!form.chk[i].checked)
                            form.chk[i].checked = true;
                    else
                            form.chk[i].checked = false;
                }
        }
        return false;
}
```

使用 alldel()或 overdel()选中复选框后，即可调用 del()函数来实现删除功能。del()函数首先使用 for 循环，将被选中的复选框的 value 值取出并存成数组，然后根据数组生成 url，并使用 xmlhttp 对象调用这个 url，当处理完毕后，根据返回值弹出提示或刷新本页。代码如下：

```
/*删除记录*/
function del(form) {
	if (!window.confirm('是否要删除数据??')) {

	} else {
		var leng = form.chk.length;
		if (leng == undefined) {
			if (!form.chk.checked) {
					alert('请选取要删除的数据!');
			} else {
				rd = form.chk.value;
				var url = 'delshop.php?rd='+rd;
				xmlhttp.open("GET", url, true);
				xmlhttp.onreadystatechange = delnow;
				xmlhttp.send(null);
			}
		} else {
			var rd=new Array();
			var j = 0;
			for (var i = 0; i < leng; i++)
			{
				if (form.chk[i].checked) {
					rd[j++] = form.chk[i].value;
				}
			}
			if (rd == '') {
				alert('请选取要删除的数据!');
			} else {
				var url = "delshop.php?rd="+rd;
				xmlhttp.open("GET", url, true);
				xmlhttp.onreadystatechange = delnow;
				xmlhttp.send(null);
			}
		}
	}
	return false;
}
function delnow() {
	if (xmlhttp.readyState == 4) {
		if (xmlhttp.status == 200) {
			var msg = xmlhttp.responseText;
			if (msg != '1') {
				alert('删除失败'+msg);
			} else {
				alert('删除成功');
				location=('?page_type=shopcar');
			}
		}
	}
}
```

25.8.6　保存购物车

当用户希望保存商品更改后的商品数量时，可以单击“继续购物”按钮，将触发 onClick 事件调用 conshop()函数保存数据。该函数有一个参数，就是当前表单的名称。在 conshop()函数内，根据复选框和商品数量文本框，生成 fst 和 snd 两个数组，分别保存商品 id 和商品数量。

这里要注意，两个数组的值是要相互对应的。首先如果商品 1 的 id 保存到 fst[1]中，那么商品 1 的数量就要保存到 snd[1]中，然后根据这两个数组生成一个 url，使用 XMLHttpRequest 对象调用 url，最后根据回传信息做出相应的判断。conshop()函数的代码如下：

```
//更改商品数量
function conshop(form) {
        var n_pre = 'cnum';
        var lang = form.chk.length;
        if (lang == undefined) {
                var fst = form.chk.value;
                var snd = form.cnum0.value;
        } else {
                var fst = new Array();
                var snd = new Array();
                for (var i = 0; i < lang; i++) {
                        var nm = n_pre+i.toString();
                        var stmp = document.getElementById(nm).value;
                        if (stmp == '' || isNaN(stmp)) {
                                alert('不允许为空、必须为数字');
                                document.getElementById(nm).select();
                                return false;
                        }
                        snd[i] = stmp;
                        var ftmp = form.chk[i].value;
                        fst[i] = ftmp;
                }
        }
        var url = 'changecar.php?fst='+fst+'&snd='+snd;
        xmlhttp.open("GET", url, true);
        xmlhttp.onreadystatechange = updatecar;
        xmlhttp.send(null);
}
function updatecar() {
        if (xmlhttp.readyState == 4) {
                var msg = xmlhttp.responseText;
                        if (msg == '1') {
                                location = 'index.php';
                        } else {
                                alert('操作失败'+msg);
                        }
        }
}
```

在 conshop()函数中调用的 changecar.php 为数据处理页面，该页面将商品 id 和商品数量进行重新排列，并保存到 shopping 字段内。该页面的代码如下：

```
<?php
        session_start();
```

```
    header("Content-type: text/html; charset=UTF-8");                          //设置文件编码格式
    require("system/system.inc.php");                                          //包含配置文件
    $sql = "select id,shopping from tb_user where name = '".$_SESSION['member']."'";
    $rst = $admindb->ExecSQL($sql, $conn);
    $reback = '0';
    $changecar = array();
    if (isset($_GET['fst']) && isset($_GET['snd'])) {
        $fst = $_GET['fst'];
        $snd = $_GET['snd'];
        $farr = explode(', ', $fst);
        $sarr = explode(', ', $snd);
        $upcar = array();
        for ($i = 0; $i < count($farr); $i++) {
            $upcar[$i] = $farr[$i].','.$sarr[$i];
        }
        if (count($farr) > 1) {
            $update = "update tb_user set shopping='".implode('@', $upcar)."'
              where name = '".$_SESSION['member']."'";
        } else {
            $update = "update tb_user set shopping='".$upcar[0]."'
              where name = '".$_SESSION['member']."'";
        }
        $shop = $admindb->ExecSQL($update, $conn);
        if ($shop) {
            $reback = 1;
        } else {
            $reback = 2;
        }
    }
    echo $reback;
?>
```

25.9 收银台模块设计

25.9.1 收银台模块概述

当用户停止浏览商品，准备结账时，可以单击购物车页面中的“去收银台”按钮。该按钮将触发 onClick 事件，调用 formset()函数来显示订单。当用户提交订单后，系统会将订单保存到数据表 tb_form 中，同时清空购物车，并显示订单信息，提醒用户记录订单号。当货款发出后，还可以对订单进行查询。收银台页面的运行结果如图 25.23 所示。

图 25.23　收银台页面的运行结果

本节所涉及的页面有显示订单页面（formset()函数）、填写订单页面（settle.php、settle.html）、处理订单页面（settle_chk.php）、反馈订单页面（forminfo.php、forminfo.html）和查询订单页面 5 部分。

25.9.2　收银台模块技术分析

在收银台模块中，通过 PDO 中的方法完成订单信息的添加和数据的更新操作。同样调用数据库管理类 AdminDB 中的 ExecSQL 方法，完成数据的添加操作。

25.9.3　显示订单

订单信息提交页面的输出由 formset()函数实现，它将整理商品信息，通过 open 方法打开 settle.php 页面来显示订单，并将整理后的商品信息传递到 settle.php 文件中。formset()函数的代码如下：

```
function formset(form) {
	var uid = form.uid.value;
	var n_pre = 'cnum';                                            //商品数量
	var lang = form.chk.length;
	if (lang == undefined) {
		var fst = form.chk.value;                                  //商品 id
		var snd = form.cnum0.value;                                //购买数量
	} else {
		var fst= new Array();
		var snd = new Array();
		for (var i = 0; i < lang; i++) {
			var nm = n_pre+i.toString();
			var stmp = document.getElementById(nm).value;
			if (stmp == '' || isNaN(stmp)) {
				alert('不允许为空、必须为数字');
				document.getElementById(nm).select();
				return false;
			}
			snd[i] = stmp;
			var ftmp = form.chk[i].value;
			fst[i] = ftmp;
		}
	}
	open('settle.php?uid='+uid+'&fst='+fst+'&snd='+snd,'_blank','width=500 height=450',false);
}
```

说明

因为 open 方法使用_blank 参数来打开一个新的页面，Session 值传不过去，所以这里使用隐藏域来传递用户名称。

25.9.4　填写订单

settle.php 直接将接收的值传给 settle.tpl 模板，并载入 settle.tpl 模板。settle.php 页面的代码如下：

```
<?php
	session_start();
	header("Content-type: text/html; charset=UTF-8");              //设置文件编码格式
	require("system/system.inc.php");                              //包含配置文件
```

```
        $fst = $_GET['fst'];
        $snd = $_GET['snd'];
        $uid = $_GET['uid'];
        $smarty->assign('title', '收银台');
        $smarty->assign('fst', $fst);
        $smarty->assign('snd', $snd);
        $smarty->assign('uid', $uid);
        $smarty->display('settle.tpl');
?>
```

settle.tpl 模板可显示一个表单，这个表单的内容需要用户来填写，包括收货人、联系电话等信息。而从 PHP 页传过来的几个变量则被保存到隐藏域，在表单中将数据提交到 settle_chk.php 处理页面。

25.9.5 处理订单

处理订单页 settle_chk.php 首先获取表单中提交的数据，根据用户提交的商品信息，重新查找数据表 tb_commo，并从数据表中提取商品信息保存到数组中；然后处理订单页将数组作为一条记录，添加到表 tb_form 内。

数据添加成功的同时，处理订单页会根据 uid 找到该用户，将 shopping 字段清空，最后调用 forminfo.php 页面，显示新添加的订单信息。settle_chk.php 页面的代码如下：

```
<?php
    header("Content-type: text/html; charset=UTF-8");                    //设置文件编码格式
    require("system/system.inc.php");                                     //包含配置文件
    $sql = "insert into tb_form(formid, commo_id, commo_name, commo_num, agoprice, fold, total, vendee, taker,
            address, tel,code, pay_method, del_method, formtime, state)values(";
    $formid = time();
    $tmpid = explode(', ', $_POST['fst']);
    $tmpnm = explode(', ', $_POST['snd']);
    $number = count($tmpid);
    $tmpna = array();
    $tmpvp = array();
    $tmpfd = array();
    $tmptt = 0;
    if ($number >1) {
        for ($i = 0; $i < $number; $i++) {
            $tmpsql = "select name,v_price,fold from tb_commo where id = '".$tmpid[$i]."'";
            $tmprst = $admindb->ExecSQL($tmpsql, $conn);
            $tmpna[$i] = $tmprst[0]['name'];
            $tmpvp[$i] = $tmprst[0]['v_price'];
            $tmpfd[$i] = $tmprst[0]['fold'];
            $tmptt += $tmprst[0]['v_price'] * $tmpnm[$i];
            @$tmpsell = $tmprst[0]['sell'] + 1;
            $addsql = "update tb_commo set sell = '".$tmpsell."' where id = '".$tmpid[$i]."'";
            $addrst = $admindb->ExecSQL($addsql, $conn);
        }
        $sql.="'".$formid."','".$_POST['fst']."','".implode(',',$tmpna)."','".$_POST['snd']."','".implode(',',$tmpvp).
            "','".implode(',',$tmpfd)."','".$tmptt."','".$_POST['uid']."'";
    } else if ($number == 1) {
        $tmpsql = "select name,v_price,fold from tb_commo where id = '".$tmpid[0]."'";
        $tmprst = $admindb->ExecSQL($tmpsql, $conn);
        $tmptt = $tmprst[0]['v_price'] * $tmpnm[0];
        @$tmpsell = $tmprst[0]['sell'] + 1;
        $addsql = "update tb_commo set sell = '".$tmpsell."' where id = '".$tmpid[0]."'";
        $addrst = $admindb->ExecSQL($addsql,$conn);
```

```
        $sql.="'".$formid."','".$_POST['fst']."','".$tmprst[0]['name']."','".$_POST['snd']."','".
            $tmprst[0]['v_price']."','".$tmprst[0]['fold']."','".$tmptt."','".$_POST['uid']."'";
    } else {
        echo 'error';
        exit();
    }
    $sql.=",'".$_POST['taker']."','".$_POST['address']."','".$_POST['tel']."','".$_POST['code']."','"
        .$_POST['pay']."','".$_POST['del']."','".date("Y-m-d H:i:s")."',0)";
    $InsertSQL = $admindb->ExecSQL($sql,$conn);
    if (false == $InsertSQL) {
        echo "<script>alert('购买失败');history.back;</script>";
    } else {
        $updsql = "update tb_user set consume='".$tmptt."',shopping='' where name = '".$_POST['uid']."'";
        $updrst = $admindb->ExecSQL($updsql, $conn);
        echo "<script>top.opener.location.reload();</script>";
        echo  "<script>open('forminfo.php?fid=$formid','_blank','width=750 height=650',false);
            window.close();</script>";
    }
?>
```

由于篇幅所限，有关订单反馈和订单查询的内容这里不再讲解，读者可参考资源包中的源代码。

25.10　后台首页设计

25.10.1　后台首页概述

后台管理系统是网站管理员对商品、会员及公告等信息进行统一管理的地方，本系统的后台主要包括以下功能。

☑　类别管理模块：用于实现对商品类别的添加、修改及删除操作。

☑　商品管理模块：用于实现对商品的添加、修改、删除及订单处理。

☑　用户管理模块：主要包括管理员管理和会员管理。其中，管理员管理可实现对管理员的添加、删除和修改功能；会员管理可实现会员账号的删除和冻结功能。

☑　公告管理模块：用于实现公告的添加及删除操作。

☑　链接管理模块：用于实现添加、修改和删除友情链接。

后台首页的运行结果如图 25.24 所示。

删除	订单号	购买用户	接收人	消费金额	付款方式	送货方式	订单状态	查看	处理
☐	1686794105	Tony	Alice	7077.4	支付宝	快递	未处理	查看	请求处理
☐	1686793921	Tony	Rose	2780.82	邮局汇款	送货上门	未处理	查看	请求处理
☐	1686793882	Tony	Jack	4386.4	支付宝	快递	已发货	查看	请求处理
☐	1686793821	Tony	Jerry	11143.4	银行转账	平邮	未处理	查看	请求处理
☐	1686793775	Tony	Tom	3011.4	银行转账	平邮	已收货	查看	请求处理
☐	1686735548	Tony	Kelly	4245.64	银行转账	平邮	已收款	查看	请求处理

图 25.24　后台首页的运行结果

25.10.2 后台首页技术分析

后台首页和前台首页不同，其使用的是框架布局。框架布局的特点是可以将容器窗口划分为若干个子窗口，每个子窗口可以分别显示不同的网页，网页之间相互独立，没有直接的关联，最后用一个网页将这些分开的网页组成一个完整的网页，显示在浏览者的浏览器中。框架布局的好处是每次浏览者发出对页面的请求时，只下载发生变化的框架页面，其他子页面保持不变。下面具体来看一下框架布局的使用格式及属性。

1. 框架布局格式

框架布局的格式很简单，只要几行代码即可，常用的格式如下：

```
<html>
    <head>
        …
    </head>
    <frameset>
        <frame>
        <frame>
    </frameset>
    <noframes>
        <body>
        …
        </body>
    </noframes>
</html>
```

其中，<frameset>和<frame>标签是框架集标记，而<noframes>标签是为了防止浏览器不支持框架而实行的一种补救措施。如果浏览器不支持框架集，就会执行<noframes>标记里的内容，让用户能够正常浏览网页。

2. 框架集属性

框架集包含各个框架的信息，通过<frameset>标记来定义。框架是按照行和列来组织的，可以使用FRAMESET 标记的属性对框架的结构进行设置。框架集的常用属性、说明和应用举例如表 25.1 所示。

表 25.1 框架集的常用属性

属　性	说　明	举　例
COLS	在水平方向上将浏览器分割成多个窗口。取值有 3 种形式：像素、百分比（%）和相对尺寸（*）	<frameset cols="25%,100,*" > <frame></frame> </frameset>
ROWS	在垂直方向上将浏览器分割成多个窗口。取值和 COLS 类似，也是 3 种形式	<frameset rows="25%,100,*" > <frame> <frame> </frameset>

续表

属　　性	说　　明	举　　例
FRAMEBORDER	指定框架周围是否显示边框。取值为 1，表示显示边框，此为默认值；取值为 0，表示不显示边框	<framset cols="25%,*" cols="*" frameborder="0"> … </frameset>
FRAMESPACING	指定框架之间的间隔，以像素为单位。默认是无间隔的	<framset cols="25%,*" cols="*" framespacing="1"> … </frameset>
BORDER	指定边框的宽度。frameborder 属性为 1 时，该属性才有效	<framset cols="25%,*" cols="*" frameborder="1" border="5"> … </frameset>

3．框架属性

使用 FRAME 标记可以设置框架的属性，包括框架的名称、框架是否包含滚动条以及在框架中显示的网页等。FRAME 标记的框架常用属性及其说明如表 25.2 所示。

表 25.2　框架的常用属性

属　　性	说　　明
NAME	框架的名称
SRC	框架中显示的网页文件（包括 HTML、PHP、JSP 等网页文件）
FRAMEBODER	框架周围是否显示边框，取值为 1，表示显示边框，此为默认值；取值为 0，表示不显示边框
NORESIZE	可选属性，若指定了该属性，则无法调整框架的大小
SCROLLING	框架是否包含滚动条，可设置为 yes（有）、no（没有）和 auto（自适应）

25.10.3　后台首页实现过程

（1）定义框架页面 main.php，包含 3 个文件：top.tpl、left.php 和 default.php。main.php 页的代码如下：

```
<!DOCTYPE html PUBLIC "-//W3C//DTD XHTML 1.0 Transitional//EN" "http://www.w3.org/TR/xhtml1/DTD/xhtml1-transitional.dtd">
<html xmlns="http://www.w3.org/1999/xhtml">
<head>
<meta http-equiv="Content-Type" content="text/html; charset=utf-8" />
<title>明日购物商城后台管理系统</title>
<link rel="stylesheet" href="css/style.css" />
</head>
<frameset rows="113,*,100" cols="1004" frameborder="no" border="0" framespacing="0">
  <frame src="top.php" name="topFrame" scrolling="No" noresize="noresize" id="topFrame" title="topFrame" />
  <frameset rows="*" cols="15%,210,*,15%" framespacing="0" frameborder="no" border="0">
    <frame src="s.php" name="lFrame" frameborder="0" scrolling="auto" noresize="noresize" id="lFrame"
            title= "leftFrame" />
    <frame src="left.php" name="leftFrame" frameborder="0" scrolling="auto" noresize="noresize"
```

```
            id="leftFrame" title="leftFrame" />
      <frame src="default.php" name="mainFrame" id="mainFrame" title="mainFrame" />
      <frame src="s.php" name="rFrame" frameborder="0" scrolling="auto" noresize="noresize" id="rFrame"
            title= "leftFrame" />
   </frameset>
   <frame src="bottom.php" name="bottomFrame" scrolling="No" noresize="noresize" id="bottomFrame"
            title= "bottomFrame" />
</frameset>
<noframes><body>
</body>
</noframes>
</html>
```

（2）left.php 页是一个树形菜单，应用 DIV+JavaScript+CSS 来实现。首先定义 div 标签，在 left.tpl 模板文件中，其关键代码如下：

```
<!--载入 CSS 样式和 JavaScript 脚本-->
<link href="css/left.css" rel="stylesheet" type="text/css" />
<script type="text/javascript" src="js/left.js"></script>
<!--类别管理菜单，注意加粗的地方-->
<div id="type" align="center" onclick="javascript:change(one,type);">类别管理</div>
<!--子菜单-->
<div id="one" style="display: ">
<div id="addtype" align="center"><a href="addtype.php" target="mainFrame" id="menu">添加类别</a></div>
<div id="showtype" align="center"><a href="showtype.php" target="mainFrame" id="menu">查看类别</a></div>
</div>
<div id="hidediv" align="center"></div>
<!--商品管理菜单-->
<div id="commo" align="center" onclick="javascript:change(two,commo);">商品管理</div>
<div id="two"style="display:none">
<!--商品管理子菜单-->
…
</div>
…
```

说明

上述代码中，除了加粗的 id 名称和 JS 事件不同，其他菜单的结构完全相同，此时只需修改超链接即可。

注意

除了第一个类别菜单的子菜单 display 样式为空，其他几个子菜单的 div 样式都为“display: none;”。

因为其他子菜单的样式为 display：none，所以只有“类别管理”子菜单是可见的。下面为它添加 JavaScript 事件。

left.js 脚本文件代码如下：

```
function change(nu, lx) {
      if (nu.style.display == "none") {
            nu.style.display = "";
            lx.style.background = "url(images/admin5.gif)";
      } else {
```

```
            nu.style.display = "none";
            lx.style.background = "url(images/admin1.gif)";
    }
}
```

最后在 left.css 中设置 div 的长、宽等一些默认参数。一个简单而又实用的树形菜单就完成了。

对于后台的大部分模块来说，其功能实现的方法和开发步骤在前台的模块设计中基本都已经介绍过。由于篇幅所限，这里不再对后台管理模块进行讲解。

25.11　开发常见问题与解决

在系统开发和后期测试的过程中，开发人员一定会遇到各种疑难问题。这里找出一些常见的、容易被忽略的问题加以讲解，希望能够为初学者和新手提供一些帮助，使大家在开发程序时少走一些弯路。

1．使用 JS 脚本获取、输出标签内容

问题描述：获取、更改表单元素值和特定标签内容时易出错。

解决方法：使用 JS 脚本获取页面内容的方式主要有两种。第一种方式是通过表单获取表单元素的 value 值，格式为“表单名称.元素名.value”，该方式只能获取表单中的元素值，对于其他标签元素不适用；第二种方式是通过 id 名来获取页面中任意标签的内容，格式为“document.getElementById ('id').value;”或“document.getElementById('id').innerHTML;”。使用第二种方式时要注意，标签的 id 名必须存在且唯一，否则就会出现错误。为标签内容赋值时，须使用如下格式：

```
id.innerHTML = '要显示的内容';
```

2．禁用页面缓存

问题描述：使用 Ajax 技术可以防止页面刷新，但有时也会产生新的问题。例如，在会员管理页面连续地冻结和解冻会员，超过 3 次后该功能将会失效。这是因为在一定时间内重复做相同的操作，XMLHttpRequest 对象会执行缓存中的信息，从而造成操作失败。

解决办法：使用 header()函数将缓存关闭。将代码“header("CACHE-CONTROL:NO-CACHE");”添加到 XMLHttpRequest 对象调用的处理页面的顶部即可。

3．在新窗口中使用 Session

问题描述：在使用 JS 的 open 方法打开新窗口时，由于原浏览器中的 Session 值不会被传递到新窗口中，因而造成了数据查询失败。

解决方法：将 Session 值另存到隐藏域或随着 url 一起传递到新窗口中，代码如下：

```
<!--在模板页中，将 Session 值赋给隐藏域-->
<input id="uid" name="uid" type="hidden" value="{$smarty.session.id}">
…
function getInput(){                                              //在 JS 脚本中，获取隐藏域 value 值
        Var uid = document.getElementById('uid').value;
        open("operator.php?uid="+uid,'_blank','',false);          //将获取的 value 值通过 url 传给新页面
        …
}
```

4．判断上传的文件格式

问题描述：添加商品时可以上传商品的图片，但有时可能会误传非图片格式的文件。

解决方法：创建自定义函数 f_postfix()，用来判断上传文件的后缀。函数的代码如下：

```
/*
 *判断文件后缀
 *$f_type：允许文件的后缀类型（数组）
 *$f_upfiles：上传文件名
 */
function f_postfix($f_type, $f_upfiles) {
	$is_pass = false;
	$tmp_upfiles = split("\.", $f_upfiles);                          //使用 split()函数分隔文件
	$tmp_num = count($tmp_upfiles);                                   //查找文件后缀
	if (in_array(strtolower($tmp_upfiles[$tmp_num - 1]), $f_type))    //判断后缀是否在允许列表内
		$is_pass = $tmp_upfiles[$tmp_num - 1];                        //如果是，则将后缀名赋给变量
	return $is_pass;                                                  //返回变量
}
```

5．设置服务器的时间

问题描述：如果没有对 PHP 时区进行设置，那么使用日期、时间函数时获取的将是英国伦敦的本地时间（即零时区的时间）。例如，以东八区为例，获取的时间将比当地的北京时间晚 8 个小时。

解决方案：要获取本地当前的时间，必须更改 PHP 语言中的时区设置。更改方法有以下两种。

（1）在 php.ini 文件中，定位到[Date]下的“;date.timezone =”选项，去掉前面的分号，并设置其值为当地所在时区使用的时间，如图 25.25 所示。

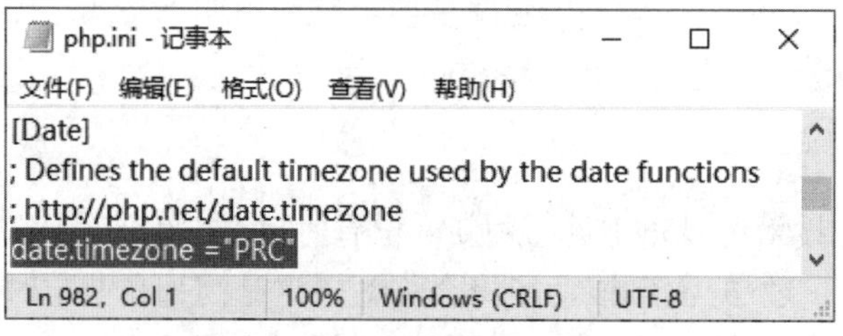

图 25.25　设置 PHP 的时区

例如，当地所在时区为东八区，就可以设置“date.timezone =”的值为 PRC、Asia/ Hong_Kong、Asia/Shanghai（上海）或者 Asia/Urumqi（乌鲁木齐）等。这些都是东八区的时间。

设置完成后，保存文件，重新启动 Apache 服务器即可。

（2）在应用程序中，在日期、时间函数之前使用 date_default_timezone_set()函数就可以完成对时区的设置。date_default_timezone_set()函数的语法格式如下：

```
date_default_timezone_set(timezone);
```

其中，timezone 为 PHP 可识别的时区名称，如果 PHP 无法识别时区名称，则系统采用 UTC 时区。

例如，设置北京时间可以使用的时区包括 PRC（中华人民共和国）、Asia/Chongqing（重庆）、Asia/Shanghai（上海）或者 Asia/Urumqi（乌鲁木齐），这几个时区名称是等效的。

第 26 章 应用 ThinkPHP 框架开发编程 e 学网

本章将使用 ThinkPHP 框架搭建一个在线学习网站——编程 e 学网。本项目涉及控制器、模型、视图以及模板引擎等方面的技术，并且对关键技术进行了系统、详细的讲解分析。希望读者能够通过本案例的学习，掌握 ThinkPHP 框架的基本用法，同时把前面学到的各种技术融会贯通，并能够学以致用。

26.1 项目设计思路

1. 功能阐述

为了充分发挥在线教育的作用，编程 e 学网具备如下功能。

☑ 用户管理功能：包括用户注册、登录、退出等。
☑ 视频播放功能：包括播放当前视频、播放上一个或下一个视频等。
☑ 设置视频浏览功能：游客每天可以免登录观看第一个视频，登录后才可以观看其他视频。
☑ 资源管理功能：包括下载源码、查看文档等。
☑ 会员中心功能：包括查看下载记录、查看学习记录、修改密码等。
☑ 后台课程管理功能：管理员可对课程进行增、删、改、查等操作。
☑ 后台资源管理功能：管理员可对资源进行增、删、改、查等操作。

2. 功能结构

本网站包括前台和后台两个应用。其中，前台应用主要包括视频首页、视频列表页、视频播放页、会员中心及登录注册 5 个部分；后台应用主要包括课程管理、资源管理、注册会员、账号管理及登录 5

个部分。网站功能结构如图 26.1 所示。

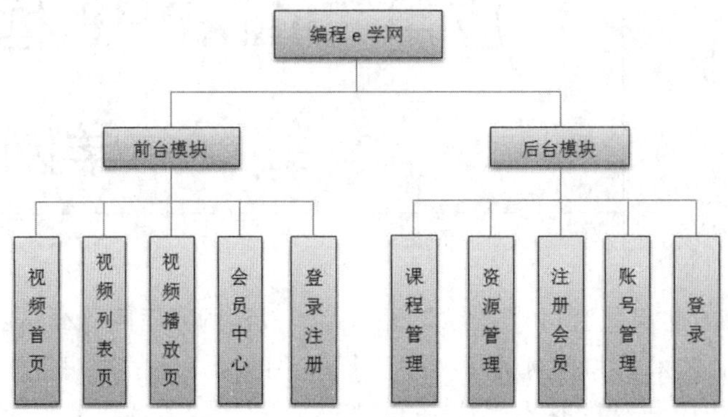

图 26.1　网站功能结构

3．系统预览

编程 e 学网的主页运行效果如图 26.2 所示，其主要功能是展示视频教程，方便用户查找。

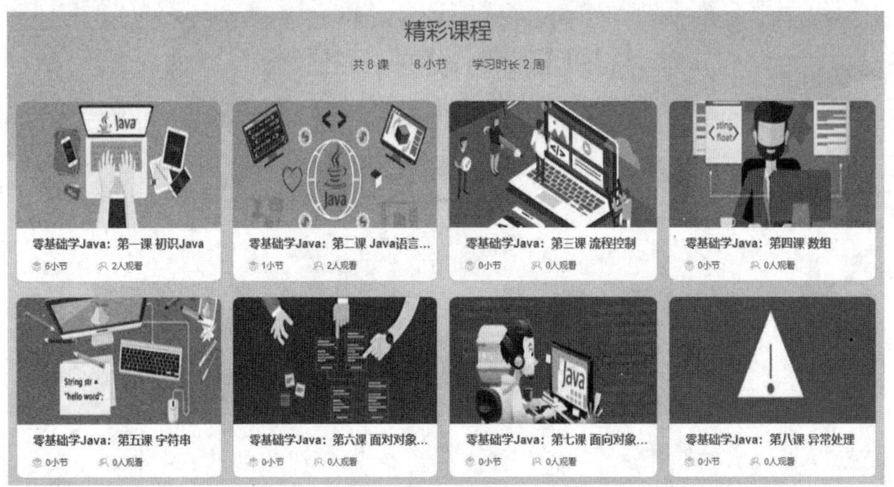

图 26.2　编程 e 学网首页

在首页选择一门课程，进入视频列表页面，运行效果如图 26.3 所示。

图 26.3　视频列表页面

在视频列表页面选择某一节课程，进入该节资源视频播放页面，运行效果如图 26.4 所示。

图 26.4 视频播放页面

管理员输入账号和密码，可以登录后台管理主页，完成对课程和学习资源的添加、删除和分页浏览功能，运行效果如图 26.5 所示。

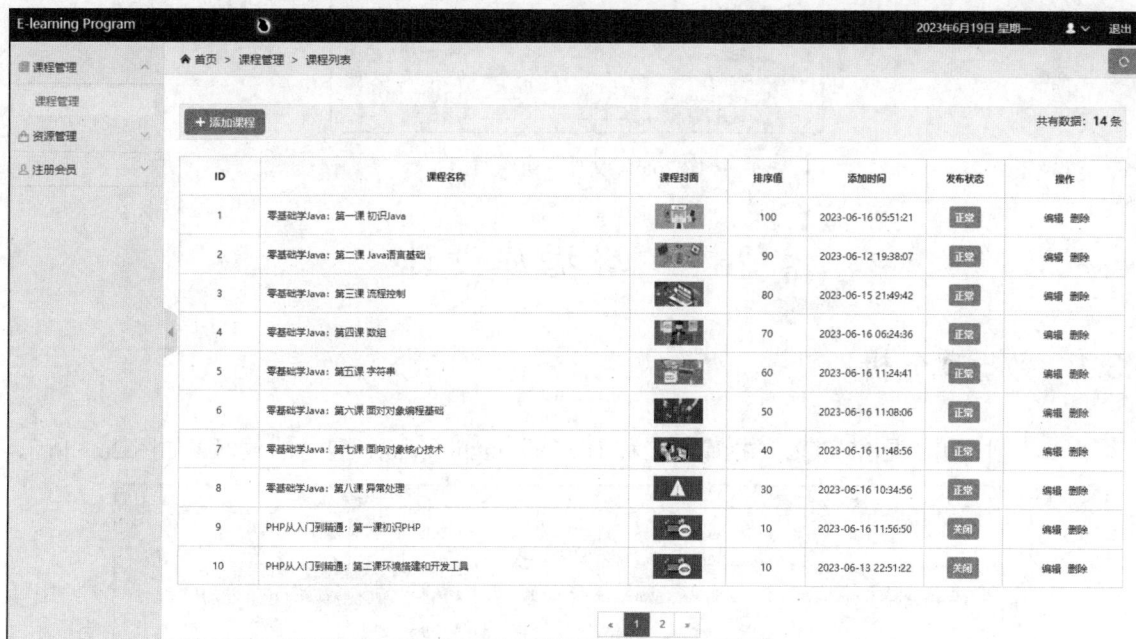

E-learning Program　2023年6月19日 星期一　退出

课程管理　课程管理　资源管理　注册会员

首页 > 课程管理 > 课程列表

+ 添加课程　共有数据：14 条

ID	课程名称	课程封面	排序值	添加时间	发布状态	操作
1	零基础学Java：第一课 初识Java		100	2023-06-16 05:51:21	正常	编辑 删除
2	零基础学Java：第二课 Java语言基础		90	2023-06-12 19:38:07	正常	编辑 删除
3	零基础学Java：第三课 流程控制		80	2023-06-15 21:49:42	正常	编辑 删除
4	零基础学Java：第四课 数组		70	2023-06-16 06:24:36	正常	编辑 删除
5	零基础学Java：第五课 字符串		60	2023-06-16 11:24:41	正常	编辑 删除
6	零基础学Java：第六课 面对对象编程基础		50	2023-06-16 11:08:06	正常	编辑 删除
7	零基础学Java：第七课 面向对象核心技术		40	2023-06-16 11:48:56	正常	编辑 删除
8	零基础学Java：第八课 异常处理		30	2023-06-16 10:34:56	正常	编辑 删除
9	PHP从入门到精通：第一课初识PHP		10	2023-06-16 11:56:50	关闭	编辑 删除
10	PHP从入门到精通：第二课环境搭建和开发工具		10	2023-06-13 22:51:22	关闭	编辑 删除

« 1 2 »

图 26.5 后台管理主页

26.2 系统开发必备

26.2.1 系统开发环境

本系统的软件开发及运行环境如下。

☑ 操作系统：Windows 7 及以上/Linux。
☑ PHP 版本：PHP 8.0.26 及以上。
☑ ThinkPHP 版本：6.1.3。
☑ 数据库：MySQL 8.0.31。
☑ 包管理工具：Composer。
☑ 浏览器：谷歌浏览器。

26.2.2 文件夹组织结构

本项目使用 ThinkPHP 默认目录结构，总共包含两个应用：index 前台应用和 admin 后台应用。关键文件夹组织结构如图 26.6 所示。

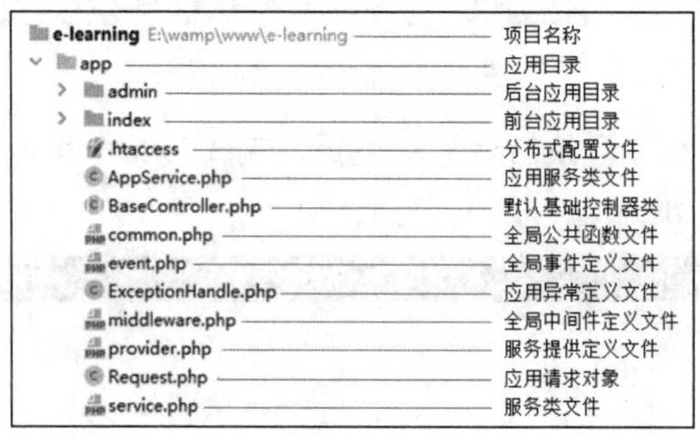

图 26.6　文件夹组织结构

26.3 数据库设计

26.3.1 数据库分析

编程 e 学网采用的是 MySQL 数据库，名称为 e-learningprogram，包含的数据表如图 26.7 所示。

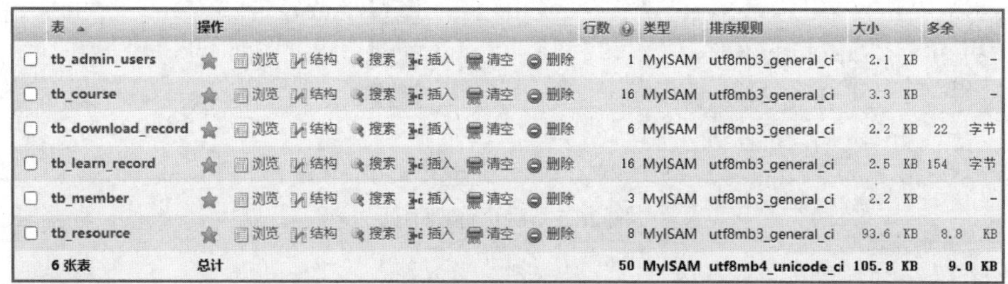

表	操作	行数	类型	排序规则	大小	多余
tb_admin_users	浏览 结构 搜索 插入 清空 删除	1	MyISAM	utf8mb3_general_ci	2.1 KB	-
tb_course	浏览 结构 搜索 插入 清空 删除	16	MyISAM	utf8mb3_general_ci	3.3 KB	-
tb_download_record	浏览 结构 搜索 插入 清空 删除	6	MyISAM	utf8mb3_general_ci	2.2 KB	22 字节
tb_learn_record	浏览 结构 搜索 插入 清空 删除	16	MyISAM	utf8mb3_general_ci	2.5 KB	154 字节
tb_member	浏览 结构 搜索 插入 清空 删除	3	MyISAM	utf8mb3_general_ci	2.2 KB	-
tb_resource	浏览 结构 搜索 插入 清空 删除	8	MyISAM	utf8mb3_general_ci	93.6 KB	8.8 KB
6 张表	总计	50	MyISAM	utf8mb4_unicode_ci	105.8 KB	9.0 KB

图 26.7　数据库结构

26.3.2 数据表设计

根据设计好的 E-R 图在数据库中创建数据表。下面是本项目的数据表结构。

1．后台管理员表（tb_admin_users）

后台管理员表用于存储后台管理员的相关信息，其结构如表 26.1 所示。

表 26.1　后台管理员表（tb_admin_users）

字　段	类　型	默 认 值	允 许 为 空	自 动 递 增	说　明
id	int(10) unsigned			是	主键
username	varchar(50)				管理员用户名
password	varchar(255)				管理员密码
addtime	date				注册时间
lastlogintime	datetime				上次登录时间
lastloginip	varchar(20)				上次登录 IP
logintime	datetime				本次登录时间
loginip	varchar(20)				本次登录 IP

2．课程表（tb_course）

课程表用于存储课程的基本信息，其结构如表 26.2 所示。

表 26.2　课程表（tb_course）

字　段	类　型	默 认 值	允 许 为 空	自 动 递 增	说　明
id	int(10) unsigned		NO	是	主键
name	varchar(100)		NO		课程名称
image_path	varchar(255)		NO		图片路径
sort	int(1) unsigned	1	NO		排序值
status	tinyint(1)	1	NO		状态，0：关闭；1：正常
addtime	int(10)		NO		添加时间

3．源码下载记录表（tb_download_record）

源码下载记录表用于存储用户下载源码的相关信息，其结构如表 26.3 所示。

表 26.3　源码下载记录表（tb_download_record）

字　段	类　型	默 认 值	允 许 为 空	自 动 递 增	说　明
id	int(10) unsigned		NO	是	主键
user_id	int(1)		NO		用户 id
course_id	int(1)		NO		课程 id
resource_id	int(1)		NO		资源 id
addtime	datetime		NO		注册时间

4．学习记录表（tb_learn_record）

学习记录表用于存储用户学习记录的相关信息，其结构如表 26.4 所示。

表 26.4　学习记录表（tb_learn_record）

字　段	类　型	默认值	允许为空	自动递增	说　明
id	int(10) unsigned		NO	是	主键
user_id	int(1)		NO		用户 id
course_id	int(1)		NO		课程 id
resource_id	int(1)		NO		资源 id
addtime	datetime		NO		注册时间

5．用户表（tb_member）

用户表用于存储注册的用户信息，其结构如表 26.5 所示。

表 26.5　用户表（tb_member）

字　段	类　型	默认值	允许为空	自动递增	说　明
id	int(10) unsigned		NO	是	主键
username	varchar(255)		NO		用户名
password	varchar(255)		NO		密码
addtime	int(10)		NO		添加时间

6．课程资源表（tb_rescource）

课程资源表用于存储课程的资源信息，其结构如表 26.6 所示。

表 26.6　课程资源表（tb_rescource）

字　段	类　型	默认值	允许为空	自动递增	说　明
id	int(10) unsigned		NO	是	主键
course_id	int(10)		NO		课程 id
title	varchar(100)		NO		资源名称
video_path	varchar(255)		NO		视频路径
document	text		YES		文档内容
code_path	varchar(255)		NO		源码路径
sort	int(1) unsigned	1	NO		排序值
status	tinyint(1)	1	NO		状态，0：关闭；1：正常
addtime	int(10)		NO		添加时间

26.3.3　连接数据库

在应用 ThinkPHP 框架开发的项目中，数据库相关配置文件为 config/database.php。关键代码如下：

```
return [
    'default' => 'mysql',                          // 默认使用的数据库连接配置
    // 数据库连接配置信息
    'connections' => [
```

```
        'mysql' => [
            'type' => 'mysql',                        // 数据库类型
            'hostname' => '127.0.0.1',                // 服务器地址
            'database' => 'e-learningprogram',        // 数据库名
            'username' => 'root',                     // 用户名
            'password' => '111',                      // 密码
            'hostport' => '3306',                     // 端口
            'params' => [],                           // 数据库连接参数
            'charset' => 'utf8',                      // 数据库编码默认采用 utf8
            'prefix' => 'tb_',                        // 数据库表前缀
            ……
        ],
    ],
];
```

26.4　前台应用设计

26.4.1　视频首页设计

视频首页主要包括两部分：3D 引导效果和精彩课程展示。下面分别介绍这两部分的实现。

1. 3D 引导效果

首页作为一个网站的门面，页面效果显得尤为重要。为了吸引用户眼球，本项目首页第一屏引用了一个 3D 特效，效果如图 26.8 所示。

图 26.8　首页特效展示图

该特效背景设置为一个发散的特效球，可以随着鼠标移动进行旋转收缩。为了实现发散特效球的效果，引入多个 JS 插件，关键代码如下：

```
<script type="text/javascript" src="/static/index/js/jquery-2.1.1.min.js"></script>
<script type="text/javascript" src="/static/index/js/idangerous.swiper.min.js"></script>
<script type="text/javascript" src="/static/index/js/three.js"></script>
<script type="text/javascript" src="/static/index/js/Projector.js"></script>
<script type="text/javascript" src="/static/index/js/CanvasRenderer.js?v1"></script>
<script type="text/javascript" src="/static/index/js/light.min.js?v2"></script>
```

2. 精彩课程展示

单击“立即学习”按钮，页面滚动到精彩课程部分。这里展示了后台课程管理设置的所有课程，而且每个课程都包括课程名称、课程图片、对应的小节数和观看人数信息。

下面重点介绍实现精彩课程效果的控制器/操作和模板。

（1）视频首页对应的控制器/操作是 Index/index，在 app\index\controller\Index.php 文件中有如下关键代码：

```
class Index extends BaseController{
    public function initialize() {
        //初始化方法
        $request = request();                                    //获取 request 请求对象
```

```
        $controller = $request->controller();                          //获取当前控制器名
        $action = $request->action();                                  //获取当前操作名
        View::assign('controller', $controller);                       //模板变量赋值
        View::assign('action', $action);                               //模板变量赋值
    }
    //首页
    public function index() {
        //精彩课程
        //获取所有状态正常的课程
        $datas = Db::name('course')->where('status',1)->order('sort desc,id desc ')->select();
        View::assign('datas',$datas);                                  //模板变量赋值
        $resourceTotal = Db::name('resource')->where('status',1)->count();    //获取所有状态正常的资源
        View::assign('resourceTotal',$resourceTotal);                  //模板变量赋值
        return view();                                                 //渲染模板
    }
```

上述代码中，initalize()方法是初始化方法，程序在执行 Index 控制器下的所有方法前，会先执行 initailize()方法，然后在 index()方法中获取课程信息和资源信息，最后为模板变量赋值并渲染模板。

（2）视频首页对应的模板文件是 app\index\view\index\index.html，该文件的关键代码如下：

```
<div class="zero">
    <div class="zero_title">
        <p class="bigsize"><span class="color_red">精彩课程</span></p>
        <p class="small_size margin_t"><span class="margin_r">共 {$datas|count} 课</span>
            <span class="margin_r"> {$resourceTotal} 小节</span>
            {notempty name="datas"}学习时长 {$resourceTotal/5|ceil} 周{/notempty}
        </p>
    </div>
    <div class="zero_list">
    {notempty name="datas"}
        {foreach name="datas" item="item"}
        <div class="list_infor"> <a href="{:url('lists',['id'=>$item.id])}">
        <img src="/static/uploads/image/{$item.image_path}"
        onerror="this.src='/static/uploads/images/no_image.jpg'"></a>
            <a href="{:url('lists',['id'=>$item.id])}">
                <p class="small_size font_weight margin_l" title="{$item.name}">{$item.name}</p></a>
            <div class="infor_list">
                <p class="icon_1">{$item.id|getResourceTotal}小节</p>
                <p class="icon_2">{$item.id|getCourseLearnerTotal}人观看</p>
            </div>
        </div>
        {/foreach}
         {else/}
           <center>暂无课程</center>
        {/notempty}
    </div>
</div>
```

上述代码中，使用{notempty}标签判断课程数据是否存在。如果存在，则使用{foreach}标签遍历课程信息；如果不存在，则使用{else}标签输出“暂无课程”。此外，还需要注意，使用了模板函数来获取小节数量和观看人数。

首页精彩课程部分的运行效果如图 26.2 所示。

26.4.2 登录注册页面设计

在首页导航栏中有“登录”和“注册”按钮，登录和注册页面均采用弹出层的展现形式。本项目

使用 Layer.js 来实现弹出层功能。Layer.js 官方网址为 https://layui.swimafish.com，读者可自行下载。

单击“登录”或“注册”按钮，触发 onClick 单击事件，执行 login()函数，使用 layer.js 实现弹出层。关键代码如下：

```
function login(n) {
    if (n == 1) {
        var url = "{:url('Index/regist')}";
    } else {
        var url = "{:url('Index/login')}";
    }
    layer.open( {
        type:2,
        title:'登录/注册 ',
        shadeClose:true,
        closeBtn:1,
        shade: 0.5,
        border: [0],
        area:['600px', '398px'],
        scrollbar:false,
        content:url,
        success:function(layero, index) {
            layer.iframeAuto(index);
        }
    });
}
```

上述代码中，login()函数需要一个参数 n，当单击“登录”按钮时，调用 login(0)；当单击“注册”按钮时，调用 login(1)。下面分别介绍注册功能和登录功能的实现。

1. 注册功能实现

为防止恶意用户使用机器人注册网站，在注册页面中设置了图形验证码。用户需要填写用户名、密码和验证码。只有当用户名和密码格式正确，并且验证码正确时，才能注册成功。下面重点介绍验证码的生成和验证的实现步骤。

（1）使用 Composer 安装 think-captcha 扩展包，命令如下：

```
composer require topthink/think-captcha
```

（2）在 app\index\view\index\regist.html 模板文件中，调用 captcha_src()函数来生成验证码。关键代码如下：

```
<div class="login-indentifying-code" >
    <img src="{:captcha_src()}" id="imgcode" onClick="this.src='{:captcha_src()}?'+Math.random();">
</div>
```

注意

在模板中使用函数，需要在函数名称前添加“:”。此外，使用 onClick 实现单击更新验证码功能时，需要添加 Math.random()生成随机数，以防止验证码重复。

（3）在 app\index\controller\Index.php 控制器下的 saveMemeber()方法中，调用 captcha_check()函数实现验证码的检验功能。关键代码如下：

```
public function saveMember() {
        if (request()->isAjax()) {
                if (!captcha_check(input('code'))) {
                        $res['status'] = false;
                        $res['msg'] = '验证码错误~';
                } else {
                        ....//省略验证表单，保存用户信息到数据库的流程
        }
}
```

上述代码中，captcha_check()接收用户输入的验证码作为参数，该函数返回一个布尔值。如果验证码正确，则返回 true，否则返回 false。

在注册界面中单击“立即注册”按钮，如果验证码错误，则提示错误信息，运行效果如图 26.9 所示。

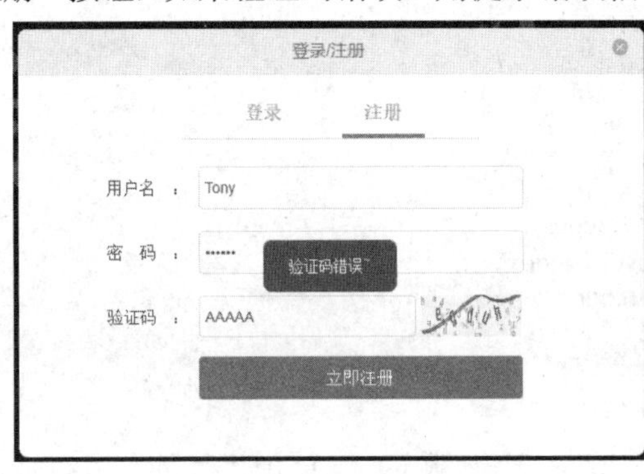

图 26.9　注册界面

2. 登录功能实现

在登录页面中，我们使用了另一种验证方式——滑动验证。用户需要填写正确的用户名、密码，并且按照规则滑动鼠标，才能登录成功。我们使用 Qaptcha.jquery.js 和 jquery.ui.touch.js 插件实现滑动效果。下面重点介绍滑动验证功能的实现步骤。

（1）引入滑动验证插件，并初始化相关配置。关键代码如下：

```
<script type="text/javascript" src="/static/index/js/jquery-ui.min.js"></script>
<script type="text/javascript" src="/static/index/js/jquery.ui.touch.js"></script>
<script type="text/javascript" src="/static/index/js/Qaptcha.jquery.js"></script>
<script type="text/javascript" src="/static/index/js/login.js"></script>
<script type="text/javascript">
        var qurl = "{:url('Index/checkSlider')}";                    //设置滑动检测的 URL
        var setQapTchaurl = "{:url('Index/setQapTcha')}";            //设置生成 Session 的 URL
        $(function(){ $('#QapTcha').QapTcha({}); })                  //调用 QapTcha()函数，创建滑动条
</script>

<!--省略其余代码-->
<!--设置滑动条-->
<div class="input-box" id="code_container">
      <span class="input-name cf">滑动验证：</span>
      <div id="QapTcha" class="QapTcha" style="margin-top:0px;"></div>
</div>
```

（2）在 app\index\controller\Index.php 控制器下创建 checkSlider()和 setQapTcha()方法。关键代码如下：

```
//滑块初始化
public function setQapTcha() {
    session('qavalue', input('pass'));          //生成 Session('qavalue')值，pass 参数在 Qaptcha.jquery.js 中设置
}

//校验滑块
public function checkSlider() {
    $aResponse['error'] = false;                                                    //初始化响应变量
    session('iQaptcha', false);                                                     //初始化 Session
    if (isset($_POST['action'])) {                                                  //判断 POST 请求参数是否存在
        if (htmlentities($_POST['action'], ENT_QUOTES, 'UTF-8') == 'qaptcha'){      //判断参数值是否正确
            session('iQaptcha',true);                                               //设置 session('iQaptcha')的值
            if (session('iQaptcha')) {
                $aResponse['val'] = session('qavalue');
                return json($aResponse);
            } else {
                $aResponse['error'] = true;
                return json($aResponse);
            }
        } else {
            $aResponse['error'] = true;
            return json($aResponse);
        }
    } else {
        $aResponse['error'] = true;
        return json($aResponse);
    }
}
```

登录页面滑动验证前后的运行效果如图 26.10 所示。

图 26.10　滑动验证运行效果

说明

在 ThinkPHP 6 中，Session 功能默认是没有开启的，如果需要使用 Session，需要在全局的中间件定义文件 app/middleware.php 中开启 Session，将文件中的“\think\middleware\SessionInit::class”前面的注释去掉即可。

（3）验证用户登录时是否滑动。在登录页面填写完用户信息后，单击“登录”按钮，表单提交至 Index 控制器下的 chkLogin 操作。在 chkLogin()方法中检测用户是否已将滑块拖动到最右侧，关键代码如下：

```
public function chkLogin() {
    if (request()->isAjax()) {                                  //判断是否使用 Ajax 异步提交
        if (session('qavalue') != input('iQapTcha')) {          //判断滑块是否滑到右侧
            $res['status'] = false;
            $res['msg'] = '请滑动滑块！';
        } else {
                                                                //省略验证表单，将用户信息写入 Session 的流程
    }
}
```

上述代码中，判断 session('qavalue')和 input('iQapTcha')是否相等，如果相等，则表示用户已经将滑

块拖动到右侧。该部分逻辑在 Qaptcha.jquery.js 文件中实现，关键代码如下：

```
inputQapTcha = jQuery('<input>',{name:'iQapTcha',value:'',type:'hidden',id:'iQapTcha'});
$.ajax( {                                                    //拖动到最右侧后，给服务器发消息
        type: "post",                                        //请求方式
        async: "async",                                      //异步请求
        data: {                                              //传递数据
                action: 'qaptcha',
        },
        url: opts.PHPfile,                                   //提交的 URL
        dataType: "json",                                    //数据类型
        success: function(data) {                            //响应成功后，调用函数
                if (!data.error) {
                        Slider.draggable('disable').css('cursor','default');     //设置可滑动 CSS 样式
                        inputQapTcha.val(data.val);                              //为滑动条赋值
                        //添加滑动成功的 CSS 样式，移除滑动失败的 CSS 样式
                        TxtStatus.text(opts.txtUnlock).addClass('dropSuccess').removeClass('dropError');
                        Slider.addClass('SliderSuccess');                        //添加滑动成功 CSS 样式
                        Icons.css('background-position', '-16px 0');             //设置图标的 CSS 样式
                        $('#iQapTcha-error').remove();                           //移除滑动失败内容
                }
        }
});
```

用户登录成功后的运行效果如图 26.11 所示。

图 26.11　用户登录成功效果图

26.4.3　视频列表页面设计

单击首页展示的某门精彩课程后，页面会跳转到对应的视频列表页面。视频列表页面展示了此课程包含的所有视频资源，而且每个视频资源下面都有对应的观看人数。视频资源数据来源于 tb_resource 表，我们需要从 tb_resource 表中获取所有可用资源数据，即 status 字段为 1 的数据。

Index 控制器下的 lists()函数的关键代码如下：

```
public function lists() {
        //课程 id
        $id = input('id');                                   //接收 ID
        if (empty($id)) {                                    //判断 ID 是否为空
                $this->error('参数错误');
        }
        //根据资源 ID 查找资源信息
        $datas = Db::name('resource')->where('course_id',$id)->where('status',1)->order('sort desc,id desc')->select();
        View::assign('datas', $datas);                       //模板赋值
        return view();                                       //渲染模板
}
```

上述代码中，首先检查资源 ID 是否存在，如果不存在，提示错误信息。接下来将获取的资源数据赋值给模板变量，并渲染模板。app\index\view\index\lists.html 模板的关键代码如下：

```
{foreach name="datas" key="key" item="item"}
    <li>
        <div class="box_top">
          {if condition="checkRoot($item['id'])"}
```

```
            <a href="{:url('Index/view',['id'=>$item['id']])}">第 {$key+1} 节</a>
        {else/}
            <a href="javascript:" onClick="login(0)">第 {$key+1} 节</a>
      {/if}
    </div>
    <div class="box_bottom">
        {if condition="checkRoot($item['id'])"}
            <h2><a href="{:url('Index/view',['id'=>$item['id']])}">{$item.title}</a></h2>
        {else/}
            <h2><a href="javascript:" onClick="login(0)">{$item.title}</a></h2>
        {/if}
        <span> <img src="/static/index/images/user.png">{$item.id|getVideoLearnerTotal}人观看 </span>
    </div>
  </li>
{/foreach}
```

上述代码中，使用{foreach}标签遍历数据，这里使用{foreach}标签的 key 属性作为遍历数据时的键（从 0 开始计数）。此外，还使用自定义函数 checkRoot()判断用户是否有权限观看视频，使用自定义函数 getVideoLearnerTotal()来获取观看人数。

运行程序，视频列表页面的效果如图 26.12 所示。

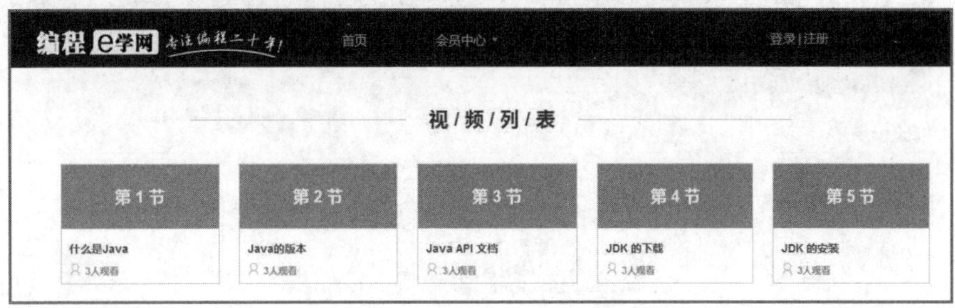

图 26.12　视频列表页面效果

26.4.4　视频播放页面设计

单击视频列表页面中的某个视频，页面会跳转到对应的视频播放页面。该页面主要由播放视频、查看相关文档和下载源码文件 3 部分组成，下面分别介绍其实现过程。

1. 观看视频

我们使用 Video.js 插件来实现播放视频的相关功能。Video.js 是一个通用的在网页上嵌入视频播放器的 JS 库，官方网址为 https://videojs.com。Video.js 自动检测浏览器对 HTML5 的支持情况，如果浏览器不支持 HTML5，则自动使用 Flash 播放器。

Video.js 的使用方式非常简单，只要在 app\index\view\index\view.html 模板中加入如下 Video.js 的关键代码即可：

```
<link rel="stylesheet" type="text/css" href="/static/index/css/video.css">
<script type="text/javascript" src="/static/index/js/video.js"></script>
<video id="my-video" class="video-js vjs-big-play-centered" controls preload="auto" width="900"
    height="504" data-setup="{}">
    <source src="/static/uploads/video/{$info['video_path']}" type="video/mp4">
</video>
```

上述代码中，<source>标签的 src 属性值即为视频文件的路径。播放视频效果如图 26.13 所示。

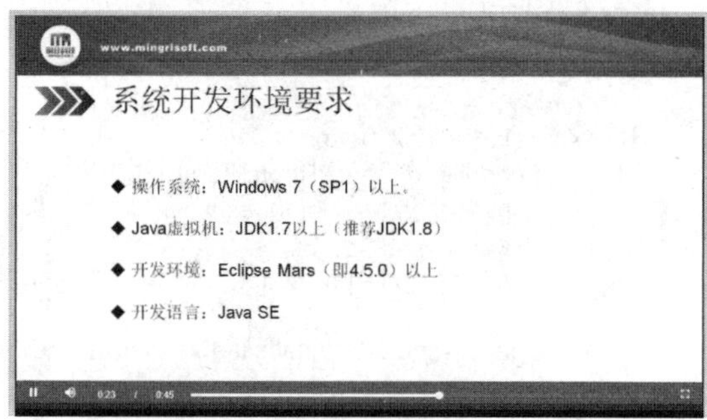

图 26.13　视频播放效果

2. 查看文档

文档内容是管理员在后台使用 Ueditor 富文本编辑器编写的，为确保安全，编辑的文档内容通常经过转义后存储在数据库中。例如，“<html>”经过转义变为“<html>”。所以当单击“相关文档”按钮时，应将文档内容反转义为 HTML 内容。在模板文件中，使用 htmlspecialchars_ decode()函数进行反转义的关键代码如下：

```
<div class="change_txt" id="txt">{:htmlspecialchars_decode($content)}</div>
```

查看文档的运行效果如图 26.14 所示。

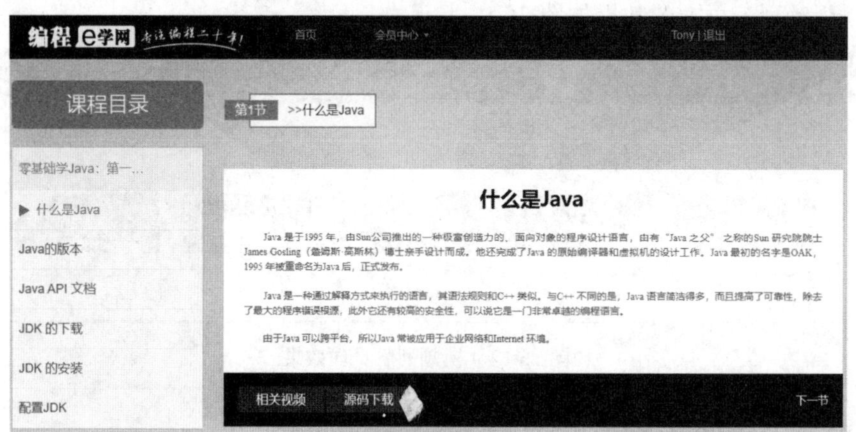

图 26.14　查看文档

3. 下载源码文件

当用户单击“源码下载”按钮时，需要先判断用户是否已登录，只有登录用户才能下载源码。然后记录用户的下载信息，最后下载源码文件。下载源码文件的关键代码如下：

```
//源码下载
public function downloadCode() {
        $id = input('id', 0, 'int');                                    //获取资源 ID
        $result = checkRoot($id);                                       //检查下载权限
        if (!$result) {
                $this->error('请您先登录！');
        }
        //根据 ID 查找资源信息
        $info = Db::name('resource')->where('id',$id)->where('status',1)->find();
        if (empty($info) || empty($info['code_path'])) {
                $this->error('参数有误！');
                exit;
        }
```

```
        //下载记录
        $user_id = session('user_id');
        if ($user_id) {
            //根据用户 ID 查找下载资源信息
            $record_info = Db::name('download_record')->where('user_id',$user_id)->where('resource_id',$id)->find();
            if (empty($record_info)) {                                  //如果首次下载，写入 download_record 表
                $dataArr = array(
                    'user_id' => $user_id,
                    'course_id' => $info['course_id'],
                    'resource_id' => $id,
                    'addtime' => date('Y-m-d H:i:s')
                );
                $download_record = new DownloadRecord;
                $download_record->save($dataArr);
            } else {                                                    //如果非首次下载，更新下载时间
                DownloadRecord::update(['addtime' => date('Y-m-d H:i:s')],['id' => $record_info['id']]);
            }
    }

        $save_path = root_path()."/public/static/uploads/code/".$info['code_path'];    //获取资源文件路径
        $title = autoCharset($info['title'], 'utf-8', 'gbk');                   //转换字符集
        $find   = array(' ','<','>');
        $title = str_replace($find,'',$title);                                 //替换字符串
        //开始下载
        $file = fopen($save_path, "r");                                         //打开资源文件
        header("Content-type:application/octet-stream");                        //不指定二进制类型
        header("Content-Length:".filesize($save_path));                         //设置文件大小
        //提示用户保存附件
        header("Content-Disposition:attachment;filename=".$title.strrchr($info['code_path'],'.'));
        readfile($save_path);                                                   //读取文件
        fclose($file);                                                          //关闭文件
        exit;
}
```

上述代码中，需要判断用户是否首次下载。如果是首次下载，则模型对象使用 save()方法新增数据；如果非首次下载，则模型对象使用 update()方法更新下载时间。

下载源码的运行效果如图 26.15 所示。

图 26.15　源码下载

26.4.5　会员中心页面设计

会员中心包括“账号管理”“我的下载”“观看记录”3 个栏目。

1. 账号管理

在“账号管理”栏目中，用户可以更改自己的用户名及密码，运行效果如图 26.16 所示。新用户名及新密码的创建规则同登录注册时一致，保存成功后，弹出提示信息并刷新当前页面。

图 26.16　账号管理

2. 我的下载

在“我的下载”栏目中，记录了用户所有下载过的源码信息，如图 26.17 所示。为了便于用户浏览查找，下载信息按照下载时间降序排列，同时用户可以对下载信息进行单个或批量删除，如图 26.18 所示。

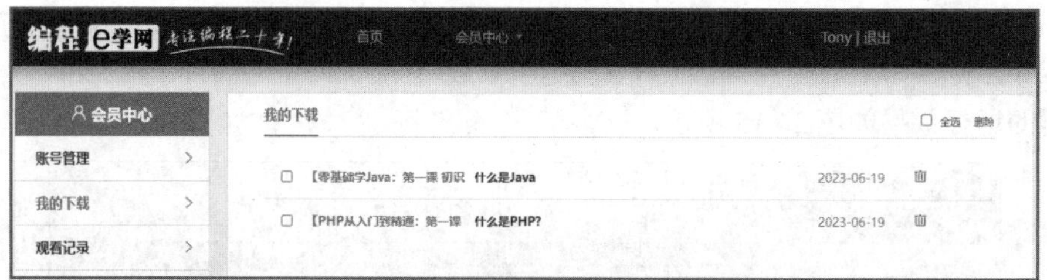

图 26.17　我的下载

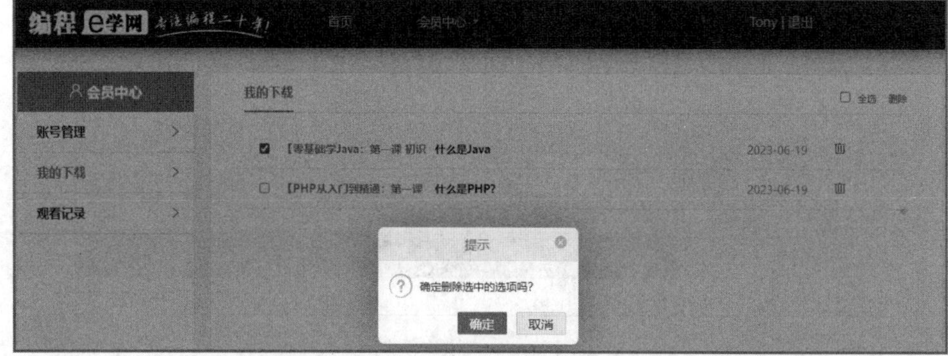

图 26.18　删除下载信息

3. 观看记录

在“观看记录”栏目中，记录了用户所有观看过的课程信息，如图 26.19 所示。为了便于用户浏览查找，观看记录按照观看时间降序排列，同时用户可以对观看记录进行单个或批量删除，如图 26.20 所示。

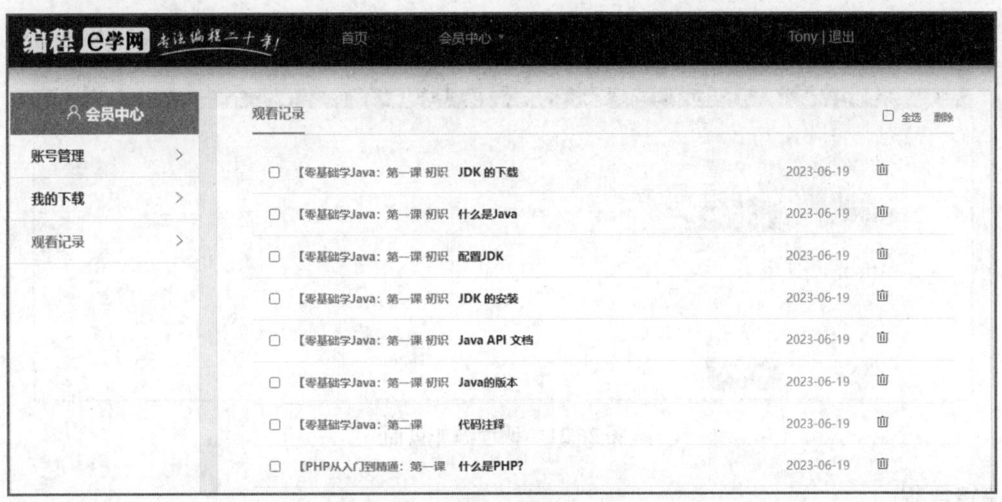

图 26.19 观看记录

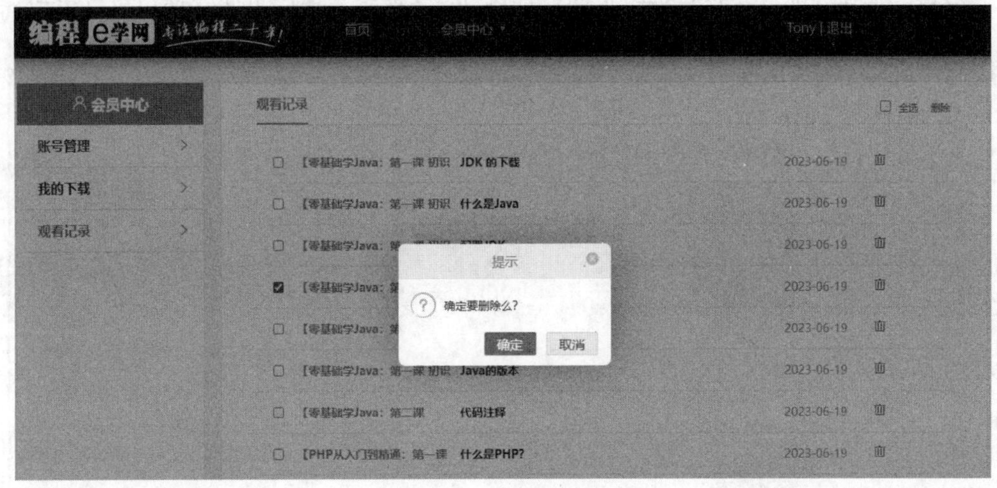

图 26.20 删除观看记录

26.5 后台应用设计

26.5.1 课程管理

在“课程管理”栏目中，展示了后台添加的所有课程，如图 26.5 所示。其中，发布状态值为“正

常”的课程，将在首页按照排序值的降序方式展示；发布状态值为“关闭”的课程在首页不显示。

1．添加课程

单击“添加课程“按钮，跳转至课程添加页面，如图 26.21 所示。课程封面使用 Web Uploader 上传组件进行图片上传。WebUploader 是由 Baidu WebFE(FEX)团队开发的一个简单的以 HTML 5 为主、FLASH 为辅的文件上传组件。它采用大文件分片并发上传，极大地提高了文件的上传效率。

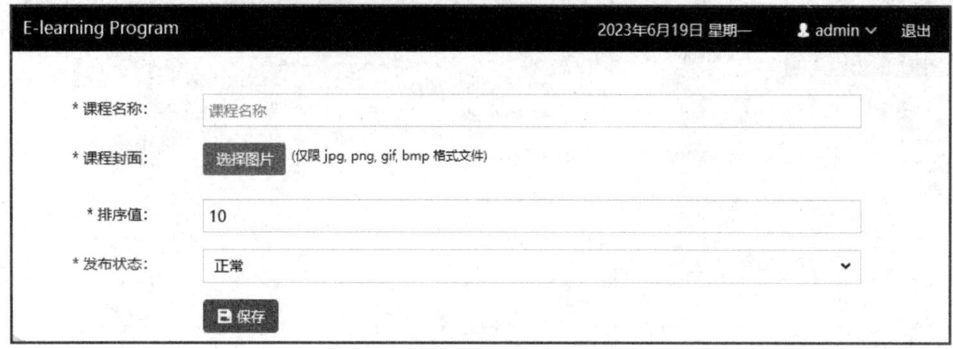

图 26.21　课程添加页面

2．编辑课程

单击“编辑“按钮，跳转至课程编辑页面，如图 26.22 所示，在此页面管理员可以更改课程信息。

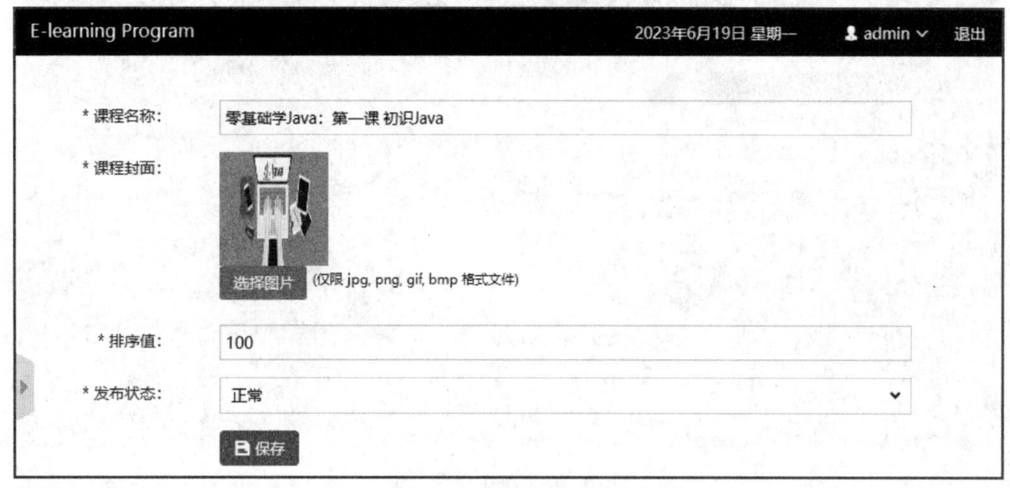

图 26.22　课程编辑页面

3．删除课程

单击“删除”按钮，弹出删除提示，如图 26.23 所示。单击“确定”按钮，删除此课程。单击“取消”按钮，取消删除操作。此处需要注意，如果此课程下有资源，则需要先把包含的资源删除后，才能删除此课程。

图 26.23　删除课程页面

26.5.2　资源管理

在“资源管理”栏目中，展示了所有课程包含的资源，如图 26.24 所示。其中，发布状态值为“正常”的资源，将在视频列表页按照排序值的降序方式展示；发布状态值为“关闭”的资源在列表页不显示。

图 26.24　资源管理页面

1．添加资源

单击“添加资源”按钮，跳转至资源添加页面，如图 26.25 所示。这里的视频上传和源码上传仍然使用的是 Web Uploader 上传组件，唯一需要注意的是上传时需要实例化两个对象。

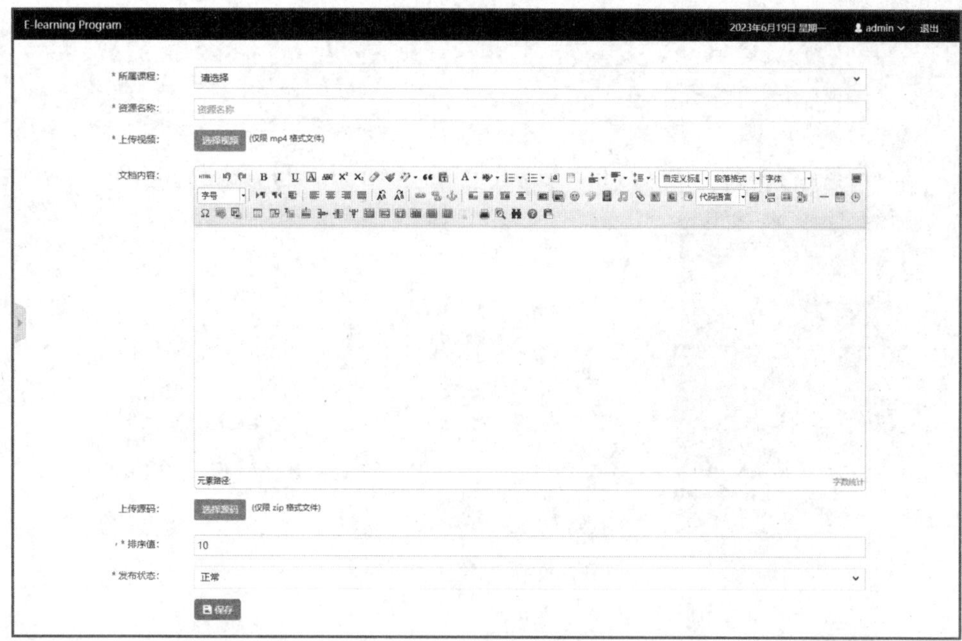

图 26.25　资源添加页面

2．编辑资源

单击“编辑”按钮，跳转至资源编辑页面，如图 26.26 所示。

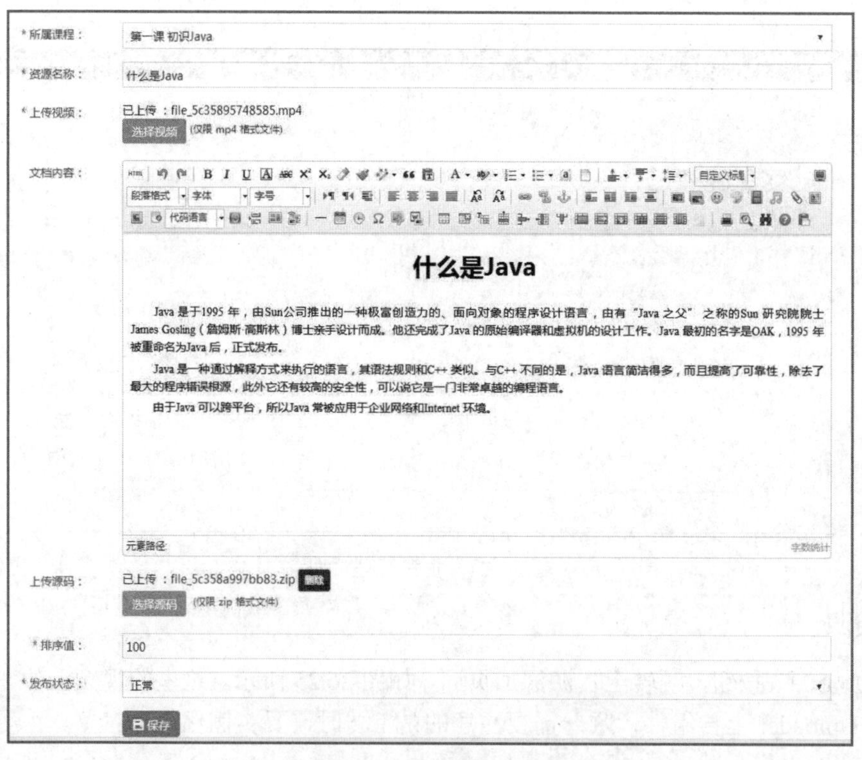

图 26.26　资源编辑页面

3．删除资源

单击“删除”按钮，弹出删除提示，如图 26.27 所示。单击“确定”按钮，即可删除此资源。单击“取消”按钮，可取消删除操作。批量删除与单个删除类似，唯一需要注意的是，在接收参数时需要把接收的变量转化为数组。

图 26.27　资源删除页面

4．搜索资源

用户可以按“所属课程”及“资源名称”搜索资源，其中按“资源名称”搜索为模糊匹配，如图 26.28 所示。

图 26.28　资源搜索页面

26.5.3　注册会员

在“会员列表”栏目中记录了所有注册用户的信息，并按照注册时间降序排列，以方便管理员查找，如图 26.29 所示。

图 26.29　注册会员列表

26.5.4　账号管理

账号管理采用弹出层展示形式，如图 26.30 所示。网站管理员可以更改登录的账号及密码，新账号及新密码的创建规则同会员注册类似，信息提交成功后会自动注销退出，并提醒用户重新登录。

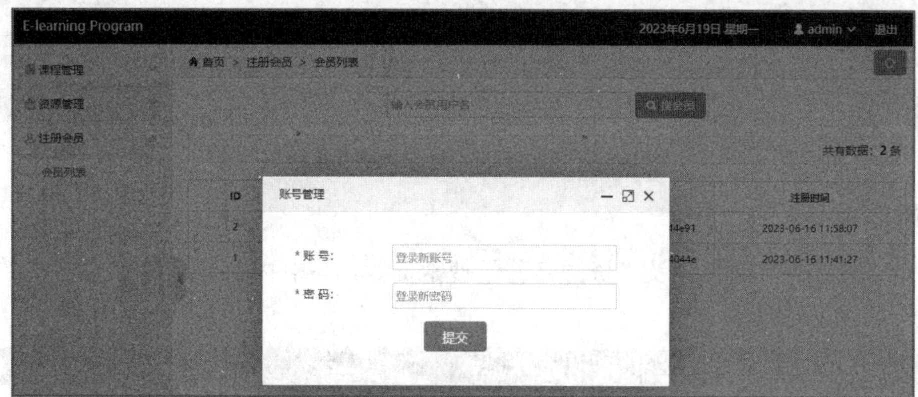

图 26.30　账号管理